First published in English under the title
Ray Tracing Gems:High-Quality and Real-Time Rendering with DXR and Other APIs
Edited by Eric Haines and Tomas Akenine-Möller

This edition has been translated and published under licence from
APress Media，LLC，part of Springer Nature.

光线追踪精粹

——基于DXR及其他API的高质量实时渲染

〔美〕埃里克·海恩斯
〔瑞典〕托马斯·艾科奈－莫勒　主编

张静　黄琦　张鹏飞　译

科学出版社
北京

图字：01-2020-4215号

内 容 简 介

本书共分七大部分：第一部分帮你理解现代光线追踪的基础知识和进行高效渲染所需的思维模式；第二部分为从事光线追踪器编写工作的读者提供一些对于问题的洞察，乃至解决方案；第三部分介绍构建一个产品级的光线追踪渲染器时对基本的效果进行处理的方法；第四部分介绍采样的相关知识；第五部分介绍了多个实用的降噪和滤波技术；第六部分展示五种混合使用光栅和光线追踪的渲染系统；第七部分介绍了用光线追踪实现全局光照的五个开拓性工作。本书提供了不少独门绝技，当这些技巧和技术由撰写本文的专家们分享出来时，它们成为了无价的珠宝。

本书可供图形处理、游戏开发等相关技术人员参考，也可作为高等院校计算机及相关专业教材或参考手册。

图书在版编目（CIP）数据

光线追踪精粹：基于DXR及其他API的高质量实时渲染/(美)埃里克・海恩斯(Eric Haines)，(瑞典)托马斯・艾科奈-莫勒(Tomas Akenine-Möller)主编；张静，黄琦，张鹏飞译.—北京：科学出版社，2021.8

书名原文：Ray Tracing Gems: High-Quality and Real-Time Rendering with DXR and Other APIs

ISBN 978-7-03-069520-8

Ⅰ.光… Ⅱ.①埃… ②托… ③张… ④黄… ⑤张… Ⅲ.①计算机图形学 Ⅳ.①TP391.411

中国版本图书馆CIP数据核字（2021）第160596号

责任编辑：杨 凯 / 责任制作：魏 谨
责任印制：师艳茹 / 封面设计：杨安安
北京东方科龙图文有限公司 制作
http：//www.okbook.com.cn
科 学 出 版 社 出版
北京东黄城根北街16号
邮政编码：100717
http：//www.sciencep.com
北京九天鸿程印刷有限责任公司 印刷
科学出版社发行各地新华书店经销
*
2021年8月第 一 版 开本：787×1092 1/16
2021年8月第一次印刷 印张：29 1/2
字数：699 000

定价：188.00元

（如有印装质量问题，我社负责调换）

推荐序

光线追踪是20世纪六七十年代发明的技术，至今一直应用于离线渲染。光线追踪的基本原理非常简单，就是从虚拟摄像头投出射线，若射线与场景中的几何物体相交，就再按材质特性继续投射，直至碰到光源或受深度限制而停止，可简单地实现反射、折射、阴影，甚至其他全局光照的效果。它的原理极为简单，经常用作图形学的入门练习，使用任何通用编程语言也可在一周内实现一个简单的光线追踪渲染器。

而光栅化技术自20世纪90年代第一代3D显卡和第五世代游戏机（Sony PlayStation、Nintendo 64、Sega Saturn）以来，一直成为实时渲染的事实标准。在20世纪90年代至今的三十年里，随着硬件性能的不断提升，实时渲染发展出大量的技术，已能创造出非常逼真和流畅的实时画面。光栅化涉及的算法比光线追踪复杂一些，但硬件上较容易实现。然而，许多光线追踪容易实现的效果，在光栅化下永远是各种绕圈子的方法，例如单单想绘画阴影（即在某坐标上检测对光源的可见性），学界、业界便输出了极大量技术，去尝试改进各种情况下出现的问题。在笔者投身的游戏业界里，工作上也经常需发挥想像力，为了平衡效果和性能，用各种技术手段去欺骗玩家的眼球，而不能直接用直观的、符合光学原理的形式。

这个情况直至近几年，消费者市场硬件厂商推出了含光线追踪的硬件，令实时图形技术状况迎来改变的机遇。上一次最大的改变应该是千禧年后的可编程GPU技术，也就是在硬件上运行的着色器程序，令实时渲染在多方面都有重大的改进。为了学习这些技术如何应用在实际情况，《ShaderX》、《GPU精粹》、《GPU Pro》等书曾是我们那一代游戏程序员的必读资料。面对这次近二十年以来的重大变革，《光线追踪精粹》承继了这样的作用，扩阔我们对实时图形技术的视野。

从现在的硬件设计来说，光栅化比光线追踪具有性能优势，所以在不少场合还是会使用光栅化作为基础，再结合光线追踪来提升效果。特别是一些过往用屏幕空间模拟的效果，如屏幕空间反射/折射、环境遮蔽等，用光线追踪可以消除屏幕空间算法的局限。许多实时全局光照的做法暂时还需利用缓存算法，以解决采样量不足造成的噪点问题。由于光线追踪基本上支持了场景管理功能，未来对于超复杂的场景，光线追踪可以通过实例化、数据放大等方式，可能优于传统的光栅化。

也许读者也是游戏业的（未来）从业者，在此也谈一下光线追踪在这方面的想法。自2010年智能手机的普及，国内最热门的游戏运行平台从PC转移到移动端。而据笔者所观察，因性能/电池所限，移动游戏所用到的技术一般延后PC游戏5～10年。但未来该差距可能进一步收窄，游戏也可能从单平台到多平台发展，而同时云游戏也可能会打破这个屏障。作为技术人员，即使我们未必能把技术直接用在制作中的产品，也需要不断追随技术的发展。除了光线追踪的基础、API的运用，我们也可能要重温或进一步学习更多离线渲染相关的图形学知识。笔者一直认为，即使有引擎或中间件提供技术实现，我们也需要了解实现原理，以便做出合适的技术决策，以至于改造优化。除此以外，利用光线追踪API提供的可编程形式，让我们可以尝试利用硬件相交检测的能力应用于各种场合，例如使用非三角形网格的几何表示（曲面、稳函数表面、面元、体素等）、声学传播、物理碰撞侦测、路径规划等。这些新应用或可带来全新的体验。

图形学是一门大众都可以欣赏到的计算机科学领域，而实时渲染更让用户可在虚拟世界交互，把这些技术用编程实现，是笔者感到最有满足感的活动，希望你也能体会这份喜悦。

叶劲峰

腾讯 专家工程师

2021年3月10日

译者序

本书终于和大家见面了。

小张依然会记得10多年前，作为图形学初学者在书店遇到《GPU精粹》三部曲时的兴奋感。彼时固定管线还在向可编程管线转变，shader是个新鲜概念，CUDA更是尚未诞生。NVIDIA深知新生事物在萌芽期需要额外呵护，因此召集行业精英撰写了这三本书，将业界最先进的技术和思想进行传播。文章质量之高，使得书名中的精粹一词当之无愧，其中部分文章到了今日依然有着参考意义。

后来有幸加入NVIDIA并工作了八年，见证了RTX这个疯狂的想法从萌芽、质疑到问世。全球各地工程师、研究员的智慧与协作使得RTX ON成为一种信仰。基于同样的逻辑，NVIDIA也召集全球的大牛们撰写出了《光线追踪精粹》。

现在可能是开始学习光线追踪最好的时间点。经过NVIDIA两代显卡的普及，消费者开始接受并拥抱光线追踪。桌面端的竞争对手们纷纷认可这个方向，甚至手机端也有厂商选择跟进。我在两年前决定翻译本书，也是希望能在合适的时间点对国内的图形行业做一些微小的贡献。

我在光线追踪领域涉猎广但是不深，有幸的是在本书的初稿阶段得到了众多网友的帮助。在此由衷地感谢参与翻译的伙伴们付出的劳动，在初稿之后我们又进行了多轮交叉审稿，最终才得以成稿。以下是本次参与翻译的小伙伴（按github账号首字母）：AltmIce张鹏飞、AmesingFlank卢敦凡、Angiewei魏安琪、bluesummer王晓波、butterfly0923张帅、ch3coohlink、chiantiYZY颜卓仪、Cielrin、FaithZL朱翎、FantasyVR禹鹏、gigichq、haiyuem麻海玥、jingjingshenye、lifangjie李方杰、LIJIE李杰、liyongnupt李勇、Nicholas10128金鑫、papalqi黄琦、qingqhua华清沁、RazorYhang杨宇辰、renyuhuiharrison任宇晖、rockyvon、skyfeiyun董东、slongle邓俊辰、tankijong张天毅、tavechiang蒋大为、vcl-pku马雷、wubochang吴博昌、XBOOS、YanFeiGao刘龙腾、yuxing5555、zhan2586张闻宇、zheng95z曾峥、zzk224钟凯。

要特别感谢papalqi黄琦在整个翻译前中后期的大力支持，他负责了与初稿译者们的沟通以及前中期进度的追踪。也要一并感谢butterfly0923张帅与AltmIce张鹏飞，他们带来了高质量的初稿并替我分担了后期繁重的审阅工作。此外要感谢本书编辑喻永光的支持和督（cui）促（gao），这是我俩的第二次合作，非常期待下一次。

感谢读者们的耐心等待。本书涵盖的内容之广，话题之深远远超过我立项时的估计，即便反复审稿也不免会有错误之处。也希望大家能多多谅解，遇到 bug 可以发我邮件 vinjn@qq.com。

最后要感谢妻子 M 和女儿 BLB 的支持，你们的微笑给了我深夜肝书的动力。

——张　静

在 2019 年开始翻译 *Ray Tracing Gems* 时，刚毕业没多久，感谢 Vinjn 让我有幸参与翻译工作。而如今 *Ray Tracing Gems II* 也即将问世，自己周围的环境与个人心态都已时过境迁沧海桑田，希望自己保持初心，不忘前行。

——黄　琦

光线追踪算法源于视觉认知世界的方式。物理世界的着色不仅来自太阳、灯光的直接照明，还包括粗糙物体的漫反射，镜面的折反射，云雾的体散射等等。这些光栅化“看不到”的光线使我们的世界永远充满光和影。衷心祝愿读者能从本书收获前沿的实时光线追踪渲染技术，感受光线带给虚拟和物理世界的乐趣。

——张鹏飞

序　一

简洁性、并行性和易用性，这些都是让我们容易想到的光线追踪的主题。我从未想到光线追踪会是实现全局光照的最佳方案，由于它使用简单，持续地散发着吸引力。很少有图形渲染算法可以很容易地可视化、解释或编码。这种简洁性能让入门程序员轻松地渲染出几个透明球体和被点光源照亮的棋盘。在实际实践中，要实现路径追踪（path tracing）以及基于原始算法的变种都会复杂很多，不变的是它们仍然进行着简单的直线与沿途中物体的相交。

早在并行引擎能够运行光线追踪之前，“高度并行”一词就已经用来描述这项技术了。如今，现代 GPU 惊人的并行计算能力，能很好地和光线追踪相匹配。

对于所有程序员来说，易用性一直非常重要。几十年前，如果一台电脑做不到我要求的事情，我会绕到它后面对电路做一些小小的改动（我可不是在开玩笑）。在往后的几年，往图形 API 底层添加定制甚至都是件不可想象的事情。很多年前，可编程着色逐步地发展起来了，这种情况发生了微妙的变化。如今，GPU 的灵活性连同它所支持的编程工具，使我们能够充分地利用并行处理元件的全部计算潜力。

那么，这一切是怎么过渡到了实时光线追踪？显而易见的是，在性能、复杂性和准确性方面的挑战，已无法难倒图形程序员，他们为光线追踪技术改进了质量并提高了速度。图形处理器也在不断发展，因此光线追踪不再是不切实际的技术了。在图形硬件中引入明确的光线追踪加速特性，这是实现实时光线追踪应用的重要一步。将光线追踪的简单性、与生俱来的并行性连同现代 GPU 强大而易用的特性相结合，这让实时光线追踪的性能可以满足每个图形程序员的需求。然而，获得驾照和成为赛车比赛冠军不是一回事。技能需要学习，经验需要分享。与任何学科一样，本书提供了不少独门绝技。当这些技巧和技术由撰写本文的专家们分享出来时，它们成为了无价的珠宝。

——Turner Whitted

2018 年 12 月

序　二

对于图形学从业人员来说，这是一个令人激动的时刻！我们已经进入到了实时光线追踪的时代——每个人都知道这个时代终究会到来，但是直到最近，我们还认为这要等上几年或者几十年。行业上一次经历这样的“大革新”是在 2001 年，当时第一代支持可编程着色的硬件和 API 的出现为开发者提供了无限的可能。可编程着色技术催生了非常多的渲染技术，像本书一样，很多书籍都做了相关介绍（例如 Real-Time Rendering 和 GPU Gems）。这些技术背后越来越多的独创性，加上不断提升的 GPU 的运算能力和通用能力，推动了过去几年实时图形技术的进步。正是这些演化，让游戏和其他的图形应用程序变得更加赏心悦目。

尽管基于光栅化的渲染如今仍持续在进步，但它已经到达了瓶颈。尤其是当涉及对真实感渲染的本质——光的模拟时，这些改进的边际效益开始递减。这是因为模拟光的传输过程都依赖一个基本操作，即能够从场景中的任意一点查询“我周围有什么？”，光栅化对此无能为力。这一点如此重要，过去几十年涌现的光栅化技术中，核心部分都是针对该限制进行变通取巧。大家通常采用的方法是，预生成包含场景大致信息的数据结构，然后在着色期间查询这些数据。

常见的变通方案有阴影贴图、预烘焙的光照贴图、屏幕空间的反射和环境光遮挡、光照探头以及体素化网格。它们都有一个问题，即提供辅助的数据结构的精度是有限的。这些数据结构只包含必要的简化信息，因为在常见的使用场景中都无法预先计算并存储大规模的高分辨率数据。基于这些数据结构的技术都难免会失败，导致明显的渲染失真或完全失效。这导致了接触阴影（Contact Shadows）看起来不太正确、相机后面的物体会在反射中丢失、间接光的细节很粗糙等渲染问题。此外，这些技术都需要手动调参，才能得到最佳效果。

现在来看下光线追踪，它能够优雅并准确地解决这些问题，因为它精确无误地提供了光栅化试图去模拟的基本操作：允许我们在自场景中的任何地方，向任何方向发出光线查询，找出被光线击中的物体，并得到它的位置及距离。它可以通过检查场景中真实的三维模型来实现这一点，而不是仅限于近似后的三维模型。因此，基于光线追踪的计算足够精确，可以在非常精细的层次上模拟各种光的传输。当我们想要渲染出照片级效果时，或是需要确定光子在虚拟世界中传播的复杂路径时，光线追踪的能力是无可替代的。它是真实感渲染的基本组成部分，因此将它引入实时领域对于图形学来说是非常重要的一步。

当然，使用光线追踪生成图形并不是一个新的想法。它的起源可以追溯到 20 世纪 60 年代，像电影渲染和设计可视化等应用几十年来一直依赖它来产生逼真的效果。带来崭新变化的是在现代硬件系统中光线的处理速度。由于采用了专用的光线追踪芯片，最近发布的 NVIDIA Turing GPU 的吞吐量经测算可达每秒数十亿光线，比上一代架构提高了一个数量级。实现这种性能水平的硬件称为 RT Core，这是一个经过多年研究和开发的复杂单元。RT Core 与 GPU 上的流式多处理器（SM）紧密结合，实现了光线追踪的核心“内循环”操作：遍历层次包围盒（BVH）并进行光线与三角形的相交测试。在专用电路中执行这些计算不仅比软件实现更快，而且还能在并行处理光线的时候，同时释放通用 SM 处理器核心来执行其他工作，例如着色。借助 RT Core 得到的大幅性能提升，为光线追踪成为实时应用奠定了基础。

想要让应用程序尤其是游戏能有效利用 RT Core，我们还需要创建新的 API，这些 API 可以无缝地集成到成熟的生态中。通过和微软的密切合作，我们共同开发出的 DirectX 光线追踪（DXR）已成为 DirectX 12 不可或缺的一部分。我们将在第 3 章中对此作出介绍。类似的，我们通过 NV_ray_tracing 扩展，让 Khronos 的 Vulkan API 也拥有了光线追踪的能力。

设计这些接口的关键在于保持底层抽象水平的同时（这符合 DirectX 12 和 Vulkan 的发展方向），还要兼容未来硬件的发展以及不同硬件厂家的实现。在 host API 方面，这意味着应用会受到各个方面的控制，比如分配和传输资源、编译着色器代码、构建 BVH 以及各种同步机制。生成光线和构建 BVH 这两种工作由 GPU 负责，可以通过使用命令列表（command list）来实现多线程并发，我们可以让光线追踪、光栅化和通用计算这三种类型的 GPU 工作同时进行。着色器表（shader table）提供了一种轻量级方法，将场景几何体与着色器及资源相关联，避免显卡驱动中维护额外的数据结构来记录场景中节点的信息。对于 GPU 设备端的代码，光线追踪新增了几个着色器类型（shader stage）。这些着色器类型在光线追踪的各个阶段提供了自然的接入契机，比方说当光线和场景发生相交时。光线追踪的整个流程在可编程管线和固定管线之间交替进行，后者更适合专用的硬件进行加速，比如遍历 BVH、调度着色器等。这和传统的图形管线类似，可编程着色器与固定管线也是交替进行的，比如说光栅化（你也可以把它看成片段着色器的调度程序）。基于这个开发模型，GPU 厂家能够升级固定管线部分的硬件架构，而不会破坏现有的 API。

支持快速光线追踪的 GPU 和 API 的面世，为图形程序员的工具箱新添了有力的工具。然而，这并不意味着实时渲染的难题都被解决了。实时程序对帧率的要求近乎严苛，这意味着光线追踪可占用的计算时间非常有限，在有限时间内无法通过蛮力法模拟所有的光线传输过程。与过往的光栅化渲染中的演化类似，我们也将看到持续迭代的光线追踪技术，它正在缩小实时渲染与离线渲染的“电影像素”级别质量之间的差距。其中一些技术建立在离线渲染领域的丰富经验和研究基础之上，另一些独特的技术则来自实时渲染领域，比如游戏引擎。在本书的第 19 章和第 25 章中你可以找到两个精彩的案例，在这两个早期的 DXR 的演示中，来自 Epic、SEED 和 NVIDIA 的图形工程师尽其所能将光线追踪技术发挥到了极致。

作为有幸亲历 NVIDIA 光线追踪技术诞生的一员，对我而言，能够在 2018 年将它推向市场是一次收获颇丰的经历。短短几个月内，实时光线追踪脱胎换骨，从小众的研究课题成为消费级产品，同时拥有主流 GPU 的专用加速硬件、与硬件厂家无关的图形 API 以及 EA 的战地 5——首款提供硬件加速光线追踪效果的 AAA 游戏。游戏引擎厂商拥抱光线追踪的速度，以及开发人员涌现出的热情，都大幅超出我们的预期。很明显，大家强烈希望将实时图像的质量提高到只有光线追踪才能达到的水平，这也进一步激励我们在 NVIDIA 继续推进这项技术。图形学目前仍处于光线追踪时代的早期阶段，我们在未来十年将看到更强大的 GPU、更先进的算法、人工智能与渲染在更多方面的结合，以及为光线追踪而生的游戏引擎和内容。在图形学“足够好”之前，我们还有很多工作要做，本书便是帮助我们通向图形学下一个里程碑的工具之一。

Eric Haines 和 Tomas Akenine-Möller 是图形学的老兵，数十年来他们的工作持续教育和启发着工程师和研究者们。在本书中，他们将重点放在光线追踪上，在这个时间点上这项技术有着前所未有的势头。来自行业的顶级专家在本书中分享他们的知识和经验，为社区创造了宝贵的资源，必将对图形学的未来产生持久深远的影响。

——Martin Stich

DXR & RTX Raytracing 软件研发负责人，NVIDIA

2018 年 12 月

前 言

终于，光线追踪成为实时渲染中的一个核心模块。我们目前使用消费者级别的GPU及API来加速光线追踪，同时我们也需要高质量的算法让程序以每秒60帧甚至更快的速度运行，与此同时，还能在每帧带来高质量的图像。这些方法正是本书所要阐述的。

人们通常会很容易忽略前言而直奔正文，但我们还是想确保让你知道两件事情：

（1）你可以在这个链接中找到本书的代码和相关资料：http://raytracinggems.com。

（2）本书的所有内容都可以公开获取。

第二点听起来没那么让人激动，但这意味着只要你能给出署名并保证不用于商业目的，你就可以自由地复制和分享任何章节，甚至是整本书的内容。本书的具体许可遵循协定 Creative Commons Attribution 4.0 International License（CC-BY-NC-ND），我们把这些内容公布于 https://creativecommons.org/licenses/by-nc-nd/4.0/，目的就是让作者和其他所有人都可以尽快地分享资源。

这里要依次感谢每位参与者，他们的支持，是整个编撰项目中最令人愉悦的事情之一。在 NVIDIA，我们与 Aaron Lefohn、David Luebke、Steven Parker 和 Bill Dally 聊过早期想法，表达了想要撰写一本 Gems 风格的光线追踪书籍，他们当即表示，若能付诸实现，那真的是太棒了。在他们的帮助下，这个想法得到了实现。在此，我们要感谢他们。

我们非常感谢 Anthony Cascio 和 Nadeem Mohammad 对网站以及提交系统的支持。与此同时，我们还要特别感谢 Nadeem 所做的合同谈判相关事宜，这确保了所有人都可以完全开放地查阅本书，并能免费获取本书的电子版。

这本书的编撰排期非常紧张，如果没有 NVIDIA 创意团队和 Apress 出版商制作团队的大力奉献，本书的出版将会延期甚久。创意团队中的成员从短片 *Project Sol* 中生成了渲染图片，本书封面以及七大部分的起始页配上了图片后，效果精美绝伦。我们要特别感谢 Amanda Lam、Rory Loeb 和 T.J. Morales，他们为本书的所有图表字符设计了统一的风格，同时还完成了本书的封面设计和每章引言部分的排版。我们还要感谢 NVIDIA 的 Dawn Bardon、Nicole Diep、Doug MacMillan 和 Will Ramey，他们为我们提供了行政支持。

我们对 Natalie Pao 和 Apress 制作团队充满了感激之情。他们不知疲倦地和我们一起工作，在最后截稿的时间里，一起解决了很多问题。

另外，我们要感谢以下人员，他们付出了额外的心血，为的就是让本书内容更加精彩。他们是 Pontus Andersson、Andrew Draudt、Aaron Knoll、Brandon Lloyd 和 Adam Marrs。

本书能成功出版，在很大程度上要归功于我们编写组的梦幻组合：Alexander Keller、Morgan McGuire、Jacob Munkberg、Matt Pharr、Peter Shirley、Ingo Wald 和 Chris Wyman。他们认真仔细地审稿，一丝不苟地修订，还在必要之时另找审阅人参与编辑。

最后，本书的出版离不开每个章节的作者，他们无私地向图形学社区传授知识、分享经验。当我们仅仅要求修改一处文字或图表时，他们常常是在几小时甚至是几分钟之内，用尽各种方法来润色章节内容。感谢你们所有人！

——Eric Haines 与 Tomas Akenine-Möller

2019 年 1 月

作者简介

Maksim Aizenshtein NVIDIA 赫尔辛基高级系统软件工程师。目前的工作和研究主题是实时光线追踪以及现代渲染引擎设计。在此之前，在 UL Benchmarks 负责 3DMark 团队。在他的带领下，团队使用 DirectX Raytracing API 让 3DMark 支持了光线追踪，同时，他们还为实时光线追踪推出了全新的渲染技术。另外，他带领部门开发了许多基准测试软件，这些软件由 UL Benchmarks 发行。更早之前，任职于 Biosense-Webster，负责基于 GPU 渲染的全新医疗影像系统。Maksim 在 2011 年获得了以色列理工学院计算机科学专业的学士学位。

Tomas Akenine-Möller 2016 年加入 NVIDIA 瑞典，目前是公司的一名杰出科学家。他也是隆德大学的计算机图形学教授，在该职位上他处于休假状态。Tomas 是 *Real-Time Rendering* 和 *Immersive Linear Algebra* 两本书的合著者，曾发表了 100 多篇学术论文。在此之前，曾先后就职于 Ericsson Research 和 Intel。

Johan Andersson Embark 的 CTO，致力于探索具有创新潜力的新技术。在过去的 18 年中，他曾先后在 SEED、DICE 和 Electronic Arts 任职，主要研究渲染、性能以及内核引擎系统，并且还是 Frostbite 游戏引擎的架构师。Johan 是多个行业和硬件顾问委员会的成员，经常在 GDC、SIGGRAPH 及其他相关会议中出席，探讨关于渲染、性能、游戏引擎设计以及 GPU 架构等主题。

Magnus Andersson 2016 年加入 NVIDIA，是一名高级软件开发者，专注于光线追踪领域。先后在 2008 年和 2015 年获得隆德大学计算机科学与工程的硕士学位和计算机图形学的博士学位。读博期间，得到了 Intel 的资助。研究方向包括随机光栅化技术和遮挡剔除。

Dietger van Antwerpen NVIDIA 柏林高级图形软件工程师。毕业论文研究方向是基于物理的 GPU 渲染。从 2012 年开始，一直在 NVIDIA 从事专业 GPU 渲染器的相关工作。擅长的领域是基于物理的光传输模拟和并行计算。Dietger 在 NVIDIA Iray 光线传输模拟、渲染系统以及 NVIDIA OptiX 光线追踪引擎等方面做出了贡献。

Diede Apers Frostbite 斯德哥尔摩渲染工程师。2016 年获得布雷达应用科技大学游戏技术专业的硕士学位。在此之前，在 Larian Studios 实习，同时还在豪斯特应用科技大学学习数字艺术与娱乐专业。

Colin Barré-Brisebois SEED 高级渲染工程师，他所在的是 Electronic Arts 旗下专门研究未来前沿技术和创新性实验的跨学科团队。曾在 WB Games Montreal 担任过电影 Batman Arkham 的技术总监和首席渲染工程师。他带领渲染团队，同时负责对图形技术的创新。在 WB 之前，他是 Electronic Arts 多款游戏的渲染工程师，游戏包括 Battlefield 3、Need For Speed、Army of TWO 和 Medal of Honor。他还经常出席专业会议（如 GDC、SIGGRAPH、HPG、I3D 等），并在 GPU Pro 系列书籍、ACM 以及自己的博客上有过出版和发表。

Jasper Bekkers SEED 渲染工程师，他所在的是 Electronic Arts 旗下专门研究未来前沿技术和创新性实验的跨学科团队。在此之前，他曾是 OTOY 的一名渲染工程师，为 Brigade 和 Octane 路径追踪器带来了顶尖的渲染技术。在更早的时候，他是 Frostbite 斯德哥尔摩的一名渲染工程师，参与过 Mirror's Edge、FIFA、Dragon Age 以及 Battlefield 系列等游戏项目。

Stephan Bergmann Enscape 渲染工程师，公司位于德国的卡尔斯鲁厄。目前还是卡尔斯鲁厄理工学院（KIT）计算机科学专业计算机图形学方向的在读博士生。2018 年加入 Enscape。在此之前，曾在 KIT 工作过。研究主题包括工业应用的传感器真实图像合成技术和基于图像的渲染技术。2006 年，从 KIT 毕业，所学专业是计算机科学。从 2000 年开始，他已经是一名软件和视觉计算工程师，曾在消费电子及汽车工业领域担任过不同职位。

Nikolaus Binder NVIDIA 高级研究员。在加入 NVIDIA 之前，获得德国乌尔姆大学计算机科学专业的硕士学位，随后在 Mental Images 担任研究顾问一职。他的学术研究、出版物和演讲方向主要集中在拟蒙特卡罗方法（quasi-Monte Carlo methods）、照片级真实度的图像合成、光线追踪以及基于基础数学和算法结构的渲染算法。

Jiri Bittner 捷克科技大学计算机图形与交互技术学院副教授，该大学位于布拉格。2003 年获得该系的博士学位。曾在维也纳工业大学做过几年的研究员。研究领域主要涉及可视化计算、实时渲染、空间数据结构以及全局光照。曾参与众多国内外研究项目和一些关于复杂场景实时渲染的商业项目。

Jakub Boksansky 捷克科技大学计算机图形与交互技术学院的科研人员，该大学位于布拉格。2013 年，获得该校计算机科学专业的硕士学位。Jakub 曾使用 Flash 开发过几款基于 Web 的电脑游戏，从此，他对计算机图形学产生了兴趣。之后，为 Unity 引擎定制开发了一些图像特效套件。研究主要涉及光线追踪和高级实时渲染技术，比如高效阴影计算和图像空间特效。

Juan Cañada Epic Games 首席工程师，他带领团队为 Unreal 引擎开发光线追踪算法。在此之前，任 Next Limit Technologies 可视化部门的主管。他在那里带领 Maxwell Render 团队超过 10 年之久。还曾是 IE 商学院的一名数据可视化及大数据课程的教师。

Petrik Clarberg 从 2016 年起在 NVIDIA 担任高级研究员一职。他拓宽了实时渲染的领域。研究领域主要包括基于物理的渲染、采样和着色以及开发面向新功能的硬件与 API。在此之前，自 2008 年起 Petrik 是 Intel 的一名科研人员。同时，他还和别人共同创办了一家图形技术公司。20 世纪 90 年代，曾参与开发一个演景项目（demo scene），从此对图形学产生浓厚兴趣，并获得了隆德大学计算机科学专业的博士学位。

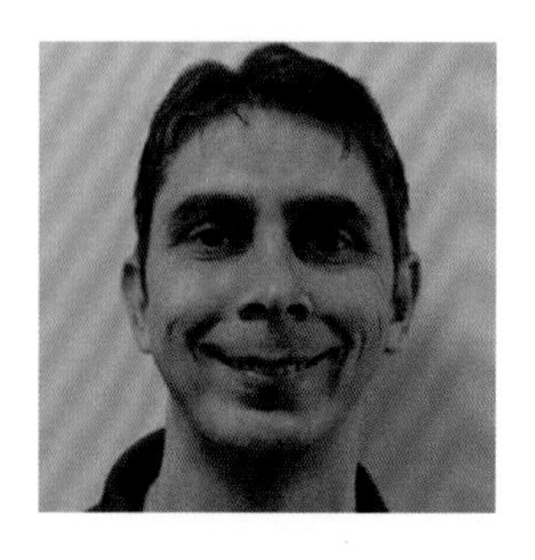

David Cline 2007 年获得杨百翰大学计算机科学专业的博士学位。毕业之后，在亚利桑那州立大学担任博士后学者。随后，在俄克拉荷马州立大学担任助理教授，一直做到 2018 年。目前是 NVIDIA 的一名软件开发人员，在位于盐湖城的实时光线追踪团队工作。

Alejandro Conty Estevez Sony Pictures Imageworks 高级渲染工程师，2009 年加入该公司，开发了多款基于物理渲染的组件，比如 BSDF、光照以及积分算法，算法包括双向路径追踪（Bidirectional Path Tracing）和其他混合技术。在此之前，创建了 YafaRay，并且是主要开发者，YafaRay 是 2003 年左右发布的一款开源渲染引擎。2004 年，获得西班牙奥维耶多大学计算机科学专业的硕士学位。

Petter Edblom Electronic Arts 公司 Frostbite 渲染团队软件工程师。早先，在 DICE 工作室参与过几款游戏的开发，包括 Star Wars Battlefront 1 和 2、Battlefield 4 和 5。拥有于默奥大学计算机科学专业的硕士学位。

Christiaan Gribble SURVICE Engineering 公司的实践技术运维部门高性能计算组的首席科学家及团队主管。他的研究开拓了交互式可视化与高性能计算这两个领域的融合，研究主要集中在算法、架构以及预测渲染（predictive rendering）和可视化仿真系统。在 2012 年加入 SURVICE 之前，曾担任格罗夫城市学院计算机系的副教授。2000 年获得格罗夫城市学院数学专业的学士学位，2002 年获得卡内基·梅隆大学信息网络专业的硕士学位，2006 年获得犹他大学计算机科学专业的博士学位。

Holger Gruen 25 年前开发过软件光栅化渲染器，从此开始了三维实时图形方向的职业生涯。曾先后在游戏中间件、游戏开发、军事模拟器、GPU 硬件供应商等公司任职。目前就职于 NVIDIA 欧洲开发者技术团队，帮助开发者充分利用 NVIDIA GPU 的性能。

Johannes Günther Intel 高级图形软件开发工程师。他的工作集中在高性能、基于光线追踪的可视化代码库。在加入 Intel 之前，是 Dassault Systèmes 的 3DEXCITE 团队的一名高级研究员和软件架构师。拥有萨尔大学计算机科学专业的博士学位。

Eric Haines 目前就职于 NVIDIA，主要研究的是交互式光线追踪。他是 *Real-Time Rendering* 和 *An Introduction to Ray Tracing* 的合著者。独自编写 *The Ray Tracing News*，和别人共同撰写了 *Journal of Graphics Tools* 及 *Journal of Computer Graphics Techniques*。在 Udacity 慕课平台上创立和主讲了“Interactive 3D Graphics”课程。

Henrik Halén SEED 高级渲染工程师。他所在的是 Electronic Arts 旗下专门研究未来前沿技术和创新性实验的跨学科团队。在加入 SEED 之前，是 Microsoft 的一名高级渲染工程师，为游戏 Gears of War 开发顶级的渲染技术。在 Microsoft 之前，是 Electronic Arts 洛杉矶工作室和斯德哥尔摩 DICE 的一名渲染工程师，参与了 Mirror’s Edge、Medal of Honor 以及 Battlefield 系列等游戏的开发。还曾出席过 GDC、SIGGRAPH 及 Microsoft Gamefest 等各大会议。

David Hart NVIDIA OptiX 团队工程师。拥有康奈尔大学计算机图形专业的硕士学位，并在 DreamWorks 和 Disney 制作 CG 电影和游戏超过 15 年。在加入 NVIDIA 之前，曾创办过公司，制作了多人在线 WebGL 白板的项目，而后又出售了这家公司。拥有数字毛发造型技术的相关专利，并在业余期间使用人工进化技术进行数字艺术的创作。David 的目标是用计算机制作精美的照片，并在此过程中创造出卓越的工具。

Sébastien Hillaire Electronic Arts Frostbite 引擎团队渲染工程师。你可以看到他在许多领域中为视觉质量和性能的提升所做出的贡献，比如基于物理的着色、体积模拟以及渲染、视觉特效、后处理等。2010 年获得法国国家应用科学研究所计算机科学专业的博士学位，在这期间，主要研究视线追踪（gaze tracking），以提升虚拟现实中的用户体验。

Antti Hirvonen 目前在 UL Benchmarks 领导图形开发团队。2014 年，加入 UL，担任图形工程师一职。在从事了多年其他软件领域的工作之后，开始对实时计算机图形学充满热情。这些年来，Antti 为 3DMark 做出了巨大贡献，这是一款世界知名的游戏基准测试软件。他还为公司内部编写了相关的开发工具。他目前的主要兴趣包括现代图形引擎架构、实时全局光照等。拥有阿尔托大学计算机专业的硕士学位。

Johannes Jendersie 德国克劳斯塔尔工业大学在读博士生。目前的研究主题是对蒙特卡罗光传输模拟中关于鲁棒性和并行化的改进。2013 年获得马格德堡大学计算机科学专业的本科学位，2014 年获得该校计算机图形学专业的硕士学位。

Tero Karras NVIDIA Research 首席科学家，2009 年加入该机构。目前的研究涉及深度学习、生成模型（generative models）和数字内容创作。他在 NVIDIA 实时光线追踪的研究中扮演着极为重要的角色，特别是关于构建高效的加速结构和专用硬件单元。

Alexander Keller NVIDIA 的研究部门总监。在此之前，担任 Mental Images 的首席科学家，主要负责对未来产品研究及战略规划，包括设计 NVIDIA Iray 光传输模拟和渲染系统。在踏入工业界之前，任乌尔姆大学计算机图形学和科学计算专业的全职教授。任职期间，和别人共同创立了 UZWR（乌尔姆科学计算中心）。同时，他还获得了卓越教育奖。Alexander Keller 在光线追踪领域有着超过 30 年的行业经验，特别是在光传输模拟中开创性地应用了拟蒙特卡罗方法，打通了机器学习和渲染这两个领域。拥有博士学位，有着超过 30 项专利授权，发表了 50 多篇学术论文。

Patrick Kelly Epic Games 的资深渲染程序员，主要使用 Unreal 引擎从事光线追踪方面的工作。在此之前，Patrick 耗费了近 10 年的时间，一直研究离线渲染，曾在 DreamWorks Animation、Weta Digital 以及 Walt Disney Animation Studios 等多家工作室工作。2004 年获得德克萨斯大学阿灵顿分校计算机科学专业的学士学位，2008 年获得犹他大学计算机专业的硕士学位。

Hyuk Kim 在韩国NEXON的devCAT工作室担任图形引擎开发工程师，参与了Dragon Hound游戏项目。先前，曾受到John Carmack的游戏Doom的鼓舞，励志成为一名游戏开发者。他在游戏领域主要关注实时计算机图形学。拥有西江大学的硕士学位，研究方向是光线追踪。目前主要研究离线到实时渲染的算法，比如光线追踪、全局光照和光子映射。

Aaron Knoll NVIDIA公司开发技术支持工程师。2009年获得犹他大学的博士学位。曾在阿贡国家实验室、德州先进运算中心从事高性能计算机设施相关的工作。研究主要集中在超级计算机环境下大规模数据可视化中的光线追踪技术。他是OSPRay框架的早期使用者和贡献者。目前使用NVIDIA OptiX实现光线追踪可视化。

Samuli Laine NIVDIA首席科学家。目前的研究方向是神经网络、计算机视觉和计算机图形学的交叉应用。早先，主要研究高效GPU光线追踪、基于体素的几何表达以及各种计算真实光照的方法。2006年获得赫尔辛基大学计算机科学专业的硕士和博士学位。

Andrew Lauritzen SEED高级渲染工程师，他所在的是Electronic Arts旗下专门研究未来前沿技术和创新性实验的跨学科团队。在此之前，Andrew曾是Intel的Advanced Technology Group（ATG）的一员，主要工作是改进算法、API以及渲染所用的硬件。2008年获得滑铁卢大学计算机科学专业的硕士学位，在校期间主要研究方差阴影贴图以及其他阴影滤波（shadow filtering）算法。

Nick Leaf NVIDIA软件工程师，同时还是加州大学戴维斯分校计算机科学专业在读博士生。主要研究大数据分析及可视化，特别是原位可视化（in-situ visualization）。2008年获得威斯康星大学物理与计算机科学专业的学士学位。

Pascal Lecocq 2017 年加入 Sony Picture Imageworks，是一名高级渲染工程师。2001 年获得巴黎马恩 - 拉瓦莱大学计算机科学专业的博士学位。在 Imageworks 工作之前，曾先后在 Renault、STT Systems 以及 Technicolor 公司工作过，主要从事实时渲染技术的研发工作，该技术主要用于驾驶模拟器、动作捕捉以及电影等领域。目前主要研究的是实时阴影、面积光着色、体渲染（volumetrics）以及用于渲染的高效路径追踪技术。

Edward Liu NVIDIA 应用深度学习研究部门（Applied Deep Learning Research）高级科学家。主要研究深度学习、计算机图形学以及计算机视觉之间令人激动的交叉应用。在此之前，在 NVIDIA 的开发者技术支持和实时光线追踪团队工作过，研发过针对未来 GPU 架构的新功能，包括实时光线追踪、图像重建以及虚拟现实渲染。另外，他也耗费不少时间优化 GPU 应用程序的性能。业余时间喜欢旅游和风光摄影。

Ignacio Llamas NVIDIA 实时光线追踪软件的总监，他带领工程师团队使用光线追踪进行实时渲染，并推动 NVIDIA RTX 走向技术巅峰。在 NVIDIA 工作超过了 10 年，担任过多个职位，包括驱动开发、开发者技术支持、研究部以及 GPU 架构。

Adam Marrs NVIDIA Game Engines and Core Technology 团队计算机科学家，从事游戏和电影相关的实时渲染技术的研究。他的工作经历包括商业游戏引擎开发、商业游戏开发、实时光线追踪以及发布图形学研究。拥有北卡罗来纳州立大学计算机科学专业的博士和硕士学位，以及弗吉尼亚理工学院计算机科学专业的学士学位。

Morgan McGuire NVIDIA 多伦多的一位杰出科学家。主要研究的是全新用户体验的实时图形系统。*The Graphics Codex*、*Computer Graphics：Principles and Practice*（第三版）以及 *Creating Games* 的作者或合著者。在威廉斯学院、滑铁卢大学以及麦吉尔大学任教。更早之前，曾为 Unity 公司开发图形技术，参与开发的游戏包括 the Roblox、Skylanders、Titan Quest、Call of Duty 以及 Marvel Ultimate Alliance 系列。

Peter Messmer NVIDIA 首席工程师，主管高性能计算可视化团队。主要专注于开发工具和方法学，可以让科学家使用 GPU 可视化技术来深入探究模拟仿真的结果。在加入 NVIDIA 之前，曾开发和使用大规模并行仿真程序，用来研究等离子体物理现象。拥有瑞士联邦理工学院物理学的硕士和博士学位。

Pierre Moreau 瑞典隆德大学计算机图形学团队在读博士研究生，NVIDIA 隆德实习研究员。先后获得雷恩大学计算机科学专业的学士学位以及波尔多大学计算机科学专业的硕士学位。目前主要的研究方向是使用光线追踪或光子喷射（photon splatting）技术进行实时照片级渲染。工作之余，喜欢欣赏和演奏音乐，同样还喜欢学习 GPU 硬件及其相关的编程技术。

R.Keith Morley NVIDIA 开发技术支持工程师，帮助核心合作伙伴在 NVIDIA GPU 上设计和实现基于光线追踪的解决方案。他的专业背景是基于物理的着色，在加入 NVIDIA 之前，从事动画长片的相关工作。NVIDIA Optix 光线追踪 API 最早的开发者之一。

Jacob Munkberg NVIDIA 实时渲染研究团队高级研究员。目前主要研究的是关于计算机图形学的机器学习。在 NVIDIA 之前，在 Intel 的高级渲染技术部门工作。和别人共同创办了 Swiftfoot Graphics，剔除技术是这套图形系统的一大特色。先后获得查尔姆斯理工大学工程物理专业的硕士学位以及隆德大学计算机科学专业的博士学位。

Clemens Musterle Enscape 渲染工程师，目前带领渲染团队。2015 年获得慕尼黑应用科技大学计算机科学专业的硕士学位，主要研究实时计算机图形学。在加入 Enscape 团队（2015 年）之前，他曾在 Dassault Systèmes 的 3DEXCITE 团队工作过几年。

Jim Nilsson 拥有瑞典查尔姆斯理工大学计算机系统专业的博士学位。2016 年 10 月加入 NVIDIA。在此之前，曾就职于 Intel 的高级渲染技术部门。

Matt Pharr NVIDIAD 研究员，主要研究光线追踪和实时渲染。著有 *Physically Based Rendering* 一书，由于本书对电影工业带来了巨大影响，他与合著者在 2014 年获得了奥斯卡科学技术奖（Scientific and Technical Academy Award）。

Matthias Raab 2007 年加入 Mental Images（被 NVIDIA 收购后成为 NVIDIA ARC 组），起初是一名渲染软件工程师，参与开发了著名的光线追踪系统 Mental Ray。从 NVIDIA Iray 创立伊始，他就一直积极投身于这款基于 GPU 的照片级渲染器的开发中，主要贡献是材质描述以及拟蒙特卡罗方法的光传输模拟技术。如今，他是 NVIDIA 的材质定义语言（Material Definition Language，MDL）团队的一员。

Alexander Reshetov 拥有俄罗斯凯尔迪什应用数学研究所的博士学位。2014 年 1 月加入 NVIDIA。在此之前，在 Intel 实验室工作了 17 年，主要从事三维图形算法的研究以及应用程序的开发。曾在德州超导对撞实验室（Super-Conducting Super-Collider Laboratory）工作 2 年，为加速器设计控制系统。

Charles de Rousiers Electronic Arts Frostbite 引擎团队渲染工程师。主要从事光照、材质和后处理相关技术开发，同时还将基于物理渲染的理论引入引擎中。2011 年获得法国国家信息与自动化研究所（INRIA）计算机科学专业的博士学位。在此之前，主要研究复杂材质真实渲染的技术。

Rahul Sathe NVIDIA 高级 DevTech 工程师。目前的工作是帮助游戏开发者改进在 GeForce 显卡下的游戏体验，同时给未来新架构设计算法原型。在此之前，曾在 Intel 的研发及产品团队担任过各种职务。热衷于研究 3D 图形的各种技术以及相关硬件基础。曾在克莱姆森大学以及孟买大学就学。工作之余，喜欢跑步、骑行以及和亲朋好友分享美食。

Daniel Seibert NVIDIA 柏林高级图形软件工程师。自从 2007 年以来，专职开发专业渲染器。他是拟蒙特卡罗方法和基于物理的光传输模拟研究领域的专家。为 Mental Ray 渲染器、NVIDIA Iray 光传输模拟及渲染系统做出了贡献。同时，他还是 MDL 的设计者之一，MDL 是 NVIDIA 推出的一种材质定义语言（Material Definition Language）。

Atte Seppälä UL Benchmarks 图形软件工程师。拥有阿尔托大学计算机科学专业的理学硕士学位。2015 年起加入 UL Benchmarks，参与开发了 3DMark 和 VRMark 基准测试软件。

Peter Shirley NVIDIA 杰出科学家。曾和别人共同正式创立了两家软件公司，同时还曾是印第安纳大学、康奈尔大学以及犹他大学的教授和研究员。1985 年获得里德学院物理学专业的学士学位，随后在 1991 年获得伊利诺伊大学计算机科学专业的博士学位。他是几本计算机图形学书以及多篇科技论文的合著者。专业领域主要包括交互式高动态范围成像、计算摄影学、真实感渲染、统计计算、可视化以及沉浸式系统等方面。

Niklas Smal UL Benchmarks 图形软件工程师。2015 年加入该公司，已参与开发了 3DMark 和 VRMark 显卡基准测试软件。拥有计算机科学专业的理学学士学位和阿尔托大学理学硕士学位。

Josef Spjut NVIDIA 科研人员，主要研究电子竞技、增强显示以及光线追踪等领域。在此之前，担任哈维玛德学院工程系的客座教授。先后获得加州大学河滨分校计算机工程专业的学士学位、犹他大学 Hardware Ray Tracing 组计算机工程专业的博士学位。

Tomasz Stachowiak 软件工程师，热衷于酷炫的像素和 GPU 黑科技。喜欢编译快、强类型的开发语言，以及让世界充满搞怪元素。

Clifford Stein Sony Pictures Imageworks 软件工程师。主要专注于公司内部使用的 Arnold 渲染器的研发工作。由于他对 Arnold 的杰出贡献，2017 年获得科学与工程学院奖（Academy Scientific and Engineering Award）。在加入 Sony 之前，任职于 STMicroelectronics，参与了包括机器视觉和高级渲染架构在内的各种项目。在劳伦斯利弗莫尔国家实验室期间，主要研究仿真可视化算法。拥有哈维玛德学院学士学位，以及加州大学戴维斯分校的硕士和博士学位。

John E.Stone 贝克曼高等科学技术研究所理论与计算生物物理学组的高级研究程序员。同时，担任伊利诺伊大学 NVIDIA CUDA 卓越中心的副主任。主持开发了 Visual Molecular Dynamics（VMD），这是一款高性能分子可视化工具软件，遍布全球的研究人员都在使用它。主要研究领域包括科学可视化、GPU 计算、并行计算、光线追踪、力反馈以及虚拟环境。2010 年获得 NVIDIA CUDA Fellow 称号。2015 年加入 Khronos Group Advisory Panel，参与 Vulkan API 的研发。由于对技术社区极具创新的领导贡献，2017 年和 2018 年获得了 IBM Champion for Power 奖项。还为许多项目提供咨询服务，包括计算机图形学、GPU 计算以及高性能计算。ACM SIGGRAPH 和 IEEE 成员。

Robert Toth NVIDIA 瑞典隆德高级软件工程师，主要从事光线追踪驱动的开发工作。2008 年获得隆德大学工程物理学的硕士学位。在 Intel 的 Advanced Research Technology 团队工作了 7 年，主要为 Larrabee 项目以及集成显卡解决方案提供算法。研究的算法主要包括随机光栅化方法、着色系统以及虚拟现实。

Carsten Wächter 把整个职业生涯都投入在光线追踪软件上，包括十年的 Mental Ray 以及 Iray 渲染器的开发。在该领域拥有多项专利和发明。目前在 NVIDIA 带领团队从事 NVIDIA 光线追踪开发库相关的 GPU 加速工作。在乌尔姆大学期间完成学位论文，研究主题是关于使用拟蒙特卡罗采样方法实现对光传输的加速，同时为光线追踪提供高效内存技术和高速算法，随后获得乌尔姆大学的博士学位。业余时间，爱好收藏弹球机，还开发了一个开源的弹球机仿真器。

Ingo Wald NVIDIA 光线追踪的总监。先后获得凯泽斯劳滕大学的硕士学位和萨尔大学的博士学位（都是和光线追踪相关的研究方向）。随后在萨尔布吕肯的马克斯·普朗克研究所担任博士后，在犹他大学担任研究员，还在 Intel 担任技术主管，负责基于软件定义的渲染项目（主要是 Embree 和 OSPRay）。合著撰写超过了 75 篇论文，拥有多项专利，并且参与了多个目前已广泛使用的光线追踪相关的软件项目。兴趣涉及高效高性能光线追踪所包含的几乎所有方面，从可视化到产品级渲染，从实时渲染到离线渲染，从硬件到软件。

Graham Wihlidal SEED 高级渲染工程师，他所在的是 Electronic Arts 旗下专门研究未来前沿技术和创新性实验的跨学科团队。在加入 SEED 之前，就职于 Frostbite 渲染团队，主要是为许多热门游戏实现各种技术并提供支持服务，这些游戏包括 Battlefield、Dragon Age: Inquisition、Plants vs.Zombies、FIFA、Star Wars: Battlefront 等。在 Frostbite 任职之前，在 BioWare 担任了多年的高级工程师，发布了多款游戏，包括 the Mass Effect、Dragon Age trilogies 和 Star Wars: The Old Republic。还出版过书籍，出席过许多会议。

Thomas Willberger Enscape 的创始人兼 CEO。Enscape 提供全套流程的实时渲染解决方案，排名前 100 位的建筑公司中有超过 80 家使用了该公司的解决方案。研究主题包括图像过滤、体积光（volumetrics）、机器学习以及基于物理的着色。2011 年获得卡尔斯鲁厄理工学院（KIT）机械工程专业的学士学位。

Michael Wimmer 维也纳工业大学（TU）视觉计算与人本技术研究所（the Institute of Visual Computing and Human-Centered Technology）副教授，他带领着 Rendering and Modeling Group。学术生涯是从 1997 年维也纳工业大学开始的，2001 年获得该校的博士学位。研究主题包括实时渲染、计算机游戏、城市环境实时可视化、基于点的渲染、城市模型重建、程序建模（procedural modeling）以及形状建模（shape modeling）。在以上这些领域发表了超过 130 篇论文。同时还是 *Real-Time Shadows* 的合著者。常年担任行业重要会议的组委会成员，包括 ACM SIGGRAPH、SIGGRAPH Asia、Eurographics、IEEE VR、EGSR、ACM I3D、SGP、SMI 以及 HPG 等会议。目前是 IEEE Transactions 的副主编，涉及的期刊有 *Visualization and Computer Graphics*、*Computer Graphics Forum* 以及 *Computers & Graphics*。曾担任下述学术会议的联合主席：Eurographics Symposium on Rendering 2008、Pacific Graphics 2012、Eurographics 2015、Eurographics Workshop on Graphics and Cultural Heritage 2018。

Chris Wyman NVIDIA 首席研究科学家，主要研究使用光栅化、光线追踪以及混合前两种技术的实时渲染算法。他几乎总能找到合适的技术或工具来处理问题，涉及深度学习、基于物理的光传输以及非常规方法处理光栅化问题。拥有明尼苏达大学的学士学位以及犹他大学计算机科学专业的博士学位。曾在爱荷华大学任教超过 10 年。

符号说明

在这里我们总结一下本书使用的符号。向量用粗体的小写字母表示，例如 $\boldsymbol{v}$；矩阵用粗体的大写字母表示，例如 $\boldsymbol{M}$；标量用斜体的小写字母表示，例如 a 和 v；点使用斜体的大写字母表示，例如 P；向量的成员用以下方式来表示：

$$\boldsymbol{v}=\begin{pmatrix}v_x\\v_y\\v_z\end{pmatrix}=\begin{pmatrix}v_0\\v_1\\v_2\end{pmatrix}=\begin{pmatrix}v_x & v_y & v_z\end{pmatrix}^{\mathrm{T}} \tag{1}$$

后者表示向量的转置，即列向量变为行向量。为了简化文本，我们通常使用的是 $v=(v_x,\ v_y,\ v_z)$，标量用逗号来分开，表示该列向量是用转置形式来表示。我们默认使用的是列向量。那么矩阵的乘法可以表示为 $\boldsymbol{Mv}$（译者注：矩阵右乘列向量），矩阵可以用这样来表示：

$$\boldsymbol{M}=\begin{pmatrix}m_{00} & m_{01} & m_{02}\\m_{10} & m_{11} & m_{12}\\m_{20} & m_{21} & m_{22}\end{pmatrix}=(\boldsymbol{m}_0,\ \boldsymbol{m}_1,\ \boldsymbol{m}_2) \tag{2}$$

在这里，$\boldsymbol{m}_{\mathrm{i}}$，$i\in\{0,\ 1,\ 2\}$ 是矩阵的列向量。对于归一化后的向量，我们使用下面的符号表示：

$$\hat{\boldsymbol{d}}=\frac{\boldsymbol{d}}{\|\boldsymbol{d}\|} \tag{3}$$

上面有个折线符号，代表该向量是归一化后的。向量的转置和矩阵的转置使用 $\boldsymbol{v}^{\mathrm{T}}$ 和 $\boldsymbol{M}^{\mathrm{T}}$。本书中出现的几个关键符号总结在下表中：

符　号	含　义
P	点
$\boldsymbol{v}$	向量
$\hat{\boldsymbol{v}}$	归一化后的向量
$\boldsymbol{M}$	矩阵

球体上的方向矢量通常用 ω 表示，（半）球体上的所有方向的集合用 Ω 表示。最后，两个向量之间的叉乘写成 $\boldsymbol{a}\times\boldsymbol{b}$，它们的点乘写成 $\boldsymbol{a}\cdot\boldsymbol{b}$。

目　录

第一部分　光线追踪基础

第二部分 相交和效率

第三部分 反射，折射与阴影

第四部分 采 样

第五部分 降噪与滤波

第七部分 全局光照

第一部分 光线追踪基础

今天，光栅化占领了实时渲染的大多数应用领域，因此许多寻找实时渲染技巧的读者上次遇到光线追踪可能还是在学生时代（可能几十年前）。本部分包含了介绍性的章节来帮助大家复习基础知识，在术语方面达成共识，并提供一些简单却很有用的代码模块。

第 1 章，“光线追踪术语”定义了本书中要用到的术语并且给出了引入这些术语的论文。对于第一次接触的读者来说，当你阅读文献时，会遇到令人费解、不断变化的术语，它们时而含义重复，时而模棱两可。在不理解这些术语如何演化到今天的情况下，直接去读 30 年前的论文会令人沮丧。该章节提供了一个基础的路线图。

第 2 章，“什么是光线？”覆盖了一些常见的关于光线的数学定义：如何思考光线，哪些公式通常会用于现代 API 中。虽然这是一个简单的章节，但是分离出这个基本结构的基础部分会有助于提醒读者数值精度问题比比皆是。对于光栅化，精度问题出现在深度缓存闪烁（z-fighting）和阴影贴图（Shadow Mapping）中；在光线追踪中，每光线查询都要小心处理以避免假性相交判断（精度问题在第 6 章中有更深入的探讨）。

最近，微软公司对外发布了 DirectX 光线追踪技术，它是 DirectX 光栅化 API 的扩展。第 3 章，“DirectX 光线追踪介绍”，简单介绍了该编程接口引入的抽象、心智模型和新的着色器类型。除此之外，还解释了如何初始化，并提供示例代码以帮助你入门。

光线追踪降低了构建任意相机模型的难度，而不像传统的光栅化那样必须定义 4×4 的投影矩阵来定义相机。第 4 章，“天文馆球幕相机”给出了构建一个 180° 半球形球幕投影（比如天文馆）的相机模型的数学形式和示例代码。这个章节同样展示了在光线追踪中添加立体渲染或者景深功能是多么容易。

第 5 章，“计算子数组的最小值和最大值”描述了三种不同的计算方法（并权衡了计算时的各种因素），用于计算数组中任意子数组的最小值和最大值。表面上看，评估这样的查询和光线追踪没有明显的关系，但是它可以应用到科学计算可视化这样的领域，在这些领域经常用到光线查询。

第一部分的知识可以帮你理解现代光线追踪的基础知识和进行高效渲染所需的思维模式。

Chris Wyman

第 1 章　光线追踪术语

Eric Haines, Peter Shirley　NVIDIA

本章节介绍了贯穿全书的背景知识和术语定义。

1.1　历史回顾

光线追踪在环境中追踪光的运动这一学科方向中具有悠久的历史，常常称为辐射传输（radiative transfer）。图形学从业者从中子迁移（neutron transport）[2]、热传导（heat transfer）[6] 和照明工程（illumination engineering）[11] 等领域引入了这些概念。因为有特别多的领域在研究这些概念，加上在学科之间或者学科内部术语经过不断发展，有时这些概念之间会出现分歧。经典的论文里也可能会错误地使用术语，给读者带来困扰。

光沿光线传播的基本度量是 SI 国际单位制（International System of Units）中的光谱辐射率 (spectral radiance)，其在真空中沿光线传播时保持不变，它最直观的感受就是亮度（brightness）。在得到标准化之前，光谱辐射经常被称为“强度”（intensity）或者“亮度”。计算机图形学丢弃了“光谱”这个前缀，因为我们从不使用非光谱的辐射（在所有波长上的辐射集合）。

图形学领域中涉及光线的术语在一直发展。几乎所有的现代光线追踪器都使用递归和蒙特卡罗法，因此现在很少有人会刻意称自己的渲染器为“递归式蒙特卡罗”光线追踪器。在 1968 年，苹果公司 [1] 使用光线来渲染图片。1979 年，Whitted [16] 和 Kay，Greenberg [9] 开发了一种递归光线追踪方法来描述精确的折射和反射。1982 年，Roth [13] 使用沿着光线的内向 / 外向区间列表以及局部实例化来进行 CSG 模型的渲染和体积估计。

1984 年，Cook 等人 [4] 提出了分布式光线追踪。在其他地方，为了避免和分布式处理混淆，此方法通常被称为随机（stochastic）光线追踪。几乎每一个现代光线追踪器都会使用随机采样的方法来实现景深（depth of field）、模糊反射（fuzzy reflection）和软阴影（soft shadow）等效果。1984 年之后不久，研究人员使用传统的辐射传输方法重新描述了绘制过程。1986 年，人们提出了两个重要的算法。Kajiya [8] 将积分传输方程称为渲染方程（rendering euqation）。他尝试了多种解决方案，其中包括他称为路径追踪（path tracing）的蒙特卡罗方法。Immel、Cohen 和 Greenberg [7] 提出了相同的传输方程，只是使用了不同的单位，并使用有限单元法（finite element method）来求解这个方程，该方法现在称为辐射度算法（radiosity）。

自三十多年前使用经典的辐射传输理论来重新描述这个图形学问题后，在如何从数值上进行问题求解方面大家做了大量的工作。一些关键的算法也发生了改变，如双向（bidirectional）路径追踪 [10, 14] 和 20 世纪 90 年代引入的基于路径的（path-based）方法 [15]。

更多细节，包含如何在项目中实现这些技术，在 Pharr、Jakob 和 Humphreys 的书[12]中有讨论。

1.2 定 义

我们在此强调一些本书中的重要术语，反映了行业中对这些概念的用法。虽然说除了一些标准单位，尚不存在公认的标准术语列表。

光线投射（ray casting）技术返回沿着光线最近的那个物体，有时甚至返回光线穿过的所有的物体。一根光线通过一个像素离开相机，在场景中行进，直到碰撞到最近的物体。作为着色的一部分，可以在发生碰撞的点向光源投射一个新的光线，以确定这个物体是否在阴影里，如图 1.1 所示。

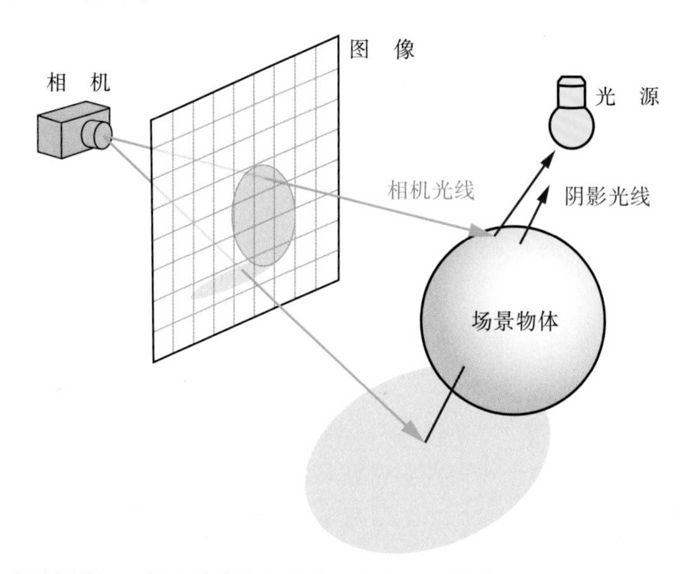

图 1.1 光线投射。一根光线从相机的位置出发经过像素网格进入场景中。在每个碰撞点，朝光源投射另一根光线来确定表面被照亮还是在阴影里（图片来源 Henrik，“光线追踪（图形学）”，维基百科）

光线追踪（ray tracing）利用光线投射的机制来递归地采集反射材质和折射材质对最终光强的贡献。比如，当光线碰到一个镜子，从镜子上的碰撞点沿反射方向投射一根光线。不管这个反射光线（reflection ray）和什么相交都会影响镜子最终的着色。类似的，透明物体如玻璃可能会同时产生反射光线和折射光线（refraction ray）。这个过程会不断递归下去，每一根新的光线都可能引发新的反射和折射光光线。递归通常都会有截断限制，比如光线的最大反弹次数。整个光线树会被反向地沿着光路评估，直至最后计算出颜色。和之前一样，我们在每个碰撞点向每个光源发射光线来确定该物体是否在阴影里，如图 1.2 所示。

在 Whitted 算法（即经典光线追踪）中，假设物体表面绝对闪亮光滑，光源是方向光或者说位于无穷远处。在 Cook 算法（即随机光线追踪）中，光线树中每个节点可以

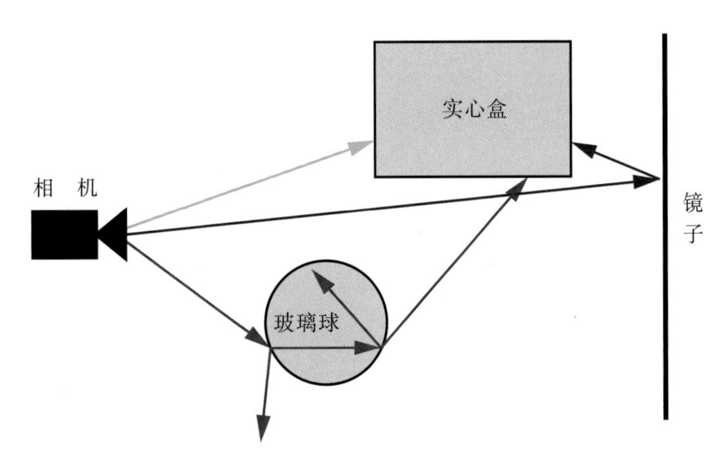

图 1.2　光线追踪。三束光线从相机射入场景。上方绿色的光线直接击中盒子。中间紫色的光线先击中镜子，经反射击中盒子的背部。下方蓝色光线击中玻璃球，产生反射和折射光线。折射光线接着产生两束子光线，其中一根穿过玻璃球

发射更多的光线以产生各种效果。比如说，我们想象一个球面光源而非点光源。物体表面的局部被照亮，因此我们需发射非常多的光线到球面光源上不同的位置，来估计有多少光照可到达。我们对面光源的可见程度进行积分，完全落在阴影里的点位于在全影区（umbra），局部照亮的点落在半影区（penumbra），如图 1.3 所示。

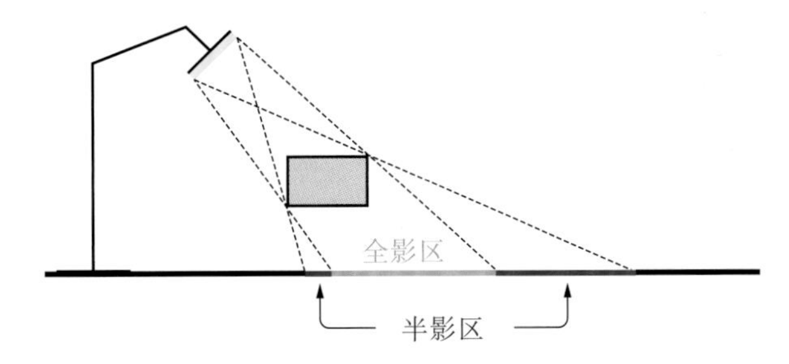

图 1.3　球面光源投射出柔和的半影区，全影区则完全在阴影当中

通过向反射方向上的锥形区域射出很多光线并对结果进行混合，我们得到带光泽的反射而非完全的镜面反射。如图 1.4 所示。这种分散采样点的理念同样可用于实现半透明（translucency）、景深（depth of field）、运动模糊（motion blur）等效果。

在真实世界中有很多光源，它们到达人眼的方式多种多样，包括折射和反射。光泽表面反射光线到很多方向上，不仅仅局限在反射方向上。漫反射或者哑光材质可以将光线分散到更广泛的范围。在路径追踪方法中，我们颠倒一下光的散射行为，使用出射方向和材质来决定入射方向最终着色的重要性。

追踪如此复杂的光线传输过程对计算资源的要求非常惊人，也容易造成低效的渲染。其实，为了产生一张图像，我们只需要光线沿着特定的一组方向穿过相机镜头。递归光线追踪（recursive ray tracing）及其衍生算法逆转了光线传播的物理过程，仅在相机处对最终图像内容的方向生成光线。

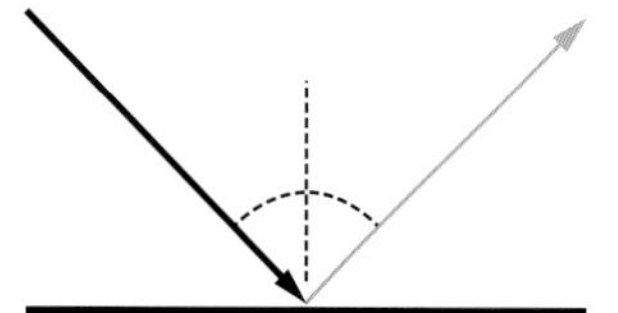

(a) 入射光被反射后朝单个方向离开镜面

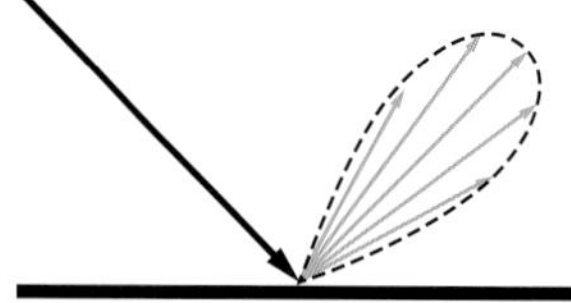

(b) 在被打磨过的材质上(比如黄铜)，在反射方向附近散布光线并使表面有光泽

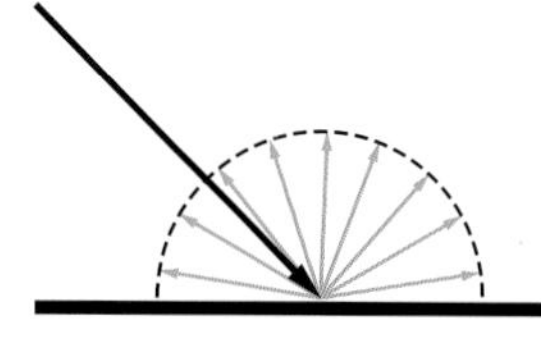

(c) 在漫反射或哑光的材质上(比如石膏)，反射光线被散布到各个方向

图 1.4 镜面(mirror)反射、光泽(glossy)反射及漫(diffuse)反射

在 Kajiya 风格算法(即路径追踪)中，场景中的哑光表面会反射光线，它可以模拟现实世界中的所有光路(衍射之类的相位效果除外)。这里的光路(path)指的是从相机到光源之间一系列的光与物体的相互作用。

每个表面的交点处都需要结合材质的反射属性来估算它周围所有方向上的光线的贡献。例如，一堵红色的墙旁边有白色的屋顶，墙会反射红色的光到屋顶，反之亦然。墙和屋顶会不断产生更多的相互反射，这些相互反射又会产生更多反射光线，不断影响彼此的着色。我们从相机的视角递归地累计这些效果，只有当光线击中光源时才结束该光路。通过这种方法，才可能生成出真实的基于物理的图像。

这里我们使用了“可能”，如果我们在一个粗糙的表面射出一组光，比方说一千束。然后对于每一束光，我们递归地发射出另外上千束，那我们仅仅是计算一个像素点就可以到天荒地老了。相反，当一束光线从人眼发射出去并碰到一个可见的表面上，在碰撞点光线追踪器在有用的方向上只产生一束光。这束光依次产生一束光并持续下去，这些光线并最终形成一个路径。对于一个像素，将多个路径的结果进行混合就可以估计出真正的像素辐射值。随着追踪的路径数量变多，最后的效果也会提升。通过适当的处理，路径追踪可以给出无偏(unbiased)的、符合物理现实的结果。

大多数现代的光线追踪器对每个像素使用多束光线作为蒙特卡罗(Monte Carlo，MC)算法的底层部分。Cook 风格和 Kajiya 风格的算法就是例子。这些算法都在某些空间对各种概率密度函数 (probability density function，PDF) 有着特定的理解。比如，在 Cook 风格算法中，我们可能会在一个透镜空间包含一个 PDF。在 Kajiya 风格算法中，PDF 将会在我们称为路径空间(path space)的路径上出现。

蒙特卡罗算法使用不均匀分布的 PDF 采样来减少误差，这种采样称为重要性采样(importance sampling)。使用数论方法中的样本低差异模式而不是传统的伪随机数生成器来创建随机样本被称为准蒙特卡罗(Quasi-Monte Carlo，QMC)采样。大部分场合，计算机图形学从业者使用 MC 和 QMC 领域的标准术语。然而，这样的做法有时会造成同义词混淆。比如，计算机图形学中的“使用阴影光线的直接光照”是 MC/QMC 中“下一事件估计”的一个例子。

从形式化的角度看，渲染器求解的是传播方程(transport equation)，在图形学领域也常被称作渲染方程（rendering equation）。这个方程经常被写作表面上一点的能量平衡方程。在一些文献中符号会有变化，但是都和下面的公式很相似：

$$L_o(P, \omega_o) = \int_{S^2} f(P, \omega_o, \omega_i) L_i(P, \omega_i) |\cos\theta_i| d\omega_i \tag{1.1}$$

这里，L_o 是在点 P 处以 ω_o 方向离开表面的辐射，表面属性 f 是双向反射分布函数（bidirectional reflectance distribution function，BRDF）。这个函数也经常标记为 f_r 或者 ρ。L_i 是 ω_i 方向上的入射光线，表面法线和入射光线的夹角是 θ_i，$|\cos\theta_i|$ 表示这个角度的几何衰减。通过对所有表面和物体的光的影响（而非仅仅是光源）进行积分，考虑所有入射方向和表面 BRDF 的影响，我们能得出辐射度，即光线的颜色。因为 L_i 通常需要递归计算，因此对点 P 可见的所有表面都需要计算出辐射值，路径追踪及衍生算法在所有可能的路径中选出最重要的，这条路径对于最终的结果能给出最好的近似。

通常点 P 会被隐式地略去，而波长 λ 可作为函数的额外输入。我们也经常见到一些更泛化的渲染方程，它们会包含类似烟或雾的参与媒介（participating media）或是类似衍射的物理光学效应（physical optics effect）。

谈到参与媒介，光线步进（ray marching）是在一个区间里沿着光线前进并在光线方向采样的过程。这种投射光线的方法经常用来做体渲染（volume rendering），在这类场景里不存在特定的表面，而是用一些方法来计算光对体积中每个位置的影响。一种替代光线步进的方式是模拟体积内的碰撞。

光线步进的变种，比如 Hart 的球追踪（sphere tracing）算法[5]也常用在由隐式距离方程（implicit distance equation）定义的场景中，它可以判断光线与表面的相交以及搜索表面时沿着光线方向采样进行内部 / 外部测试。这里的“球”是由与物体表面等距的点形成的球，它和球与光线的相交测试无关。按照本章之前的表示方法，这个过程应该称为“球体投射”（sphere casting）而不是“球体追踪”（sphere tracing）。这种类型的求交检测经常用于演景（demoscene）程序，并因为 Shadertoy 网站变得流行。

本章我们只涉及光线相关渲染技术的基础部分和其对应术语。有关更多资源的指南，请参阅网站：http://raytracinggems.com。

参考文献

[1] Appel, A. Some Techniques for Shading Machine Renderings of Solids. In AFIPS ’68 Spring Joint Computer Conference (1968), 37–45.

[2] Arvo, J., and Kirk, D. Particle Transport and Image Synthesis. Computer Graphics (SIGGRAPH) 24,4 (1990), 63–66.

[3] Cook, R. L. Stochastic Sampling in Computer Graphics. ACM Transactions on Graphics 5, 1 (Jan.1986), 51–72.

[4] Cook, R. L., Porter, T., and Carpenter, L. Distributed Ray Tracing. Computer Graphics (SIGGRAPH)18, 3 (1984), 137–145.

[5] Hart, J. C. Sphere Tracing: A Geometric Method for the Antialiased Ray Tracing of ImplicitSurfaces. The Visual Computer 12, 10 (Dec 1996), 527–545.

[6] Howell, J. R., Menguc, M. P., and Siegel, R. Thermal Radiation Heat Transfer. CRC Press, 2015.

[7] Immel, D. S., Cohen, M. F., and Greenberg, D. P. A Radiosity Method for Non-Diffuse Environments. Computer Graphics (SIGGRAPH) 20, 4 (Aug. 1986), 133–142.

[8] Kajiya, J. T. The Rendering Equation. Computer Graphics (SIGGRAPH) (1986), 143–150.

[9] Kay, D. S., and Greenberg, D. Transparency for Computer Synthesized Images. Computer Graphics (SIGGRAPH) 13, 2 (1979), 158–164.

[10] Lafortune, E. Bidirectional Path Tracing. In Compugraphics (1993), 145–153.

[11] Larson, G. W., and Shakespeare, R. Rendering with Radiance: The Art and Science of Lighting Visualization. Booksurge LLC, 2004.

[12] Pharr, M., Jakob, W., and Humphreys, G. Physically Based Rendering: From Theory to Implementation, third ed. Morgan Kaufmann, 2016.

[13] Roth, S. D. Ray Casting for Modeling Solids. Computer Graphics and Image Processing 18, 2 (1982), 109–144.

[14] Veach, E., and Guibas, L. Bidirectional Estimators for Light Transport. In Photorealistic Rendering Techniques (1995), 145–167.

[15] Veach, E., and Guibas, L. J. Metropolis Light Transport. In Proceedings of SIGGRAPH (1997),65–76.

[16] Whitted, T. An Improved Illumination Model for Shaded Display. Communications of the ACM 23, 6(June 1980), 343–349.

第 2 章　什么是光线？

Peter Shirley, Ingo Wald, Tomas Akenine-Möller, Eric Haines　NVIDIA

本章我们将定义光线和光线区间，并演示如何使用 DirectX Raytracing（DXR）创建一束光线。

2.1　光线的数学表示

对于光线追踪来说，一个可计算的三维光线结构非常重要。不论在数学还是光线追踪技术中，一束光线（ray）通常指的是三维空间的射线。光线往往用直线上的一段区间表示。对于三维直线来说没有一个类似于二维直线 $y = mx + b$ 的隐式方程。所以，我们通常使用到参数形式。本章中，所有的线、点和向量都假定为三维的。

一个参数形式的线可以表示为两个点 A，B 的加权平均值。

$$P(t) = (1 - t)A + tB \tag{2.1}$$

在编程时，我们可以将这种表示方法看作一个函数 $P(t)$，它拥有一个实数输入 t，并且返回一个点 P。对于整条直线来说，参数式可以输入任意实数，$t \in [-\infty, +\infty]$，并且随着 t 的变化，点 P 沿着线连续移动，如图 2.1 所示。为了实现这个函数，我们需要一种表示点 A 和 B 的方式。表示方法可以基于任意的坐标系，但是我们大多数情况时使用的都是笛卡儿坐标系。在很多 API 和编程语言中，这个表示方法通常是 vec3 或者 float3 并且包含 x、y、z 三个实数。同一条直线能够被线上任意两个不同的点所表示。但是选择不同的点，会改变给定的 t 值所对应的点位置。

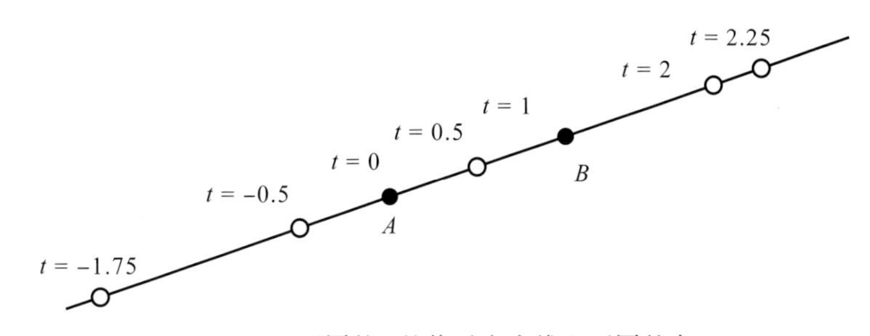

图 2.1　不同的 t 的值对应光线上不同的点

通常我们使用一个点与一个方向向量的形式，而不是两个点。如图 2.2 所示，选择光线方向（ray direction）$\boldsymbol{d}$ 为 $B-A$，并且光线原点（ray origin）O 为点 A，得到

$$P(t) = O + t\boldsymbol{d} \tag{2.2}$$

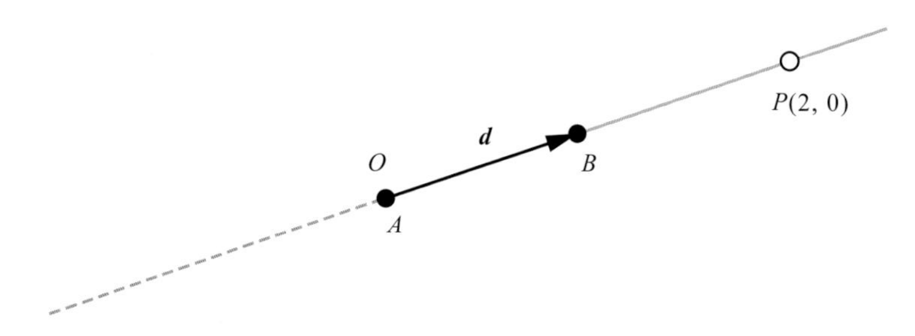

图 2.2 光线 $P(t) = O+t\boldsymbol{d}$，由原点 O 和方向 $\boldsymbol{d}$ 组成，在这个例子中，$\boldsymbol{d} = B-A$。通常我们只对正方向上的相交感兴趣，即点位于原点的前方（$t > 0$）。在图中我们在原点背后画虚线以表示该限制

因为各种原因，比如需要用点积计算向量之间的余弦值，我们可以限制 $\boldsymbol{d}$ 为单位向量 $\hat{\boldsymbol{d}}$，即归一化向量。归一化方向向量一大优点是，t 可以直接表示离开原点的有符号距离。更一般地，任何两个 t 值的差值就是两点之间的实际距离。

$$\|P(t_1)-P(t_2)\| = |t_2 - t_1| \quad (2.3)$$

对于一般的向量 $\boldsymbol{d}$，这个公式应该乘以 $\boldsymbol{d}$ 的长度，即

$$\|P(t_1)-P(t_2)\| = |t_2 - t_1|\|\boldsymbol{d}\| \quad (2.4)$$

2.2 光线区间

顺着式（2.2）的光线公式，我们脑海中呈现的光线是朝着一个方向无限长的线。然而，在光线追踪应用中，光线几乎一直伴随着附加的区间，即 t 值的有效取值范围，在这个区间内的相交才是有效的。通常我们使用 $t_{\min}$ 和 $t_{\max}$ 这两个值来决定这个区间，这就使得 $t \in [t_{\min}, t_{\max}]$。换句话说，如果交点的 $t < t_{\min}$ 或 $t > t_{\max}$，那么这次相交都是无效的，如图 2.3 所示。

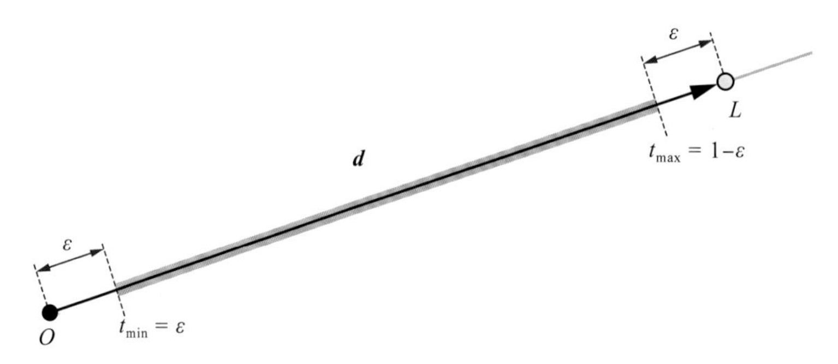

图 2.3 在该例中，光源位于 L，我们希望在 O 和 L 之间搜寻交点。我们使用光线区间 $[t_{\min}, t_{\max}]$ 来约束有效的 t 值。为避免精度问题，我们将光线区间设置为 $[\varepsilon, 1-\varepsilon]$，即对应图中的淡蓝色线段

当超过给定距离的命中不影响结果时，我们会给出最大值，例如阴影光线。假设我们有着色点 P，并且想要询问它对于光源 L 的可见性。我们创建一个阴影光线，其中原

点 $O = P$，非标准化的方向向量 $\boldsymbol{d} = L-P$，$t_{\min} = 0$，并且 $t_{\max} = 1$。如果交点 t 属于 [0, 1]，那么与光线相交的几何体挡住了光线。在实践中，我们通常让 $t_{\min} = \varepsilon$，$t_{\max} = 1-\varepsilon$，ε 是一个极小值。这种设置可以避免由于数值精度不够造成的自相交。使用浮点值进行数学运算时，P 所在的表面可能会以一个极小的非零值 t 与光线相交。对于非点光源（non-point lights），光源的几何体不应遮挡阴影光线，因此我们使用 $t_{\max} = 1-\varepsilon$ 来缩短区间。在理想的数学世界中，这个问题很容易解决，我们将取值区间转为开区间（open interval）即可忽略 $t = 0$ 及 1 处的交点。在计算机世界中，由于浮点精度是有限的，使用 ε 因子是一种常见的解决方案。有关如何避免自相交的更多信息，请参见第 6 章。

在使用归一化的光线方向的项目中，我们还可以设置 $O = P$，$\boldsymbol{d} = \dfrac{L-P}{\|L-P\|}$，$t_{\min} = \varepsilon$，$t_{\max} = l-\varepsilon$，在这里，$l = \| L-P \|$ 是 P 到光源 L 的距离。请注意，这个 ε 必须不同于前面的 ε，因为 t 的取值范围变了。

一些渲染器使用单位长度向量来表示全部或部分光线的方向。这样做可以通过点积与其他单位向量进行有效的余弦计算，除了使代码更具可读性之外，它还可以使对代码进行推理变得更容易。如前所述，单位长度意味着光线参数 t 可以被解释为一个距离，而无需按方向向量的长度进行缩放。然而，实例化的几何体（instanced geometry）可以针对每个实例设置不同的空间变换。光线与物体的相交测试需要将光线变换到物体空间中，这将更改方向向量的长度。为了在这个新空间中正确地计算 t，这个变换后的向量不需要进行归一化。此外，归一化会花费一点性能，而且对于阴影光线可能是不必要的。由于这些优缺点同时存在，关于是否应该使用单位方向向量没有一个统一的建议。

2.3　DXR 中的光线

这个部分我们将展示 DirectX Raytracing [3] 中光线的定义。在 DXR 中，光线具有下面的数据结构：

```
1 struct RayDesc
2 {
3     float3 Origin;
4     float  TMin;
5     float3 Direction;
6     float  TMax;
7 };
```

在 DXR 中处理光线类型的方式也不一样，其中指定的着色器程序（shader program）与每种不同类型的光线相关联。使用 DXR 中的 `TraceRay()` 函数来追踪光线时，需要填充 RayDesc 结构体。`RayDesc::Origin` 设置光线的原点 O，`RayDesc::Direction` 设置方向 d，同时 t 的区间（`RayDesc::TMin` 和 `RayDesc::TMax`）也必须初始化。举例来说，对于眼睛光线（RayDesc eyeRay），我们设置 `eyeRay.TMin = 0.0` 及 `eyeRay.TMax = FLT_MAX`，这表示我们对位于原点前的所有相交都感兴趣。

2.4 小 结

本章介绍了在光线追踪器中如何定义和使用光线，并给出了 DXR API 的光线定义作为一个例子。这和其他光线追踪系统，如 OptiX[1] 和 Vulkan 光线追踪扩展[2] 有着细微的不同。例如，OptiX 明确定义了光线类型，如阴影光线（shadow ray）。这些系统也具有一些共性，例如都使用了光线负载（ray payload）的概念。光线负载是一种数据结构，可由开发人员自由定义光线携带的附加信息，并由各个着色器或模块（module）进行读写操作。这种数据是与特定的应用相关。当然了，万变不离其宗，定义了光线的渲染系统中，都存在光线的原点、方向和区间。

参考文献

[1] NVIDIA. OptiX 5.1 Programming Guide. http://raytracing-docs.nvidia.com/optix/guide/index.html, Mar. 2018.

[2] Subtil, N. Introduction to Real-Time Ray Tracing with Vulkan. NVIDIA Developer Blog, https://devblogs.nvidia.com/vulkan-raytracing/, Oct. 2018.

[3] Wyman, C., Hargreaves, S., Shirley,P., and Barré-Brisebois, C. Introduction to DirectXRayTracing. SIGGRAPH Courses, Aug. 2018.

第 3 章 DirectX 光线追踪介绍

Chris Wyman, Adam Marrs NVIDIA

类似于DirectX12这样的现代图形API会暴露给开发者底层硬件的访问和控制权限，这通常意味着复杂和冗长的代码，容易使初学者退缩。在这一章，我们希望能够深入浅出地解释清楚如何使用DirectX进行光线追踪。

3.1 介 绍

在2018年游戏开发者大会（GDC）上，微软宣布了DirectX Raytracing（DXR）API，它扩展DirectX12增加了原生的光线追踪支持。自2018年10月的Windows10更新起，这些API运行在所有的支持DirectX12的GPU上，要么使用专用硬件加速，要么运行在基于计算着色器实现的软件模拟上。这个功能给DirectX渲染器提供了新的选择，从成熟的、电影般质量的路径追踪（path tracer）到更易使用的混合光线追踪与光栅化的方案（ray-raster hybrid），例如用光线追踪技术代替光栅化的阴影与反射。

与所有图形API一样，在深入研究代码之前，有一些预备知识非常重要。本章假定读者已了解光线追踪基本原理，读者可以查阅本书的其他章节或者本章参考文献［4］和［10］两篇论文作为基础。此外，我们还假定读者熟悉GPU编程。为了理解光线追踪着色器，基本的DirectX、Vulkan或OpenGL经验会对你有所帮助。DirectX12方面的底层开发经验，对于理解光线追踪也有帮助。

3.2 概 述

GPU编程有三个与API无关的关键元素：GPU设备端代码、CPU主机端初始化过程、GPU设备与CPU主机之间的数据共享。在讨论这三个元素前，第3.3节将介绍一些重要的软件和硬件需求，以便开始构建和运行基于DXR的程序。

然后我们将讨论每个核心元素，3.4 ~ 3.6节首先讲述如何编写DXR着色器代码。用于DXR的高级着色语言（high-level shading language，HLSL）代码看起来类似于用C++编写的串行CPU光线追踪器。利用封装主机端图形API的函数库（例如Falcor[2]），即使是初学者也可以快速构建有趣的GPU加速的光线追踪器。图3.1展示了一个例子，它是使用Falcor编写的一个简单的路径追踪渲染器。

第3.7节对DXR主机端设置过程进行了概述，并描述了API背后的思维模型。第3.8节详细介绍了初始化DXR、构建所需的光线加速结构（ray acceleration structure）和编译光线追踪着色器所需的主机端步骤。第3.9节和第3.10节分别介绍了光线追踪管线状态对象（pipeline state object）和着色器表（shader table），定义了主机和GPU之间的数据共享。最后，第3.11节展示了如何设置和发射光线。

图 3.1 基于 DirectX 路径追踪呈现的 Amazon Lumberyard 小酒馆

DirectX 抽象了光线加速结构，与软件渲染器所不同的是，在软件渲染器中这种结构的选择最为影响性能。目前的共识是，层次包围盒结构（bounding volume hierachy，BVH）比其他数据结构具有更多优点，因此本章的前半部分所提到的加速结构指的就是 BVH，尽管 DirectX 并不强制使用 BVH。第 3.8.1 节详细介绍如何初始化加速结构。

3.3 准备就绪

为了开始构建 DirectX 光线追踪程序，你需要一些标准工具。DXR 只能运行在 Windows 10 RS5(或更高版本) 上（也被称为 1809 版）或 2018 年 10 月的更新。运行 winver.exe 或打开设置→系统→关于，来检查你的 Windows 版本是否符合要求。

在确认操作系统之后，还需要安装一个更新过的 Windows SDK，以得到包括 DXR 功能的头文件和库。这需要 Windows 10 SDK 10.0.17763.0 或更高版本，这也可以称为 Windows 10 SDK 版本 1809。你需要 Visual Studio 或类似的编译器，Visual Studio 2017 的专业版和免费社区版都可以使用。

最后，光线追踪需要一个支持 DirectX12 的 GPU(通过运行 dxdiag.exe 来检查)。使用硬件加速光线追踪可以显著提高复杂场景和高分辨率时的性能。在较老的 GPU 上，每个像素追踪多束光线可能也是可行的，特别是使用简单的场景或较低的分辨率时。由于各种原因，光线追踪通常比光栅化更耗显存。由于容易引起颠簸（thrashing），显存较小的硬件可能会表现出糟糕的性能。

3.4 DirectX 光线追踪管线

传统的 GPU 光栅化管线包含许多可编程的阶段，开发人员编写自定义着色器代码来控制图像的生成。DirectX 光线追踪引入了一个新的光线图元（ray primitive）和灵活的逐光线（per-ray）存储的数据（参见 3.5.1 节）以及五个新的着色器类型，如图 3.2 中简化的管线图所示。这些着色器可以发射光线，控制光线与几何体的相交，并对检测到的物体进行着色。

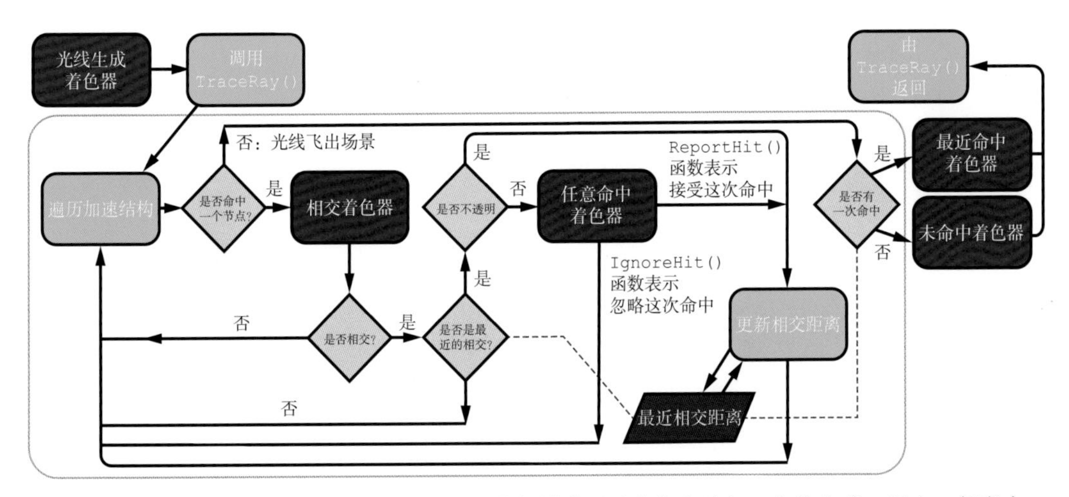

图 3.2　DXR 管线的简化图，包括五个新的着色器类型（蓝色表示）：光线生成、相交、任意命中、最近命中和未命中着色器。遍历场景的循环中（占了图中的绝大部分，被大的灰色轮廓线包围）充满着复杂性，其中光线针对包围体节点进行相交测试，并对潜在的相交对象进行排序以确定最近的命中。本图没有显示来自最近命中和未命中着色器对 TraceRay() 潜在的递归调用

（1）光线生成着色器（ray generation shader，以下简称 raygen）：启动整个管线，允许开发人员使用新的内置 TraceRay() 着色器函数指定要启动哪些光线。与传统的计算着色器（compute shader）类似，它在规整的一维、二维或三维样本网格上执行。

（2）相交着色器（intersection shader）：定义了光线与任意图元的相交计算。针对光线与三角形的相交，DXR 提供了默认的高性能实现。

（3）任意命中着色器（any-hit shader）[1)]：允许可控地丢弃无效的相交，例如，在纹理查找之后忽略透明遮罩（alpha-masked）的几何对象。

（4）最近命中着色器（最近命中着色器 hit shader）：在光线途中最近的一个交点处执行。通常会在交点处计算颜色，类似于光栅化管线中的像素着色器（pixel shader）。

（5）未命中着色器（miss shader）：在光线没有命中场景中任何的几何体时被执行。这允许我们对环境贴图或动态的天光模型进行采样。

下面的伪代码描述了一个简单的 CPU 光线追踪器，你可以在入门教材[9]中找到它。代码遍历了输出图像，计算每条光线的方向，遍历加速结构，在重叠的加速结构节点中与几何体求交，查询这些交叉是否有效，并为最终结果着色。

至少在标准用例中，新的 DXR 着色器与这个简单光线追踪器的某些部分是对应的。光线生成着色器的启动尺寸对应于图像的尺寸，相机对每个像素生成光线的计算也发生在这个着色器中。

1）尽管叫这个名字，任意命中着色器并不会在每个相交点运行一次，主要是出于性能原因。默认情况下，对每束光线它们可以运行数量可变的与实现相关的次数。仔细阅读 DXR 文档，以更好地理解并在复杂场景下控制它的行为。

```
for x, y ∈ image.dims() do
    [1] ray = computeRay(x, y);
    closestHit = null;
    while
     leaf = findBvhLeafNode(ray, scene)
     do
        [2] hit = intersectGeometry(ray,
        leaf);
        if isCloser(hit, closestHit) then
            if [3] isOpaque(hit) then
                closestHit = hit;
    if closestHit then
        [4] image[x,y] = shade(ray,
        closestHit);
    else
        [5] image[x,y] = miss(ray);
```

当光线遍历层次包围盒结构时，叶子节点中图元的实际相交逻辑出现在相交着色器中，并且可以在任意命中着色器中丢弃检测到的相交点。最后，一旦光线完成了对加速结构的遍历，它要么在最近命中着色器中进行着色，要么在未命中着色器中被赋予默认颜色。

3.5 HLSL 针对 DXR 的新增支持

微软新增了多种内置固有函数（built-in intrinsic）来支持光线追踪所需的功能，增强了标准的 HLSL 数据类型、纹理与缓存资源和内置函数（请参阅 DirectX 文档[5]）。新增的固有函数可分为五类：

（1）光线遍历函数（ray traversal function）：产生光线并允许控制光线的执行。

（2）启动自检函数（launch introspection function）：查询启动维度，并标识当前线程正在处理的光线（或像素）。这些函数在任何光线追踪着色器中都是有效的。

（3）光线自检函数（ray introspection function）：会查询可用的光线参数和属性，仅当着色器拥有一根输入光线时才可使用，包含除了光线生成（raygen）着色器之外所有的光线追踪着色器。

（4）对象自检函数（object introspection function）：查询对象及实例的属性，当着色器拥有输入图元时可用，包含相交、任意命中和最近命中着色器。

（5）命中自检函数（Hit introspection function）：查询当前相交的属性，这些属性主要由用户定义，因此这些函数允许相交着色器和命中着色器之间通信。这些功能只在任意命中着色器和最近命中着色器里可用。

3.5.1 在 HLSL 中生成新的光线

TraceRay() 是新添的最重要的函数，TraceRay() 可以生成一束光线。从逻辑上讲，这表现得类似于对贴图进行采样：它会暂停你的着色器程序一些不固定的 GPU 时间（而且可能是很长的时间），当结果可用时，程序恢复执行。光线生成着色器、最近命中着色器和未命中着色器可以调用 TraceRay()。这些着色器可以在每个线程中启动零束、一束或多束光线。光线发射的基本代码如下：

```
1 RaytracingAccelerationStructure scene;            // 从C++传入的场景BVH
2 RayDesc ray = { rayOrigin, minHitDist, rayDirection, maxHitDist };
3 UserDefinedPayloadStruct payload = { ... <initialize here>... };
4
5 TraceRay( scene, RAY_FLAG_NONE, instancesToQuery,  // 什么几何体?
6           hitGroup, numHitGroups, missShader,      // 哪些着色器?
7           ray,                                     // 追踪什么光线?
8           payload );                               // 使用什么负载数据?
```

用户定义的负载（payload）结构包含每束光线的数据持续到光线的生命周期结束。在遍历以及 TraceRay() 返回结果时，用它来维护光线的状态。DirectX 定义了 RayDesc 结构用于存储光线的起点、方向、最小和最大的碰撞距离（有序打包成两个 float4）。超过规定的区间，光线交点就会被忽略。加速结构需通过 CPU 主机端 API 进行定义（请查看 3.8.1 部分）。

第一个参数 TraceRay() 选择包含几何体的 BVH。简单的光线追踪器通常使用单个 BVH，但是独立地查询多个结构可以允许不同类型的几何体（例如，透明 / 不透明、动态 / 静态）有不同的行为。

第二个参数包含改变光线行为的标志位，例如允许对光线使用额外的优化策略。

第三个参数是一个整型的实例掩码，它允许检查每个实例的掩码来跳过某些几何体，如果你并不希望跳过任何几何体，应该使用 0xFF。

第四个和第五个参数用于选择命中组（hit group）。命中组包括相交着色器、最近命中着色器以及任意命中着色器（其中一些可以是设为 null）。最终使用的命中组依赖于这些参数与需要进行命中测试的几何体类型及 BVH 实例。对于基本的光线追踪器，每类光线通常仅有一个命中组。例如，主光线（primary ray）可能使用命中组 0，阴影光线（shadow ray）使用命中组 1，全局光照光线（global illumination ray）使用命中组 2。在这种情况下，第四个参数选择光线类型，第五个参数指定不同光线类型的数量。

第六个参数指定使用哪个未命中着色器，这对应到已加载的未命中着色器列表中的索引。第七个参数是要追踪的光线，第八个参数是用户定义的持久有效的光线负载结构。

3.5.2 在 HLSL 中控制光线遍历

除了在光线启动时指定标记外，DirectX 还额外提供了三个函数来控制相交着色器和任意命中着色器中的光线行为。在自定义的相交着色器中调用 ReportHit() 函数来指定光线命中图元的空间位置。下面是示例代码：

```
1 if ( doesIntersect( ray, curPrim ) ) {
2     PrimHitAttrib hitAttribs = { ... <initialize here>... };
3     uint hitType = <user-defined-value>;
4     ReportHit( distToHit, hitType, hitAttribs );
5 }
```

ReportHit() 函数的输入是在光线方向上离交点的距离、一个可自定义的指定命中类型的整数，以及一个可自定义的命中属性结构。命中类型可供命中着色器使用，是一个通过 HitKind() 函数返回的 8 位无符号整数。这可用于决定光线与图元的相交属性，比如面的朝向。然而它的功能不止于此，它的用法非常灵活，可完全由用户自定义。当内置的三角形相交检测器（triangle intersector）报告了一次命中时，HitKind() 函数会返回 D3D12_HIT_KIND_TRIANGLE_FRONT_FACE 或者 D3D12_HIT_KIND_TRIANGLE_BACK_FACE。命中属性作为参数被传递给任意命中着色器和最近命中着色器。当使用内置的三角形检测器时，命中着色器使用一个 BuiltInTriangleIntersectionAttributes 类型的参数。同时也要注意如果当前击中的对象是迄今为止最近的命中（即 closest hit），那么 ReportHit() 函数将返回 true。

在一个任意命中着色器中调用 IgnoreHit() 函数将停止对当前命中点的处理。之后运行逻辑将返回到相交着色器中执行（并且 ReportHit() 返回 false）。这一点和光栅化中进行的 discard 非常类似，不同之处是在该过程中对光线 payload 的修改将被保留。

在一个任意命中着色器中调用 AcceptHitAndEndSearch() 函数将接受当前命中点，立刻跳过所有还未搜索的 BVH 节点，直接使用当前的 closest hit 对象调用最近命中着色器。这有助于优化阴影光线的遍历，因为这些光线很简单，只用判断是否有任意对象被命中，而不需要触发更复杂的着色和光照计算。

3.5.3 额外的 HLSL 内部函数

所有的光线追踪着色器都能够通过 DispatchRaysDimensions() 或者 DispatchRaysIndex() 函数查询当前所发射的光线的尺寸和对某个线程的光线的索引。注意这两个函数都返回 uint3，因为所发射的光线的尺寸可以是一维、二维或者三维。

为了自检，WorldRayOrigin()、WorldRayDirection()、RayTMin() 和 RayFlags() 这些函数分别返回光线的原点、方向、最小遍历距离和传给 TraceRay() 函数的光线标志位。在任意命中着色器和最近命中着色器中，RayTCurrent() 函数返回到当前命中点的距离。在相交着色器中，RayTCurrent() 函数返回到最近命中点的距离（在着色器执行过程中可能会改变）。在未命中着色器中，RayTCurrent() 函数返回传递给 TraceRay() 函数的最大遍历距离。

在相交着色器、任意命中着色器和最近命中着色器中，有许多的对象自检函数可用：

（1）InstanceID()：返回一个用户自定义的当前实例的标识符。

（2）InstanceIndex() 和 PrimitiveIndex()：返回系统定义的当前实例和图元的标识符。

（3）ObjectToWorld3x4() 和 ObjectToWorld4x3()：提供从对象空间变换到世界空间的变换矩阵。

（4）WorldToObject3x4() 和 WorldToObject4x3()：返回从世界空间变换到对象空间的变换矩阵。

（5）ObjectRayDirection() 和 ObjectRayOrigin()：提供了变换到实例的坐标空间的光线数据。

3.6　一个简单的 HLSL 光线追踪案例

下面这段 HLSL 代码片段，展示了在具体项目中的光线追踪是怎么工作的。首先它通过函数 ShadowRay() 来定义一根光线，如果光线是被遮挡的，就返回 0，否则返回 1（即它是一条“阴影光线”）。由于 ShadowRay() 调用了 TraceRay()，因此它只能在光线生成着色器、最近命中着色器和未命中着色器中调用。逻辑上说，我们假设一束光线是被遮挡的，除非未命中着色器被执行时我们才能确定这束光线未被遮挡。这样做可以跳过最近命中着色器（使用标志位 RAY_FLAG_SKIP_CLOSEST_HIT_SHADER），同时在任何发生遮挡的地方立即停止执行（使用标志位 RAY_FLAG_ACCEPT_FIRST_HIT_AND_END_SEARCH）。

```
 1 RaytracingAccelerationStructure scene;       // 这里是C++构建好的BVH
 2
 3 struct ShadowPayload {                       // 定义一个光线负载
 4   float isVisible;                           // 0: 遮挡, 1: 可见
 5 };
 6
 7 [shader("miss")]                             // 定义未命中着色器 #0
 8 void ShadowMiss(inout ShadowPayload pay) {
 9   pay.isVisible = 1.0f;                      // 未命中！光线没有被遮挡
10 }
11
12 [shader("anyhit")]             // 定义任意命中着色器，添加至命中组#0
13 void ShadowAnyHit(inout ShadowPayload pay,
14                   BuiltInTriangleIntersectionAttributes attrib) {
15   if ( isTransparent( attrib, PrimitiveIndex() ) )
16     IgnoreHit();                             // 忽略透明的命中点
17 }
18
19 float ShadowRay( float3 orig, float3 dir, float minT, float maxT ) {
20   RayDesc ray = { orig, minT, dir, maxT }; // 定义一束新光线
21   ShadowPayload pay = { 0.0f };              // 光线默认被遮挡
22   TraceRay( scene,
23             (RAY_FLAG_SKIP_CLOSEST_HIT_SHADER |
```

```
24              RAY_FLAG_ACCEPT_FIRST_HIT_AND_END_SEARCH),
25              0xFF, 0, 1, 0, ray, pay );      // 命中组#0；未命中着色器 #0
26   return pay.isVisible;                      // 返回光线负载
27 }
```

这段代码中用到了自定义函数 isTransparent()，该函数基于图元 ID 和命中点来查询材质系统，执行透明度测试（alpha testing）。

有了这个函数，阴影光线很容易通过其他着色器生成。例如，一个简单的环境光遮挡（ambient occlusion，AO）渲染器可能看上去像这样：

```
1 Texture2D<float4> gBufferPos, gBufferNorm;  // 输入：几何缓存（G-buffer）
2 RWTexture2D<float4> output;                 // 输出：环境光遮挡缓存（AO buffer）
3
4 [shader("raygeneration")]
5 void SimpleAOExample() {
6   uint2 pixelID = DispatchRaysIndex().xy;     // 正在处理哪个像素?
7   float3 pos = gBufferPos[ pixelID ].rgb;     // AO光线来自哪?
8   float3 norm = gBufferNorm[ pixelID ].rgb;   // G-buffer中的法线?
9   float aoColor = 0.0f;
10  for (uint i = 0; i < 64; i++)               // 使用64束光线
11    aoColor += (1.0f/64.0f) * ShadowRay(pos, GetRandDir(norm), 1e-4);
12  output[ pixelID ] = float4( aoColor, aoColor, aoColor, 1.0f );
13 }
```

函数 GetRandDir() 返回由表面法线定义的单位半球（unit hemisphere）内随机选择的一个方向，同时传递给 ShadowRay() 函数的 minT 参数值为 1e-4，这是为了防止自相交而使用的偏移量（第 6 章节会展开讨论这个话题）。

3.7 主机端初始化 DXR

至今，我们关注的是 DXR 所需的着色器代码。如果读者入门使用的是支持 DXR 的引擎或图形框架，知道这些就够了。但如果打算从零开始，你还需要一些主机端的初始化代码，步骤如下（详情会在 3.8 ~ 3.11 节展开）：

（1）初始化 DirectX 设备并验证它是否支持光线追踪。

（2）构建光线加速结构并传入场景几何体。

（3）加载并编译着色器。

（4）定义根签名（root signature）和着色器表（shader table），以便从 CPU 往 GPU 传递渲染参数。

（5）为光线追踪渲染管线定义一个 DirectX 的管线状态对象（pipeline state object，PSO）。

（6）派发任务给 GPU，开始执行光线追踪。

与所有的 DirectX 12 API 一样，光线追踪 API 既底层又冗长。甚至一些简单的样例[3]仅仅是分配资源、运行校验和错误检查便需要 1000 多行 C++ 代码。因此为了清晰简洁，在之后段落中的代码片段仅关注光线追踪所需的新引入的关键函数和结构。

当尝试理解这些代码片段的时候，读者需牢记目标。和光栅化不同，在光线追踪中，每束光线都可能与任意几何和材质相交。在允许这种灵活性的同时追求高性能意味着，在 GPU 上，所有可能相交的表面所需的渲染数据，必须有着高效的组织结构并且能够被快速索引。因此在 DXR 中，对光线的追踪和对相交表面的着色是紧密耦合的，而在离线或 CPU 形态的光线追踪器中，这两项操作往往是独立的。

让我们回顾一下 3.4 节中介绍的几种着色器类型，光线生成着色器拥有标准的 GPU 编程模型，它并发地启动一组线程。但其他几种着色器事实上更像是回调函数：当光线击中球体时，运行某一个着色器；当需要给三角形上的点着色时，运行另一个着色器；当没有击中任何的几何体时，运行第三个。着色器被产生、唤醒，并且需要在没有连续运行历史的情况下找到要执行的任务。如果产生的着色器的工作依赖于几何属性，那么 DirectX 需要理解这种关系。例如，最近命中着色器可能依赖于在相交过程中计算得到的表面法线。

哪些信息可以定位到那个正确的着色器？这取决于你的光线追踪渲染器的复杂程度，着色器会基于以下几点产生变化：

（1）光线类型（ray type）：不同种类的光线可能需要不同的计算（例如：阴影光线）。

（2）图元类型（primitive type）：三角形、球体、圆锥体等可能存在不同的需求。

（3）图元标识符（primitive identifier）：每个图元可能使用不同的材质。

（4）实例标识符（instance identifier）：每个实例可能改变自己的着色方式。

在实际应用中，DXR 的着色器选择逻辑基于 `TraceRay()` 的一堆参数、几何信息和每个实例中私有数据的组合。

为了高效实现灵活的追踪和实时光线追踪所必须的着色操作，DXR 引入两个新的数据结构：加速结构（acceleration structure）和着色器表（shader table）。着色器表特别重要，它将光线、几何图形和着色操作进行关联。我们将在 3.8.1 和 3.10 节详细探讨这两者。

3.8　基础的 DXR 初始化和设置

主机侧的初始化和 DXR 的设置是基于 DirectX 12 进行的扩展。所以例如适配器、命令分配器、命令队列（command queue）、栅栏（fence）等基础对象的创建方式是没有变化的。一个新的设备类型 `ID3D12Device5` 包括了查询 GPU 光线追踪支持，为光线追踪加速结构确定内存请求，同时创建光线追踪管线状态对象（RTPSO）。光线追踪的函数存在于一个新的命令列表类型 `ID3D12GraphicsCommandList4` 中，它包括创建和操作光线追踪加速结构，创建和设置光线追踪管线状态对象，并发出光线。以下代码演示了创建设备、查询是否支持光线追踪及创建一个光线追踪命令列表：

```
1 IDXGIAdapter1* adapter;                 // 和基于光栅化的代码一样创建
2 ID3D12CommandAllocator* cmdAlloc;       // 和基于光栅化的代码一样创建
3 ID3D12GraphicsCommandList4* cmdList; // 光线追踪命令列表
4 ID3D12Device5* dev;                     // 光线追踪用的设备
5 HRESULT hr;                             // D3D12函数的返回值类型
6
7 // 创建可进行光线追踪的D3D12设备
8 hr = D3D12CreateDevice(adapter, D3D_FEATURE_LEVEL_12_1,
9                        _uuidof(ID3D12Device5), (void**)&dev);
10 if (FAILED(hr)) Exit("Failed to create device");
11
12 // 检查该设备是否支持光线追踪
13 D3D12_FEATURE_DATA_D3D12_OPTIONS5 caps = {};
14 hr = dev->CheckFeatureSupport(D3D12_FEATURE_D3D12_OPTIONS5,
15                               &caps, sizeof(caps));
16
17 if (FAILED(hr) || caps.RaytracingTier < D3D12_RAYTRACING_TIER_1_0)
18   Exit("Device or driver does not support ray tracing!");
19
20 // 创建一个支持光线追踪的命令列表
21 hr = dev->CreateCommandList(0, D3D12_COMMAND_LIST_TYPE_DIRECT,
22                             cmdAlloc, nullptr, IID_PPV_ARGS(& cmdList));
```

在创建设备之后，使用新引入的 D3D12_FEATURE_DATA_OPTIONS5 结构和 CheckFeatureSupport() 函数可以查询是否支持光线追踪。光线追踪的支持程度属于从 D3D12_RAYTRACING_TIER 开始的枚举类型。目前，存在两个等级：D3D12_RAYTRACING_TIER_1_0 和 D3D12_RAYTRACING_TIER_NOT_SUPPORTED。

3.8.1 几何体和加速结构

分层级的场景表示对于高性能的光线追踪非常重要，因为它们降低了追踪复杂度，光线与图元进行相交测试的数量从线性级（linear）降为对数级（logarithmic）。最近几年，研究人员们探索了多种光线追踪加速结构的方案，但今天的共识是层次包围盒结构（bounding volume hierarchy，BVH）具有最好的特性。除了将图元按照层次结构分组，BVH 还可以保证有限的内存使用。

DXR 加速结构的内部实现是不透明的，由驱动程序和底层硬件决定数据结构和内存布局。现有的实现依赖于 BVH，但是厂商可以选择其他结构。DXR 加速结构通常是运行时在 GPU 上构建的，包含两种层次：底层和顶层。底层加速结构（bottom-level acceleration structure，BLAS）包括几何图元和程序化生成的图元。顶层加速结构（top-level acceleration structure，TLAS）包括一个或多个 BLAS。这就允许几何体通过把同样的 BLAS 多次地插入到一个 TLAS 中来进行实例化，每个实例赋予不同的变换矩阵。BLAS 构建起来相对较慢，但能带来快速的光线相交测试。TLAS 构建速度快，提高了几何体的灵活性和复用性，但过度使用会降低性能。为了达到性能最优，BLAS 之间应尽可能不发生重叠。

在动态场景中，如果几何体的拓扑结构保持不变（只有节点包围盒发生改变），那么只需要重新适配（refit）BVH，而不需要重建（rebuild）它。refit 消耗的时间要比 rebuild 小一个数量级，但长时间的 refit 回过头来又会降低光线追踪的性能。为了平衡追踪和构建的时间消耗，需要混合使用 refit 和 rebuild 方法。

1. 底层加速结构（BLAS）

要创建一个加速结构，必须从构建 BLAS 开始。首先，使用 D3D12_RAYTRACING_GEOMETRY_DESC 结构指定顶点、索引和 BLAS 中包含的几何体变换数据。值得注意的是，光线追踪的顶点缓存和索引缓存并不特殊，它们与光栅化中使用的缓冲是相同的。下面代码演示了如何指定不透明的几何体：

```
 1 struct Vertex {
 2     XMFLOAT3 position;
 3     XMFLOAT2 uv;
 4 };
 5
 6 vector<Vertex> vertices;
 7 vector<UINT> indices;
 8 ID3D12Resource* vb;          // 顶点缓存
 9 ID3D12Resource* ib;          // 索引缓存
10
11 // 描述几何体
12 D3D12_RAYTRACING_GEOMETRY_DESC geometry;
13 geometry.Type = D3D12_RAYTRACING_GEOMETRY_TYPE_TRIANGLES;
14 geometry.Triangles.VertexBuffer.StartAddress =
15   vb->GetGPUVirtualAddress();
16 geometry.Triangles.VertexBuffer.StrideInBytes = sizeof(Vertex);
17 geometry.Triangles.VertexCount = static_cast<UINT>(vertices.size());
18 geometry.Triangles.VertexFormat = DXGI_FORMAT_R32G32B32_FLOAT;
19 geometry.Triangles.IndexBuffer = ib->GetGPUVirtualAddress();
20 geometry.Triangles.IndexFormat = DXGI_FORMAT_R32_UINT;
21 geometry.Triangles.IndexCount = static_cast<UINT>(indices.size());
22 geometry.Triangles.Transform3x4 = 0;
23 geometry.Flags = D3D12_RAYTRACING_GEOMETRY_FLAG_OPAQUE;
```

当描述 BLAS 中的几何体时，使用标志位来通知着色器这个几何体是否透明。正如我们在第 3.6 节中看到的那样，着色器提前知道相交的几何体是否透明非常有用。如果不透明，指定 D3D12_RAYTRACING_GEOMETRY_FLAG_OPAQUE；否则，指定 D3D12_RAYTRACING_GEOMETRY_FLAG_NONE。

接下来，查询构建 BLAS 及保存 BLAS 结果所需的 GPU 内存。使用新引入的 GetRaytracingAccelerationStructurePrebuildInfo() 函数获取临时缓存（scratch buffer）和结果缓存（result buffer）的大小。在构建过程中会用到 scratch buffer，而 result buffer 存储构建完成的 BLAS。

构建标志位描述了 BLAS 的期望用途，为优化内存和性能提供了便利。D3D12_RAYTRACING_ACCELERATION_STRUCTURE_BUILD_FLAG_MINIMIZE_MEMORY 和 *_

ALLOW_COMPACTION 标志位帮助减少内存需求。其他标志位表示其他的期望用途，比如更快的追踪或构建时间（*_PREFER_FAST_TRACE 或 *_PREFER_FAST_BUILD）或允许重新配（refit）层次包围盒结构（*_ALLOW_UPDATE）。接下来是一个简单的例子：

```
1 // 描述BLAS的输入参数
2 D3D12_BUILD_RAYTRACING_ACCELERATION_STRUCTURE_INPUTS ASInputs = {};
3 ASInputs.Type =
4   D3D12_RAYTRACING_ACCELERATION_STRUCTURE_TYPE_BOTTOM_LEVEL;
5 ASInputs.DescsLayout = D3D12_ELEMENTS_LAYOUT_ARRAY;
6
7 // 来自前一段代码
8 ASInputs.pGeometryDescs = &geometry;
9
10 ASInputs.NumDescs = 1;
11 ASInputs.Flags =
12   D3D12_RAYTRACING_ACCELERATION_STRUCTURE_BUILD_FLAG_PREFER_FAST_TRACE;
13
14 // 查询构建BLAS所需的显存
15 D3D12_RAYTRACING_ACCELERATION_STRUCTURE_PREBUILD_INFO ASBuildInfo = {};
16 dev->GetRaytracingAccelerationStructurePrebuildInfo(
17                                           &ASInputs, &ASBuildInfo);
```

在确定所需内存之后，为 BLAS 分配 GPU 缓存。Scratch buffer 和 result buffer 缓存都必须支持无序访问的视图（unordered access view，UAV），所以要设置 D3D12_RESOURCE_FLAG_ALLOW_UNORDERED_ACCESS 标志。使用 D3D12_RESOURCE_STATE_RAYTRACING_ACCELERATION_STRUCTURE 作为 result buffer 的初始状态。在指定了几何体和分配完 BLAS 后，就能构建我们的加速结构，如下面的代码所示：

```
1 ID3D12Resource* blasScratch;       // 就像文章描述的那样创建
2 ID3D12Resource* blasResult;        // 就像文章描述的那样创建
3
4 // 描述BLAS
5 D3D12_BUILD_RAYTRACING_ACCELERATION_STRUCTURE_DESC desc = {};
6 desc.Inputs = ASInputs;            // 来自前一段代码
7
8 desc.ScratchAccelerationStructureData =
9   blasScratch->GetGPUVirtualAddress();
10 desc.DestAccelerationStructureData =
11   blasResult->GetGPUVirtualAddress();
12
13 // 构建BLAS
14 cmdList->BuildRaytracingAccelerationStructure(&desc, 0, nullptr);
```

因为 BLAS 可能在 GPU 上异步构建，所以需要等到构建完成后才能使用它。为此，需要在引用 result buffer 的命令列表中添加一个 UAV barrier。

2. 顶层加速结构（TLAS）

建立 TLAS 与 BLAS 大致一致，只有一些微妙但是很重要的变化。每个 TLAS 都包含来自 BLAS 的几何体的实例（instance），而不需要在创建时提供几何体描述。每个实例都有一个掩码允许针对每束光线设置是否跳过实例的相交（即不进行任何图元的相交），这个操作需结合 TraceRay() 的参数使用（参见第 3.5.1 节）。例如，instance mask 可以针对各个对象选择是否禁用阴影光线。其他的一些标志位会覆盖透明（transparency）、正面顺序（frontface winding）和剔除（culling）。以下代码定义了一个 TLAS：

```
1 // 描述TLAS实例
2 D3D12_RAYTRACING_INSTANCE_DESC instances = {};
3 // 该ID在着色器中可用
4 instances.InstanceID = 0;
5 // 选择命中组着色器（hit group）
6 instances.InstanceContributionToHitGroupIndex = 0;
7 // 与TraceRay()的参数进行按位与（bitwise AND）
8 instances.InstanceMask = 1;
9 instances.Transform = &identityMatrix;
10 // 透明标志位? 剔除标志位?
11 instances.Flags = D3D12_RAYTRACING_INSTANCE_FLAG_NONE;
12 instances.AccelerationStructure = blasResult->GetGPUVirtualAddress();
```

创建描述实例后，将它们上传到 GPU 缓存。在查询内存需求时，引用此缓存作为 TLAS 的输入。与 BLAS 一样，查询内存占用需要使用 GetRaytracingAccelerationStructurePrebuildInfo()，不同之处是使用 D3D12_RAYTRACING_ACCELERATION_STRUCTURE_TYPE_TOP_LEVEL 类型来指定对 TLAS 的构造。接下来，分配 scratch buffer 和 result buffer，然后调用 BuildRaytracingAccelerationStructure() 来构建 TLAS。与 BLAS 一样，在 result buffer 之上放置一个 UAV barrier，可以确保在使用 TLAS 前它已构建完成。

3.8.2　根签名

类似于 C++ 中的函数签名，DirectX12 的根签名定义了一些要传递给着色器的参数。这些参数储存了可用于定位显存中的资源（例如缓存、纹理或常量）的信息。DXR 根签名继承于 DirectX12 的根签名，但有两个明显的改动。

首先，光线追踪着色器可以使用局部根签名（local root signature）或全局根签名（global root signature）。局部根签名直接从 DXR 着色器表（详见 3.10 节）拉取数据且使用 D3D12_ROOT_SIGNATURE_FLAG_LOCAL_ROOT_SIGNATURE 标志来初始化 D3D12_ROOT_SIGNATURE_DESC 结构，这个标志只提供给光线追踪，这避免了和其他签名标志混在一起。全局根签名的原始数据来自 DirectX 命令列表，它不需要特别指定标志且能够被图像、计算和光线追踪等不同用途的着色器共享。本地签名和全局签名之间的区别对于以不同速率更新的资源是很有用的，例如逐图元更新 vs 逐帧更新。

其次，所有光线追踪着色器都应该使用 D3D12_SHADER_VISIBILITY_ALL 作为 D3D12_ROOT_PARAMETER 中的 Visibility 参数，无论是使用本地还是全局根签名。由于光线追踪根签名与通用计算共享命令列表状态，本地根参数也总是对所有光线追踪着色器可见，所以想要收窄可见性是不可能的。

3.8.3 编译着色器

紧跟在建立加速结构体和定义根签名之后的是，用 DirectX 着色器编译器（dxc）[7] 加载和编译着色器。初始化这种编译器时需要用到多个辅助类：

```
1 dxc::DxcDllSupport            dxcHelper;
2 IDxcCompiler*                 compiler;
3 IDxcLibrary*                  library;
4 CComPtr<IDxcIncludeHandler>   dxcIncludeHandler;
5
6 dxcHelper.Initialize();
7 dxcHelper.CreateInstance(CLSID_DxcCompiler, &compiler);
8 dxcHelper.CreateInstance(CLSID_DxcLibrary, &library);
9 library->CreateIncludeHandler(&dxcIncludeHandler);
```

接下来，使用 IDxcLibrary 类来加载你的着色器资源。这个帮助类会编译着色器代码；把目标类型（target profile）指定为 `lib_6_3`。编译后的 DirectX 中间语言（DirectX intermediate language，DXIL）字节码储存在 IDxcBlob 中，我们在之后会用它来建立光线追踪管线状态对象（ray tracing pipeline state object，RTPSO）。大部分的程序都会使用很多着色器，所以封装一个帮助编译的函数是很有用的。我们将在下面展示一个这样的函数的用法：

```
1 void CompileShader(IDxcLibrary* lib, IDxcCompiler* comp,
2                    LPCWSTR fileName, IDxcBlob** blob)
3 {
4     UINT32 codePage(0);
5     IDxcBlobEncoding* pShaderText(nullptr);
6     IDxcOperationResult* result;
7
8     // 加载并编码着色器文件
9     lib->CreateBlobFromFile(fileName, & codePage, & pShaderText);
10
11     // 编译着色器; "main" 是代码执行的入口
12     comp->Compile(pShaderText, fileName, L"main", "lib_6_3",
13                   nullptr, 0, nullptr, 0, dxcIncludeHandler, &result);
14
15 // 获得字节码结果
16     result->GetResult(blob);
17 }
18
19 // 编译后的字节码
20 IDxcBlob *rgsBytecode, *missBytecode, *chsBytecode, *ahsBytecode;
21
22 // 调用帮助函数来编译光线追踪着色器
23 CompileShader(library, compiler, L"RayGen.hlsl", &rgsBytecode);
24 CompileShader(library, compiler, L"Miss.hlsl", &missBytecode);
25 CompileShader(library, compiler, L"ClosestHit.hlsl", &chsBytecode);
26 CompileShader(library, compiler, L"AnyHit.hlsl", &ahsBytecode);
```

3.9 光线追踪管线状态对象（RTPSO）

由于光线能和场景中的任意物体相交，因此必须提前指定每一个可能执行的着色器。类似于光栅化的管线状态对象（pipeline state objects，PSO），新的光线追踪管线状态对象（ray tracing pipeline state object，RTPSO）也为 DXR 提前提供了完整的着色器和配置信息。这样既减少了驱动的复杂度，同时又能开启着色器的调度优化。

要构建一个 RTPSO，首先需要初始化一个 D3D12_STATE_OBJECT_DESC。有两种类型的管线对象：光线追踪管线（D3D12_STATE_OBJECT_TYPE_RAYTRACING_PIPELINE）和集合（D3D12_STATE_OBJECT_TYPE_COLLECTION）。集合（collection）对于多线程并行编译光线追踪着色器非常有用。

ID3D12StateObject 由许多子对象（subobject）组成，包括着色器、根签名和配置数据。使用类 D3D12_STATE_SUBOBJECT 声明这些子对象，并且使用 CreateStateObject() 函数创建它们。使用 ID3D12StateObjectProperties 类型可以查询 RTPSO 的属性，例如着色器标识符（详见 3.10 节）。下面是这个过程的一个例子：

```
1 ID3D12StateObject* rtpso;
2 ID3D12StateObjectProperties* rtpsoInfo;
3
4 // 为着色器、根签名和配置数据定义子对象
5 //
6 vector<D3D12_STATE_SUBOBJECT> subobjects;
7 // ……
8
9 // 描述RTPSO
10 D3D12_STATE_OBJECT_DESC rtpsoDesc = {};
11 rtpsoDesc.Type = D3D12_STATE_OBJECT_TYPE_RAYTRACING_PIPELINE;
12 rtpsoDesc.NumSubobjects = static_cast<UINT>(subobjects.size());
13 rtpsoDesc.pSubobjects = subobjects.data();
14
15 // 创建RTPSO
16 dev->CreateStateObject(&rtpsoDesc, IID_PPV_ARGS(&rtpso));
17
18 // 获取RTPSO的属性
19 rtpso->QueryInterface(IID_PPV_ARGS(&rtpsoInfo));
```

一个 RTPSO 包括许多不同的子对象，包括本地和全局根签名、GPU 节点掩码、着色器、集合、着色器配置和管线配置等。我们只涉及关键的子对象，但是 DXR 为更复杂的场景提供了许多灵活性，更多细节请查阅微软文档。

使用 D3D12_STATE_SUBOBJECT_TYPE_DXIL_LIBRARY 可以为着色器创建子对象。编译好的字节码 IDxcBlob（详见 3.8.3 节）提供了指向着色器的指针和编译后的大小。D3D12_EXPORT_DESC 指定了着色器的入口点和唯一的着色器标识符。最重要的是，着色器入口点在 RTPSO 中必须名字唯一。如果着色器的函数名冲突，那么把该名称放进 ExportToRename 字段，并在名字字段中创建一个新的唯一名称。以下展示示例：

```
1 // 描述DXIL库入口点和名字
2 D3D12_EXPORT_DESC rgsExportDesc = {};
3 // 唯一名称(为了在其他地方引用)
4 rgsExportDesc.Name = L"Unique_RGS_Name";
5 // 在HLSL着色器源码中的入口点
6 rgsExportDesc.ExportToRename = L"RayGen";
7 rgsExportDesc.Flags = D3D12_EXPORT_FLAG_NONE;
8
9 // 描述DXIL库
10 D3D12_DXIL_LIBRARY_DESC libDesc = {};
11 libDesc.DXILLibrary.BytecodeLength = rgsBytecode->GetBufferSize();
12 libDesc.DXILLibrary.pShaderBytecode = rgsBytecode->GetBufferPointer();
13 libDesc.NumExports = 1;
14 libDesc.pExports = &rgsExportDesc;
15
16 // 描述raygen着色器的子对象
17 D3D12_STATE_SUBOBJECT rgs = {};
18 rgs.Type = D3D12_STATE_SUBOBJECT_TYPE_DXIL_LIBRARY;
19 rgs.pDesc = &libDesc;
```

为未命中着色器、最近命中着色器和任意命中着色器创建子对象是非常相似的。相交着色器、任意命中着色器和最近命中着色器组成命中组。一旦BVH遍历到达叶子节点，这些着色器将会被执行，这主要取决于叶子节点上的图元。我们需要为命中组创建子对象。在D3D12_EXPORT_DESC中指定的unique前缀的着色器名称将着色器“导入”到hit group中。

```
1 // 描述命中组
2 D3D12_HIT_GROUP_DESC hitGroupDesc = {};
3 hitGroupDesc.ClosestHitShaderImport = L"Unique_CHS_Name";
4 hitGroupDesc.AnyHitShaderImport = L"Unique_AHS_Name";
5 hitGroupDesc.IntersectionShaderImport = L"Unique_IS_Name";
6 hitGroupDesc.HitGroupExport = L"HitGroup_Name";
7
8 // 描述命中组子对象
9 D3D12_STATE_SUBOBJECT hitGroup = {};
10 hitGroup.Type = D3D12_STATE_SUBOBJECT_TYPE_HIT_GROUP;
11 hitGroup.pDesc = &hitGroupDesc;
```

用户的自定义负载和属性结构用于在着色器之间传递数据。使用D3D12_STATE_SUBOBJECT_TYPE_RAYTRACING_SHADER_CONFIG子对象为这些结构分配运行时空间并且用D3D12_RAYTRACING_SHADER_CONFIG描述其大小。属性结构的最大值由DirectX定义，使用者不能超过这个尺寸，这个值相对还是比较小的（当前为32字节）。

```
1 // 描述着色器配置
2 D3D12_RAYTRACING_SHADER_CONFIG shdrConfigDesc = {};
3 shdrConfigDesc.MaxPayloadSizeInBytes = sizeof(XMFLOAT4);
4 shdrConfigDesc.MaxAttributeSizeInBytes =
5   D3D12_RAYTRACING_MAX_ATTRIBUTE_SIZE_IN_BYTES;
6
7 // 创建着色器配置的子对象
8 D3D12_STATE_SUBOBJECT shdrConfig = {};
9 shdrConfig.Type = D3D12_STATE_SUBOBJECT_TYPE_RAYTRACING_SHADER_CONFIG;
10 shdrConfig.pDesc = &shdrConfigDesc;
```

配置着色器需要的不仅仅是将负载子对象添加到管线状态，我们还必须将配置子对象与相关的着色器关联起来（这允许在同一管线中使用多种尺寸的负载）。定义完着色器配置之后，使用 D3D12_STATE_SUBOBJECT_TYPE_SUBOBJECT_TO_EXPORTS_ASSOCIATION 指定有哪些来自 DXIL 库的入口点与配置对象相关联。示例代码如下：

```
1 // 使用负载创建一个着色器入口点名称的列表
2 const WCHAR* shaderPayloadExports[] =
3    { L"Unique_RGS_Name", L"HitGroup_Name" };
4
5 // 描述着色器和负载之间的关联
6 D3D12_SUBOBJECT_TO_EXPORTS_ASSOCIATION assocDesc = {};
7 assocDesc.NumExports = _countof(shaderPayloadExports);
8 assocDesc.pExports = shaderPayloadExports;
9 assocDesc.pSubobjectToAssociate = &subobjects[CONFIG_SUBOBJECT_INDEX];
10
11 // 创建关联状态子对象
12 D3D12_STATE_SUBOBJECT association = {};
13 association.Type =
14   D3D12_STATE_SUBOBJECT_TYPE_SUBOBJECT_TO_EXPORTS_ASSOCIATION;
15 association.pDesc = &assocDesc;
```

使用 D3D12_STATE_SUBOBJECT_TYPE_LOCAL_ROOT_SIGNATURE 类型的子对象指定局部根签名，同时给已序列化的根签名提供一个指针：

```
1 ID3D12RootSignature* localRootSignature;
2
3 // 局部根签名的子对象
4 D3D12_STATE_SUBOBJECT localRootSig = {};
5 localRootSig.Type = D3D12_STATE_SUBOBJECT_TYPE_LOCAL_ROOT_SIGNATURE;
6 localRootSig.pDesc = &localRootSignature;
```

和着色器配置相同，我们必须把局部根签名和与它们相关的着色器关联起来。这与上面的着色器负载关联有着相同的操作模式。使用 D3D12_SUBOBJECT_TO_EXPORTS_ASSOCIATION 子对象，提供一个着色器名称和关联的子对象指针，这次它指向一个局部根签名。全局根签名不需要关联子对象，所以只需简单地创建一个 D3D12_STATE_SUBOBJECT_TYPE_GLOBAL_ROOT_SIGNATURE 子对象并把它指向已经序列化的全局根签名。

```
1 // 包含着色器导出名称的数组，这些着色器都使用了这个根签名
2 const WCHAR* lrsExports[] =
3   { L"Unique_RGS_Name", L"Unique_Miss_Name", L"HitGroup_Name" };
4
5 // 描述着色器和局部根签名的关联
6 D3D12_SUBOBJECT_TO_EXPORTS_ASSOCIATION assocDesc = {};
7 assocDesc.NumExports = _countof(lrsExports);
8 assocDesc.pExports = lrsExports;
9 assocDesc.pSubobjectToAssociate =
10   &subobjects[ROOT_SIGNATURE_SUBOBJECT_INDEX];
11
12 // 创建关联子对象
13 D3D12_STATE_SUBOBJECT association = {};
```

```
14 association.Type =
15   D3D12_STATE_SUBOBJECT_TYPE_SUBOBJECT_TO_EXPORTS_ASSOCIATION;
16 association.pDesc = &assocDesc;
```

所有可执行的 RTPSO 都必须包括一个管线配置子对象 D3D12_STATE_SUBOBJECT_TYPE_RAYTRACING_PIPELINE_CONFIG。使用 D3D12_RAYTRACING_PIPELINE_CONFIG 结构来描述这个配置，这个结构设置了光线的最大递归深度。设置最大递归深度不仅有助于确保执行能够完成，也为驱动层的内部优化提供了信息。限制递归次数可以带来性能的提升。下面是一个示例：

```
1 // 描述光线追踪管线的配置信息
2 D3D12_RAYTRACING_PIPELINE_CONFIG pipelineConfigDesc = {};
3 pipelineConfigDesc.MaxTraceRecursionDepth = 1;
4
5 // 创建光线追踪管线的配置子对象
6 D3D12_STATE_SUBOBJECT pipelineConfig = {};
7 pipelineConfig.Type =
8   D3D12_STATE_SUBOBJECT_TYPE_RAYTRACING_PIPELINE_CONFIG;
9 pipelineConfig.pDesc = &pipelineConfigDesc;
```

在创建 RTPSO 和与其相关的子对象后，我们能够转而建立着色器表（3.10 节）。我们将通过查询 ID3D12StateObjectProperties 对象获得构建着色器表记录所需的详细信息。

3.10 着色器表

着色器表是 GPU 内存中按 64 位对齐的连续块，包含了光线追踪着色器数据和场景资源绑定。如图 3.3 所示，着色器表中充满了着色器记录（shader record）。着色器记录包含一个唯一的着色器标识符和由着色器的局部根签名定义的根参数（root argument）。着色器标识符是由 RTPSO 生成的 32 位数据块，充当指向一个着色器或命中组的指针。由于着色器表只是 GPU 内存，直接由应用程序负责创建和修改它，它们的布局和组织极度灵活。因此，图 3.3 所示的组织方式只是着色器表中记录的许多排列方式之一。

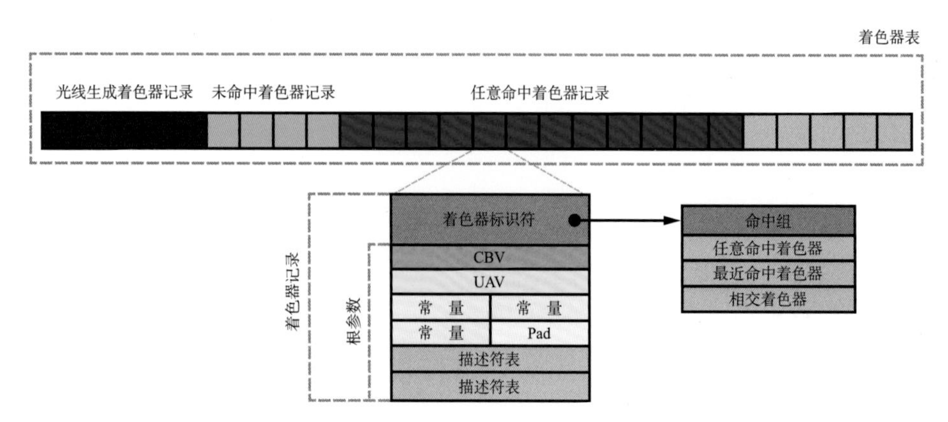

图 3.3 着色器表及着色器记录的可视化，后者包含用于查找资源的着色器标识和根参数

当在光线遍历期间生成着色器时，将查询着色器表并读取着色器记录来定位着色器代码和资源。例如，如果一束光线在遍历加速结构后未命中所有的几何体，DirectX 使用着色器表来定位要调用的着色器。对于未命中着色器，索引的计算公式是以第一个未命中着色器的地址加上未命中记录步长乘以未命中着色器索引。它被写成

$$\&M[0]+\left(\mathrm{sizeof}(M[0])\times I_{\mathrm{miss}}\right) \tag{3.1}$$

在 HLSL 中，未命中着色器索引 I_{miss} 作为参数提供给 TraceRay()。

当为一个命中组（即相交着色器、最近命中着色器和任意命中着色器的组合）选择着色器记录时，计算公式更为复杂：

$$\&H[0]+\left(\mathrm{sizeof}(H[0])\times(I_{\mathrm{ray}}+G_{\mathrm{mult}}\times G_{\mathrm{id}}+I_{\mathrm{offset}})\right) \tag{3.2}$$

在这里，I_{ray} 表示光线类型，是 TraceRay() 的一个参数，你可以在 BVH 中为不同的图元使用不同的着色器；G_{id} 是一个内部定义的几何体标识符，基于 BLAS 中的图元顺序定义；G_{mult} 是 TraceRay() 的一个参数，在简单的用例中它表示光线类型的数量；I_{offset} 是在 TLAS 中定义的每个实例的偏移量。

要创建着色器表，需预留 GPU 内存并填充着色器记录。下面的示例为三条记录分配了空间：包含局部数据的光线生成着色器、未命中着色器以及包含局部数据的命中组。当写入着色器记录时，使用 ID3D12StateObjectProperties 对象的 GetShaderIdentifier() 方法查询着色器的标识符。使用 RTPSO 创建期间指定的着色器名称来查询着色器标识符。

```
1 # define TO_DESC(x)(*reinterpret_cast<D3D12_GPU_DESCRIPTOR_HANDLE*>(x))
2 ID3D12Resource* shdrTable;
3 ID3D12DescriptorHeap* heap;
4
5 // 复制着色器记录到着色器表GPU缓存
6 uint8_t* pData;
7 HRESULT hr = shdrTable->Map(0, nullptr, (void**)&pData);
8
9 // [ Shader Record 0]
10 // 设置光线生成着色器标识符
11 memcpy (pData, rtpsoInfo->GetShaderIdentifier(L"Unqiue_RGS_Name"));
12
13 // 通过局部根签名设置光线生成着色器的数据
14 TO_DESC(pData + 32) = heap->GetGPUDescriptorHandleForHeapStart();
15
16 // [ Shader Record 1]
17 // 设置未命中着色器标识符（无需置局部根参数）
18 pData += shaderRecordSize;
19 memcpy(pData, rtpsoInfo->GetShaderIdentifier(L"Unqiue_Miss_Name"));
20
21 // [ Shader Record 2]
22 // 设置最近命中着色器标识符
23 pData += shaderRecordSize;
24 memcpy(pData, rtpsoInfo->GetShaderIdentifier(L"HitGroup_Name"));
```

```
25
26 // 从局部根签名设置命中组的数据
27 TO_DESC(pData + 32) = heap->GetGPUDescriptorHandleForHeapStart();
28
29 shdrTable->Unmap(0, nullptr);
```

着色器表被存储在应用程序分配的 GPU 内存中，这提供了很大的灵活性。例如，基于应用程序的更新策略，可以优化资源和着色器的更新，使之尽可能少地触及所需的着色器记录，甚至可以是双缓存或三缓存。

3.11 发射光线

在完成了第 3.8 ~ 3.10 节的步骤之后，我们终于可以追踪光线了。由于着色器表具有任意的、灵活的布局，所以在开始光线追踪之前，我们需要使用 D3D12_DISPATCH_RAYS_DESC 描述我们的表。这个结构指向着色器表的 GPU 内存，并指定要使用哪些光线生成着色器、未命中着色器和命中组。这些信息使 DXR 运行时能够计算着色器记录的索引（在 3.7.1 和 3.10 节中描述）。

接下来，指定光线发射的尺寸，与通用计算着色器类似，发射光线也使用三维网格。如果在二维（比如一张图像）中发射光线，那么确保把 z 方向的维度设为 1。它初始化为零，如果使用这个默认值，将不会发射出任何光线。配置着色器表指针和发射尺寸后，使用新引入的 SetPipelineState1() 函数设置 RTPSO，并使用 DispatchRays() 函数发射光线。举例如下：

```
1 // 描述发射光线的数据结构
2 D3D12_DISPATCH_RAYS_DESC desc = {};
3
4 // 设置光线生成表的信息
5 desc.RayGenerationShaderRecord.StartAddress =
6   shdrTable->GetGPUVirtualAddress();
7 desc.RayGenerationShaderRecord.SizeInBytes = shaderRecordSize;
8
9 // 设置未命中表的信息
10 uint32_t missOffset = desc.RayGenerationShaderRecord.SizeInBytes;
11 desc.MissShaderTable.StartAddress =
12   shdrTable->GetGPUVirtualAddress() + missOffset;
13 desc.MissShaderTable.SizeInBytes = shaderRecordSize;
14 desc.MissShaderTable.StrideInBytes = shaderRecordSize;
15
16 // 设置命中组表的信息
17 uint32_t hitOffset = missOffset + desc.MissShaderTable.SizeInBytes;
18 desc.HitGroupTable.StartAddress =
19   shdrTable->GetGPUVirtualAddress() + hitGroupTableOffset;
20 desc.HitGroupTable.SizeInBytes = shaderRecordSize;
21 desc.HitGroupTable.StrideInBytes = shaderRecordSize;
22
23 // 设置发射光线的尺寸
24 desc.Width = width;
25 desc.Height = height;
```

```
26 desc.Depth = 1;
27
28 commandList->SetPipelineState1(rtpso);      // 设置RTPSO
29 commandList->DispatchRays(&desc);           // 发射光线!
```

3.12　挖掘更深和更多的资源

在本章中，我们介绍了 DXR 扩展的概述以及背后的心智模型。我们着重讲解了着色器和主机端的代码基础，这两部分是你开始学习 DXR 所必需的。无论你打算编写自己的主机端代码或者使用诸如 Falcor 的现成库，一旦完成了基本设置，使用光线追踪就变得容易许多，添加更多的光线追踪效果往往就只需要改变几行着色器代码。当然了，由于本章篇幅有限，我们只能就此打住。我们建议你继续学习其他一些资源，它们或是提供基本的结构框架、示例，或是提供最佳实践和性能调优技巧。

SIGGRAPH 2018 的课程“DirectX 光线追踪介绍”[12] 可以在 YouTube 上找到，它提供了一个深入的 DXR 着色器教程[11]，通过使用 Falcor 框架[2] 来抽象底层的 DXR API 实现，你可以专注于学习核心的光传输算法。这些教程既介绍了一些基本知识，如如何打开窗口、创建简单的 G-buffer、基于环境光遮挡进行渲染，也尝试涵盖高阶内容，比如用于抗锯齿和景深的高级相机模型，以及光线进行多重反弹的全局光照（multiple-bounce global illumination）。图 3.4 展示了该教程的几个渲染范例。

图 3.4　使用 SIGGRAPH 2018 课程“DirectX 光线追踪介绍”教程渲染的示例效果图

网上另有一些教程更关注底层主机代码，包括 Marrs 的范例[3]，它启发了本章的后半部分；微软的一组 DXR 介绍范例[6]；Falcor 团队[1] 的底层范例等。此外，NVIDIA 在其开发人员博客[8] 上也有各种资源，包括范例代码和配套的深入讲解。

3.13　小　结

本章我们介绍了 DXR 的基本概述，希望能把 DXR 背后的基础概念说清楚，这样读者能开始编写基于硬件加速的基础光线追踪器，此外还提供了网上的另外一些资源以帮助你入门。

光线追踪着色器端的编程模型和过去的光线追踪 API 很像，并且可以在传统的 CPU 光线追踪器上找到一一对应的概念。主机端的编程模型最初可能看起来复杂不可捉摸，但是请记住，这么设计的初衷是为了支持任意的、可大规模并行执行的硬件，这些硬件可生成的着色器无法从光线的连续执行历史中受益。新引入的 RTPSO 和着色器表指定数据和着色器的方式经过特别设计，它允许光线穿过场景时 GPU 能够按需生成任意的着色器工作。

考虑到 DirectX12 的复杂性以及光线追踪的灵活性，本章无法完全覆盖所有的 API。我们的目标是提供足够读者入门的信息。当读者涉足更为复杂的渲染时，需要参考 DXR 的官方规范及其他文档以获得进一步的帮助。尤其是更复杂的着色器编译手段、默认的管线子对象设置、系统的限制、错误处理以及性能调优都需要查阅其他参考文档。

我们对于入门的建议是：起步的时候要简单。起步时最难的问题通常离不开如何正确设置 RTPSO 和着色器表，使用更少、更简单的着色器能方便读者进行调试。比方说，基于光线追踪的基础阴影，以及使用栅格化渲染的 G-buffer 实现环境光遮挡的效果都是很好的起步项目。

有了 DXR 和最新的 GPU，发射光线无与伦比地快。然而，光线追踪并非免费。至少在可以预见的未来，每个像素最多只允许发射几束光线。这意味着光线追踪 - 光栅混合的算法、抗锯齿、降噪和重建都是实现实时高质量渲染的关键。本书中介绍的其他项目覆盖了这些领域的一些新想法，但是许多问题仍悬而未决。

参考文献

[1] Benty, N. DirectX Raytracing Tutorials. https://github.com/NVIDIAGameWorks/DxrTutorials, 2018. Accessed October 25, 2018.

[2] Benty, N., Yao, K.-H., Foley, T., Kaplanyan, A. S., Lavelle, C., Wyman, C., and Vijay, A. The Falcor Rendering Framework. https://github.com/NVIDIAGameWorks/Falcor, July 2017.

[3] Marrs, A. Introduction to DirectX Raytracing. https://github.com/acmarrs/IntroToDXR,2018. Accessed October 25, 2018.

[4] Marschner, S., and Shirley, P. Fundamentals of Computer Graphics, fourth ed. CRC Press, 2015.

[5] Microsoft. Programming Guide and Reference for HLSL. https://docs.microsoft.com/en-us/windows/desktop/direct3dhlsl/dx-graphics-hlsl. Accessed October 25,2018.

[6] Microsoft. D3D12 Raytracing Samples. https://github.com/Microsoft/DirectX-Graphics-Samples/tree/master/Samples/Desktop/D3D12Raytracing, 2018.Accessed October 25, 2018.

[7] Microsoft. DirectX Shader Compiler. https://github.com/Microsoft/DirectXShaderCompiler, 2018. Accessed October 30, 2018.

[8] NVIDIA. DirectX Raytracing Developer Blogs. https://devblogs.nvidia.com/tag/dxr/,2018. Accessed October 25, 2018.

[9] Shirley, P. Ray Tracing in One Weekend. Amazon Digital Services LLC, 2016. https://github.com/petershirley/raytracinginoneweekend.

[10] Suffern, K. Ray Tracing from the Ground Up. A K Peters, 2007.

[11] Wyman, C. A Gentle Introduction To DirectX Raytracing. http://cwyman.org/code/dxrTutors/dxr_tutors.md.html, 2018.

[12] Wyman, C., Hargreaves, S., Shirley, P., and Barré-Brisebois, C. Introduction to DirectX Raytracing.SIGGRAPH Courses, 2018. http://intro-to-dxr.cwyman.org, https://www.youtube.com/watch?v=Q1cuuepVNoY.

第 4 章　天文馆球幕相机

John E. Stone　伊利诺伊大学厄巴纳－香槟分校，贝克曼高级科学技术研究所

本章将介绍一种特殊的用于实时光线追踪的相机，它使用方位角等距投影对天文馆的球幕图像（dome master image）进行高质量渲染。光线追踪非常适合实现各种特殊的全景（panoramic）和立体投影（stereoscopic）而不牺牲图像质量。该相机可支持抗锯齿、景深焦点模糊和环形立体投影，而使用传统光栅化和图像扭转（image warping）难以高质量地产生这些效果。

（译者注：天文馆球幕是指天文台观测用的房子，它的屋顶与众不同，不是方的、长的或斜的，而是圆的。这有它的特殊用途，天文台远远看上去，只不过是半个圆球，可是走近一看，圆球上却有一条宽宽的裂缝，原来是一个巨大的天窗，庞大的天文望远镜就是通过这个天窗指向辽阔的天空。感兴趣的读者可以自行了解一下天文台的构造，这里不再赘述。作者的意思是，这篇文章所描述的渲染用相机，就像是天文台里面的这个天文望远镜一样。）

4.1　介　绍

天文馆球幕图像在一个黑色正方形内对 180° 的半球形视野进行编码，把包含整个视野的内切圆形图像投射到天文馆球幕上。球幕图像使用所谓的方位角等距投影产生，并与真实世界 180° 等距鱼眼镜头的输出紧密匹配，但没有真正的镜头的瑕疵和光学像差。有许多使用光栅化和图像变形技术的方法可以创建球幕投影，但直接使用光线追踪与其他方案相比具有特殊优势：最终的球幕图像具有均匀的采样密度（和扭转立方体投影（warping cubic projections）或许多平面透视投影（planar perspective projections）[3] 不同，这些方法中的过采样区域存在被浪费掉的采样点）；支持立体渲染；支持本征曲面焦平面（intrinsically curved focal surface）上的景深。通过在科学可视化（scientific visualization）软件中集成球幕图像的交互式渐进光线追踪，更广泛的科学可视化材质可以在公共的球幕投影场地[1, 5, 7] 中使用。

4.2　方　法

如图 4.1 所示，使用方位角等距投影（azimuthal equidistant projection）可以形成球幕图像。球幕图像通常在正方形视口内计算，以 180° 视野渲染以填充正方形视口中的内切圆，内切圆刚好碰到视口的边缘，而其他的地方就用黑色背景填充。从上方或下方看，球幕投影可能看起来大致类似于球幕半球的正投影，但有一个关键的区别是球幕图像中的纬度圈是均匀的，这种均匀的间距允许光线追踪相机在图像平面中采用均匀采样。图 4.2

展示了图像平面中一个点的位置与其在球幕半球上产生的光线方向之间的关系，图 4.3 展示了使用此处描述的相机模型生成的光线追踪球幕图像的示例序列。

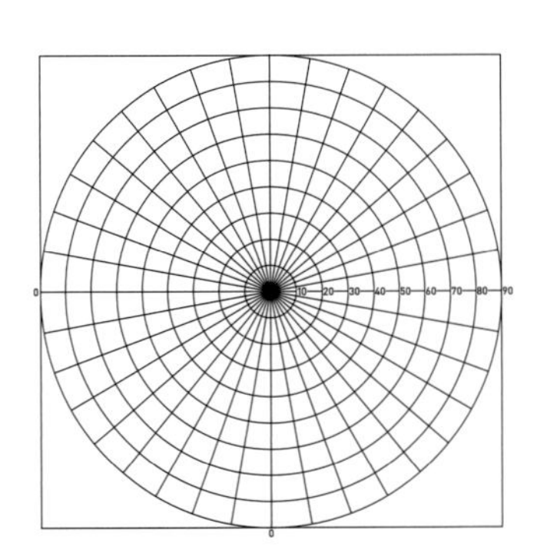

(a) 球幕图像的纬度（圆圈）有着明显均匀的间距，经度（线）则以 10 为间隔覆盖投影 180° 视野。像素到视口中心的距离与投影中心的真实角度成正比

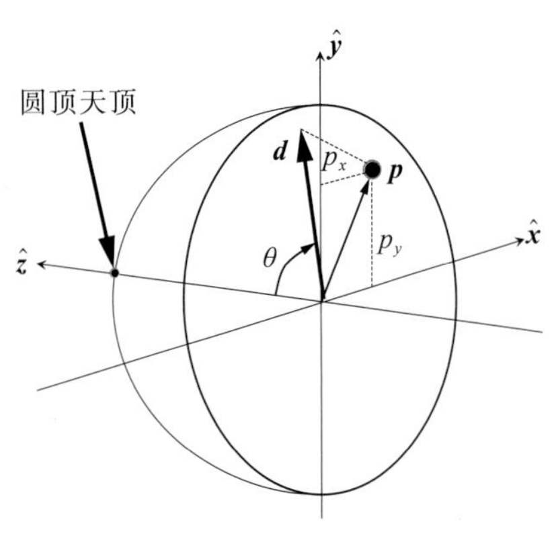

(b) $\boldsymbol{p}$ 为球幕图像平面中的矢量，p_x 和 p_y 为方位角方向分量，$\hat{\boldsymbol{d}}$ 为光线方向，θ 为光线方向 $\hat{\boldsymbol{d}}$ 与球幕天顶之间的角度，$\hat{\boldsymbol{x}}$、$\hat{\boldsymbol{y}}$ 与 $\hat{\boldsymbol{z}}$ 为相机正交基矢量

图 4.1　球幕图像使用方位角等距投影，看起来类似于 180° 鱼眼镜头拍摄的照片

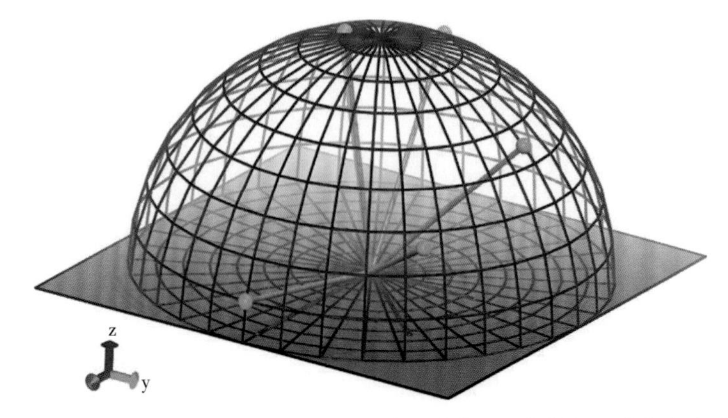

图 4.2　可视化展示图像平面（灰色正方形与内切纬度 / 经度线）、球幕半球（蓝色）、图像平面中的示例向量 $\boldsymbol{p}$（红色）和球幕表面上的对应的光线方向（绿色）

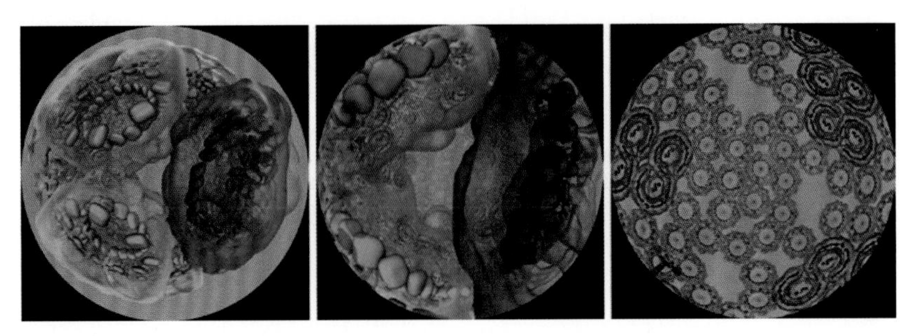

图 4.3　基于 OptiX 加速的可视化分子动力学软件（Visual Molecular Dynamics，VMD）[4,7] 中一系列可交互式渲染的球幕图像。这组图像序列展示了相机飞入紫色细菌中的光合小泡。由于它的结构以球形为主，当相机到达囊泡中心即最右边的图像时，球幕投影看上去成了平面

4.2.1 从视口坐标计算光线方向

球幕相机通过几个关键步骤计算主光线的方向。中心位置最大的视野角度 θ_{max} 设为整个视野的一半，对于典型的 180° 视野，θ_{max} 是 90° 或$\frac{\pi}{2}$弧度。对于方位角等距投影，每个像素到视口中心的距离与用弧度表示的相对于投影中心的真实角度是成比例的。球幕图像通常是正方形的，因此对于一张具有 180° 视野的 4096×4096 的球幕图像，在 x 轴和 y 轴方向上的弧度 / 像素缩放因子都是$\frac{\pi}{4096}$。对于图像平面中的每个像素，计算像素 I 和视口的中点 M 之间的距离，然后乘以视野的弧度 / 像素缩放因子，产生一个以弧度为单位的二维矢量，$\boldsymbol{p}=(p_x,p_y)$。然后从两者距离视口中心的距离分量 p_x 和 p_y 计算出 $\boldsymbol{p}$ 的长度，产生以弧度为单位的相对球幕最高点的真实角度 θ，那么计算 θ 的关键步骤就是

$$\boldsymbol{p}=(l-M)\frac{\pi}{4096} \tag{4.1}$$

和

$$\theta=\|\boldsymbol{p}\| \tag{4.2}$$

对于具有 180° 视场的球幕画面，角度 θ 与通过 $\boldsymbol{p}$ 计算得到的光线仰角是互补的。

需要注意的是，θ 既用作距离（从视口中心开始，乘以弧度 / 像素）也用作角度（从球幕最高点）。为了计算光线的方位角方向分量，我们通过用 $\boldsymbol{p}$ 除以 θ 计算出 $\hat{\boldsymbol{p}}$，θ 此处用作长度。如果 θ 等于 0，那么主光线指向球幕最高点，这种情况下方位角是不确定的，因此我们要防止出现除以零。如果 θ 大于 θ_{max}，则像素在球幕的视野外，因此按黑色着色。对于 0 和 θ_{max} 之间的 θ 值，球幕坐标下的归一化光线方向为

$$\hat{\boldsymbol{n}}=\left(\frac{p_x\sin\theta}{\theta},\frac{p_y\sin\theta}{\theta},\cos\theta\right) \tag{4.3}$$

如果每束光线需要（用到）正交向上（$\hat{\boldsymbol{u}}$）和向右（$\hat{\boldsymbol{r}}$）的方向向量，例如景深，可以使用现有的中间值廉价（译者注：不消耗太多的计算资源）地确定它们。可以通过将光线方向作为 θ 的函数的导数取反来计算向上的方向向量，产生一个指向球幕最高点并与经度线垂直的线对齐（译者注：此处根据它的数学定义应该描述为垂直于光线方向即切线并且是朝向球幕最高点方向，原文意思有点令人混淆）的单位向量

$$\hat{\boldsymbol{u}}=\left(\frac{-p_x\cos\theta}{\theta},\frac{-p_y\cos\theta}{\theta},\sin\theta\right) \tag{4.4}$$

可以完全根据方位角的方向分量 p_x 和 p_y 确定右方向，产生与水平纬度线对齐（译者注：此处根据它的数学定义应该描述为与水平纬度线的切线对齐即平行）的单位向量，

$$\hat{\boldsymbol{r}} = \left(\frac{-p_y}{\theta}, \frac{p_x}{\theta}, 0 \right) \tag{4.5}$$

程序清单 4.1 中是计算球幕坐标系中光线向量、上向量（up）和右向量（right）的简短示例。最后，为了将光线方向从球幕坐标系转换到世界坐标系，我们将其分量投影到相机的正交基向量 $\hat{\boldsymbol{x}}$，$\hat{\boldsymbol{y}}$ 和 $\hat{\boldsymbol{z}}$ 上

$$\hat{\boldsymbol{d}} = \left(n_x \hat{\boldsymbol{x}} + n_y \hat{\boldsymbol{y}} + n_z \hat{\boldsymbol{z}} \right) \tag{4.6}$$

如果需要，同样的坐标系转换操作也必须用在上向量和右向量上。

程序清单 4.1

```
 1 static __device__ __inline__
 2 int dome_ray(float fov,              // 以弧度为单位的视野FOV
 3              float2 vp_sz,           // 视口大小尺寸
 4              float2 i,               // 图像平面上的像素/点
 5              float3 &raydir,         // 返回的光线方向
 6              float3 &updir,          // 返回的向上方向，与经度线对齐
 7              float3 & rightdir) {    // 返回的向右方向，与纬度线对齐
 8   float thetamax = 0.5f * fov;       // 以弧度为单位的视野FOV的一半
 9   float2 radperpix = fov / vp_sz;    // 通过X/Y计算弧度/像素
10   float2 m = vp_sz * 0.5f;           // 计算视口中心/中点
11   float2 p = (i - m) * radperpix;    // 计算方位角，θ 分量
12   float theta = hypotf(p.x, p.y);    // hypotf ()确保最佳精度
13   if (theta < thetamax) {
14     if (theta == 0) {
15       // 在球幕中心，方位角是不确定的，而我们必须避免除以零
16       // 所以我们将光线方向设置成指向球幕最高点
17       raydir = make_float3(0, 0, 1);
18       updir = make_float3(0, 1, 0);
19       rightdir = make_float3(1, 0, 0);
20     } else {
21       // 正常情况下：计算+混合方位角和仰角分量
22       float sintheta, costheta;
23       sincosf(theta, &sintheta, &costheta);
24       raydir    = make_float3(sintheta * p.x / theta,
25                               sintheta * p.y / theta,
26                               costheta);
27       updir     = make_float3(-costheta * p.x / theta,
28                               -costheta * p.y / theta,
29                               sintheta);
30       rightdir  = make_float3(p.y / theta, -p.x / theta, 0);
31     }
32
33     return 1; // 图像平面中的点是在视野内的
34   }
35
36   raydir = make_float3(0, 0, 0); // 在视野外
37   updir = rightdir = raydir;
38   return 0; // 图像平面中的点在视野外
39 }
```

这个简短的示例函数演示了从图像平面中的一个点计算出从球幕半球的地板射出的光线方向所需的关键算法，给定由用户指定的视野角度（通常为 180° ）和视口尺寸。相对于投影中心的球幕角度与从视口中心到图像平面中的指定点的距离是成比例的。此功能是为天顶为球幕正 z 方向的球幕半球编写的，此函数返回的光线方向必须由调用此函数的代码自行投影到相机基础向量上。

4.2.2 环形立体投影

球幕投影中焦距表面的非平面属性对于立体渲染有着特殊的挑战，非立体的球幕图像可以通过多步渲染、画面扭转和滤波处理许多传统的透视投影得到，而高质量的立体球幕基本上需要对每一次采样进行单独的立体相机计算（在光线追踪时则是对于每一束光线）。这在使用现有的光栅化 API 时需要在性能开销和图像质量之间进行取舍，但这恰好是交互式光线追踪的理想应用。涉及的数学公式很自然地延续了上一节中概述的光线计算，和渲染一对单眼图像相比，引入的计算量并不明显。

使用球幕相机的立体环形投影[2, 6, 8]，每个光线的原点向左或向右移动目间距的一半或瞳孔间距。这个偏移是沿着立体双眼轴向，即垂直于线方向（$\hat{\boldsymbol{d}}$）和观众的局部最高点或“上”向量（$\hat{\boldsymbol{q}}$）。这解释了图 4.4 中所示的各种倾斜的球幕配置，通过 $O = O + e(\hat{\boldsymbol{d}} \times \hat{\boldsymbol{q}})$ 计算光线移位后的原点坐标，其中 $e(\ )$ 是图 4.5 所示的这样应用移位方向和缩放因子来把眼球正确地移动到世界空间的眼睛位置的眼睛偏移函数。我们通过对每条光线独立计算眼睛的立体位移获得环形立体投影。

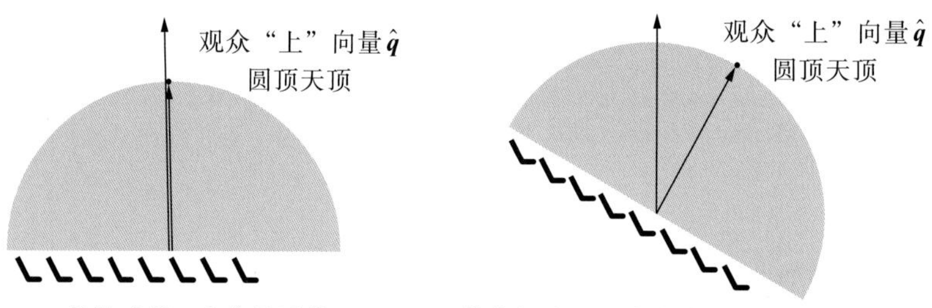

(a) 传统球幕，座位是平的　　(b) 体育场式的现代球幕，座位倾斜 30°

图 4.4 球幕最高点与观众“上”向量 $\hat{\boldsymbol{q}}$ 在两种球幕中的关系

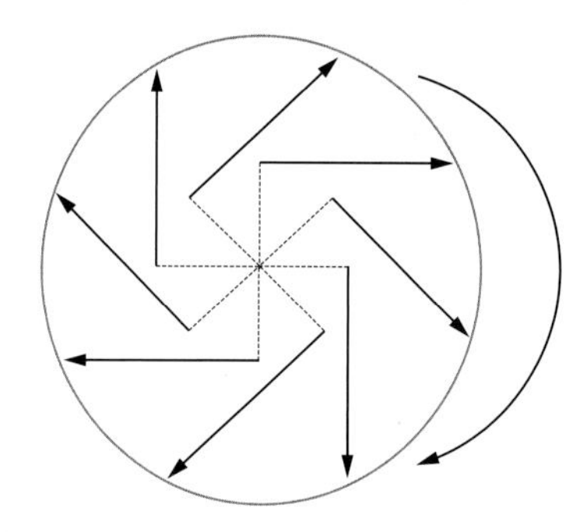

图 4.5 环形立体投影技术的示意图，根据光线的方向展示了将光线的原点偏移双眼间距的一半以后的效果，虚线表示的是左眼的偏移

环形立体投影并非没有失真，但它们“在你观察的地方总是正确的”[6]，当观众朝着立体投影的水平线观察时效果最正确，但是当观看球幕最高点（$\hat{q}$）附近时却差很多。当立体极轴后面的区域可见时，观看者会看到逆向立体画面（backward-stereo）。为了缓解这个问题，双目的分离参数可按照相对于观众的立体赤道或地平线的仰角$\hat{d}$进行调节。通过将双目的间距在观众的顶上时设置为零（从而降级为单目投影），可以很大程度上消除逆向立体的影响。程序清单 4.2 是具有代表性的简单示例。

程序清单 4.2　最精简的处理立体和单视场投影的眼睛位移函数实现

```
 1 static __host__ __device__ __inline__
 2 float3 eyeshift(float3 ray_origin,    // 原始的非立体的相机原点
 3                 float eyesep,         // 世界坐标系下的双目间距
 4                 int whicheye,         // 左 / 右眼标记
 5                 float3 DcrossQ) {     // 光线方向 x 观众的“上”向量
 6   float shift = 0.0;
 7   switch (whicheye) {
 8     case LEFTEYE :
 9       shift = -0.5f * eyesep; // 光线原点向左移
10       break;
11
12     case RIGHTEYE:
13       shift = 0.5f * eyesep; // 光线原点向右移
14       break;
15
16     case NOSTEREO:
17         default:
18       shift = 0.0;            // 单目投影
19       break;
20   }
21
22   return ray_origin + shift * DcrossQ;
23 }
```

通过把两个立体子图像按照上 / 下的布局输出到同一个输出缓存中进行渲染，可以在一遍渲染中输出立体球幕图像，缓存的高度翻倍上半部分和下半部分分别存放左、右眼的画面。图 4.6 展示了上 / 下堆叠方式布局的立体帧缓存，这种方法整合了一帧中可并行的最大光线追踪计算量，从而减少 API 开销并提高硬件调度效率。现有的硬件加速光线追踪框架无法在一组相机和输出缓存上执行渐进式光线追踪，所以这种打包在一起的立体渲染方式可以更容易地采用渐进式渲染来实现交互式立体球幕可视化。这在使用流媒体技术远程查看云端的渲染结果时特别有用。垂直堆叠布局的立体子图像的关键优点是，任何图像处理或图片显示软件都可以用简单的指针偏移操作访问这两个彼此独立的子图像，因为它们在内存中是连续的。通过环形立体投影渲染的球幕图像和电影通常可以直接导入传统的图像和视频编辑软件中，传统的透视投影所用到的工具依然可以使用。

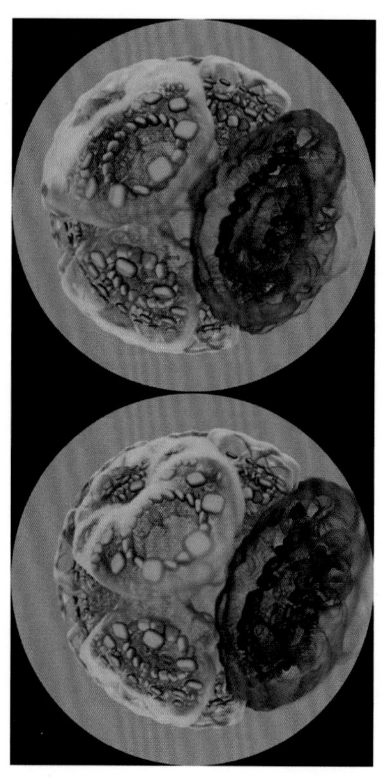

图 4.6 在一遍渲染中输出一对垂直堆叠的立体球幕图像，在球面焦平面上施加景深

4.2.3 景 深

球幕投影的景深焦距模糊（focal blur）可以通过计算景深的弥散圆（circle of confusion disk）的基向量（basis vectorr）来实现，并随后使用基向量计算光线的原点偏移抖动，最后更新光线方向。弥散圆基向量 $\hat{\boldsymbol{u}}$ 和 $\hat{\boldsymbol{r}}$ 最好是和光线方向 $\hat{\boldsymbol{d}}$ 一起计算，因为它们都依赖于相同的中间计算结果。式（4.4）和式（4.5）分别描述了 $\hat{\boldsymbol{u}}$ 和 $\hat{\boldsymbol{r}}$ 的计算过程，一旦使用 $\hat{\boldsymbol{u}}$ 和 $\hat{\boldsymbol{r}}$ 计算得到抖动后的景深光线的原点，光线的方向也必须更新。将更新后的光线原点减去光线与焦平面（此处为球体）的交点，得到更新后光线方向，并进行归一化计算。请参见程序清单 4.3 的简单实例。

程序清单 4.3 计算所需的关键算法使用景深时的新光线原点和方向

```
 1 // 给定弥散圆的半径
 2 // 每束光线的正交向上和向右基向量
 3 // 焦平面和球体距离，随机数或快速随机数的种子、状态向量
 4 // 计算一条新光线的原点和光线方向
 5 static __device__ __inline__
 6 void dof_ray(const float3 & ray_org_orig, float3 & ray_org,
 7              const float3 & ray_dir_orig, float3 & ray_dir,
 8              const float3 & up, const float3 & right,
 9              unsigned int & randseed) {
10   float3 focuspoint = ray_org_orig +
```

```
11                          (ray_dir_orig * cam_dof_focal_dist);
12   float2 dofjxy;
13   jitter_disc2f(randseed, dofjxy, cam_dof_aperture_rad);
14   ray_org = ray_org_orig + dofjxy.x*right + dofjxy.y*up;
15   ray_dir = normalize(focuspoint - ray_org);
16 }
```

4.2.4 抗锯齿

球幕图像的抗锯齿无需考虑任何异常因素，通过对连续的几次采样进行视口坐标系下的抖动即可轻易实现。对于交互式的光线追踪，对采样进行简单的盒型滤波并不会消耗太多计算资源，且容易实现。由于视野外采样到的是黑色，抗锯齿采样为球幕图像中的圆形图像提供平滑的边缘。

4.3 天文馆球幕投影的示例代码

本章提供的示例源代码是配合 NVIDIA OptiX API 使用的，基于 CUDA 语言进行编写。尽管示例代码为了简单起见有所删减，核心的功能，如创建关键的全局相机和设置场景参数都通过小而美的辅助函数来展示。辅助函数包括计算景深、如何生成统一的随机样本，以及类似的任务。读者可基于这段代码根据自己的需要去采纳和调整范例中的实现。

球幕相机以模板函数的形式提供，具体的实例化是在 OptiX 框架的几个主光线的光线生成着色器程序中发生的。该模板函数接受 `STEREO_ON` 和 `DOF_ON` 这两个参数，分别用于立体球幕图像和景深焦点模糊这两个功能的开启和关闭。通过创建不同的相机函数实例，被关闭的部分算法的代码在编译时被删除，这对于高分辨率的复杂场景的光线追踪特别有帮助。

致 谢

这项工作的研究支持者是国家卫生研究院的 P41-GM104601 和 NCSA 高级可视化实验室，CADENS 项目的研究支持者是 NSF 奖项 ACI-1445176。

参考文献

[1] Borkiewicz, K., Christensen, A. J., and Stone, J. E. Communicating Science Through Visualization in an Age of Alternative Facts. In ACM SIGGRAPH Courses (2017), 8:1–8:204.

[2] Bourke, P. Synthetic Stereoscopic Panoramic Images. In Interactive Technologies and Sociotechnical Systems, H. Zha, Z. Pan, H. Thwaites, A. Addison, and M. Forte, Eds., vol. 4270 of Lecture Notes in Computer Science. Springer, 2006, 147–155.

[3] Greene, N., and Heckbert, P. S. Creating Raster Omnimax Images from Multiple Perspective Views Using the Elliptical Weighted Average Filter. IEEE Computer Graphics and Applications 6, 6 (June 1986), 21–27.

[4] Humphrey, W., Dalke, A., and Schulten, K. VMD—Visual Molecular Dynamics. Journal of Molecular Graphics 14, 1 (1996), 33–38.

[5] Sener, M., Stone, J. E., Barragan, A., Singharoy, A., Teo, I., Vandivort, K. L., Isralewitz, B., Liu, B., Goh, B. C., Phillips, J. C., Kourkoutis, L. F., Hunter, C. N., and Schulten, K. Visualization of Energy Conversion Processes in a Light Harvesting Organelle at Atomic Detail. In International Conference on High Performance Computing, Networking, Storage and Analysis (2014).

[6] Simon, A., Smith, R. C., and Pawlicki, R. R. Omnistereo for Panoramic Virtual Environment Display Systems. In IEEE Virtual Reality (March 2004), 67–73.

[7] Stone, J. E., Sener, M., Vandivort, K. L., Barragan, A., Singharoy, A., Teo, I., Ribeiro, J. V., Isralewitz, B., Liu, B., Goh, B. C., Phillips, J. C., MacGregor-Chatwin, C., Johnson, M. P., Kourkoutis, L. F., Hunter, C. N., and Schulten, K. Atomic Detail Visualization of Photosynthetic Membranes with GPU-Accelerated Ray Tracing. Parallel Computing 55 (2016), 17–27.

[8] Stone, J. E., Sherman, W. R., and Schulten, K. Immersive Molecular Visualization with Omnidirectional Stereoscopic Ray Tracing and Remote Rendering. In IEEE International Parallel and Distributed Processing Symposium Workshop (2016), 1048–1057.

第 5 章　计算子数组的最小值和最大值

Ingo Wald　NVIDIA

本章将探索这个问题：给定数组 A，它由 N 个数字（A_i）组成，如何快速地查询数组任一区间内的最小值或最大值？比如，“数组第 8 个元素和第 23 个元素之间的最小值是多少？”

5.1　动　机

本章跟其他章节不同，这个问题与光线追踪并没有直接关系，因为它不涉及光线的生成、追踪、相交或着色。但是，在进行光线追踪时，尤其是渲染体数据集（volumetric data set）时，会经常遇到这类问题。无论是结构化或非结构化的体数据集，在渲染时，通常会定义一个标量场 $z = f(x)$，它通常用光线步进（ray marching）的形式绘制。和基于三角形表面的渲染一样，快速渲染的关键就是快速确定哪个区域的体积是空的或不那么重要，同时通过忽略这些区域、减少采样数量或使用其他近似方法来加速计算。这通常需要构建一个空间数据结构，其中每个叶子节点保存对应标量场的最小值和最大值。

事实上，本章问题的出现是因为我们很少直接渲染标量场，取而代之的是用户会交互地修改某种转换函数（transfer function）$t(z)$，该函数将不同的标量值映射到不同的颜色和不透明度，例如，让肌肉和皮肤变得透明，而韧带和骨头不透明。在这种情况下，一个区域标量场的极值对于渲染是不重要的。相反，我们需要将转换函数输出的极值应用到标量场中。换句话说，假设我们将转换函数表示为一个数组 $A[i]$，标量场的最大值和最小值分别是数组索引 i_{lo} 和 i_{hi}，我们想要 $i \in [i_{lo}, i_{hi}]$ 时数组 $A[i]$ 的最大值和最小值。

乍一看，我们的问题类似于计算一个子数组的和，我们可以用求和面积表（summed-area table，SAT）[3, 9] 来完成，但是，`min()` 跟 `max()` 不是可逆的，所以 SAT 在这种情况下不适用。本节剩余部分讨论此问题的四种不同的解决方案，这几种方案在预计算所需内存与查询时间之间有不同的权衡。

5.2　整表查询法

最简单的解决方案先预计算一个 $N \times N$ 大小的表，$M_{j,k} = \min\{A_i, i \in [j, k]\}$，然后直接查找我们期望的值。

这个方法简单快速，提供了一个不错的“快速”方案（比如：OSPRay[7] 中的 `getMinMaxOpacityInRange()`）。然而它有一个致命的缺点：储存复杂度是数组大小 N 的平方（$O(N^2)$），目前对于一个常见的数组（例如 1k 或 4k 个元素），这个表会变得很大。除了数组大小这个缺点外，每次转换函数被修改时，该表都需要重新计算，计算复杂度至少是 $O(N^2)$。

基于这种复杂度，整表查询法适用于小尺寸的表格，而较大的数组可能需要其他方案。

5.3 稀疏表查询法

GeeksForGeeks[6]在线论坛中概括了一个鲜为人知但值得一试的方法——稀疏表查询法，它改进了整表查询法。在查找文献之前，我们之前并不知道这个方法，直到我们查询文献的时候才发现这个方法（在其他地方我们没有发现对它的讨论）。因此，在这里进行一下简单的描述。

稀疏表查询法的核心思想是，任何一个 n 个元素的区间 $[i, j]$ 可以被看作是两个（可能重叠的）区间的并集（长度都为 2 的幂，第一个区间从 i 开始，另一个区间到 j 结束）。在这种情况下，实际上我们不必预计算所有可能的查找区间的完整表，而只需要预先计算长度为 2 的幂的查询区间。然后在这两个区间的结果中查找，最后合并它们的结果。

再详细一些，假设我们首先预计算一个所有可能性的查询表 $L^{(1)}$，表中有 $2^1 = 2$ 个元素，即 $L_0^{(1)} = \min(A_0, A_1)$，$L_1^{(1)} = \min(A_1, A_2)$。类似地，我们可以计算所有查询长度为 $2^2 = 4$ 的表格 $L^{(2)}$，查询长度为 $2^3 = 8$ 的表格 $L^{(3)}$，以此类推。

一旦我们有了 $\log(n)$ 张这样的表 $L^{(i)}$，对于任何查询区间 $[lo, hi]$ 我们可以简单地执行以下步骤：计算需要查询的序列的宽度 $n = (hi - lo + 1)$，然后找到保证 $2^p < n$ 的最大整数 p，此时区间 $[lo, hi]$ 可以看作是两个区间的并集 $[lo, lo + 2^p - 1]$ 与 $[hi - 2^p + 1, hi]$，因为这些序列已经通过预计算保存在表 $L^{(p)}$ 中了，我们可以简单查询 $L_{lo}^{(p)}$ 和 $L_{hi-2^p+1}^{(p)}$，计算它们的最小值，返回结果。这个方法的详细图解如图 5.1 所示。

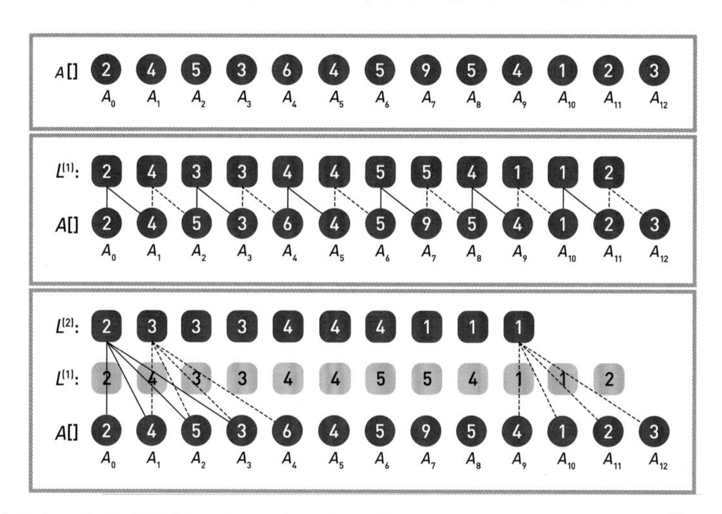

图 5.1 稀疏表查询法的范例：从 13 个元素的输入数组 $A[]$ 中，我们预计 $L^{(1)}$，$L^{(2)}$ 和 $L^{(3)}$，包含了长度为 2，4，8 的查询数组，假设我们要查询 $[A_2, A_8]$ 区间内 7 个元素的最小值，我们可以把这个列表分解为两个重叠的长度为 4 的列表，分别为 $[A_2 \cdots A_5]$ 与 $[A_5 \cdots A_8]$，这个分解之后的查询，已经预计算后储存在表 $L^{(2)}$ 中，因此，最终的结果为 $\min\left(L_2^{(2)}, L_5^{(2)}\right) = \min(3, 4) = 3$

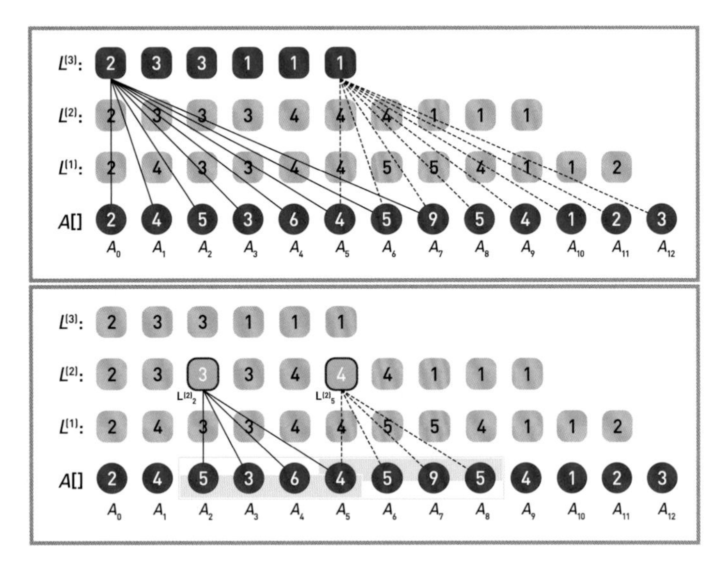

续图 5.1

对于长度为非 2 的幂的输入区间来说，两个子区间会重叠，这意味着某些数组元素会被计算两次，所以该方法并不适用于其他类型的计算，例如求和运算和乘法运算。但对于计算最小值与最大值，计算两次不会改变最终结果。在计算开销方面，该方法的复杂度仍然为 $O(1)$，因为所有查询可以两次查表就完成。在内存开销方面，$L^{(1)}$ 中有 $N-1$ 个元素，$L^{(2)}$ 中有 $N-3$ 个元素，以此类推，总的内存开销为 $O(N \log N)$，和整表查询法 $O(N^2)$ 的复杂度相比大大降低了开销。

5.4　区间树递归查询法

在光线追踪中，会经常出现二叉树，一种明显的解决方案就是用某种区间树，正如 Bentley 和 Friedman [1, 2, 8] 介绍的那样。使用区间树来解决我们问题的一个非常好的讨论请查阅参考文献［4］,［5］。

区间树是一个二叉树，它会递归地分割输入的区间，每个节点存储对应子树的结果。每个叶子节点刚好对应一个数组元素，内部节点有两个子节点（其中一个子节点储存输入区间的前半部分，另一个子节点储存输入区间的后半部分）并且储存着两个子节点的最大值、最小值、总和，以及乘积等。图 5.2 展示了这样一个树结构的例子以及如何查询最大值和最小值。

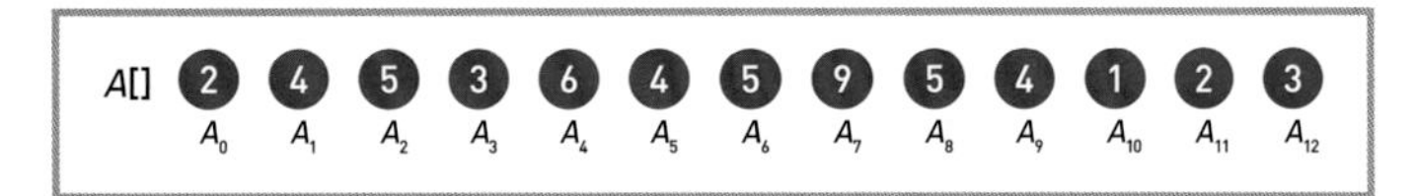

图 5.2　递归查询法的示意图。给定一个输入数组 A（上图），生成一个二叉树（中图），它每个节点储存了对应叶子节点的最小值和最大值。在查询区间内递归遍历二叉树（下图），伪代码中实现了所有三种遍历的情况：情况 1，虚线轮廓蓝色节点完全落在查询区间外；情况 2，深色轮廓的绿色节点被记录并终止；情况 3，灰色节点递归查询两个子节点

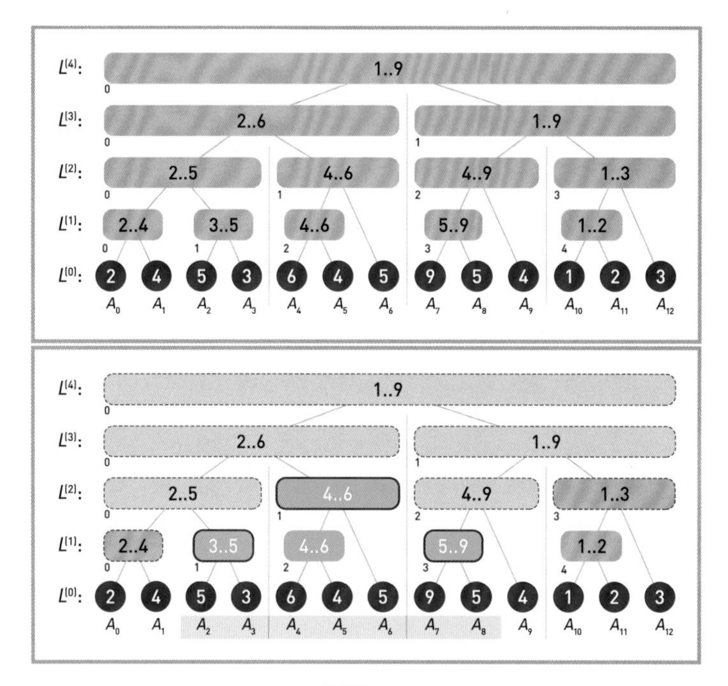

续图 5.2

给定这样一个区间树，查询任意区间 $[lo, hi]$ 需要找到一系列的节点正好横跨输入区间，接下来用一个简单的递归算法去执行这个查询

```
1 RangeTree::query(node,[lo,hi]) {
2     if (node.indexRange does not overlap [lo,hi])
3         /* 情况1: 节点完全在查询范围之外 -> 忽略它 */
4         return { empty range }
5     if (node.indexRange is inside [lo,hi])
6         /* 情况2: 节点完全在查询范围内 -> 用它 */
7         return node, valueRange
8     /* 情况 3: 部分重叠 -> 递归进入子节点，然后合并 */
9     return merge(query(node.leftChild,[lo,hi]),
10                 query(node.rightChild,[lo,hi])
11 }
```

区间树法仅仅只需要线性的储存空间以及处理时间，这些方面的开销小于稀疏表方法。它的缺点是：查询的开销不再是固定的时间，而是 $O(\log N)$ 的复杂度，更糟糕的是，递归查询会导致相当高的开销，即使小心地进行数据布局并且避免指针追逐（pointer chasing）依然如此。

5.5 区间树迭代查询法

实际上，区间树查询的主要开销不在于其 $O(\log N)$ 的复杂度，而在于实现递归时非常高的开销。因此，迭代法（iterative method）更值得推崇。

为了推导出这种方法，我们从下往上来查看一个逻辑区间树，它是由更精细级别的子树连续合并而成。最精细的一层 $L^{(0)}$，我们有 $N_0 = N$ 个原始数组值 $L_i^{(0)} = A_i$。在下一层，我们从上一层的每一对（完整的）的值计算最小或最大值，也就是说 $N_1 = \lfloor N_0/2 \rfloor$ 个值在 $L_i^{(1)}$ 层，且 $L_i^{(1)} = f\left(L_{2i}^{(0)}, L_{2i+1}^{(0)}\right)$，$f$ 表示最小值或最大值函数；第 2 层有 $N_1 = \lfloor N_1/2 \rfloor$ 个由 $L^{(1)}$ 层的数合并而成，依此类推。对非 2 次幂大小的数组，有些 N_i 可能是奇数，也就是说这个节点没有父节点，不过我们的算法可以适应这种情况。

如图 5.3 所示，上述的数据结构生成了一系列二叉树（数组大小是 2 的幂时结果是一棵二叉树，否则会是多棵数），任意层次的节点 n 表示子树所有数组值的二叉树的根。

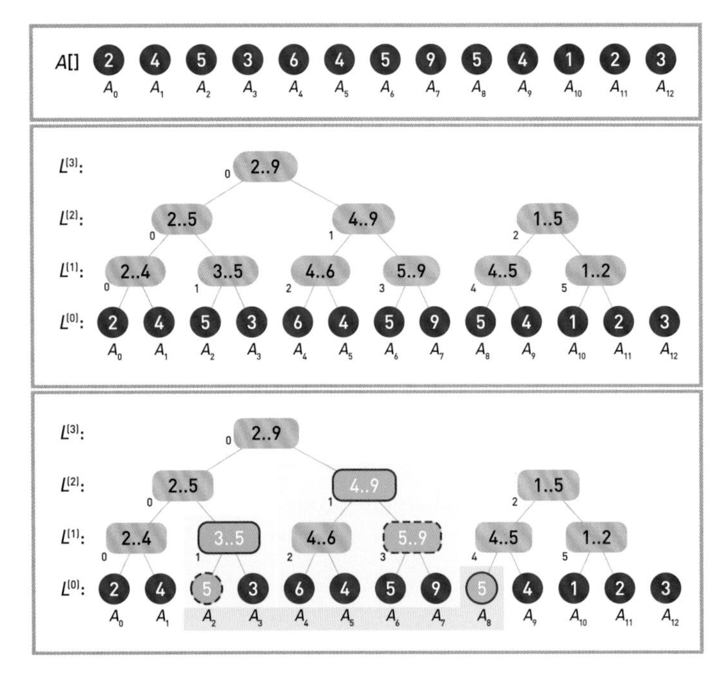

图 5.3　迭代查询法的示意图。给定一个长度为 13 的数组，我们迭代地将子节点成对合并成连续的更小的层级，本例中一共形成三个二叉树。对于 $[lo = 2, hi = 8]$ 的查询，我们必须找到三个用深色实线轮廓的节点 $L_8^{(0)}$，$L_1^{(1)}$，$L_1^{(2)}$。我们的算法从第 0 层开始，此时 $lo = 2$，$hi = 8$；hi 是偶数（实心圆），所以应该被计算，lo 是奇数（虚线圆），所以不应该被计算。下一步就是更新 lo 和 hi，$lo = 1$，$hi = 3$（此时在 $L^{(1)}$ 层）；然后正确计算 $L_{10}^{(1)}$（实线轮廓），因为 lo 是奇数；同时跳到 $L_{hi}^{(1)}$（虚线轮廓），因为 hi 不是偶数。同样的，在 $L^{(2)}$ 层，$lo = 1$，$hi = 1$。之后在 $L^{(3)}$ 层 $lo = 1$，$hi = 0$ 停止

给定一个查询区间 $[lo, hi]$，让我们来看一下所有的子树 n_0，n_1，n_2…这些子树的子节点完全落在查询区间内，但不是区间内更大树的一部分（图 5.3 加粗圈出的节点）。显然，这些是我们需要考虑的节点——所以我们需要找到一种有效的方法来遍历这些节点。

为此，针对我们的查询区间，在每一层 L 所覆盖到的节点称为 $[lo_L \cdots hi_L]$。现在我们先来看 lo_L。通过构建，我们知道 lo_L 只有当它的索引是奇数时，才能是一棵子树的根（否则只能是另外一棵树的左子节点）。无论奇数还是偶数，下一个稀疏层次最左侧的索引被记为 $lo_{L+1} = (lo_L + 1)/2$。右侧索引 hi_L 也可以这样计算，不过和前面的奇偶数位置互换，然后计算出下一个索引 $hi_{L+1} = (hi + 1)/2-1$（在带符号整数算术里是 $(hi-1) \gg 1$）。这个

层次粗化的过程一直持续到 lo_L 大于 hi_L，此时我们到达了第一层，在这一层不包含任何子树。把这些因素考虑在内，我们最终得到一个简单的迭代所有子树的算法。

```
1 Iterate(lo,hi) {
2     Range result = { empty range }
3     L = finest level
4     while (lo <= hi) {
5         if (lo is odd) result = merge(result,L[lo])
6         if (hi is even) result = merge(result,L[hi])
7         L = next finer Level;
8         lo = (lo+1)>>1
9         hi = (hi-1)>>1 /* 需要带符号的算数，否则结果是(hi+1)/2-1 */
10        return result
11    }
12 }
```

正如伪代码中的注释那样，我们必须小心处理 $hi = 0$ 时高位索引的计算，伪代码中已经小心处理了这种情况。在经典的区间树中，这种迭代方式对输入区间中的每一个值只计算一次，因此可以用于除了求最大值或最小值之外类型的查询[1]。

关于内存布局，我们已经用一系列数组（每层一组）从逻辑上介绍了我们的算法。在实际情况下，我们可以很容易地将所有层级存储在一个数组中，数组先包含所有 L_1 的值，然后包含所有 L_2 的值，以此类推。由于我们总是从最精细的一层遍历到比较粗糙的层级，我们可以隐式计算层级之间的偏移量，这就会产生一个简单但是同样紧凑的内循环。可以在 https://gitlab.com/ingowald/rtgem-minmax 中看到我们的实现方式。

5.6 结 果

理论上，迭代法与经典的递归方法具有相同的存储复杂度 $O(N)$ 和计算复杂度 $O(\log N)$。但是，迭代法的内存布局要简单得多，查询的时间常数也明显低于任何递归方法。事实上，除了包含至少数十万个元素的表外，在我们的示例代码中，这个迭代版本的算法几乎与稀疏表方法 $O(1)$ 一样快，同时使用的内存要少很多。

例如，一个包含 4k 个元素的数组，随机选择查询端点 *lo* 和 *hi*，迭代方法仅比稀疏表方法慢 5% 左右，但使用的内存只有稀疏表法的 1/10。对于较大的有 100k 个元素的表，速度差增加到约 30%，但使用的内存更低，仅为稀疏表法的 1/15。虽然这是一个有趣的权衡方式，但值得注意的是，随机选择的查询端点接近迭代方法的最坏情况：因为迭代次数是 $|hi-lo|$ 的对数，因此“小区间”查询实际上计算耗时比均匀选取 *lo* 和 *hi* 值的宽区间查询耗时更短。例如，如果我们将查询区间限制为 $|hi-lo| < \sqrt{N}$，那么 100k 元素数组上的迭代方法将比稀疏表方法（在 1/15 甚至更少内存的情况下）从原来的慢 30% 到只慢 15%。

5.7 小　结

本章我们介绍了四种方法用于计算一个数组中任一子区间的最大值与最小值。简单的整表查询法最容易实现而且速度很快，但需要 $O(N^2)$ 的储存空间与 $O(N^2)$ 的重新计算复杂度，这限制了它的实用性。稀疏表查询法稍微复杂一些，但显著降低了内存开销，同时仍然保持了 $O(1)$ 的查询复杂度。区间树递归查询法进一步将内存开销降到了 $O(N)$，但代价是查询复杂度显著提高，不仅是理论上的 $O(\log N)$，而且在实际的实现中也是如此。最后，我们介绍的区间树迭代查询法保留了区间树的低内存开销，使用了更简单的内存布局，并将递归查询转换为一个紧凑的迭代循环，虽然查询复杂度仍然趋近于 $O(\log N)$，但实际应用中与 $O(1)$ 的稀疏表方法不相上下，且内存消耗更低。总的来说，这使得迭代查询法成为我们的最爱，特别是因为预计算代码和查询代码都非常简单。

参考文献

[1] Bentley, J. L., and Friedman, J. H. A Survey of Algorithms and Data Structures for Range Searching. http://www.slac.stanford.edu/cgi-wrap/getdoc/slac-pub-2189.pdf, 1978.

[2] Bentley, J. L., and Friedman, J. H. Algorithms and Data Structures for Range Searching. ACM Computing Surveys 11, 4 (1979), 397–409.

[3] Crow, F. Summed-Area Tables for Texture Mapping. Computer Graphics (SIGGRAPH) 18, 3 (1984), 207–212.

[4] GeeksForGeeks. Min-Max Range Queries in Array. https://www.geeksforgeeks.org/ min-max-range-queries-array/. Last accessed December 7, 2018.

[5] GeeksForGeeks. Segment Tree: Set 2 (Range Minimum Query). https://www. geeksforgeeks.org/segment-tree-set-1-range-minimum-query/. Last accessed December 7, 2018.

[6] GeeksForGeeks. Sparse Table. https://www.geeksforgeeks.org/sparse-table/. Last accessed December 7, 2018.

[7] Wald, I., Johnson, G. P., Amstutz, J., Brownlee, C., Knoll, A., Jeffers, J. L., Guenther, J., and Navratil, P. OSPRay—A CPU Ray Tracing Framework for Scientific Visualization. IEEE Transactions on Visualization 23, 1 (2017), 931–940.

[8] Wikipedia. Range Tree. https://en.wikipedia.org/wiki/Range_tree. Last accessed December 7, 2018.

[9] Wikipedia. Summed-Area Table. https://en.wikipedia.org/wiki/Summed-area_table. Last accessed December 7, 2018.

第二部分 相交和效率

光线追踪具有许多有用的属性，但其中最令人着迷的两点是它的优雅和简单。只需追踪一些光线即可添加新的渲染算法和效果；只需指定包围盒（bounding box）和相交例程即可添加新的表面图元；并行性通常可以非常容易地实现。

就像任何其他事物一样，所有这些本应十分正确，但它们毕竟不是放之四海而皆准的真理。上面的任何一个属性原理上都是正确的，但实践中总是存在“好的、坏的和棘手的”情况——例如，默认的相交查找接口不能满足需求的情况；有限的浮点精度搞砸了美妙的数学解；此外，多个共面的表面、小得或远得异乎寻常的几何体以及极端不均衡的逐像素开销等一众“边缘情况”都在虎视眈眈。这些挑战非常容易被归类为极端情况进而被无视，但在实际中，如果忽略这些风险的话只能自求多福。

第 6 章“避免自相交的快速可靠的方法”讨论了始于表面的光线如何与表面自身再次相交。这一章介绍了一种简单易行，同时在产品级光线追踪器中久经考验的解决方法。

第 7 章“光线 / 球体相交检测的精度提升”探讨了有限的浮点精度如何使光线 / 球体相交检测中的求根计算快速失效，以及该问题如何通过数值稳定的方式得以解决，同时还支持球体以外的几何体。

第 8 章“精巧的曲面：计算光线 / 双线性曲面相交的几何方法”展示了一种新的几何图元，这种新结构能够游刃有余地处理任意的（即非平面的）四边形曲面，无需将一个四边形分成两个三角形，同时能够保持数值鲁棒性且快速高效。

第 9 章“DXR 中的多重命中光线追踪”探讨了这样一种情况，应用程序不仅需要有效且可靠地找到沿射线的某个特定交点，而且还要找到多个连续的交点。这一章也一并研究了如何在现有的 DXR API 基础上实现上述功能。

最后，第 10 章“一种具有高扩展效率的简单负载均衡方案”提出了一种简单而有效的负载均衡方法以实现图像空间的并行化。在每个像素的计算开销差异巨大以至于朴素的方法不尽人意的情况下，该方案仍然行之有效。

笔者过去曾经不得不处理这些章节中的每个主题，因而非常高兴能够在此介绍这一部分的章节。笔者亦祈望这些章节能够为从事光线追踪器编写工作的读者提供一些对于问题的洞察，乃至参考解决方案。

Ingo Wald

第 6 章　避免自相交的快速可靠的方法

Carsten Wächter, Nikolaus Binder　NVIDIA

我们介绍一种在光线追踪中避免自相交的解决方法，该方法比现有的常规方法更为可靠，引入的开销极小，且无需调试参数。

6.1　引　言

光线追踪和路径追踪的模拟从相机或光源开始，将光线与场景中的几何图形相交以建立光路。当物体与光线相交时，新的光线会在这些物体的表面上产生，并继续其路径。理论上，这些新的光线不会再次与同一个表面相交，因为距离等于零的相交是被算法所排除的。但在实践中，算法的实际实现所使用的有限浮点精度经常导致相交被误报，这被称为自相交。自相交会带来图像上的失真，例如阴影失真（shadow acne），即物体表面偶尔错误地产生自己的阴影。

避开上述问题的最为广泛使用的一些方法不能足够可靠地处理实际制作中的众多常见情况，有时甚至需要针对每一个场景进行手动调参。另一类方法是对产生数值误差的源头进行彻底的数值分析，从而可靠地解决该问题。但是，这样会带来显著的性能开销，并且需要修改光线与表面相交的底层实现代码，对于一些 API 以及类似 NVIDIA RTX 这样的硬件加速技术而言这是不可能的。

在这一章里我们提出一种非常可靠的方法，该方法不需要任何调参，同时引入的开销极小，因而可适用于离线及实时渲染。

6.2　方　法

计算一条新光线起点的可靠方法分为两步：

（1）在考虑底层浮点运算的不精确性的前提下，从光线追踪的结果中计算出一个离物体表面尽可能近的交点。

（2）当产生下一条光线以继续路径时，我们必须采取措施避免新的光线再次与同一个表面相交。

6.2.2 节说明了现有方法的常见隐患，同时展示了我们对于该问题的解决方案。

6.2.1　计算物体表面上的交点

沿光线路径计算下一条光线的起始点通常会受到有限精度的影响。尽管计算交点的不同方法具有数学上的等价性，但在实际中，不同方法产生的数值误差可能具有数量级的区别，因而选择最合适的方法至关重要。另外，每一种方法都有其自身的局限性。

通常，计算交点坐标的方法是在光线方程式中代入命中距离，如图 6.1 所示。我们强烈建议不要使用这种方法，因为计算出的新起点可能会远离物体表面所在的平面。对于离原光线起点很远的交点尤其如此：由于浮点数内部采用指数刻度，浮点数能够表示的数值之间的空隙会随相交距离一同增长[1]。

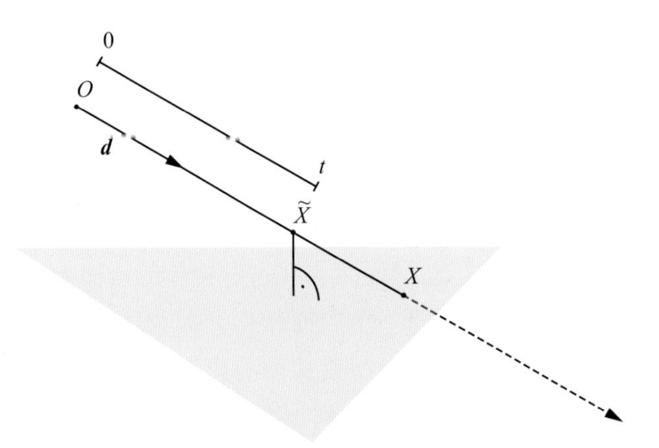

图 6.1 在光线方程式中代入相交距离 t 以计算光线与表面的交点 X。在这种情况下，由于 t 的精度不足而带来的误差很可能会使计算出的交点 $\widetilde{X}$ 沿光线方向 $\boldsymbol{d}$ 偏移——通常会使其远离三角形所在的平面

如果转而采用基于表面参数的方法计算上一条光线的交点（例如使用光线 / 图元相交时计算出的质心坐标），下一条光线的起点就能够被置于尽可能靠近表面的地方。详见图 6.2。即使精度有限的计算依然会导致一定程度的误差，但使用表面参数时误差带来的问题会小一些。使用命中距离计算交点位置的话，有限精度引入的误差使得交点沿原始光线的方向移动，从而远离表面（交点可能位于表面之前或之后，因而不利于避免自相交）。相比之下，使用表面参数时，计算误差会将计算出的交点沿平行于表面的方向

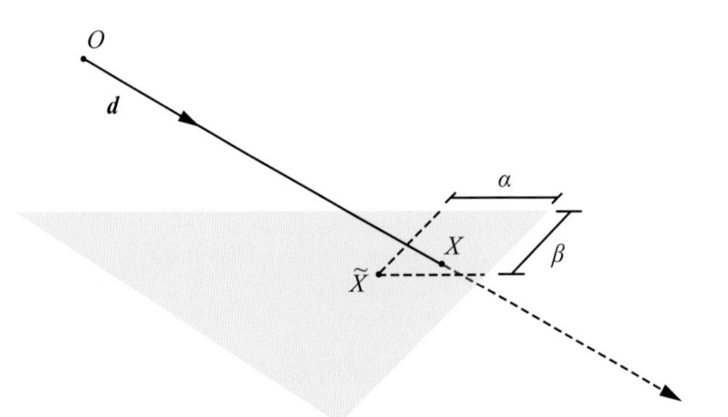

图 6.2 使用质心坐标（α，β）计算交点 X。在这种情况下，（α，β）的精度限制意味着计算出的交点 $\widetilde{X}$ 可能不再位于原光线上——但是通常非常靠近表面

1）译者注：原文为“浮点数能够表示的数值之间的空隙会随相交距离呈指数增长”，疑为误笔。相邻的两个浮点数的差随阶码（exponent）的值呈指数增长，但始终与浮点数所表示的值保持固定比率（对单精度而言为 2×10^{-23}），因此应随相交距离线性增长，参考图 6.7。

移动——这意味着下一条光线的起点可能会略微偏离上一条光线，但却尽可能地靠近表面。使用表面参数同时也确保了新的起点与一些表面属性（例如插值生成的着色法向量和纹理坐标）之间的一致性，这些属性通常依赖于表面的参数方法。

6.2.2　避免自相交

将新光线的起点“精确”置于表面上往往仍会导致自相交[4]，因为起点到表面的距离不一定为零。因此，仅仅将与表面距离为零的交点排除掉是不够的，必须采取更为有效的方法避免自相交。以下 1 ~ 3 项概述了一些常用的避免自相交的方法，同时展示了每种方法的若干失效情况，第 4 项介绍了我们使用的方法。

1. 图元 ID 排除法

使用图元 ID 显式地排除已相交的图元是一种常见的避免自相交的方法。这种方法不需要任何参数，满足缩放不变性，并且不会略过邻近的几何体，但也存在两个明显的问题：

（1）如果交点落在共同的边上或共面几何体上，或者新光线与表面夹角很小，仍然可能导致自相交（图 6.3 和图 6.4）。即使图元邻接数据可用，也必须对形成凹形或凸形的相邻表面予以区分。

（2）无法处理重复或重叠的几何体。尽管如此，一些产品级的渲染器仍采用该方法作为其解决方案的一部分[2]。

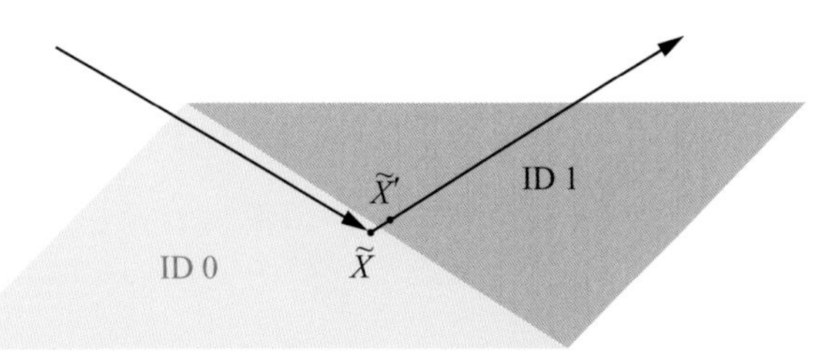

图 6.3　如果上一个交点 $\widetilde{X}$ 在两个图元共同的边上，将具有与上一个交点 $\widetilde{X}$ 所在图元相同的图元标识符的表面排除的方法对下一个交点 $\widetilde{X}'$ 可能会失效。在这个例子中，$\widetilde{X}$ 处在 ID 为 0 的图元上。由于精度有限，下一个交点 $\widetilde{X}'$ 可能会在 ID 为 1 的图元上被检测到，并且由于 ID 不同被认为是有效的

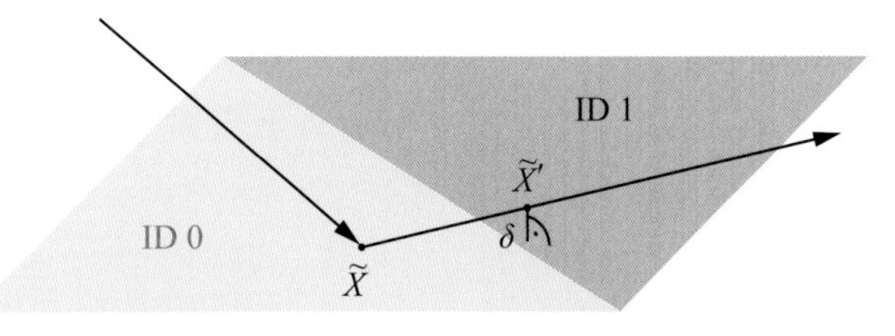

图 6.4　在平坦的或略凸的几何体上，如果下一条光线与表面的夹角很小，无论上一交点位于图元中何处，图元识别排除法都有可能失效。无效交点 $\widetilde{X}'$ 与另一个图元表面间的距离 δ 可以十分接近零，两个图元的 ID 不同，因此这个无效的交点会被认为是有效的

此外，请注意，图元 ID 排除法仅适用于平面图元，因为非平面的表面上可能产生有效的自相交。

2. 限制光线区间

如果不限于仅排除距离为零的交点，可以将相交距离所允许的下限设置为一个较小的值 ε：$t_{\min} = \varepsilon > 0$。尽管没有产生任何性能开销，但因 ε 的值高度取决于场景，从而导致该方法极其不可靠。而且该方法可能产生小夹角情况下的自相交（图 6.5），或导致略过相邻的表面（图 6.6）。

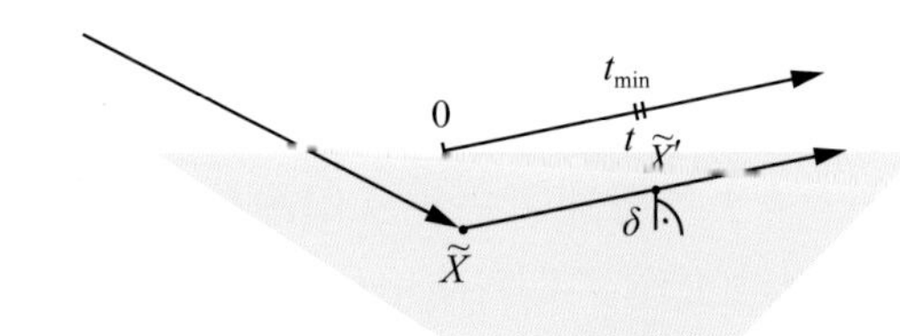

图 6.5 将 $t_{\min}$ 设置为一个较小的值 $\varepsilon > 0$ 并不能可靠地避免自相交，尤其当出射光线与表面夹角很小时。在这个例子中沿光线的距离 t 刚好大于 $t_{\min}$，但由于精度有限，下一个（无效的）交点 $\widetilde{X}'$ 与表面间的距离 δ 为零

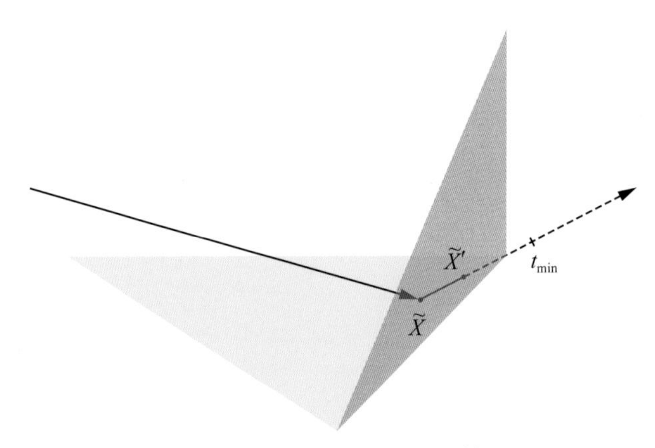

图 6.6 由于设置 $t_{\min} = \varepsilon > 0$ 而略过了一个有效的交点 $\widetilde{X}'$，这种情况在转角处光路反复进出闭合物体时尤其常见

3. 沿着色法向量或原光线方向偏移

将光线起点沿着色法向量方向偏移与设置相交距离下限 $t_{\min} = \varepsilon > 0$ 的方法类似，并且具有同样的缺陷，因为着色法向量并不一定垂直于表面（这是由于存在插值或者根据凹凸贴图 / 法向量贴图计算出的变差所导致的）。

将新光线的起点沿原光线方向偏移的方法同样会遇到上述问题。

4. 沿几何法向量进行自适应式偏移

如前几节所述，合适的偏移量取决于距交点的距离，只有设计上与表面垂直的几何法向量才适用于计算合适的偏移量，同时不引入任何前文提到过的缺陷。下一步将着重于如何计算偏移以沿其放置光线原点。

使用固定长度 ε 的任意偏移量都不具备缩放不变性，因而无法避免调参，也不适用于不同数量级距离的交点。在分析了使用质心坐标计算交点的浮点误差后，我们发现交点与表面所在平面的距离正比于交点距原点（0, 0, 0）的距离。同时，表面的大小也会影响误差，对于十分靠近原点（0, 0, 0）的三角形的大小甚至会成为决定性因素。使用归一化后的光线方向向量可以避免光线长度对数值误差的额外影响。图 6.7 展示了使用随机三角形的实验结果。我们对一千万个边长在 2^{-16} 至 2^{22} 之间的三角形计算交点与平面距离的平均值与最大值。由于计算出的交点可能位于实际平面的任何一侧，一个可靠的偏移量不应小于最大距离。

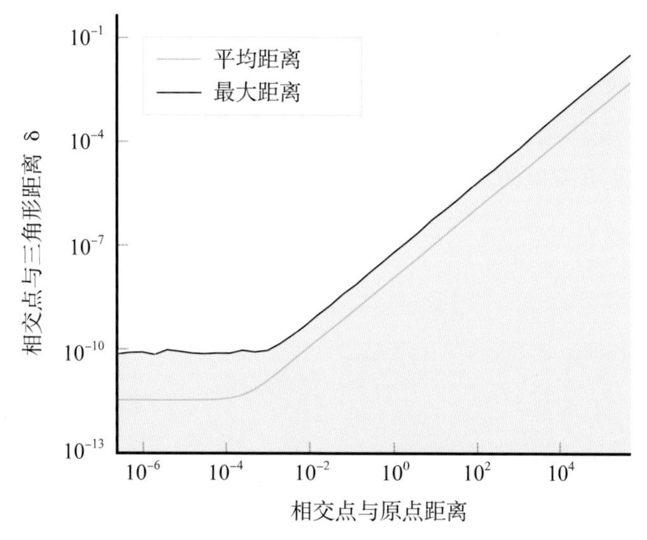

图 6.7　使用质心坐标得到的三角形上的一点与三角形所处平面的平均距离和最大距离的实验分析。使用与原点距离不同的一千万个随机三角形。由该分析结果得出程序清单 6.1 中所使用的常量缩放系数

为了隐式地处理具有不同距离的交点，我们对浮点数的整数表示进行整数运算以将光线起点沿几何法向量的方向进行偏移。这使得偏移操作具备缩放不变性，从而能够避免不同距离上的自相交。

对于靠近原点的平面和接近零的交点分量，我们必须单独处理每一个值。光线方向分量的浮点指数与交点分量的浮点指数相差很大，使用固定的整数 ε 进行偏移对于处理在光线 / 平面相交计算中产生的数值误差不可行。因此，一个非常小的浮点常量 ε 被用于处理这种特殊情况，以避免引入复杂的特殊处理。程序清单 6.1 展示了最终的源代码。所使用的常数值在图 6.7 的基础上增加了少量安全裕度，以处理未涵盖在实验中的更极端的情况。

程序清单 6.1　6.2.2 节第 4 项中所介绍的方法的实现

```
1 constexpr float origin()      { return 1.0f / 32.0f; }
2 constexpr float float_scale() { return 1.0f / 65536.0f; }
3 constexpr float int_scale()   { return 256.0f; }
```

```
 4
 5 // 当光线射出平面时将点沿法向量向外移动
 6 float3 offset_ray(const float3 p, const float3 n)
 7 {
 8   int3 of_i(int_scale() * n.x, int_scale() * n.y, int_scale() * n.z);
 9
10   float3 p_i(
11       int_as_float(float_as_int(p.x)+((p.x < 0) ? -of_i.x : of_i.x)),
12       int_as_float(float_as_int(p.y)+((p.y < 0) ? -of_i.y : of_i.y)),
13       int_as_float(float_as_int(p.z)+((p.z < 0) ? -of_i.z : of_i.z)));
14
15   return float3(fabsf(p.x) < origin() ? p.x+ float_scale()*n.x : p_i.x,
16                 fabsf(p.y) < origin() ? p.y+ float_scale()*n.y : p_i.y,
17                 fabsf(p.z) < origin() ? p.z+ float_scale()*n.z : p_i.z);
18 }
```

即便使用我们的方法，也会存在一些沿几何法向量偏移后跳过三角面的情况，比如图 6.8 所示的裂缝。更多类似的失效情况也可以被构造出来，有时甚至会出现在实际应用中。然而，与前几种更简单的方法带来的各类失效情况比，这些情况发生的可能性要小得多。

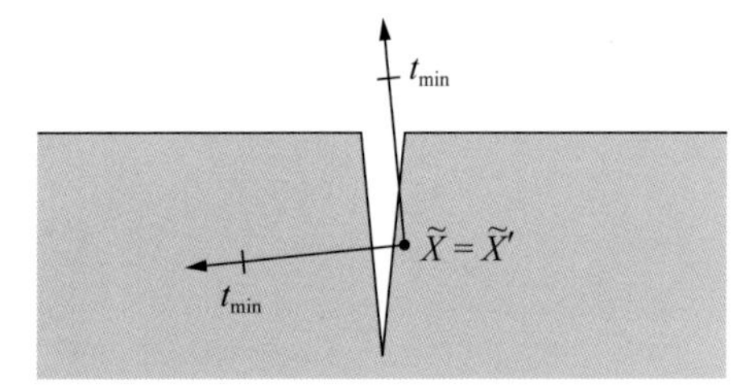

(a)限制光线区间有助于避免部分光线（上方的光线）的自相交，但对于另一些（下方的光线）可能会失败

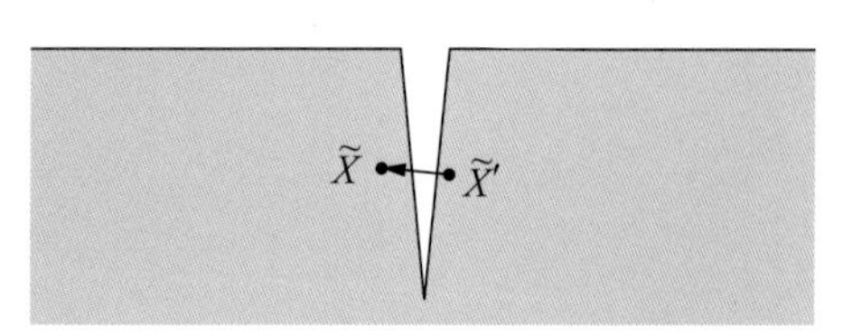

(b)沿表面法向量进行偏移可能会将下一条光线的起点 $\widetilde{X}'$ 移入同一个或相邻的物体中

图6.8 本文讨论的任何一种方法都不能完美处理深而细的裂缝等十分精细的几何细节。在这个例子中原交点 $\widetilde{X}$ 位于实际表面稍下方

6.3 小 结

本文提出了能够稳定计算顺着光路的次条光线的起点的一种两步骤方法。该方法首先使用表面参数计算出一个尽可能靠近三角面所在平面的初始位置，然后沿几何法向量的方向进行具有缩放不变性的偏移，将交点向远离表面的方向移动。我们的广泛评估表明，该方法在实际应用中具有足够的健壮性，并且可以简单地包含在任何现有的渲染器中。十多年来，它一直是 Iray 渲染系统的一部分[1]，用于避免三角形的自相交。

该方法未解决的失效情况属于罕见的特殊情况，但应注意，在实例变换（instancing transformations）中过大的平移或缩放操作也会导致较大的偏移值（相关分析，请参阅参考文献［3］）。这种现象会导致普遍的质量问题，因为所有的光照，无论是直接的还是间接的，都会产生明显的“偏移”。这在邻近物体的光线反射中尤其明显，甚至带来瑕疵。

为解决该问题，我们建议将所有三角面保持世界尺度（world units）存储并置于原点（0, 0, 0）附近。此外，平移和缩放操作应从相机变换（camera transformation）中剥离出来，转移到物体实例化矩阵（object instancing matrices）中。这些措施能够有效地将所有计算移动到原点（0, 0, 0）附近。进行上述操作后，我们的方法与所介绍的实现仍然有效，同时避免了较大的偏移量导致的瑕疵。

使用已知相交的图元 ID 进行图元排除法不会导致漏报，因此可以将它作为一个简单的快速测试，可以在第一时间避免不必要的表面相交。

参考文献

[1] Keller, A., Wächter, C., Raab, M., Seibert, D., van Antwerpen, D., Korndörfer, J., and Kettner, L.
The Iray Light Transport Simulation and Rendering System. arXiv, https://arxiv.org/abs/1705.01263, 2017.

[2] Pharr, M. Special Issue On Production Rendering and Regular Papers. ACM Transactions on Graphics 37, 3 (2018).

[3] Pharr, M., Jakob, W., and Humphreys, G. Physically Based Rendering: From Theory to Implementation, third ed. Morgan Kaufmann, 2016.

[4] Woo, A., Pearce, A., and Ouellette, M. It’s Really Not a Rendering Bug, You See... IEEE Computer Graphics & Applications 16, 5 (Sept. 1996), 21–25.

第 7 章　光线 / 球体相交检测的精度提升

Eric Haines　NVIDIA
Johannes Günther　Intel
Tomas Akenine-Möller　NVIDIA

传统的二次方程求根公式经常被用于计算光线与球体的交点。尽管该公式在数学上是正确的，但使用浮点运算时该公式可能导致数值上的不稳定。本文给出两种鲜为人知的求根公式，并展示它们是如何提升精度的。

7.1　光线 / 球体相交基础

球体是用于进行光线追踪的最简单的物体之一，因此很多早期的光线追踪图像都钟爱球体（参见图 7.1）。

图 7.1　分形球花（sphere flake）测试场景。地面实际上是一个巨大的球体。场景包含4800 万个球体，其中大部分都是亚像素大小的（即在屏幕上小于一个像素）[9]

球体可以由球心 G 和半径 r 定义。对于球体表面上的任意一点 P，以下等式成立：

$$(P-G)\cdot(P-G)=r^2 \tag{7.1}$$

为了计算球体与光线的交点，我们可以将 P 替换为 $R(t) = O + t\boldsymbol{d}$（参见第 2 章）。经过简化并令 $\boldsymbol{f} = O-G$，我们得到：

$$\underbrace{(\boldsymbol{d}\cdot\boldsymbol{d})}_{a}t^2+2\underbrace{(\boldsymbol{f}\cdot\boldsymbol{d})}_{b}t+\underbrace{\boldsymbol{f}\cdot\boldsymbol{f}-r^2}_{c}=at^2+bt+c=0 \tag{7.2}$$

该二次方程的解是：

$$t_{0,1} = \frac{-b \pm \sqrt{b^2 - 4ac}}{2a} \tag{7.3}$$

如果判别式 $\Delta = b^2 - 4ac < 0$，则光线不与球体相交；如果 $\Delta = 0$，则光线刚好与球体表面相切，即两个交点重合；如果 $\Delta > 0$，则存在两个不同的 t 值对应两个不同的交点，参见图 7.2。

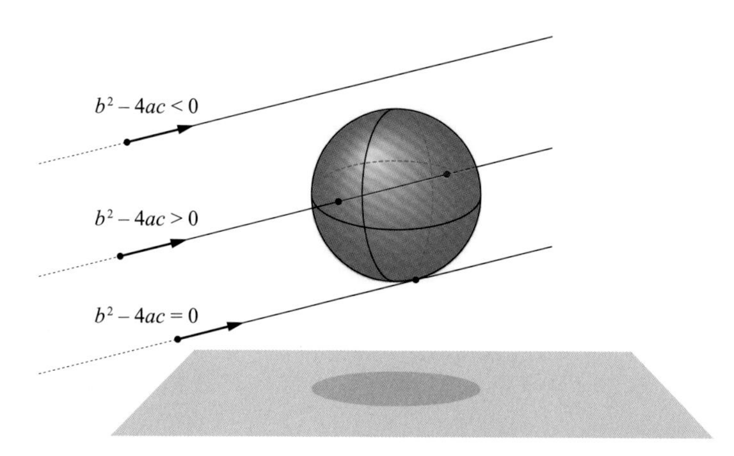

图 7.2　光线 / 球体相交检测。三种不同的相交情况，自上而下分别为无交点、两个交点，以及一个交点（两个重合的交点）

将两个 t 值代入光线方程，即可得到两个交点：$P_{0,1} = R(t_{0,1}) = O + t_{0,1}\boldsymbol{d}$。在计算出任一交点（比如 P_0）之后，在该点处的单位法向量为：

$$\hat{\boldsymbol{n}} = \frac{P_0 - G}{r} \tag{7.4}$$

7.2　浮点精度探究

浮点运算可能会以令人惊讶的速度失效，尤其是当使用 32 位单精度浮点数实现式（7.3）时。我们将针对两种常见情况提供解决方法：球体半径相比距光线起点的距离较小时（图 7.3），以及光线靠近一个巨大球体的情况时（图 7.4）。

图 7.3　四个单位球（$r = 1$）分别置于距正交相机（自左至右）100、2000、4100 及 8000 处。直接套用式（7.3）可能导致严重的浮点精度问题，对 4100 的情况甚至完全丢失了交点

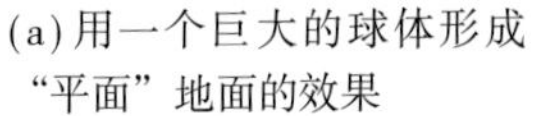

(a) 用一个巨大的球体形成“平面”地面的效果

(b) Press 等人[6]的更稳定的求解器的效果

图 7.4 二次方程求解精度：放大结果以对比使用原始的简单解法

为了理解为什么会产生这些可见的图像缺陷，这里将简要介绍浮点数的一些性质。除了符号位之外，浮点数在内部被表示为 $s \times 2^e$ 的形式，其中尾数 s 和阶码 e 都以固定数目的比特位存储。对于浮点加法和减法，参与运算的两个浮点数的阶码需要进行对齐。此时，较小的浮点数的尾数会被右移。最右边的若干位会丢失，因此该浮点数的精度会降低。单精度浮点数尾数的有效位数为 24 位，这意味着加上一个比其本身小 $2^{24} \approx 10^7$ 倍的浮点数将不会改变结果。

有效数字丢失的问题在计算系数 $c = \boldsymbol{f} \cdot \boldsymbol{f} - r^2$（式（7.2））时非常明显，由于两项在相减前先被平方，实际上等同于将可用精度减半。$\boldsymbol{f} \cdot \boldsymbol{f} = \| O-G \|^2$ 是球心到光线起点距离的平方。如果球体到 O 的距离大于 $2^{12}r = 4096r$，那么半径 r 将不会对最终的解产生任何影响。图像缺陷也可能产生在更近的距离上，因为 r 的有效数位只剩下很少的几位（参见图 7.3）。

Hearn 和 Baker[3]给出了一个对较小的球体数值上更加稳定的解法，并被 Sony Pictures Imageworks 用作样例[4]。该解法的思路是对 b^2-4ac 进行变形，这里我们使用一个简便的记号 $\boldsymbol{v} \cdot \boldsymbol{v} = \| \boldsymbol{v} \|^2 = \boldsymbol{v}^2$ 来表示向量模长的平方：

$$
\begin{aligned}
b^2 - 4ac &= 4a\left(\frac{b^2}{4a} - c\right) \\
&= 4\boldsymbol{d}^2\left(\frac{(\boldsymbol{f}\cdot\boldsymbol{d})^2}{\|\boldsymbol{d}\|^2} - \left(\boldsymbol{f}^2 - r^2\right)\right) \\
&= 4\boldsymbol{d}^2\left(r^2 - \underbrace{\left(\boldsymbol{f}^2 - (\boldsymbol{f}\cdot\hat{\boldsymbol{d}})^2\right)}_{l^2}\right) \\
&= 4\boldsymbol{d}^2\left(r^2 - \left(\boldsymbol{f} - (\boldsymbol{f}\cdot\hat{\boldsymbol{d}})\hat{\boldsymbol{d}}\right)^2\right)
\end{aligned}
\tag{7.5}
$$

最后一步需要一些说明，从几何的角度解释其中各项的意义可能更容易理解。从球心 G 到光线的垂直距离 l 可以通过勾股定理计算 $\boldsymbol{f}^2 = l^2 + (\boldsymbol{f} \cdot \hat{\boldsymbol{d}})^2$，或者通过计算 $\boldsymbol{f}$ 减去从光线起点到垂足的向量后的长度，$S = O+(\boldsymbol{f} \cdot \hat{\boldsymbol{d}})\,\hat{\boldsymbol{d}}$，参见图 7.5。第二种方法的精度要高得多，因为向量各分量在点积之前先做了减法。至此，判别式变为 $\Delta = r^2 - l^2$。半径 r 在相减时不会丢失有效位，因为如果存在交点，则有 $r \geqslant l$，参见图 7.6。

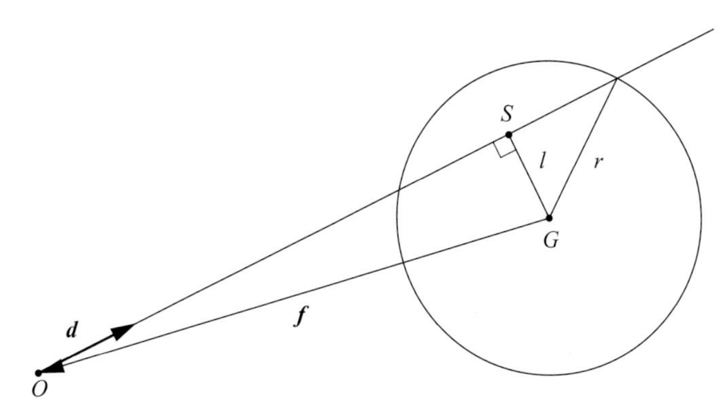

图 7.5　计算 l^2 的不同方法的几何解释。光线起点 O，球心 G 和球心到光线的投影 S 组成一个直角三角形

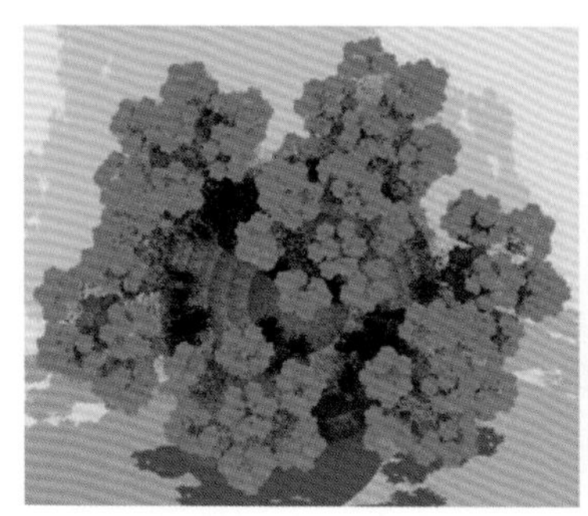

(a) 使用传统二次方程求根公式得到的结果

(b) 使用 Hearn 和 Baker [3] 的更稳定的求解器的效果

图 7.6　小球体的精度问题。将相机移动到较图 7.1 中的原位置 100 倍远处，并缩小视野

另一种容易丢失精度的情况是对两个大小相近的数做减法。这时大部分有效位相互抵消，只有非常少量的有效位能够得以保留。这种情况通常被称为“巨量消失”(catastrophic cancellation)。在求解二次方程时（式（7.3）），如果 $b \approx \sqrt{b^2 - 4ac}$，例如光线与一个巨大球体的交点落在光线起点的附近，就会发生这种情况。Press 等人 [6] 给出了一种被 pbrt 渲染器和其他系统采用的更加稳定的解法。该方法的关键之处在于巨量消失只会针对二次方程的两个解之一发生，具体哪一个解取决于 b 的符号。我们可以通过等式 $t_0 t_1 = \dfrac{c}{a}$ 以更高的精度来计算这个解：

$$\begin{cases} t_0 = \dfrac{c}{q} \\ t_1 = \dfrac{q}{a} \end{cases} \quad \text{其中 } q = -\frac{1}{2}\left(b + \operatorname{sign}(b)\sqrt{b^2 - 4ac}\right) \tag{7.6}$$

这里，sign 表示符号函数，若输入值大于 0 则返回 1，否则返回 –1。该方法的效果参见图 7.4。

上述两种方法彼此独立，因而可以一同使用。方法一以更加稳定的方式计算判别式，方法二进而决定如何利用所得到的判别式来计算距离。通过对 b 进行变形，在求解二次方程时可以避免使用“4”这样的常数。经过一些简化，整合后的解法如下：

$$a = \boldsymbol{d} \cdot \boldsymbol{d} \tag{7.7}$$

$$b' = -\boldsymbol{f} \cdot \boldsymbol{d} \tag{7.8}$$

$$\Delta = r^2 - \left(\boldsymbol{f} + \frac{b'}{a}\boldsymbol{d}\right)^2 \tag{7.9}$$

其中，Δ 为判别式。如果 Δ 非负，则光线命中球体，此时 b' 和 Δ 可被用于计算两个距离值。我们进而计算 $c = \boldsymbol{f}^2 - r^2$，最终得到：

$$\begin{cases} t_0 = \dfrac{c}{q} \\ t_1 = \dfrac{q}{a} \end{cases} \text{其中 } q = b' + \operatorname{sign}(b')\sqrt{a\Delta} \tag{7.10}$$

假设光线方向向量已被归一化，则 $a = 1$ 并且求解过程可以继续稍作简化。

如果条件允许，提早结束求解过程或进行一些快捷判断也是可能的。例如，若光线起始于球体外部，则 c 为正，反之为负，这可以用于判断应该返回 t_0 或是 t_1。若 b' 为负，则说明球心位于光线后方，如果 c 同时也为正，则光线与球体必定不相交[2]。

最后，并不存在一个最好的计算光线与球体相交的方法。例如，如果已知应用程序不大可能出现相机邻近巨大球体的情况，则没有必要使用 Press 等人提出的算法，以避免增加额外的复杂度。

7.3 相关资源

Github[8] 上提供了本文中各公式的实现代码。光线相交器，例如在 Shadertoy[7] 中的若干实现，是实验这些公式的另一种途径。

致 谢

感谢 Stefan Jeschke 指出了 Hearn 和 Baker 小球体测试，感谢 Chris Wyman 和 Falcor 团队[1] 制作了用于构建分形球花示例的框架，感谢 John Stone 独立验证了本文的结果。

参考文献

[1] Benty, N., Yao, K.-H., Foley, T., Kaplanyan, A. S., Lavelle, C., Wyman, C., and Vijay, A. The Falcor Rendering Framework. https://github.com/NVIDIAGameWorks/Falcor, July 2017.

[2] Haines, E. Essential Ray Tracing Algorithms. In An Introduction to Ray Tracing, A. S. Glassner, Ed. Academic Press Ltd., 1989, 33–77.

[3] Hearn, D. D., and Baker, M. P. Computer Graphics with OpenGL, third ed. Pearson, 2004.

[4] Kulla, C., Conty, A., Stein, C., and Gritz, L. Sony Pictures Imageworks Arnold. ACM Transactions on Graphics 37, 3 (2018), 29:1–29:18.

[5] Pharr, M., Jakob, W., and Humphreys, G. Physically Based Rendering: From Theory to Implementation, third ed. Morgan Kaufmann, 2016.

[6] Press, W. H., Teukolsky, S. A., Vetterling, W. T., and Flannery, B. P. Numerical Recipes: The Art of cientific Computing, third ed. Cambridge University Press, 2007.

[7] Quílez, I. Intersectors. http://www.iquilezles.org/www/articles/intersectors/intersectors.htm, 2018.

[8] Wyman, C. A Gentle Introduction to DirectX Raytracing, August 2018. Original code linked from http://cwyman.org/code/dxrTutors/dxr_tutors.md.html; newer code available via https://github.com/NVIDIAGameWorks/GettingStartedWithRTXRayTracing. Last accessed November 12, 2018.

[9] Wyman, C., and Haines, E. Getting Started with RTX Ray Tracing. https://github.com/NVIDIAGameWorks/GettingStartedWithRTXRayTracing, October 2018.

第 8 章　精巧的曲面：计算光线 / 双线性曲面相交的几何方法

Alexander Reshetov　NVIDIA

我们通过一种简单的几何方法计算光线和双线性曲面的交点。这种算法达到了已知最快算法 6 倍以上的性能，并且比使用两个三角形来近似一个曲面的方法更快。

8.1　引言与当前技术

计算机图形学致力于以丰富的形状和颜色渲染现实世界。通常，曲面会被细分（tessellated）以充分利用现代 GPU 的性能。主要的两种渲染技术——光栅化与光线追踪都支持硬件加速的三角形图元[5, 19]。然而，曲面细分也有不足之处，例如需要占用大量内存以精确表达复杂的形状。

内容制作工具因而更倾向于使用兼具简单性与表现力的高阶曲面。在 DirectX 11 硬件管线中这些曲面可以直接被细分和光栅化[7, 17]。然而直到今天，GPU 还不能在光线追踪中原生支持非平面的图元。

我们重新审视高阶图元的光线追踪，试图在三角形的简单性与平滑形状的丰富表现力之间找到平衡点，后者包括细分曲面[3, 16]、NURBS[1]和贝赛尔曲面[2]等。

通常，三阶（或更高的）表达式被用于生成具有连续法向量的平滑曲面。Peter[21]提出了一个通过二次和三次曲面共同建模光滑曲面的方法。对于高度场，可以通过将每个三角形细分为 24 个小三角形来实现对任意三角形网格的 C^1 二次插值[28]。插值给定顶点的位置与导数需要额外的控制点。对于一个仅由二次或分段线性曲面组成的曲面，可以通过插值顶点法向量使用 Phong 着色法[22]渲染出平滑的外观，如图 8.1 所示。对这样的模型，下文中我们将要提出的相交算法较 OptiX 系统[20]中经过优化的光线 / 三角形相交算法快 7%（测量的是挂钟时间）。

(a) 面片的平面着色　(b) Phong 着色　(c) 面片的平面着色　(d) 三角形的平面着色

图 8.1　石像鬼（Gargoyle）模型的平坦着色和 Phong 着色[9]。该模型包含 21418 个曲面，其中的 33 个是完全平坦的

Vlachos 等人[26]引入了一种弯曲的 PN（point-normal）三角形，仅用三个顶点和三个顶点法向量创建一个三次贝赛尔曲面。在这种曲面上，通过对着色法向量（shading normals）进行二次插值即可模拟平滑光照。局部插值可用于将 PN 三角形转换为 G^1 连续曲面[18]。

Boubekeur 和 Alexa[6]受到使用纯局部表现方式的启发，提出了一种称为 Phong 曲面细分的方法。他们论文的基本思想是将几何体充分膨胀以避免出现刻面（faceted surface）。

通过在参数域中进行采样，这些技术都非常适合光栅化。但是如果需要进行光线追踪，那么光线与这些曲面的求交需要求解非线性方程，这需要使用迭代法[2, 13]。

三角形由三个顶点定义。通过插值四个顶点 Q_{ij} 形成的，且支持单步计算光线相交的最简单的曲面应该是双线性曲面：

$$Q(u,v)=(1-u)(1-v)Q_{00}+(1-u)vQ_{01}+u(1-v)Q_{10}+uvQ_{11} \tag{8.1}$$

这种双变量曲面在 $\{u, v\} = \{i, j\}$ 时经过四个角点，它是由 u=const 和 v=const 形成的双重直纹曲面。当四个角点处于同一平面时，可以通过将四边形分成两个三角形来找到唯一交点。不过，Lagae 和 Dutré[15]提出了一个更高效的算法。

对于非平面的情形，一条由起点 O 和单位方向 $\hat{\boldsymbol{d}}$ 定义的光线可能产生两个交点 $R(t) = o+t\hat{\boldsymbol{d}}$。当前最好的用于这种曲面的光线追踪算法由 Ramsey 等人[24]提出，该算法用代数方法求解由三个二次方程 $R(t) \equiv Q(u, v)$ 组成的系统。

在迭代法中，可以通过增加迭代次数来减少误差。而直接方法却无法保证这样的数值安全性，二次方程甚至可能导致任意大的误差。讽刺的是，越平坦的曲面出现显著误差的可能性越大，特别是当从远处进行观察时。为了解决这个问题，Ramsey 等人使用了双精度。我们将其实现转换为单精度后发现从某些角度观察的确会产生显著的误差，如图 8.2 所示，从而确认了这一反常特性。

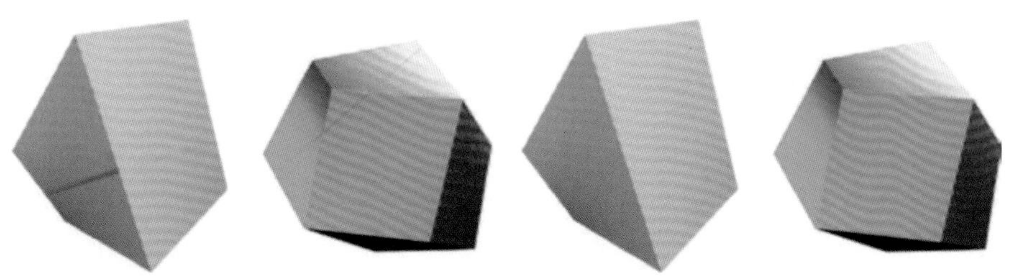

(a) 使用 Ramesy 等人[24]的（单精度）方法渲染的具有曲面四边形面的立方体和菱形十二面体

(b) 本文的相交算法，不会遗漏任何相交点因而更加鲁棒

图 8.2

光线和三角形求交是一个简单得多的问题[14]，通过使用基本的几何方法（光线 / 平面交点、线之间的距离、三角形的面积、四面体的体积等）可以简化该问题。利用曲面

的直纹特性（式（8.1））我们将类似的思路应用于光线 / 曲面相交。Hanrahan [11] 提出过一种相似的方法，但仅对平面的情况做了实现。

8.1.1 性能测试

为便于说明，我们将自己的方法命名为 GARP（Geometric Approach to Ray/bilinear Patches intersection，计算光线 / 双线性曲面相交的几何方法）。通过测量挂钟时间，该方法相较于 Ramsey 等人 [24] 的单精度相交算法性能提升了大约两倍。由于光线追踪的速度很大程度上受加速结构遍历和渲染的影响，GARP 的实际性能不止于此。

为了更好地进行比较，我们创建了一个单曲面模型并进行了多次相交测试以消除遍历和渲染对性能的影响。部分实验结果表明，GARP 相交算法本身比 Ramsey 的单精度相交算法快 6.5 倍。

实际上，GARP 比在运行时用两个三角形来近似四边形的相交算法（会导致图像略有不同）更快。我们还测量了在预处理阶段将四边形拆分成三角形然后进行 BVH 构建的性能。有趣的是，这种方法居然比 GARP 和运行时三角形近似两种算法要慢。我们根据 Walter 等人 [27] 的文章推测，使用四边形表示几何体（相较于完全依赖曲面细分）起到了一种有效的层次聚类作用。

参数化的曲面表示方式的一个优点是，曲面是由从二维参数空间 $\{u, v\} \in [0, 1] \times [0, 1]$ 到三维形状的双向映射来定义的。使用光栅化的程序可以直接在二维参数域内进行采样。在光线追踪方法中，一旦找到交点，就可以验证找到的 u 和 v 是否在区间 $[0, 1]$ 中，以便仅保留有效的交点。

如果将隐式曲面 $f(x, y, z) = 0$ 用作渲染图元，那么必须裁剪拼合不同的曲面以形成复合曲面。对于边缘为线段的双线性曲面，这种裁剪相当简单。Stroll 等人 [25] 提出了一种将双线性曲面转换为二次隐式曲面的方法。我们没有直接将他们的方法与 GARP 进行比较，不过我们注意到 Stoll 等人的方法需要用四面体 $\{Q_{00}, Q_{01}, Q_{10}, Q_{11}\}$ 的所有正面朝向的（front facing）三角形来裁剪找到的交点。而 GARP 的性能快于仅使用两次射线 / 三角形相交测试。能达到这种性能是因为我们利用了双线性曲面（直纹面）的特殊性质。另一方面，二次隐式曲面本质上更具有一般性，包括了圆柱体和球体。

8.1.2 网格四边形化

一个重要的问题是如何将三角形网格转换为四边形表示。我们测试了三个这样的系统：

（1）Blender 渲染包 [4]。

（2）Jakob 等人 [12] 的即时场对齐网格方法。

（3）Fang 等人 [9] 提出的基于 Morse- 参数化混合系统（Morse-parameterization hybridization system）的四边形化方法。

只有最后一个系统可以创建完全四边形化的网格。处理三角形 / 四边形混合网格有两种可能的策略：将每个三角形视为退化的四边形，或者对三角形使用光线 / 三角形求交算法。我们选择了前一种方法，因为它略快一些（避免了额外的分支判断）。将 $Q_{11}=Q_{10}$ 代入式（8.1）中，我们可以使用曲面参数 $\{(1-u)(1-v), u, (1-u)v\}$ 的形式来表示三角形 $(Q_{00}, Q_{10}, Q_{01}\}$ 的重心坐标。或者，也可以直接使用插值公式（式（8.1））。

图 8.3 展示了用 OptiX [20] 对斯坦福兔子模型进行光线追踪的不同版本。我们使用 1000 × 1000 屏幕分辨率，对每个像素发射一条主要光线，对每个命中点使用 9 条环境光遮蔽（ambient occlusion）光线。该设计旨在模拟典型光线追踪任务中的主光线和次光线的分布。通过计数每秒处理的光线总数来衡量性能，从而减轻主光线未命中对整体性能的影响。对本文中的所有模型，我们将环境光遮蔽距离设为 ∞，并使这些光线在任意命中后终止。

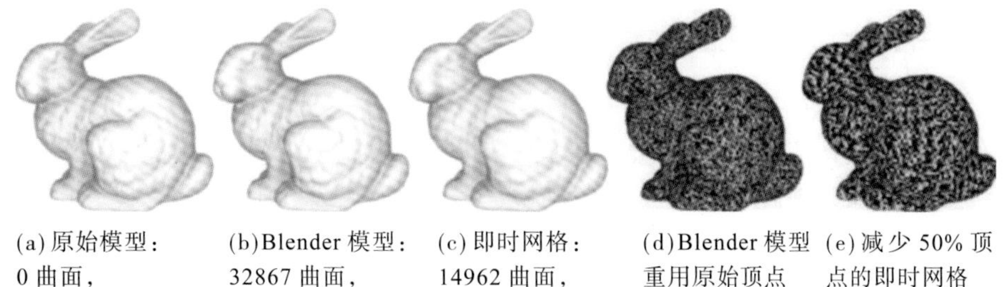

(a) 原始模型：0 曲面，69451 三角形，770 百万光线每秒　(b) Blender 模型：32867 曲面，3713 三角形，825 百万光线每秒　(c) 即时网格：14962 曲面，454 三角形，841 百万光线每秒　(d) Blender 模型重用原始顶点　(e) 减少 50% 顶点的即时网格

图 8.3　在 Titan Xp 上使用环境光遮蔽技术对斯坦福兔子进行不同的光线追踪

Blender 会重用原始模型的顶点，而即时网格系统会尝试优化顶点的位置并允许为新顶点的数量指定一个近似目标值。图 8.3（d）和图 8.3（e）展示了结果网格。在图 8.3（a）和图 8.3（c）所示的模型中均使用了 Phong 着色法。

作为对比，Ramsey 等人 [24] 的单精度相交算法对图 8.3（b）中的模型达到了 409 百万光线每秒，对图 8.3（c）中的模型达到了 406 百万光线每秒。至于该代码的双精度版本，性能分别下降至 196 百万和 198 百万光线每秒。

所使用的四边形化系统都不知道我们将渲染非平面图元。所以，在这些系统中生成网格的平坦度被用作衡量质量的标准（输出四边形中有大约 1% 是完全平坦的）。我们认为这是我们目前四边形网格生成过程的一个局限，另一方面，未来可以继续利用双线性插值曲面的非平面属性。

8.2　GARP 细节

光线和曲面的交点由 t（对于沿光线的交点）和 $\{u, v\}$（对于曲面上的交点）定义。仅仅知道 t 是不够的，因为还需要 u 和 v 来计算法向量。虽然我们最终会需要全部三个变量，这里先从使用简单几何方法（即不尝试直接求解代数方程组）找到 u 的值开始。

双线性曲面的边（式（8.1））都是直线。我们首先定义位于两条相对的边上的两个点 $P_a(u) = (1-u)Q_{00}+uQ_{10}$ 和 $P_b(u) = (1-u)Q_{01}+uQ_{11}$；接着，我们考虑经过 P_a 和 P_b 的参数化的一族直线，如图 8.4 所示。对任意 $u \in [0, 1]$，线段 $(P_a(u), P_b(u))$ 都在曲面上。

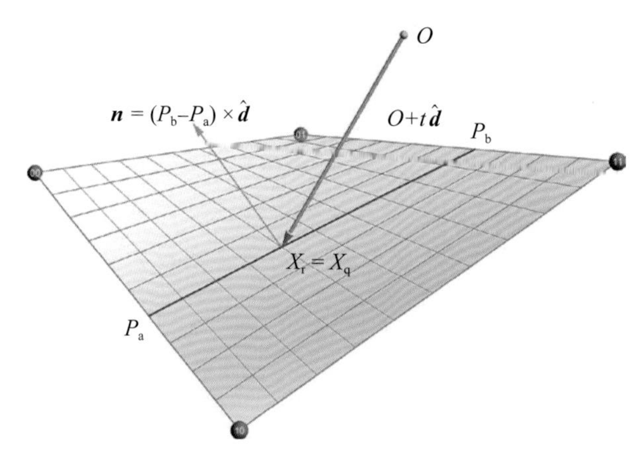

图 8.4 计算光线 / 曲面的交点

第一步 我们首先推导出计算光线和直线 $(P_a(u), P_b(u))$ 间的有符号距离的方程，并令其等于 0。距离方程为 $(P_a-O) \cdot \boldsymbol{n}/\|\boldsymbol{n}\|$，其中 $\boldsymbol{n} = (P_b-P_a) \times \hat{\boldsymbol{d}}$。我们仅需要分子部分，令其为 0 即可得到一个关于 u 的二次方程。

分子部分是由三项相乘得到的标量乘积 $(P_a-O) \cdot (P_b-P_a) \times \hat{\boldsymbol{d}}$，代表由三个给定向量定义的平行六面体的（有符号的）体积。这是一个关于 u 的二次多项式。通过一些无关紧要的推导，多项式的系数被简化为 8.4 节中代码 14 ~ 17 行用于计算 a、b 和 c 的三个表达式。我们将 $\boldsymbol{q}_n = (Q_{10}-Q_{00}) \times (Q_{01}-Q_{11})$ 单独分离出来并预先计算。若该向量的长度为 0，那么四边形就退化为平面梯形，此时 u^2 的系数 c 为 0，且只存在一个解。我们在代码中使用一个显式的分支来处理这种情况（8.4 节中第 23 行）。

对于非梯形的一般平面四边形，向量 $\boldsymbol{q}_n$ 垂直于四边形所在平面。显式地计算和使用 $\boldsymbol{q}_n$ 的值有助于提高计算的准确性，因为在大多数模型中，曲面几乎是平面的。即使对于平面曲面，方程 $a+bu+cu^2 = 0$ 也有两个根，理解这一点非常重要。图 8.5 中的左图展示了这种情况。方程的两个根都落在 [0, 1] 区间内，我们需要计算 v 以舍掉其中一个根。这张图展示了一个与自身重叠的曲面。对于不重叠的平面四边形，只会有一个 u 和 v 都在 [0, 1] 区间内的根。即便如此，也没有必要在代码中显式地表达这种逻辑，因为这会增加没有必要的代码执行分歧（divergence）。

使用经典公式 $(-b \pm \sqrt{b^2-4ac})\ /2c$ 求解二次方程有一定风险。取决于 b 的符号，其中一个根需要计算两个（相对）较大的数的差。出于这个原因，我们先计算稳定解[23]，然后使用韦达定理 $u_1u_2 = a/c$ 通过两个根的乘积来计算第二个根（从第 26 行开始的代码）。

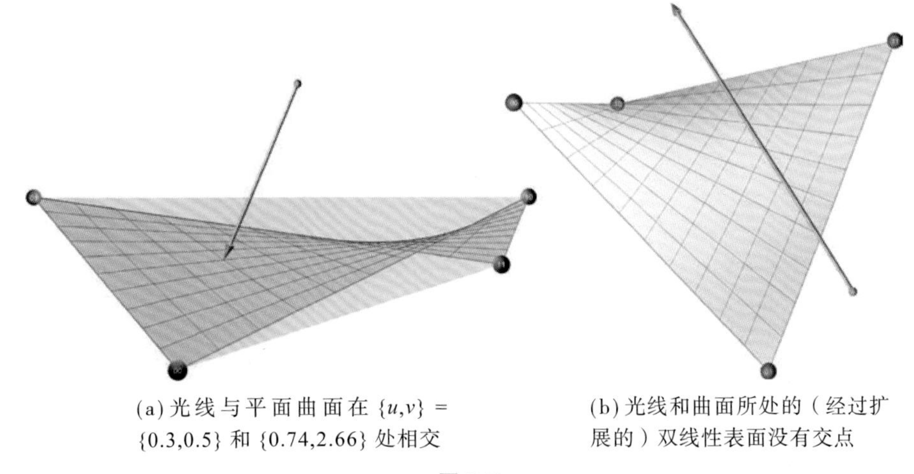

(a) 光线与平面曲面在 $\{u,v\}$ = $\{0.3,0.5\}$ 和 $\{0.74,2.66\}$ 处相交

(b) 光线和曲面所处的（经过扩展的）双线性表面没有交点

图 8.5

第二步　对每个 [0, 1] 区间的根，我们计算对应的 v 和 t 的值。最简单的方法是从 $P_a+v(P_b-P_a) = O+t\hat{\boldsymbol{d}}$ 的三个方程中任选两个。然而，由于 $P_a[u]$ 和 $P_b[u]$ 的坐标不是精确计算的，而且并不能明显地选择最好的两个方程，这种方法可能会导致数值误差。

我们测试了多种不同方法。神奇的是，最好的方法是忽略 $O+t\hat{\boldsymbol{d}}$ 和 $P_a+v(P_b-P_a)$ 相交的事实，计算使这两条直线间的距离最短（最短距离非常接近零）的 v 和 t 的值。向量 $\boldsymbol{n} = (P_b-P_a)\times\hat{\boldsymbol{d}}$ 与两条直线都垂直，如图 8.4 所示，计算该向量可使过程简化。相应代码在 8.4 节中从第 31 行和第 43 行开始，其中采用了一些向量代数优化。

一般而言，除非一条射线平行于一个平面，否则两者肯定存在交点。但是对于非平面双线性曲面而言情况并非如此，如图 8.5（b）所示。因此，对行列式的值为负的情况，我们不进行相交测试。

将上述所有讨论化零为整，即可得到一份简洁的代码。如果首先将曲面转换到以光线为中心的空间：$O = 0$，$\hat{\boldsymbol{d}} = \{0, 0, 1\}$，代码可以被进一步简化。Duff 等人[8] 最近提出了类似的无分支变换算法。然而，我们已经证实这种方法只能略微提升速度，因为 GARP 的主要实现已经是高度优化的了。

8.3　结果讨论

交点可以根据参数 t，u，v 的结果通过 $X_r = R(t)$ 或 $X_q = Q(u, v)$ 两种形式计算得出。两者间的距离 $\| x_r-x_q \|$ 提供了对计算误差的一种有效的估计（理想情况下，两个点应该重合）。为了得到一个无量纲的数值，我们将该距离除以曲面的周长。图 8.6 展示了在一些模型中的上述误差，从蓝色（无误差）到棕色（误差 $\geq 10^{-5}$）线性插值。GARP 的两步过程动态地降低了每一步中可能出现的误差：首先，我们找到 u 的最佳估计；其次使用 u 的值进一步最小化总体误差。

图 8.6 误差的色彩化展示，Fang 等人[9]提供的模型。误差从蓝色（误差为 0）到棕色（误差≥ 10^{-5}）线性插值

网格四边形化在一定程度上提高了网格的质量。在这个过程中，顶点变得更为对齐，从而使光线追踪加速结构变得更加有效。取决于原始模型的复杂度，存在一个理想的顶点缩减比率，在该比率下模型所有的原本特征仍得以保留，同时光线追踪的性能能够得到显著提升。我们通过图 8.7 至图 8.9 说明这一点，每个图中最左侧是原始的三角形网格（使用 OptiX 相交算法进行渲染），右侧是三个经过简化的曲面网格，每个模型都比前一个模型减少了大约 50% 的顶点数量。

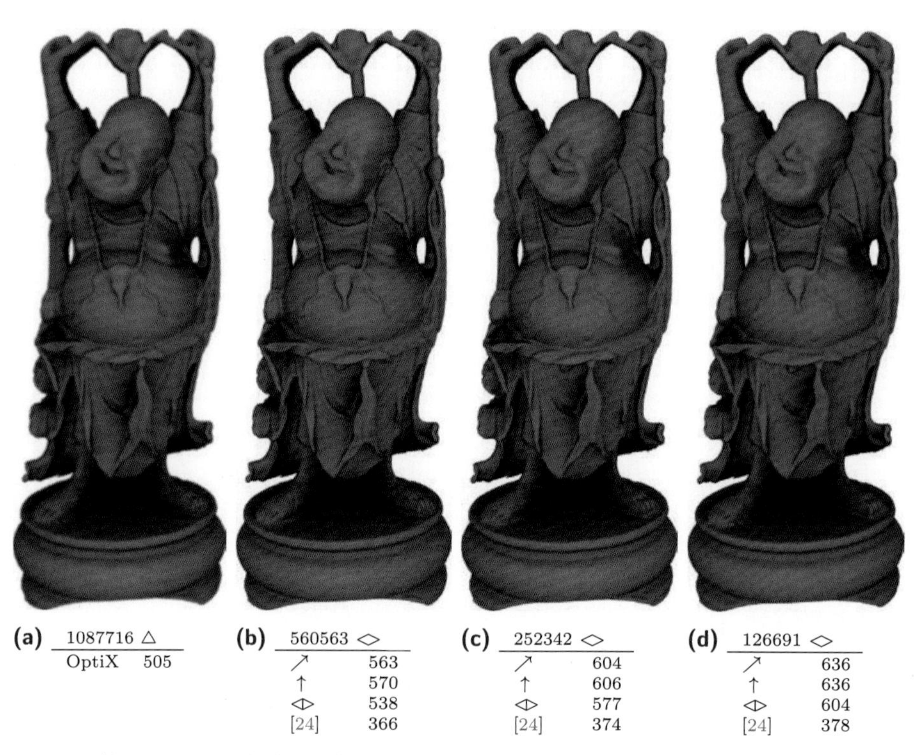

图 8.7 使用 OptiX 的光线 / 三角形相交算法渲染的弥勒佛的原始版本（a）和三个四边形化模型（b ~ d）。性能数值为 Titan Xp 上的百万光线每秒

图标代表不同的相交算法：

↗：使用世界坐标的 GARP

↑：使用光线中心坐标的 GARP

◁▷：将每个四边形视为两个三角形

[24]：Ramsey 等人的相交算法

图 8.8　斯坦福泰国雕像

图 8.9　斯坦福露西（Lucy）模型

我们使用了 Jakob 等人[12]的即时场对齐网格系统进行四边形化。该系统并不总是输出纯四边形网格：在我们的实验中，输出中仍然有 1% 到 5% 的三角形。我们将这些三角形视为退化的四边形（即简单地复制第三个顶点）。斯坦福 3D 扫描数据库中的模型都是曲面形状，产生的曲面中有 1% 是完全平坦的。

对图 8.7 到图 8.9 中的每个模型，我们报告了下列相交算法的性能：GARP 算法；使用光线中心坐标的 GARP；将每个四边形视为两个三角形；作为参考的 Ramsey 等人[24]

的相交算法。性能测量通过计数光线发射总数进行，包括每个像素一条主光线和每次命中的 3 × 3 条环境光遮蔽光线。相对于单精度的 Ramsey 代码，GARP 挂钟性能的提升与模型的复杂度成反比，因为更复杂的模型需要更多的遍历步骤。

尽管我们方法的速度无法媲美硬件光线 / 三角形相交计算[19]，但 GARP 具有未来能够被硬件实现的潜力。我们提出了一种针对非平面图元的快速算法，这可能会对某些问题有所助益。潜在的研究方向包括高度场渲染、细分曲面[3]、碰撞检测[10]、位移贴图[16]和其他效果。尽管我们尚未在基于 CPU 的光线追踪系统中实现 GARP，但这类系统也能受益于 GARP。

8.4 代 码

```
1 RT_PROGRAM void intersectPatch(int prim_idx) {
2   // ray为OptiX中的rtDeclareVariable(Ray, ray, rtCurrentRay,)
3   // patchdata类型为optix::rtBuffer
4   const PatchData& patch = patchdata[prim_idx];
5   const float3* q = patch.coefficients();
6   // 四个角和法线qn
7   float3 q00 = q[0], q10 = q[1], q11 = q[2], q01 = q[3];
8   float3 e10 = q10 - q00; // q01 ----------- q11
9   float3 e11 = q11 - q10; // |                |
10  float3 e00 = q01 - q00; // | e00        e11 |   我们预先计算
11  float3 qn = q[4];       // |      e10       |  qn = cross(q10-q00,
12  q00 -= ray.origin;      // q00 ----------- q10            q01-q11)
13  q10 -= ray.origin;
14  float a = dot(cross(q00, ray.direction), e00); // 方程为
15  float c = dot(qn, ray.direction);              // a + b u + c u^2
16  float b = dot(cross(q10, ray.direction), e11); // 首先计算
17  b -= a + c;                          // a+b+c，然后计算b
18  float det = b*b - 4*a*c;
19  if (det < 0) return;                 // 见图8.5（b）
20  det = sqrt(det);                     // 在CUDA_NVRTC_OPTIONS中使用-use_fast_math
21  float u1, u2;                        // 两个根（参数u）
22  float t = ray.tmax, u, v;            // 需要最小的t>0的解
23  if (c == 0) {                        // 如果 c == 0，则为梯形
24    u1 = -a/b; u2 = -1;                // 并且只有一个根
25  } else {                             // 在斯坦福模型中 c != 0
26    u1 = (-b - copysignf(det, b))/2;   // 数值上的“稳定”解
27    u2 = a/u1;                         // 使用韦达定理计算 u1*u2
28    u1 /= c;
29  }
30  if (0 <= u1 && u1 <= 1) {                // 是否在曲面中?
31    float3 pa = lerp(q00, q10, u1);        // 在边e10上的点(图8.4)
32    float3 pb = lerp(e00, e11, u1);        // 实际为pb - pa
33    float3 n = cross(ray.direction, pb);
34    det = dot(n, n);
35    n = cross(n, pa);
36    float t1 = dot(n, pb);
37    float v1 = dot(n, ray.direction);        无须判断是否t1 < t
38    if (t1 > 0 && 0 <= v1 && v1 <= det) {   若t1 > ray.tmax
```

```
39        t = t1/det; u = u1; v = v1/det;     // 将会在rtPotentialIntersection中
40    }                                         // 被拒绝
41  }
42  if (0 <= u2 && u2 <= 1) {                   // 与u1稍有不同
43    float3 pa = lerp(q00, q10, u2);           // 因为u1可能较好
44    float3 pb = lerp(e00, e11, u2);           // 并且我们需要0 < t2 < t1
45    float3 n = cross(ray.direction, pb);
46    det = dot(n, n);
47    n = cross(n, pa);
48    float t2 = dot(n, pb)/det;
49    float v2 = dot(n, ray.direction);
50    if (0 <= v2 && v2 <= det && t > t2 && t2 > 0) {
51        t = t2; u = u2; v = v2/det;
52    }
53  }
54  if (rtPotentialIntersection(t)) {
55    // 填充相交结构体irec
56    // 最近命中点的Normal(s)会在一个着色器中被归一化
57    float3 du = lerp(e10, q11 - q01, v);
58    float3 dv = lerp(e00, e11, u);
59    irec.geometric_normal = cross(du, dv);
60    #if defined(SHADING_NORMALS)
61    const float3* vn = patch.vertex_normals;
62    irec.shading_normal = lerp(lerp(vn[0],vn[1],u),
63                               lerp(vn[3],vn[2],u),v);
64    #else
65    irec.shading_normal = irec.geometric_normal;
66    #endif
67    irec.texcoord = make_float3(u, v, 0);
68    irec.id = prim_idx;
69    rtReportIntersection(0u);
70  }
71 }
```

致　谢

我们使用了 Blender 渲染包[4]和即时场对齐网格系统[12]进行网格四边形化。我们非常感谢能有机会使用斯坦福 3D 扫描数据库中的模型和 Fang 等人[9]提供的模型进行研究。这些系统和模型在一份知识共享许可协议下使用。

感谢来自匿名审稿人和本书编辑的宝贵意见和有益建议。

参考文献

[1] Abert, O., Geimer, M., and Muller, S. Direct and Fast Ray Tracing of NURBS Surfaces. In IEEE Symposium on Interactive Ray Tracing (2006), 161–168.

[2] Benthin, C., Wald, I., and Slusallek, P. Techniques for Interactive Ray Tracing of Bézier Surfaces. Journal of Graphics Tools 11, 2 (2006), 1–16.

[3] Benthin, C., Woop, S., Nießner, M., Selgrad, K., and Wald, I. Efficient Ray Tracing of Subdivision Surfaces Using Tessellation Caching. In Proceedings of High-Performance Graphics (2015), 5–12.

[4] Blender Online Community. Blender—a 3D Modelling and Rendering Package. Blender Foundation, Blender Institute, Amsterdam, 2018.

[5] Blinn, J. Jim Blinn' s Corner: A Trip Down the Graphics Pipeline. Morgan Kaufmann Publishers Inc., 1996.

[6] Boubekeur, T., and Alexa, M. Phong Tessellation. ACM Transactions on Graphics 27, 5 (2008), 141:1–141:5.

[7] Brainerd, W., Foley, T., Kraemer, M., Moreton, H., and Nießner, M. Efficient GPU Rendering of Subdivision Surfaces Using Adaptive Quadtrees. ACM Transactions on Graphics 35, 4 (2016), 113:1–113:12.

[8] Duff, T., Burgess, J., Christensen, P., Hery, C., Kensler, A., Liani, M., and Villemin, R. Building an Orthonormal Basis, Revisited. Journal of Computer Graphics Techniques 6, 1 (March 2017), 1–8.

[9] Fang, X., Bao, H., Tong, Y., Desbrun, M., and Huang, J. Quadrangulation Through Morse-Parameterization Hybridization. ACM Transactions on Graphics 37, 4 (2018), 92:1–92:15.

[10] Fournier, A., and Buchanan, J. Chebyshev Polynomials for Boxing and Intersections of Parametric Curves and Surfaces. Computer Graphics Forum 13, 3 (1994), 127–142.

[11] Hanrahan, P. Ray-Triangle and Ray-Quadrilateral Intersections in Homogeneous Coordinates, http://graphics.stanford.edu/courses/cs348b-04/rayhomo.pdf, 1989.

[12] Jakob, W., Tarini, M., Panozzo, D., and Sorkine-Hornung, O. Instant Field-Aligned Meshes. ACM Transactions on Graphics 34, 6 (Nov. 2015), 189:1–189:15.

[13] Kajiya, J. T. Ray Tracing Parametric Patches. Computer Graphics (SIGGRAPH) 16, 3 (July 1982), 245–254.

[14] Kensler, A., and Shirley, P. Optimizing Ray-Triangle Intersection via Automated Search. IEEE Symposium on Interactive Ray Tracing (2006), 33–38.

[15] Lagae, A., and Dutré, P. An Efficient Ray-Quadrilateral Intersection Test. Journal of Graphics Tools 10, 4 (2005), 23–32.

[16] Lier, A., Martinek, M., Stamminger, M., and Selgrad, K. A High-Resolution Compression Scheme for Ray Tracing Subdivision Surfaces with Displacement. Proceedings of the ACM on Computer Graphics and Interactive Techniques 1, 2 (2018), 33:1–33:17.

[17] Loop, C., Schaefer, S., Ni, T., and Castaño, I. Approximating Subdivision Surfaces with Gregory Patches for Hardware Tessellation. ACM Transactions on Graphics 28, 5 (2009), 151:1–151:9.

[18] Mao, Z., Ma, L., and Zhao, M. G1 Continuity Triangular Patches Interpolation Based on PN Triangles. In International Conference on Computational Science (2005), 846–849.

[19] NVIDIA. NVIDIA RTX™ platform, https://developer.nvidia.com/rtx, 2018.

[20] Parker, S. G., Bigler, J., Dietrich, A., Friedrich, H., Hoberock, J., Luebke, D., McAllister, D., McGuire, M., Morley, K., Robison, A., and Stich, M. OptiX: A General Purpose Ray Tracing Engine. ACM Transactions on Graphics 29, 4 (2010), 66:1–66:13.

[21] Peters, J. Smooth Free-Form Surfaces over Irregular Meshes Generalizing Quadratic Splines. In International Symposium on Free-form Curves and Free-form Surfaces (1993), 347–361.

[22] Phong, B. T. Illumination for Computer-Generated Images. PhD thesis, The University of Utah, 1973.

[23] Press, W. H., Teukolsky, S. A., Vetterling, W. T., and Flannery, B. P. Numerical Recipes 3rd Edition: The Art of Scientific Computing, 3 ed. Cambridge University Press, 2007.

[24] Ramsey, S. D., Potter, K., and Hansen, C. D. Ray Bilinear Patch Intersections. Journal of Graphics, GPU, & Game Tools 9, 3 (2004), 41–47.

[25] Stoll, C., Gumhold, S., and Seidel, H.-P. Incremental Raycasting of Piecewise Quadratic Surfaces on the GPU. In IEEE Symposium on Interactive Ray Tracing (2006), 141–150.

[26] Vlachos, A., Peters, J., Boyd, C., and Mitchell, J. L. Curved PN Triangles. In Symposium on Interactive 3D Graphics (2001), 159–166.

[27] Walter, B., Bala, K., Kulkarni, M. N., and Pingali, K. Fast Agglomerative Clustering for Rendering. IEEE Symposium on Interactive Ray Tracing (2008), 81–86.

[28] Wong, S., and Cendes, Z. C1 Quadratic Interpolation over Arbitrary Point Sets. IEEE Computer Graphics and Applications 7, 11 (1987), 8–16.

第 9 章　DXR 中的多重命中光线追踪

Christiaan Gribble　SURVICE Engineering

多重命中光线遍历是一类光线遍历算法，这类算法能够按照相交点的顺序找到一个或多个，也可以是所有与光线相交的图元（primitive）。多重命中遍历是传统的首次命中光线遍历的泛化，可被用于计算机图形学和物理仿真。我们展示了使用 Microsoft DirectX Raytracing 的若干可能的多重命中实现并通过一个示例 GPU 光线追踪器探讨了这些实现的性能。

9.1 引　言

自从 50 年前被引入到计算机图形学以来，光线投射法（ray casting）一直被用来解决可见性问题。首次命中遍历（First-hit traversal）返回与光线相交的最近的图元，如图 9.1（a）所示。当以递归的方式使用时，首次命中遍历也可以用于添加诸如折射、反射以及其他形式的间接照明等视觉效果。因此，大多数光线追踪 API 都着重于优化首次命中的性能。

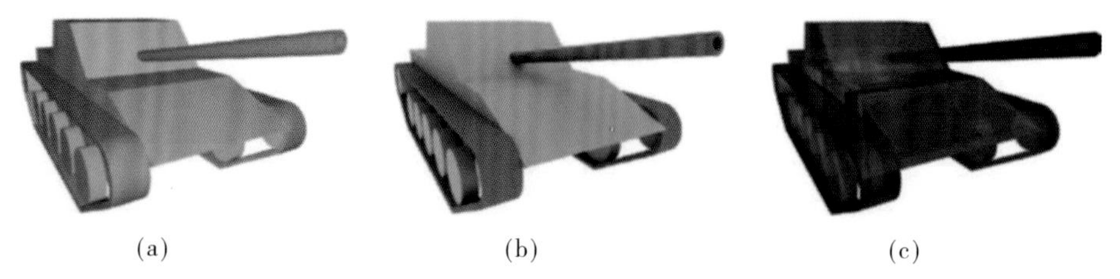

(a)　　(b)　　(c)

图 9.1　三类光线遍历。首次命中遍历和任意命中遍历是计算机图形学应用中众所周知的常用算法，用于实现可见性检测和环境光遮蔽等效果。我们探讨的多重命中光线遍历，即第三类光线遍历，按照相交点顺序返回 N 个最近的图元（$N \geqslant 1$）。多重命中光线遍历对于包括光学透明性在内的众多计算机图形学和物理仿真应用都非常有用

另一类光线遍历，任意命中遍历（any-hit traversal），也常被应用于计算机图形学。任意命中遍历的相交查询不限于返回最近相交的图元，而是简单地返回指定区间内光线是否与任意图元相交。任意命中光线遍历特别适用于诸如阴影和环境光遮蔽等特效，如图 9.1（b）所示。

在第三类光线遍历，即多重命中光线遍历（multi-hit ray traversal）[5] 中，一次相交查询返回与一条光线相交的 N 个最近图元的相关信息。多重命中遍历泛化了首次命中遍历（$N = 1$）和使光线查询返回每一个相交图元的相关信息的全命中遍历（$N = \infty$），使 N 可以取这两个极端之间的任意值。

多重命中光线遍历在许多计算机图形学应用中都很有用，例如快速而精确的透明物体渲染。基于光栅化的方案需要在 GPU 上进行耗时的片元（fragment）排序且必须进行

扩展才能够正确地渲染共面物体[1)]。相比之下，多重命中遍历提供了一种简单直接的方法用来实现能够正确处理重叠共面物体的高性能透明渲染。

同样重要的是，多重命中遍历也可广泛用于各种物理仿真或所谓非光学渲染，如图 9.1（c）所示。在诸如弹道穿透、射频传播、热辐射传递和其他一些领域中，相关现象服从类似于比尔 - 朗伯定律（Beer-Lambert Law）的方程，因而需要光线 / 图元区间的信息，而不仅是相交点。这些仿真类似于渲染一些其中所有物体都表现为参与介质（participating media）的场景。

对于现代应用，一种多重命中光线遍历算法仅有正确性是不够的，性能在许多场合对于交互性和保真度同样至关重要。现代光线追踪引擎通过把复杂且高度优化的光线追踪核心（kernel）隐藏在简洁、设计良好的 API 之后来解决性能相关的问题。为了加速光线查询，这些引擎使用了大量基于应用特征的层次包围盒（BVH）及其变体，应用特征则需要由用户提供给引擎。这些引擎提供快速的首次命中和任意命中光线遍历操作供光学和非光学领域的应用使用，但它们通常不支持多重命中光线遍历作为一项基本操作。

多重命中光线遍历的早期工作[5]假定存在一个基于空间细分的加速结构，其中的叶节点互不重叠。有了这样的结构，有序地遍历并因此产生有序的命中点是直截了当的：排序只需要在叶节点内部进行，而不需要在叶节点之间进行。然而使用 BVH 这种基于物体划分的结构进行有序遍历却没有那么容易实现。虽然有一个基于遍历优先队列（而不是遍历栈）的实现能够从前往后地遍历 BVH[7]，但大部分公开可用的、广泛用于生产的光线追踪 API 都不提供有序的 BVH 遍历或其变体。

不过，包括 Microsoft DirectX Raytracing（DXR）在内的这些 API 都提供了一些特性以便完全通过用户级代码实现多重命中光线追踪，从而能够利用其已有的高度优化的 BVH 构造和遍历例程。在本章的剩余部分，我们展示了使用 DXR 的若干可能的多重命中实现并通过一个示例 GPU 光线追踪应用探讨了它们的性能差异。此应用的源代码和二进制版本均有提供[4]，允许读者自行探索、修改或改进这些 DXR 多重命中实现。

9.2 实　现

如 Amstutz 等人在参考文献［1］中的讨论和 9.1 节中所述，重叠的节点使得以无序 BVH 遍历的方式进行多重命中光线追踪的问题更加复杂。为保证正确性，或者需要使用较为朴素但可能非常耗时的方式进行多重命中遍历[5]，或者需要修改 BVH 的构造和遍历例程，后者不仅可能给生产环境引入沉重的开发和维护的负担，而且对于与实现无关的光线追踪 API 来说根本不可能达成。

1）透明渲染和物理仿真中的共面物体问题都已存在更完全的讨论，例如 Gribble 等人的工作[5]，感兴趣的读者可以参考该文献以获取更多细节。

为了解决这些问题，我们提出两套基于 DXR 的多重命中遍历实现，每套实现都包含两种算法：朴素的多重命中遍历和节点剔除多重命中 BVH 遍历[3]。我们对每个算法的第一套实现通过借助 DXR 任意命中着色器（any-hit shader）来满足每条光线上的多重命中相交查询。每当一条光线在当前光线区间 $[t_{min}, t_{max}]$ 内与某个几何体相交时就会触发 DXR 任意命中着色器的执行，无论此区间沿光线相对于其他交点的位置如何。对沿光线的交点，这些着色器不遵循任何预定义的执行顺序。如果一个任意命中着色器接受了一个潜在的交点，那么该点的命中距离将成为光线区间的新的最大值，即 t_{max}。

我们对每个算法的第二套实现通过使用 DXR 相交着色器（intersection shader）来满足多重命中查询，DXR 相交着色器提供了一种使用底层加速结构的几何体的替代表达。在这种情况下，程序所处理的图元由其与坐标轴对齐的包围盒定义，并且由一个用户定义的相交着色器在光线与包围盒相交的时候重新计算图元上的交点。相交着色器定义了用于描述交点的属性，包括命中距离，这些属性会被传递给后续的着色器。一般来说，DXR 相交着色器的效率低于内置的光线 / 三角形相交例程，但提供了更大的灵活性。作为 DXR 任意命中着色器之外的另一种实现，我们利用这些着色器实现了三角形图元的朴素的和节点剔除的多重命中光线遍历。

在这些实现中，每个着色器都假定存在用于存储多重命中结果的两个缓冲区：一个二维缓冲区（width × height）用于存储每条光线的命中计数和一个三维缓冲区（width × height × $(N_{query}+1)$）用于存储命中记录，每个记录包含命中点的相交距离（t-value），同时包含表面漫反射颜色和 $N_g \cdot V$ 以支持简单的表面着色操作。使用任意命中着色器的实现使用了一个用户定义的光线有效载荷结构来追踪当前的命中数量并且需要设置几何标记 `D3D12_RAYTRACING_GEOMETRY_FLAG_NO_DUPLICATE_ANYHIT_INVOCATION` 以禁止任意命中着色器的多重调用。相应的光线生成着色器需设置光线标志 `RAY_FLAG_FORCE_NON_OPAQUE` 以将所有光线 / 图元交点视为非不透明的。而使用相交着色器的实现需要存储三角形顶点、面和材质数据的缓冲区，当使用内置的三角形图元时这些属性通常由 DXR 管理。

所有的着色器都依赖于一些工具函数以实现着色器侧的缓冲区管理、可视化色彩映射等。同样，每个着色器都假定有一些值用来控制最终渲染结果，包括 N_{query}、背景颜色和一些能够影响我们的示例应用所支持的可视化模式的颜色映射参数。其他 DXR 着色器的状态和参数，例如存储渲染结果的二维输出缓冲区，统一由 Falcor[2] 管理，Falcor 是我们应用底层基础的实时渲染框架。为清晰起见并保持本文叙述的重点，下面的实现要点中省略了这些元素。

我们的示例光线追踪应用利用了建立在 Falcor 之上的 Chris Wyman 的 dxrTutors.Code 项目[8] 以管理 DXR 状态。dxrTutors.Code 项目提供了高度抽象的 CPU 侧 C++ DXR API，旨在帮助程序员使 DXR 应用程序快速跑通并且能够进行简单的实验。虽然从源代码构建我们的多重命中光线追踪应用需要这些依赖，但多重命中 DXR 着色器本身可以非常直接地适用于提供了类似 DXR 抽象的其他框架。我们将在本节的其余部分重点介绍这些实现，并在 9.3 节中探讨其性能。

9.2.1　朴素的多重命中遍历

任何多重命中遍历实现都会按照光线顺序返回 $N \leqslant N_{query}$ 个最近的光线 / 图元交点的相关信息，N_{query} 的值属于 [1, ∞)。满足此类查询的第一种方式，即朴素的多重命中光线遍历，仅简单地沿光线路径收集全部有效的交点并返回其中最多 N_{query} 个给用户。该算法的使用 DXR 任意命中着色器的实现如下所示：

```
1 [shader ("anyhit")]
2 void mhAnyHitNaive(inout mhRayPayload rayPayload,
3                    BuiltinIntersectionAttribs attribs)
4 {
5   // 处理候选交点
6   uint2 pixelIdx  = DispatchRaysIndex();
7   uint2 pixelDims = DispatchRaysDimensions();
8   uint  hitStride = pixelDims.x*pixelDims.y;
9   float tval      = RayTCurrent();
10
11  // 查找存储候选交点位置的索引
12  uint hi = getHitBufferIndex(min(rayPayload.nhits, gNquery),
13                              pixelIdx, pixelDims);
14  uint lo = hi - hitStride;
15  while (hi > 0 && tval < gHitT[lo])
16  {
17    // 向右移动数据 ...
18    gHitT       [hi] = gHitT       [lo];
19    gHitDiffuse [hi] = gHitDiffuse [lo];
20    gHitNdotV   [hi] = gHitNdotV   [lo];
21
22    // ... 然后尝试下一个位置
23    hi -= hitStride;
24    lo -= hitStride;
25  }
26
27  // 获取当前命中点的漫反射颜色和几何法向量
28  uint primIdx    = PrimitiveIndex();
29  float4 diffuse = getDiffuseSurfaceColor(primIdx);
30  float3 Ng      = getGeometricFaceNormal(primIdx);
31
32  // 保存命中数据, 可能会越过最近的 N <= Nquery 次相交
33  // 的索引 (例如, 当 hitPos == Nquery)
34  gHitT       [hi] = tval;
35  gHitDiffuse [hi] = diffuse;
36  gHitNdotV   [hi] =
37      abs(dot(normalize(Ng), normalize(WorldRayDirection())));
38
39  ++rayPayload.nhits;
40
41  // 拒绝掉该交点并在传入区间中
42  // 继续遍历
```

```
43   IgnoreHit();
44 }
```

对于每一个候选交点，着色器会决定存储相应数据位置的索引、实际存储数据并更新到目前为止收集到的交点数量。这里交点数据会被存储到对每条光线有着恰好 $N_{query}+1$ 个条目的缓冲区。这种方法允许我们在插入排序循环之后直接写入（即使可能被忽略的）相交数据而不需要条件分支。最终，通过调用 `DXR IgnoreHit` 内置函数拒绝候选交点以便在传入光线区间 $[t_{min}, t_{max}]$ 内继续遍历。

下面的程序清单概括了相交着色器的实现，其行为是相似的。在与图元（在我们的例子中是一个三角形）发生实际相交之后，着色器同样决定存储相应数据位置的索引、实际存储数据并更新到目前为止收集到的交点数量。这里 `intersectTriangle` 返回到目前为止遇到的命中数量以便区分是否为一个有效的光线 / 三角形交点，当光线错过三角形时返回 0。

```
 1 [shader("intersection")]
 2 void mhIntersectNaive()
 3 {
 4   HitAttribs hitAttrib;
 5   uint nhits = intersectTriangle(PrimitiveIndex(), hitAttrib);
 6   if (nhits > 0)
 7   {
 8     // 处理候选交点
 9     uint2 pixelIdx  = DispatchRaysIndex();
10     uint2 pixelDims = DispatchRaysDimensions();
11     uint hitStride  = pixelDims.x*pixelDims.y;
12     float tval      = hitAttrib.tval;
13
14     // 查找存储候选交点位置的索引
15     uint hi = getHitBufferIndex(min(nhits, gNquery),
16                                 pixelIdx, pixelDims);
17     // 已省略: 与前一代码中 13~35 行相同
18
19     uint hcIdx = getHitBufferIndex(0, pixelIdx, pixelDims);
20     ++gHitCount[hcIdx];
21   }
22 }
```

除了需要计算光线 / 三角形交点之外，任意命中着色器实现和相交着色器实现之间还存在着一些重要区别。例如，在 DXR 相交着色器中无法访问每条光线的有效载荷，所以我们必须改为在全局的二维命中计数缓冲区 `gHitCount` 中操作相应的条目。此外，多重命中相交着色器会忽略对 `DXR ReportHit` 内置函数的任何调用，这有效地拒绝了每个候选交点并如我们所需在传入光线区间 $[t_{min}, t_{max}]$ 中继续遍历。

朴素的多重命中遍历简单且有效。它引入的限制较少并且允许用户根据自己的需要处理尽可能多的交点。然而，该算法可能会很慢。它等同于实现了全命中遍历的模式，因为光线遍历了整个 BVH 结构去查找（虽然并不存储）全部交点并确保其中最近的 $N \leqslant N_{query}$ 个被返回给用户。

9.2.2 节点剔除多重命中 BVH 遍历

节点剔除多重命中 BVH 遍历将一个针对首次命中 BVH 遍历的优化应用到多重命中的场景。特别地，首次命中 BVH 遍历及其变体通常会考虑当前光线区间 $[t_{min}, t_{max}]$，并基于目前为止找到的最近有效交点的距离 t_{max} 来剔除节点。如果在遍历期间某条光线在 $t_{enter} > t_{max}$ 时刻进入了一个节点，则跳过该节点，因为遍历该节点不可能产生一个比已经确认的交点更接近光线原点的有效交点。

节点剔除多重命中 BVH 遍历算法通过剔除沿光线遇到的距离超出到目前为止收集到的 $N \geqslant N_{query}$ 中最远有效交点的结点来施行该优化。通过这种方式，一旦时机合适，不能产生有效交点的子树或者光线 / 图元相交测试将被直接跳过。

下面的列表概括了我们的节点剔除 DXR 任意命中着色器实现的重点。相应的朴素多重命中实现与该实现的不同之处仅在于着色器处理有效交点的方式。在前者中，我们通过始终拒绝交点以保持传入光线区间 $[t_{min}, t_{max}]$ 不变，最终遍历整个 BVH。而在后者中，一旦满足适当的条件，即在已经收集了 $N \geqslant N_{query}$ 个交点之后，我们就进行节点剔除。

```
1 [shader("anyhit")]
2 void mhAnyHitNodeC(inout mhRayPayload rayPayload,
3      BuiltinIntersectionAttribs attribs)
4 {
5   // 处理候选交点
6   // 已省略: 与第一份代码中 5~37 行相同
7
8   // 如果我们将候选交点存储在除最后一个有效命中位置之外
9   // 的任何位置, 那么拒绝该交点
10  uint hitPos = hi / hitStride;
11  if (hitPos != gNquery - 1)
12    IgnoreHit();
13
14  // 否则, 通过(隐式地)返回并将 RayTCurrent() 接受为
15  // 新的光线区间的终点来进行节点剔除
16 }
```

我们还注意到 DXR 任意命中着色器的实现对光线区间的更新施加了额外的约束：使用任意命中着色器时，我们无法接受除 `DXR RayTCurrent` 内置函数返回值之外的任何相交距离。因此，只有当候选交点是目前为止收集到的最后一个有效交点时（即当其被写入到索引 `gNquery-1` 时），着色器的隐式返回和接受行为才有效。写入所有其他条目，包括有效命中集合中的条目时，则必须调用 `IgnoreHit` 内置函数。DXR 施加的这项约束与使用其他一些光线追踪 API 的节点剔除多重命中遍历实现形成了鲜明对比（参见 Gribble 等人提出的实现[6]），这意味着由于无效的 t_{max} 值而失去了一次剔除节点的机会。

然而，如下所示的节点剔除 DXR 相交着色器实现并不受这种潜在的丢失剔除机会的影响。在该实现中，我们能够控制相交着色器报告的相交距离，因而能够返回到目前为止在 $N \geqslant N_{query}$ 集合中收集到的最后一个有效命中的值。只要实际相交点在 N_{query} 个最近

命中之内，就可以通过以最后一个有效命中的值调用 DXR ReportHit 内置函数来简单地完成这项操作。

```
1 [shader("intersection")]
2 void mhIntersectNodeC()
3 {
4   HitAttribs hitAttrib;
5   uint nhits = intersectTriangle(PrimitiveIndex(), hitAttrib);
6   if (nhits > 0)
7   {
8     // 处理候选交点
9     // 已省略: 与第二份代码中 9~20 行相同
10
11    // 如果我们在有效命中 [0, Nquery-1] 范围内写入新的命中数据
12    // 则将光线区间终点更新为 gHitT[lastIdx]
13    uint hitPos = hi / hitStride;
14    if (hitPos < gNquery)
15    {
16      uint lastIdx =
17          getHitBufferIndex(gNquery - 1, pixelIdx, pixelDims);
18      ReportHit(gHitT[lastIdx], 0, hitAttrib);
19    }
20  }
21 }
```

即便 BVH 遍历是无序的，节点剔除多重命中 BVH 遍历仍然能够利用提前退出的机会。提前退出是首次命中 BVH 遍历和使用基于空间细分的加速结构的缓冲多重命中遍历的关键特征，因而我们希望当用户请求部分而非全部命中时，节点剔除及其变体能够提高多重命中的性能。

9.3 结 果

9.2 节展示了在 DXR 中多重命中光线追踪的若干实现。这里，我们将通过一个示例 GPU 光线追踪应用探讨它们的性能。该应用的源代码和二进制版本均有提供[4]，允许读者自行探索、修改或是改进这些多重命中实现。

9.3.1 性能测量

我们通过以图 9.2 所示的视角渲染八个具有不同几何复杂性和深度复杂性的场景来报告我们的各个多重命中光线追踪实现的性能。对于每个测试，我们在 1280 × 960 的像素分辨率上使用从一个针孔相机发出的可见光线并对每个像素进行一次采样，先渲染 50 帧预热，随后渲染 500 帧作为基准测试。所报告的结果是 500 帧基准测试的平均值。测试在一台配备有单块 NVIDIA RTX 2080 Ti GPU（驱动版本为 416.71）的 Windows 10 RS4 桌面 PC 上进行。我们的应用程序使用 Microsoft Visual Studio 2017 Version 15.8.9 进行编译并链接到 Windows 10 SDK 10.0.16299.0 和 DirectX Raytracing Binaries Release V1.3。

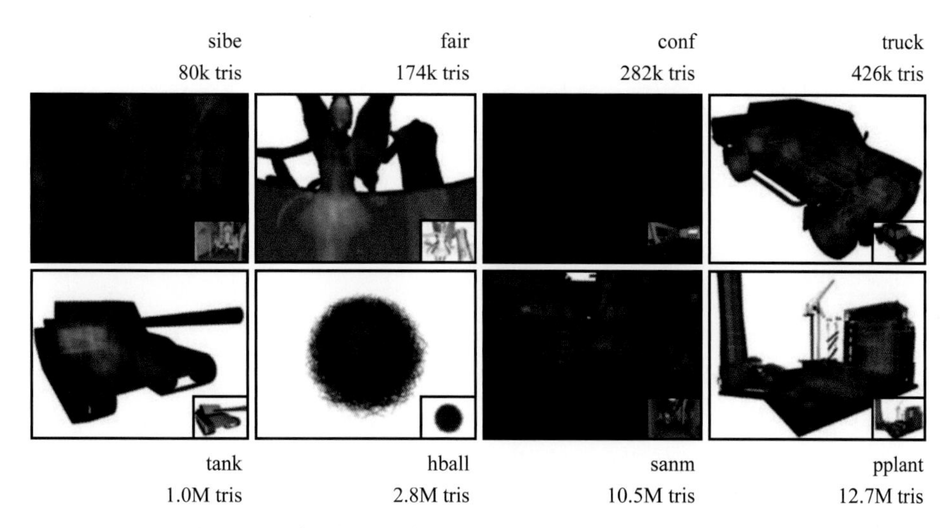

图 9.2　用于进行性能评估的场景。使用八个具有不同几何复杂性和深度复杂性的场景以评估我们的各个 DXR 多重命中实现的性能。若干场景中的首次命中可见表面隐藏了大量内部的复杂性，使得这些场景在多重命中遍历的性能测试中特别有用

在本节其余部分引用的图中，我们使用以下缩写来表示特定的遍历实现变体：

· fhit：标准的首次命中光线遍历的直接实现。

· ahit-n：朴素的多重命中光线遍历的任意命中着色器实现。

· ahit-c：节点剔除多重命中光线遍历的任意命中着色器实现。

· isec-n：朴素的多重命中光线遍历的相交着色器实现。

· isec-c：节点剔除多重命中光线遍历的相交着色器实现。

阐释结果时请参考这些定义。

1. 查找首个交点

首先，我们测量将多重命中光线遍历特化为首次命中遍历时的性能。图 9.3 比较了

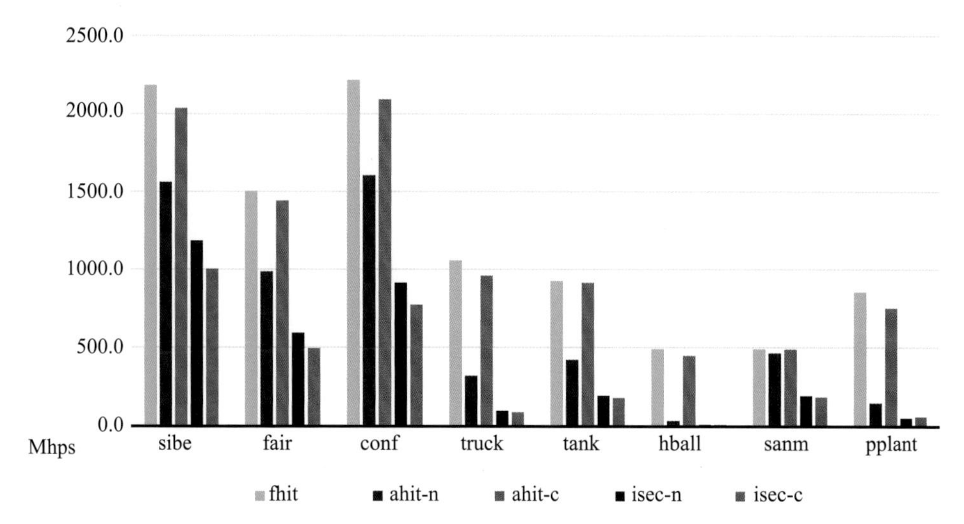

图 9.3　用于查找首个交点的标准首次命中和各个多重命中变体的性能。该图比较了 $N_{\text{query}} = 1$ 时标准首次命中遍历和我们的各个多重命中实现的性能，单位为 Mhps

使用标准首次命中遍历和使用多重命中遍历找到最近的交点（即 $N_{query}=1$）时的性能，单位为百万次命中每秒（millions of hits per second, Mhps）。在这种情况下，节点剔除的优势显而易见。使用任意命中着色器的节点剔除多重命中 BVH 遍历达到了接近标准首次命中遍历（平均约在 94% 以内）的性能。然而，使用相交着色器的节点剔除实现总体上表现最差（平均差 4 倍以上），两种朴素的多重命中遍历变体对于我们的测试场景表现出的性能比首次命中遍历平均差 2 ~ 4 倍。

2. 查找全部交点

接下来，我们测量将多重命中光线遍历特化为全命中遍历（$N_{query}=\infty$）的性能。图 9.4 比较了使用每种多重命中变体收集沿光线的所有命中点的性能，单位为 Mhps。毫无意外，使用不同着色器实现的各个朴素的和节点剔除变体表现相似，差异基本都在多次试验的预期变动范围以内。

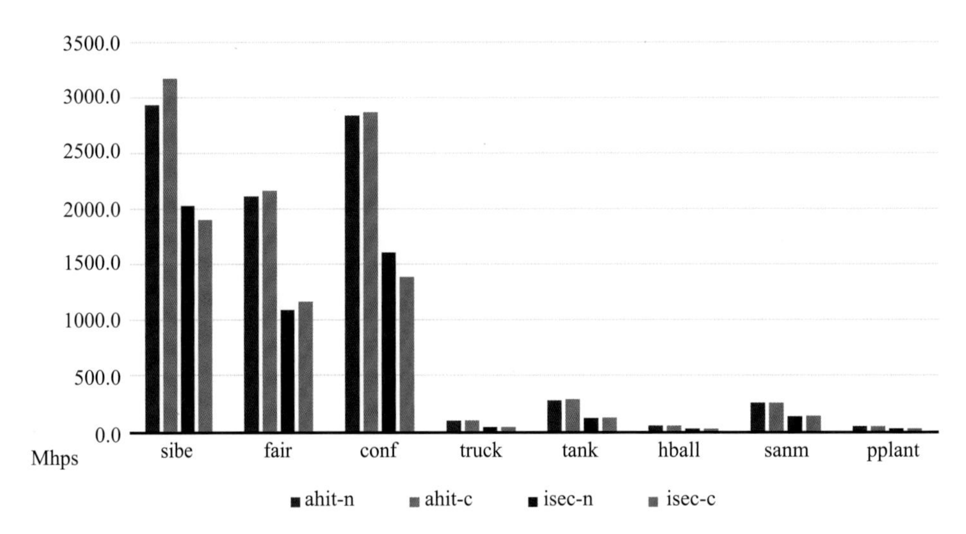

图 9.4 用于查找全部交点的各个多重命中变体的性能。该图比较了 $N_{query}=\infty$ 时各个朴素的和节点剔除变体之间的性能差异，单位为 Mhps

3. 查找部分交点

最后，我们使用 Gribble[3] 所考虑的 N_{query} 值来测量多重命中的性能，即除了极端值 $N_{query}=1$ 和 $N_{query}=\infty$ 之外，还包括在每个场景中沿任意一条光线遇到最大交点数量的 10%、30% 和 70%。查找部分交点可能是最令人感兴趣的一种情况，因为多重命中遍历在这种情况下无法特化为首次命中或全命中。为了简洁起见，我们仅检查卡车场景的结果，但是这些结果中所呈现的总体趋势也可以在其他场景中观察到。

图 9.5 展示了 $N_{query}\to\infty$ 时对于卡车场景的性能。总体上，节点剔除的影响相比使用其他多重命中实现而言较不明显。例如，参见 Gribble[3] 和 Gribble 等人[6] 报告的结果。对于使用任意命中着色器的两种实现，节点剔除相对于朴素多重命中带来的对于性能的正面影响从 $N_{query}=1$ 时的多于 2 倍降低到 $N_{query}=\infty$ 时的几乎为零。虽然如此，使用任意

命中着色器的节点剔除实现总体上表现最好，通常显著优于相应的朴素实现（至少不会更差）。与此相反，使用相交着色器的两种实现对所有 N_{query} 值表现相似，并且两种变体总体上都显著劣于任何任意命中变体。

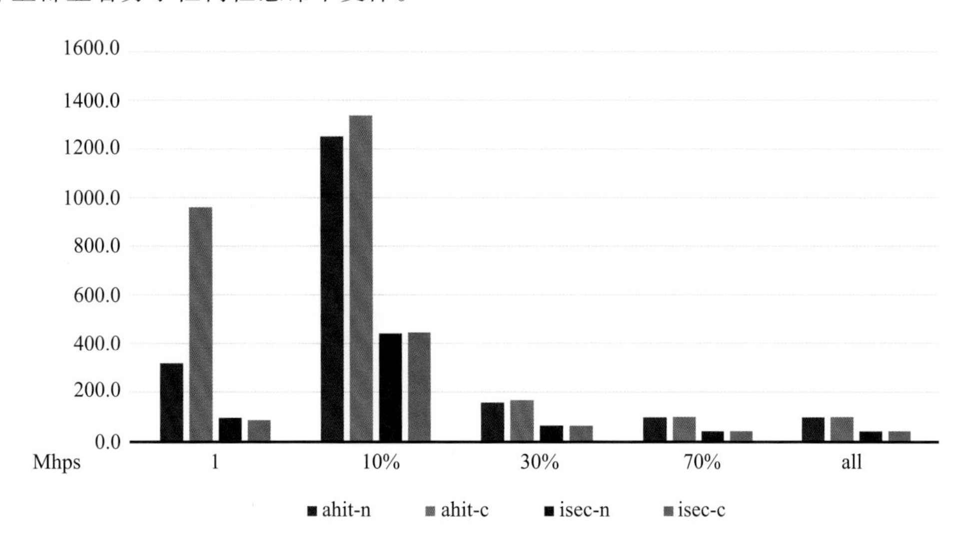

图 9.5　多重命中对卡车场景的性能。该图比较了对于多个 N_{query} 的值我们的各个多重命中实现之间的多重命中性能差异，单位为 Mhps

9.3.2　讨　论

为了更好地理解上述结果，我们在图 9.6 中报告了每一种多重命中变体所处理的候选交点总数。我们看到，正如预期的那样，无论 N_{query} 的值是多少，朴素的多重命中实现都会处理相同数量的候选交点。同样，我们看到节点剔除的确减少了需处理的候选交点

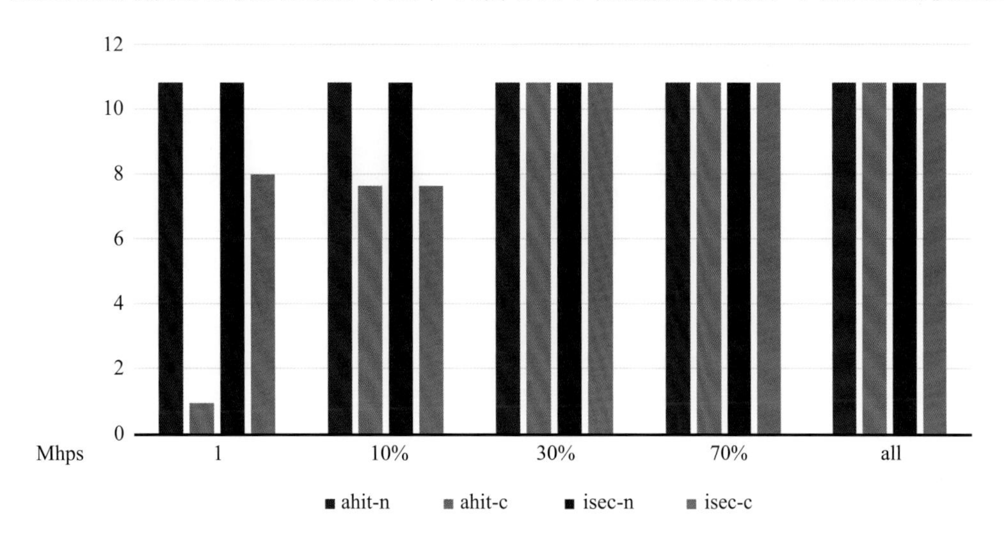

图 9.6　卡车场景中所处理的候选交点的数量。该图比较了每一种多重命中实现所处理的候选交点数量，单位为百万

的总数，至少在 N_{query} 小于 30% 时是如此。然而，在此之后，两种节点剔除实现都处理了与朴素的多重命中实现相同数量的候选交点。超过 30% 的阈值，在我们的测试平台上对于各个场景节点剔除相对于朴素的多重命中遍历并没有特别的优势。

图 9.6 中的数据还表明，任意命中着色器的变体所丢失的剔除机会（如 9.2 节所述）在实际中并不会影响整体的遍历行为。事实上，当整体观察三个实验的性能时，我们可以看到对于这里考虑的所有 N_{query} 的值使用任意命中着色器的节点剔除实现的性能都要比使用相交着色器的相应实现平均高出 2 倍以上。

尽管使用 DXR 机制为用户定义的几何结构实现（其他情况下为内建的）光线 / 三角形求交时出现的效率低下可能是导致两种节点剔除变体之间巨大性能差距的原因，但图 9.7 中的可视化视图提供了一些额外的解释。第一行描绘了每一种多重命中变体在 $N_{query} = 9$，即沿任一光线最大命中数的 10% 的情况下所处理的候选交点数量；而第二行描绘了每种实现所调用的区间更新操作的次数。正如所料，两种朴素的多重命中实现是等同的。它们处理了相同数量的候选交点并且不会进行任何区间更新。类似的，两种节点剔除变体都减少了所处理的候选交点的数量，使用 DXR 相交着色器的实现会比相应的任意命中着色器变体处理更少的交点（7.6M 对比 8.5M）。然而，该实现却比任意命中着色器实现进行了明显更多的区间更新（1.7M 对比 837k）。这些更新操作是两种实现之间用户层代码执行路径差异的主要来源。因此，在 DXR 相交着色器实现中更频繁的剔除机会实际上引入了比剔除本身所节约的部分更多的工作并极有可能导致了这里观察到的整体性能差异。

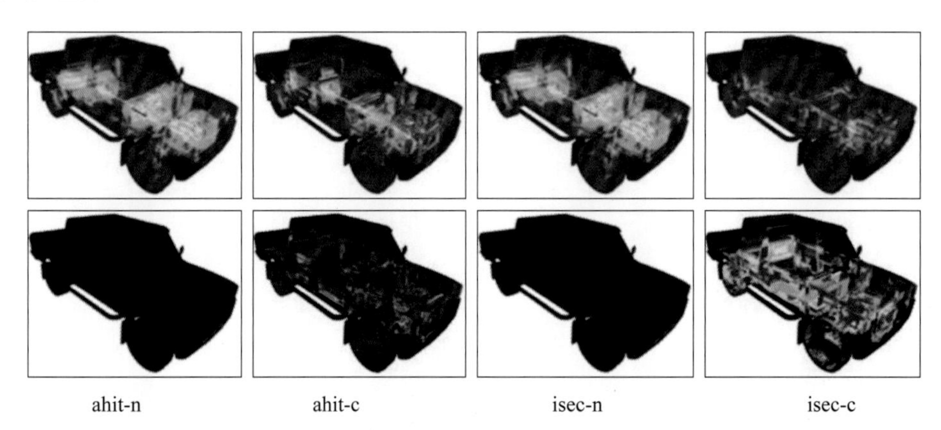

图 9.7 效率的可视化展示。使用彩虹色表的热度图揭示出对 $N_{query} = 9$ 的情况使用节点剔除比使用朴素的多重命中遍历每条光线需要完成的工作更少。然而，当比较两种节点剔除变体时，对于使用相交着色器，由更少的遍历步骤和光线 / 图元相交测试带来的潜在节约被显著增加的光线区间更新操作所抵消（第二行）。在这种情况下增加的开销超过了节约的收益

9.4 结 论

我们展示了使用 Microsoft DirectX Raytracing 的若干可能的多重命中光线追踪实现

并通过一个示例 GPU 光线追踪应用报告了它们的性能。结果表明，在这里探讨的若干实现中，使用 DXR 任意命中着色器的节点剔除多重命中光线遍历实现对于我们的场景在测试平台上总体表现最好。该方案实现起来也相对简单，只需要比相应的朴素多重命中遍历实现增加几行代码。同时，使用任意命中着色器的节点剔除变体也不需要重新实现原本内置的光线 / 三角形求交操作，相对于其他方案进一步减少了生产环境中的开发和维护负担。不过，我们仍然在示例 GPU 光线追踪应用[4]中提供了所有四种 DXR 多重命中变体的源代码和二进制版本，使读者能够进一步探索 DXR 中的多重命中光线追踪。

参考文献

[1] Amstutz, J., Gribble, C., Günther, J., and Wald, I. An Evaluation of Multi-Hit Ray Traversal in a BVH Using Existing First-Hit/Any-Hit Kernels. Journal of Computer Graphics Techniques 4, 4 (2015), 72–90.

[2] Benty, N., Yao, K.-H., Foley, T., Kaplanyan, A. S., Lavelle, C., Wyman, C., and Vijay, A. The Falcor Rendering Framework. https://github.com/NVIDIAGameWorks/Falcor, July 2017.

[3] Gribble, C. Node Culling Multi-Hit BVH Traversal. In Eurographics Symposium on Rendering (June 2016), 22–24.

[4] Gribble, C. DXR Multi-Hit Ray Tracing, October 2018. http://www.rtvtk.org/~cgribble/research/DXR-MultiHitRayTracing. Last accessed October 15, 2018.

[5] Gribble, C., Naveros, A., and Kerzner, E. Multi-Hit Ray Traversal. Journal of Computer Graphics Techniques 3, 1 (2014), 1–17.

[6] Gribble, C., Wald, I., and Amstutz, J. Implementing Node Culling Multi-Hit BVH Traversal in Embree. Journal of Computer Graphics Techniques 5, 4 (2016), 1–7.

[7] Wald, I., Amstutz, J., and Benthin, C. Robust Iterative Find-Next Ray Traversal. In Eurographics Symposium on Parallel Graphics and Visualization (2018), 25–32.

[8] Wyman, C. A Gentle Introduction to DirectX Raytracing, August 2018. Original code linked from http://cwyman.org/code/dxrTutors/dxr_tutors.md.html; newer code available via https://github.com/NVIDIAGameWorks/GettingStartedWithRTXRayTracing. Last accessed November 12, 2018.

第 10 章　一种具有高扩展效率的简单负载均衡方案

Dietger van Antwerpen, Daniel Seibert, Alexander Keller　NVIDIA

本章介绍了一种图像划分方案，该方案能够将像素值的计算分配给多个处理单元。最终的工作负载分配方案易于实现，且十分高效。

10.1　引　言

如果想要将一帧图像的渲染过程分配到多个处理单元上，关键问题之一便是如何将大量像素分配给各个处理单元。在本章中，我们会使用处理单元或处理器这样一种抽象的概念。例如，一个处理器可能是一个 GPU、一个 CPU 核或者通过网络连接在一起的机器集群中的一台主机。若干不同类型的处理器常常结合在一起，构成某种形式的渲染系统或集群。

本章的启发来自于路径追踪渲染中常见的工作负载，即模拟光线与场景中若干材料的相互作用。光线在结束其传播路径前往往会反射及折射若干次。在场景的不同区域中，光线反弹的次数以及各种材料相关的计算开销往往差异巨大。

例如，设想一辆置于无限大的环境球幕中的汽车。错过了所有几何结构直接击中环境的光线是最容易计算的。相反，击中汽车前灯的光线将引发较高的光线追踪开销，这些光线在到达前灯的发射源或逃逸到环境中之前会围绕前灯的反射镜反弹数十次。因此，覆盖前灯的像素可能具有比直接显示环境的像素高几个数量级的开销。关键的是，这种开销无法被提前预知，因而不能用于计算负载的最优分配。

10.2　要　求

高效的负载均衡方案应该在多个处理器上具有良好的扩展性。计算和通信的额外开销应该足够低，以避免在处理器数量较少的情况下损失加速比。出于简单性考虑，通常会将工作负载的一个固定子集分配给单个处理器。子集的大小可能会随时间进行适应性的调整，例如根据一些性能测量指标重新平衡负载，但这通常只会发生在每帧之间。这种做法产生的方案对于每一帧都是静态的，因而能够非常容易地减少负载均衡器和多个处理器之间的通信量。为使静态方案具有高效的处理器扩展性，一个适当的工作负载分布是至关重要的。分配给每个处理器的工作量应该正比于该处理器的相对性能。当生成光线追踪图像，特别是当使用了基于物理的路径追踪或类似方法时，负载分配并不是件简单的事情。异构计算会使这个问题更加复杂：在异构计算中，不同类型处理器的处理能力往往差异巨大。性能差异在集成了不同代的 GPU 与单一 CPU 的消费级主机上，以及在网络集群中都是一个普遍现象。

10.3　负载均衡

本节将会讨论一系列负载划分方案，并研究这些方案在前文描述的情况下能否实现高效的工作负载分布。我们假设工作负载需要分配到四个处理器上，例如一台主机中的四个 GPU。不过请注意，下文提到的方法同样适用于任意数量和类型的处理器，包括结合了不同类型的多个处理器的情形。

10.3.1　简单分块

多 GPU 光栅化中一种并不罕见的做法是，将图像简单地切成较大的块，每个处理器分得其中一块，如图 10.1 所示。在我们的场景中，图像中各像素的计算开销分布得并不均匀，使得这种简单的方法带有严重缺陷。在图 10.1（a）中，由于模拟前灯的代价较高，计算左下方分块的时间可能决定了整帧的渲染时间。在负责蓝色分块的处理器完成其工作期间，所有其他处理器会有相当比例的空闲时间。

(a) 四处理器均匀分块

(b) 基于扫描线的工作负载分布的细节展示

图 10.1

此外，由于所有分块都具有同样的大小，使得这种方法在异构环境中更为低效。

10.3.2　任务大小

简单分块的两个问题都可以通过将图像划分为更小的区域然后向每一个处理器分配若干区域的方式加以改善。在极端情况下，一个区域可以只包含一个像素。常见的方法倾向于使用扫描线或小分块。区域大小的选择通常是更细的分配粒度和更好的缓存效率两者间权衡的结果。

如图 10.1（b）所示，如果所有区域被依次轮流地分配给所有处理器，而不是每个处理器分得连续的一块，工作负载的分布将得到很大的改善。

10.3.3 任务分布

由于在分配工作负载时单个像素的开销是未知的，我们只能被迫假设所有像素都具有同样的开销。虽然这通常与真实情况大相径庭，但若如上文所述分配给某个处理器的像素集合均匀分布于整幅图像中，那么该假设就变得较为合理[2]。

为实现这种分布，一幅由 n 个像素组成的图像被划分为 m 个区域，这里 m 远大于可用处理器的数目 p。这些区域是由 s 个像素组成的连续条带，且整幅图像能够被划分为 $m = 2^b$ 个区域。整数 b 的选择需要在保持每个区域的像素数目 s 大于给定的下限（例如 128 像素）的同时最大化 m。区域大小最小不能小于 $s = [n/m]$ 以覆盖整幅图像。注意图像可能需要使用最多 m 个额外像素进行少量的填充。

区域下标的集合 $\{0, \cdots, m-1\}$ 将被划分为 p 个连续的区间，区间的长度正比于每个处理器的相对性能。为保证全部区域能够均匀分布在整幅图像中，需要对区域的下标以一种特定且确定的方式进行重新排列。将每个下标 i 的最低 b 比特左右翻转，得到 j，下标 i 即被映射到第 j 个图像区域。例如，对 $b = 8$ 的情形，下标 $i = 39 = 00100111_2$ 将被映射到 $j = 11100100_2 = 228$。这等同于对下标进行基数为 2 的倒根（radical inverse）。这种重新排列的方法能够将一段区间内的区域以一种比（伪）随机排列更加均匀的方式分布到整幅图像中。该方法的一个示例见图 10.2 和程序清单 10.1 中的伪代码，其中 $[x]$ 表示四舍五入到最接近的整数。

排列像素所使用的比特逆序函数计算开销非常小，且不需要使用任何处理器预先计算好的排列表。除了最直接的方式，比特逆序也可以使用掩码实现，如程序清单 10.2 所示。此外，CUDA 还以内置函数（intrinsic）__brev 的形式提供了比特逆序功能。

对于产品级场景渲染，由于图像中的形状各不相同，这些区域不太可能与图像特征有较强的关联性。因此可以预计，分配给每个处理器的像素都能够有代表性地覆盖图像中的一部分。这就保证了一个任务的开销大致正比于任务中的像素数量，从而实现较为均一的负载均衡。

图 10.2 四处理单元适应性分块。相对权重分别为：10%（红）、15%（黄）、25%（蓝）、50%（绿）。注意前灯像素在各处理单元上的分布

程序清单 10.1　分配方案的伪代码

```
1 const unsigned n = image.width() * image.height();
2 const unsigned m = 1u << b;
3 const unsigned s = (n + m - 1) / m;
4 const unsigned bits = (sizeof(unsigned) * CHAR_BIT) - b;
5
6 // 假设处理器 k 的相对性能为 w_k
7 // 负责处理下标从 base = Σ_{l=0}^{k-1} ⌊s_l m⌋ 开始⌊w_k m⌉个区域
8
9 // 对处理器 k，其负责处理的
10 // 长度为 s ⌊w_k m⌉ 的连续像素块中
11 // 下标为 i 的像素按下面的排列方式被分布到整幅图像中
12 const unsigned f = i / s;
13 const unsigned p = i % s;
14 const unsigned j = (reverse (f) >> bits) + p;
15
16 // 填充的像素将被忽略
17 if (j < n)
18     image[j] = render(j);
```

程序清单 10.2　使用掩码的比特逆序实现

```
1 unsigned reverse(unsigned x) // 假定整数为 32 bit
2 {
3     x = ((x & 0xaaaaaaaa) >> 1) | ((x & 0x55555555) << 1);
4     x = ((x & 0xcccccccc) >> 2) | ((x & 0x33333333) << 2);
5     x = ((x & 0xf0f0f0f0) >> 4) | ((x & 0x0f0f0f0f) << 4);
6     x = ((x & 0xff00ff00) >> 8) | ((x & 0x00ff00ff) << 8);
7     return (x >> 16)  | (x << 16);
8 }
```

10.3.4　图像组装

在网络渲染等一些特殊场景中，不希望分配整个帧缓冲并将其从每个主机传输给一个主结点。通过在每个结点上只分配必要数目的像素，即 $s[w_k m]$，10.3.3 一节所述的方法可以很容易地满足这一要求。程序清单 10.1 中的第 18 行可由写入到 image[j] 简单地修改为写入到 image[i-base]。

最终用于显示图像是由这些经过排列的局部帧缓冲组装起来的。首先，从所有处理器上获得的多个连续像素区间在主处理器上被拼接到一个单一的帧缓冲中。然后，进行逆排列以得到最终的图像。注意比特逆序函数是对合（involutory）的，即该函数是自己的逆函数。利用这个性质可以高效地将排列后的帧缓冲进行原地重组，如程序清单 10.3 所示[1)]。

1）注意在分配（程序清单 10.1）和重新组装（程序清单 10.3）中使用的是同一个逆序函数。

程序清单 10.3 图像组装

```
1 // 将像素下标 i 映射回逆序前的下标 j
2 const unsigned f = i / s;
3 const unsigned p = i % s;
4 const unsigned j = (reverse(f) >> bits) + p;
5
6 // 逆序排列是对合的
7 // 像素 j 重排回像素 i
8 // 原地交换逆序排列中的一对像素
9 if (j > i)
10     swap(image[i],image[j]);
```

10.4 结 果

图 10.3 展示了图 10.1 场景中逐像素渲染开销的差异。图 10.4 比较了同一个场景上连续分块、扫描线以及两种条带分布的处理器扩展效率。两种条带分布使用同样的区域大小，区别仅在于分配给处理器的方式不同。

图 10.4（a）展示了显著的效率提升，特别是在处理器数量较多的情况下。效率的提升主要是由于更精细的调度粒度减少了处理器由于缺乏工作而导致的空闲时间。均匀重排的条带这一方法展示出了极好的负载均衡，这在一般的异构计算环境中更为明显，如图 10.4（b）所示。

图 10.3 图 10.1 的场景中逐像素开销的近似热度图。热度图的颜色依次为（开销从低到高）：蓝绿、绿、黄、橙、红、白

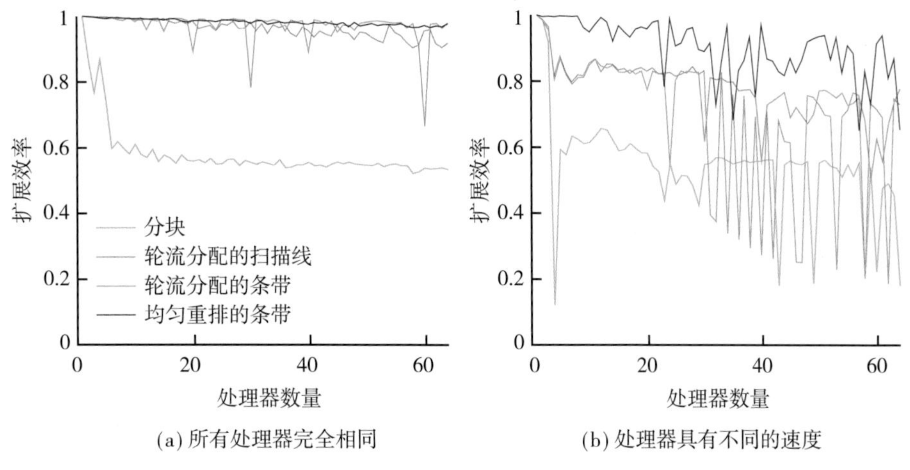

(a) 所有处理器完全相同　(b) 处理器具有不同的速度

图 10.4　对于图 10.1 场景的不同负载分配方案的处理器扩展效率

参考文献

[1] Dietz, H. G. The Aggregate Magic Algorithms. Tech. re, University of Kentucky, 2018.

[2] Keller, A., Wächter, C., Raab, M., Seibert, D., van Antwerpen, D., Korndörfer, J., and Kettner, L. The Iray Light Transport Simulation and Rendering System. arXiv, https://arxiv.org/abs/1705.01263, 2017.

第三部分
反射，折射与阴影

任何使用光线追踪的渲染都不可避免地涉及将支持哪些效果的讨论。历史上，光线追踪被用来很好地处理阴影、反射和折射。但是，当你坐下来真正开始实现这整个系统并支持这些效果时，你将遇到一些不易察觉的设计决策。本书的这一部分描述了其中一些的具体效果。

虽然光线追踪一个透明玻璃球很简单，但要支持更复杂的模型就会变得困难起来。例如，一个简单的装水的玻璃杯呈现出三种不同类型的材质之间的交互：水 / 空气、玻璃 / 空气和玻璃 / 水。为了得到正确的折射，光线 / 表面的相互作用不仅需要知道被击中的界面，还需要知道另一面上有什么材质。期望一个艺术家用这些材质之间的交互来建立一个模型很有难度，想象一下用水装满玻璃杯的场景。在第 11 章中，描述了处理该问题的一种巧妙且经过实际检验的方法。

几乎所有光线追踪程序都遇到了一个问题，那就是当凹凸贴图产生物理上不可能的曲面法向量时该怎么做。“hard if”的代码解决方案选择忽略它们，这可能会导致不连续的颜色。每一个光线追踪器都有自己的特殊技巧来处理这个问题。在第 12 章中，提出了一种简单的统计方法，并给出了一个清晰的实现。

光线追踪的屏幕空间方法使其在生成屏幕精确的阴影时尤其强大，而不存在与阴影贴图相关的所有失真问题。然而，光线追踪是否能够快到满足实时交互？第 13 章详细解释了如何实现这一点。

大多数简单的光线追踪器从眼睛发出光线。通常，这些程序实际上无法产生焦散——杯中液体、游泳池和湖泊等会产生的光聚焦现象。这是因为结果充斥着噪声。但是，将光线从光源发送到环境中是生成焦散的可行方法。事实上，这甚至可以实时完成，如第 14 章所述。

总之，基本的光线追踪渲染器是相当简单的。而构建一个产品级的光线追踪渲染器需要对基本的效果进行一些仔细的处理，本部分提供了一些有用方法。

Peter Shirley

第11章　嵌套volume中材质的自动处理

Carsten Wächter, Matthias Raab　NVIDIA

我们提出了一种新颖而简单的算法来自动处理嵌套volume之间的转换，从而实现一键渲染的功能。唯一的要求是使用封闭的volume（以光线追踪实现，如NVIDIA RTX，确保滴水不漏的遍历和求交），并且相邻volume不相互交叉。

11.1　volume的建模

蛮力法的光线追踪已经成为模拟光传的核心技术，并被用于在许多大型工业渲染系统中渲染逼真的图像[1, 2]。对于任何基于光线追踪的渲染器，都需要处理场景中材质和几何对象的关系：

· 为了正确地模拟反射和折射，我们需要知道介质边界曲面正面和反面的折射率。请注意，这不仅需要用于具有折射特性的材质（译者注：透明），而且在反射强度由菲涅耳方程驱动的情况下也是如此（译者注：不透明但使用与折射率相关的菲涅耳方程）。

· 可能需要确定体积相关的系数（体散射和吸收率），例如，当光线离开一个volume时应用体积衰减。

因此，处理包括嵌套介质在内的体积数据是渲染工业级场景的基本要求，必须与渲染核心紧密集成。光线追踪，即其底层的层次遍历和几何交集，总是受到浮点精度实现的限制的影响。甚至是几何数据表示，例如，使用浮点来实例化网格Transform，将会进一步引入精度问题。因此，要可靠地处理体积过渡，至少需要对体积及其周围的几何体进行仔细的建模。随后我们将区分三种情况来模拟相邻volume，如图11.1所示。

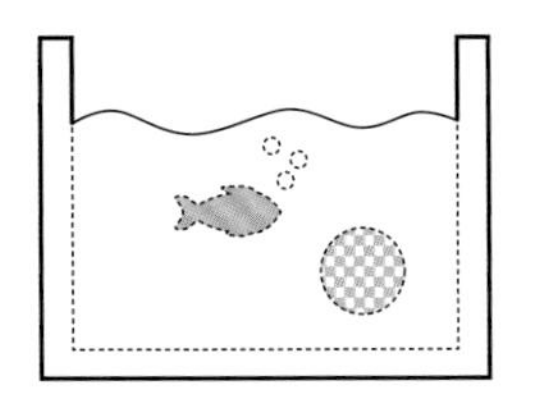

(a) 用虚线标记了体积之间的明确的边界交叉

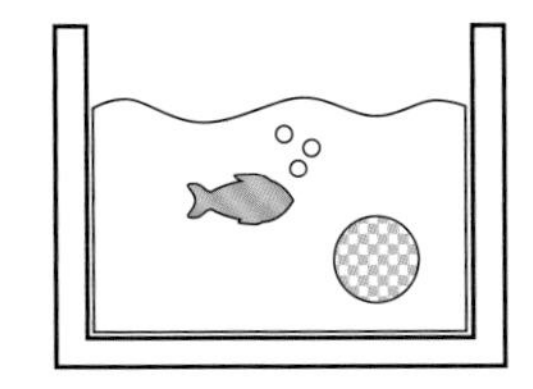

(b) 加入空气间隙以避免精度问题

(c) 重叠的volume

图 11.1

11.1.1　独立边界

这种看似直截了当的方式在相邻volume之间共享独立的表面，以清楚地描述两个（或更多）volume之间的接口。也就是说，当两个透明对象（如玻璃和水）相遇时，一个曲面网格将取代原来的两个网格，并被赋予特殊类型。艺术家通常无法用这种方式对

volume 进行建模，因为它需要手动将单个对象分割成多个子区域，这取决于哪个子区域会接触相邻的volume。举一个充满苏打水的玻璃杯的常见例子，它包括了内部气泡和杯壁，手动细分网格是不可行的，特别是在场景是动画的情况下。该方案的另一个主要复杂之处是，每个表面都需要为正面和背面提供单独的材质，而且正 / 背面需要被明确定义。

注意，独立表面也可以复制，为每个 volume 提供单独的封闭边界。因此，也可以避免所有繁琐的细分工作。然而，在实践中，很难迫使表面精确匹配。艺术家，或由于隐式的建模 / 动画 / 仿真软件本身可能会选择不同的细分级别，或者受制于浮点精度，相邻边界的实例转换可能略有不同。因此，需要仔细设计光线追踪实现和渲染核心，以便能够处理此类“匹配”曲面。光线追踪的核心组件，包括加速结构的构建程序，必须保证它总是报告所有的“最近”交叉点。渲染核心还必须能够按正确的顺序对交点列表进行排序。

11.1.2 添加空气间隙

第二种方法允许相邻volume之间有一个微小的气隙，以缓解上述的大多数建模问题。不幸的是，这导致了由常见的光线追踪实现引起的新的浮点数学问题：在生成路径的新段时，每个光线原点需要一个小的偏移量，以避免自相交[4]。由于这一现象，当与相邻的体积边界相交时，将可能完全跳过一个（或多个）体积边界过渡。因此，必须保证气隙的大小大于这个小的偏移量。而与之相比，插入气隙的另一个主要缺点更为明显，因为气隙会显著改变渲染的外观——发生的体积传输 / 折射比预期的要多，见图 11.2。

11.1.3 重叠的边界

为了避免前面两个方案的缺点，我们可以强制相邻的 volume 稍微重叠。见图 11.3。不幸的是，第三种方法也将引入一个新问题：路径 / 体积交叉点的顺序和数量将不再正确。施密特等人[3]通过为每个 volume 分配优先级来解决这一问题。这需要艺术家付出额外的工作量，对于复杂的场景这很令人乏味，尤其是在制作动画时。

图 11.2 用微小的空气间隙对鱼缸建模

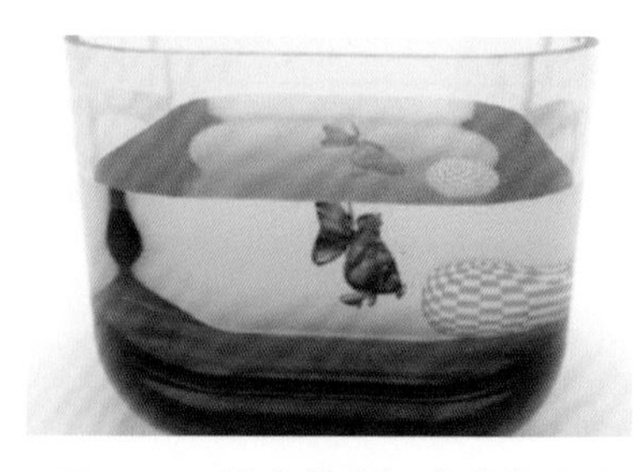

图 11.3 让水体和缸壁稍微重叠

请注意，除了上述三种方案外，还有另一种值得注意的特殊情况：完全嵌套 / 封闭的 volume 被完全包含在另一个 volume 中。参见图 11.1 中的彩色对象。这些通常会切断周围的体积。一些渲染实现还可能允许重叠或嵌套介质的混合。显然，这并没有帮助降低实现的复杂性，正如前面提到的，在进入或离开相邻介质时仍然存在问题。这些转换更难检测和正确处理，因为允许路径同时通过“多个”介质。因此，我们的贡献是针对一次只能处理单个介质的渲染器。

在下文中，我们描述了一种新的算法，当使用重叠边界的方法时，在没有手动优先级分配的情况下，恢复路径 / 体积交叉点的正确顺序。作为 Iray 渲染系统的一部分，它已在生产中成功使用了十多年[1]。

11.2 算　法

我们的算法管理当前所有活动材质的堆栈。每次光线照射到一个表面上，我们将表面的材质 push 到堆栈上，并确定入射和边界背面的材质。基本思想是，如果材质在堆栈上被引用奇数次，则当前是进入 volume；如果材质被引用偶数次，则当前是退出 volume。由于我们假设边界是重叠的，堆栈处理还需要确保路径上的两个曲面中只有一个实际报告为体积边界。我们通过检查进入当前材质后是否进入了其他材质来过滤第二个边界来实现这一点。为了提高效率，我们为每个堆栈元素存储两个标志：一个标志指示堆栈元素是否是引用材质的最顶端，另一个标志指示堆栈元素是奇数或偶数引用。一旦对该点的着色完成，再继续追踪时，我们需要区分三种情况：

（1）对于反射，我们从堆栈中弹出 top 标记元素，并更新相同材质上一个实例的 top 标记。

（2）对于决定离开新 push 材质的传输（如折射），我们不仅需要弹出 top 标记的元素，还需要删除以前对该材质的引用。

（3）对于相同的材质边界（将被跳过）和确定进入新材质的传输，我们保持堆栈不变。

请注意，在分割路径轨迹的情况下，例如追踪多条光泽反射光线，每个生成的光线需要有一个单独的堆栈。

如果相机本身位于某介质内，则需要构建一个反映该介质嵌套状态的初始堆栈。要填充堆栈，可以从场景的边界框外递归地追踪光线到相机位置。

下面我们将介绍介质堆栈算法实现的代码片段。一个重要的实现细节是，如果相机包含在一个介质中，那么堆栈可能永远不会是空的，并且最初应该包含人工的“真空”材质（被标记为 topmost 和 odd）或从预处理阶段复制的初始堆栈。

如程序清单 11.1 所示，介质堆栈的数据结构需要保存存储堆栈元素的奇偶性和最顶层属性的材质索引和标志。此外，我们需要能够访问场景中的材质，并假设它们可以进行比较。实际上，对材质 index 进行比较就足够了。

程序清单 11.1

```
1 struct volume_stack_element
2 {
3   bool topmost : 1, odd_parity : 1;
4   int material_idx : 30;
5 };
6
7 scene_material *material;
```

当光线照射到物体表面时，我们将材质 index push 到堆栈上，并确定实际的入射和出射 index。在索引相同的情况下，光线追踪代码应该跳过该边界。变量 leaving material 表示跨越边界将离开该材质，这需要在 Pop() 中实现。参见程序清单 11.2。

程序清单 11.2 进栈操作

```
 1 void Push_and_Load(
 2   // 结果
 3   int &incident_material_idx, int & outgoing_material_idx,
 4   bool &leaving_material,
 5   // 相交的几何体的材质（在场景材质数组中的索引）
 6   const int material_idx,
 7   // 栈状态（栈数组和栈顶索引值）
 8   volume_stack_element stack[STACK_SIZE], int &stack_pos)
 9 {
10   bool odd_parity = true;
11   int prev_same;
12   // 自栈顶向下遍历，找到和新加入元素的材质相同的栈元素
13   // （获取它的奇偶性并取消它的栈顶标记）
14   for (prev_same = stack_pos; prev_same >= 0; --prev_same)
15     if (material[material_idx] == material[prev_same]) {
16       // 注意：必须保证它之前是栈顶元素（信赖其他函数对栈的维护结果，这里不做额外保护）
17       stack[prev_same].topmost = false;
18       odd_parity = !stack[prev_same].odd_parity;
19       break;
20     }
21
22   // 自栈顶向下遍历，找到前一个进入的材质
23   // （同时满足是奇数次出现、被标记为栈顶并且和新加入元素的材质不相同的栈元素）
24   int idx;
25   // 由于相机体的存在，索引值总是非负的
26   for (idx = stack_pos; idx >= 0; --idx)
27     if ((material[stack[idx].material_idx] != material[material_idx])&&
28         (stack[idx].odd_parity && stack[idx].topmost))
29       break;
30
31   // 现在把新加入元素的材质索引加入到栈顶
32   // 防止过多的体积嵌套导致栈溢出
33   if (stack_pos < STACK_SIZE - 1)
34     ++stack_pos;
35   stack[stack_pos].material_idx = material_idx;
36   stack[stack_pos].odd_parity = odd_parity;
37   stack[stack_pos].topmost = true;
38
```

```
39   if (odd_parity) { // 假设正在进入这个新加入的材质
40     incident_material_idx = stack[idx].material_idx;
41     outgoing_material_idx = material_idx;
42   } else { // 假设正在离开这个新加入的材质
43     outgoing_material_idx = stack[idx].material_idx;
44     if (idx < prev_same)
45       // 不留下重叠（区域）
46       // 由于我们还没有进入另一种材质（又回到了嵌套材质里面）
47       incident_material_idx = material_idx;
48     else
49       // 留下重叠（区域）
50       // 表明这个边界应该被跳过
51       incident_material_idx = outgoing_material_idx;
52   }
53
54   leaving_material = !odd_parity;
55 }
```

当渲染代码继续进行光线追踪时，我们需要从堆栈中弹出材质，如程序清单 11.3 所示。对于传输事件，只有在设置了“离开材质”时才会调用此函数，在这种情况下，将从堆栈中删除两个元素。

程序清单 11.3　出栈操作

```
1 void Pop(
2   // 由（前面那个）Push_and_Load函数的逻辑决定的是否已离开当前材质的布尔值
3   const bool leaving_material,
4   // 栈状态（栈数组和栈顶索引值）
5   volume_stack_element stack[STACK_SIZE], int &stack_pos)
6 {
7   // 把最后一个加入的栈元素从栈中取出并把栈顶索引往下降一格
8   const scene_material &top = material[stack[stack_pos].material_idx];
9   --stack_pos;
10
11  // 我们是否需要从栈中取出（并移除）两个栈元素?
12  if (leaving_material) {
13    // 从栈顶往下查找最近的一个和栈顶元素相同材质的栈元素
14    int idx;
15    for (idx = stack_pos; idx >= 0; --idx)
16      if (material[stack[idx].material_idx] == top)
17        break;
18
19    // 防止输入的栈存在错误导致数组访问越界
20    // （这种情况出现在Push_and_Load函数内部出现栈溢出的时候）
21    if (idx >= 0)
22      // 将找到的栈元素上面所有的栈元素依次下移一格以移除这个栈元素
23      for (int i = idx+1; i <= stack_pos; ++i)
24        stack[i-1] = stack[i];
25    --stack_pos;
26  }
27
28  // 从栈顶往下找一个和被移除的栈顶元素相同材质的栈元素更新它的栈顶状态
29  for (int i = stack_pos; i >= 0; --i)
30    if (material[stack[i].material_idx] == top) {
```

```
31          // 注意：必须保证它之前不是栈顶元素（信赖其他函数对栈的维护结果，这里不做额外保护）
32          stack[i].topmost = true;
33          break;
34        }
35 }
```

11.3 局限性

我们的算法将永远丢弃它遇到的重叠的第二个边界。因此，实际相交的几何图形取决于光线轨迹，并将根据原点而变化。特别是，从光到相机的路径和从相机到光的路径将是不相同的，这将对双向光传输算法（如双向路径追踪）的方法造成误差。一般来说，缺乏明确的边界删除顺序可能导致删除重叠的“错误”部分。例如，对于首先进入玻璃的光线，水将从图 11.3 中的玻璃碗中划出重叠区域。如果重叠部分足够小，将不会导致明显的失真。但是，如果一个场景具有较大的重叠，例如，图 11.4 和图 11.5 中漂浮的部分淹没的冰块，则产生的误差可能很大（尽管对最终结果的影响不好辨明）。因此，应在不会破坏算法或损害沿路径的后续体积交互的正确性的前提下尽量避免预期的交叉体积。

图 11.4 按照在威士忌和玻璃杯之间留出轻微空气间隙的方式进行建模

图 11.5 把威士忌和玻璃略微重叠

通过分配优先级对 volume 赋予明确的顺序，以失去易用性为代价来解决这种问题[3]。该解决方案有其局限性，因为易用性很多时候是必不可少的，例如那些严重依赖于现成素材库、灯光设置和材质而不了解任何技术细节的用户。

对每个路径设置堆栈会增加空间需求，因此高度并行的渲染系统可能需要小心地限制介质堆栈大小。虽然能够提供捕获堆栈溢出的实现，但除了避免崩溃之外，它什么也做不了。

致 谢

本算法的早期版本由作者与 Leonhard Grünschloß 共同合作。水族馆的部分场景由 Turbosquid 提供，剩余部分则由 Autodesk 提供。

参考文献

[1] Keller, A., Wachter, C., Raab, M., Seibert, D., van Antwerpen, D., ¨ Korndorfer, J., and Kettner, L. ¨ The Iray Light Transport Simulation and Rendering System. arXiv, https://arxiv.org/abs/1705.01263, 2017.

[2] Pharr, M. Special Issue On Production Rendering and Regular Papers. ACM Transactions on Graphics 37, 3 (2018).

[3] Schmidt, C. M., and Budge, B. Simple Nested Dielectrics in Ray Traced Images. Journal of Graphics Tools 7, 2 (2002), 1–8.

[4] Woo, A., Pearce, A., and Ouellette, M. It's Really Not a Rendering Bug, You See... IEEE Computer Graphics and Applications 16, 5 (Sept 1996), 21–25.

第 12 章　基于微表面阴影函数解决凹凸贴图中的阴影边界问题

Alejandro Conty Estevez, Pascal Lecocq, Clifford Stein
Sony Pictures Imageworks

我们提出了一种技术来隐藏在使用极为不平整的凹凸贴图或法线贴图（Bump Map/Normal Map）模拟微观几何时出现的突兀的阴影边界。我们的方法基于微表面阴影函数，简单而高效。我们没有渲染细节丰富而昂贵的高度场阴影，而是应用统计学方法，假设法线遵循近似的正态分布。我们还为 GGX 法线分布函数提供了一个有效的方差估测方法，此前它是没有解析形式的定义的。

12.1　介　绍

凹凸贴图被广泛用于游戏的实时渲染和电影的批量渲染中。它能够增加表面上的高频细节而无需像使用真实几何体或置换贴图（Displacement Map）渲染那样耗时。它还负责给表面添加细粒度的坑坑洼洼。

凹凸贴图对法线方向进行扰动，这个扰动值并非来自于几何体，而是来自于一张纹理贴图或是过程式纹理。但是，与任何其他简化方法一样，它可能会产生不符合预期的失真——特别是像图 12.1 所示的众所周知的阴影硬边。这是因为当表面突然遮挡入射光线时，原本预期由于法线变化导致的光滑的强度衰减被中断。这个问题在法线没有扰动时不会出现，因为这种情况出现时辐照度已经降到 0 了。但是，凹凸贴图在将法线朝入射光的方向倾斜时会产生将入射光线延伸至阴影区域的效果，使照亮区域穿过阴影边界。

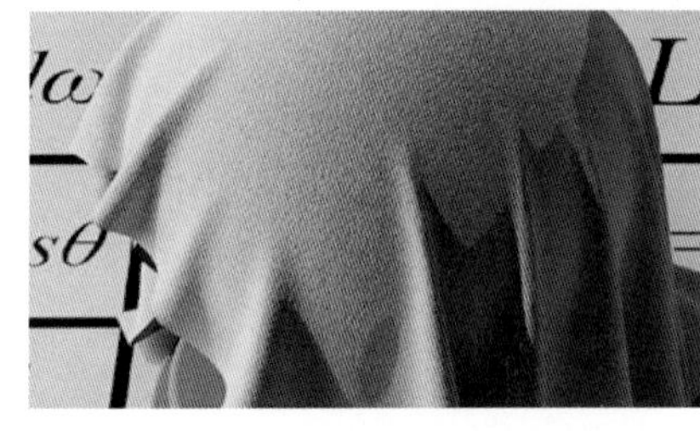

（a）原始结果的光照强度在阴影边界处突然降低

（b）我们的阴影技术用更自然和视觉上令人愉悦的平滑过渡替代了这种效果

图 12.1　使用了强凹凸贴图的布料模型的对比

我们通过应用受到微表面理论启发的阴影函数来解决这个问题。凹凸贴图可以被认为是大尺度上的正态分布，通过对其属性进行假设，我们可以使用与广泛使用的 GGX 微表面分布相同的阴影项。即使这些假设在许多情况下是错误的，但阴影项在实践中仍然表现得很好，即便在凹凸或法线贴图呈现非随机性结构时。

12.2　之前的工作

据我们所知，尚未有人公开针对此硬边问题的具体解决方案。Max[5]的相关工作是在特写镜头中如何计算凹凸与凹凸互相产生的阴影细节，它基于在每个点上找到水平基准线的方法。Onoue[7]等人将这种技术扩展到曲面。虽然这些方法对点到点的阴影而言是精确的，却需要辅助表和更多的查找。它们不适用于高频凹凸贴图下只想解决硬边问题而非产生细节阴影的情形。

然而，阴影硬边问题在几乎每个渲染引擎中都是一个问题，并且提供的解决方案通常只是调整凹凸贴图的强度或者使用置换贴图。我们的解决方案快速而简单，无需任何额外的数据或预计算。

另一方面，自从 Cook 和 Torrance[2]提出微表面理论及其阴影项以来，Heitz[4]、Walter 等人[8]以及其他人对此进行了广泛的研究。我们从他们的工作中获取灵感，以此为依据推导出了一个合理的方案用于解决本文讨论的瑕疵问题。

12.3　方　法

硬边问题产生的原因是扰动法线会改变辐照度的自然余弦衰减，使得被照亮的区域向阴影区域中侵入过多。由于用贴图模拟的表面细节是虚构的，因此渲染器是不知道任何高度场阴影，因此光照突然消失，如图 12.2 所示。尽管这些缺陷的存在是符合预期的，但可能会分散注意力，产生不真实的卡通外观。艺术家们希望从照亮到阴影（的过渡）要平滑。

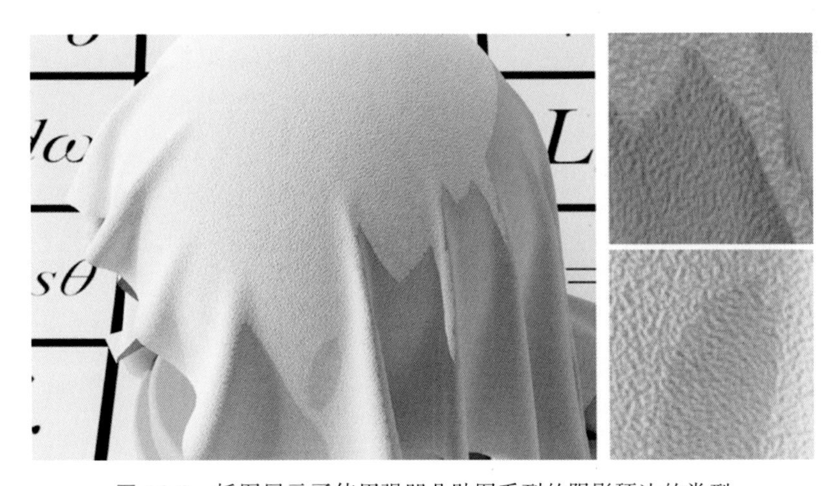

图 12.2　插图展示了使用强凹凸贴图看到的阴影硬边的类型

在图 12.3 中，我们展示了凹凸贴图如何模拟表面不存在的法线从而导致照亮区域过多侵入阴影区域。这是因为阴影因子（如图所示）完全被忽略。在微表面理论中这个因子被称为阴影项或者遮挡项，它是值域为 [0, 1]，根据光线和观察方向计算而来，用于保证双向散射分布函数（BSDF）的可逆性。

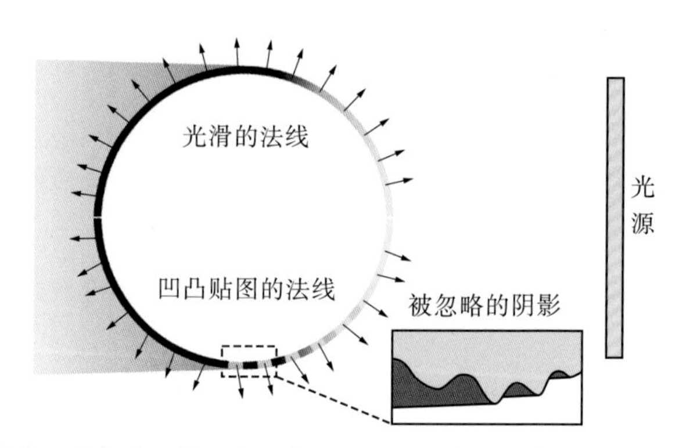

图 12.3 在球体的上半部分，按照实际表面的平滑法线没有任何阴影硬边的问题。但是，下半部分引入的扰动可能会使法线朝向光源倾斜，从而导致在非常接近应该被完全遮挡的地方产生了明亮的区域。这是因为假想表面本该接收到的阴影被忽略了

我们还在凹凸贴图时使用了 Smith 阴影。它只降低从入射角到达的散射能量，这将使硬边优雅地变暗并融合照亮和黑暗区域而不改变其余的外观。它的推导需要知道法线分布，这对于任意凹凸或法线贴图来说是未知的，我们会假设它是随机和正态分布的。这种假设在大部分情况下都不成立，但是它能够很好地进行阴影的渲染。

12.3.1 法线分布函数

我们选择 GGX 分布函数是因为它的简单且高效。和大多数分布函数一样，它有一个粗糙度（roughness）参数 α，用于调节微表面坡度扩散。凹凸效果从不易察觉到非常明显对应着 α 由低变高，关键是如何找到这个 α 参数。

我们排除了从纹理贴图计算这个属性，有时他们是过程化生成的、不可预测的，我们希望避免任何预计算过程。我们的想法是不需要额外信息仅根据我们在照明计算时获取到的凹凸法线来预测 α 的值。也就是说，我们的计算仅基于这个点，而不依赖邻近点的信息。

我们观察凹凸法线和真实表面法线的夹角的正切值，为了计算涵盖此法线的阴影项的合理概率，如图 12.4 所示，我们让这个正切值等于正态分布的两个标准差。然后，我们可以用 GGX 替换它并应用众所周知的阴影项

$$G_1 = \frac{2}{1+\sqrt{1+\alpha^2 \tan^2\theta_i}} \tag{12.1}$$

其中，θ_i 是入射光方向与真实表面法线的夹角。

但是，这就产生了如何从分布方差中计算 GGX 的 α 的问题，GGX 基于未定义均值和方差的柯西（Cauchy）分布，Conty 等人在数值上发现[1]，如果忽略长尾以保留大部分分布质量，则 $\sigma^2 = 2\alpha^2$ 是 GGX 的方差的一个很好的近似值，如图 12.5 所示。因此，我们使用

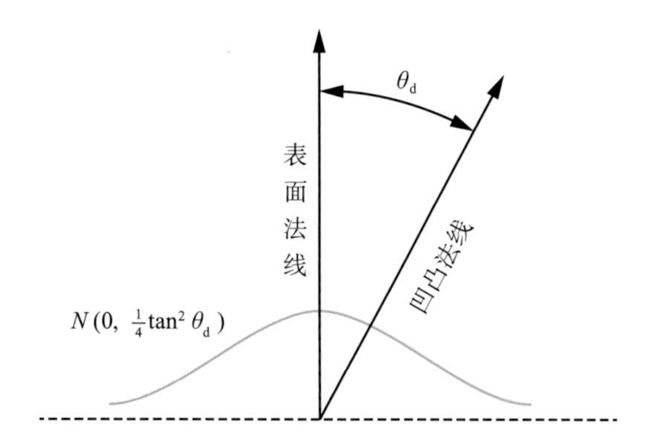

图 12.4　基于凹凸法线的差异，我们想象一个以切线方向为极限的正态分布的两个标准差。这使得 94% 的其他凹凸法线更接近实际表面的方向（译者注：根据正态分布，两个标准差之内的比率合起来为 95%）

$$\alpha_{ggx} = \sqrt{\frac{\tan^2\theta_d}{8}} \tag{12.2}$$

但我们将结果限制在 [0, 1] 区间，这个测量反映了一个事实就是 GGX 显示的表面粗糙度高于贝克曼（Beckmann），其正切方差为 α^2。因为这样的关系这个等式大致上是 $\alpha_{beck} \approx \sqrt{2}\alpha_{ggx}$。

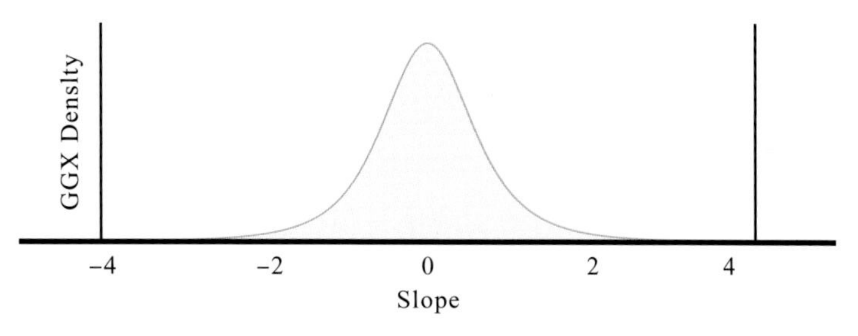

图 12.5　如果截断 GGX 分布到 [−4α；4α] 区间，保留 94% 的质量并且斜率方差的数值结果始终如一地收敛到 $2\alpha^2$，我们发现这个统计测量很好地表示了分布的视觉影响，否则会有未定义的动量

我们通过在一个发生大范围凹凸正态分布扰动的 GGX 表面上运行一个综合的视觉研究，验证了 GGX 方差的近似。我们使用了 Olano 和 Dupuy 等人[3, 6]提出的法线抗锯齿技术，该技术将凹凸斜率分布的一阶矩、二阶矩（译者注：均值和方差）编码存储在一张 mipmap 纹理中。对于每个像素，我们通过获取该像素所选择的 mipmap 过滤级别并相应地扩大 GGX 粗糙度来估算正态分布的方差。我们将 GGX 方差关系与原始的贝克曼方差映射以及以高采样率对未过滤的凹凸法线进行光线追踪作为参考的方法进行了比较。在所有场景中，我们的映射看起来更好地保持了由凹凸法线分布产生的感知上的 GGX 粗糙度，如图 12.6 所示。

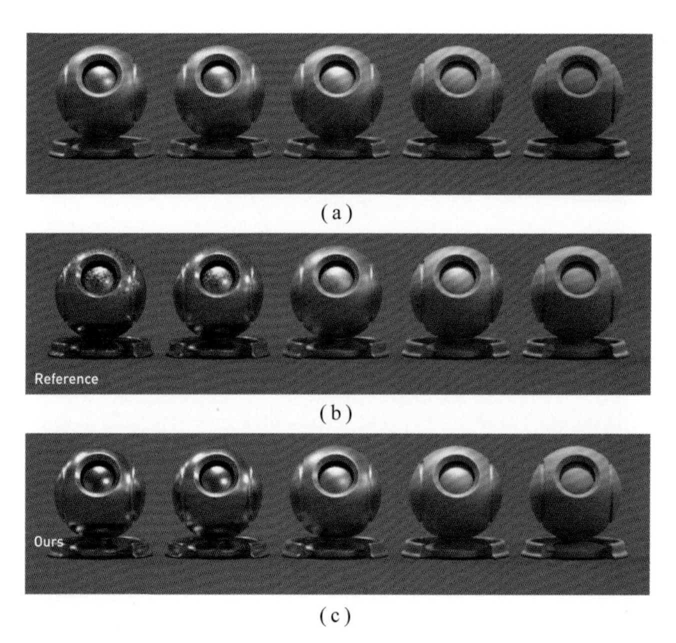

(a)

(b)

(c)

图 12.6 根据过滤抗锯齿正态分布对 GGX 材质进行粗糙度扩大，使用常见的 Beckmann 方差映射（(a)）和使用我们的 GGX 的方差近似（(c)），将两者与未过滤的参考（(b)）进行对比。在这个测试案例中，GGX 基础表面粗糙度从 0.01（左）到 0.8（右）变化并显示我们的近似值更好地保留了由底层引起的整体感知粗糙度正态分布

12.3.2 阴影函数

在一个典型的微表面 BSDF 函数中，对光照方向和视线方向都要计算阴影 / 遮蔽项，以保证 BSDF 函数的可逆性。在我们的实现中，仅将我们的凹凸阴影应用于光线方向以尽可能地保留原始外观，因此会稍微打破这个属性。不同于那些无阴影的微表面 BSDF，凹凸贴图不会在观察角度上产生能量峰值，因此将式（12.1）应用于观察方向会使边缘变暗很多，如图 12.7 所示。如果这种效果造成问题，则可以对所有非主光线（non-primary

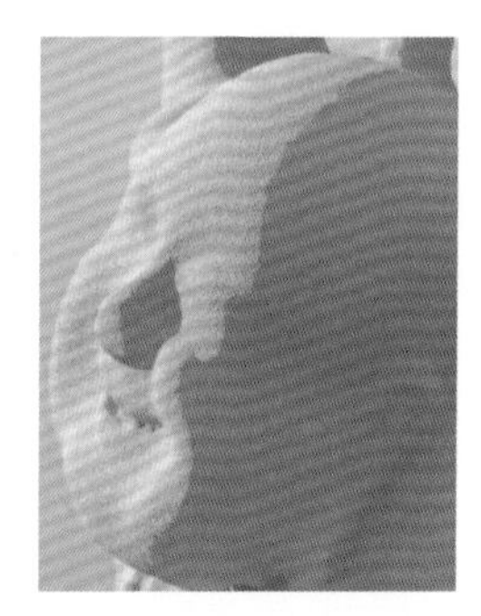

(a) 当网格呈现不规则的细分时，伪影会变得特别分散注意力，甚至显示出底层三角形

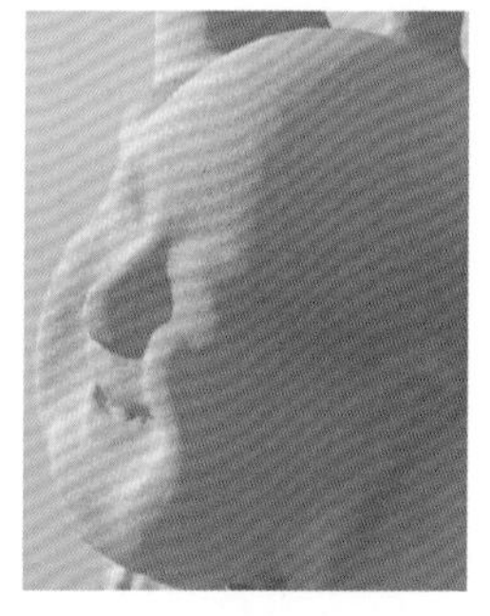

(b) 应用阴影函数可以使硬边变得平滑并隐藏它们的伪影

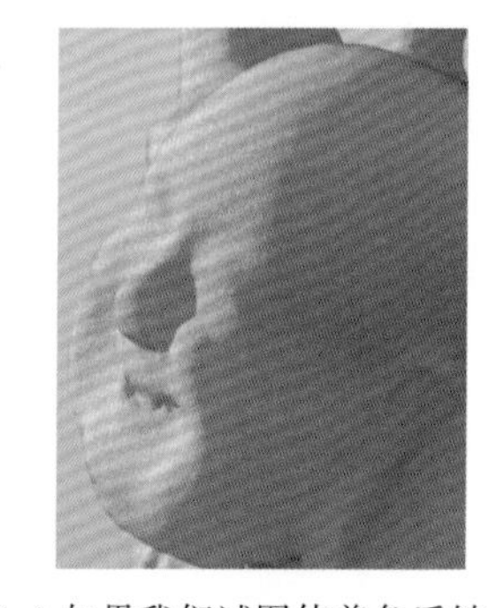

(c) 如果我们试图使着色反转，我们就会使边缘产生非必要的变暗，特别是靠近头的右上方

图 12.7 我们选择了中间的非可互换版本用于产品

rays）使用完全可逆的阴影 / 遮蔽项代替。尽管如此，根据我们的经验，即使使用双向积分器，我们的前一种方案也没有发现任何问题。

我们根据入射角对入射光应用标量乘法。如果着色模型包含具有不同凹凸法线的多个 BSDF 函数，则每个 BSDF 将获得不同的缩放比例并且应该被单独计算。程序清单 12.1 显示了执行调整所需的所有代码，可以看出我们的方法非常简单。

程序清单 12.1　这两个函数足以实现硬边的修复。第二个可以用作入射光或 BSDF 求值的倍增器

```
1 // 返回从法线（传入参数）夹角获取的alpha参数的平方
2 float bump_alpha2(float3 N, float3 Nbump)
3 {
4     float cos_d = min(fabsf(dot(N, Nbump)), 1.0f);
5     float tan2_d = (1 - cos_d * cos_d) / (cos_d * cos_d);
6     return clamp(0.125f * tan2_d, 0.0f, 1.0f);
7 }
8
9 // 阴影因子
10 float bump_shadowing_function(float3 N, float3 Ld, float alpha2)
11 {
12     float cos_i = max(fabsf(dot(N, Ld)), 1e-6f);
13     float tan2_i = (1 - cos_i * cos_i) / (cos_i * cos_i);
14     return 2.0f / (1 + sqrtf(1 + alpha2 * tan2_i));
15 }
```

由于每个着色点都是获得不同的 α 值，因此该提案可能看似违反直觉。这意味着凹凸法线与表面法线平行的方向将几乎不会受到阴影项影响，而与表面法线差异较大的方向将会收到明显的阴影。但是，事实证明，这正是解决问题所需的行为。

12.4　结　果

我们的方法设法使突变的硬边变得平滑而对其剩余部分的样子影响很小。我们想强调一些允许无缝集成到生产渲染器中的功能：

（1）在没有凹凸的情况下，外观保持不变。注意在式（12.2）中，对于无法线扰动的情况，计算得到的粗糙度为 0，因此将不会有阴影。可以绕过整个函数。

（2）由于 α 的估值很低，微小的凹凸将导致难以察觉的变化。这种情况不会受到伪影的影响，也不需要修复。

（3）只有掠射光线方向受到阴影函数的影响，与典型的微表面模型一样，更垂直于表面的角度的入射光将不受影响。

虽然我们的推导是基于与现实脱节的正态分布，但我们证明了这种分布为结构化模式产生了合理的结果，如图 12.8 所示。在左列中的低振幅凹凸的情况下，我们的阴影项仅最小程度地改变不需要校正的图像。如硬边变得更加显眼，我们的技术发挥更强烈的作用，并且使过渡区域变得平滑。这种方法对强烈的凹凸特别有用。

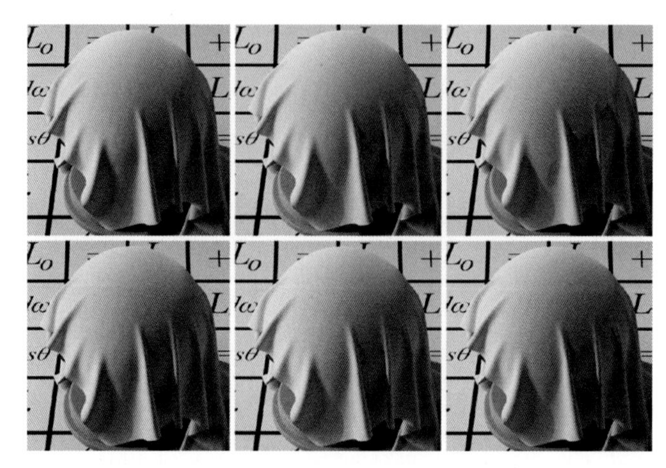

图 12.8　从左到右，结构化的织物的凹凸图案的幅度逐渐增强。上面三幅图显示未校正的凹凸渲染结果，下面三幅图用平滑的边缘过渡演示我们的阴影版本

致　谢

这项工作是在索尼影业的 Arnold 渲染器的核心开发工作中与 Christopher Kulla 和 Larry Gritz 合作开发的。

参考文献

[1] Conty Estevez, A., and Lecocq, P. Fast Product Importance Sampling of Environment Maps. In ACM SIGGRAPH 2018 Talks (2018), 69:1–69:2.

[2] Cook, R. L., and Torrance, K. E. A Reectance Model for Computer Graphics. ACM Transactions on Graphics 1, 1 (Jan. 1982), 7-24.

[3] Dupuy, J., Heitz, E., Iehl, J.-C., Pierre, P., Neyret, F., and Ostromoukhov, V. Linear E_cient Antialiased Displacement and Reectance Mapping. ACM Transactions on Graphics 32, 6 (Sept. 2013), 211:1–211:11.

[4] Heitz, E. Understanding the Masking-Shadowing Function in Microfacet-Based BRDFs. Journal of Computer Graphics Techniques 3, 2 (June 2014), 48–107.

[5] Max, N. L. Horizon Mapping: Shadows for Bump-Mapped Surfaces. The Visual Computer 4, 2 (Mar 1988), 109–117.

[6] Olano, M., and Baker, D. Lean Mapping. In Symposium on Interactive 3D Graphics and Games (2010), 181–188.

[7] Onoue, K., Max, N., and Nishita, T. Real-Time Rendering of Bumpmap Shadows Taking Account of Surface Curvature. In International Conference on Cyberworlds (Nov 2004), 312–318.

[8] Walter, B., Marschner, S. R., Li, H., and Torrance, K. E. Microfacet Models for Refraction Through Rough Surfaces. In Eurographics Symposium on Rendering (2007),195–206.

第 13 章　光线追踪阴影：保持实时帧速率

Jakub Boksansky　Czech Technical University in Prague
Michael Wimmer　Technische Universität Wien
Jiri Bittner　Czech Technical University in Prague

高效、准确的阴影计算是计算机图形学中一个长期存在的挑战。在实时应用程序中，通常使用基于光栅化的管线来计算阴影。随着图形硬件的激动人心的新进展，现在可以在实时应用程序中使用光线追踪，使光线追踪阴影成为光栅化的可行替代方案。虽然光线追踪阴影可以避免光栅化阴影中许多的固有问题，但是如果所需光线的数量增加（例如，对于高分辨率、具有多个灯光的场景或区域灯光），单独追踪每个阴影光线可能会成为一个性能瓶颈。因此，计算应该集中在阴影覆盖的图像区域，特别是阴影的边界。

我们提出了一种在实时场景中应用光线追踪阴影的实用方法。我们的方法使用标准的光栅化管线来分辨场景几何的可见度，使用光线追踪来分辨光源的可见度。提出了一种自适应的结合自适应阴影滤波和阴影光线追踪的算法。这两种技术允许在对每个像素使用有限的阴影光线数的前提下计算高质量阴影。我们使用最新的实时光线追踪 API（DXR）评估了我们的方法，并将结果与使用级联阴影（CSM）的传统方法进行了比较。

13.1　介　绍

阴影有助于辨认真实的场景。由于阴影的重要性，过去有许多技术都是为阴影计算而设计的。虽然离线渲染应用程序使用光线追踪进行阴影计算[20]，但实时应用程序通常使用阴影图（shadow map）[21]。阴影图在场景几何方面非常灵活，但它有几个重要问题：

（1）透视失真，由于阴影贴图分辨率不足或其区域分布不当，呈现为锯齿状阴影。

（2）自阴影失真和不连续阴影（peter panning）。

（3）缺少半影（软阴影）。

（4）缺少对半透明遮挡的支持。

为了解决这些问题，已经有许多技术[7, 6]被提出。通常，需要场景设计师的手动微调才能获得较好的效果。这使得阴影图的简洁实现变得复杂，对于不同的场景通常需要不同的解决方案。

光线追踪[20]是一种灵活的范例，它可以用简单的算法计算精确的阴影，并且能够以直观和可伸缩的方式处理复杂的照明（区域光、半透明遮挡物）。然而，很难使光线追踪的性能满足实时应用的需要。这是由于硬件资源有限以及实时光线追踪所需的底层算法的实现复杂性，例如空间数据结构的快速构建和维护。在用于实时应用程序的流行图形 API 中，也没有明确的光线追踪支持。

随着 NVIDIA RTX 和 DirectX Raytracing（DXR）的引入，现在可以直接使用 DirectX 和 Vulkan API 来利用光线追踪。最新的 NVIDIA 图灵图形体系结构为 DXR 使用专用的 RT 核心提供硬件支持，这大大提高了光线追踪的性能。这些新功能与新兴的混合渲染方法[11]很好地结合在一起，使用光栅化来解决主光线可见性，并使用光线追踪以计算阴影、反射和其他照明效果。

然而，即使有了新的强大的硬件支持，在使用光线追踪渲染高质量阴影时，我们也必须明智地使用我们的计算资源。一个简单的算法可能很容易投射过多的光线对来自多个光源或区域光源的阴影进行采样，从而导致帧率过低。示例见图 13.1。

图 13.1 左图：使用具有 4 次采样的朴实的光线追踪阴影渲染的柔和阴影每像素每帧运行（消耗）3.6 毫秒。中间：使用我们的自适应方法，每像素 0 到 5 次采样渲染的柔和阴影，每像素每帧运行（消耗）2.7 毫秒。右图：天真的光线追踪阴影，运行 256 次采样，每像素每帧运行（消耗）200 毫秒。使用 GeForce RTX 2080 Ti GPU 测量的时间。顶部（三张图）：可见性缓冲区。底部（三张图）：最终图像

在本章中，我们介绍了一种遵循混合渲染思想的方法。该方法基于光源能见度的时域空域分析，采用自适应阴影采样和自适应阴影滤波来优化光线追踪阴影。我们使用 Falcor[3]框架评估我们的方法，并将其与 CSM[8]和普通光线追踪阴影[20]进行比较。

我们通过应用受到微表面理论启发的阴影函数来解决这个问题。凹凸贴图可以被认为是大规模的正态分布，通过对其属性进行假设，我们可以使用与广泛使用的 GGX 微表面分布相同的阴影项。即使这些假设在许多情况下是错误的，但这些阴影项在实践中甚至当凹凸或法线贴图表现出非随机结构时也仍然有效。

13.2 相关工作

阴影从一开始就一直是计算机图形学研究的焦点。它们是纯白光线追踪[20]的原生产物——对于每个命中点，投射阴影光线到每个光源以确定光源可见性。通过 distributed ray tracing[4]引入软阴影，在该方法中阴影项为投射到区域光源的多条阴影光线的平均可见性。这一原理仍然是当今许多软阴影算法的基础。

实时阴影很早就已经通过阴影图[21]和阴影体（shadow volume）[5]算法实现了。

由于其简单高效，目前大多数交互式应用程序都使用阴影图，尽管存在一些缺点和由其离散性引起的失真。目前有几种基于阴影图的软阴影算法，最引人注目的是百分比靠近软阴影[9]（PCSS：percentage closer soft shadows）。然而，尽管已经对原始算法进行了许多改进（详细内容请参阅 Eisemann 等人的书和课程[6, 7]），健壮（robust）快速的软阴影仍然是一个难以实现的目标。

受交互式光线追踪技术发展的启发[18]，研究人员最近又开始研究光线追踪在硬阴影和软阴影中的应用。但是，与执行完整的光线追踪过程不同，一个关键的想法是对主要光线使用光栅化，并且仅对阴影光线使用光线追踪[1, 19]，这产生了混合渲染管线。为了使这种方法适用于软阴影，研究人员正在尝试以各种方式进行时域累计[2]。

NVIDIA 图灵架构最终将完全硬件加速光线追踪引入消费级市场，DirectX（DXR）和 Vulkan API 中可与光栅化管线轻松集成。尽管如此，多光源软阴影仍然是一个挑战，需要智能的自适应采样和时域重投影技巧，我们将在本章中介绍。

实时光线追踪的出现也为其他混合渲染技术打开了大门，例如自适应时间抗锯齿，在这种技术中，无法通过重投影渲染（译者注：就是传统 TAA 里被拒绝的采样）的像素被光线追踪[14]。在参考文献［17］之前，时间一致性被专用于软阴影，但是在这里我们引入了一个更简单的基于变化估计的时间一致性方案来评估所需的采样数。

13.3　光线追踪阴影

当一个场景对象（遮挡物）阻挡光线时，阴影就会出现，否则光线对接受阴影的另一个场景对象产生照明。直接或间接光照都可能会产生阴影。直接阴影是在评估主光源的可见性时产生的，间接光照阴影是在场景表面的强反射或折射被遮挡时产生的。在本章中，我们主要讨论直接光照的情况，间接光照可以使用一些标准的全局光照技术，比如路径追踪或多光源方法独立地进行评估。

点 P 在 ω_o 方向的辐出 $L(P, \omega_o)$ 由下式确定[12]：

$$L(P,\omega_o) = L_e(\omega_o) + \int_{\Omega} f(P,\omega_i,\omega_o) L_i(P,\omega_i)(\omega_i \cdot \hat{\boldsymbol{n}}_P)\,\mathrm{d}\omega_i \tag{13.1}$$

式中，$L_e(\omega_o)$ 是自发光；$f(P, \omega_i, \omega_o)$ 是 BRDF；$L_i(P, \omega_i)$ 是 ω_i 方向的辐入；$\hat{\boldsymbol{n}}_P$ 是 P 点表面法线。

对于具有一组点光源的直接光照，L 的直接光照分量可以写成单个光源的贡献之和：

$$L_d(P,\omega_o) = \sum_l f(P,\omega_l,\omega_o) L_l(P_l,\omega_l) v(P,P_l) \frac{\omega_l\ \hat{\boldsymbol{n}}_P}{\|P-P_l\|^2} \tag{13.2}$$

式中，P_l 是光源 l 的位置；光源方向为 $\omega_l = (P_l - P)/\|P_l - P\|$；$L_l(P_l, \omega_l)$ 是光源 l 在方向 ω_l 的辐出；$v(P, P_l)$ 是可见项，当 P_l 对 P 可见时为 1，否则为 0。

对于 v 的计算，可以通过执行一次从 P 到 P_l 的光线求交并检查交点。必须小心防止表面或者光源由于浮点精度引起的自相交。这通常通过略微减小交点合法值范围来消除。

面光源的 L_d 由下式给出：

$$L_d(P,\omega_o)=\int_{X\in A} f(P,\omega_X,\omega_o)L_a(X,\omega_X)v(P,X)\frac{(\omega_X\cdot\hat{\boldsymbol{n}}_P)(-\omega_X\cdot\hat{\boldsymbol{n}}_X)}{\|P-X\|^2}\,\mathrm{d}A \tag{13.3}$$

式中，A 是光源 a 的表面；$\hat{\boldsymbol{n}}_X$ 是光源表面 X 点法线；$\omega_X=(X-P)/\|X-P\|$ 是 P 点到 X 点的方向；$L_a(X,\omega_X)$ 是光源 a 的表面 X 点在 ω_X 方向的辐出。

该积分通常通过使用一组分布良好的采样点 S 的蒙特卡罗积分方法来计算：

$$L_d(P,\omega_o)\approx\frac{1}{|S|}\sum_{X\in S} f(P,\omega_X,\omega_o)L_a(X,\omega_X)v(P,X)\frac{(\omega_X\cdot\hat{\boldsymbol{n}}_P)(-\omega_X\cdot\hat{\boldsymbol{n}}_X)}{\|P-X\|^2} \tag{13.4}$$

式中，$|S|$ 是采样点个数。在我们的工作中，我们将着色和可见项分离，在着色时，我们使用质心 C 来近似取代面光源：

$$L_d(P,\omega_o)\approx f(P,\omega_C,\omega_o)L_a(C,\omega_C)\frac{(\omega_C\cdot\hat{\boldsymbol{n}}_P)(-\omega_C\cdot\hat{\boldsymbol{n}}_C)}{\|P-C\|^2}\frac{1}{|S|}\sum_{X\in S}v(P,X) \tag{13.5}$$

这使我们能够在给定的帧内累计每个灯光的可见性测试结果，并将它们存储在每个灯光的专用可见性缓冲区中。可见性缓冲区是一个屏幕大小的纹理，它保存每个像素的可见性。最近，Heitz 等人提出了一种更为复杂的着色与可见性的分离方法[11]，可用于大面积或更复杂的 BRDF 光源。分离可见性使我们能够将可见性计算与着色分离，以及分析和使用可见性的时间一致性。图 13.2 所示为点光源和区域光源的可见性评估示意。结果之间的差异如图 13.3 所示。

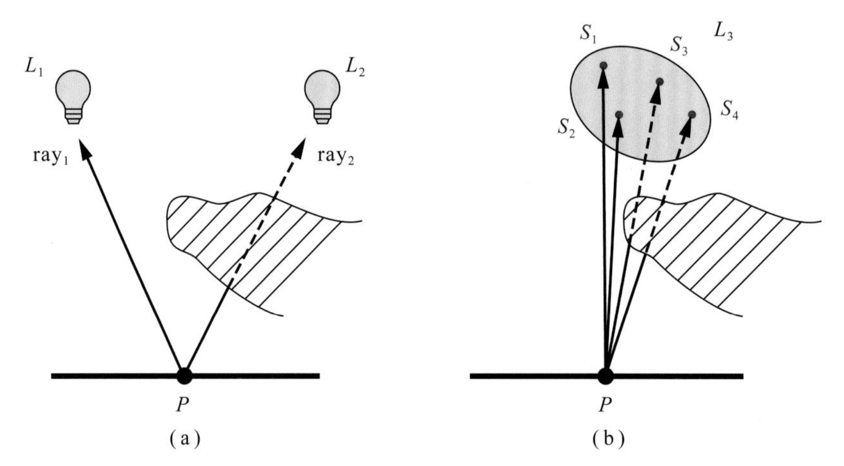

图 13.2 （a）：对于点光源，从着色点 P 向每个光源投射一条单独的阴影射线，阻挡物阻挡了朝向光源 L_2 的光线通过，导致 $v(P, L_2)=0$，朝向 L_1 的射线未被遮挡，因此 $v(P, L_1)=1$。（b）：使用几个阴影射线进行采样以评估圆盘形光源的可见性

(a) 硬阴影 (b) 软阴影

图 13.3 由光线追踪计算的硬阴影和软阴影的示例，同时显示可见性缓冲区和着色后的图像

13.4 自适应采样

简单的光线追踪阴影计算需要大量的光线来达到所需的阴影质量，特别是对于较大面积的面光，如图 13.1 所示。随着灯光数量或尺寸的增加，这将大大拖累性能。因为只有在图像的半影区域才需要大量的光线，所以我们的方法基于识别这些区域，然后使用更多的光线对其进行有效采样。对完全光照和完全遮挡的区域进行稀疏采样，节省的计算资源可用于其他光线追踪任务，如反射。

13.4.1 时间重投影

为了有效地增加每个像素的样本数，我们使用时间重投影方法，这允许我们随着时间的推移累计可见场景表面的可见性值。在许多最近的实时渲染方法中，时间重投影渐渐成为一种标准工具[15]，在许多情况下，它已经在应用程序光栅化管线中实现。我们将累积值用于两个目的：第一，估计可见性变化以推理所需的样本计数；第二，确定用于过滤采样可见性的核大小。

我们将之前帧的可见性计算结果存储在包含四个帧的缓存中。为了确保动态场景的正确结果，我们使用反向投影[15]，处理相机的移动。当开始对一个新帧进行评估时，我们将存储在缓存中的前三个帧反向重投影到当前帧。因此，我们总是有一个由四个连续帧中的值组成的四元组，这些值与当前帧的图像对应。

在第 t 帧的剪裁空间中给定一个点 P_t，重新投影将在第 $t-1$ 帧中找到相应的剪裁空间坐标 P_{t-1}，如下式：

$$\overline{P}_{t-1} = \boldsymbol{C}_{t-1}\boldsymbol{V}_{t-1}\boldsymbol{V}_t^{-1}\boldsymbol{C}_t^{-1}P_t \tag{13.6}$$

式中，$\boldsymbol{C}_t$ 和 $\boldsymbol{C}_{t-1}$ 是相机的投影矩阵；$\boldsymbol{V}_t$ 和 $\boldsymbol{V}_{t-1}$ 是相机视口矩阵。在重投影之后，我们计算深度差异并丢弃不合法对应。是否合法按下式判断：

$$\left|1-\frac{\overline{P}_{t-1}^{Z}}{P_{t-1}^{Z}}\right| < \varepsilon,\ \varepsilon = C_1 + C_2\left|\hat{\boldsymbol{n}}_z\right| \tag{13.7}$$

式中，ε 是深度相似性的最大阈值；$\hat{\boldsymbol{n}}_Z$ 是相机空间中对应像素的法向；C_1 和 C_2 是用户定义的常数（我们使用了 $C_1= 0.003$ 和 $C_2 = 0.017$）。自适应阈值允许斜坡表面上有效样本的深度差异更大。

对于成功的重投影点，我们将屏幕空间坐标存储在 0 到 1 的范围内。如果重投影失败，我们将存储负值以表明重投影失败，以便进行后续计算。请注意，由于在以前的重投影步骤中已经对齐了所有以前的帧，因此仅一个用于存储深度值 P^z_{t-1} 的缓存就足够了。

13.4.2 识别半影区域

场景中某点到光源所需的采样（光线）数量通常取决于光源大小、到阴影点的距离以及遮挡几何体的复杂性。由于这种复杂性很难分析，因此我们的方法建立在分析时域可见性变化 $\Delta v(x)$ 的基础上：

$$\Delta v_t(x) = \max(v_{t\text{-}1}(x)\cdots v_{t\text{-}4}(x)) - \min(v_{t\text{-}1}(x)\cdots v_{t\text{-}4}(x)) \tag{13.8}$$

式中，$v_{t-1}(x)\cdots v_{t-4}(x)$ 为缓存的前几帧的可见性。注意，每个光源的可见性值被存储在一张四通道纹理中。

所述度量值对应于可见性变化，对可见性函数的极端值非常敏感。因此，与其他更平滑的变化度量方式（如方差）相比，此度量更容易检测半影区域。

对于完全照亮或完全遮挡的区域，可见性变化为零，而在半影区域通常大于零。我们的样本集是按 4 帧一循环重复的，见第 13.5.1 节。

为了使结果更具稳定性，我们在可见性变化测量上加上一个空间滤波器，再加上一个时间滤波器。空间滤波器表示为：

$$\widetilde{\Delta v_t} = M_{5\times5}(\Delta v_t)\times T_{13\times13} \tag{13.9}$$

式中，$M_{5\times5}$ 是一个使用 5×5 邻域的非线性最大值滤波器；$T_{13\times13}$ 是 13×13 邻域的低通帐篷滤波器（tent filter）。最大值滤波器确保在单个像素中检测到的高变化量也会导致在周围像素中使用更多的样本。这对于动态场景来说非常重要，以使该方法更加稳定，并且对于在附近像素中完全忽略半影的情况也很重要。帐篷滤波器防止变化值的突然变化，以避免闪烁。这两个滤波器是可分离的，因此我们分双 Pass 执行它们，以减少计算工作量。

最后，我们将空间滤波后的 $\widetilde{\Delta v_t}$ 与前四帧的时间滤波值 Δv_t 相结合。对于时间滤波，我们使用一个简单的盒子滤波器（box filter），并且我们有意使用在空间滤波之前缓存的原始 Δv_t 值：

$$\widetilde{\Delta v_t} = \frac{1}{2}\left(\widetilde{\Delta v_t} + \frac{1}{4}(\Delta v_{t\text{-}1} + \Delta v_{t\text{-}2} + \Delta v_{t\text{-}3} + \Delta v_{t\text{-}4})\right) \tag{13.10}$$

这种滤波器组合在我们的测试中被证明是有效的，因为它能够将变化传播到更大的区域（使用最大值和帐篷滤波器）。同时，通过将空间滤波变量与前一帧的时间滤波变量值相结合，它不会错过变化较大的小区域。

13.4.3　计算采样数目

对给定点使用的样本数量的决定是基于前一帧中使用的样本数量和当前过滤后的可见性变化度量 $\overline{\Delta v_t}$。我们在可见性变化度量上应用一个阈值 δ 来决定是否增加或减少相应像素的采样密度。特别是，我们保持每个像素的样本计数 $S(x)$，并使用以下算法更新给定帧中的 $S(x)$：

（1）如果 $\overline{\Delta v_t}(x) > \delta$ 且 $S_{t-1}(x) < S_{\max}$，增加采样数目：$S_t(x) = S_{t-1}(x)+1$。

（2）如果 $\overline{\Delta v_t}(x) < \delta$ 且前四帧的采样数恒定，减少采样数目：$S_t(x) = S_{t-1}(x)-1$。

每个光源的最大采样数 $S_{\max}$ 确保每帧每盏灯的开销有限（标准设置 $S_{\max} = 5$，高质量设置 $S_{\max} = 8$）。步骤（2）中使用的四个先前帧的稳定性约束导致算法中出现滞后，目的是防止样本数量和变化之间的反馈循环导致的样本数量振荡。所述技术具有足够的时间稳定性，并有着比直接从 $\overline{\Delta v_t}(x)$ 计算 $S(x)$ 更好的结果。

对于反向重投影失败的像素，我们使用 $S_{\max}$ 采样并用当前结果替换所有缓存的可见性值。当屏幕上所有像素的反向重投影失败时，例如，当相机姿态发生显著变化时，由于每个像素中使用的采样数太多，性能会突然下降。为了防止性能下降，我们可以在 CPU 上检测到相机姿态的巨大变化，并且可以暂时减少后续几帧的最大采样数 ($S_{\max}$)。这会暂时导致更糟糕的结果，但它会防止突然的卡顿，而这通常更令人不悦。

13.4.4　采样 Mask

采样数等于零的像素表示一个没有时间和空间变化的区域。这主要适用于图像中完全亮起和完全遮挡的区域。对于这些像素，我们可以完全跳过可见性的计算，并使用前一帧中缓存的值。但是，这可能会导致这些区域中随着时间的推移而累积错误，例如，当光源快速移动或相机缓慢缩放时（在这两种情况下，重投影都将成功，但可见性可能会改变）。因此，我们使用一个遮罩，强制对至少四分之一的像素进行采样。因为性能测试表明，四个邻近像素中的一个像素投射一条光线会产生与这些像素中每个像素均投射光线相似的性能（可能是由于 warp）。因此，我们在屏幕上对一个 $N_b \times N_b$ 像素块进行采样（对于 $N_b = 8$，我们获得了最佳的性能提升）。

为了确保每个像素在四帧中至少采样一次，我们使用一个矩阵来检查是否应在当前帧中强制采样。将整个屏幕划分为无数 4 × 4 的块，并将每 2 × 2 个邻近块合并称为组。我们可以通过整除、取余等方法找到某个像素所属的块在组中的编号，若该编号与当前帧循环号（4 帧一循环）相等，则对该块中所有像素进行强制采样。通过这样的方式，每个像素将在四个连续帧中至少采样一次，以确保检测到新的阴影，如图 13.4 所示。使用自适应采样的样本分布示例如图 13.5 所示。

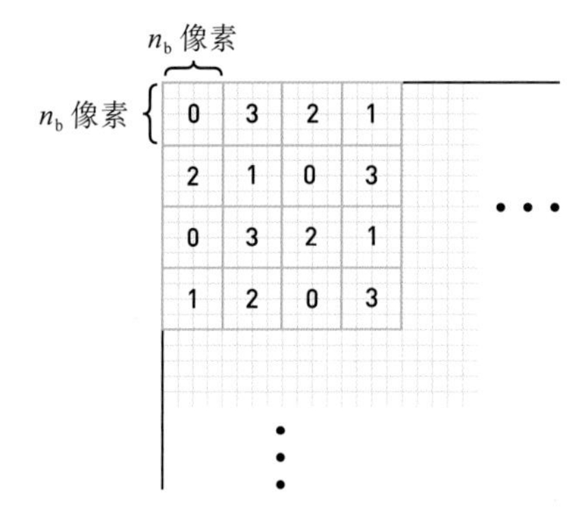

图 13.4 采样掩码矩阵的例子，在四个连续帧的每个序列中，即使对于具有低可见度变化的像素，也强制执行阴影射线

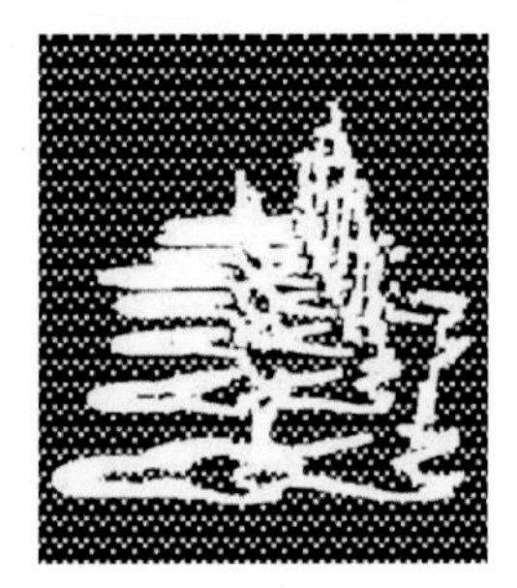

(a) 显示样本数非零的像素的图，注意半影区域的采样矩阵强制执行的模式

(b) 可见性缓冲区

(c) 最终图像

图 13.5

13.4.5 计算可见性

作为算法的最后一步，我们对可见性计算本身使用了两种过滤技术（与可见性变化度量相反）：时间滤波（利用以前帧的结果）和空间滤波（对可见性值应用低通过滤并去除剩余噪声）。

全局光照的最新去噪方法，如Schied等人的时空方差引导滤波(SVGF: spatiotemporal variance guided filtering）[16] 和基于人工智能的 AI 降噪器，可以从随机采样图像序列中产生无噪声的结果，即使每个像素只有一个样本。这些方法在去噪后（尤其是在有纹理的材料上）要注意保持边缘清晰度，通常使用无噪声的反照率和法线缓冲区的信息。我们使用一个更简单的解决方案，专门针对阴影计算进行定制，并与阴影光线的自适应采样策略结合得很好。

1. 时间滤波（temporal filtering）

为了利用可见性值的时间累计，我们计算平均可见性值，有效地对缓存的重投影可见性值应用时间滤波器：

$$\widetilde{v_t} = \frac{1}{4}(v_t + v_{t\text{-}1} + v_{t\text{-}2} + v_{t\text{-}3}) \tag{13.11}$$

使用盒子滤波器可以获得最佳的画面效果，因为我们的样本集是在最后四帧中生成的。请注意，我们的方法并没有明确地对光源的移动建模。我们的结果表明，对于交互帧速率（> 30fps）和仅缓存四个前帧，这种简化所引入的失真非常小。

2. 空间滤波（spatial filtering）

空间滤波在已经由时间滤波步骤处理的可见性 Buffer 上进行。我们使用传统的可变大小高斯核的交叉双边滤波器来过滤可见性。滤波核的大小选择在 1 × 1 和 9 × 9 像素之间，并通过可见性变化度量 $\widetilde{\Delta v_t}$ 给出。给定区域内的更多变化导致更积极地去噪。滤波器的大小根据 $\widetilde{\Delta v_t}$ 线性缩放，而最大的内核大小是根据预定义的 η 实现的（我们使用了 $\eta = 0.4$）。为了防止相邻像素从一个内核大小切换到另一个时出现跳变，我们为每个像素存储计算好的高斯核大小，并进行线性差值。这对于与最小的内核大小混合以在需要时保留硬边特别重要。

我们利用 depth 和 normal 信息来防止阴影在几何不连续面上泄漏。这使得过滤器不可分离，但它具有相当好的结果，如图 13.6 所示。深度不满足式（13.7）要求的样本不予考虑。此外，我们丢弃了所有对应法线相似性测试未通过的样本，测试方法如下：

$$\hat{\boldsymbol{n}}_{\mathrm{p}} \cdot \hat{\boldsymbol{n}}_{\mathrm{q}} > \zeta \tag{13.12}$$

式中，$\hat{\boldsymbol{n}}_{\mathrm{p}}$ 是像素 p 处的法线；$\hat{\boldsymbol{n}}_{\mathrm{q}}$ 是 p 的相邻点 q 处的法线；而 ζ 是法线的相似阈值（我们使用 $\zeta = 0.9$）。

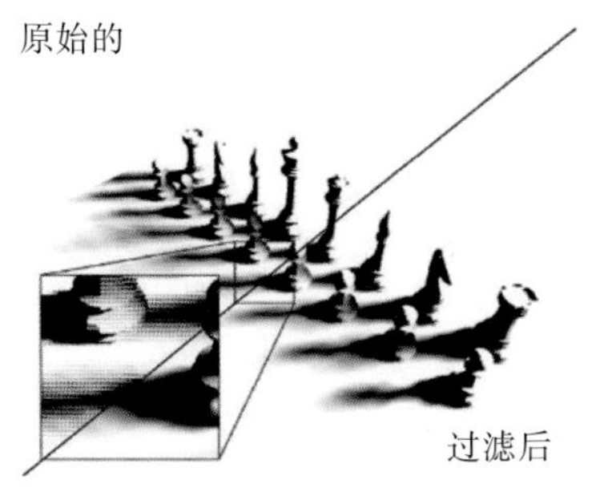

(a) 使用朴实的每像素 8 次采样的阴影射线测试（每帧 4.25 毫秒）

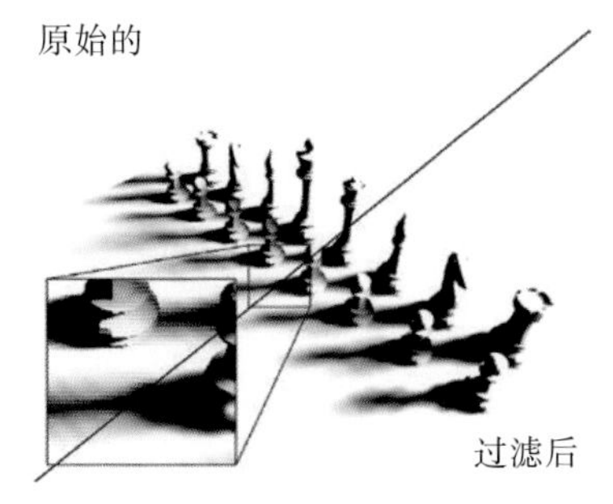

(b) 我们的方法使用每像素 1 到 8 次采样和采样掩码（每帧 2.94 毫秒）

图 13.6　原始可见性值与过滤结果之间的差异

时间滤波将每四个灯光的过滤后的可见性缓冲区打包为一个四通道纹理，然后每个空间滤波过程同时对其中两个纹理进行操作，每次对八个可见性 Buffer 降噪。

13.5　实　现

本节描述了有关算法实现的详细信息。

13.5.1 采样点集生成

我们的自适应采样方法假设处理四帧一循环的样本。由于该方法对每个像素使用不同的样本计数，因此我们为实现中使用的每个大小（1 到 8）生成一组优化的样本。在我们的实现中，使用了两种不同的质量设置：$S_{max} = 5$ 的标准质量设置和 $S_{max} = 8$ 的高质量设置。

考虑到我们的目标是在每四帧上循环样本，最小有效空间滤波器尺寸为 3×3（用于空间滤波），因此我们的集合包含：$S_{max} \times 4 \times 3 \times 3$ 个样本。这样，每像素 1 次采样时有效使用总计 36 个样本，每像素 2 次采样时有效使用 72 个，每像素 8 次采样时有效使用 288 个。

在四个连续帧的每一帧中，使用由四分之一样本组成的不同子集。根据 3×3 像素块内的像素位置选择到底使用哪个子集。

我们对泊松分布生成器的直接输出进行了优化，以减少连续帧中使用的四个子集、用于不同像素的九个子集以及整个样本集的差异。此过程根据样本集在时间和空间滤波中的使用情况优化样本集，并减少视觉失真。示例集如图 13.7 所示。

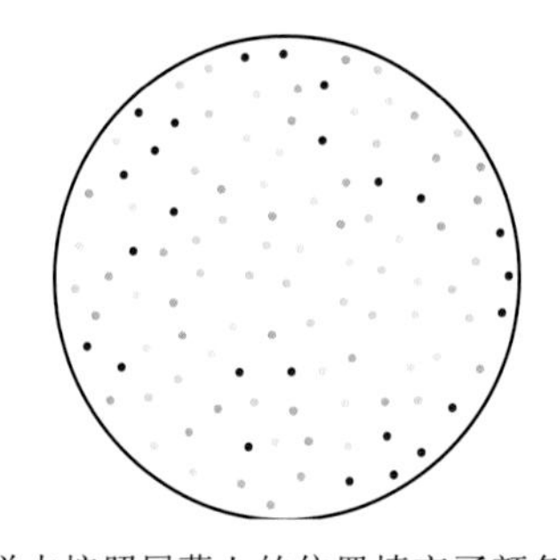

(a) 样本按照屏幕上的位置填充了颜色——相似的颜色将以彼此接近的像素进行评估

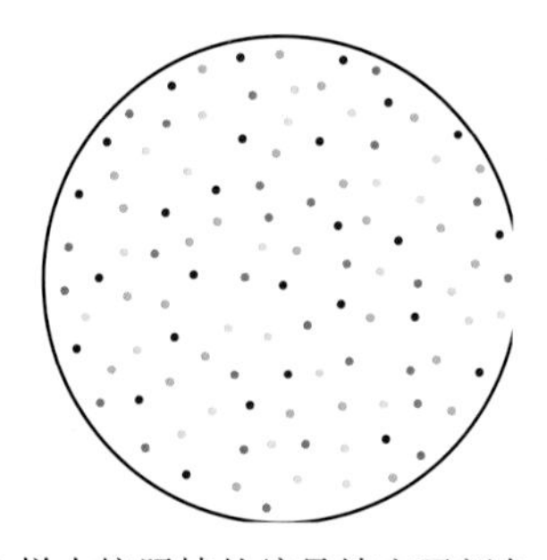

(b) 样本按照帧的编号填充了颜色——具有相同颜色的样本将在同一帧中使用

图 13.7 样本在时域和空域都很好地分布，这个插图显示了每个像素三个样本的样本集

13.5.2 按距离剔除灯光

即使在投射阴影光线之前，我们也可以剔除远处和低强度的光线以提高性能。为了做到这一点，我们计算每种光的范围，这是光的强度由于其衰减函数而变得可以忽略的距离。在评估可见度之前，我们将光的距离与其范围进行比较，并简单地将不起作用的光存储为零。典型的衰减函数（平方距离的倒数）永远不会达到零，因此需要修改该函数使其最终达到零，例如，抛弃低于某个阈值的线性衰减。这将减少光的范围，使剔除更加有效，同时防止一个光源在剔除后仍有贡献造成跳变。

13.5.3 限制总采样数

因为我们的自适应算法在半影中进行更多的采样，所以当半影覆盖屏幕的大部分时，性能可能会显著降低。对于动态场景，这可能会表现为令人不悦的卡顿。

我们提供了一种基于计算整个图像上可见性变化度量 $\overline{\Delta v}$ 之和的在全局限制样本计数的方法（我们使用 mipmaps 的分层归约计算总和）。如果总和超过某个阈值，我们将逐步限制每个像素中可使用的采样数。这样的限制需要经过精心的取舍权衡。这将导致渲染质量瞬间下降，但与卡顿相比，这更可取。

13.5.4　在前向渲染管线中集成

我们在前向渲染管线中实现了我们的算法。与延迟渲染相比，此管线具有以下优点：更简单的透明度处理、支持更复杂的材质、硬件抗锯齿（MSAA）和更低的内存要求。

我们的实现建立在 Harada 等人引入的 Forward+ 管线之上[10]，它利用了一个 Depth Prepass，并增加了一个灯光剔除阶段，以解决透支和许多灯光的问题。DXR 使光线追踪与现有渲染器的集成变得简单，因此在添加光线追踪特征（如阴影）时，在材质、特殊效果等方面的大量早先工作成果得以保留。

我们的方法概述如图 13.8 所示。首先，我们执行深度预处理来填充没有附加 Color Buffer 的深度缓存。在深度预处理后，我们根据相机运动和法向量缓存生成运动向量，这将在后期去噪时使用。法向量缓存由深度值生成。因为它不是用于着色，而是去噪，所以这种近似法相当有效。

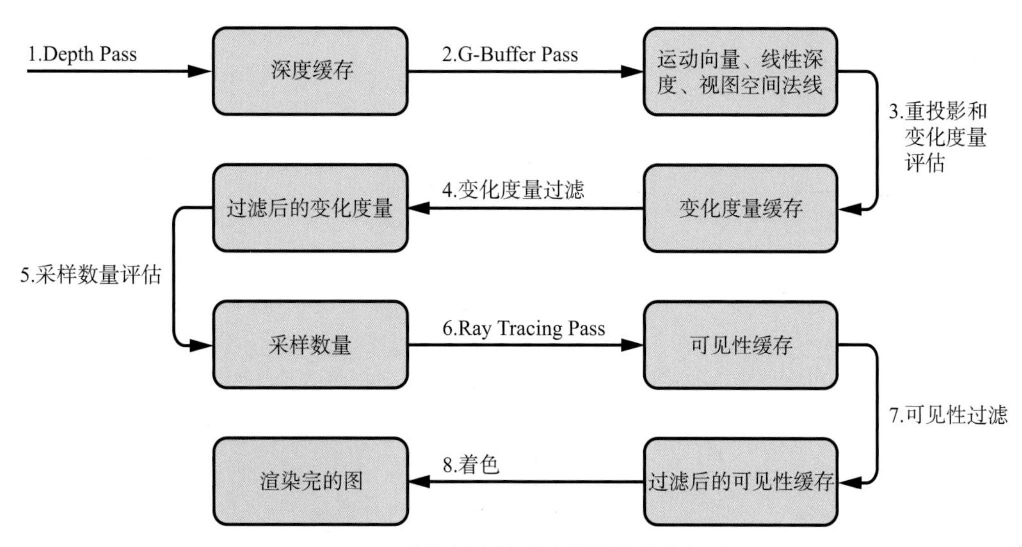

图 13.8　我们的光线追踪阴影算法的概述

我们方法中使用的缓冲区布局如图 13.9 所示。可见性缓存、可见性变化度量和采样数在每个灯光的最后四帧缓存。

过滤后的可见性缓存和过滤后的变化度量缓存只存储每个灯光的最后一帧。请注意，采样数和可见性变化度量被打包到同一个缓存中。

	红	绿	蓝	透明	
运动缓存与深度缓存	运动向量		线性深度		RGB32
法向量缓存	视图空间法线				RGB32
可见性缓存	v_{t-1}	v_{t-2}	v_{t-3}	v_{t-4}	RGBA16
变化度量和采样次数缓存	Δv_{t-1}	Δv_{t-2}	Δv_{t-3}	Δv_{t-4}	RGBA16
	n_{t-1}	n_{t-2}	n_{t-3}	n_{t-4}	
过滤后的可见性缓存	$\tilde{v}_{L1}$	$\tilde{v}_{L2}$	$\tilde{v}_{L3}$	$\tilde{v}_{L4}$	RGBA16
过滤后的变化度量缓存	$\widetilde{\Delta v}_{L1}$	$\widetilde{\Delta v}_{L2}$	$\widetilde{\Delta v}_{L3}$	$\widetilde{\Delta v}_{L4}$	RGBA16

图 13.9　我们的算法使用的缓存布局

然后，我们使用光线追踪为所有灯光生成可见性缓存。我们使用深度值来重建世界空间位置的可见像素。世界空间像素位置也可以直接从 G 缓冲区读取（如果可用），或者通过投射主光线来评估以获得更高的精度。从这些位置，我们使用自适应采样算法向光源发射阴影光线，以评估其可见性。结果被去噪并存储在可见性缓存中，然后传递到最终的照明阶段。图 13.10 显示了我们阴影计算所使用的可见性变化度量、采样数和过滤核大小的可视化。

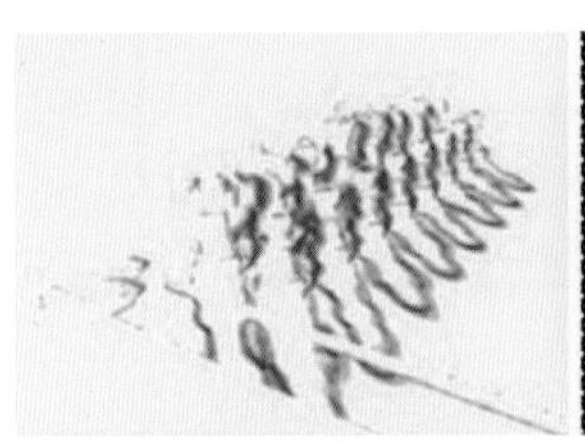

(a) 过滤后的变化度量 $\widetilde{\Delta v}_t$

(b) 样本数量评估为零的区域以黑色显示

(c) 样本数量映射到黄色到粉红色的光谱

(d) 空间滤波内核大小级别映射到不同的颜色

(e) 过滤后的可见性缓存

(f) 最终结果

图 13.10

照明阶段使用单个光栅化过程，在此过程中计算所有场景灯光。一个光栅化的点由一个循环中的所有场景灯光照亮，并累计结果。请注意，每个灯光的可见性缓存都是在着色之前查询的，而着色只对可见灯光进行，这提供了隐式的灯光剔除以提高性能。

13.6　结　果

我们评估了计算硬阴影和软阴影的方法，并将其与参考用的阴影图实现进行了比较。我们用三个 20 秒动画序列的测试场景和一个移动摄像头。酒吧和度假村的场景具有相似的几何复杂度，但酒吧场景包含更大的区域灯光。早餐场景有一个明显更大的三角形规模。酒吧和早餐场景是室内场景，因此它们使用点光源，而外部度假村场景使用方向灯。对于计算软阴影，这些灯光被视为盘状面光源。我们使用 Falcor 框架的阴影映射实现，它使用级联阴影映射（CSM）和指数方差阴影映射（EVSM）[13] 过滤。我们使用四个 CSM 层作为方向灯，一个层作为点光源，最大的层使用尺寸为 2048 × 2048 的阴影图。所有测试的屏幕分辨率为 1920 × 1080。

我们评估了四种阴影计算方法：使用阴影映射（SM hard）计算的硬阴影，使用我们的方法计算的硬阴影（RT hard），使用 S_{max} = 5（RT soft SQ）的光线追踪计算的软阴影，以及使用 S_{max} = 8（RT soft HQ）的光线追踪计算的软阴影。测量结果汇总在表 13.1 中。

表 13.1

	酒　吧		度假村		早　餐	
	281k 三角形		376k 三角形		1.4M 三角形	
	1 个光源	4 个光源	1 个光源	4 个光源	1 个光源	4 个光源
SM hard	0.7	2.6	2.3	9.1	0.9	5.9
RT hard	1.4	4.8	1.3	3.4	1.6	3.7
RT soft SQ	3.2	13.5	2.7	8.3	4.7	11.0
RT soft HQ	3.5	19.9	2.9	12.0	6.5	16.2

13.6.1　与阴影映射（方法）的对比

表 13.1 中的测试结果表明，对于具有四个灯光的早餐和度假村场景，光线追踪硬阴影比阴影映射耗时分别高出 40% 和 60%。对于早餐场景，我们将其归因于大量的三角形。增加三角形的数量似乎比 RT 核心更快地减慢了阴影映射使用的光栅化管线。室外度假村场景要求生成和过滤所有四个 CSM 级联，从而显著延长阴影映射的执行时间。

对于酒吧场景（图 13.11）和早餐场景（图 13.12），只有一盏灯，阴影贴图的速度大约是硬光线追踪阴影的两倍。这是因为只有一个 CSM 级联用于点光源，但它以视觉效果为代价。对于酒吧场景，透视失真发生在相机附近（屏幕边界中）和后面的墙上。此外，椅子投射的阴影与地面分离。试图补救这些伪影导致阴影在图像的其他部分产生锯齿。而光线追踪的阴影不受这些失真的影响。

图 13.11 硬阴影比较，可见性缓存（左侧两图）和渲染得到的图像（右侧两图）用于具有四个灯光的酒吧场景，使用我们的方法（顶部）和阴影映射方法（底部）显示渲染出来的硬阴影

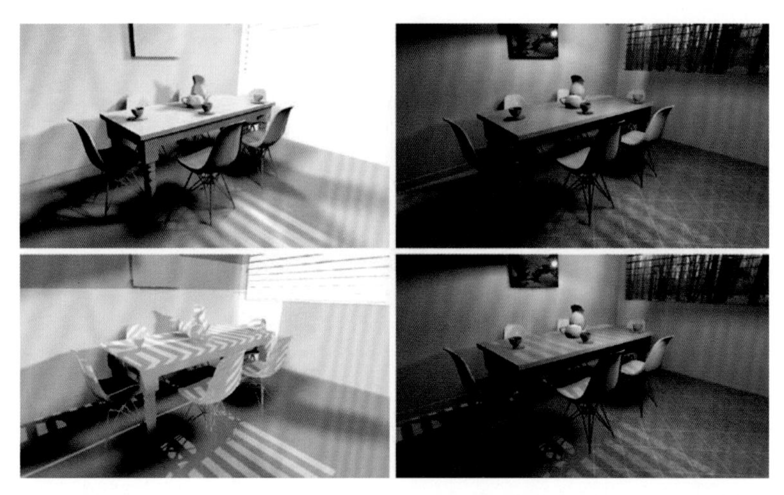

图 13.12 软阴影比较，可见性缓存（左侧两图）和渲染得到的图像（右侧两图），对于带有四个灯光的早餐场景，使用我们的方法（顶部）和阴影映射方法（底部）显示的软阴影

对于早餐场景，EVSM 过滤会在桌子下产生非常柔和不聚焦的阴影。这可能是由于该区域的阴影图分辨率不足，而阴影图分辨率由更强的过滤进行补偿。使用轻微的过滤会导致混叠失真，这更令人不悦。对于度假村场景，光线追踪和阴影映射的视觉结果非常相似，但是光线追踪阴影在大多数测试中优于阴影映射。

13.6.2 软阴影与硬阴影对比

在我们的测试中，计算软阴影需要 2 ~ 3 倍的时间。然而，这高度依赖于灯光的大小。对于设置了产生较大半影的灯光的酒吧场景，四个灯光的计算速度比同样复杂的度假场景慢 40%。这是因为我们必须在更大的区域使用大量的采样数目。图 13.13 显示了 RT Soft SQ 和 RT Soft HQ 方法的视觉比较。请注意，对于大的早餐场景，对于 RT hard 方法，执行时间不会随灯光数量线性增加。这表明，对于单个光源的情况，RT 核心尚未被全数使用。

与每像素 8 个样本的未优化计算相比，我们的自适应采样方法为测试场景提供了 40% ~ 50% 的组合加速。此外，由于时间累计，我们的方法获得了更好的视觉效果。

(a) 正常质量（每像素最多 5 个样本）

(b) 高质量（每像素最多 8 个样本）

(c) 使用高质量设置进行最终渲染

图 13.13　标准和高质量自适应采样之间的差异

13.6.3　限　制

我们对所提出的方法目前有几个限制，这些限制可能在完全动态的场景中显示为失真。在当前的实现中，我们不考虑移动物体的运动向量，这会降低重新投影的成功率，同时也会为相机和物体移动的特定组合引入错误的重新投影成功（尽管这种情况应该很少见）。

更重要的是，移动物体无法很好地被该方法处理，这可能会引入时间阴影失真。在积极方面，我们的方法使用有限的时间缓存（只考虑最后四帧），并且结合积极的可变性测量，它通常会强制动态半影的密集采样。另一个有问题的例子是移动光源，我们目前没有明确地解决这个问题。这种情况类似于移动物体：快速移动的光源会导致阴影发生严重变化，从而降低自适应采样的可能性，并可能导致重影瑕疵。

目前保持每帧光线追踪开销的算法相对比较简单，并且希望使用一种将变化测量直接与样本数量相关联的技术，同时尽量减少感知误差（包括阴影）。在这种情况下，在获得尽可能高质量的阴影的同时，更容易保证帧速率。

13.7　总结和未来的工作

在本章中，我们介绍了一种在光栅化前向渲染管线中使用现代 DXR API 计算光线追踪阴影的方法。提出了一种自适应阴影采样方法，该方法是基于对相机所见表面的能见度函数变化进行估计。我们的方法使用不同大小的灯光产生硬阴影和软阴影。我们已经评估了光采样和阴影过滤技术的各种配置，并提供了最佳结果的建议。

在视觉质量和性能方面，我们将我们的方法与最先进的阴影映射实现进行了比较。总的来说，我们得出的结论是，在支持DXR的硬件上，光线追踪阴影具有较高的视觉质量、更简单的实现和更高的性能，使其优于阴影映射。这也会将阴影计算的负担从光栅化转移到光线追踪硬件单元，从而为光栅化任务提供更高的性能。在专用的GPU内核上使用基于人工智能的降噪器可以在这方面提供更多帮助。

对于阴影贴图，场景设计者经常面临着通过设置技术参数（如近/远平面、阴影贴图分辨率以及与物理照明无关的偏移和半影大小）来最小化技术瑕疵的挑战。对于光线追踪阴影，设计师仍然需要负担通过使用合理的灯光大小、范围和位置来提高阴影计算效率和抑制噪声。然而，我们相信这些参数更直观，更接近于基于物理的照明。

我们的方法并没有明确地处理灯光的移动，这会导致快速灯光移动产生重影效果。一个正确的方法是，当光线在帧之间移动后，它不再有效时，放弃以前帧中缓存的可见性。

阴影映射不依赖于视图，常见的优化是仅在灯光或场景更改时计算阴影映射。此优化不适用于光线追踪，因为光线追踪可见性缓存需要在每次相机移动后重新计算。因此，对于很少更新阴影映射的场景，阴影映射仍然更可取。因此，对于重要光源而言，高质量的光线追踪阴影和场景中大多数静态部分或较少的贡献灯光的阴影映射相结合是可取的。

如第13.3节所述，将使用我们的方法评估的阴影与分析直接光照相结合的改进方法，如Heitz等人介绍的方法[11]，可用于提高渲染图像的正确性。

致　谢

我们对Tomas Akenine-Möller的反馈和帮助进行性能测量，Nir Benty对Falcor框架的帮助，以及David Sedlacek提供的环境贴图表示感谢。这项研究得到了捷克科学基金会（项目编号：GA18-20374S的）和名为MOBILITY（MSMT-539 / 2017-1）的活动中的识别码为7AMB17AT021下的MŠMT的支持。

参考文献

[1] Anagnostou, K. Hybrid Ray Traced Shadows and Reflflections. Interplay of Light Blog, https://interplayoflight.wordpress.com/2018/07/04/hybrid-raytraced-shadows-and-reflections/, July 2018.

[2] Barre-Brisebois, Colin. Hal ' en, H. ' PICA PICA & NVIDIA Turing. RealTime Ray Tracing Sponsored Session, SIGGRAPH, 2018.

[3] Benty, N., Yao, K.-H., Foley, T., Kaplanyan, A. S., Lavelle, C., Wyman, C., and Vijay, A. The Falcor Rendering Framework. https://github.com/NVIDIAGameWorks/Falcor, July 2017.

[4] Cook, R. L., Porter, T., and Carpenter, L. Distributed Ray Tracing.Computer Graphics (SIGGRAPH) 18, 3 (July 1984), 137–145.

[5] Crow, F. C. Shadow Algorithms for Computer Graphics. Computer Graphics(SIGGRAPH) 11, 2 (August 1977), 242–248.

[6] Eisemann, E., Assarsson, U., Schwarz, M., Valient, M., and Wimmer, M. Effiffifficient Real-Time Shadows. In ACM SIGGRAPH Courses (2013), 18:1–18:54.

[7] Eisemann, E., Schwarz, M., Assarsson, U., and Wimmer, M. Real-Time Shadows, fifirst ed. A K Peters Ltd., 2011.

[8] Engel, W. Cascaded Shadow Maps. In ShaderX5 : Advanced Rendering Techniques, W. Engel, Ed. Charles River Media, 2006, 197–206.

[9] Fernando, R. Percentage-Closer Soft Shadows. In ACM SIGGRAPHSketches and Applications (July 2005), 35.

[10] Harada, T., McKee, J., and Yang, J. C. Forward+: Bringing DeferredLighting to the Next Level. In Eurographics Short Papers (2012), 5–8.

[11] Heitz, E., Hill, S., and McGuire, M. Combining Analytic Direct Illumination and Stochastic Shadows. In Symposium on Interactive 3D Graphics and Games (2018), 2:1–2:11.

[12] Kajiya, J. T. The Rendering Equation. Computer Graphics (SIGGRAPH)20, 4 (August 1986), 143–150.

[13] Lauritzen, A. T. Rendering Antialiased Shadows using Warped VarianceShadow Maps. Master’s thesis, University of Waterloo, 2008.

[14] Marrs, A., Spjut, J., Gruen, H., Sathe, R., and McGuire, M. AdaptiveTemporal Antialiasing. In Proceedings of High-Performance Graphics (2018), 1:1–1:4.

[15] Scherzer, D., Yang, L., Mattausch, O., Nehab, D., Sander, P. V., Wimmer, M., and Eisemann, E. A Survey on Temporal Coherence Methods in Real-Time Rendering. In Eurographics State of the Art Reports (2011), 101–126.

[16] Schied, C., Kaplanyan, A., Wyman, C., Patney, A., Chaitanya, C.R. A., Burgess, J., Liu, S., Dachsbacher, C., Lefohn, A., and Salvi,M. Spatiotemporal Variance-Guided Filtering: Real-Time Reconstruction forPath-Traced Global Illumination. In Proceedings of High-Performance Graphics(2017), 2:1–2:12.

[17] Schwarzler, M., Luksch, C., Scherzer, D., and Wimmer, M. FastPercentage Closer Soft Shadows Using Temporal Coherence. In Symposium onInteractive 3D Graphics and Games (March 2013), 79–86.

[18] Shirley, P., and Slusallek, P. State of the Art in Interactive Ray Tracing.ACM SIGGRAPH Courses, 2006.

[19] Story, J. Hybrid Ray Traced Shadows, https://developer.nvidia.com/content/hybrid-ray-traced-shadows. NVIDIA Gameworks Blog, June2015.

[20] Whitted, T. An Improved Illumination Model for Shaded Display. Communications of the ACM 23, 6 (June 1980), 343–349.

[21] Williams, L. Casting Curved Shadows on Curved Surfaces. Computer Graphics SIGGRAPH() 12, 3 (August 1978), 270–274.

第 14 章　DXR 下的在单散射介质中引导光线的体积水焦散

Holger Gruen　NVIDIA

本章将介绍一种使用光线追踪和光栅化在单个参与散射的介质中渲染表面和体积焦散的混合算法。该算法利用基于 DirectX 的光线追踪（DXR），生成驱动硬件的曲面细分的数据，以自适应地改善为了切割体积焦散而渲染的三角光束体积。在更进一步的渲染管线中，光线追踪还用于生成二级焦散贴图，它存储了被水表面反射或折射的光线与场景的交点位置。

14.1　介　绍

本章研究如何使用 DirectX 12 的 DXR API，来简化当前用于在单散射介质中渲染实时体积水焦散的方法。体积焦散在过去已经被广泛地研究[2, 5, 6, 10]。这里描述的算法使用了这些文献中讨论的想法并将它们与 DXR 光线追踪和自适应的硬件曲面细分相结合。

具体来说，为了渲染体积焦散，光线追踪在渲染流程中用到了两次。在初始步骤中，光线追踪被用于计算引导硬件曲面细分级别的信息，这些信息被用于自适应地切割焦散体积的三角形光束体积。针对不断累积的朝向眼睛散射的体积光渲染管线使用所有的 GPU 着色器阶段，例如，顶点着色器、外壳着色器、域着色器、几何着色器和像素着色器。

主要焦散图[7]包含了从光的观察点位置渲染得到的水表面的位置和法线，光线是从水面上沿着折射和反射光方向的这些位置发出的，最终在场景中相交。这些交点的位置存储在二级焦散图中，比如本章中将会提到的折射焦散图和反射焦散图，（主）焦散图和折射焦散图中的位置被用于定义在之后的体积切片时所使用的三角形体积光束。

本章重点介绍折射光线的水下焦散，注意此处描述的算法也可用于渲染在水面反射并与水面之上几何体发生碰撞的光产生的焦散。而且，也可以用任何其他透明物体的表面替代水面。

在水下游戏场景中，体积光通常是根据阴影贴图中编码的可见性信息生成的[4]。在这种情况下，阴影贴图包含了从光的位置渲染的水下的几何体。因此，它通过光栅化传递了原始光线与水下场景的交点信息，见图 14.1。

当一束光碰撞到水的表面，如果它的能量受到水面折射改变了方向，则有必要找到折射光线与场景的交点，见图 14.2。

图 14.1 和图 14.2 的对比显示了所得到的交点可以是非常不同的，如果光线以较小的角度照射水面，这种差异会更加明显。折射导致光线在水下的几何体表面产生典型的焦

散图案，以类似的方式，体积光也受到折射光的影响。一些发表的文章[5, 6, 8, 9, 10]描述了在焦散渲染的上下文中如何突破只能使用阴影贴图的限制（见图 14.1）。

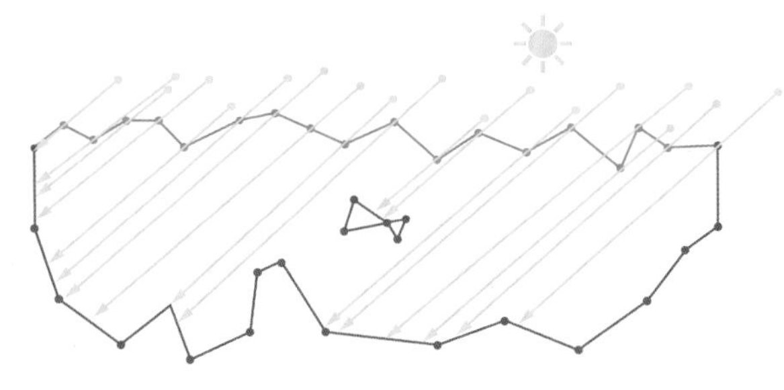

图 14.1　未受干扰的平行光线穿过水体击中水下场景

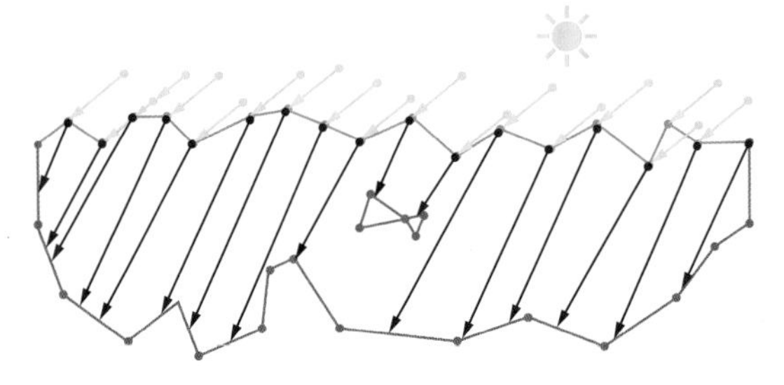

图 14.2　从水面发生折射光线（紫色）击中水下场景

通常，使用以下两类算法中的一种：

1. 二维图像空间射线行进

（1）在像素着色器中对主深度缓冲区或阴影图深度缓冲区按一定的步长行进（march）来找到交点，这种方法的问题在于折射光线似乎在主视图和光的视图中都被遮挡，如图 14.3 所示。

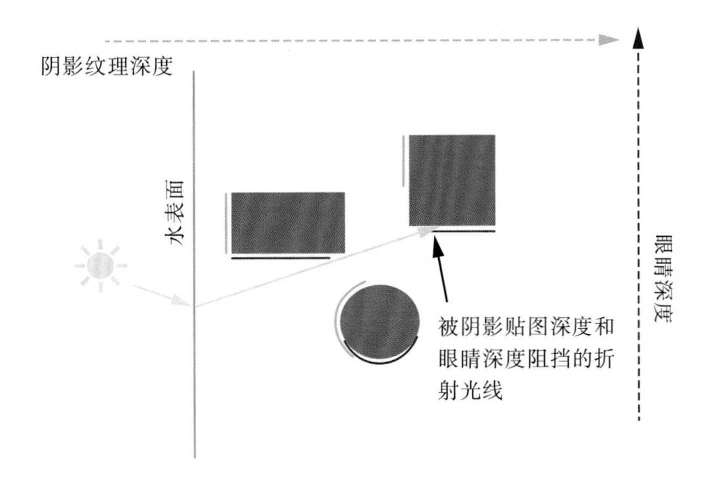

图 14.3　折射光线的交点在对光和眼睛的深度图行进的过程中似乎都被阻挡了

（2）使用以下方法对一组图像进行渲染和行进：

① 主深度缓冲区的多深度层和阴影贴图。

② 主深度缓冲区和阴影图的多个视点。

③ 距离替身[8]。

但请注意，这些方法会增加运行时成本和内存开销，实现的复杂度会比后面描述的基于 DXR 的方法明显高很多。

2. 三维体素网格行进（voxel grid marching）

这类算法将水下场景体素化并对所产生的网格进行行进，依靠网格的（高）分辨率，这些方法可以产生令人印象深刻的效果。体素化不是一个粗糙的操作，可以理解为和光栅化侧是等价的，要始终保持体积边界层次结构是最新的。如果需要高网格分辨率，对内存的要求很快会变得过高。对一个充满细节的 3D 网格做射线行进并不快，并且可能变得非常慢。总的来说，体素化方法的实现复杂度高于基于 DXR 的方法。

本章介绍的技术不使用任何仅是描述如何计算折射光线交点的近似方法，而是使用 DXR 精确地计算出折射光线击中动态的水下场景。

14.2　体积光和折射光

有关中间介质中的体积光计算的大致介绍，请参阅 Hoobler[4] 的工作。在这里，我们简单地呈现一个用双重积分描述的从水下场景点 S 向眼睛 E 散射的辐照度 L 到底有多少的公式（见图 14.4）：

$$L=\int_S^E\int_\Omega e^{-\tau(l(\omega)+|P-E|)}\sigma_{\mathrm{S}}(P)p(E-P,\omega)L_{\mathrm{in}}(P,\omega)v(P,w)\,\mathrm{d}w\,\mathrm{d}P \tag{14.1}$$

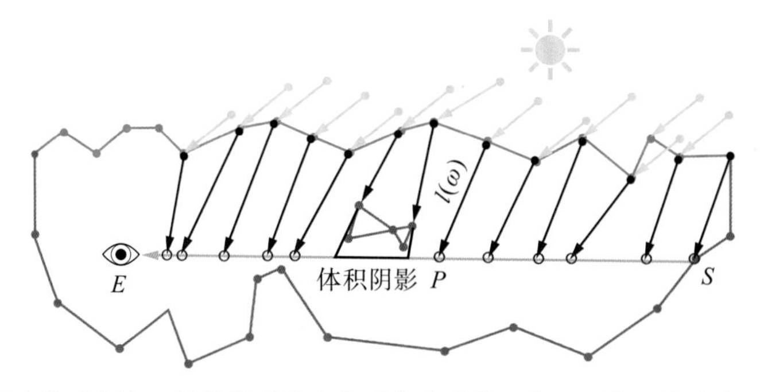

图 14.4　图中位于左边 E 处的眼睛从水中看向右边的 S 位置。从上方（水面）照下来的光线到达这条射（视）线的时候是处在不同的位置，这取决于水表面（水面的波动状态），并将（这些照下来的）光散射到眼睛 E 处

对于所有场景中从 E 开始的射线的中点 P，和入射的折射光线 Ω 的所有方向，以下是对公式中用到的术语的说明：

（1）τ：水体积的消光系数。

（2）$l(\omega)+|P-E|$：光线在到达 P 点之前沿着水下传播的消光（译者注：指光线通过

溶液或某一物质后的透射光强度与该光线通过溶液或某一物质前的入射光强度相比，发生了衰减，即被溶液给吸收了，又称吸光），其中 $|P-E|$ 是从 P 点到眼睛位置 E 点的路径的长度。

（3）$\sigma_s(P)$：点 P 处的散射系数。

（4）$p(E-P, \omega)$：相位函数，决定了有多少从折射光方向照射到 P 点的光向眼睛散射。

（5）L_{in}：沿折射光方向照射到 P 点处的辐照度。

（6）v：沿折射光方向的可见度，例如折射光线是否到达了 P 点？

有两种可能的近似方案来对所有的散射事件进行积分计算：

（1）使用 3D 网格在每个网格单元的中心对散射事件进行离散的累积。需要使用具有足够高分辨率的网格来防止体积光穿透薄场景（出现漏光现象）。

① 追踪足够多的从水面上的原点发出并与水下场景有交点的折射光线。

· 对于每一个有折射光线进入的网格单元，计算射线上最接近网格单元中心的 P 点。

· 计算从 P 点到达眼睛的相位函数和透射辐照度。

· 对网格单元中透射的辐照度进行离散积分。

② 对于屏幕上的每个像素，对从像素到眼睛的光线进行追踪。沿着这条射线穿过网格并对到达眼睛的光线进行累积。

（2）创建一组足够密集的三角形光束体积[2]来近似使用图形管线和加算混合的散射积分。如图 14.5 所示，折射光方向可能会产生出非凸包的三角形光束。在第 14.3 节中提出了这个算法，通过尝试在区域中使用高曲面细分级别来防止这种因折射光线的方向快速变化而产生非凸包的情况。

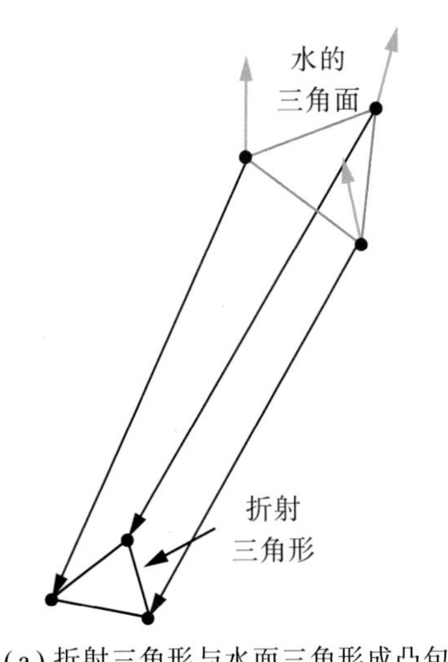

(a) 折射三角形与水面三角形成凸包

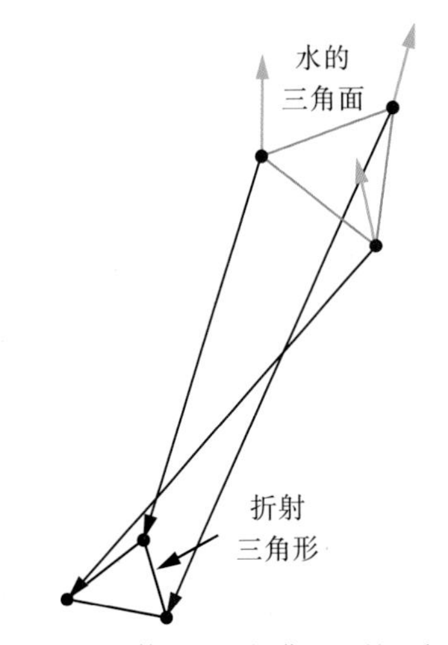

(b) 形成的体积发生扭曲，不是凸包

图 14.5

对于每个三角形光束，使用图形管线渲染八个三角形以形成光束的精确凸包围体，这些三角形是按照表面法线始终指向体积外部的方式生成的。

沿着来自眼睛的射线，折射光的方向从光线击中的点的背面三角形变为它击中的体积的正面三角形。这样的结果就是，不可能使用加算的混合方式了，在背面三角形处有一个正的散射项，在正面三角形处则有一个负的散射项，就像 Golias 和 Jensen[3] 所提出的那样。

有个可行的方法是，使用足够小的体积，通过仅在每个体积的正面三角形处累积散射项来近似散射积分。

本章附带的演示使用了加算混合、曲面细分和一个几何着色器，用于实现受到第二种方法启发的体积切片方法。这反映在以下的算法概述中。

14.3 算 法

演示中使用以下七个步骤来渲染体积水焦散。图 14.6 展示了这些步骤的概述。

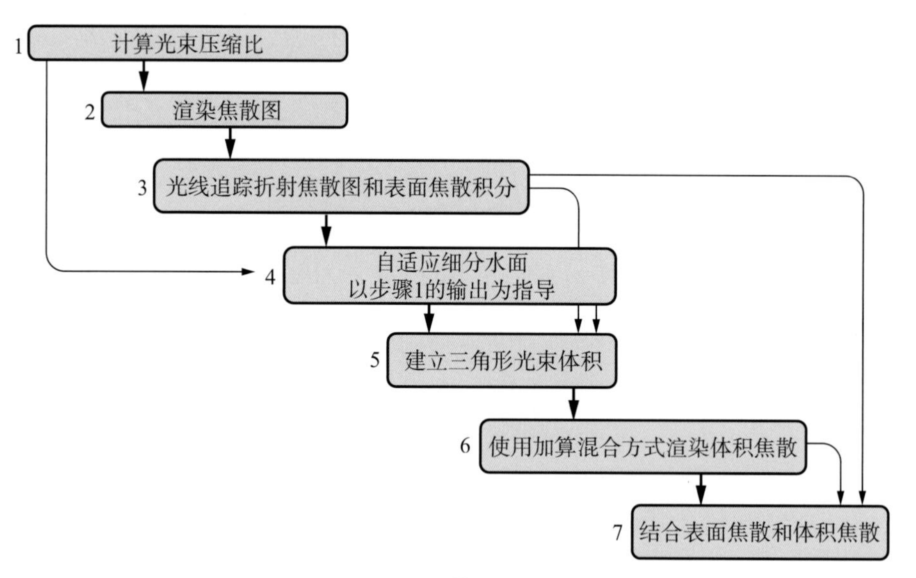

图 14.6 算法概述

请注意，除了沿着折射光的方向追踪光线外，也可以沿着水表面的反射光的方向追踪光线，从而呈现反射体积和表面焦散。本章附带的演示也实现了除了折射的体积和表面焦散之外的反射表面焦散。

14.3.1 计算光束压缩比

对于展现模拟水面几何体的网格的每个顶点，构造一条折射光线 R。这条折射光线 R 从当前水面的顶点的位置开始，沿着入射光的折射方向射出。

模拟折射用的水网格具有和实际水面网格完全相同数量的顶点和三角形，其顶点的位置通过每条射线 R 和水下的几何体的交点来计算，图 14.7 描述了这个过程，每一个蓝色的水表面三角形都生成了一个在反射水网格中的紫色虚线三角形。

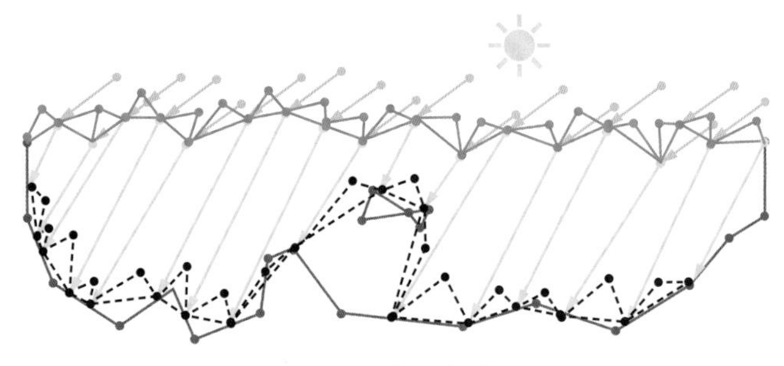

图 14.7　计算折射水网格

请注意，折射水网格不需要精细到能够匹配水下几何体的每一个细节，它只需要精细到能辅助计算足够高质量的压缩比就可以了，就像下面所描述的。当水面精度不够时，该步骤会引入错误，因此，如果出现错误，则需要使水表面更细致。

如图 14.8 所示，光线的折射可以将光聚焦在三角形光束内，也可以相反。因此，折射水网格的三角形可以具有比它们各自对应的水面三角形更大或更小的面积。

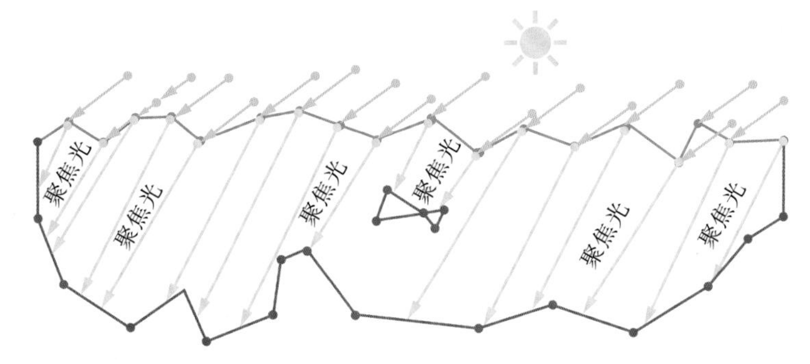

图 14.8　光线如何聚焦在折射水网格中

对于每个三角形，计算光束压缩比 r 并将其存储在一个缓存当中：

$$r=\frac{a\left(T_w\right)}{a\left(T_r\right)} \tag{14.2}$$

其中，$a()$ 计算三角形的面积；T_w 是水表面三角形，T_r 是折射三角形。

原始水三角形和折射水三角形形成粗的三角形光束，如图 14.5 所示，也可以考虑把压缩比作为一个描述三角形光束形成非凸体积可能性的值。因此，压缩比可用于控制用来把每个粗三角光束细分为更小光束的曲面细分的密度。这个使用式（14.2）的压缩比的想法并不是新的，早在之前的资料[3]中就已经进行了描述。

14.3.2　渲染焦散图

在这个步骤当中，最初将两个渲染对象清除来表示无效的表面位置和表面法线。

如图 14.9 所示，接下来，所有的水面三角形使用像素着色器将以下内容写入到两个渲染对象当中：

（1）水表面的3D位置。

（2）水表面上这一点的表面法线。

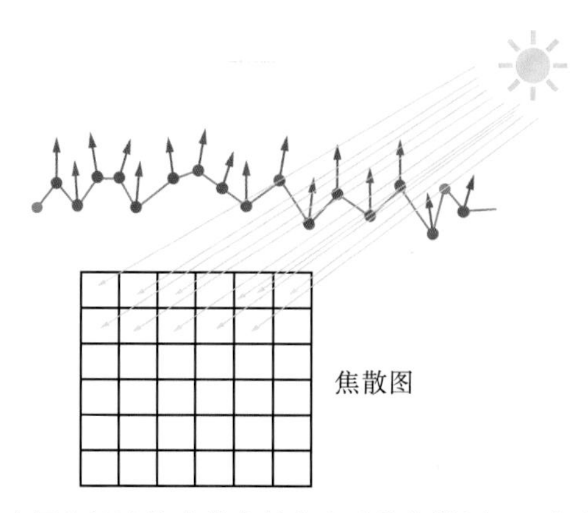

图 14.9　水网格被渲染成从光的角度看的焦散图——在所得表面的像素中存放了水表面的位置和法线信息

14.3.3　光线追踪折射焦散图和累积表面焦散

这个步骤使用DXR为步骤2中渲染的焦散图中的有效像素进行光线追踪，与场景的交点存储在折射焦散图中。此外，交点位置被转换到屏幕空间并用于对散射表面的焦散进行累积（离散积分）：

（1）对焦散图中表示水表面上的有效点的每个像素（x，y）进行一条光线的追踪。

（2）计算光线与水下场景几何体的交点，有些情况下可以剔除掉这条光线，比如阴影图测试显示该光线被水线（水表面）以上的几何体遮住的时候。

（3）将交点的位置写入折射焦散图的像素（x，y），见图14.10。

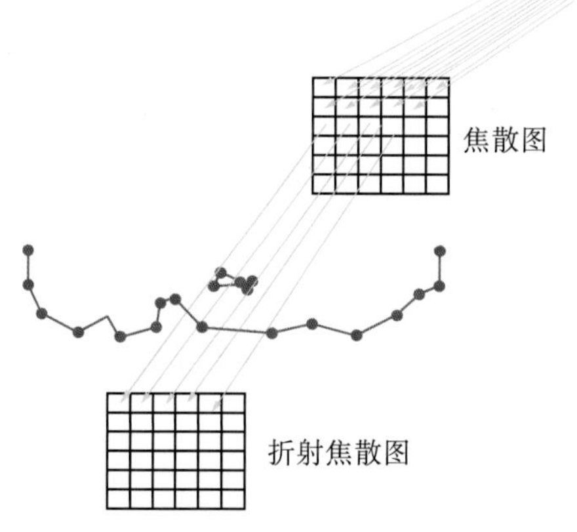

图 14.10　对折射焦散图进行光线追踪：从存储在焦散图中的水表面位置，沿着折射光方向发射光线，并将生成的光线 / 场景交点存储在折射焦散图中

（4）有一个可选步骤是，沿着折射焦散光线的反射方向（沿着场景法线）对二次光线进行追踪，并将得到的交点写入一次反弹焦散图的像素（x，y），见图 14.11。

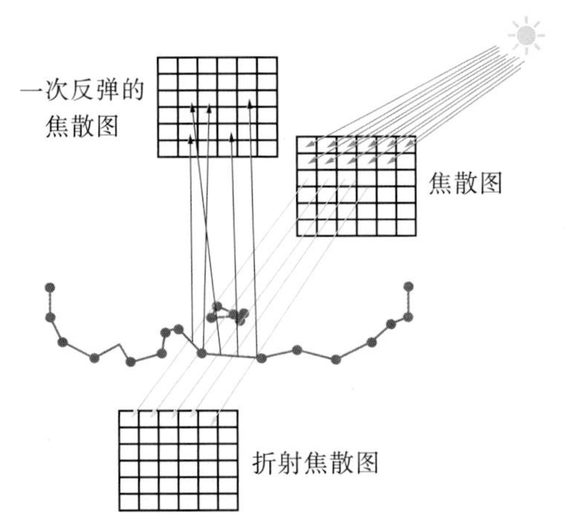

图 14.11　为了光的另一次反弹，沿着焦散射线的反射方向进行光线追踪，创建一个一次反弹焦散图

（5）在离屏缓冲区中对表面焦散进行积累（离散积分）。

① 把交点（包括步骤 4 所说的可选点）投射到屏幕空间——如果位置在屏幕上，使用 `InterlockedAdd()` 在缓冲区中的该屏幕位置对辐照度进行累积。为了找出交点是否对应于屏幕上最前面的像素，最简单的解决方案是进行具有一定的容错性的深度测试。

另外也可以考虑用 G-Buffer 中存放的屏幕像素的法线和 / 或用深度差异的函数来缩放亮度值，也可以将三角形的唯一 ID 渲染到 G-Buffer 中并将此 ID 与原始模型和在 DXR 命中着色器中提供的实例 ID 进行比较。

② 累积的辐照度值可以通过几个因子来缩放，包括来自步骤 2 的压缩比和 / 或光线穿过水[1]时按距离被吸收掉的光量。

14.3.4　自适应地对水表面的三角形进行曲面细分

有关三角形光束体积的自适应曲面细分的描述，请参见图 14.12。

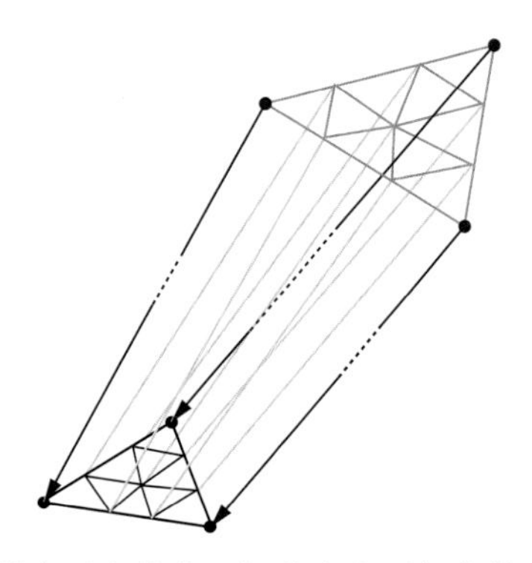

图 14.12　对水三角形做自适应的曲面细分产生了细分的三角形光束——见步骤 5

光束压缩比（见式（14.2））用于计算位于三角形光束顶部的水三角形的曲面细分因子，这个曲面细分因子缩放为：

（1）为尽量接近散射积分的理想结果提供足够多的切片。

（2）防止三角形光束变成非凸包，参见图 14.5。

（3）确保没有体积光穿透场景中的小部件发生漏光。

14.3.5 构建三角形光束体积

运行几何着色器来拾取经过了曲面细分的水三角形并构建出三角形光束相对应的外壳。

（1）将输入三角形的 3D 顶点投影到（折射）焦散图空间。

（2）从焦散图读取形成体积顶盖的三角形的 3D 位置。

（3）从折射焦散图读取形成体积底盖的三角形的 3D 位置。

（4）构建形成包围体的八个三角形，见图 14.13。（可选）对由折射焦散图和一次反弹焦散图创建的体积执行相同的操作。

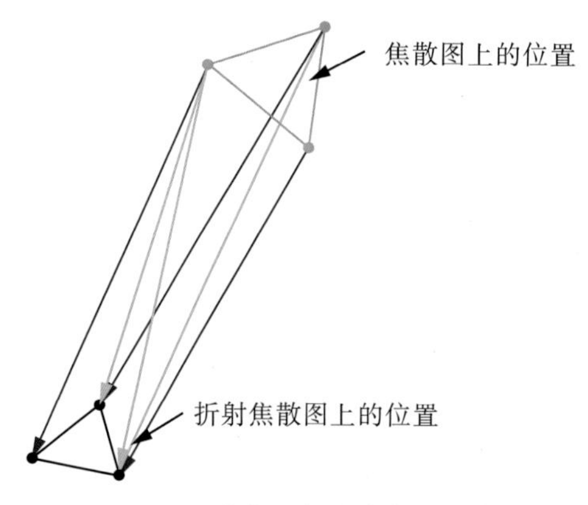

图 14.13 形成三角形光束的三角形

（5）计算每个输出顶点处的三角形光束的估计厚度——这样，厚度就会通过插值传递给顶点着色器。

（6）在每个输出顶点处计算光线方向——这样，光方向就会通过插值传递给像素着色器。

14.3.6 使用加算混合方式渲染体积焦散

将散射光在像素着色器中以加算的方式混合到每个体积前侧的像素上并渲染到渲染对象上。

（1）在给定的经过插值的光线方向的当前 3D 位置处计算相位函数。

（2）将得到的散射项乘以插值的厚度。

（3）输出结果。

14.3.7 结合表面焦散和体积焦散

此步骤把由表面焦散照亮的场景图像和使用加算混合方式渲染的体积焦散的模糊版本进行了结合。

（1）对步骤 3 中的表面焦散进行模糊 / 降噪。

（2）使用降噪的表面焦散缓冲（图）对场景进行照亮，例如，通过乘以 G-buffer 像素中存储的反照率（albedo）纹理，然后加上未进行光照的结果以产生经过了光照的 G-buffer。

（3）对步骤 6 的结果稍微进行模糊并将其添加到经过了光照的 G-buffer 中。

14.4 实现细节

如第 14.1 节所述，DirectX 12 的 DXR API 用于实现所有光线追踪工作。对于步骤 1，调用 `DispatchRays()` 以便每个线程对一条折射光线在场景中准确地进行追踪，将产生的折射水网格写入一个缓冲区，该缓冲区由后面的步骤读取并使用和原来的水网格相同的索引缓冲区。

步骤 2 是一个普通的光栅化渲染批次的实现，对于第 3 步，调用 `DispatchRays()` 从步骤 2 生成的焦散图的每个有效像素投射光线，（可选）着色器沿着反射方向投射额外的光线，用于由水表面反射产生的光线或一次反弹焦散图的表面焦散。在半分辨率缓冲区中进行折射 / 反射光的累积，以便于快速降噪。

如果选择了额外的焦散反弹，则在步骤 2 中投射另一条光线模拟场景中焦散光线的反射。由此产生这些反射光线的交点被用于模拟表面焦散的间接光照并被写入另一个焦散图，即反射的焦散图——缓冲区的尺寸为了便于给这种额外的反弹绘制体积光束而指定。

在步骤 6 中，在半分辨率缓冲区中累积体积焦散以加速三角形光束的绘制。步骤 5 中的几何着色器为主要的折射焦散以及（可选）记录在一次反弹焦散图中的额外反弹创建三角形光束。

步骤 7 中的表面焦散缓冲器的降噪处理是通过一套迭代的交叉双边的模糊处理来完成的，解释了视空间深度、法线和位置的差异。最后，表面焦散和体积焦散是双边升采样（upsample，降采样的反义词）的并与渲染场景相结合。

14.5 结　果

表 14.1 显示了四个不同相机位置和光设置在一个场景中取得的焦散工作负载时间，在 NVIDIA RTX 2080 Ti 的平台上以 1920 × 1080 的分辨率运行的工作负载，使用官方的 DirectX 12 中的 DXR API。

表 14.1 计时（所有 **DispatchRays()** 都包含散射累积）

Timings

截 图	负 载	时间（ms）
图 14.14（a） 折射 + 反射焦散		
	DispatchRays()	0.9
	表面焦散去噪	0.8
	体积切片和升级	1.2
图 14.14（b） 折射 + 反射焦散 + 一次反弹		
	DispatchRays()	3.0
	表面焦散去噪	0.8
	体积切片和升级	4.6
图 14.14（c） 折射 + 反射焦散 + 一次反弹		
	DispatchRays()	0.9
	表面焦散去噪	0.8
	体积切片和升级	2.1
图 14.14（d） 折射 + 反射焦散 + 一次反弹		
	DispatchRays()	2.1
	表面焦散去噪	0.8
	体积切片和升级	1.4

这四个场景的截图如图 14.14 所示，所有的场景都以超过 60 FPS 的交互帧速率运行，从一张 2048 × 2048 的焦散图的像素投射光线。表 14.1 中的时间表明，体积焦散操作在大多数情况下，能以融入现代电脑游戏可接受的时间范围内运行。相比之下，Liktor 和 Dachsbacher [6] 的工作未能达到整合到游戏中可行的性能水平。

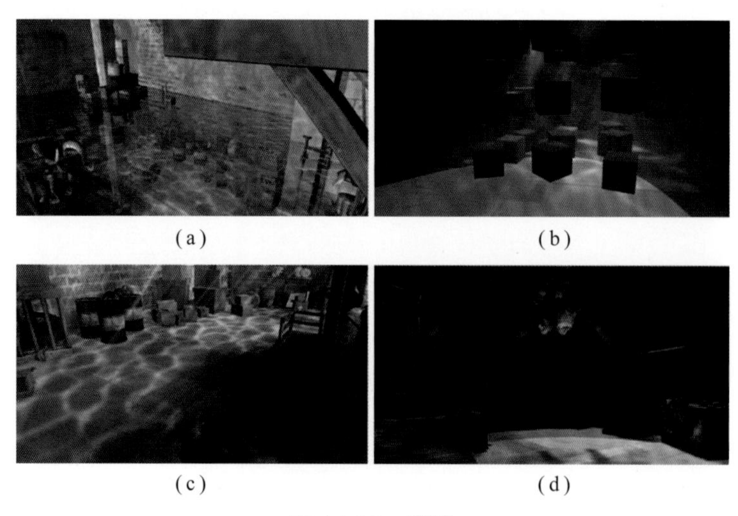

(a) (b) (c) (d)

图 14.14 截图

图 14.14（a）显示了水面上方的视图，在这个截图中，折射体积水下焦散和在水线（面）以上可见的反射焦散是由本章中描述的算法产生的。此图像的焦散工作负载的总时间为 2.9ms。

图 14.14（b）显示了水面下方的视图。对于这个场景，渲染了折射体积水下焦散和二次体积反弹光。对于这种情况，体积反弹和高精度的最大曲面细分因子预设导致焦散渲染的体积部分的时间爬升到了 4.6ms。这些设置目前在游戏中使用还是太贵了。

图 14.14（c）再次显示了水面下方的视图。对于这个场景，渲染了再次折射体积水下焦散和二次体积反弹光。对于这种情况，第二次体积反弹以及适当高精度的最大曲面细分因子预设导致焦散渲染的体积部分的时间最终爬到了更折中的 2.1ms。这些设置在一个专注于高品质体积焦散的游戏中是可以接受的。

图 14.14（d）显示了水面下面的另一个视图。对于这种情况，第二个体积反弹与适当高精度的最大曲面细分因子预设使得焦散渲染的体积部分的时间仅需 1.4ms。请注意第二次反弹的光线是如何投射到角色朝下的部分的。

14.6　将来的工作

在当前的演示实现中，焦散图和折射焦散图需要有足够高的分辨率，以捕捉到水下几何体足够多的细节。研究如何把 Wyman 和 Nichols[10] 或者 Liktor 和 Dachsbache[6] 的想法运用到自适应地发射光线将会很有意义。

接下来，相比使用光栅化管线对集中了光的水体进行部分切片，在体积纹理中累积内散射光有可能会更快。对于光线到眼睛的位置，信息存储在焦散图中，折射焦散图可用于预防体积光通过场景中薄的地方时发生光泄漏。

14.7　演　示

运行在 NVIDIA GPU 上展现了上述技术的演示提供在了代码库里。

参考文献

[1] Baboud, L., and Decoret, X. ' Realistic Water Volumes in Real-Time. In Eurographics Conference on Natural Phenomena (2006), 25–32.

[2] Ernst, M., Akenine-Möller, T., and Jensen, H. W. ¨ Interactive Ren-dering of Caustics Using Interpolated Warped Volumes. In Graphics Interface (2005), 87–96.

[3] Golias, R., and Jensen, L. S. Deep Water Animation and Rendering. https://www.gamasutra.com/view/feature/131445/deep_water_ animation_and_rendering.php, 2001.

[4] Hoobler, N. Fast, Flexible, Physically-Based Volumetric Light Scattering. https://developer.nvidia.com/sites/default/files/akamai/gameworks/downloads/papers/NVVL/Fast_Flexible_Physically-Based_Volumetric_Light_Scattering.pdf, 2016.

[5] Hu, W., Dong, Z., Ihrke, I., Grosch, T., Yuan, G., and Seidel, H. P. Interactive Volume Caustics in Single-Scattering Media. In Symposium on Interactive 3D Graphics and Games (2010), 109–117.

[6] Liktor, G., and Dachsbacher, C. Real-Time Volume Caustics with Adaptive Beam Tracing. In Symposium on Interactive 3D Graphics and Games (2011), 47–54.

[7] Shah, M. A., Konttinen, J., and Pattanaik, S. Caustics Mapping: An Image-Space Technique for Real-Time Caustics. IEEE Transactions on Visualization and Computer Graphics 13, 2 (March 2007), 272–280.

[8] Szirmay-Kalos, L., Aszodi, B., Laz ' anyi, I., and Premecz, M. ' Approximate Ray-Tracing on the GPU with Distance Impostors. Computer Graphics Forum 24, 3 (2005), 695–704.

[9] Wang, R., Wang, R., Zhou, K., Pan, M., and Bao, H. An Effiffifficient GPU-based Approach for Interactive Global Illumination. ACM Transactions on Graphics 28, 3 (July 2009), 91:1–91:8.

[10] Wyman, C., and Nichols, G. Adaptive Caustic Maps Using Deferred Shading. Computer Graphics Forum 28, 2 (Apr. 2009), 309–318.

第四部分 采 样

光线追踪离不开采样（sampling），采样是计算平均值的基本操作。和做问卷调查类似，重点在于你问了谁，因为这将决定统计数据的可靠程度。

在第 15 章中，带你浏览一些图形学中有用的平均值积分方法。你将了解到采样的重要性，如何降低方差（variance），以及为何降噪（denoiser）正变得不可或缺。

接下来的旅程将带你进入第 16 章，我们将带你浏览一组有用的代码片段，这些代码片段可以让你根据期望的采样密度或几何图形来转换均匀分布的样本。当你需要制定自己光线追踪算法时，本章将是所有采样任务的完美补充。

并不是所有的采样都很好，事实上，第 17 章将会帮助你了解采样时可能出现的问题。我们将介绍一种简单的方法来修复问题，以及另一种方法来至少不破坏所有的渲染数学。总而言之，本章提供了身经百战后的真知灼见。

为了演示如何把知识点放一起，第 18 章将介绍快速处理多光源渲染的现代算法。这是一个电源渲染中的经典难题，如今它被带入到实时渲染领域。这一章对于打算开发渲染器的读者而言，是一个绝佳的起点。

关于采样还有很多要学习的，不要忘记在这些章节中查阅有关蒙特卡罗（Monte Carlo）和准蒙特卡罗（quasi-Monte Carlo）积分的参考资料！

Alexander Keller

第 15 章 重要性采样

Matt Pharr NVIDIA

近来随着光线追踪技术应用到实时图形渲染管线，如何高效追踪每一条光线成为开发者面对的新挑战。开发者需要就两个关键问题作出判断：

（1）光线追踪要达到怎样的光影效果——例如阴影、反射、环境光遮蔽和全局光照。

（2）对于选定的光影效果，选择哪些光线去追踪。

本章主要讨论第二个问题。在接下来的篇幅中，读者将看到，渲染中的光照计算可以表示成数学上的积分估计运算，从而使用蒙特卡罗积分方法进行求解。首先给出蒙特卡罗积分的数学背景，然后举例说明特别挑选过的采样光线能显著提高渲染图像的收敛速度，改善渲染系统的性能。通过重要性采样光线，可以用更少的光线达到同样的渲染质量，或者采样同样多的光线，生成质量更好、误差更小的图像。

15.1 引 言

2018 年的游戏开发者大会（Game Developers Conference）发布了 DirectX Raytracing（DXR）技术，同年夏天 NVIDIA 推出 NVIDIA RTX GPU，光线追踪由此实实在在地应用到实时渲染中。这是实时图形渲染管线最伟大的进展之一。过去可见性计算（visibility algorithm）只能依赖光栅化算法，现在光线追踪成为第二种选择。

光线追踪和光栅化可以互为补充。光栅化仍然是进行高效连续（coherent）可见性计算的方法。它从一个设定的观察点（比如正交视角中的一个齐次观察点）出发，均匀地对像素网格做可见性采样。光栅化的性质有利于在硬件上高性能分摊大量像素的三角形计算任务，从而逐步计算物体分布的深度和范围。

形成对比的是，光线追踪允许不连续的（incoherent）可见性计算。每条光线可以采用任意的起点和方向，硬件对此并无限制。

开发者要善于充分利用光线追踪技术。GPU 光线追踪硬件向开发者提供了几个可见性测试的基本操作，比如“从这个点开始，在这个方向上看到的第一个物体是什么？”，“这两点之间的直线段是否存在阻挡？”。然而，它并没有规定如何将其用于图像渲染——这是由开发人员来决定的。某种意义上讲，这类似于在 GPU 上编写可编程的着色器。硬件提供基本计算能力，而开发者根据应用需求进行最优化的使用。

我们从一个基本的环境光遮蔽（ambient occlusion）计算开始，借助蒙特卡罗积分方法，说明在选取追踪光线时的考虑和权衡。读者会看到不同的采样技术（选择追踪的光线不同）会带来不同的结果误差。然后我们会使用这些方法采样面光源的直接光照。

讨论高效渲染采样的著作已经很多，而目前相关领域研究仍然复杂而充满活力。限于篇幅，本章仅介绍采样技术的皮毛，同时提供参考资料供读者进一步学习。

15.2 例子：环境光遮蔽

绝大多数有关光照、反射、图形的计算都可以理解为求积分问题：举例来说，计算表面的反射光，要积分半球空间中所有入射到表面一点的光能量与该点双向散射分布函数（bidirectional scattering distribution function，BSDF）的乘积。

在渲染积分计算时，蒙特卡罗积分（Monte Carlo integration）是一种行之有效的手段。这是一种基于对被积函数做采样加权平均的统计方法。蒙特卡罗在渲染中的优越性在于，它能很好地应对高维积分（全局光照需要高维积分），对被积函数没有太多限制，计算也仅仅需要逐点去求被积函数的值。相关的介绍可以在 Sobol[5] 的著作中找到。

采样技术能完美应用到光线追踪，它可以直接对应一些光线追踪所必要的查询，例如“光源从该方向可见吗？”或者“沿该方向第一个可见面是什么？”

下面是基本的蒙特卡罗估计函数（estimator）采样 k 个样本时的定义，用于计算函数 f 的 n 维积分的估计值：

$$E\left[\frac{1}{k}\sum_{i=1}^{k} f(X_i)\right] = \int_{[0\ 1]^n} f(x)\mathrm{d}x \tag{15.1}$$

等式左侧的 E 表示期望值（expected value），统计上来说，方括号内的期望值应该等于等式右边。期望值可能偏大或偏小，但随着更多采样的加入，期望值逐渐收敛到正确结果。

方括号内的表达式是 f 值的平均值，取值范围是 $[0, 1]^n$ 范围内的所有值，通过均匀概率采样得到一组独立随机变量（independent random variable）X_i 作为 f 的输入。在一个实现中，每个 X_i 可以是一个 n 维的随机数，但是在这里，用随机变量表示蒙特卡罗方法便于对数学期望做更严密的讨论。

由此得到了一种易于实现的计算任意函数积分的方法。下面把蒙特卡罗方法用于计算环境光遮蔽。环境光遮蔽作为一种有用的着色技术，能模拟一部分全局光影效果。P 点的环境光遮蔽函数 a 可如下定义：

$$a(P) = \frac{1}{\pi}\int_{\Omega} v_{\mathrm{d}}(\omega)\cos\theta\,\mathrm{d}\,\omega \tag{15.2}$$

其中，v_{d} 是可见函数。如果光线从 P 出发，沿 ω 方向传播距离 d 时，途中遇到遮挡物，值为 0，否则值为 1。Ω 表示围绕 P 点表面法线的方向半球，θ 是相对于表面法线的夹角。$\frac{1}{\pi}$ 确保 $a(P)$ 的值介于 0 和 1 之间。

现在把蒙特卡罗估计函数用于环境光遮蔽。这里在半球域上积分而不是 $[0, 1)^n$。通过简单的变量变换，估计函数就能适用于不同的积分区间。估计函数最后写作

$$a(P) = E\left[\frac{1}{k}\sum_{i=1}^{k}\frac{1}{\pi}v_{\mathrm{d}}(\omega_i)\cos\theta_i\right] \tag{15.3}$$

其中，ω_i 是半球空间内按照均匀概率密度随机选取的方向。

下面的算法可以在半球空间内按均匀采样生成随机方向。给定 [0, 1) 范围的随机数 ξ_1 和 ξ_2，按照式（15.4）计算即可得到围绕 Z 轴 (0, 0, 1) 的半球空间方向取样（因此，原坐标系要变换到以表面法线为 Z 轴的坐标系）：

$$(x,y,z)=\left(\sqrt{1-\xi_1^2}\cos(2\pi\xi_2),\sqrt{1-\xi_1^2}\sin(2\pi\xi_2),\xi_1\right) \tag{15.4}$$

图 15.1 展示了皇冠模型的环境光遮蔽渲染，每个像素仅使用 4 条光线进行采样。光线数很少，也没有额外的降噪操作，图像显得噪声很重，不过仍然是向着正确的方向发展的。

(a) 实验图像，每个像素用 4 条光线追踪，以物体表面可见点为中心做半球，光线的方向在半球空间中均匀分布

(b) 参考图形，已达到收敛状态的参考图像，每个像素用 2048 根光线进行渲染

图 15.1　皇冠模型的环境光遮蔽渲染

另一种蒙特卡罗估计函数允许使用不均匀分布的概率密度函数进行采样，定义如下：

$$E\left[\frac{1}{k}\sum_{i=1}^{k}\frac{f(X_i)}{p(X_i)}\right]=\int_{[0,1]^n}f(x)\mathrm{d}x \tag{15.5}$$

现在独立随机变量 X_i 服从不均匀的概率密度分布函数 $p(x)$。因为表达式中要除以 $p(x)$，一切顺理成章：当我们更希望在取值范围的某些部分采样时，$p(x)$ 的值比较大，这些样本的贡献要相对减少。反过来，如果样本的取样概率低于均匀采样，这些样本的贡献应当更大，因为 $p(x)$ 很小，很难取到这些样本。在本例中，不允许样本的概率为 0。

我们为什么考虑不均匀采样呢？回到环境光遮蔽的问题。给出在半球空间按照余弦分布的采样公式（中心法线依然是 (0, 0, 1)）：

$$(x,y,z)=\left(\sqrt{\xi_1}\cos(2\pi\xi_2),\sqrt{\xi_1}\sin(2\pi\xi_2),\sqrt{1-\xi_1}\right) \tag{15.6}$$

同样的，ξ_1 和 ξ_2 是 [0, 1) 范围内的相互独立的两个随机数。余弦分布的 $p(\omega)=\cos\theta/\pi$，π 是用于归一化的常数。

根据上面推导的式子，得出余弦分布样本 ω_i 的环境光遮蔽估计函数：

$$a(P)=E\left[\frac{1}{k}\sum_{i=1}^{k}\frac{1}{\pi}\frac{v(\omega_i)\cos\theta_i}{\frac{\cos\theta_i}{\pi}}\right]=E\left[\frac{1}{k}\sum_{i=1}^{k}v(\omega_i)\right] \tag{15.7}$$

按照正比于 cosθ 的概率生成光线，余弦的部分上下相消。实际上，采样的光线对估计结果的贡献要么 0，要么 1[1]。

算法实现如下：

```
 1 float ao(float3 p, float3 n, int nSamples) {
 2   float a = 0;
 3   for (int i = 0; i < nSamples; ++i) {
 4     float xi[2] = { rng(), rng() };
 5     float3 dir(sqrt(xi[0]) * cos(2 * Pi * xi[1]),
 6                sqrt(xi[0]) * sin(2 * Pi * xi[1]),
 7                sqrt(1 - xi[0]));
 8     dir = transformToFrame(n, dir);
 9     if (visible(p, dir)) a += 1;
10   }
11   return a / nSamples;
12 }
```

图 15.2 再一次展示了皇冠模型。现在比较均匀采样和余弦采样，余弦采样的误差明显更低。

使用均匀采样，一部分光线对结果贡献很小，例如掠射经过表面，接近水平的光线，其余弦值接近 0，因此追踪这种光线获得的收益很小。其对求和估计函数的贡献值为 0 或者极小。换句话说。尽管花了很多计算量去追踪光线，但是没能得到足够的贡献值。要达到理想的效果，两种采样方法所需的光线数量的差距是不容忽视的，没有理由不使用更高效的采样技术。

这种概率分布与被积函数类似的采样方法，被称为重要性采样（importance sampling）。重要性采样是蒙特卡罗积分的关键技术，概率分布 $p(x)$ 越接近被积函数 $f(x)$，效果越好。然而 $p(x)$ 和 $f(x)$ 差别比较大的时候，$f(x)/p(x)$ 的值剧烈波动，误差会显著上升。尽管理论上，只要满足对任意，$f(x)\neq 0$，$p(x)>0$ 无论 $p(x)$ 怎么取，期望总会收敛到正确值。但是在有限的采样次数下，误差可能很大，理论上的收敛仅仅聊以慰藉。

1）如果读者之前实现过屏幕空间的环境光遮蔽（SSAO），那么你已经在使用本文提到的方法，现在更容易理解这样做的意义。

(a) 均匀采样

(b) 余弦采样

图 15.2　皇冠模型的环境光遮蔽渲染。均使用 4 采样 / 像素。余弦采样相比平均采样降低了接近 30% 的误差，图像上肉眼可见的噪声减少

15.3　理解方差

蒙特卡罗积分使用方差（variance）量化期望误差。随机变量 X 的方差以期望的形式定义：

$$V[X] \equiv E\left[(X - E[X])^2\right] = E[X^2] - E[X]^2 \tag{15.8}$$

方差测量随机变量和期望（即均值）之间的平方差。如果方差很低，那么该随机变量的值大部分时间都接近其取均值（如果方差很高则是相反情况）。

如果能准确计算随机变量的期望（例如对大量样本采样进行蒙特卡罗积分），就可以用式（15.8）直接估计出方差。

我们也可以用少量样本估算方差：给定随机变量的一系列独立的取值，微调式（15.8）计算样本方差（sample variance）。下面的代码阐释了计算过程：

```
1 float estimate_sample_variance(float samples[], int n) {
2    float sum = 0, sum_sq = 0;
3    for (int i = 0; i < n; ++i) {
4      sum += samples[i];
5      sum_sq += samples[i] * samples[i];
6    }
7    return sum_sq / (n * (n - 1)) -
8           sum * sum / ((n - 1) * n * n);
9 }
```

计算方差不需要存储所有样本值，只需要在计算过程中更新随机变量之和与平方和，以及样本的数量。

挑战之一在于样本方差自身也有方差，假设我们得到样本是相近的，即便实际上的方差很大，我们估计而得的样本方差会小太多。

方差在蒙特卡罗积分中是特别有用的概念，因为方差和样本数量之间存在这样的关系：对于随机样本，方差随着样本数目增大线性减小[1)]。这是个好消息，如果样本数量翻倍（光线数量翻倍），方差可以降低一半。考虑到方差是误差的平方，要把实际误差降低一半，采样数要增大为4倍。

光线追踪的很多问题都可以用方差和样本数的关系解释。一方面它帮我们理解采样数从每像素一条光线提升到两条光线乃至更多时，图像质量的进步为何如此快。采样数为1时翻倍很容易，而且我们知道方差会减半。另一方面，这也说明了一味增加采样光线不能解决问题。如果图像每像素采样128条光线，为了方差继续减半就要逐像素多采样128条光线。当光线采样密度已经很高时，噪声依然很重，继续翻倍采样是不现实的。降噪算法的价值此时体现出来，合理数目的光线追踪实现后，用算法来降噪比继续增加光线更为高效。

我们计算下皇冠图像所有像素的平均样本方差。使用均匀采样的图15.2（a），方差为0.0972。图15.2（b）使用余弦采样，方差0.0508。两者比率大概1.91，因此均匀采样把光线数提高到1.91倍，才能得到和余弦采样同样的质量。

图15.3（a）重新用8采样/像素均匀采样，得到了和图15.3（b）4采样/像素余弦采样类似的结果。图像质量很接近，图15.3（a）的方差降低到0.0484，略优于余弦采样的图15.3（b）。

(a)每像素使用8条均匀采样的光线

(b)4条余弦采样的光线

图15.3 由于方差随着样本数线性降低，我们能精确估计为了将方差降到一定程度，需要多少样本。两张图的方差接近，尽管图（b）只需要采样图（a）一半的光线

方差的估计可以调节降噪滤波函数的宽度。当方差很低时，不需要多少滤波，反之则需要更宽的滤波函数。我们前面讨论了样本方差自身的方差估计，实践中通过在空间域的相邻像素点或时间域的相邻帧进行滤波来降低方差估计中的误差。

1）方差在精心构造的采样模式下降低得更多，尤其当被积函数是平滑时，这里先不做讨论。

自适应采样算法也使用方差估计来决定不同位置需要的采样密度。如果能挑选出方差和已采样数的比值最高的像素，那我们就能充分利用新增的采样光线改善误差。由于方差随光线数量线性递减，把新增的光线尽量布置在所述的像素，这些光线对整张图的方差降低起到显著影响 [1]。

15.4 直接光照

表面散射方程（surface scattering equation）是又一个重要的渲染积分方程。方程根据入射辐射度函数 $L_i(P, \omega)$ 和 BSDF 函数 $f(\omega \to \omega_o)$ 给出 P 点沿 ω_o 方向的散射辐射度：

$$L_o(P,\omega_o)=\int_{\Omega} L_i(P,\omega)f(\omega\to\omega_o)\cos\theta\,\mathrm{d}\omega \tag{15.9}$$

本节用几种不同的采样策略估计积分值，并且通过方差来评价采样效果。

理论上讲，我们应按照正比于 L_i，f 和 $\cos\theta$ 乘积的概率，对方向 ω 采样，而实际操作中难以实现。入射辐射度函数本身没有函数表达式，需要通过追踪光线去估算。

这里做一些简化。首先认为入射光是从光源出射，忽略间接光照。其次，只关注正比于 L_i 的采样函数。注意第二点简化不能用于实际的光线追踪设计，根据 BSDF 采样并通过多重重要性采样（multiple importance sampling）平衡光源采样和表面采样的权重是很有必要的 [6]。

按照上述简化，要计算下面的蒙特卡罗估计函数：

$$L_o(P,\omega_o)=E\left[\frac{1}{k}\sum_{i=1}^{k}\frac{L_i(P,\omega_i)f(\omega_i\to\omega_o)\cos\theta_i}{p(\omega_i)}\right] \tag{15.10}$$

ω_i 按照概率密度分布函数 $p(\omega)$ 采样。我们只考虑直接光照，因此没必要采样不与光源相交的方向。基于上述讨论，我们采用的策略是对光源的几何表面进行采样，选择光源上一点，点 P 到该点的方向为 ω_i。

对球形光源，比较直观的方法是采样整个球面上的点。取一对独立均匀采样的随机数 ξ_1 和 ξ_2，当单位球中心位于原点时，采样点坐标为：

$$\begin{aligned} z &= 1-2\xi_1 \\ x &= \sqrt{1-z^2}\cos(2\pi\xi_2) \\ y &= \sqrt{1-z^2}\sin(2\pi\xi_2) \end{aligned} \tag{15.11}$$

图 15.4 在二维尺度上展示了该方法。一个显而易见的问题是，超过一半的采样点位于圆的后表面，对 P 点不可见，这浪费了采样光线。类似的问题在三维尺度也是存在的。

1）实验表明，基于采样值的自适应采样方法，会导致蒙特卡罗估计函数结果出现偏差（biased）[3]。函数值不会收敛到正确的结果（尽管方差下降很快），根本原因在于估算样本方差的误差并非总体的真实误差。

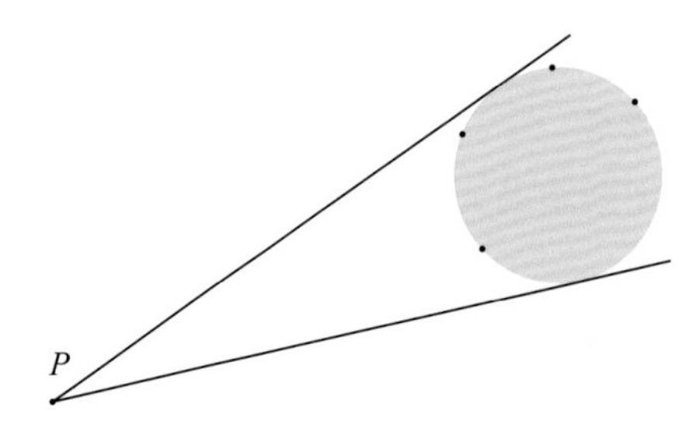

图 15.4 采样黄色圆表示的球形光源时，至少有一半的球面因为遮挡，不能从 P 点看到。对整个球面均匀地采样是十分低效的，球背面的采样点全部被遮挡

更好的一种采样策略是，以点 P 作为顶点，建立圆锥体包围光源球，在锥体内均匀采样获取光源的表面采样点。这样确保所有的光源采样点都对 P 点可见（尽管仍然可能被空间其他物体遮挡）。圆锥体关于圆锥半顶角 θ 的均匀采样算法在 16 章中会给出，这里先简要地列一下：

$$\begin{aligned}\cos\theta' &= (1-\xi_1)+\xi_1\cos\theta \\ \phi &= 2\pi\xi_2\end{aligned} \tag{15.12}$$

其中，θ' 是采样方向关于圆锥旋转轴的夹角，范围是 $[0, \theta)$；ϕ 是描述围绕旋转轴旋转大小的值，在 0 到 2π 之间。图 15.5 阐述了该方法。

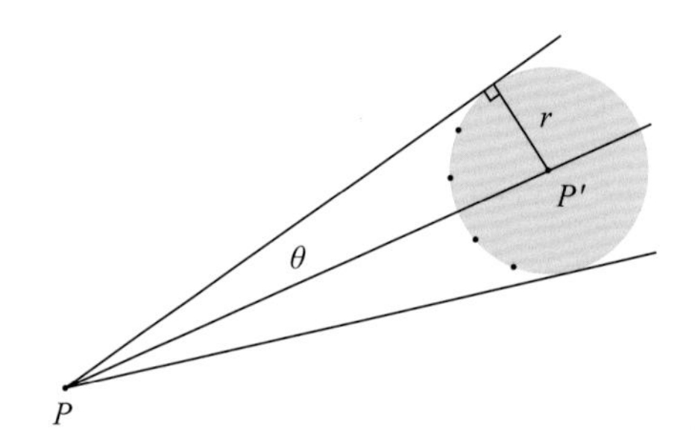

图 15.5 以 P 到 P' 为旋转轴，建立圆锥恰好包围光源球面，其半顶角为 θ。如果在锥角范围内均匀采样方向，选取的黑色光源采样点对 P 点都可见

改进采样方法带来的提升很明显，渲染图像如图 15.6 所示。按照 4 采样 / 像素的采样密度，均匀球面采样的结果平均像素方差为 0.0787。而锥体采样的方差为 0.0248，前者是后者的 3.1 倍。按照在环境光遮蔽一节的讨论，均匀采样要达到与锥体采样同等的图像质量，光线数要增大到 3.1 倍以上。

作为最后一个例子，当场景中存在多个光源时，选择哪个光源进行采样也会显著影响方差值。

以 White Room 场景为例，它拥有两个光源，最想当然的方案是光线数目一分为二，分别追踪到两个光源。然而，如果考虑靠近其中一个光源的物体，例如落地灯的右墙，天花板吊灯对右墙的照明远远不及旁边的落地灯。也就是说，吊灯对右墙的光照贡献不如靠近的落地灯。这样的情形和前面讨论环境光遮蔽时的掠射光如出一辙。

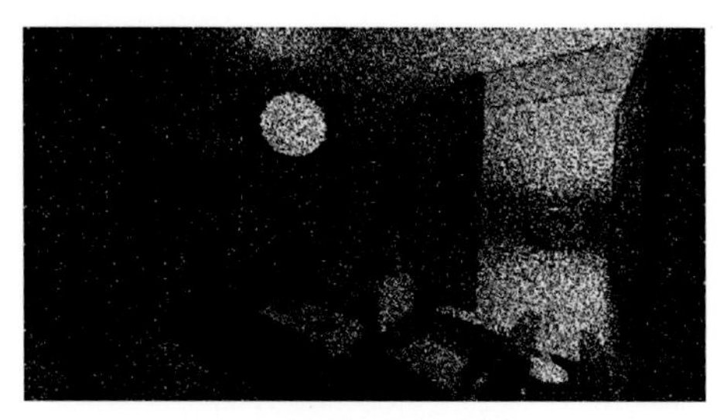

(a) 球形灯均匀采样

(b) 球形光源在照明锥角范围内均匀采样

图 15.6　夜晚的 White Room，包括两个球形光源，按照 4 采样 / 像素进行渲染。同样数目光线，图（a）方差是图（b）的 3.1 倍，图（b）的采样方法更为高效（场景由 Jay Hardy 在 CC-BY 协议下提供）

通过把光线传播距离和光源能量引入采样概率分布函数，采样将更为高效，方差得到有效降低[1)]。图 15.7 展示了渲染结果。把光源贡献引入采样概率分布，图像质量进一步提升，平均方差 0.00921，原来均匀选择光源的方差为 0.0248，是新方法的 2.7 倍。这两种采样优化合起来，可以将方差降低到原先的 1/8 倍。

(a) 两个光源按照相同概率采样

(b) 光源按正比于光照经表面反射贡献值的概率采样

图 15.7　夜晚的 White Room，比较两种光源选择的采样策略。图（a）的方差是图（b）的 2.7 倍（场景由 Jay Hardy 在 CC-BY 协议下提供）

15.5　结　论

本章试图介绍重要性采样的基本原理，更重要的是，帮助读者理解为什么要优化采样方法。人们很容易写出低效的采样代码，而高效的采样也没有想象中难。在我们的例子中，由于采样策略发生改变，采样的光线更加高效，原始采样算法的方差是优化后的 2 倍到 8.5 倍。

考虑到方差和采样数目的关系，可以认为，如果不进行采样优化，GPU 设备只能发挥出 1/8 到 1/2 水平。

本章仅仅讨论光线追踪采样的皮毛。我们没有讨论更深入的技术，例如按照 BSDF 采样或者应用多重重要性采样。请关注第 28 章“对不均匀的介质进行光线追踪”、第 18

1）Conty Estevez 和 Kulla 的文章[1]描述了我们这里使用的算法。第 18 章会详细讨论这一问题。

章“GPU 实现的多光源重要性采样”和第 16 章“采样变换集合”，这些章节会给出进一步的答案。此外，我们没有讨论使用更均匀分布的样本来实质性地降低误差，Keller 的综述[2]会给出说明。上述问题也可以在免费的 *Physically Based Rendering*[4]一书获取答案。

参考文献

[1] Conty Estevez, A., and Kulla, C. Importance Sampling of Many Lights with Adaptive Tree Splitting. Proceedings of the ACM on Computer Graphics and Interactive Techniques 1, 2 (2018), 25:1–25:17.

[2] Keller, A. Quasi-Monte Carlo Image Synthesis in a Nutshell. In Monte Carlo and Quasi-Monte Carlo Methods 2012. Springer, 2013, 213–249.

[3] Kirk, D., and Arvo, J. Unbiased Sampling Techniques for Image Synthesis. Computer Graphics (SIGGRAPH) 25, 4 (1991), 153–156.

[4] Pharr, M., Jakob, W., and Humphreys, G. Physically Based Rendering: From Theory to Implementation, third ed. Morgan Kaufmann, 2016.

[5] Sobol, I. M. A Primer for the Monte Carlo Method. CRC Press, 1994.

[6] Veach, E., and Guibas, L. J. Optimally Combining Sampling Techniques for Monte Carlo Rendering. In Proceedings of SIGGRAPH (1995), 419–428.

第 16 章　采样变换集合

Peter Shirley, Samuli Laine, David Hart, Matt Pharr, Petrik Clarberg,
Eric Haines, Matthias Raab, David Cline　NVIDIA

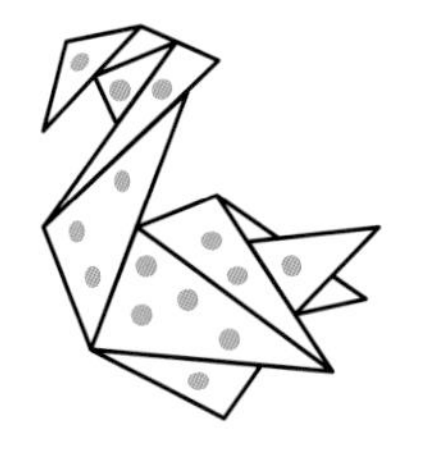

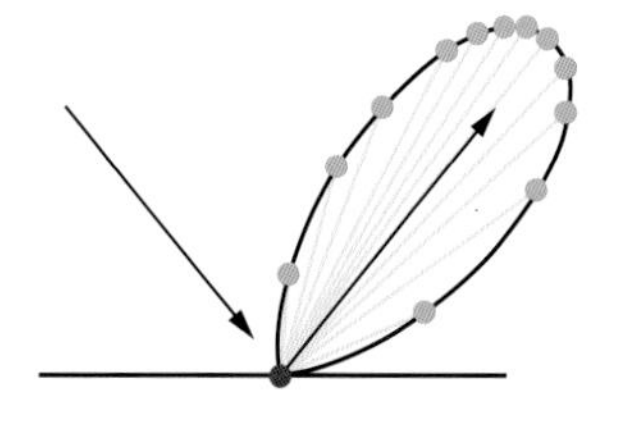

本章提供一些在特定域按期望的概率密度分布函数生成样本的公式方法。无论在预处理阶段还是程序运行时，采样都是渲染中非常重要的一项操作。随着光线追踪被加入标准 API 库，采样技术变得更加常用，毕竟许多光线追踪算法本质上都基于采样。本章简要列举了一些实用的技巧与方法。

16.1　采样机制

光线追踪程序常见的一项任务就是基于某个概率密度函数（probability density function，PDF），在采样域选择一组样本。例如，按照与极角余弦成正比概率密度，从单位半球上选取采样点。采样一般先在单位超立方体上均匀取点，然后将它们变换到目标域。不熟悉这种通用采样过程的读者可以参考 Pharr 等人的著作[8]。

本章列出了我们认为行之有效的在光线追踪程序中产生特定分布样本的方法，这些方法有的已经通过论著发表，有的则是业内常识。

16.2　样本分布介绍

在一维尺度，有一种标准的变换方法按特定 PDFp 生成的样本。关键在于计算累积分布函数（cumulative distribution function，CDF），通常用 $P(x)$ 表示：

$$P(x) = \text{均匀分布样本 } u < x \text{ 的概率} = \int_{-\infty}^{x} p(y)\mathrm{d}y \tag{16.1}$$

为了说明累积分布函数的作用，首先假设我们想要知道 $u = 0.5$ 在代入变换函数 $g : x = g(0.5)$ 后 x 会落在哪里。如果假定 g 非减函数（即它的导数非负），那么一半样本点会映射到小于 $g(0.5)$ 的 x 值，另一半映射到大于 $g(0.5)$ 的 x 值。由于 CDF 本身的特质，当 $P(x) = 0.5$ 时，PDF 包围面积的一半会在 x 的左边，所以可以推出

$$P\big(g(0.5)\big) = 0.5 \tag{16.2}$$

这一观察同样也适用于 $x = 0.5$ 之外的任意 x，因此得到

$$g(x) = P^{-1}(x) \tag{16.3}$$

其中，P^{-1} 是 P 的反函数。反函数的表示方法可能不够清晰。它实际的数学意义是，对于一个 PDFp，用式（16.1）中的积分公式求 p 的积分，然后在得出的下面等式中求解 x（即求 P 的反函数）：

$$u = P(x)$$

给定一系列均匀分布的样本 u，取 P 的逆变换来得到按 p 分布的样本组 x。

二维采样域需要两个均匀分布的随机数 $u[0]$ 和 $u[1]$，它们在二维单位正方形上共同确定唯一的一个点 $(u[0], u[1]) \in [0, 1)^2$。它们同样可以变换到目标域。

例如，想要在单位圆盘（disk）上选取均匀分布的样本，可以写下一个极坐标系中的积分方程，面积测度 $\mathrm{d}A = r\mathrm{d}r\mathrm{d}\phi$，其中 r 代表半径，ϕ 是沿 x 正轴旋转的角度。当二维 PDF 可以被分割成两个独立的一维 PDF 时，应当小心处理测度中包含的变量，如 r。虽然在单位圆盘上 $p(r, \phi) = \dfrac{1}{\pi}$ 的概率密度是均匀的，但在分割成两个独立的一维密度后，半径的概率密度不能忘了乘以 r。由此得到的两个一维 PDF 是：

$$p_1(\phi) = \frac{1}{2\pi}, p_2(r) = 2r \tag{16.4}$$

常数项 $\dfrac{1}{2\pi}$ 和 2 使得每个 PDF 积分都为 1（如前文所述，这是 PDF 所需的特性）。计算这两个 PDF 的 CDF，会得到

$$p_1(\phi) = \frac{\phi}{2\pi}, p_2(r) = r^2 \tag{16.5}$$

基于这两个 CDF 来变换均匀样本 $u[0]$ 和 $u[1]$，可以把每个一维 CDF 代入式（16.3）：

$$(u[0], u[1]) = \left(\frac{\phi}{2\pi}, r^2\right) \tag{16.6}$$

然后解出 ϕ 和 r，得到：

$$(\phi, r) = \left(2\pi u[0], \sqrt{u[1]}\right) \tag{16.7}$$

大部分文献中的采样变换都是使用这种方法。

值得一提的是，我们的处理假定 $(u[0], u[1])$ 在单位正方形上是均匀分布的，但是在更高的维度 d 上面这些点是均匀分布在单位超立方体 $[0, 1)^d$ 上的。这些样本可以通过（伪）随机或拟随机方法生成[6]。

本章的剩余部分介绍了几种在光线追踪程序中有用的变换方法，这些变换大多数是二维变换，推导过程不再给出。

16.3　一维分布

16.3.1　线性函数

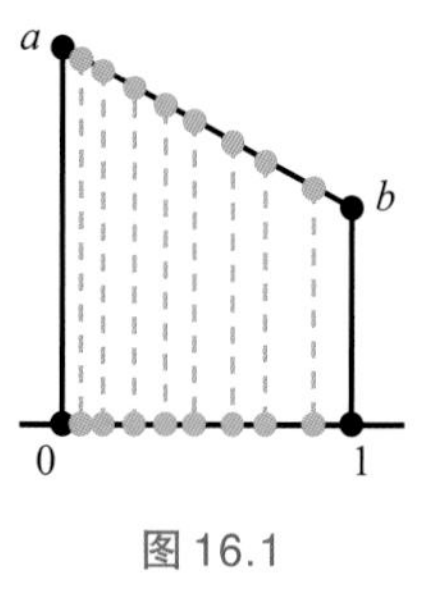

图 16.1

如图 16.1 所示，现有在 [0, 1] 上的线性方程，$f(0) = a$，$f(1) = b$，给定均匀分布的随机数 u，以下代码可生成基于 f 分布的样本 $x \in [0, 1]$：

```
1 float SampleLinear( float a, float b ) {
2     if (a == b) return u;
3     return clamp((a - sqrt(lerp(u, a * a, b * b))) / (a - b), 0, 1);
4 }
```

样本 x 的 PDF 值可用以下代码得到：

```
1 if (x < 0 || x > 1) return 0;
2 return lerp(x, a, b) / ((a + b) / 2);
```

16.3.2　三角形函数

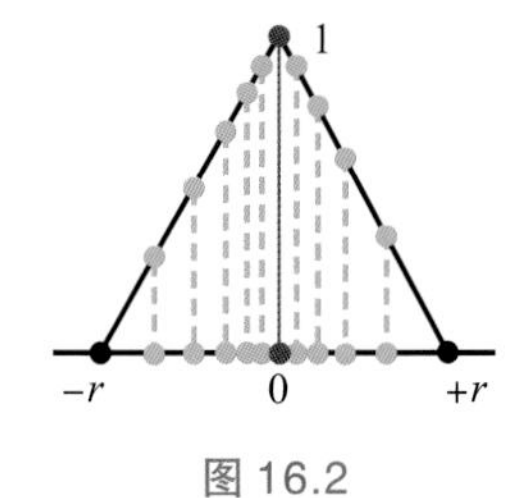

图 16.2

如图 16.2 所示，未归一化的三角形函数由宽度 r 和一对线性方程定义：在 $-r$ 时它的值为 0，线性增加到原点处的值 1，继续在 r 线性降到 0。以下代码使用了 16.3.1 节实现的 `SampleLinear()` 函数：

```
1 if (u < 0.5) {
2     u /= 0.5;
3     return -r * SampleLinear(u, 1, 0);
4 } else {
5     u = (u - .5) / .5;
6     return r * SampleLinear(u, 1, 0);
7 }
```

注意我们用均匀分布的随机数 u 值来选择三角形函数的左右侧，然后将样本 u 映射回 [0, 1) 以正确地对线性函数进行采样。

三角形在 x 点采样的 PDF 的计算方式如下：

```
1 if (abs(x) >= r) return 0;
2 return 1 / r - abs(x) / (r * r);
```

16.3.3　正态分布

正态分布定义为：

$$f(x) = \exp\left(-\frac{(x-\mu)^2}{2\sigma^2}\right) \tag{16.8}$$

正态分布从 $-\infty$ 到 $+\infty$ 范围都存在，但一旦 $\| x-\mu \|$ 是 σ 的几倍时，它的值下降得

就很快。仍旧使用上述解析方法生成样本是不可能的，因为这需要取高斯误差函数的逆变换，

$$\mathrm{erf}(x)=\frac{2}{\sqrt{\pi}}\int_0^x e^{-x^2}\mathrm{d}x \tag{16.9}$$

这在闭式（closed form）中是不可行的。一种方法是用反函数的近似多项式，由 Erflnv() 函数实现。由此，可以生成样本

```
1 return mu + sqrt(2) * sigma * ErfInv(2 * u - 1);
```

样本 x 的 PDF 为

```
1 return 1 / sqrt(2 * M_PI * sigma * sigma) *
2          exp(-(x - mu) * (x - mu) / (2 * sigma * sigma));
```

如果需要两个样本，可以给定两个均匀分布的随机数 $u[0]$，$u[1]$，使用 Box-Muller 变换生成按正态分布的样本：

```
1 return { mu + sigma * sqrt(-2 * log(1-u[0])) * cos(2*M_PI*u[1]),
2          mu + sigma * sqrt(-2 * log(1-u[0])) * sin(2*M_PI*u[1])) };
```

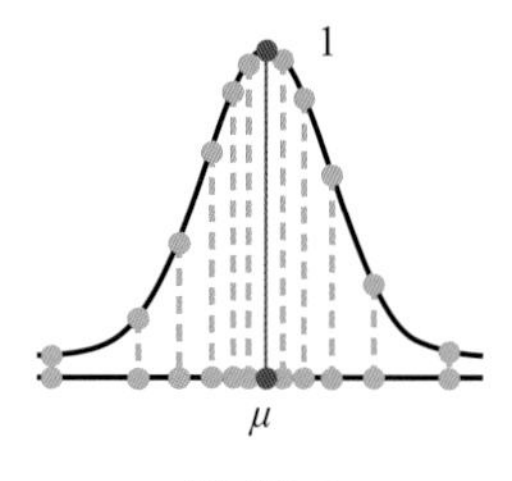

图 16.3

16.3.4 一维离散分布采样

给定一个浮点数数组，按照正比于其幅值相对大小的概率采样的方法有很多种。我们在这里介绍两种方法：一种适合只需要一个样本的情况，另一种更适合需要多个样本的情况。

1. 单次采样

如果只需要一个样本，那么可以使用以下代码中的函数。它计算了所有值的和（假定它们全部为非负），然后缩放已有的均匀分布的随机数 u，将它从 [0, 1) 域重新映射到 [0, sum)。然后遍历数组，从映射的样本中减去每个数组元素的值。一旦减去下一个数将会让这个值变负，停止遍历并取当前位置做样本。

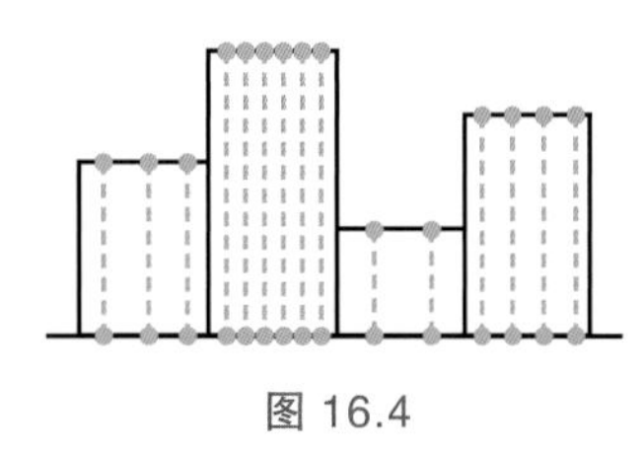

图 16.4

这个函数也返回挑选样本的 PDF，以及一个基于原随机数重映射到 [0, 1) 的随机数值。直观来看，留下的随机数服从均匀分布，因为我们只是用它来做一次离散采样。然而，特别当选中的事件发生概率很小时，生成的随机数有效 bit 数太少，不能继续利用。

```
1 int SampleDiscrete(std::vector<float> weights, float u,
2             float *pdf, float *uRemapped) {
3     float sum = std::accumulate(weights.begin(), weights.end(), 0.f);
4     float uScaled = u * sum;
5     int offset = 0;
6     while (uScaled > weights[offset] && offset < weights.size()) {
7         uScaled -= weights[offset];
8         ++offset;
9     }
10    if (offset == weights.size()) offset = weights.size() - 1;
11
12    *pdf = weights[offset] / sum;
13    *uRemapped = uScaled / weights[offset];
14    return offset;
15 }
```

2. 多次采样

如果一个数组需要被多次采样，更高效的做法就是提前计算数组的 CDF，对每个样本做二分法检索。必须注意区分分段常数和分段线性数据，因为两者的 CDF 计算与采样是不同的。例如，我们可以用下列代码从分段常数分布中采样：

```
1 vector<float> makePiecewiseConstantCDF(vector<float> pdf) {
2     float total = 0.0;
3     // CDF 大于 PDF.
4     vector<float> cdf { 0.0 };
5     // 计算累积和
6     for (auto value : pdf) cdf.push_back(total += value);
7     // 正交化
8     for (auto& value : cdf) value /= total;
9     return cdf;
10 }
11
12 int samplePiecewiseConstantArray(float u, vector<float> cdf,
13             float *uRemapped)
14 {
15     // 使用（排序后）的CDF找到指向采样值u
16     // 左侧的数据点
17     int offset = upper_bound(cdf.begin(), cdf.end(), u) -
18     cdf.begin() - 1;
19     *uRemapped = (u - cdf[offset]) / (cdf[offset+1] - cdf[offset]);
20     return offset;
21 }
```

在分段线性分布中采样时，CDF 可以通过计算一对样本间的不规则四边形的面积得到。在二分检索出对应线段区间后，用 16.3.1 章节提到的 `SampleLinear()` 函数从线性部分中采样。如果使用 C++，C++11 的标准模板库（Standard Template Library）中的 random 模块包含了 piecewise_constant_distribution 以及 piecewise_linear_distribution。

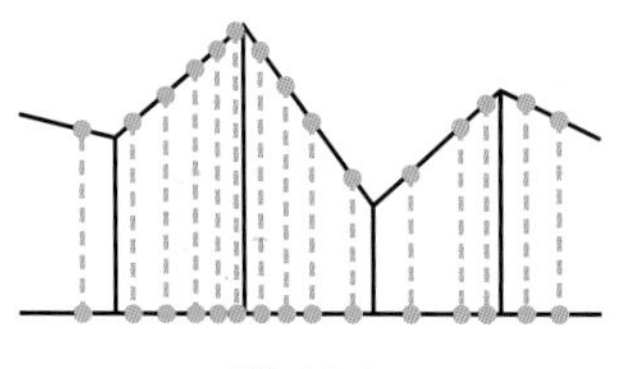

图 16.5

16.4 二维分布采样

16.4.1 双线性

双线性插值函数（bilinear interpolation function）采样是一种行之有效的方法。双线性插值用四个值 $v[4]$ 定义一个在 $[0, 1]^2$ 区间的函数

$$f(x,y) = \big((1-x)(1-y)\big)v[0] + x(1-y)v[1] + (1-x)yv[2] + xyv[3] \tag{16.10}$$

然后，给定两个均匀分布的随机数 $u[0]$ 和 $u[1]$，可以从 $f(x, y)$ 中先后取两个维度上的样本。这里，我们使用在 16.3.1 章节中定义过的一维线性采样函数 SampleLinear()：

```
1 //  首先，在 v 维度采样
2 //  计算出直线的端点
3 //  该直线是 u = 0 和 u = 1 边缘处的两条直线的平均
4 float v0 = v[0] + v[1], v1 = v[2] + v[3];
5 //  沿着该直线采样
6 p[1] = SampleLinear(u[1], v0, v1);
7 //  现在，对在 u 点采样过的两个端点，
8 //  在 v 方向进行采样
9 p[0] = SampleLinear(u[0],
10                      lerp(p[1], v[0], v[2]),
11                      lerp(p[1], v[1], v[3]));
12 return p;
```

样本值 p 的 PDF 如下：

```
1 return (4 / (v[0] + v[1] + v[2] + v[3])) * Bilerp(p, v);
```

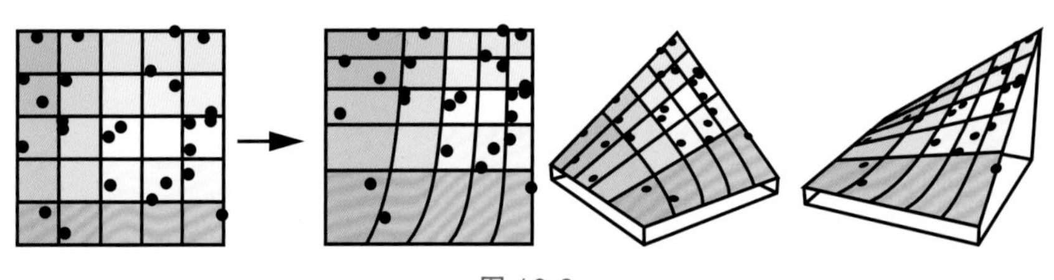

图 16.6

16.4.2 二维纹理分布

1. 舍选采样（rejection sampling）

图 16.7

想要在纹理图中按与纹理像素亮度成比例的概率选择一个像素点，一种简单的方法是使用舍选采样。按均匀的概率选择像素点，当且仅当像素亮度大于另一均匀分布的随机数时采样有效：

```
1 do {
2     X = u();
3     Y = u();
4 } while (u() > brightness(texture(X,Y))); // 亮度为[0,1]
```

注意纹理图使用舍选采样的效率与该纹理图的平均亮度成正比，因此，如果担心性能下降，应当避免对稀疏的（大多为暗色的）纹理图使用舍选方法。

2. 多维反演法

为了在二维尺度采样一种纹理，我们可以在16.3.4节第2项（从一维数组中采样）方法的基础上，从垂直分布与水平分布中分别采样：

（1）用每一行像素点建立亮度的CDF表格（累积分布），然后归一化（normalize）。

（2）用CDF表格的最后一列（每一行亮度的总和）建立CDF列，然后归一化。

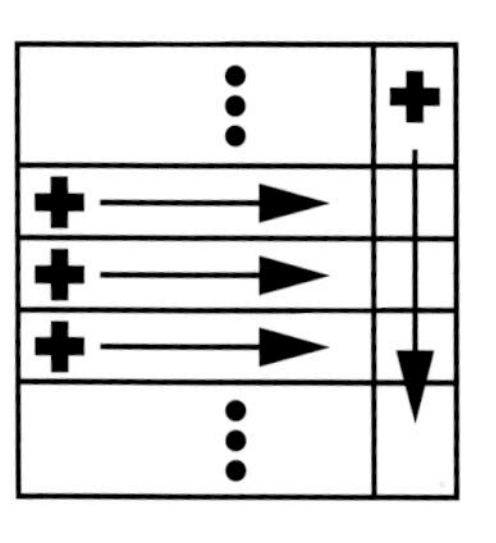

图 16.8

（3）为了从纹理分布中采样，首先需要取两个均匀随机数u[0],u[1]，用u[1]二分搜索CDF列，找出样本所在行；然后，用*u*[0]来二分搜索所有行，找出样本所在列。得到的坐标（column, row）就是按照纹理分布的。

这种反演法的缺点是它不能很好地保留样本点的分层特性（例如，蓝噪声或低差异（low-discrepancy）的点）。更好的方法是在二维中分层采样，如下文讨论的那样。

3. 分层变换

分层变换（hierarchical warping）用于优化上一节逆变换采样的不足，即基于行和列的逆变换映射可能导致样本聚集成群。首先要指出，分层变换不能完全解决连续性和分层的问题，尤其是使用相关联的样本，如蓝噪声或低差异序列时，但这是一种纹理采样时保留一些空间相关性的实用方法。分层变换主要应用于复杂光源的重要性采样等[3, 7]。

该方法的核心是建一棵条件概率树，在每一个节点上存储它的子节点的相对重要性。采样从根部出发，在每个节点用均匀分布的随机数根据相对重要性大小决定遍历的子节点。如果算法在每一步重映射均匀样本，而不是在每一层创建新的均匀样本，会更高效，生成更好的分布。生成的采样概率的说明可以参考Clarberg等的文章[2]。

这个方法不仅仅局限于二维中的离散分布采样。概率树取决于所在的域，可以是二分树，四分树，或者八分树。以下的伪代码展示了这个方法在二分树上的应用：

```
1 node = root;
2 while (!node.isLeaf) {
3     if (u < node.probLeft) {
4         u /= node.probLeft;
5         node = node.left;
6     } else {
7         u /= (1.0 - node.probLeft);
8         node = node.right;
9 }
10 // 现在我们找到了概率正确的叶子节点
```

因为我们可以基于纹理的mipmap层级直接采样，二维纹理图的采样实现变的尤为简单。从2×2纹理像素mipmap开始，基于纹理像素值计算出条件概率，先是水平方向，再是垂直方向。用二维均匀分布的随机数产生最优的最终分布：

```
1 int2 SampleMipMap(Texture& T, float u[2], float *pdf)
2 {
3     // 遍历尺寸为 2x2 ... NxN 的 mipmaps
4     // load(x,y,mip) 函数读取一个 texel( mip 0 是最大的二次方 )
5     int x = 0, y = 0;
6     for (int mip = T.maxMip()-1; mip >= 0; --mip) {
7         x <<= 1; y <<= 1;
8         float left = T.load(x, y, mip) + T.load(x, y+1, mip);
9         float right = T.load(x+1, y, mip) + T.load(x+1, y+1, mip);
10        float probLeft = left / (left + right);
11        if (u[0] < probLeft) {
12            u[0] /= probLeft;
13            float probLower = T.load(x, y, mip) / left;
14            if (u[1] < probLower) {
15                u[1] /= probLower;
16            }
17            else {
18                y++;
19                u[1] = (u[1] - probLower) / (1.0f - probLower);
20            }
21        }
22        else {
23            x++;
24            u[0] = (u[0] - probLeft) / (1.0f - probLeft);
25            float probLower = T.load(x, y, mip) / right;
26            if (u[1] < probLower) {
27                u[1] /= probLower;
28            }
29            else {
30                y++;
31                u[1] = (u[1] - probLower) / (1.0f - probLower);
32            }
33        }
34    }
35    // 我们找到了 texel (x,y) 它的概率与它的正交值成正比
36    // 计算 PDF 后返回坐标
37    // coordinates.
38    *pdf = T.load(x, y, 0) / T.load(0, 0, T.maxMip());
39    return int2(x, y);
40 }
```

需要注意的是，所有涉及重新映射一个或多个均匀分布随机数的方法，可能会损失一些数字精度。输入值大多格式为 32 位浮点数，这就意味着当我们采样叶子的时候，可能只剩下几位的精度了。实践中这对于通常大小的纹理图一般不是问题，但我们依然要保持注意。为了达到更高的精度，可以在每一步产生新的均匀分布的样本，但是那样分层的特性可能会丢失。

另一个有用的小技巧是，树中每一层的概率没有必要都等于它之下所有节点的总和。如果不强求等于的话，我们可以简单地在运算过程中，通过将每一步所选中的概率相乘来计算样本的概率密度。基于该思路的算法适用于全局概率密度函数预先未知，而在计算中随后产生的情形。

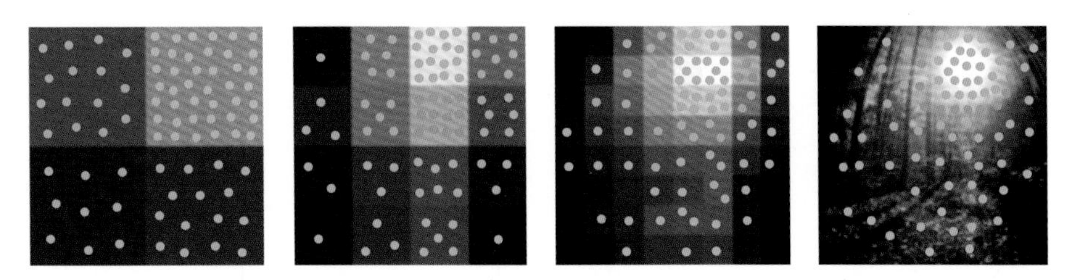

图 16.9

16.5　均匀表面采样

当均匀采样二维表面，也就是采样表面上的每个点的可能性相同时，每个点的概率密度函数都等于 1 除以表面积。例如，对于单位球体而言 $p = 1/4\pi$。

16.5.1　圆　盘

圆盘以原点 $(x, y) = (0, 0)$ 为中心，半径为 r。

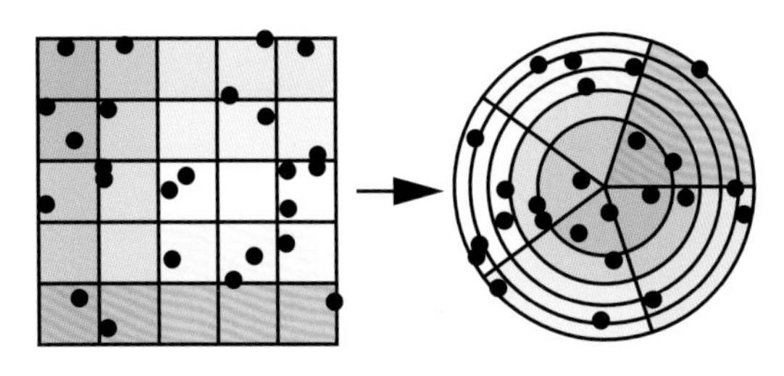

图 16.10

1. 极坐标映射

极坐标映射（polar mapping）将输入 $u[0]$ 转换为更大的半径，从而确保样本的均匀分布。圆盘的面积随着半径的增加而增加，只有四分之一区域在半径一半的范围内。

```
1 r = R * sqrt(u[0]);
2 phi = 2*M_PI*u[1];
3 x = r*cos(phi);
4 y = r*sin(phi);
```

由于“接缝”（逆变换中的不连续性）的存在，通常不使用极坐标映射。除了不能使用分叉的情况，都优先使用下面讨论的同心映射。

2. 同心映射

同心映射（concentric mapping）将 $[0, 1)^2$ 的同心正方形映射到同心圆，这样就避免了接缝和相邻性问题[11]。

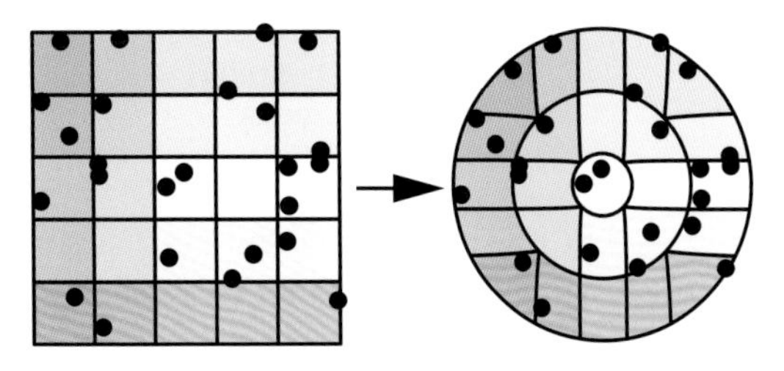

图 16.11

```
1 a = 2*u[0] - 1;
2 b = 2*u[1] - 1;
3 if (a*a > b*b) {
4     r = R*a;
5     phi = (M_PI/4)*(b/a);
6 } else {
7     r = R*b;
8     phi = (M_PI/2) - (M_PI/4)*(a/b);
9 }
10 X = r*cos(phi);
11 Y = r*sin(phi);
```

16.5.2 三角形

为了均匀地采样具有顶点 P_0，P_1 和 P_2 的三角形，我们把原坐标变换到重心坐标系，如果种子点不在方形的下半部分，则翻转种子点。

1. 变 形

直接在有效的重心坐标范围内采样，把四边形变形成三角形：

```
1 beta = 1-sqrt(u[0]);
2 gamma = (1-beta)*u[1];
3 alpha = 1-beta-gamma;
4 P = alpha*P0 + beta*P1 + gamma*P2;
```

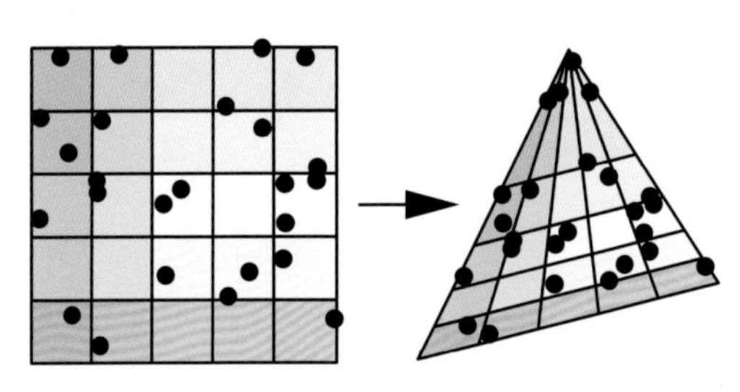

图 16.12

2. 翻 转

为了避免计算平方根，还可以用四边形进行采样。在这种情况下，如果发现样本处于对角线的错误一侧，则需要翻转样本点。通常翻转时无法确保二维点的良好分布，这会降低三角形内蓝噪声或低差异采样的有效性。

```
1 alpha = u[0];
2 beta = u[1];
3 if (alpha + beta > 1) {
4     alpha = 1-alpha;
5     beta = 1-beta;
6 }
7 gamma = 1-beta-alpha;
8 P = alpha*P0 + beta*P1 + gamma*P2;
```

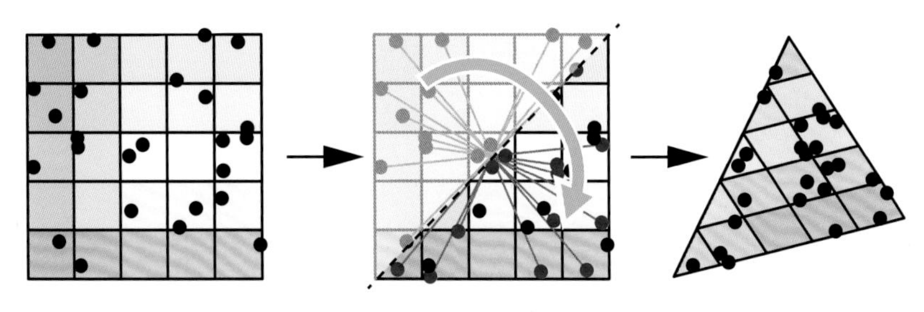

图 16.13

16.5.3　三角形网格

为了对三角形网格上的点进行采样，Turk[13] 建议对三角形面积的一维离散分布使用二分搜索。

我们可以通过组合前面介绍的纹理采样、三角形采样，以及从数组采样函数中得到的重映射均匀分布样本，来改进网格采样并创建从单位正方形到三角网格的映射，步骤如下：

（1）将每个三角形的面积存储在二维矩形表中，顺序不重要，与任何三角形都无关的单元格面积为 0。

（2）为表中的每一行构建面积的累积分布函数并进行归一化。

（3）为最后一列（每行的面积之和）构建面积的累积分布函数并进行归一化。

对网格进行采样的步骤如下：

（1）取均匀分布的二维随机数 $(u[0], u[1])$。

（2）使用 $u[1]$ 二分搜索列累积分布函数，这决定了使用哪一行 r。

（3）使用 $u[0]$ 二分搜索行以查找样本的列 c。

（4）用 $(u[0], u[1])$ 重映射随机数保存为 $(v[0], v[1])$。

（5）使用我们重新映射的二维随机数 $(v[0], v[1])$，用三角形采样方法对行 r 和列 c 的三角形进行采样。

（6）得到的三维采样店坐标均匀分布在三角形网格上。

请注意，此方法是不连续的，这可能会影响转换后采样的质量。

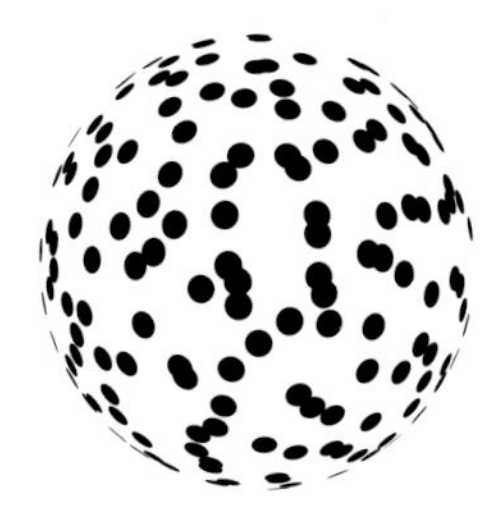

图 16.14

16.5.4　球

球体以原点为中心，半径为 r。

1. 经纬度映射

以下代码展示了如何使用统一的经纬度映射（latitude-longitude mapping）生成采样点。注意，z 值均匀分布在 $(-1, 1]$ 上。

```
1 a = 1 - 2*u[0];
2 b = sqrt(1 - a*a);
3 phi = 2*M_PI*u[1];
4 x = R*b*cos(phi);
5 y = R*b*sin(phi);
6 z = R*a;
```

2. 八面体同心（均匀）映射

经纬度映射方法很直观，但有个缺点是它在顶部和底部会非常显著地“拉伸”采样域。使用同心映射并与八面体映射（参见 Praun 和 Hoppe 论文[9]）相结合，可以定义具有良好特性的球体八面体同心映射（octahedral concentric mapping），其伸展率在最差的情况下是 2 : 1[1]。使用均匀的二维点作为输入，优化后的单位球体的变换如下：

```
 1 // Compute radius r (branchless).
 2 u = 2*u - 1;
 3 d = 1 - (abs(u[0]) + abs(u[1]));
 4 r = 1 - abs(d);
 5
 6 // Compute phi in the first quadrant (branchless, except for the
 7 // division-by-zero test), using sign(u) to map the result to the
 8 // correct quadrant below.
 9 phi = (r == 0) ? 0 : (M_PI/4) * ((abs(u[1]) - abs(u[0])) / r + 1);
10 f = r * sqrt(2 - r*r);
11 x = f * sign(u[0]) * cos(phi);
12 y = f * sign(u[1]) * sin(phi);
13 z = sign(d) * (1 - r*r);
14 pdf = 1 / (4*M_PI);
```

在许多应用中，上述单位正方形到单位球的变换不仅可以生成样本，还能在二维域中方便地表示球面函数。将单位球面上的点（例如，射线方向）映射回二维的逆变换操作同样有用。

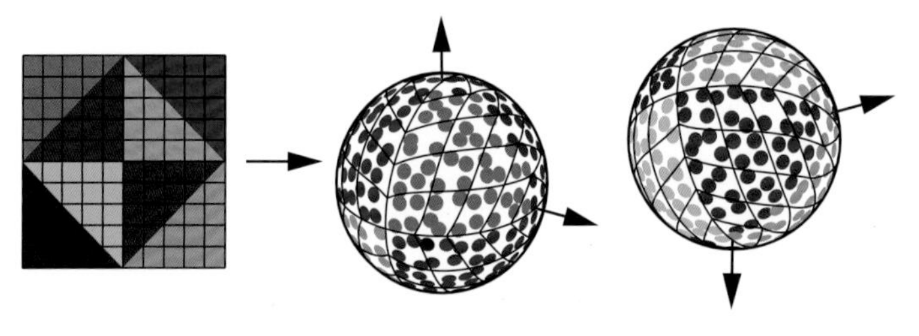

图 16.15

16.6 方向采样

许多光线追踪器的核心部分之一是采样球体或半球方向分布的概率密度函数。这种采样通常用于积分入射光时计算某一点的出射强度。这些概率密度函数通常以球坐标定义，其中极角（有时被称为天顶角（zenith angle））通常表示为 θ，方位角（azimuthal angle）表示为 ϕ。很遗憾不同的领域使用不同的符号约定，有时和前述的定义完全相反。

因此，取决于读者的知识背景，这种符号约定可能与他们的习惯相反，但它在计算机图形学中是相对标准的。

选择方向时，惯例是在单位球体（或半球）上选择一个点，并将方向定义为从球心到该点的单位矢量。

16.6.1　*Z* 轴向余弦加权半球

在渲染粗糙表面时，生成漫反射光线的常用做法是使用圆盘采样生成采样点（如第 16.5.1 节），然后将采样点投影到半球。这样做会产生具有余弦加权分布（cosine-weighted distribution）的样本，其分布密度在半球的顶点处高，底部低。生成的样本需要转换到正在渲染的曲面的局部切线空间。

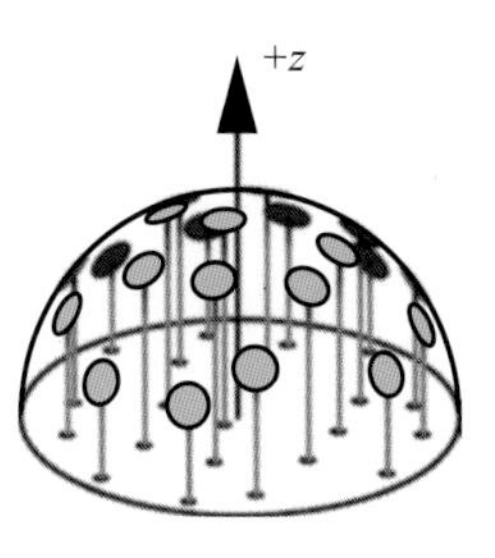

图 16.16

```
1 x = sqrt(u[0])*cos(2*M_PI*u[1]);
2 y = sqrt(u[0])*sin(2*M_PI*u[1]);
3 z = sqrt(1-u[0]);
4 pdf = z / M_PI;
```

16.6.2　向量轴向余弦加权半球

作为将 z 轴变换为 n（例如，切线空间的法线）的替代方案，我们可以使用在切线球上均匀分布的样本。这种方法避免了构造切向量，代价是降低了掠射情形下的数值精度。我们可以通过在球体表面上连接两个均匀分布的采样点来选择均匀分布的球体方向 [10]。这样做意味着到第二点的方向具有相对于第一点的余弦密度。如果向量 $n = (n_x, n_y, n_z)$ 是单位长度向量，则表示如下：

```
1 a = 1 - 2*u[0];
2 b = sqrt(1 - a*a);
3 phi = 2*M_PI*u[1];
4 x = n_x + b*cos(phi);
5 y = n_y + b*sin(phi);
6 z = n_z + a;
7 pdf = a / M_PI;
```

注意 (x, y, z) 不是单位向量，因此当切线球上的均匀分布的样本几乎与 $\boldsymbol{n}$ 相反时会出现精度问题，导致输出向量接近零。这些点对应于掠射射线（垂直于法线）。为了避免这些情况，我们可以通过将 a 和 b 乘以略小于 1 的数字来缩小切线球。

16.6.3　锥体方向采样

给定以 z 轴正向为轴，扩展角为 θ_{max} 的锥体，锥体中的均匀方向可用如下方式采样：

```
1 float cosTheta = (1 - u[0]) + u[0] * cosThetaMax;
2 float sinTheta = sqrt(1 - cosTheta * cosTheta);
3 float phi = u[1] * 2 * M_PI;
4 x = cos(phi) * sinTheta
```

```
5 y = sin(phi) * sinTheta
6 z = cosTheta
```

所有样本的概率密度函数均为 $1/[2\pi(1-\cos\theta_{max})]$。

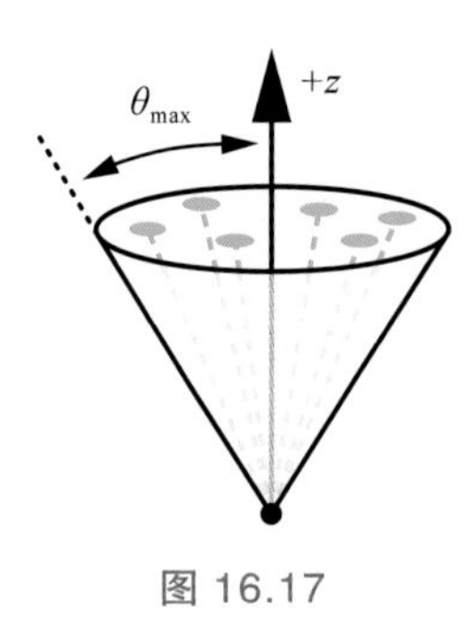

图 16.17

16.6.4 PHONG 分布采样

给定具有参数 s 的类似 Phong 的概率密度函数：

$$p(\theta,\phi)=\frac{s+1}{2\pi}\cos^{s}\theta \qquad (16.11)$$

我们可以相对于 z 轴方向进行采样，如下所示：

```
1 cosTheta = pow(1-u[0],1/(1+s));
2 sinTheta = sqrt(1-cosTheta*cosTheta);
3 phi = 2*M_PI*u[1];
4 x = cos(phi)*sinTheta;
5 y = sin(phi)*sinTheta;
6 z = cosTheta;
```

注意，生成的方向可能低于图中指示的表面。大多数程序会检测并将这些方向的贡献设置为零。

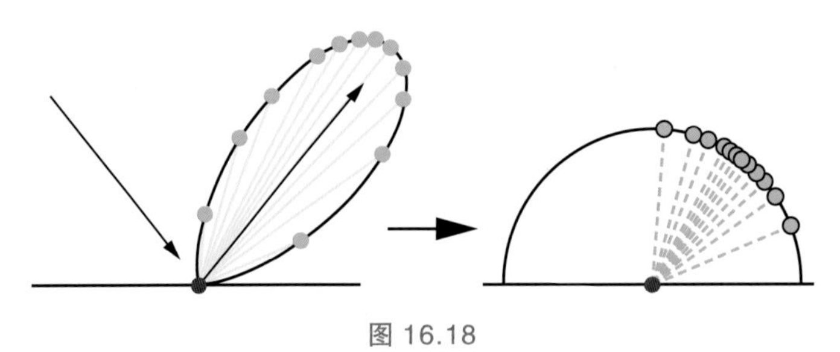

图 16.18

16.6.5 GGX 分布

Trowbridge-Reitz GGX 法线分布函数[12, 15]：

$$D(\theta_h)=\frac{\alpha^2}{\pi[1+(\alpha^2-1)\cos^2\theta_h]^2} \qquad (16.12)$$

它通常被用于计算微表面反射模型中的高光分量。其宽度或粗糙度参数 α 定义了表面的外观，较低的值表示较亮的表面。

可以通过将二维均匀分布的随机数变换为半向量的球坐标来对 GGX 分布进行采样：

$$\theta_{\text{h}} = \arctan\left(\frac{\alpha\sqrt{u[0]}}{\sqrt{1-u[0]}}\right) \tag{16.13}$$

$$\phi_{\text{h}} = 2\pi u[1] \tag{16.14}$$

其中，α 是 GGX 粗糙度参数。使用三角恒等式重写表达式可以很方便地计算出 $\cos\theta_{\text{h}}$：

$$\cos\theta_{\text{h}} = \sqrt{\frac{1-u[0]}{(\alpha^2-1)u[0]+1}} \tag{16.15}$$

接着同样使用毕达哥拉斯三角恒等式计算得$\sin\theta_{\text{h}} = \sqrt{1-\cos^2\theta_{\text{h}}}$。样本半向量的概率密度函数是 $p(\theta_{\text{h}}, \phi_{\text{h}}) = D(\theta_{\text{h}})\cos\theta_{\text{h}}$。

对于渲染，我们通常感兴趣的是基于给定的出射方向和局部切线框架对入射方向进行采样。为此，使出射方向 $\hat{\boldsymbol{v}}$ 关于采样的半向量$\hat{\boldsymbol{h}}$ 反射，求得入射方向 $\hat{\boldsymbol{l}} = 2(\hat{\boldsymbol{v}} \cdot \hat{\boldsymbol{h}})\hat{\boldsymbol{h}} - \hat{\boldsymbol{v}}$。入射方向的概率密度函数相较 $p(\theta_{\text{h}}, \phi_{\text{h}})$ 产生改变，必须乘以变换的雅可比行列式，这里行列式值为 $1/[4(\hat{\boldsymbol{v}} \cdot \hat{\boldsymbol{h}})]$ [14]。

与第 16.6.4 节中的 Phong 采样一样，生成的方向可能低于曲面。通常这些是被积函数为零的区域，但程序员应该确保小心处理这些情况。

16.7　体积散射

对于体积，通常也称为参与介质（participating media），光线将以概率方式与体积“碰撞”。有些程序通过增量光线积分（ray integration）来实现这一点，另一种方法是计算离散碰撞。有关图形学体积的更多信息，请参阅 Pharr 等人[8]的著作。

有关体散射的更多信息，请参见第 28 章。

16.7.1　体积中的距离

通过散射和吸收介质追踪光子需要对与体积透射率 $T(s)$ 成比例的距离进行重要性采样

$$T(s) = \exp\left(-\int_0^s \kappa(t)\mathrm{d}t\right) \tag{16.16}$$

式中，$\kappa(t)$ 是体积消光系数。此分布的概率密度函数是

$$p(s) = \kappa(s)\exp\left(-\int_0^s \kappa(t)\mathrm{d}t\right) \tag{16.17}$$

1. 均匀介质

在 κ 是常数的情况下，我们有 $p(s) = \kappa\exp(-s\kappa)$，反演得到：

$$ls = -\log(1-u) / \text{kappa}$$

注意 $1-u$ 很重要：由于我们假设 $u \in [0, 1)$，所以 $1-u \in (0, 1)$ 可以避免计算零的对数！

2. 非均匀介质

对于在空间中变化的 $\kappa(t)$，通常被称为 Woodcock 跟踪的程序可以给出想要的分布[16]。给定沿光线的最大消光系数 κ_{max} 和在 [0, 1) 范围内的随机数 u，程序如下：

```
1 s = 0;
2 do {
3     s -= log(1 - u()) / kappa_max;
4 } while (kappa(s) < u() * kappa_max);
```

16.7.2 Henyey-Greenstein 相函数

Henyey-Greenstein 相函数是模拟体积内定向散射特征的有用工具。它是一个定义在整个球体方向上的概率密度函数，它的值仅取决于输入和输出方向之间的角度 θ，并且由单个参数 g（平均余弦）控制：

$$p(\theta) = \frac{1-g^2}{4\pi(1+g^2-2g\cos\theta)^{3/2}} \tag{16.18}$$

对于 $g = 0$，散射是各向同性的，对于接近 −1 的 g，散射变为高度聚焦的前向散射，对于接近 1 的 g，散射变成高度聚焦的后向散射。

```
1 phi = 2.0 * M_PI * u[0];
2 if (g != 0) {
3     tmp = (1 - g * g) / (1 + g * (1 - 2 * u[1]));
4     cos_theta = (1 + g * g - tmp * tmp) / (2 * g);
5 } else {
6     cos_theta = 1 - 2 * u[1];
7 }
```

16.8 添加到集合中

本章列出了许多对光线追踪程序有用的映射，形成一个集合。本章没有深入探讨求解新映射所需的理论。如果要更多地了解相关理论，以便自己添加新映射，读者可以在 Pharr[8]、Glassner[5] 和 Dutré[4] 等人的书中找到完整的方法。

参考文献

[1] Clarberg, P. Fast Equal-Area Mapping of the (Hemi)Sphere Using SIMD. Journal of Graphics Tools 13, 3 (2008), 53–68.

[2] Clarberg, P., Jarosz, W., Akenine-Möller, T., and Jensen, H. W. Wavelet Importance Sampling:Efficiently Evaluating Products of Complex Functions. ACM Transactions on Graphics 24, 3 (2005),1166–1175.

[3] Conty Estévez, A., and Kulla, C. Importance Sampling of Many Lights with Adaptive Tree Splitting.Proceedings of the ACM on Computer Graphics and Interactive Techniques 1, 2 (2018), 25:1–25:17.

[4] Dutré, P., Bekaert, P., and Bala, K. Advanced Global Illumination. A K Peters, 2006.

[5] Glassner, A. S. Principles of Digital Image Synthesis. Elsevier, 1995.

[6] Keller, A. Quasi-Monte Carlo Image Synthesis in a Nutshell. In Monte Carlo and Quasi-Monte Carlo Methods 2012. Springer, 2013, 213–249.

[7] Keller, A., Wächter, C., Raab, M., Seibert, D., van Antwerpen, D., Korndörfer, J., and Kettner,L. The Iray Light Transport Simulation and Rendering System. arXiv, http://arxiv.org/abs/1705.01263, 2017.

[8] Pharr, M., Jakob, W., and Humphreys, G. Physically Based Rendering: From Theory to Implementation, third ed. Morgan Kaufmann, 2016.

[9] Praun, E., and Hoppe, H. Spherical Parametrization and Remeshing. ACM Transactions on Graphics 22, 3 (2003), 340–349.

[10] Sbert, M. An Integral Geometry Based Method for Fast Form-Factor Computation. Computer Graphics Forum 12, 3 (1993), 409–420.

[11] Shirley, P., and Chiu, K. A Low Distortion Map Between Disk and Square. Journal of Graphics Tools 2, 3 (1997), 45–52.

[12] Trowbridge, T. S., and Reitz, K. P. Average Irregularity Representation of a Rough Surface for Ray Reflection. Journal of the Optical Society of America 65, 5 (1975), 531–536.

[13] Turk, G. Generating Textures on Arbitrary Surfaces Using Reaction-Diffusion. Computer Graphics (SIGGRAPH) 25, 4 (July 1991), 289–298.

[14] Walter, B. Notes on the Ward BRDF. Tech. Rep. PCG-05-06, Cornell Program of Computer Graphics, April 2005.

[15] Walter, B., Marschner, S. R., Li, H., and Torrance, K. E. Microfacet Models for Refraction Through Rough Surfaces. In Proceedings of the 18th Eurographics Conference on Rendering Techniques (2007), 195–206.

[16] Woodcock, E. R., Murphy, T., Hemmings, P. J., and Longworth, T. C. Techniques Used in the GEM Code for Monte Carlo Neutronics Calculations in Reactors and Other Systems of Complex Geometry. In Applications of Computing Methods to Reactor Problems (1965), 557.

第 17 章　忽略光线追踪时的不便

Matt Pharr　NVIDIA

光线追踪最强大的地方在于它能模拟所有类型的光传输，但也带来了严重的不足。当有几条路径意外地携带更多的光时，产生的图片中会有少量明亮的尖锐噪点（spiky noise）像素。这些尖锐的噪点不仅需要大量额外的光线来平滑，而且对于去噪算法也是一大挑战。本章介绍两种技术来从源头解决问题，防止噪点产生。

17.1　引　言

光线追踪是一个神奇的算法，对图像合成中的光传输能进行无与伦比的精确模拟。现在合成高质量的图片不再完全依赖于光栅化技巧，实时图形编程人员可以从历史技术枷锁中解放，尽情通过追踪光路产生更漂亮的图片。

现在让我们继续介绍新技术。

17.2　动　机

如图 17.1 所示的两张图片，盒子中的一对球体都是通过路径追踪渲染得到的高质量参考图，其中每个像素都由几千条路径计算而得。场景由一个不直接可见的光源照亮，两个图像唯一不同的是场景右侧球体的材质：图 17.1（a）是漫反射材质，图 17.1（b）则是完全的镜面高光。

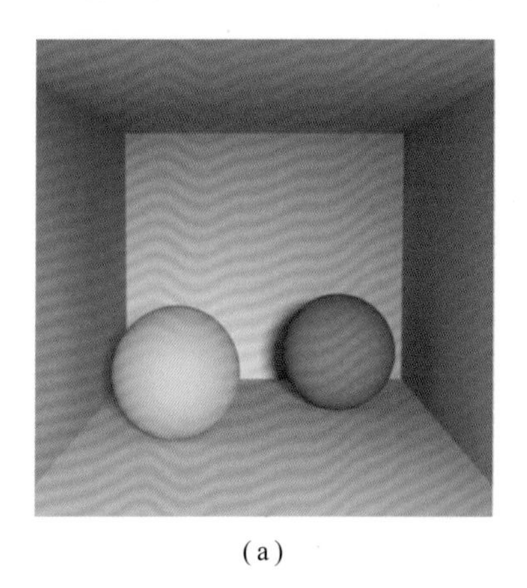

(a)

(b)

图 17.1　被一个光源照亮的简单场景，用足够路径的路径追踪渲染得到高质量的参考图。两个渲染场景唯一不同的是图（a）右边的漫反射球体在图（b）中变成镜面的

如果使用更实际的采样数量（这里用了 16[1] 个）进行渲染，有趣的事发生了。图 17.2 的结果显示，图（a）中只有漫反射球体的场景看起来还不错，然而图（b）镜面球体场景中散布着明亮的尖锐噪点，有时也叫“萤火虫（firefly）”。

(a) 仅有漫反射球体的场景表现良好，可以很容易地去噪生成高质量的图像

(b) 有许多尖锐的噪点像素，需要额外工作来让图像好看

图 17.2 范例场景，每像素 16 次采样的渲染

为什么平平无奇的材质的改变会导致图像质量的严重退化？

为了理解背后的原因，想象我们随机选择图像中的一部分像素，计算它们的平均值来作为整幅图像的平均值。以图 17.1 中两个收敛的图像（converged image）为例计算平均值。在（a）的场景中，大部分像素的值很接近，因此，无论你选择哪些像素，计算的均值大致正确。

在图（b）的场景中，注意到镜面球体上有一小块像素反射了光源。在极少数的情况下我们恰好选到对光源可见的像素，并加上光源的自发光强度（emission），然而大多数情况下我们并不会选中它。

考虑到光源的小尺寸以及离场景的距离，光源需要相当大的发射强度来照亮场景。为了最终的着色像素值大致在 [0, 1] 范围，我们设置自发光的颜色为 RGB 格式的（500，500，500）。因此，如果恰好选中的像素对光源可见，但是采样的数量很小，那么真实的平均值将被严重高估。大多数时候我们不包含这些像素，由于没有包含高值像素的像素，得到的平均值会被低估。

现在回到图 17.2 中的渲染图，做路径追踪时，我们会对表面中的每个点追踪一条新的光线，因此面对的问题与上文计算图像均值类似：我们正试图用几束光线来估算到达该点的光线的余弦和 BSDF 加权平均值。当世界在所有方向上都很相似时，只选择一个方向的效果也很好。而当光线在一小部分方向上有很大差异时，就会遇到麻烦，容易高估一小部分像素的平均值。这最后表现为图 17.2（b）中的尖锐噪点。

1）每像素使用 16 样本光线，在进行复杂场景的高分辨率交互渲染并不可行，实际应用中还要用降噪算法和时域累加平滑处理。本章为了帮助读者理解光线追踪的图像瑕疵，不采用任何降噪手段。

了解尖锐噪点产生的原因后，可以从斑点的分布中看到一些有趣的东西：它们在能“看到”镜像球体的表面上更为常见。因为光线必须击中镜像球体才能意外地找到返回光源的路径。请注意，在图像的左下角有无斑点的阴影，因为绿色球体遮挡了那些原本能直接看到镜像球体的点。

这类噪声最大的挑战是即便增加采样数，它们依然消失得很慢。再次考虑计算图像颜色均值的例子：一旦在总和中包含了（500，500，500）的 RGB 颜色值，要得到真正的平均值还需要相当多 [0, 1] 范围内的采样点。正如结果表明的那样，增加采样数使得图像的平均质量好转，但是看起来却更糟：光线越多，击中光源的像素也越多。

17.3 截断法

解决这个问题最简单的方法是截断法（clamping）。具体来说，我们对高于自定义的阈值 t 的任何样本值 c 进行截断。以下是完整的算法：

$$c' = \min(c,t) \tag{17.1}$$

图 17.3 镜面球体场景渲染路径贡献被固定为 3，噪声要小得多。图（a）每像素 16 采样点被渲染（同图 17.2（a）），图（b）已经收敛。

(a) 每像素 16 点采样

(b) 每像素 1024 点采样

图 17.3 镜面材质球体采用截断法渲染。注意到图 17.2 中的尖锐噪点消失了，同时也失去了球体在地面和边上墙壁的光的反射效果，也称焦散（图 17.1 中可见）

16 个采样点的渲染图的尖锐噪点像素消失了，更接近一个好看的图像。然而，注意到 1024 采样的图像和最终图像 17.1 之间的差异：我们已经失去了位于镜面球体下方地面和右侧墙壁的光源聚焦光（focused light）（所谓的焦散），这是因为光照来自于少数高贡献度的光路（high-contribution paths），因此截断法阻止了它们对最终的图像贡献太多。

17.4 路径正则化

路径正则化（path regularization）比截断法更好，它需要稍微多做一些工作来实现，但是它不会像截断法那样受到能量的损失。

再思考下上文从几个像素计算图像平均值的练习：如果有一幅图像有几个很明亮的像素值，像镜面球体表面光的反射，那么对图像进行模糊后选取像素做平均结果会更好，这样，明亮的像素都会分散开来，并使其变暗，因为模糊后的图像有更小的方差，选择哪个像素无关紧要。

路径正则正是基于这一想法。其概念很直接：当点遇到间接光线时，模糊场景 BSDF（bidirectional scattering distribution function，双向散射分布函数）。在这些点上执行正则化后，球体材质将变成粗糙的镜面（glossy specular），而不是完全的镜面（perfectly specular）。

图 17.4（a）显示了算法在每像素 16 点采样的场景中应用的结果，图（b）显示当图像在大约 128 点采样时收敛的效果。正则消除了尖锐的噪点，同时仍然保留了光源的焦散反射（caustic reflection）效果。

(a) 场景采用路径正则以每像素 16 点采样被渲染。注意到随机的尖锐的噪点消失，而来自光源的焦散仍然存在

(b) 一旦我们每像素累积 128 点采样，我们就会得到一个仍然包含焦散的相当干净的图像

图 17.4

17.5 总　结

在光线追踪中有时我们会在图像中遇到尖锐噪点（spiky noise），这是由于局部明亮的物体或反射没有被很好地采样。理想情况下，我们可以改善采样技术应对噪声，但是不能保证每次都会得到正确的结果。

在这种情况下，截断法和路径正则都是有效的技术来得到高质量图像。这两种方法都很容易实现，限定方法只要在渲染器中增加一行代码，路径正则只要求记录是否非镜面在光路中被遇到，如果是，模糊随后的 BSDF 减少镜面反射。

路径正则建立在一个比我们在这里描述的更具原理性的理论基础之上，详细请看 Kaplanyan 和 Dachsbacher 的论文[1]。

截断法对应的一个更为原理性的方法叫抛弃离群值（outlier rejection），与其他样本相比，异常明亮的样本被丢弃。抛弃离群值法比固定阈值的方法更为鲁棒并且损失的能量更少。Zirr 等人[2]的文章中提出了一种最新的抛弃离群值法的 GPU 实现方案。

参考文献

[1] Kaplanyan, A. S., and Dachsbacher, C. Path Space Regularization for Holistic and Robust Light Transport. Computer Graphics Forum 32, 2 (2013), 63–72.

[2] Zirr, T., Hanika, J., and Dachsbacher, C. Reweighting Firefly Samples for Improved Finite-Sample Monte Carlo Estimates. Computer Graphics Forum 37, 6 (2018), 410–421.

第 18 章　GPU 实现的多光源重要性采样

Pierre Moreau　NVIDIA, Lund University
Petrik Clarberg　NVIDIA

光线追踪 API 的引入和硬件加速的支持，为实时渲染物理光照提供了可能。光源的重要性采样是光线传输模拟中的基本操作之一，适用于直接照明和间接照明。

本章描述了一种层次包围盒数据结构和相关的采样方法，用于加速局部光源的重要性采样。这项工作基于最近发布的影视渲染光源采样方法，使用 Microsoft DirectX Raytracing 来达到实时的渲染效果。

18.1　概　述

一个真实的场景可能会包含数十万个光源。光与影的精确模拟是决定画面真实感最重要的因素之一。基于光栅化阴影贴图的传统实时渲染，实际上仅限于使用少量精心挑选的动态光源。而光线追踪能提供更大的灵活性，因为可以在每个像素点向不同的光源进行阴影光线的采样。

从数学上讲，选择光源样本的最佳方法是，按每个光源的贡献成比例的概率采样光源。然而，取决于局部的表面特性和光源的可见性，光源的贡献在空间中是变化的。因此，找到一个适用于场景所有地方的单一全局概率密度函数（PDF）具有挑战。

本章中探讨的解决方案是使用在光源上构建的分层加速结构来指导采样[11, 22]。数据结构中的每个节点代表一组光源。从上向下遍历树，在每一层估计每组光源的贡献，并根据在每层的随机决策选择向下遍历的路径。图 18.1 演示了这些概念。

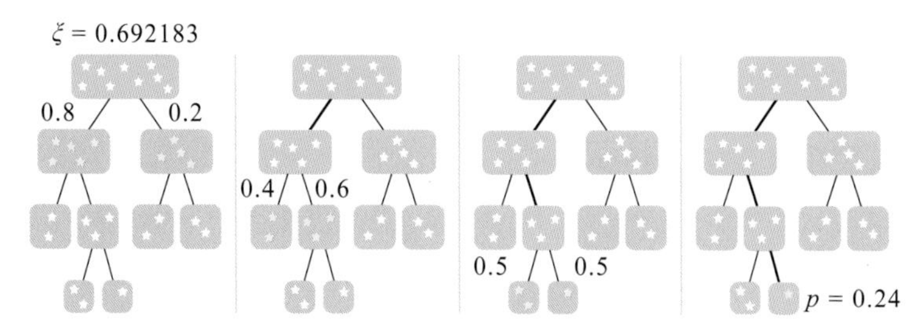

图 18.1　全部光源都按照层次结构来组织。对于一个给定的着色点 X，我们从根开始沿层次结构向下前进。在每一层，按照概率来估计每个相邻子节点关于 X 的重要性。然后，用一个服从均匀分布的随机数 ξ 来决定树上的路径，并在叶子处找到要采样的光源。最后，更重要的光源采样概率更高

这意味着光源的选择概率与其贡献近似成正比，但不需要在每个着色点显式计算和储存 PDF。该技术的性能最终取决于我们估计光源贡献的准确度。实际上，一个光源或一组光源的贡献取决于以下几点：

（1）辐射通量：光源越强，它的贡献就越大。

（2）到着色点的距离：光源越远，它所包围的立体角越小，使得到达着色点的能量就越少。

（3）朝向：光源可能不会在所有方向上发光，也不会均匀地发光。

（4）可见性：全部被遮挡的光源没有贡献。

（5）着色点的 BRDF：位于 BRDF 主峰方向的光源将被反射更多的能量。

光源重要性采样的关键优点在于，它与光源的类型和数量无关，因此我们追踪阴影光线时，场景能容纳更多的光源，并且可以无缝支持大纹理的面光源。因为概率贡献在运行时计算，场景完全可以动态变化并具有复杂的光源设置。随着最近降噪技术的进步，这有望减少渲染的时间，允许更大的艺术自由度，渲染更真实的结果。

接下来，我们将更加详细地讨论光源重要性采样，并提供一种在光源上使用层次包围盒（BVH）的实时实现。该方法使用 Microsoft DirectX Raytracing（DXR）API 实现，并且源代码是公开的。

18.2 传统算法回顾

随着工业生产影视渲染中渲染方法向路径追踪转变[21, 31]，可见性采样通过追踪光源上的采样点的阴影光线来解决。当一条阴影光线在着色点到光源采样点的路径上没有击中任何物体时，采样点可见。通过对光源表面很多采样点的平均，实现了一种对光照效果较好的近似。随着采样数量的增多，这种近似向标准答案（ground truth）收敛。但是，过度采样方法在处理大量光源时，即便对实时性要求低的影视渲染来说，也不是一种可行的策略。

为了处理有大量光源的复杂动态照明场景，大多数技术通常依赖于在光源上建立某种形式的空间加速结构，然后通过剔除，近似或重要性采样光源来加速渲染。

18.2.1 实时光源剔除

游戏引擎现在转变为使用基于物理的材质和由物理单位规范的光源[19, 23]。但是，出于性能原因和光栅管线的限制，只有一些类似点的光源可以使用阴影映射（shadow map）实时渲染。每个光源的计算开支很高，性能与光源个数呈线性关系。对于面光源，非阴影的贡献可以使用线性变换的余弦项来计算[17]，但是评估可见性的问题仍然存在。

为了减少需要考虑的光源数量，通常人为地去限制每个光源的影响区域，例如，用一个近似的二次衰减，使光源强度在某个距离变为零。仔细摆放光源以及调整光源的参数，可以限制影响给定点的光源数量。

切片着色（tiled shading）[2, 28]的工作原理是将这些光源放入屏幕空间中的切片，其中切片的深度约束有效地减少了在对每个切片进行着色时所需要处理的光源数量。现在的变种通过分割深度（2.5D 剔除）[15]，聚类着色点或光源[29, 30]，或使用逐切片的光源树[27]来提高剔除率。

这些剔除方法的一个缺点是加速结构位于屏幕空间中。另一个缺点是所需的限制光源范围会导致图像明显变暗。在许多昏暗的光源累加形成显著贡献的情况下，例如圣诞树灯或室内办公室照明时，这一缺点尤为明显。为了解决这个问题，Tokuyoshi 和 Harada[40] 提出使用随机光源范围来随机拒绝不重要的光源，而不是指定一个固定的范围。为了在路径追踪中验证这个想法，他们对光源使用了球形的包围层次结构。

18.2.2　多光源的算法

虚拟点光源（VPLs）[20] 长期以来被用于近似全局照明。想法是追踪从光源发出的光子，并在路径节点上存储 VPL，然后利用这些 VPL 来近似间接光照。VPL 方法在概念上近似于对光源的重要性采样方法。光源被聚类到树中节点上，并且在遍历期间计算估计贡献。主要的差异在于，对于重要性采样，估计值被用于计算光源选择概率，而不是直接用来近似光源。

例如，光源切割（lightcuts）[44, 45] 通过逐着色点遍历树并计算估计贡献的误差界限来使用数百万 VPLs 加速渲染。当误差足够小时，这个算法选择去使用一组 VPLs 直接作为光源，避免细分为更细小的组或单个 VPLs。Dachsbacher 等人的研究[12]，对这些和其他多光源技术进行了不错的概述。另请参阅 Christensen 和 Jarosz[8] 对全局照明算法的概述。

18.2.3　光源重要性采样

在多光源光线追踪加速的早期工作中，按照贡献将光源排序，并且只对大于阈值的光源进行阴影检测（shadow test）[46]。然后基于其可见度的统计估计值来添加剩余光的贡献。

Shirley 等人[37] 描述了对不同类型光源的重要性采样。他们通过比较光源的估计贡献和一个用户定义的阈值的大小，将光源分为亮或暗。为了从多个光源中采样，他们使用一个分层细分的八叉树划分光源，直到明亮的光源数量足够小。通过评估格子边界上的大量点的贡献来估计八叉树格子的贡献。Zimmerman 和 Shirley[47] 使用了一种空间均匀细分的方法来代替，并且包含了对格子内可见性的估计。

对于多光源的实时光线追踪，Schmittler 等人[36] 限制了光源的影响区域，并且使用 k-d 树来快速找到影响每个点的光源。Bikker 在 Arauna 引擎中使用一种类似的方法[5, 6]，但是他使用了一个球形节点的 BVH 去收紧光源的边界。用 Whitted-style 的方法来评估所有光源贡献并着色。因为部分光源的贡献被去除，这些方法往往存在偏差，但如前面提到的，可以通过随机光源范围来缓解这个问题[40]。

在 Brigade 实时光线追踪引擎中，Bikker[6] 使用重要性采样（resampled importance sampling）[39]。基于位置无关的概率密度函数来选择第一组光源，然后在该组光源中使用 BRDF 和距离来更精确地估计贡献并选择一个重要的光源。这种方法没有分层数据结构。

Iray 渲染系统[22]中使用一种分层光源重要性采样方案。Iray 只使用三角形，并为每个三角形指定一个辐射通量（功率）值。为三角形光源建立 BVH 并且按照概率来遍历，在每个节点处计算每个子树的估计贡献。系统通过将单位球体划分为少量区域并且在每个区域存储一个代表性通量值来对每个节点处的方向信息进行编码。BVH 节点的估计辐射通量值基于到节点中心的距离来计算。

Conty Estevez 和 Kulla[11]采用类似的方法进行电影渲染。他们使用四叉的包含解析光源形状的 BVH。在世界空间聚类由锥角指定方向的光源。遍历过程中，基于一个均匀的随机数按照概率选择要遍历的分支。这个随机数在每一步被重新调整到单位范围，从而保留了分层属性（在分层样本变换中使用相同的技术[9]）。为了减少较大的节点估计不良的问题，他们在遍历期间使用一个度量值来自适应地分割这些节点。我们的实时实现方法基于他们的技术，并进行了一些简化。

18.3 基础知识回顾

本节在深入介绍我们实时实现方法的技术细节之前，首先回顾一些基于物理的光照和重要性采样的基础。

18.3.1 光照积分

从物体表面上点 X 离开，沿着观察方向 $\boldsymbol{v}$ 的辐射度 L_o，是发光辐射度 L_e 和反射辐射度 L_r 之和。参考文献［18］描述的几何光学近似为：

$$L_o(X,\boldsymbol{v}) = L_e(X,\boldsymbol{v}) + L_r(X,\boldsymbol{v}) \quad (18.1)$$

$$L_r(X,\boldsymbol{v}) = \int_{\Omega} f(X,\boldsymbol{v},\boldsymbol{l})L_i(X,\boldsymbol{l})(\boldsymbol{n}\cdot\boldsymbol{l})\,\mathrm{d}\omega \quad (18.2)$$

此处的 f 是双向反射函数 BRDF，L_i 是沿方向 $\boldsymbol{l}$ 的入射辐射度。接下来，当讨论一个具体的点时，我们将去掉 X 标识。同时，令 $L(X \leftarrow Y)$ 表示从点 Y 朝向点 X 方向发射的辐射度。

本章主要关注 L_i 来自场景中潜在大量局部光源集合的情况。该算法同时也可以结合其他采样策略，从而用于处理远距离光源（例如太阳和天空）。

半球上的积分可以重写为光源的整个表面上的积分。立体角和表面积之间的关系如图 18.2 所示。事实上，光源上点 Y 的一小块 $\mathrm{d}A$ 覆盖一个立体角为

$$\mathrm{d}\omega = \frac{|\boldsymbol{n}_Y \cdot -\boldsymbol{l}|}{\|X-Y\|^2}\mathrm{d}A \quad (18.3)$$

即包含有关于距离的平方反比衰减和光源的法线 $\boldsymbol{n}_Y$ 与发射光方向 $-\boldsymbol{l}$ 之间的点积。注意，在我们的实现中，光源可以是单面或双面的光源。对于单面的光源，我们设置当 $(\boldsymbol{n}_Y \cdot -\boldsymbol{l}) \leqslant 0$ 时，发出的辐射度 $L(X \leftarrow Y) = 0$。

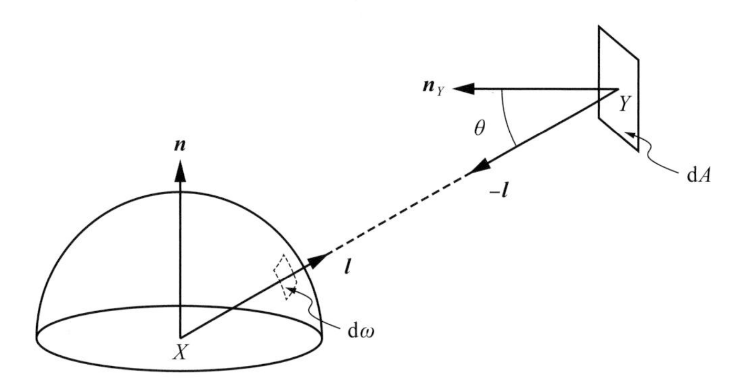

图 18.2　光源上点 Y 的一小块 dA 覆盖微分立体角 $d\omega$ 是它的距离 $\|X-Y\|$ 和角度 $\cos\theta = |n_Y \cdot -l|$ 的函数

我们也需要知道着色点 X 与光源上的点 Y 之间的可见性信息，表示为

$$v(X \leftrightarrow Y) = \begin{cases} 1 & \text{当} X \text{与} Y \text{互相可见} \\ 0 & \text{否则} \end{cases} \tag{18.4}$$

实践中我们通过在方向 l 上追踪来自 X 的阴影射线来评估 v，其中射线的最大距离为 $t_{\max} = \|X-Y\|$。请注意，为了避免由于数值问题导致的自相交，需要使用 epsilons 来偏移光线原点并略微缩短光线。详见第 6 章。

现在，假设在场景中有 m 个光源，在式（18.2）中反射的辐射度可以写作

$$L_r(X,\boldsymbol{v}) = \sum_{i=1}^{m} L_{r,i}(X,\boldsymbol{v}) \tag{18.5}$$

$$L_{r,i}(X,\boldsymbol{v}) = \int_{\Omega} f(X,\boldsymbol{v},\boldsymbol{l}) L_i(X \leftarrow Y) v(X \leftrightarrow Y) \max(\boldsymbol{n} \cdot \boldsymbol{l}, 0) \frac{|\boldsymbol{n}_Y \cdot -\boldsymbol{l}|}{\|X - Y\|^2} \mathrm{d}A_i \tag{18.6}$$

也就是说，L_r 是来自每个单独光源 $i = \{1, \cdots, m\}$ 的反射光的总和。请注意，我们限定 $\boldsymbol{n} \cdot \boldsymbol{l}$，因为相对着色点背向的光没有贡献。复杂度与光源数量 m 呈线性关系，当 m 很大时，计算成本可能变得昂贵。这引导我们进入下一个主题。

18.3.2　重要性采样

如第 18.2 节所述，有两种完全不同的方法可以降低式（18.5）的成本。一种方法是限制光源的影响区域，从而减小 m。另一种方法是采样一小部分光源 $n \ll m$。得到的结果连续一致，即随着 n 的增长结果收敛于真实结果（ground truth）。

1. 蒙特卡罗方法

令 Z 为离散随机变量，$z \in \{1, \cdots, m\}$。Z 的值为 z 的概率可以被表示为离散型 PDF，$p(z) = P(Z = z)$，其中 $\sum p(z) = 1$。例如，如果 Z 取所有值的概率相等，那么 $p(z) = \frac{1}{m}$。如果对于随机变量 Z 有一个函数 $g(Z)$，则它的期望为

$$\mathbb{E}\left[g(Z)\right]=\sum_{z\in Z}g(z)p(z) \tag{18.7}$$

即每个可能的结果按其概率加权求和。现在，如果从 Z 中取 n 个随机样本 $\{z_1, \cdots, z_n\}$，我们得到了$\mathbb{E}\left[g(Z)\right]$的 n- 样本蒙特卡罗估计值 $\widetilde{g}_n(Z)$：

$$\widetilde{g}_n(z)=\frac{1}{n}\sum_{j=1}^{n}g(z_j) \tag{18.8}$$

换句话说，可以通过取函数随机样本的均值来估计期望值。我们也可以说蒙特卡罗估计 $\widetilde{g}_n(Z)$，是 n 个独立同分布的随机变量 $\{Z_1, \cdots, Z_n\}$ 的函数值的平均值。很容易证明 $\mathbb{E}\left[\widetilde{g}(Z)\right]=\mathbb{E}\left[g(Z)\right]$，即这个估计函数给了我们正确的值。

因为我们取随机样本，估计函数 $\widetilde{g}_n(Z)$ 是有方差的。如我们在第 15 章中讨论的，方差的降低与 n 呈线性关系：

$$\mathrm{Var}\left[\widetilde{g}_n(Z)\right]=\frac{1}{n}\mathrm{Var}\left[g(Z)\right] \tag{18.9}$$

这些性质表明，蒙特卡罗估计是一致的。在极限情况下，当我们有无限多个样本时，方差为零，并且它已收敛到正确的期望值。

注意，几乎所有积分问题都可以转化为求期望，由此得到一种基于函数随机样本估计解积分的一致方法。

2. 光源选择重要性采样

在我们的例子中，我们感兴趣的是估计从所有光源反射的光的总和（式（18.5））。该总和可以表示为期望值（参见式（18.7）），如下所示：

$$L_r(X,\boldsymbol{v})=\sum_{i=1}^{m}L_{r,i}(X,\boldsymbol{v})=\sum_{i=1}^{m}\frac{L_{r,i}(X,\boldsymbol{v})}{P(Z=i)}P(Z=i)=\mathbb{E}\left[\frac{L_{r,z}(X,\boldsymbol{v})}{p(Z)}\right] \tag{18.10}$$

结合式（18.8），从所有光源反射的光的蒙特卡罗估计为

$$\widetilde{L}_r(X,\boldsymbol{v})=\frac{1}{n}\sum_{j=1}^{n}\frac{L_{r,z_j}(X,\boldsymbol{v})}{p(z_j)} \tag{18.11}$$

也就是说，我们将随机选择的一组光源 $\{z_1, \cdots, z_n\}$ 的贡献除以选择每个光源的概率。与我们采样的样本数量无关，该估计总是满足一致性。不过我们采的样本越多，估计量的方差才能越小。

注意，到目前为止没有对随机变量 Z 的分布做出任何假设。唯一的要求是对于 $L_{r,z}>0$ 的所有光源的 $p(z)>0$，否则我们会忽略某些光源贡献。可以证明，当 $p(z)\propto L_{r,z}(X,\boldsymbol{v})$[32, 38] 时，方差最小。虽然我们不会在这里详述，但是当概率密度函数与我们正在采样的函数完全成比例时，蒙特卡罗估计中的求和变为常数项的求和。在这种情况下，估计的方差为零。

实际上，这是不可能实现的，因为对于给定的着色点，$L_{r,z}$ 未知，但我们应该以尽可能接近它们对着色点的相对贡献的概率来选择光源。在第 18.4 节中，我们将研究如何计算 $p(z)$。

3. 光源采样

为了使用式（18.11）估计反射辐射，我们还需要对于随机选择的一组光源估计积分 $L_{r,z_j}(X, \boldsymbol{v})$。式（18.6）中的表达式是涉及 BRDF 项和可见性项的光源面积分。在图形学中，解析地计算值是不切实际的。因此，我们再次使用蒙特卡罗求积分。

在光源表面均匀采样 s 个样本 $\{Y_1, \cdots, Y_s\}$。对于三角形网格的光源，每个光源都是一个三角形，可使用标准技术在三角形上均匀地拾取点[32]（参见第 16 章）。三角形 i 上的样本的概率密度函数为 $p(Y)=\frac{1}{A_i}$，其中 A_i 是第 i 个三角形的面积。然后使用蒙特卡罗估计来评估光源上的积分

$$\widetilde{L}_{r,i}(X,\boldsymbol{v})=\frac{A_i}{s}\sum_{k=1}^{s}f(X,\boldsymbol{v},\boldsymbol{l}_k)L_i(X\leftarrow Y_k)v(X\leftrightarrow Y_k)\max(\boldsymbol{n}\cdot\boldsymbol{l}_k,0)\frac{\left|\boldsymbol{n}_{Y_k}\cdot-\boldsymbol{l}_k\right|}{\left\|X-Y_k\right\|^2} \tag{18.12}$$

在当前实现中，因为对于 n 个采样的光源中的每一个，我们只追踪一条阴影光线，$s=1$，并且因为我们在估计其发射辐射度时使用光源的几何法线，$\boldsymbol{n}_{Y_k}=\boldsymbol{n}_i$。出于性能原因，默认情况下禁用平滑法线和法线贴图，因为它们通常对光分布的影响可以忽略不计。

18.3.3　对光源的光线追踪

在实时应用中，常见的渲染优化是将几何表示与实际的发光形状分开。例如，灯泡可以使用点光源或小的解析球形光源表示，而可见光灯泡则绘制为更复杂的三角形网格。

在这种情况下，重要的是光源几何表示的发光属性与实际光源的强度是否匹配。否则，直接观察的光源的亮度与其投射到场景中的光强之间会存在感知差异。注意，光源通常以光度学（photometric）单位光通量（luminous flux）（单位流明）来表示，而区域光的发射强度以亮度（单位 cd/m^2）给出。因此，从光通量到亮度的精确转换需要考虑光的几何形状的表面积。在渲染之前，这些光度单位最终被转换为我们使用的辐射量（通量和辐射度）。

另一个考虑因素是当追踪到一个光源的阴影光线时，我们不希望无意中击中代表光源的几何网格并将光源记为被遮挡。因此，光源的几何表示必须对阴影射线不可见，但对其他射线可见。Microsoft DirectX Raytracing API 允许通过加速结构上的 InstanceMask 属性和 TraceRay 的 InstanceInclusionMask 参数来控制此行为。

出于使用多重重要性采样（MIS）[41]这一种重要方差减少技术的考虑，我们必须要评估其他采样策略生成样本的光源采样概率。例如，如果我们使用 BRDF 重要性采样得到的方向样本产生的光线随后击中光源，那么我们还要计算该样本基于光源重要性采样

的概率。基于该概率以及 BRDF 采样概率，可以使用例如幂次启发式的方法[41]来计算样本的新权重以减小总体方差。

MIS 的一个实际考虑因素是，如果光源是由解析形状表示，我们不能使用硬件加速的三角测试来搜索给定方向的光源。另一种方法是使用自定义的相交着色器来计算光线和光源形状之间的交点，这在我们的示例代码中尚未实现。相反的，我们总是使用网格本身作为光源，即每个发光三角形被视为光源。

18.4 算 法

接下来，我们将会描述光源重要性采样的主要步骤。描述的顺序按操作执行的频率来排序。我们从模型素材的创建时期执行的预处理步骤开始，然后介绍构建和更新每帧运行一次的光源数据结构。最后，描述采样过程，对于每个光源采样点执行一次采样。

18.4.1 光源的预处理

对于网格光源，类似于 Iray[22]，我们预先计算每个三角形 i 的通量值 Φ_i 作为预处理。通量是三角形发出的总辐射功率。对于漫射发光源，通量是

$$\Phi_i = \iint_{\Omega} L_i(X)(\boldsymbol{n}_i \cdot \omega)\,\mathrm{d}\,\omega\,\mathrm{d}\,A_i \tag{18.13}$$

其中，$L_i(X)$ 是光源表面上 X 位置的发射辐射度。对于没有纹理的光源，通量值为 $\Phi_i = \pi A_i L_i$，其中 L_i 是材料的恒定辐射度，A_i 是三角形的面积，因子 π 来自半球上积分的余弦项。在我们的经验中，带纹理的光源比没有纹理的发射器更常见，因此，为了处理带有纹理的光源，我们在加载时以预处理的形式估算式（18.13）。

为了求解辐射度，在纹理空间中将所有发光三角形栅格化。三角形被缩放和旋转，使得每个像素只代表一个最大的 mip level 的纹素。然后通过加载在像素着色器中的相应纹素的辐射度，原子化地累加其值来计算积分。还要统计纹素的数量，并在最后除以该值。

像素着色器的唯一副作用是需要做原子化的三角形值缓冲区加法。由于 DirectX 12 目前缺乏浮点数的原子化操作，我们通过 NVAPI[26]使用 NVIDIA 扩展来进行浮点数的原子化加法。

由于像素着色器没有绑定渲染目标（即它是一个 void 的像素着色器），我们可以在 API 限制内使视口任意大，而不必担心内存消耗。顶点着色器从内存中加载 UV 纹理坐标，并将三角形放置在纹理空间中的适当坐标处，以使其始终位于视口内。例如，如果启用了纹理包装，则三角形被栅格化到像素坐标

$$(x,y)=\left(u-\lfloor u\rfloor, v-\lfloor v\rfloor\right)\cdot(w,h) \tag{18.14}$$

其中，w，h 是发光纹理的最大 mip 级别的尺寸。通过此变换，三角形始终处于视图中，与其（预先包装的）UV 坐标的大小无关。

目前每个像素使用一个样本来光栅化三角形，因此仅累积其中心被覆盖的纹素。不覆盖任何纹素的微小三角形被赋予默认非零通量以确保收敛。在像素着色器中使用解析收敛计算的超采样或保守光栅化可提高计算的通量值的准确度。

所有 $\Phi_i = 0$ 的三角形都从进一步的处理中排除。剔除零通量的三角形是一项重要的实用优化。在若干示例场景中，大多数发光三角形位于发光纹理的黑色区域中。这并不奇怪，因为通常将发光性设为大块的纹理，而不是将网格分成不同材质的发光和不发光网格。

18.4.2　加速结构

我们使用了与 Conty Estevez 和 Kulla[11] 类似的加速结构，即从上到下使用分箱（binning）[43] 构建的层次包围盒结构[10, 33]。我们的实现使用二叉的 BVH，这意味着每个节点有两个子节点。在某些情况下，更大的分支因子可能是有益的。

在介绍构建过程中使用的不同启发式算法和其他变体之前，我们将简要介绍分箱的工作原理。

1. 建立 BVH

当从上到下构建二叉 BVH 时，构建树的质量和速度取决于每个节点处三角形在左和右子节点之间的分割方式。分析所有可能的分割位置能产生最佳结果，但这也会导致构建速度很慢并且不适合实时应用。

Wald[43] 采用的方法将每个节点的空间均匀划分为箱，然后仅对这些箱进行分割分析。这意味着拥有的箱越多，生成的树的质量就越高，但树的构建成本也会更高。

2. 光源的方向锥

为了把不同光源的朝向考虑进去，Conty Estevez 和 Kulla[11] 在每个节点中存储了一个光源的方向锥。该锥体由轴和两个角度 θ_o 和 θ_e 组成：前者限定该节点内的所有光源的法线方向，而后者限定光源在法线周围的发射方向。

例如，单侧发光的三角形的 $\theta_o = 0$（只有一个法线），并且 $\theta_e = \frac{\pi}{2}$（它在整个半球上发光）。再比如，发光球体的 $\theta_o = \pi$（它具有指向所有方向的法线），并且，$\theta_e = \frac{\pi}{2}$，因为在每个法线周围，光仍然仅在整个半球上发射；θ_e 通常为 $\frac{\pi}{2}$，除了具有定向发光轮廓的灯或聚光灯，它们的 θ_e 等于聚光灯的锥角。

当计算父节点的锥体时，θ_o 要包含其子节点的所有法线，而 θ_e 只需要设为子节点 θ_e 的最大值。

3. 定义分割平面

如前面提到的，必须计算一个轴对齐的分割平面将该节点的光源分成两个子集，每个子节点一个子集。这通常通过计算每个可能拆分方式的花费指标并选择花费最低的来实现。在分箱 BVH 中，我们测试了基于表面积的启发式（SAH）（由 Goldsmith 和 Salmon[14]引入并由 MacDonald 和 Booth[24]完善）和表面积方向启发式（SAOH）[11]，以及这两种方法的不同变种。

对于下面给出的所有变种，在构建 BVH 时执行的分割可以仅在最大的轴（节点的轴对齐边界框（AABB））上或在所有三个轴上完成，并选择成本最低的分割。只考虑最大的轴构建时间较短，但树的质量也会降低，特别是要考虑到光源方向的变种。有关这些权衡的更多细节将在 18.5 节介绍。

（1）SAH：SAH 方法关注所得子节点的 AABB 表面积以及它们包含的光源数量。如果我们将左儿子节点定义为 $L = U_{j=0}^{i}\mathrm{bin}_j$，右儿子节点为 $R = U_{j=i+1}^{k}\mathrm{bin}_j$，其中 k 是箱的个数且 $i \in [0, k-1]$，则创建 L 和 R 作为子节点的划分代价为

$$\mathrm{cos}t(L,R)=\frac{n(L)a(L)+n(R)a(R)}{n(L\cup R)a(L\cup R)} \tag{18.15}$$

其中，$n(C)$ 和 $a(C)$ 是分别返回节点 C 的光源个数和表面积。

（2）SAOH：SAOH 方法基于 SAH，并且包含了两个额外的权重，一个是基于围绕光源发光方向的边界锥，另一个是基于所得的节点中所有光源发射的通量，划分代价为

$$\mathrm{cos}t(L,R,s)=k_r(\mathrm{s})\frac{\Phi(L)a(L)M_\Omega(L)+\Phi(R)a(R)M_\Omega(R)}{a(L\cup R)M_\Omega(L\cup R)} \tag{18.16}$$

其中，s 是被分割的轴，$k_r(s) = \mathrm{length}_{\max}/\mathrm{length}_s$ 被用于避免较薄的包围盒，M_Ω 是一种方向的测度[11]。

（3）VH：体积启发式（Volume Heuristic，VH）是一种基于 SAH 的方法，并且用节点 C 的 AABB 的体积 $v(C)$ 代替式（18.15）中的表面积 $a(C)$。

（4）VOH：体积方向启发式（Volume Orientation Heuristic，VOH）类似地把 SAOH（式（18.16））中的表面积替换为体积。

18.4.3 光源重要性采样

现在看看如何根据前一节中描述的加速结构对光源进行采样。首先，根据概率遍历光源的 BVH 以便选择一个光源，然后在该光源的表面上采样（如果它是面光源），如图 18.1 所示。

1. BVH 的概率遍历

当遍历加速结构时，我们想要选择能够将我们引导到对当前着色点贡献最大的光源的节点，每个光源的概率与其贡献成比例。如第 18.4.2 节所述，贡献取决于许多参数。我们将使用近似值或每个参数的精确值，并且尝试不同的组合方式来优化质量与性能。

（1）距离：这个参数是着色点与正在考虑的节点的轴对齐包围盒（AABB）中心之

间的距离。如果节点具有较小的 AABB，则更倾向于选择靠近着色点的节点（以及靠近着色点的光源）。然而，在 BVH 的第一层中，节点的 AABB 较大，且包含大部分场景，对于着色点与该节点内包含的光源之间的实际距离的近似结果较差。

（2）光源的通量（light flux）：节点的通量是该节点内包含的所有光源发出的通量之和。出于性能原因，在构建 BVH 时实际上是预先计算的；如果一些光源随着时间的推移通量值会不断变化，预计算它们的通量并不会成为问题，因为无论如何都必须重建 BVH，在建造过程中也需要预处理计算通量，并用于指导建造步骤。

（3）光源方向：到目前为止的选择方法都没有考虑光源的方向，这会导致给直接照射在着色点上的光源与另一个着色点背向的光源相同的权重。为此，Conty Estevez 和 Kulla[11] 为节点的重要性函数引入了一个附加项，用于保守地估计光源的法线和节点的 AABB 中心到阴影点的方向之间的夹角。

（4）光源可见性：为了避免考虑位于着色点水平线下方的光源，我们在每个节点的重要性函数中使用限定过的 $\boldsymbol{n}\cdot\boldsymbol{l}$ 项。请注意，Conty Estevez 和 Kulla[11] 使用这个限定过的项，乘以表面的反射率，作为漫反射 BRDF 的近似值，这将会得到与丢弃着色点水平线下方的光源相同的效果。

（5）节点重要性：使用刚刚定义的参数，给定着色点 X 的子节点 C 的重要性函数定义为

$$\text{importance}(X,C)=\frac{\Phi(C)\left|\cos\theta_{\mathrm{i}}'\right|}{\|X-C\|^2}\times\begin{cases}\cos\theta' & \text{当 } \theta'<\theta_{\mathrm{e}}\\ 0 & \text{否则}\end{cases}\tag{18.17}$$

其中，$\|X-C\|$ 是着色点 X 与 C 的 AABB 中心的距离；$\theta_{\mathrm{i}}'=\max(0,\theta_{\mathrm{i}}-\theta_{\mathrm{u}})$；$\theta'=\max(0,\theta-\theta_{\mathrm{o}}-\theta_{\mathrm{u}})$；角度 θ_{e} 和 θ_{o} 来自节点 C 的光源方向锥；角 θ 是光源方向锥的轴和节点 C 的 AABB 中心到着色点 X 的方向的夹角；θ_{i} 是入射角，θ_{u} 是包裹节点 AABB 的不定角。这些都可以在图 18.3 中找到。

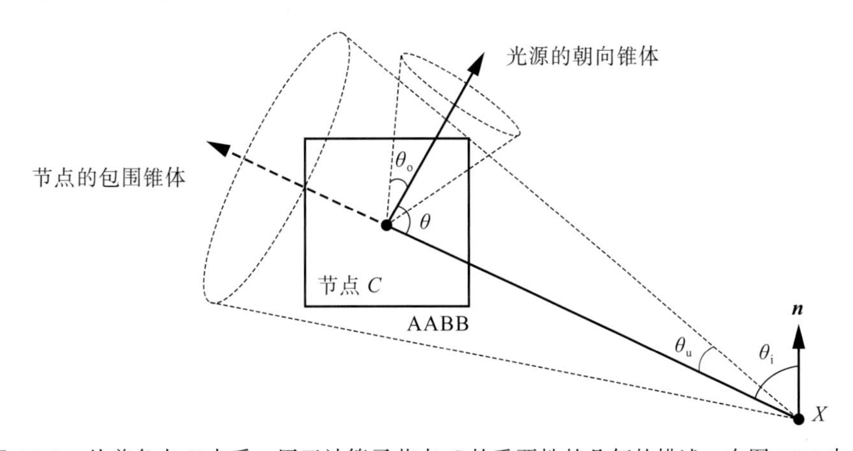

图 18.3　从着色点 X 来看，用于计算子节点 C 的重要性的几何的描述。在图 18.1 中，在遍历的每一步中计算两次重要性，每个子节点一次。角度 θ_{u} 和从 X 到 AABB 中心的轴表示包含整个节点的最小边包围锥，并用于计算 θ_{i} 和 θ 的保守下界

2. 随机数的使用

用一个均匀随机数决定是选择左节点分支还是右节点分支，然后重新缩放该数字并用于下一层。这种技术保留了分层属性（参见生成分层样本[9]），同时也避免了在层次结构的每一层生成新随机数的花费。缩放随机数 ξ 以找到新的随机数 ξ' 的过程如下：

$$\xi' = \begin{cases} \dfrac{\xi}{p(L)} & \text{当}\ \xi < p(L)\ \text{时} \\ \dfrac{\xi - p(L)}{p(R)} & \text{否则} \end{cases} \tag{18.18}$$

其中，$p(C)$ 是选择节点 C 的概率，是由节点的重要性除以总重要性得到的：

$$p(L) = \frac{\text{importance}(L)}{\text{importance}(L) + \text{importance}(R)} \tag{18.19}$$

由于浮点精度的限制，必须注意确保有足够的随机数位。对于具有大量光源的场景，可以使用两个或更多个随机数或使用更高精度的随机数。

3. 对叶子结点的采样

在遍历结束时，选择了一个包含一定数量光源的叶节点。要确定要采样的三角形，我们可以等概率选择一个存储在叶节点中的三角形，或者使用类似于在遍历期间计算节点重要性的方法。对于重要性采样，我们考虑到达三角形的最近距离和三角形的最大 $\boldsymbol{n} \cdot \boldsymbol{l}$ 界限；考虑三角形的通量及其对着色点的方向可以进一步提高效果。目前，每个叶节点最多存储 10 个三角形。

4. 对光源的采样

在通过树遍历选择光源后，需要在该光源上生成光样本。我们使用 Shirley 等人提出的采样技术[37]在不同类型的光源的表面上均匀地产生光源样本。

18.5 结 果

接下来我们演示该算法在具有不同数量光源的多个场景下的结果。我们会测量误差降低的速率，构建 BVH 所花费的时间以及渲染的时间。

渲染首先使用 DirectX 12 在 G-buffer 中栅格化场景，然后对于每个像素使用一条阴影射线进行全屏光线追踪从而进行光源采样，最后静态时域累积该帧的结果来完成。所有结果均在 NVIDIA GeForce RTX 2080 Ti 和 3.60 GHz 的 Intel Xeon E5-1650 硬件平台上测量，场景的分辨率为 1920 × 1080 像素。对于本章中显示的所有结果，没有计算间接光照，而是使用算法来改进直接光照的计算。

我们在测试中使用以下场景，如图 18.4 所示。

（1）太阳神庙：这个场景有 606 376 个三角形，其中有 67 374 个发光纹理，然而经过第 18.4.1 节描述的纹理预积分处理后，只剩下 1095 个发光三角形。整个场景由带有纹理的火坑照亮；图 18.4 所示场景的一部分仅由位于右侧远处的两个火坑以及位于相机后面的其他小火坑照亮。场景是完全漫反射的。

（2）小酒馆：小酒馆场景经过修改，使其中各种光源的网格发光。在总共 2 829 226 个三角形中，有 20 638 个发光纹理三角形。总体而言，光源主要由小型灯泡组成，增加了几十个小型聚光灯和一些发光的商店标志。除了小酒馆的窗户和 Vespa 摩托车之外，场景大多是漫反射的。

（3）Paragon 战场：Paragon 战场场景包括三个部分，这里使用其中的黎明（PBG-D）和遗迹（PBG-R）。两者的光源包括位于地面的大型发光面光源，以及雕刻在岩石上的符文或炮塔上的小灯等小型光源。除了树木以外，大多数材料都是镜面的。PBG-D 具有 90 535 个发光纹理三角形，其中纹理预处理后留下 53 210 个；整个场景由 2 467 759 个三角形组成（包括发光三角形）。相比之下，PBG-R 具有 389 708 个发光纹理三角形，其中纹理预处理后留下 199 830 个；整个场景由 5 672 788 个三角形组成（包括发光三角形）。

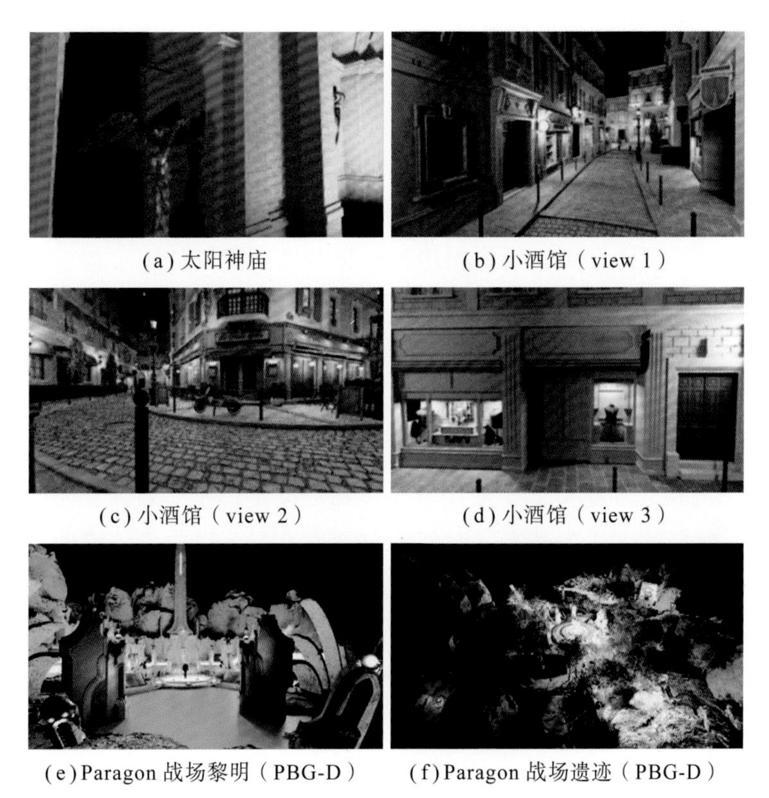

(a) 太阳神庙　(b) 小酒馆（view 1）

(c) 小酒馆（view 2）　(d) 小酒馆（view 3）

(e) Paragon 战场黎明（PBG-D）　(f) Paragon 战场遗迹（PBG-D）

图 18.4　用于测试的所有场景的视图

需要注意的是，虽然所有这些场景当前都是静态的，但我们的方法通过重建每帧的光源加速结构可以支持动态场景。类似于 DXR 允许重新调整加速结构，而不改变其拓扑结构，如果光源在帧之间没有明显的移动，我们可以选择仅更新预构建树中的节点。

我们对本节中使用的某些方法使用不同的缩写。以“BVH_”开头的方法将遍历

BVH 层次结构以选择三角形。“BVH_”之后的后缀是指在遍历期间使用的信息：“D”表示视点与节点中心之间的距离，“F”表示节点中包含的通量，“B”表示 $\boldsymbol{n} \cdot \boldsymbol{l}$ 的范围，最后“O”表示节点方向锥。Uniform 方法使用 MIS [41] 将通过采样 BRDF 获得的样本与通过以均匀概率从场景中的所有发光三角形中随机选择获得的样本组合。

当采用 MIS [41] 时，我们使用幂指数为 2 的幂启发式。在采样 BRDF 和采样光源之间平均分配采样预算。

18.5.1 性 能

1. 加速结构的构建

使用 SAH 在最大的轴上分 16 个箱建立 BVH，太阳神庙场景需要大约 2.3ms，小酒馆需要 26ms，在 Paragon 战场上需要 280ms。请注意，当前 BVH 构建器的实现基于 CPU 单线程，没有充分利用向量操作。

在每个步骤沿所有三个轴来分箱，由于分割候选方案变为 3 倍以上，时间大约慢 2 倍，但是得到的树在运行时未必表现得更好。这里使用每轴 16 个箱的默认设置。减少箱数量加速结构构建得更快，例如，4 个箱大约快 2 倍，但质量有所下降。对于剩下的测量，我们使用了最高画质。按照我们预期，一旦将代码移植到 GPU，树的构建不会成为问题，完全适用于具有数万个光源的游戏场景。

SAOH 的构建时间是 SAH 的 3 倍。差异主要在于额外的射线锥计算。我们在所有光源上第一次迭代计算锥体方向，第二次迭代计算角度边界。使用近似方法或自下而上计算边界可以加快速度。

使用体积而不是表面积不会导致构建的性能发生变化。

2. 单帧的渲染时间

接下来我们打开所有的采样选项，使用不同的启发式方法构建树并测量渲染时间，如表 18.1 所示。与构建性能类似，使用基于体积的度量而不是表面积不会显著影响渲染时间（以基于表面积的方法为基准，时间相差通常 0.2ms 以内）。沿所有三个轴或仅最大轴的分箱也不会对渲染时间产生显著影响（彼此相差 0.5ms 以内）。

表 18.1 以 ms 为单位的单帧渲染时间，每个像素有四条阴影射线，测量超过 1000 帧，并使用不同构建参数的 SAH 和 SAOH 启发式算法。BVH_DFBO 方法与 MIS 一起使用，16 个箱用于分箱，每个叶节点最多存储一个三角形

	SAH		SAOH	
	最大轴	所有轴	最大轴	所有轴
太阳神庙	16.9 ± 0.27	17.5 ± 0.10	17.3 ± 0.47	16.2 ± 0.30
小酒馆 [view 1]	30.3 ± 0.18	30.3 ± 0.61	31.8 ± 0.26	30.4 ± 0.20
小酒馆 [view 2]	38.8 ± 0.43	36.9 ± 0.30	39.6 ± 0.31	38.3 ± 1.12
小酒馆 [view 3]	31.2 ± 0.60	32.3 ± 0.19	33.0 ± 0.17	32.7 ± 0.20
PBG-D	23.6 ± 0.22	23.6 ± 0.19	23.7 ± 0.59	23.3 ± 0.20

续表 18.1

	SAH		SAOH	
	最大轴	所有轴	最大轴	所有轴
PBG-R	40.5 ± 0.14	39.8 ± 0.15	41.9 ± 0.57	41.0 ± 0.16

测试每个叶节点中保存不同最大三角形数量（1，2，4，8 和 10）时，发现渲染时间彼此相差在 5% 之内，其中 1 和 10 是最快的。两个示例场景的结果在图 18.5 中给出，其他场景中观察到的表现也类似。计算每个三角形的重要性会明显地增加开销。相反，每个叶节点存储更多三角形将导致树高更低，因此更快地遍历。应当注意，叶节点的物理大小没有改变（它固定地可以接受 10 个三角形 ID），改变的只有 BVH 构建器实际放入叶节点的三角形数量。此外，对于这些测试，关注整体的构建成本，而非单个叶节点构建成本。

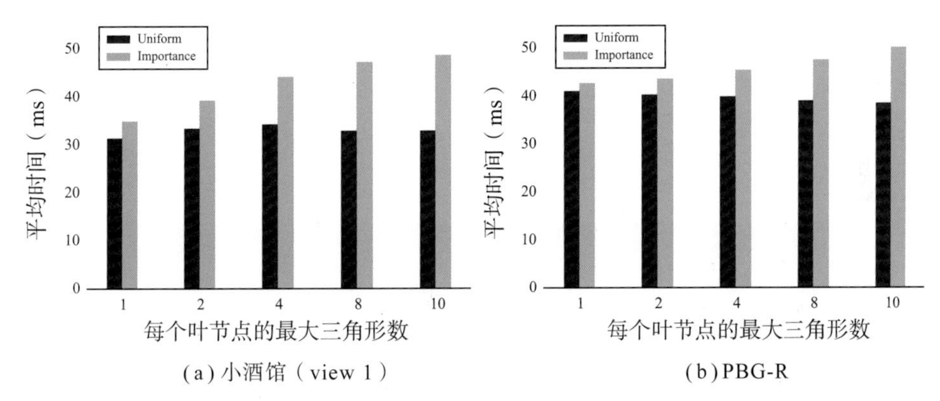

图 18.5　小酒馆（view 1）和 PBG-R 每个叶节点的不同最大三角形数量每帧的渲染时间（以 ms 为单位）。对叶节点内的三角形选择是否执行重要采样。在所有情况下，BVH 使用 SAOH 沿所有三个轴构建 16 个箱，并且使用 BVH_DFBO 来遍历

使用 SAH 或 SAOH 的渲染时间总体相似，但是在光源上使用 BVH 以及考虑使用哪个重要性函数确实会产生显著影响，使用 BVH_DFBO 会比均匀采样慢 2 到 3 倍，如图 18.6 所示。这归结为从 BVH 获取节点所需的额外带宽以及计算 $\boldsymbol{n}\cdot\boldsymbol{l}$ 的范围和基于方向锥的权重的额外指令。额外的开支可以通过压缩 BVH 节点来降低（例如，使用 16 位浮点数代替 32 位浮点数）。当前节点的内部节点为 64 字节，外部节点为 96 字节。

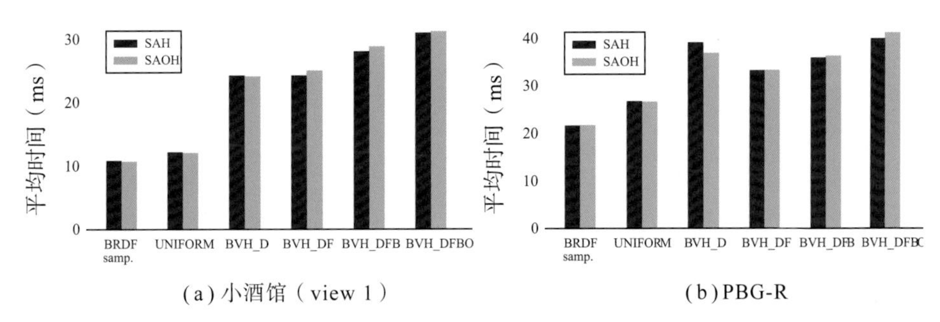

图 18.6　在小酒馆（view 1）和 PBG-R 两个场景中使用不同的遍历方法和直接 BRDF 采样的以 ms 为单位的单帧渲染时间比较。所有方法每个像素使用 4 样本，并且基于 BVH 的方法使用在三个轴上取 16 个箱

18.5.2 图像质量

1. 构建选项

总体而言，使用体积的变种的表现比使用表面积的对应方法差，并且使用16个箱的方法比仅使用4个箱的对应方法表现更好。至于应该使用多少轴来定义最佳分割，大多数情况下，相比于仅使用最大轴的方法，使用三个轴可以得到均方误差更低的结果，但并非总是如此。最后，SAOH变种通常优于或至少与其SAH的对应方法相当。这很大程度上取决于两种方式在BVH的顶部如何形成节点：因为顶部节点包含场景中的大部分光源，并且它们对于所包含的发光表面的空间划分和方向近似的效果较差。

这可以在图18.7中药店标志周围的区域（由红色箭头指向）看到，例如A点（由白色箭头指向）。当使用SAH时，A点比红色节点更接近绿色节点，导致选择紫红色节点的可能性更高，因此即使绿灯很重要，也会错过十字标志发出的绿光，这个可以在图18.4的小酒馆（view 3）中看到。相反，对于SAOH，A点很有可能选择包含绿光的节点，从而提高该区域的收敛速度。然而，有可能因为类似的原因，找到某个SAH比SAOH更好的区域。

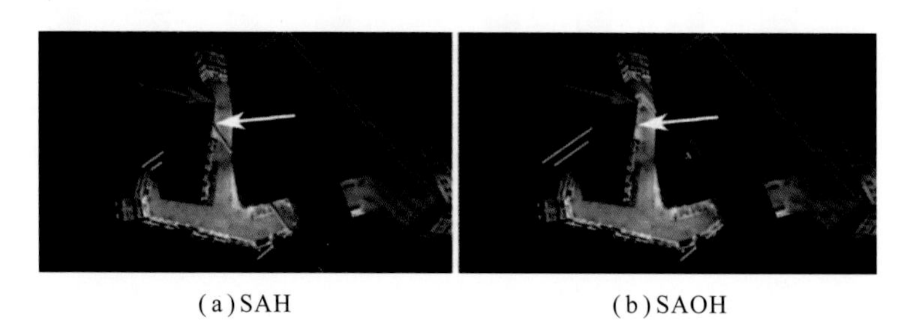

(a) SAH (b) SAOH

图18.7 对使用SAH和SAOH构建BVH的第二层可视化。左子节点的AABB是绿色的，右子节点的AABB是紫红色的。在这两种情况下，都使用了16个箱，并考虑了三个轴

2. 每个叶节点的三角形数量

随着更多三角形被存储在叶节点中，均匀采样三角形的质量会下降，因为它比在树中遍历的过程更差。与等均匀采样相比，使用重要性采样可降低质量下降，但它仍然比只使用树更糟糕。小酒馆（view 3）的结果可以在图18.8的右侧看到。

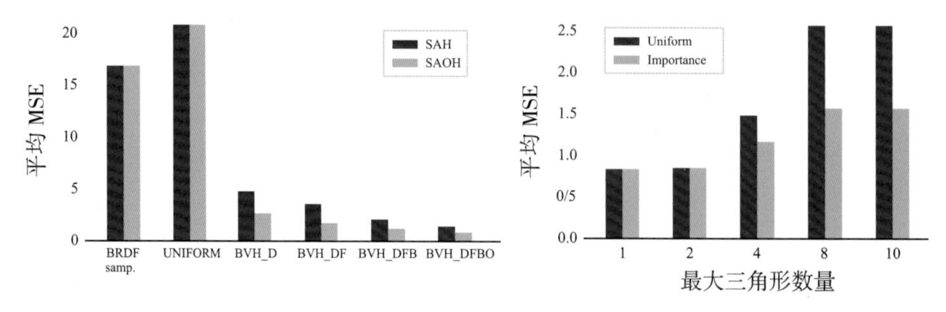

图18.8 在小酒馆（view 3）中比较不同遍历方法的均方误差（MSE）结果，采样BRDF以获得光采样方向（左）及不同的最大三角形数量对于BVH_DFBO的影响（右）。所有方法每个像素使用4样本，并且基于BVH的方法使用在三个轴上取16个箱

3. 采样方法

在图 18.9 中，我们可以看到在使用和组合不同的采样策略时，渲染小酒馆（view 2）场景得到的结果。

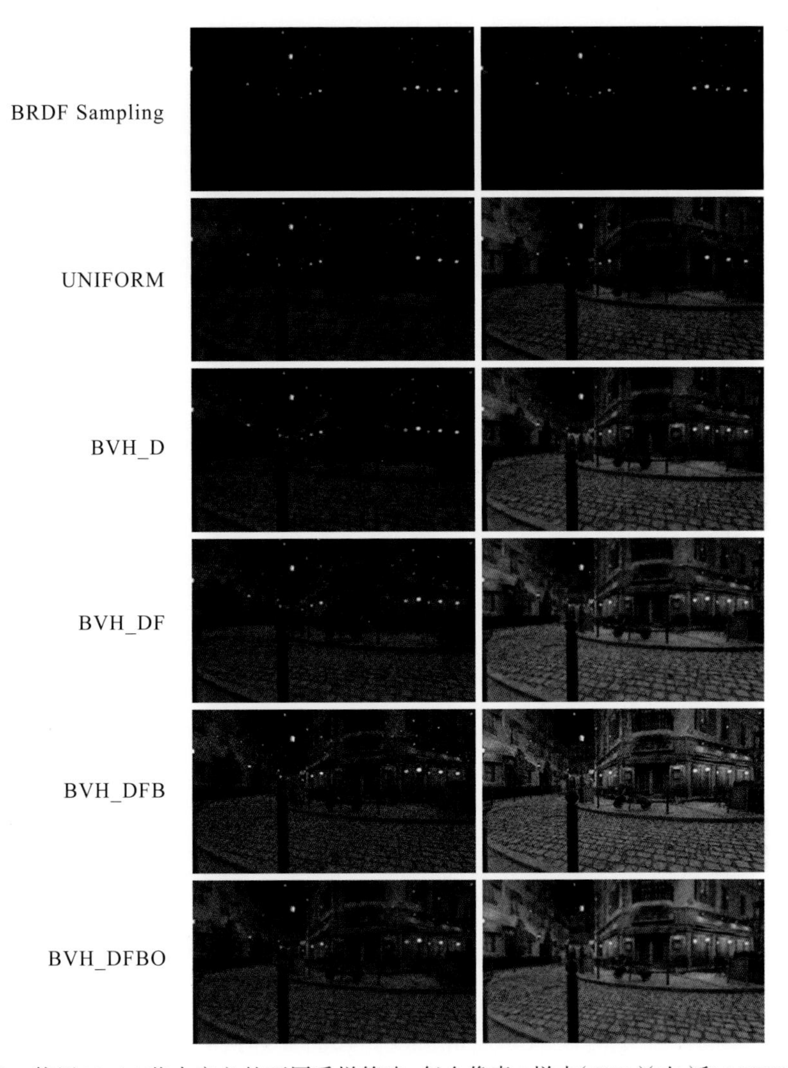

图 18.9　使用 18.4.3 节中定义的不同采样策略，每个像素 4 样本（SPP）（左）和 16SPP（右）的结果。所有基于 BVH 的方法都使用由 SAOH 构建的 BVH，沿所有轴评估 16 个箱。采样时使用 MIS：一半样本采样 BRDF，一半采样光源加速结构

正如预期的那样，使用光源采样大大优于 BRDF 采样方法，因为能够在每个像素处找到更多有效的光路。使用距离作为重要性的 BVH 可以获取附近光源的贡献，例如小酒馆门两侧放置的两个白色光源，外立面或窗户上放置的不同的光源。

如果在遍历期间也考虑光源的通量，我们可以观察到从蓝色调为主（来自靠近地面悬挂的小蓝灯）到来自不同路灯的黄色调为主的偏移，这些灯虽然位于更远处，但是光强更大。

除了 Vespa 摩托车上的反射（主要在 16SPP 图像上可见）之外，使用 $\boldsymbol{n} \cdot \boldsymbol{l}$ 约束在小酒馆场景中没有太大差别，其他场景的差别可能更加明显。图 18.10 显示了太阳神庙的一个例子。在这个场景里，$\boldsymbol{n} \cdot \boldsymbol{l}$ 约束导致右边柱子的后面接收更多的光，并与它在附近的墙壁上投下的阴影区分开来，雕像附近的建筑细节变得可见。

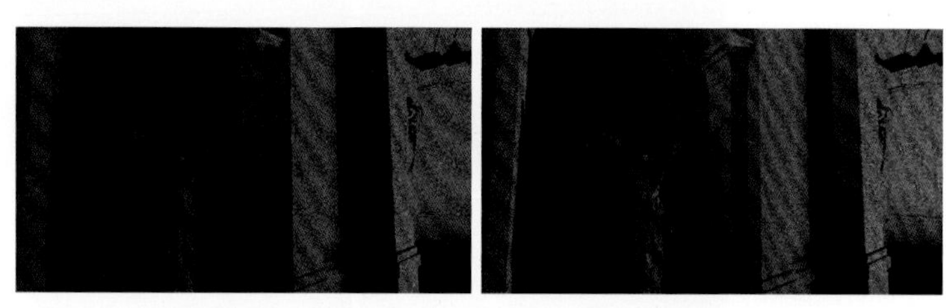

(a) 不使用 $\boldsymbol{n} \cdot \boldsymbol{l}$ 约束　　(b) 使用 $\boldsymbol{n} \cdot \boldsymbol{l}$ 约束

图 18.10　不使用 $\boldsymbol{n} \cdot \boldsymbol{l}$ 约束与使用 $\boldsymbol{n} \cdot \boldsymbol{l}$ 约束的视觉结果对比。两个图像都使用 8SPP（4 个 BRDF 样本和 4 个光源样本）和三个轴分组的 BVH，其中 16 个分箱使用 SAH，并且都考虑了光源的距离和通量

即使没有使用 SAOH，方向锥对最终图像仍然有一定影响，例如，与不使用方向锥相比，图 18.9 中的外立面（在街道的尽头和图像的右边）噪声较小。

如图 18.8 所示，加速结构的使用显著提高了渲染质量，与均匀采样方法相比，即使只考虑节点距离作为重要性函数，MSE 得分也提高了 4 到 6 倍。结合通量，$\boldsymbol{n} \cdot \boldsymbol{l}$ 约束和方向锥进一步提高了 2 倍。

18.6 结　论

我们提出了一种类似于离线渲染中使用的[11, 22]分层数据结构和采样方法，以加速实时光线追踪中的光源重要性采样。我们充分利用硬件加速光线追踪的优势来探索 GPU 上采样性能提升。我们还使用不同的启发式构建方法呈现了结果。我们希望这项工作未来能够激发更多在游戏引擎研究方面的工作，以便采用更好的采样策略。

虽然本章的重点是采样问题，但应该注意的是，任何基于采样的方法通常都需要与某种形式的降噪滤波器配对以消除残留噪声，我们推荐读者从一些最近的基于高级双边核（bilateral kernel）的实时方法[25, 34, 35]开始。基于深度学习的方法[3, 7, 42]也很不错。有关传统技术的概述，请参阅 Zwicker 等人的调查[48]。

对于采样，有许多值得改进的途径。在当前的实现中，我们使用 $\boldsymbol{n} \cdot \boldsymbol{l}$ 来剔除水平线下的光源。结合 BRDF 和可见性信息对于在树中的遍历期间提升采样效果是非常有帮助的。实际上，出于性能原因，我们希望将 BVH 构建代码移至 GPU。这对于支持动态或蒙皮几何体上的光源也很重要。

致　谢

感谢 Nicholas Hull 和 Kate Anderson 创建测试场景。太阳神庙[13]和 Paragon 战地场景基于 Epic Games 的慷慨贡献。小酒馆场景基于亚马逊 Lumberyard 的慷慨贡献[1]。感谢 Benty 等人[4]为创建 Falcor 渲染研究框架，以及 He 等人[16]和 Jonathan Small 为 Falcor 使用的 Slang 着色器编译器的贡献。我们还要感谢 Pierre Moreau 在隆德大学的教授 Michael Doggett。最后，感谢 Aaron Lefohn 和 NVIDIA Research 支持这项工作。

参考文献

[1] Amazon Lumberyard. Amazon Lumberyard Bistro, Open Research Content Archive (ORCA). http://developer.nvidia.com/orca/amazon-lumberyard-bistro, July 2017.

[2] Andersson, J. Parallel Graphics in Frostbite—Current & Future. Beyond Programmable Shading,SIGGRAPH Courses, 2009.

[3] Bako, S., Vogels, T., McWilliams, B., Meyer, M., Novák, J., Harvill, A., Sen, P., DeRose, T., and Rousselle, F. Kernel-Predicting Convolutional Networks for Denoising Monte Carlo Renderings. ACM Transactions on Graphics 36, 4 (2017), 97:1–97:14.

[4] Benty, N., yao, K.-H., Foley, T., Kaplanyan, A. S., Lavelle, C., Wyman, C., and Vijay, A. The Falcor Rendering Framework. https://github.com/NVIDIAGameWorks/Falcor, July 2017.

[5] Bikker, J. Real-Time Ray Tracing Through the Eyes of a Game Developer. In IEEE Symposium on Interactive Ray Tracing (2007), 1–10.

[6] Bikker, J. Ray Tracing in Real-Time Games. PhD thesis, Delft University, 2012.

[7] Chaitanya, C. R. A., Kaplanyan, A. S., Schied, C., Salvi, M., Lefohn, A., Nowrouzezahrai, D., and Aila, T. Interactive Reconstruction of Monte Carlo Image Sequences Using a Recurrent Denoising Autoencoder. ACM Transactions on Graphics 36, 4 (2017), 98:1–98:12.

[8] Christensen, P. H., and Jarosz, W. The Path to Path-Traced Movies. Foundations and Trends in Computer Graphics and Vision 10, 2 (2016), 103–175.

[9] Clarberg, P., Jarosz, W., Akenine-Möller, T., and Jensen, H. W. Wavelet Importance Sampling: Efficiently Evaluating Products of Complex Functions. ACM Transactions on Graphics 24, 3 (2005), 1166–1175.

[10] Clark, J. H. Hierarchical Geometric Models for Visibility Surface Algorithms. Communications of the ACM 19, 10 (1976), 547–554.

[11] Conty Estevez, A., and Kulla, C. Importance Sampling of Many Lights with Adaptive Tree Splitting. Proceedings of the ACM on Computer Graphics and Interactive Techniques 1, 2 (2018), 25:1–25:17.

[12] Dachsbacher, C., Křivánek, J., Hašan, M., Arbree, A., Walter, B., and Novák, J. Scalable Realistic Rendering with Many-Light Methods. Computer Graphics Forum 33, 1 (2014), 88–104.

[13] Epic Games. Unreal Engine Sun Temple, Open Research Content Archive (ORCA). http://developer.nvidia.com/orca/epic-games-sun-temple, October 2017.
[14] Goldsmith, J., and Salmon, J. Automatic Creation of Object Hierarchies for Ray Tracing. IEEE Computer Graphics and Applications 7, 5 (1987), 14–20.
[15] Harada, T. A 2.5D Culling for Forward+. In SIGGRAPH Asia 2012 Technical Briefs (2012), 18:1–18:4.
[16] He, y., Fatahalian, K., and Foley, T. Slang: Language Mechanisms for Extensible Real-Time Shading Systems. ACM Transactions on Graphics 37, 4 (2018), 141:1–141:13.
[17] Heitz, E., Dupuy, J., Hill, S., and Neubelt, D. Real-Time Polygonal-Light Shading with Linearly Transformed Cosines. ACM Transactions on Graphics 35, 4 (2016), 41:1–41:8.
[18] Kajiya, J. T. The Rendering Equation. Computer Graphics (SIGGRAPH) (1986), 143–150.
[19] Karis, B. Real Shading in Unreal Engine 4. Physically Based Shading in Theory and Practice, SIGGRAPH Courses, August 2013.
[20] Keller, A. Instant Radiosity. In Proceedings of SIGGRAPH (1997), 49–56.
[21] Keller, A., Fascione, L., Fajardo, M., Georgiev, I., Christensen, P., Hanika, J., Eisenacher, C., and Nichols, G. The Path Tracing Revolution in the Movie Industry. In ACM SIGGRAPH Courses (2015), 24:1–24:7.
[22] Keller, A., Wächter, C., Raab, M., Seibert, D., van Antwerpen, D., Korndörfer, J., and Kettner, L. The Iray Light Transport Simulation and Rendering System. arXiv, https://arxiv.org/abs/1705.01263, 2017.
[23] Lagarde, S., and de Rousiers, C. Moving Frostbite to Physically Based Rendering 3.0. Physically Based Shading in Theory and Practice, SIGGRAPH Courses, 2014.
[24] MacDonald, J. D., and Booth, K. S. Heuristics for Ray Tracing Using Space Subdivision. The Visual Computer 6, 3 (1990), 153–166.
[25] Mara, M., McGuire, M., Bitterli, B., and Jarosz, W. An Efficient Denoising Algorithm for Global Illumination. In Proceedings of High-Performance Graphics (2017), 3:1–3:7.
[26] NVIDIA. NVAPI, 2018. https://developer.nvidia.com/nvapi.
[27] O’ Donnell, y., and Chajdas, M. G. Tiled Light Trees. In Symposium on Interactive 3D Graphics and Games (2017), 1:1–1:7.
[28] Olsson, O., and Assarsson, U. Tiled Shading. Journal of Graphics, GPU, and Game Tools 15, 4 (2011), 235–251.
[29] Olsson, O., Billeter, M., and Assarsson, U. Clustered Deferred and Forward Shading. In Proceedings of High-Performance Graphics (2012), 87–96.
[30] Persson, E., and Olsson, O. Practical Clustered Deferred and Forward Shading. Advances in Real-Time Rendering in Games, SIGGRAPH Courses, 2013.
[31] Pharr, M. Guest Editor’s Introduction: Special Issue on Production Rendering. ACM Transactions on Graphics 37, 3 (2018), 28:1–28:4.
[32] Pharr, M., Jakob, W., and Humphreys, G. Physically Based Rendering: From Theory to Implementation, third ed. Morgan Kaufmann, 2016.
[33] Rubin, S. M., and Whitted, T. A 3-Dimensional Representation for Fast Rendering of Complex Scenes. Computer Graphics (SIGGRAPH) 14, 3 (1980), 110–116.

[34] Schied, C., Kaplanyan, A., Wyman, C., Patney, A., Chaitanya, C. R. A., Burgess, J., Liu, S., Dachsbacher, C., Lefohn, A., and Salvi, M. Spatiotemporal Variance- Guided Filtering: Real-Time Reconstruction for Path-Traced Global Illumination. In Proceedings of High-Performance Graphics(2017), 2:1–2:12.

[35] Schied, C., Peters, C., and Dachsbacher, C. Gradient Estimation for Real-Time Adaptive Temporal Filtering. Proceedings of the ACM on Computer Graphics and Interactive Techniques 1, 2 (2018), 24:1–24:16.

[36] Schmittler, J., Pohl, D., Dahmen, T., Vogelgesang, C., and Slusallek, Realtime Ray Tracing for Current and Future Games. In ACM SIGGRAPH Courses (2005), 23:1–23:5.

[37] Shirley, P., Wang, C., and Zimmerman, K. Monte Carlo Techniques for Direct Lighting Calculations. ACM Transactions on Graphics 15, 1 (1996), 1–36.

[38] Sobol, I. M. A Primer for the Monte Carlo Method. CRC Press, 1994.

[39] Talbot, J. F., Cline, D., and Egbert, P. Importance Resampling for Global Illumination. In Rendering Techniques (2005), 139–146.

[40] Tokuyoshi, y., and Harada, T. Stochastic Light Culling. Journal of Computer Graphics Techniques 5, 1 (2016), 35–60.

[41] Veach, E., and Guibas, L. J. Optimally Combining Sampling Techniques for Monte Carlo Rendering. In Proceedings of SIGGRAPH (1995), 419–428.

[42] Vogels, T., Rousselle, F., McWilliams, B., Röthlin, G., Harvill, A., Adler, D., Meyer, M., and Novák, J. Denoising with Kernel Prediction and Asymmetric Loss Functions. ACM Transactions on Graphics 37, 4 (2018), 124:1–124:15.

[43] Wald, I. On Fast Construction of SAH-Based Bounding Volume Hierarchies. In IEEE Symposium on Interactive Ray Tracing (2007), 33–40.

[44] Walter, B., Arbree, A., Bala, K., and Greenberg, D. P. Multidimensional Lightcuts. ACM Transactions on Graphics 25, 3 (2006), 1081–1088.

[45] Walter, B., Fernandez, S., Arbree, A., Bala, K., Donikian, M., and Greenberg, D. Lightcuts: A Scalable Approach to Illumination. ACM Transactions on Graphics 24, 3 (2005), 1098–1107.

[46] Ward, G. J. Adaptive Shadow Testing for Ray Tracing. In Eurographics Workshop on Rendering (1991), 11–20.

[47] Zimmerman, K., and Shirley, P. A Two-Pass Solution to the Rendering Equation with a Source Visibility Preprocess. In Rendering Techniques (1995), 284–295.

[48] Zwicker, M., Jarosz, W., Lehtinen, J., Moon, B., Ramamoorthi, R., Rousselle, F., Sen, P., Soler, C., and yoon, S.-E. Recent Advances in Adaptive Sampling and Reconstruction for Monte Carlo Rendering. Computer Graphics Forum 34, 2 (2015), 667–681.

第五部分 降噪与滤波

降噪与滤波是光线追踪管线中不可或缺的一环。在实时应用中，通常每个像素随机发射几根射线。因此，渲染的结果包含噪点。基于这些稀疏（但正确的）的结果以及时域－空间域的滤波技术，以偏差的增加为代价，方差被大幅降低，这在实时渲染领域是可以接受的妥协。另外，每根光线都是一次点采样，这会带来走样。通过在纹理查找等阶段使用预滤波技术，可以降低走样程度。本部分将介绍多个实用的降噪和滤波技术。

第 19 章详细地介绍在现代的游戏引擎中整合光线追踪的方法。通过结合光栅化、GPU 加速的 DX 光线追踪，以及自制的降噪滤波器，作者在实时渲染中达成了前所未见的画面细节。通过两个包罗万象的演示，作者展示了软阴影、光滑反射和间接光照。

在光栅化渲染中，人们通常使用屏幕空间的坐标计算微分，来进行纹理滤波以减少走样。这要求主可见性和着色是以像素四边形为最小单位进行计算。在光线追踪中，通常使用显式的光线差分。在第 20 章中作者评估了光线追踪中的多种滤波技术，并同时衡量了性能与效果两个因素。第 21 章则介绍了一种低开销的环境贴图滤波技巧。

时域抗锯齿（TAA）将早先的采样值基于运动向量进行重投影，并随着时间进行累积。然而这些技术有时不起作用，比如在不连续的区域。第 22 章的作者利用主可见性计算中的自适应光线追踪来降低锯齿瑕疵。作者在锯齿严重的区域和 TAA 可能失败的区域，发射额外的主光线。作者在现代的游戏引擎中使用 DXR 实现了该技术，并得到近似 16x 超采样的画面质量。

对于高质量的实时渲染而言，降噪与滤波是极其重要的组成部分，这几章包含实用的真知灼见以及立等可用的源代码。总的来说，本部分展示了 GPU 加速的光线追踪与先进的降噪技术的结合，可以带来令人信服的实时渲染。

Jacob Munkberg

第 19 章　利用实时光线追踪和降噪技术在 UE4 中进行电影渲染

Edward Liu，Ignacio Llamas　NVIDIA
Juan Cañada，Patrick Kelly　Epic Games

我们介绍了通过在虚幻引擎 4 中集成光线追踪来实现电影级质量的实时渲染。我们通过结合工程上的改进、新的光线追踪硬件、混合渲染技术和新的降噪算法，将 GPU 光线追踪的最先进性能提高了一个数量级。

19.1 引　言

与光栅化相比，用光线追踪生成图像可以产生更高质量的图像。因此，近年来电影中的大部分特效都是通过路径追踪（光线追踪的一种算法）来完成的。然而，在实时应用（例如游戏）中使用光线追踪很有挑战性，光线追踪算法的许多步骤成本很高，包括层次包围盒 (BVH) 的构建与遍历，光线 / 三角的相交测试。此外，在光线追踪技术中普遍应用的随机采样，往往需要对每个像素进行成百上千次采样才能产生收敛的图像。这远远超出了现代实时渲染技术几个数量级的性能开销。此外，直到最近，实时图形 API 还没有光线追踪支持，这使得光线追踪在游戏中的集成具有挑战性。这种情况在 2018 年随着 DirectX 12 和 Vulkan 宣布支持光线追踪而发生了改变。

在本章中，我们将解决其中的许多问题，并演示集成在虚幻引擎 4（UNREAL ENGINE 4，简称 UE4）中的光线追踪特性。具体来说：

（1）我们采用 DirectX Raytracing（DXR），并将其集成到 UE4 中，这使得我们能够大部分重用现有的材质着色器代码。

（2）我们利用 NVIDIA 图灵架构中的 RT 核，进行硬件加速的 BVH 遍历和光线 / 三角相交测试。

（3）我们发明了新的重建滤波器，用于高质量的随机渲染效果，包括柔和的阴影、光泽反射、漫射全局照明、环境光遮蔽和半透明，每个像素只需要很少的一个输入样本。

通过硬件加速和软件创新的结合，我们制作了两部实时的电影级光线追踪演示：“Reflections”（卢卡斯影业）和“Speed of Light”（保时捷）。

19.2 在 UE4 中集成光线追踪功能

在像虚幻引擎这样的大型应用程序中集成一个光线追踪框架极具挑战，这实际上是自 UE4 发布以来最大的架构变化之一。在将光线追踪整合到 UE4 中时，我们的目标如下：

（1）性能：这是 UE4 的一个关键方面，因此光线追踪功能应该与用户的期望相一致。我们对性能有帮助的一个决定是，G-buffer是使用现有的基于光栅化的技术来计算的。除此之外，光线追踪还可以计算特定的渲染效果，例如反射或面积光。

（2）兼容性：光线追踪渲染的输出必须与现有UE4的着色和后处理阶段兼容。

（3）着色的一致性：UE4所使用的着色模型必须准确地实现光线追踪，才能与UE4中现有的着色产生一致的结果。具体来说，我们严格按照现有着色器代码中相同的数学来对UE4提供的着色模型进行BRDF评估、重要性采样和BRDF概率分布函数评估。

（4）最大限度地减少干扰：现有的UE4用户应该会发现这种整合易于理解和扩展，因此，它必须遵循UE的设计范式。

（5）多平台支持：虽然最初UE4中的实时光线追踪完全基于DXR，但UE4的多平台特性要求我们在设计新系统时，必须使其能够最终移植到其他未来的解决方案中，而无需进行重大重构。

整合分为两个阶段。第一阶段是原型设计阶段，我们创建了“Reflections”（与ILMxLAB合作制作的卢卡斯影业星球大战短片）和“Speed of Light”（保时捷）演示，目的是学习在UE中整合光线追踪技术的理想方式，以便在未来能够适当扩展。这帮助我们提取了关于集成中最具挑战性的方面的结论：性能、API、在延迟渲染管线中的集成、渲染硬件接口（RHI）所需的变化（RHI是一个将用户从每个硬件平台的具体实现中抽象出来的一层薄薄的封装），着色器API的变化、可扩展性等。

在找到第一阶段出现的大部分问题的答案后，我们进入第二阶段。这包括对UE4高级渲染系统的重大重写，除了提供更好的实时光线追踪整合外，还带来了其他优势，包括整体性能的显著提升。

19.2.1 阶段1：实验性的整合

从较高的层次上看，将光线追踪整合到基于光栅化的实时渲染引擎中包括几个步骤：

（1）记录将进行光线追踪的几何体，这样可以创建或更新加速结构。

（2）创建命中着色器，这样当一根光线击中一块几何体时，我们可以计算它的材质参数，正如我们在基于光栅化的渲染中所做的。

（3）创建光线生成着色器，用于为阴影或反射等场合发射光线。

1. Directx Raytracing关于加速结构的背景介绍

要理解第一步，首先要了解DirectX Raytracing API所暴露的两级加速结构（AS）。在DXR中，有两种类型的加速结构，形成了一个两级层次结构：顶层加速结构（TLAS）和底层加速结构（BLAS）。这些结构如图19.1所示。TLAS建立在一组实例之上，每个实例都有自己的变换矩阵和指向BLAS的指针。每个BLAS都建立在一组几何图元（三角形或AABB）上，其中AABB用于包围自定义的几何体，这些几何体将在加速结构遍历期间使用自定义的相交测试shader，因为沿着光线找到AABBs。对于动态场景，TLAS通常会在每一帧中重建。每个BLAS对每个独特的几何体都至少构建一次。如果几何体是静态的，则在初始构建后不需要额外的 BLAS 构建操作。对于动态的几何体，需要更新或完全重建 BLAS。当输入图元的数量发生变化时，即需要添加或删除三角形或 AABB 时，例如，由于动态镶嵌或其他程序性几何体生成方法（如粒子系统），需要完全重建 BLAS。在 BVH 的情况下（NVIDIA RTX 实现使用的是 BVH），BLAS 更新需要进行 refit 操作，即从叶子到根部更新树中的所有 AABB，但树的结构保持不变。

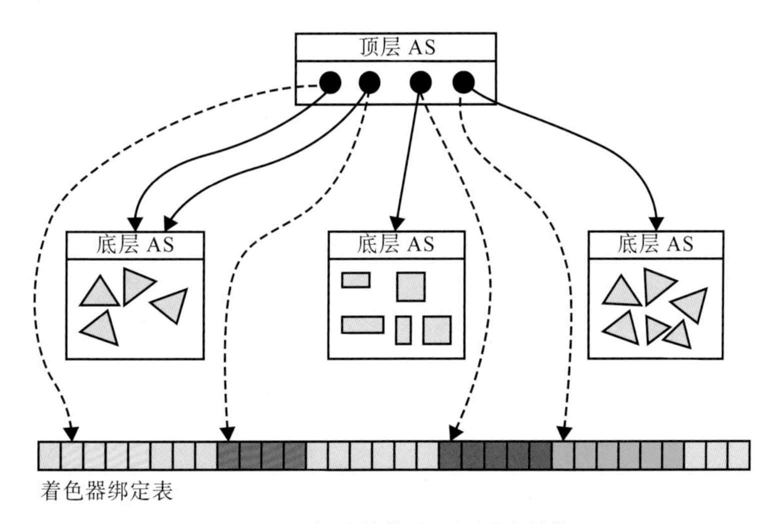

图 19.1　加速结构的两级层次结构

2. UE4 RHI 的实验性扩展

在实验性的 UE4 实现中，我们用一个受 NVIDIA OptiX API 启发的抽象来扩展渲染硬件接口（RHI），但略为简化。这个抽象由三个对象类型组成：rtScene、rtObject 和 rtGeometry。rtScene 由 rtObjects 组成，它们实际上是实例，每个实例指向一个 rtGeometry。一个 rtScene 封装了一个 TLAS，而一个 rtGeometry 封装了一个 BLAS。rtGeometry 和指向给定 rtGeometry 的任何 rtObject 都可以由多个部分组成，所有这些部分都属于同一个 UE4 图元对象（静态网格或骨骼网格），因此共享相同的索引和顶点缓存，但可能使用不同的（材质）着色器。一个 rtGeometry 本身没有与之相关的命中着色器。我们在 rtObject 部分设置了命中着色器和它们的参数。

引擎材质着色器系统和 RHI 也进行了扩展，以支持 DXR 中新的光线追踪着色器类型：光线生成、最接近命中、任意命中、求交和未命中。带有这些着色器阶段的光线追踪管线如图 19.2 所示。除了最近命中和任意命中着色器外，我们还扩展了引擎，以支持使用现有的顶点着色器（VS）和像素着色器（PS）。我们扩展了开源的 Microsoft DirectX Compiler 工具，提供了一个从 VS 和 PS 的预编译 DXIL 表示中生成最近命中和任意命中着色器的机制。该工具将 VS 代码、输入装配（Input Assembly）阶段的输入布局（包括顶点缓存和索引缓存的格式及步幅）以及 PS 代码作为输入。给定这些输入，它能够生成最佳的代码来执行索引缓存取值、顶点属性取值、格式转换和 VS 评估（针对三角形中的三个顶点），然后使用命中时的质心坐标对 VS 输出进行插值，再作为输入提供给 PS。该程序还能够生成一个最小的任意命中着色器来执行 alpha 测试。这使得引擎中的渲染代码能够继续使用顶点和像素着色器，就像它们将被用于栅格化 G-buffer 一样，像往常一样设置它们的着色器参数。

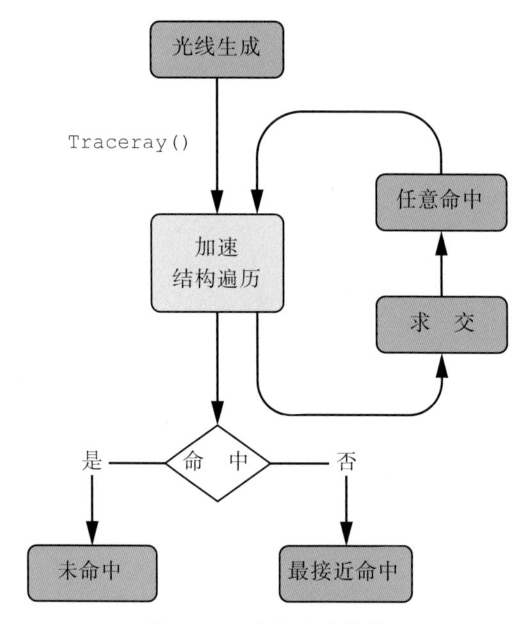

图 19.2 光线追踪管线

这个实验性质的 RHI 实现有两个额外的功能：编译光线追踪着色器到 GPU 可识别的表示方式以及管理着色器绑定表（Shader Binding Table），该表指向每个几何体需要使用的着色器代码和着色器参数。

（1）高效地编译光线追踪着色器。在引入 RTX 和 DirectX Raytracing 之前，（用于光栅化和计算的）图形 API 中现有的管线抽象只需要提供少量的着色器（1 到 5 个）来创建所谓的管线状态对象（PSO），它封装了着色器编译后的特定机器代码。这些图形 API 允许在需要时并行创建 PSO，每个对象用于不同的材质或渲染通线。然而，光线追踪的管线以一种差异巨大的方式改变了这一点。必须创建一个光线追踪管线状态对象（RTPSO），其中包含场景中可能需要执行的所有着色器。这样，当光线击中任何对象时，系统就可以执行与之相关的着色器代码。在当今的复杂游戏中，这通常意味着上千个着色器。如果按顺序将数千个光线追踪着色器编译到一个 RTPSO 的机器代码中，可能会非常耗时。幸运的是，DirectX Raytracing 和所有其他由 RTX 支持的 NVIDIA 光线追踪 API 都能将多个光线追踪着色器并行编译到机器代码中。这种并行编译可以利用当今 CPU 的多核优势。在实验性的 UE4 实现中，我们通过简单地调度单独的任务来使用这个功能，每个任务都将一个单一的光线追踪着色器或命中组编译成 DXR 中的集合。每一帧，如果没有其他着色器编译任务已经在执行，我们就检查是否有任何新的着色器不可用。如果发现，我们就开始新的一批着色器编译任务。每一帧我们还检查之前的任何一组着色器的编译任务是否已经完成。如果有，我们就创建一个新的 RTPSO，替换之前的任务。在任何时候，一帧中所有 `DispatchRays()` 的调用都会使用一个 RTPSO。任何被新的 RTPSO 替换的旧 RTPSO 在不再被任何执行中的帧使用时，都会被安排进行删除。当构建 TLAS 时，在当前 RTPSO 中尚未提供所需着色器的对象会被忽略。

（2）着色器绑定表（SBT：Shader Binding Table）。这个表是由多条绑定记录组成的缓存，每条记录都包含一个着色器 ID 和一些着色器参数，相当于 DirectX 12 中图形管线和计算管线中用到的根表（root table）。由于这个实验性的实现是为了在每一帧都更新场景中每个对象的着色器参数，所以绑定表的管理很简单，和命令缓存的管理方式类似。绑定表被分配为一个带 N-buffer 的线性缓存，大小由场景中的对象数量决定。在每一帧中，我们简单地从头开始将整个绑定表写入一个 GPU 可见的 CPU 可写缓存（位于上传堆）。然后，我们将 GPU 副本从这个缓存中插入到 GPU 本地对应的缓存中。基于同步栅栏（fence）的操作被用来防止覆盖之前使用的 N 帧绑定表的 CPU 或 GPU 副本。

3. 对引擎中的不同图元进行注册

要让加速结构能识别到几何体，我们必须确保 UE4 中的各种图元已经创建了 RHI 级别的 rtGeometry 和 rtObjects。通常，这需要确定应创建 rtGeometry 和 rtObjects 的正确作用域。对于大多数图元而言，可以在与顶点和索引缓存几何体相同的作用域创建 rtGeometry。对于静态三角形网格来说，这很简单，但对于其他图元来说，这可能会涉及更多问题。例如，粒子系统、景观地形和骨骼网格（Skeletal Mesh，即带有皮肤的几何体，可使用变形目标或布料模拟）需要特殊处理。在 UE4 中，我们利用了现有的 GPUSkinCache，这是一个基于计算着色器的系统，它可以将每一帧的蒙皮执行到临时的 GPU 缓存中，这些缓存可以作为光栅化通道、加速结构更新和命中着色器的输入。同样重要的是，每个 Skeletal Mesh 实例都需要自己独立的 BLAS，因此，在这种情况下，Skeletal Mesh 的每个实例都需要一个单独的 rtGeometry，不可能像静态 Mesh 那样使用实例化来共享数据。

我们还试验了对其他种类的动态几何体的支持，如级联粒子系统和景观地形系统。粒子系统可以使用粒子网格，其中每个粒子成为指向静态网格的 rtGeometry 的实例，也可以使用程序化生成的三角形几何体，如精灵或色带。由于时间有限，这种实验支持仅限于 CPU 模拟的粒子系统。对于景观系统，我们对地块、植被和 Spline 网格（沿 B-spline 曲线插值三角形网格生成）有一些实验支持。对于其中的一些，我们依靠现有的 CPU 代码来生成顶点几何。

4. 更新场景的光线追踪表现

在每一帧中，UE4 渲染器都会执行 Render 循环体，包含多个渲染批次，如光栅化 G-buffer、应用直接照明或后处理。我们修改了这个循环，以更新用于光线追踪目的的场景表示，它的最低层由 SBT、相关的缓存和资源描述符以及加速结构组成。

从高级渲染器的角度来看，第一步涉及确保场景中所有对象的着色器参数是最新的。

为了做到这一点，我们利用了现有的 Base Pass 渲染逻辑，通常用于在延迟渲染器中栅格化 G-buffer。主要的区别在于，对于光线追踪，我们必须在场景中的所有对象上执行这个循环，而不仅仅是那些在相机外壳内和潜在可见的对象，这是基于遮挡剔除的结果。第二个区别是，第一个实现没有使用延迟渲染 G-buffer 渲染中的 VS 和 PS，而是使用了前向着色渲染器中的 VS 和 PS，因为当着色命中反射时，这似乎是一种自然的配合。第三个不同之处是，我们需要为多种光线类型更新着色器参数，在某些情况下使用稍微不同的着色器。

5. 对所有物体进行迭代。

在一个大型场景中，可能会有大量的 CPU 时间用于更新所有对象的着色器参数。我们认识到这是一个潜在的问题，为了避免这个问题，我们应该以人们传统上所说的保留模式渲染为目标。与即时模式渲染不同的是，在即时模式渲染中，CPU 在每一帧都要重新提交许多相同的命令来逐一绘制相同的对象，而在保留模式渲染中，每一帧所做的工作仅仅是更新自上一帧以来在场景中发生的变化。保留模式渲染更适合光线追踪，因为与光栅化不同，在光线追踪中我们需要整个场景的全局信息。因此，NVIDIA RTX 支持的所有 GPU 光线追踪 API（OptiX、DirectX Raytracing 和 Vulkan Raytracing）都启用了保留模式渲染。然而，今天的大多数实时渲染引擎仍然是围绕着过去二十年来 OpenGL 以来使用的光栅化 API 的限制而设计的。因此，渲染器的编写是为了在每一帧重新执行所有的着色器参数设置和绘制代码，理想的情况是，只需要为少数对象渲染从相机中可见的东西。虽然这种同样的方法在我们用来演示实时光线追踪的小场景中效果很好，但我们知道它将无法扩展到巨大的世界。出于这个原因，UE4 渲染团队开始了一个改造高级渲染器的项目，目的是为了更高效地保留模式渲染方法。

6. 为光线追踪定制着色器

我们必须从 VS 和 PS 代码中建立命中着色器，这些代码是为了光线追踪而稍微定制的。最初的方法是基于 UE4 中用于前向着色的代码，但是所有依赖屏幕空间缓存的效果都被跳过。这意味着访问屏幕空间缓存的材质不能与光线追踪共存，当混合使用光栅化和光线追踪时，应避免使用这类材质。我们最初的实现使用了基于 UE4 的前向渲染着色器的命中着色器，但随着时间的推移，我们重构了着色器代码，使命中着色器看起来更接近于延迟渲染中用于 G-buffer 渲染的着色器。在这种新模式下，所有的动态光照都是在光线生成着色器中执行，而不是在命中着色器中执行。这降低了命中着色器的大小和复杂性，避免了在命中着色器中执行嵌套的 `TraceRay()` 调用，并且由于不必等待重建数千个材质像素着色器，我们可以在大大减少迭代时间的情况下修改光线追踪的光照代码。除了这个改变，我们还优化了 VS 代码，确保我们使用了从光线信息中计算出的命中位置（`origin + t * direction`），从而避免了 VS 中与顶点位置相关的内存访问和计算。此外，我们尽可能地将计算从 VS 移到 PS，例如计算变换后的法线和切线。总的来说，VS 的代码大致简化为获取数据以及转换格式。

7. 批量提交多种光线的着色器参数

为多种光线类型更新参数时，在某些情况下，如果其中一种光线需要一套完全独立的 VS 和 PS，我们必须遍历处理场景中的所有对象。不过，在某些情况下，我们能够显著减少额外光线类型带来的开销。例如，我们能够处理两种最常见的光线类型的更新，即材质计算光线（material evaluation）和任意命中阴影光线（any hit shadow）。我们采用的方法是允许 RHI 抽象层同时提交用于多种光线的参数，这些光线的命中着色器具有兼容的参数。我们使用 DirectX 编译器工具将一对 VS 和 PS 转换为命中着色器，该工具确保 VS 和 PS 的参数布局对于最近命中着色器和任意命中着色器都是一样的（因为两者都是由同一对 VS 和 PS 生成的）。考虑到这一点，再加上阴影光线的任意命中着色器与材质计算光线是相同的，而它的最近命中着色器为空，因此，即便着色器 ID 不同，也可以轻而易举地使用相同的 SBT 数据。

8. 更新实例的变换矩阵

在填充着色器绑定表记录的过程中，我们还需要在相关的 rtObject 中记录它们的偏移量。这些信息需要提供给构建 TLAS 的操作，因为 DXR 实现会使用这些信息来决定执行哪些命中着色器以及使用什么参数。除了更新所有的着色器参数外，我们还必须更新与每个 rtObject 相关联的实例变换矩阵（instance transform）和标志位（flag）。这是在更新着色器参数之前，在一个单独的循环中完成的。实例中的 flag 允许控制掩码（masking）和背面剔除逻辑等。掩码在 UE4 中用于实现对照明通道的支持，它允许艺术家限制特定的灯光只作用于特定的对象集。背面剔除位用于确保光栅化和光线追踪的结果在视觉上相匹配（剔除对光线追踪的性能优化效果远不如光栅化）。

9. 构建加速结构

在更新了所有的光线追踪着色器参数、rtObject 变换以及掩码和剔除位之后，包含命中着色器的 SBT 就准备好了，所有的 rtObject 都知道它们对应的 SBT 记录。此时我们进入下一步，就是调度任何底层加速结构的构建或更新，以及 TLAS 的重建。在实验实现中，这一步也会照顾到与加速结构相关的内存的延迟分配。这个阶段的一个重要优化是确保在 BLAS 更新后需要的任何资源过渡障碍都被推迟到 TLAS 构建之前执行，而不是在每次 BLAS 更新后就执行这些。推迟很重要，因为这些过渡障碍中的每一个都是 GPU 上的同步步骤。将过渡关卡凝聚到命令缓存中的一个点，可以避免冗余的同步，否则会导致 GPU 经常处于空闲状态。通过凝聚过渡，我们在所有 BLAS 更新之后，只执行一次这种同步，并允许多个 BLAS 更新，可能是许多小三角网格，在 GPU 上运行时重叠。

10. 未命中着色器

我们对未命中着色器的使用很有限。尽管 RHI 层有暴露该着色器，但我们从未在引擎端使用过它，我们依赖于 RHI 实现预先初始化一组相同的默认未命中着色器（每个光线类型有一个），这些着色器只是将有效负载中的 HitT 值初始化为一个特定的负值，以此来表明光线没有击中任何东西。

19.2.2 阶段 2

在创建两个高端光线追踪演示过程中积累了经验后，我们有条件对代码进行一次重构，使之有从特定项目过渡到能满足所有 UE4 用户的需求。该阶段的最终目标之一是将 UE4 的渲染系统从即时模式转为保留模式。这会带来更高的效率，因为只有在帧内发生变化的对象才得到更新。由于光栅化管线的限制，UE4 最初是按照即时模式的风格编写的。然而，这严重限制了光线追踪用于大型场景的性能，因为它需要更新帧内所有的对象，即使大部分时间只有一小部分发生改变。所以，转向保留模式渲染风格是该阶段的关键目标之一。

我们的最终目标是使未来在任何平台上集成光线追踪成为可能，我们将需求分为不同的层级，以了解支持每个功能所需要的东西，以及当更先进的硬件出现时，我们如何面对任何特定设备的限制而不牺牲功能。

1. 初级功能（Tier 1）

Tier 1 描述了集成基本光线追踪所需的最低级别功能，就像现有的光线追踪 API，如 Radeon Rays 或 Metal Performance Shaders。着色器的输入是一个包含光线信息（原点、方向）的缓存，输出是一个包含相交结果的缓存。Tier 1 没有内置 `TraceRay` 固有功能，也没有任何命中着色器可用。这一级很适合实现简单的光线追踪效果，如不透明阴影或环境光遮蔽，但要超越这些效果是很有挑战的，需要对代码进行复杂的修改，引入更多限制，难以平衡执行效率。

2. 中级功能（Tier 2）

Tier 2 支持光线生成着色器，它可以调用 `TraceRay` 函数，它的输出结果在函数调用后可用。这一级的功能还支持动态的着色器调度，这是用 RTPSO 和 SBT 抽象出来的。Tier 2 不支持递归的光线追踪，所以不能从命中的着色器中产生新的光线。在阶段 1，我们发现这在实践中并不是一个很大的限制，而且它能减少命中着色器的大小和复杂度。

Tier 2 可以实现 UE4 中光线追踪集成中定义的大部分目标，因此，UE4 光线追踪管线的设计是以 Tier 2 为前提的。

3. 高级功能（Tier 3）

Tier 3 严格遵循 DXR 规范，它支持所有 Tier 2 的功能以及具有预定义最大深度的递归调用。它还支持从光线生成着色器以外的其他着色器类型追踪光线，以及可定制的加速结构遍历等高阶功能。Tier 3 是迄今为止最强大的功能，它能够以模块化的方式集成来自离线渲染的高级光线追踪特性，例如光子映射（photon mapping）和辐照度缓存（irradiance caching）。我们在设计 UE4 中的光线追踪时便考虑到当硬件支持时可以利用 Tier 3 功能。

19.3 实时光线追踪和降噪处理

除了从 UE4 中的光线追踪集成中吸取经验教训外，最初的实验阶段对于探索实时光线追踪的可能性至关重要。我们从镜面反射和硬影开始，继续通过添加降噪来从有限的光线预算中逼近光泽反射和面积光，然后添加环境光遮蔽、漫反射全局照明和半透明。

我们注意到，基于光栅化的渲染器（包括离线和实时）通常将渲染方程分成多段光路，并分别处理每段光路。例如，对屏幕空间反射进行单独的传递，对直接照明进行另一个传递。这在光线追踪渲染器中使用较少，尤其是离线路径追踪器，通过累积几十、几百或几千条光路进行渲染。

一些光线追踪渲染器使用了一些技术来提高收敛性或交互性，例如，虚拟点光（即时辐射[6]）、路径空间滤波[1]和大量的降噪算法。关于近期蒙特卡罗渲染的降噪技术的概述，请参考 Zwicker 等人[14]优秀的最先进报告。

Zimmer 等人[13]将整个光线树分割成独立的缓存，并在合成最终帧之前对每个缓存应用降噪滤波器。在我们的方案中，我们遵循类似的方法，将试图解决渲染方程时出现的光路进行拆分。我们对不同光线类型的结果应用自定义滤波器，例如，阴影、反射和漫射光线。我们为每个效果使用每个像素的少量光线，并对它们进行积极的降噪，以弥补样本数量的不足。我们利用局部属性来提高降噪质量（如光的大小或光泽 BRDF 波瓣的形状），并结合结果生成接近离线渲染器生成的图像。我们将这种技术称为分区光路滤波（partitioned light path filtering）。

19.3.1 基于光线追踪的阴影

与阴影图（shadow map）相比，光线追踪阴影的一个显著优势是，即使对于大面积的光源，光线追踪也能轻松模拟出物理上精确的半影（penumbra），从而提高渲染图像的真实感。制作拥有高质量的大面积半影的柔和阴影是我们的目标之一。

在“Reflections”演示中，面积光和柔和的阴影是两个最重要的视觉特征，如图 19.3 所示。

(a) 基于光线追踪的阴影

(b) 阴影图

图 19.3 （a）“Reflections”演示的原始渲染，带有光线追踪的软阴影。注意两个暴风兵头盔下的软影；（b）如果没有软阴影，在区域光照中，灯光失去了保真度，图像的真实性较差

类似的效果在“Speed of Light”的演示中也有体现，保时捷 911 上方的巨型面积光

投下的阴影。大面积漫射灯通常用于汽车展览，它们会产生具有大面积半影的漫射型阴影。大面积光源产生的精确阴影笔刷，对于传统的基于光栅化的技术（如阴影图）来说是一个挑战。通过光线追踪，我们可以准确地模拟这种现象，如图 19.4 所示。

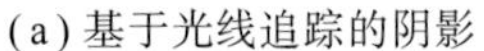

(a) 基于光线追踪的阴影　　(b) 阴影图

图 19.4 （a）光线追踪面积光与半影使用一个样本每个像素每个光，重建我们的阴影降噪器；（b）用阴影贴图渲染的阴影

1. 照明评估

在我们的演示中，区域光的照明评估是使用线性变换余弦（LTC）方法[2]计算的，它提供了一个无方差的照明项估计，而不包括可见度。为了渲染区域光的阴影，我们使用光线追踪来收集可见度项的噪声估计，然后再对结果应用高级图像重建算法。最后，我们在光照结果的基础上合成了无噪声的可见度项。

数学上，这可以写成下面的拆分和近似的渲染方程[4]：

$$
\begin{aligned}
L(\omega_o) &= \int_{S^2} L_d(\omega_i) V(\omega_i) f(\omega_o,\omega_i) \left|\cos\theta_i\right| \\
&\approx \int_{S^2} V(\omega_i) \mathrm{d}\omega_i \int_{S^2} L_d(\omega_i) f(\omega_o,\omega_i) \left|\cos\theta_i\right| \mathrm{d}\omega_i
\end{aligned}
\tag{19.1}
$$

其中，$L(\omega_o)$ 是在方向 ω_o 上离开表面的辐射；$V(\omega_i)$ 是在方向 ω_i 上的二元可见度项；表面属性 f 是 BRDF（双向反射分布函数）；$L_d(\omega_i)$ 是沿方向 ω_i 的入射光线；表面法线与入射光线方向之间的角度为 θ_i，$|\cos\theta_i|$ 记录的是该角度引起的几何衰减。对于漫反射表面，这种近似的偏差可以忽略不计，常用于阴影贴图技术中。对于光泽表面上有遮挡的面积光，可以使用 Heitz 等[3]的比值估计器来得到更精确的结果。相比之下，我们在“Speed of Light”演示中直接使用光线追踪反射加降噪来实现带有遮挡信息的镜面面积光。更多细节请参见下文。

2. 阴影降噪

为了得到高质量的大半影的光线追踪面积光，通常每个像素需要数百个能见度样本，才能得到一个没有明显噪声的估计。所需的光线数量取决于光源的大小和场景中遮挡物的位置和大小。

对于实时渲染来说，我们的光线预算要严格得多，数百条光线都超出了我们的性能预算。对于“Reflections”和“Speed of Light”的演示，我们每个光源每个像素只用了一个样本。在这个数量的样本下，结果包含了大量的噪声。我们应用了一种先进的降噪滤波器来重建一个接近参考值的无噪图像。

我们设计了一种专用于半影的面积光降噪算法。阴影降噪器有空间和时间两个部分。空间部分的灵感来自于最近基于局部遮挡的频率分析的高效滤波器的工作，例如软阴影的轴对齐滤波[8]和 Yan 等人[12]的剪切滤波器。降噪器知道光源的信息，如光源的大小、形状、方向及它与接收机的距离，以及阴影光线的命中距离。降噪器使用这些信息试图得出每个像素的最佳空间滤波足迹。该足迹是各向异性的，每个像素的方向不同。图 19.5 显示了我们的各向异性空间内核的近似可视化。核的形状沿着半影方向延伸，从而在降噪后得到高质量的图像。我们的降噪器的时间分量增加了每个像素的有效样本数，为 8 ~ 16。需要注意的是，如果启用了时间滤波器，会有轻微的时间滞后，但我们按照 Salvi[10]的建议进行时间箝位以减少滞后。

图 19.5　我们的阴影降噪器中使用的滤波核的可视化（绿色）。请注意它是如何各向异性的，并沿着每个半影的方向延伸（摘自 Liu[7]）

鉴于降噪器使用每个光源的信息，我们必须分别对每个光源投下的阴影进行降噪。我们的降噪成本与场景中的光源数量呈线性关系。然而，降噪质量比我们尝试对多个光源使用通用滤波器要高，因此我们在这些演示中选择对每个光源使用一个滤波器。

图 19.6 中的输入图像是以每个像素采样一根阴影光线来渲染的，以模拟车顶巨大的矩形光所投下的柔和照明。在这样的采样率下，所得到的图像是充满噪点的。我们的空间降噪器可以去除大部分噪声，但仍有一些瑕疵存在。在结合时域降噪器和空间降噪器后，得到的结果接近于每像素 2048 根光线渲染的参考图像。

对于中等大小的光源，我们的空间降噪器可以产生高质量的效果。在“Reflections”演示中，仅空间降噪就足以产生令我们的艺术家满意的阴影质量结果。对于我们在“Speed of Light”演示中使用的巨型光源类型，单纯的空间降噪结果无法满足我们的质量要求。因此，我们还在“Speed of Light”演示中的降噪器中采用了时间成分，以轻微的时间滞后为代价提高了重建质量。

(a) 噪声输入（1 spp）

(b) 我们的空间降噪器

(c) 我们的时域 + 空间降噪器

(d) 参考值

图 19.6 （a）我们的降噪器工作在每个像素只有一根阴影光线渲染的噪声输入上；（b）我们的降噪器只有空间分量，一些低频瑕疵仍然存在；（c）我们的时域 + 空间降噪器进一步改善了结果；（d）非常接近参考值

19.3.2 基于光线追踪的反射

真实的反射是光线追踪的另一卖点。基于光栅化的技术，如屏幕空间反射（SSR）[11]，经常受到屏幕外内容的瑕疵影响。其他技术，如预积分的光探针（light probe）[5]，不能很好地扩展到动态场景中，并且不能准确地模拟存在于光泽反射中的所有特征，如沿表面法线方向的拉伸和接触面硬化（contact hardening）。此外，光线追踪可以说是处理任意形状表面上的多次反射的最佳方案。

图 19.7 展示了我们在“Reflections”演示中用光线追踪反射产生的效果。请注意 Phasma 的盔甲间的多次反射。

图 19.7 用光线追踪渲染的 Phasma 的反射。请注意盔甲部分之间的精确反射，以及用我们的降噪器重建的略带光泽的反射

1. 简化的反射着色

虽然光线追踪使得支持任意表面上的动态反射变得更加容易，甚至对于屏幕外的内容也是如此，但计算反射光线命中处的阴影和光照是非常昂贵的。为了降低命中处的开销，我们提供了使用不同的、经艺术家简化后的材质进行反射处的着色。这种简化对最终的感知质量影响不大，因为反射物体在凸面上通常会被最小化，忽略材质中的微观细节在视觉上不会引起明显变化，有助于提升性能。图 19.8 展示了主视图（a）中具有丰富细节的常规复杂材质和简化后的版本（b）。

(a) 具有完整微观细节的原始 Phasma 材质

(b) 用于反射光线着色的简化材质

图 19.8

2. 光面反射的降噪

用光线追踪获得完美平滑的镜面反射很容易，但在现实世界中，大多数高光表面并不像镜子一样。它们的表面通常有不同程度的粗糙度和凹凸感。使用光线追踪，通常会随机地对材质的局部 BRDF 进行取样，取决于粗糙度和传入的辐射度，取样量为成百上千个，这种做法对于实时渲染是不切实际的。

我们实现了一种自适应的多次反弹系统来生成反射光线。反射光线的发射是由命中面的粗糙度控制，集中非常粗糙的几何体的光线会被提前杀死。平均而言，每个像素只反射了两条光线，用于采样两次反弹。因此对于每个可见的着色点，我们只进行一次 BRDF 采样。结果自然充满噪点，我们将再次使用成熟的降噪滤波器来重建接近参考值的光泽反射。

我们设计了一种只依赖反射光线的入射幅度项（incoming radiance term）的降噪算法。光泽反射是入射幅度项 L 和 BRDF f 在阴影点周围半球上的乘积的积分。我们将乘积的积分分离为两个积分的近似乘积，这样可以简化降噪任务。我们只对入射幅度项 $\int L(\omega_i)\mathrm{d}\omega_i$ 应用降噪。BRDF 积分可以被分离出来并进行预积分，这在预积分光探针[5]中是一种常见的近似方法。此外，镜面反照率（specular albedo）也包含在 BRDF 中，因此通过只滤波辐射度项，我们不必担心过度模糊纹理的细节。

$$L(\omega_o) = \int_{S^2} L(\omega_i) f(\omega_o, \omega_i) |\cos\theta_i| \, d\omega_i \approx \int_{S^2} L(\omega_i) d\omega_i \int_{S^2} f(\omega_o, \omega_i) |\cos\theta_i| \, d\omega_i \tag{19.2}$$

滤波器堆栈有时间和空间两部分。对于空间部分，我们在屏幕空间中推导出一个各向异性形状的滤波核。该滤波核考虑了局部阴影点的 BRDF 分布，通过将 BRDF 波瓣投影回屏幕空间，基于命中距离、表面粗糙度和法线进行估计。所得到的滤波核对每个像素具有不同的核大小和方向，如图 19.9 所示。

图 19.9 基于 BRDF 的反射滤波器内核的可视化（摘自 Liu[7]）

我们基于 BRDF 的滤波器内核的另一个值得注意的特性是，它可以通过镜面滤波产生中等粗糙外观的光泽表面，如图 19.10 ~ 图 19.12 所示。我们的滤波器从 1 个 spp（每像素采样数）的输入中产生了令人信服的结果，与 16384 个 spp 的参考值渲染非常接近，请参考图 19.11 和图 19.12 的例子。

图 19.10 我们的反射空间滤波器的输入，这里它呈现的是完美的镜面反射

图 19.11　我们的反射空间滤波器的输出，作用在图 19.10 中的镜面反射图像，模拟粗糙度的平方（squared-roughness）为 0.15 时的 GGX。它产生了光泽反射的所有预期特征，如接触硬化和沿法线方向的伸长

图 19.12　用无偏随机 BRDF 采样渲染的粗糙度的平方为 0.15 时的 GGX，每像素采样数千条光线

这种空间滤波器可以忠实地重建具有中等粗糙度（粗糙度的平方小于 0.25 左右的 GGX）的光泽表面。对于较高的粗糙度值，我们应用 Stachowiak 等[11]的有偏随机 BRDF 采样，并将时间分量与空间分量相结合，以达到更好的降噪质量。

在反射表面上的时空重投影需要反射物体的运动向量，获取运动向量是个挑战。此前，Stachowiak 等人[11]利用虚拟深度来重建平面反射中由相机运动引发的运动向量。然而，这种方法对于曲面的反射效果不理想。在第 32 章中，Hirvonen 等人介绍了一种新的方法，即把每个局部像素的邻域建模为薄透镜，然后利用薄透镜方程来推导反射物体的运动向量。它对曲面反射器效果很好，我们在时间滤波器中使用这种方法来计算运动向量。

3. 基于光线追踪反射的高光着色

线性变换余弦（LTC）[2]是一种对任意粗糙度进行分析产生逼真的面积光的技术，但前提是它不能处理遮挡。由于我们的反射方案可以用 1 spp 产生可信的光泽反射，我们可以用它直接评估面积光的材质阴影的镜面分量。我们不使用 LTC，而是简单地将面积光视为发射物体，在反射的命中点对其进行遮挡，然后应用降噪滤波器重建包括遮挡信息在内的镜面遮挡。图 19.13 显示了两种方法的比较。

(a)LTC

(b) 光线追踪反射

图 19.13 在场景中，地板是一个完美的镜面，GGX 的粗糙度的平方为 0.17。（a）两个面积光的照明是用 LTC 计算出来的。虽然 LTC 产生了看起来正确的高光，但本应遮挡部分高光的汽车反射却不见了，使汽车悬在空中。（b）使用光线追踪反射，注意到光线追踪如何处理来自汽车的正确遮挡，同时也产生了来自两个面积光的可信的高光

19.3.3 基于光线追踪的全局漫反射照明

为了追求逼真的效果，在“Reflections”和“Speed of Light”两个 demo 中，我们都使用了光线追踪来计算间接照明，以提高渲染图像的真实度。我们在两个演示中使用的技术略有不同。对于“Reflections”，我们使用光线追踪从预先计算的体积光图中获取辐照度信息，以计算动态角色的间接照明。在“Speed of Light”的演示中，我们使用了更粗暴的方法，直接用 G-buffer 的两次间接漫射光线反弹做路径追踪。我们使用了后续事件估计（next event estimation）来加速收敛。

1. 环境光遮蔽

环境光遮蔽（AO）为全局照明提供了一个受物理启发和艺术家可控的方案。将照明与遮蔽解耦，虽然打破了物理上的正确性，但却提供了可观的性能提升。我们使用的环境光遮蔽技术是对几十年来在电影中使用的相同的、有据可查的算法的直接应用。我们以一个候选点的着色法向量为中心，满足余弦半球形（cosine-hemispherical）分布发射几条光线。于是，我们在屏幕空间生成的遮蔽可以全局地削弱光照的影响。

虽然虚幻引擎支持屏幕空间的环境光遮蔽（SSAO），但我们在演示中避免使用它。SSAO 有明显的缺点，它对视锥体（frustum）的依赖会导致边界处的虚化，并且不能准确地捕捉到与观察方向平行的薄型遮挡物。此外，视界外的遮挡物无法被 SSAO 观测到。对于和我们的演示类似的影视作品，艺术家通常希望完全避免这样的情况，或者抑制更大的光线距离带来的效果。然而，通过 DXR，我们可以捕捉到独立于视锥体的方向性遮挡。

2. 基于光照图的间接漫反射

在“Reflections”中，我们需要一种能够提供有效的色彩渗出（color bleeding）的

AO 技术。虽然我们很重视 AO 的效率，但它的全局暗化效果对我们的艺术家来说并不理想。我们实现了一个间接的漫反射效果作为参考。对于这个算法，与传统的 AO 类似，我们从一个候选的 G-buffer 采样点中投射出一个余弦半球形的分布。如果我们的可见光线击中了一个发光体（emitter），我们就记录 BRDF 加权后的结果，而非命中率（hit-miss ratio）。正如预期的那样，一个有意义的结果所需的光线数量是很夸张的，但它们为更近似的技术提供了一个基准参考。

我们采用虚幻引擎的光照图方案来提供一个近似的间接贡献，而不是采用蛮力评估。具体来说，我们发现将我们的体积光图的评估替换为我们的环境光遮蔽光线的发射，提供了一个合理的间接结果。我们还发现，由此产生的辐照度传递比传统 AO 算法的加权可见度传递更容易降噪。对比图像见图 19.14。

(a) 屏幕空间环境光遮蔽

(b) 光照图的间接漫反射

(c) 供参考的只弹一次的路径追踪（one-bounce path tracing）

图 19.14　全局照明技术比较

3. 实时全局照明

除了使用预计算的光图来渲染间接漫射照明外，我们还开发了路径追踪的方案，以进一步改善我们的全局照明工作。我们使用路径追踪与后续事件估计来渲染只弹一次的间接漫射光照，然后再在辐照度上应用下文中详述的重构滤波器进行降噪，这提供了比之前更精确的色彩渗出。

4. 对 AO 和全局漫射照明进行降噪

对于这两个演示，我们使用了类似的降噪器，它是基于 Mehta 等人[9]的漫反射间接照明的轴对齐滤波器。对于“Speed of Light”演示，降噪更具挑战性。由于我们使用的是没有任何预计算的蛮力路径追踪，所以我们将 Mehta 等人的空间滤波器与时间滤波器相结合，以达到理想的质量。对于“Reflections”的演示，由于我们是从附近的光图文本中获取的，因此使用时间抗锯齿与空间滤波器相结合，提供了足够好的质量。

我们的降噪器只应用于光照的间接漫射分量，以避免过度模糊纹理细节、阴影或镜面高光，因为这些在其他专用降噪器中是单独过滤的。对于空间滤波器，我们应用了 Mehta 等人提出的世界空间核，其足迹（footprint）来自于命中距离，根据命中距离调整滤波器大小，避免了间接光照中细节的过度模糊，并使间接阴影等特征更加清晰。当与时间滤波器结合时，它还可以根据像素积累了多少重投样本来减少空间内核足迹。对于具有更多时间累积样本的像素，我们应用更小的空间滤波器足迹，从而使结果更接近参考值。

图 19.15 显示了使用恒定半径进行滤波与根据光线命中距离和时间样本数调整滤波半径的对比照片。很明显，使用调整后的滤波器足迹在接触区域提供了更好的精细细节。

(a) 统一的世界空间半径

(b) 自适应核

图 19.15 用统一的世界空间半径和自适应核过滤的间接照明。自适应核的大小是基于平均光线命中距离和累积的时间样本数

同样的想法也有助于光线追踪 AO 的降噪。在图 19.16 中，我们比较了使用统一的世界空间半径降噪的光线追踪 AO 和使用自适应核半径引导的命中距离和时间采样数降噪的 AO。

再次明确的是，使用自适应滤波器大小可以使降噪后的 AO 保存更好的接触细节（contact details）。

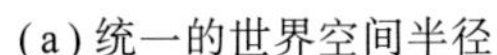

(a) 统一的世界空间半径

(b) 自适应核

图 19.16　使用统一的世界空间半径和自适应核来滤波 AO。自适应核的大小是基于平均光线命中距离和累积的时间样本数

19.3.4　光线追踪中的透明度

“Speed of Light”演示提出了一些新的挑战。对团队来说，起初最大的挑战是如何渲染玻璃。传统的实时半透明渲染方法与延迟渲染算法相冲突。通常情况下，开发人员需要在一个单独的前向通道中渲染半透明的几何体，并将结果合成在延迟渲染上。可以应用于延迟渲染的技术通常不适合半透明的几何体，这造成了不兼容，使得半透明和不透明几何体的整合变得困难。

幸运的是，光线追踪提供了一个天然的框架来表示半透明。有了光线追踪，半透明几何体可以很容易地与延迟渲染相结合，从而统一几何体的渲染。它提供了任意的半透明深度复杂度以及正确建模光的折射和吸收。

我们在虚幻引擎中实现的光线追踪透明效果使用了一个单独的光线追踪通道，类似于用于反射的通道。事实上，大部分的着色器代码是在这两个通道之间共享的。然而，两者之间有一些细微的差别。第一个是当光线的透光性接近于零时提前终止光线，来防止不必要的场景穿透，也就是说，如果光线走得太远，它的贡献可以忽略不计；另一个不同之处是，半透明光线进行追踪时设置有最大光线长度，防止打到经过着色存储在相应像素处的不透明几何体。然而，如果进行折射，半透明的命中可能会产生任意方向的一根新光线，这根光线或它的子孙可能会命中不透明的几何体，这就需要对其继续进行着色。在我们进行着色前，会对不透明命中点重投影到屏幕缓存，如果在这一重投影后发现了有效数据，就会重用它们的结果。我们利用这个小技巧在 G-buffer 中对不透明几何体执行光线追踪照明和降噪，得到更高的视觉质量。这对一些的折射是有效的，尽管在这种情况下，由于镜面照明的计算方向错误，结果可能不正确。

反射通道的另一个关键区别是，半透明光线在打到后续界面后可以递归生成反射光线。由于 HLSL 语言中缺乏对递归的支持，在 HLSL 中实现这一点比较麻烦。我们所说的递归并不是指从命中着色器中追踪光线的能力，而是指 HLSL 函数调用自身的能力，这是不被允许的。但在实现 Whitted 风格的光线追踪算法要求有递归的能力。为了解决 HLSL 的限制，我们将相同的代码实例化为两个不同名称的函数。我们将相关的函数代码移到一个单独的文件中，并包含该文件两次，每次都由不同的宏来设置函数名，结果是同一份函数代码得到两个不同名称的实例化。然后，我们让这两个函数实例中的一个调用另一个，从而使我们能够有效地进行递归，递归深度限制为一次。最终的实现允许使用半透明路径，选择性地进行折射，除了阴影光线外，沿路径的每个击中点还可以追踪“递归”的反射光线。沿着这条路径从半透明表面上追踪的反射可能会反弹到选定的次数。然而，如果这些反弹光线击中另一个半透明的表面，我们不允许追踪额外的递归光线。

均匀物质的吸光模拟（homogeneous volumetric absorption）被添加到我们的半透明通道，该模拟遵循比尔－朗伯定律（Beer-Lambert），以模拟厚玻璃和近似的基质（substrate）。为了正确地模拟有边界的均匀物质，需要对几何形状进行额外的限制。光线的遍历被修改为显示地追踪正面和背面的多边形，以绕开相交的、非流形的几何体带来的问题。在“Speed of Light”演示中，该模拟带来的视觉提升性价比不高，因此没有包含在其最终版本中。

19.4 结 论

最近推出的光线追踪加速硬件，以及图形 API 中增加的光线追踪支持，鼓励我们进行创新，尝试混合渲染的新方式，将光栅化和光线追踪结合起来。我们通过工程实践将光线追踪集成到 UE4 这个商业引擎中。我们发明了创新的重构滤波器，用于渲染随机效果，如光泽反射、软阴影、环境光遮蔽、漫反射间接照明等，每个像素只需要一次光线采用，使得这些复杂效果可以得到实时应用。通过使用混合渲染技术，我们已经成功创建出两个电影级的演示。

致 谢

这是一个历史性的时刻，Epic Games 与 NVIDIA 和 ILMxLAB 进行合作，在 2018 年 3 月游戏开发者大会上 Epic 的“虚幻的现状”开幕式上，首次公开演示了虚幻引擎中的实时光线追踪。该演示展示了用 UE4 构建的《原力觉醒》和《最后的绝地武士》中的星球大战角色。它最初是通过微软的 DirectX Raytracing API 在 NVIDIA 的 Volta GPU RTX 技术上运行的。

Mohen Leo（ILMxLAB）与 EpicGames 的 Marcus Wassmer 和 Jerome Platteaux 一起开发并介绍了该演示中使用的技术。ILMxLAB 是卢卡斯影业的沉浸式娱乐部门，其最著名的作品是《星球大战：帝国的秘密》以及即将推出的《不朽维达：星球大战 VR 系列》。还有许多人都曾参与或咨询过 UE4 的光线追踪开发，包括 Guillaume Abadie、Francois Antoine、Louis Bavoil、Alexander Bogomjakov、Rob Bredow、Uriel Doyon、Maksim Eisenstein、Judah Graham、Evan Hart、Jon Hasselgren。Matthias Hollander，John Jack，Matthew Johnson，Brian Karis，Kim Libreri，Simone Lombardo，

Adam Marrs，Gavin Moran，Jacob Munkberg，Yuriy O'Donnell，Min Oh，Jacopo Pantaleoni，Arne Schober，Jon Story，Peter Sumanaseni，Minjie Wu，Chris Wyman 及 Michael Zhang.

星球大战图片由卢卡斯影业提供使用。

参考文献

[1] Binder, N., Fricke, S., and Keller, A. Fast Path Space Filtering by Jittered Spatial Hashing. In ACM SIGGRAPH Talks (2018), 71:1–71:2.

[2] Eric Heitz, Jonathan Dupuy, S. H., and Neubelt, D. Real-Time Polygonal-Light Shading with Linearly Transformed Cosines. ACM Transactions on Graphics 35 , 4 (2017), 41:1–41:8.

[3] Heitz, E., Hill, S., and McGuire, M. Combining Analytic Direct Illumination and Stochastic Shadows. In Symposium on Interactive 3D Graphics and Games (2018), 2:1–2:11.

[4] Kajiya, J. T. The Rendering Equation. Computer Graphics (SIGGRAPH) (1986), 143–150.

[5] Karis, B. Real Shading in Unreal Engine 4. Physically Based Shading in Theory and Practice, SIGGRAPH Courses, August 2013.

[6] Keller, A. Instant Radiosity. In Proceedings of SIGGRAPH (1997), 49–56.

[7] Liu, E. Low Sample Count Ray Tracing with NVIDIA's Ray Tracing Denoisers. Real- Time Ray Tracing, SIGGRAPH Courses, August 2018.

[8] Mehta, S., Wang, B., and Ramamoorthi, R. Axis-Aligned Filtering for Interactive Sampled Soft Shadows. ACM Transactions on Graphics 31 , 6 (Nov 2012), 163:1–163:10.

[9] Mehta, S. U., Wang, B., Ramamoorthi, R., and Durand, F. Axis-aligned Filtering for Interactive Physically-based Diffuse Indirect Lighting. ACM Transactions on Graphics 32 , 4 (July 2013), 96:1–96:12.

[10] Salvi, M. An Excursion in Temporal Supersampling. From the Lab Bench: Real-Time Rendering Advances from NVIDIA Research, Game Developers Conference, 2016.

[11] Stachowiak, T. Stochastic Screen Space Reflections. Advances in Real-Time Rendering, SIGGRAPH Courses, 2018.

[12] Yan, L.-Q., Mehta, S. U., Ramamoorthi, R., and Durand, F. Fast 4D Sheared Filtering for Interactive Rendering of Distribution Effects. ACM Transactions on Graphics 35 , 1 (2015), 7:1–7:13.

[13] Zimmer, H., Rousselle, F., Jakob, W., Wang, O., Adler, D., Jarosz, W., Sorkine- Hornung, O., and Sorkine-Hornung, A. Path-Space Motion Estimation and Decomposition for Robust Animation Filtering. Computer Graphics Forum 34, 4 (2015), 131–142.

[14] Zwicker, M., Jarosz, W., Lehtinen, J., Moon, B., Ramamoorthi, R., Rousselle, F., Sen, P., Soler, C., and Yoon, S.-E. Recent Advances in Adaptive Sampling and Reconstruction for Monte Carlo Rendering. Computer Graphics Forum (Proceedings of Eurographics-State of the Art Reports) 34, 2 (May 2015), 667681.

第 20 章　实时光线追踪的纹理 LOD 策略

Tomas Akenine-Möller, Jim Nilsson, Magnus Andersson　NVIDIA
Colin Barré-Brisebois　SEED/Electronic Arts
Robert Toth, Tero Karras　NVIDIA

在光栅化中，我们依赖于像素四周的偏导数来滤波纹理，但是在光线追踪中，我们需要使用其他的方法。在这里我们给出在光线追踪中计算纹理 LOD 的两种方法。第一种是使用射线微分，这是获得高质量结果的常见做法，它的缺陷在于计算量大、显存占用多。第二种是基于射线锥，并且使用一次三线性查询，这种方法相比射线微分，计算量和显存开销都更少。我们将讲解在 DirectX Raytracing（DXR）中实现射线微分，以及如何利用 G-buffer 进行主光线的可见性判断，同时我们提出一种计算质心微分的新方法。此外，我们给出之前未经发表的射线锥方法的细节，并且与 mip level 0 的双线性纹理滤波进行了比较。

20.1　简　介

mipmap[17] 是避免纹理走样的标准方法，在光栅化世界中，所有的 GPU 都支持这种技术。例如 OpenGL[7, 15] 中指定 LOD 的参数 λ 为：

$$\lambda(x,y)=\log_2\lceil\rho(x,y)\rceil \tag{20.1}$$

式中，(x, y) 是像素坐标；函数 ρ 在 2D 纹理查找中是：

$$\rho(x,y)=\max\left\{\sqrt{\left(\frac{\partial s}{\partial x}\right)^2+\left(\frac{\partial t}{\partial x}\right)^2},\sqrt{\left(\frac{\partial s}{\partial y}\right)^2+\left(\frac{\partial t}{\partial y}\right)^2}\right\} \tag{20.2}$$

其中 (s, t) 是纹素的坐标，即纹理坐标 ($\in[0, 1]^2$) 与纹理的分辨率相乘后结果，如图 20.1 所示。这些函数可以确保采样正确的 mipmap 的层次，使得屏幕空间中的像素映射到差不多一个纹素。通常而言，这些微分计算都由 GPU 来计算，计算时总会使用 2×2 的相邻像素块，并逐像素地计算微分。注意，式（20.2）在计算一次三线性查找时并非最保守（conservative），因为它不会计算出最小包围盒。这样一个保守包围盒的最大边可以如此计算：$\rho(x, y) = \max(|\partial s/\partial x| + |\partial s/\partial y|, |\partial t/\partial x| + |\partial t/\partial y|)$。OpenGL 允许我们使用比式（20.2）更保守的计算，但是我们并没有看到这么实现的 GPU。因此，GPU 中的纹理采样通常导致过度的模糊和锯齿。

在光线追踪中，也需要方法来计算纹理的 LOD，并且它适用于递归的光线追踪。由于 2×2 的像素块一般不能用于光线追踪（从相机处发射的光线除外），因此需要考虑其他方法。本章描述了两种方法：第一种是射线微分[9]，它使用链式法则推导出能够精确

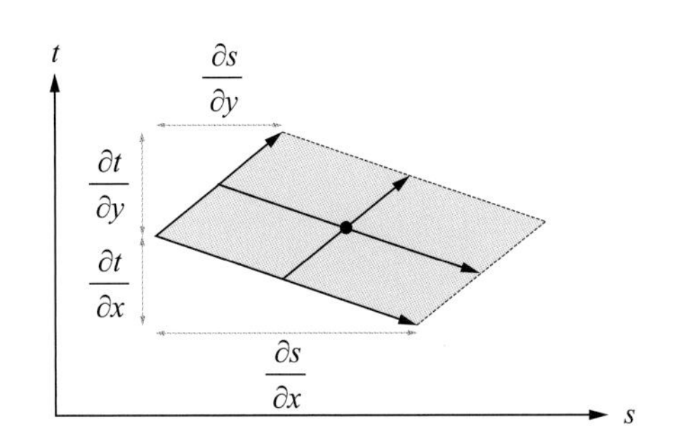

图 20.1　在纹理空间，像素的近似足迹（footprint）是一个平行四边形。式（20.2）中使用的正是该记法

计算纹理足迹的表达式，即使对于镜面反射和折射也同样适用，射线微分需要大量的计算，每条射线需要大量的数据，但是它可以提供高质量的纹理滤波；第二种是射线锥，它的成本低于前者，它使用锥体来表示射线的空间足迹，它的大小取决于相交表面的属性和距离，远大近小。我们描述了这两种方法在 DXR 中的实现方法。有关如何在光线追踪引擎中滤波环境贴图的方法，请参见第 21 章。

20.2 背　景

通常我们使用分层级的图像金字塔（mipmap）在滤波纹理中进行加速[17]。每一个像素足迹会映射到纹理空间，并且计算 λ 值。这个 λ 值以及当前片段的纹理坐标，用于从 mipmap 中读取并滤波八个采样点。Heckbert[7, 8]研究了各种纹理滤波技术，McCormack 等人[10]则根据之前的方法进行研究，提出了一种各向异性的采样方法。Greene 和 Heckbert[6]提出了椭圆加权平均（EWA）滤波器，该滤波器通常被认为是一种质量最佳且性能合理的方法。EWA 在纹理空间中计算椭圆轨迹，并通过高斯加权的方式对 mipmap 进行多次采样。EWA 既可以用于光栅化，也可以用于光线追踪。

Ewins 等人[5]提出了纹理 LOD 的各种近似，我们建议读者可以适当参考他们的方法。例如，他们用 LOD 描述了一个粗略的近似。计算公式如下：

$$\Delta = \log_2\left(\sqrt{\frac{t_a}{p_a}}\right) = 0.5\log_2\left(\frac{t_a}{p_a}\right) \tag{20.3}$$

其中，变量 t_a 和 p_a 分别是纹理空间面积的两倍和屏幕空间三角形面积的两倍。t_a，p_a 的计算如下：

$$\begin{aligned} t_a &= wh\left|(t_{1x}-t_{0x})(t_{2y}-t_{0y})-(t_{2x}-t_{0x})(t_{1y}-t_{0y})\right| \\ p_a &= \left|(p_{1x}-p_{0x})(p_{2y}-p_{0y})-(p_{2x}-p_{0x})(p_{1y}-p_{0y})\right| \end{aligned} \tag{20.4}$$

其中，wh 为纹理分辨率，$T_i = (t_{ix}, t_{iy})$ 为每个顶点的二维纹理坐标，$P_i = (p_{ix}, p_{iy})$，$i \in \{0, 1, 2\}$，是屏幕空间三角形的三个顶点。在世界空间中两倍三角形面积的计算如下：

$$p_{\mathrm{a}} = \|(P_1 - P_0) \times (P_2 - P_0)\| \tag{20.5}$$

其中，P_i 在世界空间中。我们利用这种设置作为射线锥方案的一部分，如果三角形在 z = 1 的平面上，式（20.3）给出像素和纹素之前一对一的映射。在这种情况下，Δ 可以看作一种三角形的基础纹理 LOD。

Igehy[9] 提出了第一种用于光线追踪的纹理滤波方法。他使用射线微分，通过场景追踪射线，并应用链式法则来建模反射和折射。计算出来的 LOD 既可用于常规的 mipmap，也可用于各向异性采样的 mipmap。射线追踪的另一种纹理方法基于锥体[1]。最近，Christensen 等人[3] 透露他们在电影渲染中也使用了射线锥的方法来滤波纹理，与我们在 20.3.4 节所描述的方法类似。

20.3 纹理 LOD 算法

本节描述用于实时光线追踪的纹理 LOD 算法。我们改进了射线锥方法（参见 20.3.4 节），使其在初次命中时处理曲率，从而提高采样质量。我们还扩展了射线微分，使其能与 G-buffer 一起使用，从而提高性能。此外，我们还提出了一种计算质心微分的新方法。

20.3.1 MIP 第 0 层的双线性滤波

一个访问纹理的简单方法是直接采样 MIP 第 0 层，对每个像素使用很多光线就能产生高质量的图像。然而性能会受到影响，因为重复访问第 0 层常常带来低效的纹理缓存利用率。当对每个像素只采样几束光线时，尤其是物体离相机很远时，采样质量会退化很多。启用双线性滤波对质量有些许改善，然而，当在后处理阶段使用降噪器时，用双线性滤波会导致画面模糊。

20.3.2 射线微分

假设射线的数学表示为（参见第 2 章）

$$R(t) = O + t\hat{\boldsymbol{d}} \tag{20.6}$$

其中，O 是射线的原点，$\hat{\boldsymbol{d}}$ 是归一化的射线方向，也就是说 $\hat{\boldsymbol{d}} = \boldsymbol{d}/\|\boldsymbol{d}\|$。相关的射线微分由四个向量组成：

$$\left\{\frac{\partial O}{\partial x}, \frac{\partial O}{\partial y}, \frac{\partial \hat{\boldsymbol{d}}}{\partial x}, \frac{\partial \hat{\boldsymbol{d}}}{\partial y}\right\} \tag{20.7}$$

其中，(x, y) 为屏幕坐标，相邻像素之间为一个单位。其核心思想是在光线在场景中反弹时，沿着每条路径追踪光线的微分。不管光线穿过的介质是什么，对路径上的所有交点进行微分计算，并且作用到入射光线的微分上，从而产生出射光线的微分。当采样一个纹理时，当前的射线微分决定了纹理占用的足迹。射线微分论文[9]中的大多数公式都可以沿用，但相机光线方向的微分需要修改。本章对质心坐标微分计算进行了优化。

1. 相机光线的初始化

在 DXR 中，$w \times h$ 屏幕分辨率下，坐标 (x, y) 处像素的非归一化射线方向 $\boldsymbol{d}$ 通常表示为:

$$\boldsymbol{p} = \left(\frac{x+0.5}{w}, \frac{y+0.5}{h}\right), \qquad \boldsymbol{c} = (2p_x - 1, 2p_y - 1)$$
$$\boldsymbol{d}(x,y) = c_x\boldsymbol{r} + c_y\boldsymbol{u} + \boldsymbol{v} = \left(\frac{2x+1}{w} - 1\right)\boldsymbol{r} + \left(\frac{2y+1}{h} - 1\right)\boldsymbol{u} + \boldsymbol{v} \tag{20.8}$$

也可以对上面的设置进行些许修改。上式中，$\boldsymbol{p} \in [0, 1]^2$，其中加 0.5 是获得像素的中心点，也就是为了和 DirectX 与 OpenGL 一致，因此 $\boldsymbol{c} \in [-1, 1]$。在右手坐标系中，正交相机的基向量为 $\{\boldsymbol{r}', \boldsymbol{u}', \boldsymbol{v}'\}$，其中，$\boldsymbol{r}'$ 是右向量，$\boldsymbol{u}'$ 是上向量，$\boldsymbol{v}'$ 是视向量指向相机的位置。注意，我们在式（20.8）中使用 $\{\boldsymbol{r}, \boldsymbol{u}, \boldsymbol{v}\}$，这些是相机基向量的缩放后版本，即

$$\{\boldsymbol{r}, \boldsymbol{u}, \boldsymbol{v}\} = \{af\boldsymbol{r}', -f\boldsymbol{u}', -\boldsymbol{v}'\} \tag{20.9}$$

其中，a 是屏幕宽高比；$f = \tan(\omega/2)$，这里 ω 是垂直方向的 FOV。

对于视方向射线，Igehy[9]计算的射线微分为：

$$\frac{\partial \boldsymbol{d}}{\partial x} = \frac{(\boldsymbol{d}\cdot\boldsymbol{d})\bar{\boldsymbol{r}} - (\boldsymbol{d}\cdot\bar{\boldsymbol{r}})\boldsymbol{d}}{(\boldsymbol{d}\cdot\boldsymbol{d})^{\frac{3}{2}}}, \qquad \frac{\partial \boldsymbol{d}}{\partial y} = \frac{(\boldsymbol{d}\cdot\boldsymbol{d})\bar{\boldsymbol{u}} - (\boldsymbol{d}\cdot\bar{\boldsymbol{u}})\boldsymbol{d}}{(\boldsymbol{d}\cdot\boldsymbol{d})^{\frac{3}{2}}} \tag{20.10}$$

其中，$\bar{\boldsymbol{r}}$ 是从一个像素到下一个像素的右向量；$\bar{\boldsymbol{u}}$ 是向上的向量，从式（20.8）推导可得，在本章最终是：

$$\bar{\boldsymbol{r}} = \boldsymbol{d}(x+1,y) - \boldsymbol{d}(x,y) = \frac{2af}{w}\boldsymbol{r}', \quad \bar{\boldsymbol{u}} = \boldsymbol{d}(x,y+1) - \boldsymbol{d}(x,y) = -\frac{2f}{h}\boldsymbol{u}' \tag{20.11}$$

以上就是设置相机光线的微分所需要的全部内容。

2. 优化后的质心坐标微分计算

三角形上的任何点都可以用质心坐标 (u, v) 表示：$P_0 + u\boldsymbol{e}_1 + v\boldsymbol{e}_2$，其中 $\boldsymbol{e}_1 = P_1 - P_0$，$\boldsymbol{e}_2 = P_2 - P_0$。当我们获得一个交点后，需要去计算以下微分：$\partial u/\partial x$，$\partial u/\partial y$，$\partial v/\partial x$ 及 $\partial v/\partial y$。现在，假设 P 为空间中的任意一点，g 为与三角形表面不平行的投影向量，则点 $P = (p_x, p_y, p_z)$ 可以表示为：

$$P = \underbrace{P_0 + u\boldsymbol{e}_1 + v\boldsymbol{e}_2}_{\text{三角形平面上的点}} + s\boldsymbol{g} \tag{20.12}$$

其中，s 为投影距离，参见图 20.2。

这个设置与一些射线 / 三角形求交算法[11]中使用的设置类似，它可以表示为一个可以使用克莱默法则（Cramer' s rule）求解的线性方程组，结果如下：

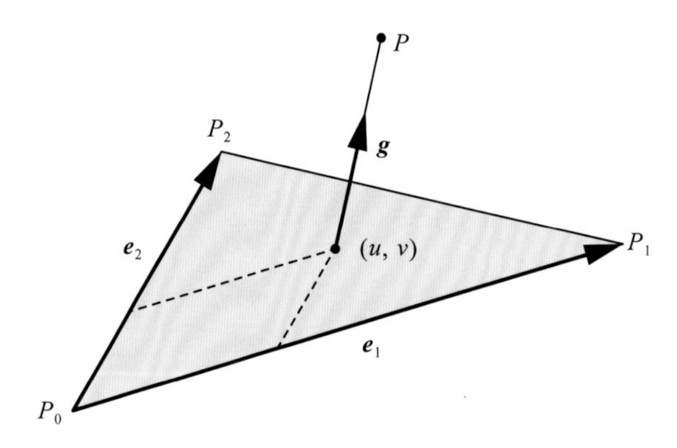

图 20.2 质心坐标微分计算的推导过程

$$\begin{aligned}u&=\frac{1}{k}(\boldsymbol{e}_2\times\boldsymbol{g})\cdot(P-P_0)=\frac{1}{k}\Big((\boldsymbol{e}_2\times\boldsymbol{g})\cdot P-(\boldsymbol{e}_2\times\boldsymbol{g})\cdot P_0\Big)\\v&=\frac{1}{k}(\boldsymbol{g}\times\boldsymbol{e}_1)\cdot(P-P_0)=\frac{1}{k}\Big((\boldsymbol{g}\times\boldsymbol{e}_1)\cdot P-(\boldsymbol{g}\times\boldsymbol{e}_1)\cdot P_0\Big)\end{aligned}\tag{20.13}$$

其中，$k=(\boldsymbol{e}_1\times\boldsymbol{e}_2)\cdot\boldsymbol{g}$。从这些表达式中，我们可以看出

$$\frac{\partial u}{\partial P}=\frac{1}{k}(\boldsymbol{e}_2\times\boldsymbol{g})\quad\frac{\partial v}{\partial P}=\frac{1}{k}(\boldsymbol{g}\times\boldsymbol{e}_1)\tag{20.14}$$

这些表达式在后面的推导中会用上。接下来，假设交点为 $P=O+t\boldsymbol{d}$（射线方向 $\boldsymbol{d}$ 不需要归一化），也就是说我们可以这样表示 $\partial P/\partial x$：

$$\frac{\partial P}{\partial x}=\frac{\partial(O+t\boldsymbol{d})}{\partial x}=\frac{\partial O}{\partial x}+t\frac{\partial\boldsymbol{d}}{\partial x}+\frac{\partial t}{\partial x}\boldsymbol{d}=\boldsymbol{q}+\frac{\partial t}{\partial x}\boldsymbol{d}\tag{20.15}$$

其中，$\boldsymbol{q}=\partial O/\partial x+t(\partial\boldsymbol{d}/\partial x)$。同样可以得出 $\partial P/\partial y$，其中 $\boldsymbol{r}=\partial O/\partial y+t(\partial\boldsymbol{d}/\partial y)$。使用式（20.14）和式（20.15）以及链式法则可以得出：

$$\frac{\partial u}{\partial x}=\frac{\partial u}{\partial p_x}\frac{\partial p_x}{\partial x}+\frac{\partial u}{\partial p_y}\frac{\partial p_y}{\partial x}+\frac{\partial u}{\partial p_z}\frac{\partial p_z}{\partial x}=\underbrace{\frac{\partial u}{\partial p}\cdot\frac{\partial p}{\partial x}}_{\text{点积}}=\frac{1}{k}(\boldsymbol{e}_2\times\boldsymbol{g})\cdot\left(\boldsymbol{q}+\frac{\partial t}{\partial x}\boldsymbol{d}\right)\tag{20.16}$$

接下来，我们选择 $\boldsymbol{g}=\boldsymbol{d}$，而且 $(\boldsymbol{e}_2\times\boldsymbol{d})\cdot\boldsymbol{d}=0$，可以将前式简化为：

$$\frac{\partial u}{\partial x}=\frac{1}{k}(\boldsymbol{e}_2\times\boldsymbol{d})\cdot\left(\boldsymbol{q}+\frac{\partial t}{\partial x}\boldsymbol{d}\right)=\frac{1}{k}(\boldsymbol{e}_2\times\boldsymbol{d})\cdot\boldsymbol{q}\tag{20.17}$$

现在，我们所求的表达式可以总结为：

$$\begin{aligned}\frac{\partial u}{\partial x}&=\frac{1}{k}\boldsymbol{c}_{\mathrm{u}}\cdot\boldsymbol{q},\quad\frac{\partial u}{\partial y}=\frac{1}{k}\boldsymbol{c}_{\mathrm{u}}\cdot\boldsymbol{r}\\\frac{\partial v}{\partial x}&=\frac{1}{k}\boldsymbol{c}_{\mathrm{V}}\cdot\boldsymbol{q},\quad\frac{\partial v}{\partial y}=\frac{1}{k}\boldsymbol{c}_{\mathrm{V}}\cdot\boldsymbol{r}\end{aligned}\tag{20.18}$$

其中，

$$\boldsymbol{c}_{\mathrm{u}} = \boldsymbol{e}_2 \times \boldsymbol{d}, \quad \boldsymbol{c}_{\mathrm{v}} = \boldsymbol{d} \times \boldsymbol{e}_1, \quad \boldsymbol{q} = \frac{\partial O}{\partial x} + t\frac{\partial \boldsymbol{d}}{\partial x}, \boldsymbol{r} = \frac{\partial O}{\partial y} + t\frac{\partial \boldsymbol{d}}{\partial y}$$
$$k = (\boldsymbol{e}_1 \times \boldsymbol{e}_2) \cdot \boldsymbol{d} \tag{20.19}$$

注意，$\boldsymbol{q}$ 和 $\boldsymbol{r}$ 通过式（20.7）的射线微分以及参数 t 进行表示。此外，由 $w = 1-u-v$ 可得：

$$\frac{\partial w}{\partial x} = -\frac{\partial u}{\partial x} - \frac{\partial v}{\partial x} \tag{20.20}$$

同理可计算出 $\partial w/\partial y$。

当 (u, v) 的微分计算出来后，就可以用来计算相应的纹理空间微分，通过式（20.2）可得：

$$\begin{aligned} \frac{\partial s}{\partial x} &= w\left(\frac{\partial u}{\partial x}g_{1x} + \frac{\partial v}{\partial x}g_{2x}\right) \qquad \frac{\partial t}{\partial x} = h\left(\frac{\partial u}{\partial x}g_{1y} + \frac{\partial v}{\partial x}g_{2y}\right) \\ \frac{\partial s}{\partial y} &= w\left(\frac{\partial u}{\partial y}g_{1x} + \frac{\partial v}{\partial y}g_{2x}\right) \qquad \frac{\partial t}{\partial y} = h\left(\frac{\partial u}{\partial y}g_{1y} + \frac{\partial v}{\partial y}g_{2y}\right) \end{aligned} \tag{20.21}$$

其中，$w \times h$ 为纹理分辨率；$\boldsymbol{g}_1 = (g_{1x}, g_{1y}) = T_1 - T_0$，$\boldsymbol{g}_2 = (g_{2x}, g_{2y}) = T_2 - T_0$ 为相邻顶点纹理坐标的差值。类似地，后续的反射 / 折射光线的原点 O' 的微分可计算为：

$$\frac{\partial O'}{\partial(x,y)} = \frac{\partial u}{\partial(x,y)}\boldsymbol{e}_1 + \frac{\partial v}{\partial(x,y)}\boldsymbol{e}_2 \tag{20.22}$$

与 Igehy 之前的实现[9]相比，我们看到使用这种方法会带来更好的效果。

20.3.3　射线微分与 G-Buffer

对于实时光线追踪，常见的是使用相机射线光栅化获得 G-buffer。当将射线微分[9]与 G-buffer 相结合时，可以像通常一样创建相机射线的射线微分，因为初次命中没法访问原始的几何数据，所以必须使用 G-buffer 中的内容。在这里，本章提出一个使用 G-buffer 的方法，假设我们通过法线 $\hat{\boldsymbol{n}}$ 和距离 t 创建了从相机发出的首个命中点（也可以是一个世界坐标下的位置）。本章描述了如何从 G-buffer 建立首个反射射线微分。

本章的方法是简单地去读取 G-buffer 中当前像素的上方和右方两个像素去创建射线微分。当前像素 (x, y)、相邻像素的 $(x+1, y)$, $(x, y+1)$ 的法线和距离 t 都从 G-buffer 读取。我们使用 $\hat{\boldsymbol{n}}_{0:0}$ 表示当前的像素，$\hat{\boldsymbol{n}}_{+1:0}$ 表示右方的像素，$\hat{\boldsymbol{n}}_{0:+1}$ 表示上方的像素，其他变量类似。之后计算这些相邻像素的相机射线方向 $\hat{\boldsymbol{e}}$。由此，我们可以计算出初次命中原点的射线微分：

$$\frac{\partial O}{\partial x} = t_{+1:0}\hat{\boldsymbol{e}}_{+1:0} - t_{0:0}\hat{\boldsymbol{e}}_{0:0} \tag{20.23}$$

同理可得 $\partial O/\partial y$。射线方向微分可以用以下公式计算：

$$\frac{\partial \hat{\boldsymbol{d}}}{\partial x} = \boldsymbol{r}(\hat{\boldsymbol{e}}_{+1:0}, \hat{\boldsymbol{n}}_{+1:0}) - \boldsymbol{r}(\hat{\boldsymbol{e}}_{0:0}, \hat{\boldsymbol{n}}_{0:0}) \tag{20.24}$$

其中，$\boldsymbol{r}$ 是着色函数 reflect()。类似地可以计算出 $\partial\hat{\boldsymbol{d}}/\partial y$。这里，我们已经计算出所有射线微分的组成部分，$\{\partial O/\partial x, \partial O/\partial y, \partial\hat{\boldsymbol{d}}/\partial x, \partial\hat{\boldsymbol{d}}/\partial y\}$，然后我们可以从这里开始之后的光线追踪。

上面的方法效率很高，但是会存在周围像素点不在一个表面上的情况。简单的解决方法为，对距离 t 进行检测，如果 $|t_{+1:0}-t_{0:0}| > \varepsilon$，其中 ε 为一个极小数，且差值为极小数，那么我们可以访问 G-buffer 中的 $-1:0$ 点作为代替。在 y 方向上同样可以应用该方法。这种方法会慢一些，但是在深度不连续时结果更好。

20.3.4 射线锥

一种计算纹理 LOD 的方法是基于射线锥。这和 Amanatides[1] 提出的方法非常类似，但我们仅使用该方法来做纹理 LOD，接下来我们会详细地描述实现细节。核心的方法见图 20.3。当一个像素的纹理 LOD λ 计算出后，在 GPU 中使用三线性 mipmap 的纹理采样[17]。

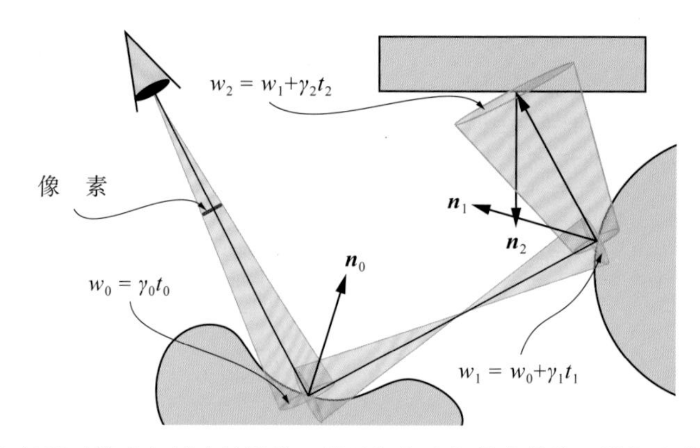

图 20.3 展示如何通过像素去创建射线锥，并且如何在场景中传输、增长和收缩。假设矩形是有纹理的，并且其他物体有着镜面反射的表面，我们会在交点处使用锥体的宽度和法向量来进行纹理查找，并且会将纹理反射到接下来的物体。下面会介绍如何计算锥体的宽度

在这节中，我们使用射线锥来推导出近似的纹理 LOD。本章使用锥体来在屏幕空间的 mipmap 的近似推导为起点，使用递归光线追踪来处理反射。理想情况下，我们会对所有表面交点类型做处理，同时我们需要注意如下几种情况（图 20.4），但是不包括双曲抛物面的鞍点。

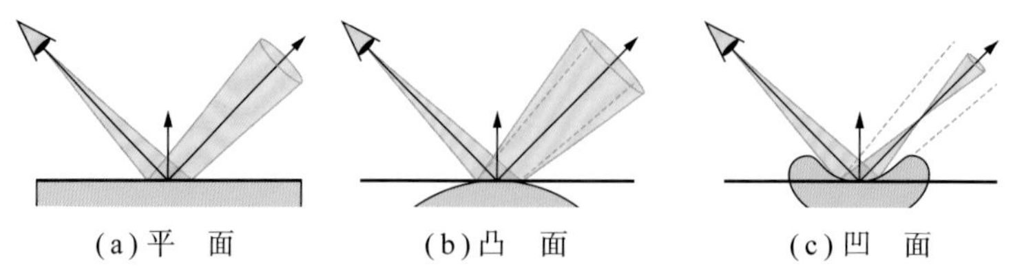

图 20.4 不同几何表面的锥体反射。注意，凸面会增加锥体的角度，凹面会减少直到为零，然后开始重新增加

1. 屏幕空间

图 20.5 展示出如何构建通过一个像素的锥体的几何形状。其中以一个像素为单位的扩展角度为 α，$\boldsymbol{d}_0$ 是从相机指向交点的向量，$\boldsymbol{n}_0$ 是交点的法线。这个锥体会从像素开始追踪，并且在接下来每个相交的表面更新锥体的参数。

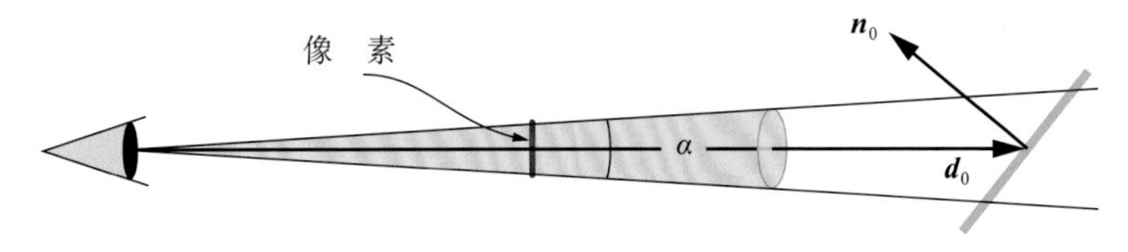

图 20.5　锥几何体的构建

锥体的宽度会随着距离而增长。在首次相交处，这个锥体的宽度为：

$$w_0 = 2\,\|\boldsymbol{d}_0\|\tan(\alpha/2) \approx \alpha\,\|\boldsymbol{d}_0\|$$

其中，0 代表首次相交的索引值。这个索引值在下面的部分会广泛使用。本章会使用小角度的三角近似，也就是说，$\tan\alpha \approx \alpha$。在相交表面的投影也会随着 $-\boldsymbol{d}_0$ 和 $\boldsymbol{n}_0$ 角度的变化而变化，使用 $[-\boldsymbol{d}_0, \boldsymbol{n}_0]$ 来表示。直观来看，角度越大，这条射线可以看到更多的表面，同时 LOD 应该增加，也就是说纹素访问应该使用高级别的 mipmap。结合近似投影的因子为：

$$\alpha\left\|\boldsymbol{d}_0\right\| = \frac{1}{\left|\hat{\boldsymbol{n}}_0 \cdot \hat{\boldsymbol{d}}_0\right|} \tag{20.25}$$

其中，$|\hat{\boldsymbol{n}}_0 \cdot \hat{\boldsymbol{d}}_0|$ 为投影面积的平方根。绝对值是用来以相同的方式处理正面三角形和背面三角形。当 $(-\boldsymbol{d}_0, \boldsymbol{n}_0) = 0$ 时，我们仅会依赖距离，随着 $(-\boldsymbol{d}_0, \boldsymbol{n}_0)$ 的增长，投影的范围会向无穷大靠近，也就是当 $(-\boldsymbol{d}_0, \boldsymbol{n}_0) \to \pi/2$ 时。

如果式（20.25）的值加倍或者减半，这时我们就应该获取 mipmap 更高一级或者更低一级。因此这里我们使用 $\log_2$ 来计算。因此，对于初次命中的纹理 LOD，即与 GPU 生成的屏幕空间 mipmap 类似，为：

$$\lambda = \Delta_0 + \log_2\left(\underbrace{\alpha\left\|\boldsymbol{d}_0\right\|}_{w_0} \quad \frac{1}{\left|\hat{\boldsymbol{n}}_0 \cdot \hat{\boldsymbol{d}}_0\right|}\right) \tag{20.26}$$

其中，Δ_0 由世界空间的顶点以及式（20.3）和式（20.5）得出。这里，Δ_0 是透过一个像素看到的三角形的基础纹理 LOD，也就是说，此处没有任何反射。当三角形位于 $z = 1$ 时，需要添加这一项来提供一个合理的 LOD 基数。这种情况考虑了三角形顶点和纹理坐标的变化。例如，如果一个三角形变得两倍大，那么基础 LOD 需要减 1。由式（20.26）可知，如果距离或者入射角度增加，那么也会导致 LOD 层级上升。

2. 反　射

接下来，要在上一部分的基础上推广去处理反射的情况。我们对于构建反射的推导可见图 20.6，我们会在反射的交点计算宽度 w_1。注意角 β 是交点表面的曲率，它会根据不同的表面交点影响传输角度增长多大或者收缩多大（见图 20.4）。首先我们可以得出：

$$\tan\left(\frac{\alpha}{2}+\frac{\beta}{2}\right)=\frac{\frac{w_0}{2}}{t'}\Leftrightarrow t'=\frac{w_0}{2\tan\left(\frac{\alpha}{2}+\frac{\beta}{2}\right)} \tag{20.27}$$

$$\tan\left(\frac{\alpha}{2}+\frac{\beta}{2}\right)=\frac{\frac{w_1}{2}}{t'+t_1}\Leftrightarrow w_1=2(t'+t_1)\tan\left(\frac{\alpha}{2}+\frac{\beta}{2}\right) \tag{20.28}$$

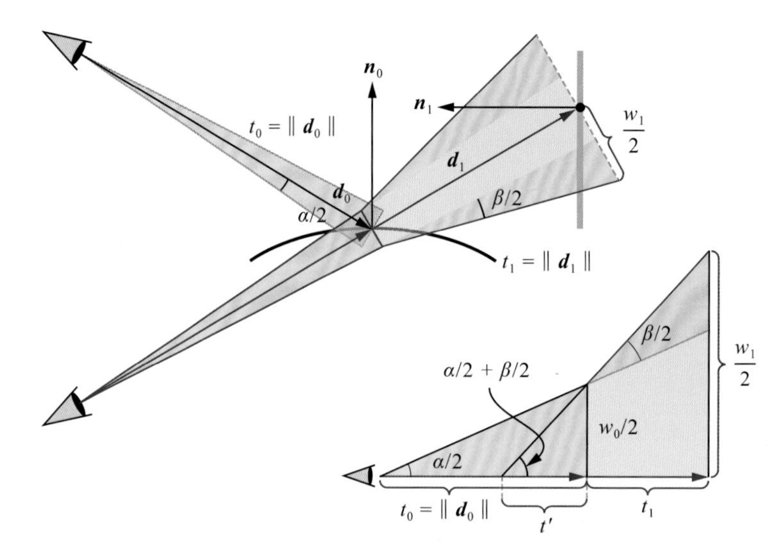

图 20.6　左上：纹理 LOD 反射的几何体构建，相机出发的射线在首次相交处反射，此处构建绿色的和蓝色的共线，反射后的交点是绿色直线上的黑色圆点。右下：绿色蓝色共线部分放大的视图。我们希望能计算出宽度 w_1。注意，此处表面的传输角度 β 表明了锥体如何根据交点的曲率放大和缩小，该图示中是个凸面，所以锥体的范围会增大（$\beta>0$）

接下来，我们使用式（20.27）计算得出 t'，然后将它代入式（20.28）中，并得到：

$$\begin{aligned} w_1 &= 2\left(\frac{w_0}{2\tan\left(\frac{\alpha}{2}+\frac{\beta}{2}\right)}+t_1\right)\tan\left(\frac{\alpha}{2}+\frac{\beta}{2}\right) \\ &= w_0+2t_1\tan\left(\frac{\alpha}{2}+\frac{\beta}{2}\right)\approx w_0+(\alpha+\beta)t_1 \end{aligned} \tag{20.29}$$

在最后一步我们用小角度近似 $\tan\alpha \approx \alpha$。直觉上说，这个表达式是有意义的，因为 $w_0 \approx \alpha \| \boldsymbol{d}_0 \|$ 使得锥体的足迹正比于首次相交和相机距离与像素的大小 α 的乘积，第二项是由首次相交和第二个交点决定，它依赖于距离 t_1（两个交点的距离）以及角度 $\alpha+\beta$。

3. 像素扩散角度

这一节，我们提供一个计算主射线的像素扩散角度 α 的简单方法。从相机到像素的角度会随着屏幕而变化，但是我们选择使用一个单一的值作为所有像素的近似值，也就是为了更快地计算速度牺牲了精度。

$$\alpha = \arctan\left(\frac{2\tan\left(\frac{\psi}{2}\right)}{H}\right) \tag{20.30}$$

其中，ψ 是垂直的视野；H 是像素的高度。注意，α 角是像素在中心位置的角度。

虽然有更精确的方法来计算像素扩散角，但是上面的近似方法的结果足够好。在极端情况下，例如虚拟现实，可能需要使用更复杂的方法，比如基于眼部追踪的凝视点渲染技术[12]，这种情况下希望使用一个更大的 α 角度。

4. 反射中的表面扩散角度

图 20.4 展示出各种不同的几何表面（平面、凸面和凹面）的反射。另外，图 20.6 展示出表面扩散角 β，这个角在平面情况下是 0，凸面情况下大于 0，凹面情况下小于 0。直观来看，β 是根据交点表面的曲率而来的额外的扩散角度。一般情况，在交点处或者平均曲率法线的半径内有两个主要的曲率参与扩散角的计算。我们选择了一种更简单和更快的方法作为替代，只使用一个数字 β 表示曲率。

如果主光线的可见性是光栅化而来的，那么 G-buffer 可以用来计算表面扩散角。尽管可能还有其他可行的方法，这就是我们在这里采用的方法。片段的法线 $\boldsymbol{n}$ 和位置 P 都存储在世界空间中，我们使用 dd$x$ 和 dd$y$（HLSL 语法）来获得它们的微分。点 P 在 x 处的微分为 $\partial P/\partial x$。

图 20.7 左侧的部分展示初次计算 β 涉及的几何部分。从图中我们可知：

$$\phi = 2\arctan\left(\frac{1}{2}\left\|\frac{\partial \boldsymbol{n}}{\partial x}+\frac{\partial \boldsymbol{n}}{\partial y}\right\|\right) \approx \left\|\frac{\partial \boldsymbol{n}}{\partial x}+\frac{\partial \boldsymbol{n}}{\partial y}\right\| \tag{20.31}$$

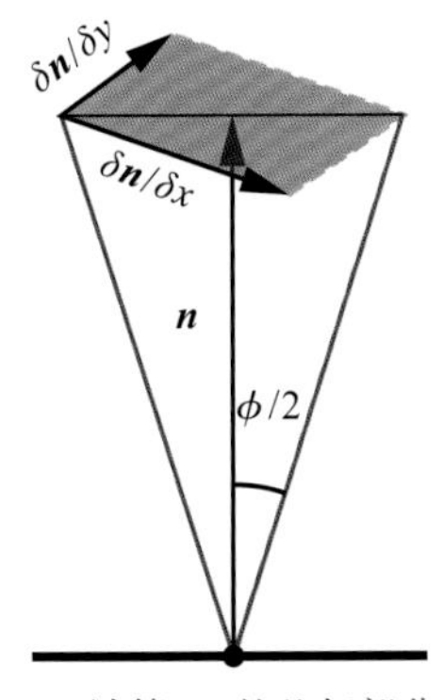

(a) 计算 ϕ 的几何部分

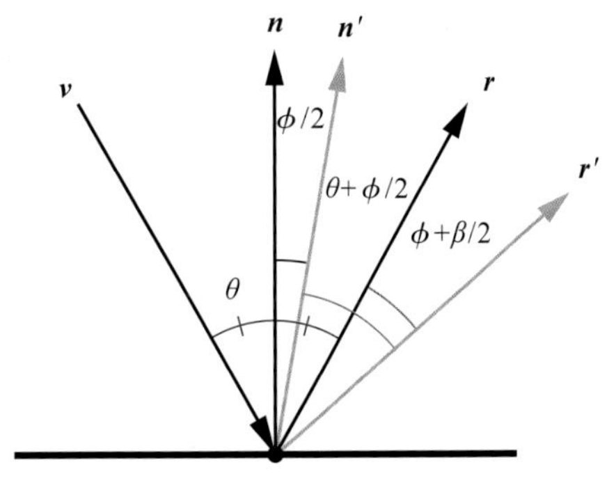

(b) 视向量 $\boldsymbol{v}$ 沿着表面法线反射，生成 $\boldsymbol{r}$

图 20.7　如果法线 $\boldsymbol{n}$ 经过扰动到 $\boldsymbol{n}'$，那么我们会得到 $\boldsymbol{r}'$。因为 $[-\boldsymbol{v}, \boldsymbol{n}'] = \theta + \phi/2$，所以 $[\boldsymbol{r}', \boldsymbol{n}'] = \theta + \phi/2$，也就得到 $[\boldsymbol{r}, \boldsymbol{r}'] = \phi$，$[\boldsymbol{n}, \boldsymbol{n}'] = \phi/2$

从图 20.7（b）可以看出，这里法线角度的变化为 $\phi/2$，而在反射中会增大两倍。也就是说 $\beta = 2\phi$。这里为了计算 β 增加两个常量 k_1 和 k_2，以及一个符号因子 s（下面的公式详述），结果可得 $\beta = 2k_1 s\phi + k_2$，默认值为 $k_1 = 1$，$k_2=0$。总结如下：

$$\beta = 2k_1 s\phi + k_2 \approx 2k_1 s\sqrt{\frac{\partial \boldsymbol{n}}{\partial x}\cdot\frac{\partial \boldsymbol{n}}{\partial x}+\frac{\partial \boldsymbol{n}}{\partial y}\cdot\frac{\partial \boldsymbol{n}}{\partial y}}+k_2 \tag{20.32}$$

β 若为正值，则表示这是凸面；若为负值，则表示这是凹面。注意，这里 ϕ 一直为正。因此，基于表面的类型，我们可以通过 s 因子切换 β 的符号。如下所示：

$$s = \operatorname{sign}\left(\frac{\partial P}{\partial x}\cdot\frac{\partial \boldsymbol{n}}{\partial x}+\frac{\partial P}{\partial y}\cdot\frac{\partial \boldsymbol{n}}{\partial y}\right) \tag{20.33}$$

如果参数大于 0，则返回 1，否则返回 −1。$\partial P/\partial x$ 和 $\partial n/\partial x$（y 也是一样）计算的基本原理是，当局部几何是凸的时候，$\partial P/\partial x$ 和 $\partial \boldsymbol{n}/\partial x$（$y$ 也是一样）的方向大致相同，当局部几何是凹的时候，$\partial \boldsymbol{n}/\partial x$ 的方向大致相反（负的点积）。注意，有些曲面，例如双曲抛物面，在曲面上的所有点上都是凹的和凸的。在这些情况下，我们发现使用 $s = 1$ 更好。如果想要有光泽的外观，可以增加 k_1 和 k_2 的值。对于平面表面，ϕ 为 0，这意味着 k_1 没有任何影响，使用 k_2 因子代替。

5. 归　纳

我们从索引 0 开始对射线路径上的交点进行枚举，记做 i。所以，首次相交索引为 0，第二个为 1，以此类推。第 i 个交点的纹理 LOD 由以下得出：

$$\lambda_i = \Delta_i + \log^2\left(|w_i|\cdot\left|\frac{1}{\hat{\boldsymbol{n}}_i\cdot\hat{\boldsymbol{d}}_i}\right|\right) = \underbrace{\Delta_i}_{\text{式}(20.3)} + \underbrace{\log^2|w_i|}_{\text{距离}} - \underbrace{\log_2|\hat{\boldsymbol{n}}_i\cdot\hat{\boldsymbol{d}}_i|}_{\text{法线}} \tag{20.34}$$

与式（20.26）类似，会根据距离和法线计算。参考图 20.6，$\boldsymbol{n}_i$ 是第 i 个交点的表面法线，$\boldsymbol{d}_i$ 是上一个交点到该交点的距离向量。Δ_i 为第 i 个交点的基础的三角形 LOD。与之前类似，$\hat{\boldsymbol{d}}_i$ 为 $\boldsymbol{d}_i$ 的归一化向量。注意，我们在式（20.34）中添加了两个绝对值函数，因为计算距离的部分有可能会有负数，比如，凹面的点（见图 20.4（c））。法线的绝对值是用来以一致的方式处理背面三角形。

注意，$w_0 = \alpha t_0 = \gamma_0 t_0$，$w_1 = \alpha t_0 + (\alpha + \beta_0)t_1 = w_0 + \gamma_1 t_1$，这里我们引入 $\gamma_0 = \alpha$ 和 $\gamma_1 = \alpha + \beta_0$，其中 β_0 为初次交点的扩散角度。因此，式（20.34）可以递归处理，见下面的公式，之后我们将会在 20.6 节以伪代码描述。

$$W_i = W_{i-1} + \gamma_i t_i \tag{20.35}$$

其中，$\gamma_i = \gamma_{i-1} + \beta_{i-1}$，可以参考图 20.3。

20.4 实　现

我们在 Falcor [2] 引擎中通过 DirectX 12 和 DXR 实现了射线锥和射线微分。根据式

（20.34）和式（20.35）计算出 λ_i，将它作为参数传递到 `SampleLevel()` 函数进行锥的纹理查找。

光栅化在主光线的可见性方面进行了高度优化，因为所有光线都共享同一个原点，所以我们对射线锥和 20.3.3 节中的射线微分方法都使用了 G-buffer。当使用 G-buffer 时，光线追踪的首次相交由 G-buffer 描述。因此本章中方法对于首次相交的纹理采样，使用的 GPU 自带的纹理硬件单元，然后在之后的计算中使用 λ。对于射线锥，β_i 将会通过 G-buffer 的微分来计算得到，其会根据首次相交的曲率估计值 β_0 计算。在我们的视线中，我们会在 $i > 0$ 时使 $\beta_i = 0$。这意味着在首次命中后，所有的交互都假定是基于平面的。我们知道首次相交是最重要的，因此即便后续相机的结果并不正确，却也给出了合适的结果。另一方面，如果表面之间存在明显的递归反射，这种近似会产生渲染错误，如图 20.8 所示。

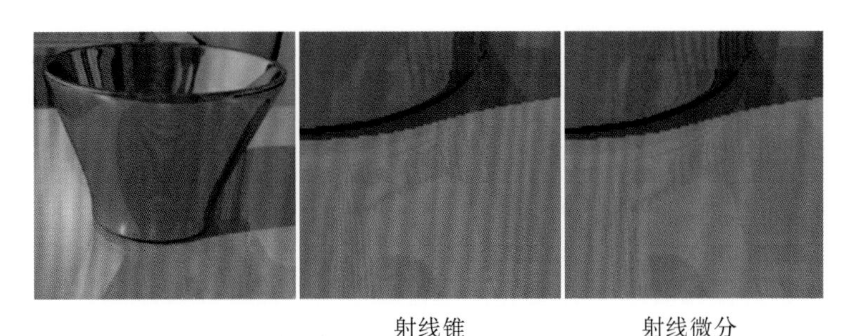

图 20.8　放大桌面反射的花瓶底座，可以看到在递归反射方面射线锥方法比基于射线微分的方法弱。在射线锥图像的下方，由于我们的视线中假设初次命中之后的所有表面都是平面，图像中存在大量的走样

接下来，我们讨论了射线锥方法的精度。每条射线需要发送的数据为 2 个浮点数，w_i 和 γ_i。对于 β，w_i 和 γ_i，我们已经尝试了 fp32 和 fp16 精度（G-buffer），结论是 16 位的精度会有较好的品质。在双曲抛物面场景中，我们无法直观地检测到任何差异，最大误差为 5 个像素分量差（大于 255）。在应用、纹理和场景几何中，使用 fp16 是有效的，特别是在需要减少 G-buffer 存储和 ray 的有效负载时。同样的，计算 β 使用小角度近似引起的误差（$\tan(\alpha) \approx \alpha$）并没有导致视觉效果的差异。通过逐像素图像的差异，我们可以看到另一组错误稀疏地分布在表面上，最大像素的分量偏差为 5。这是另一个需要权衡的问题。

可以提前计算出静态模型的每个三角形 Δ（式（20.3）），并将它存储在材质可访问的缓冲区中。然而，我们发现当每一次命中最近的三角形时重新计算 Δ 一样快。因此，射线锥方法处理动画模型时，该方法在处理每个三角形的多纹理坐标层时没有额外的开销。注意，在式（20.34）中当两个向量的角度接近 $\pi/2$ 时，$|\hat{\boldsymbol{n}}_i \cdot \hat{\boldsymbol{d}}_i|$ 的值趋近于 +0.0。这并不是一个问题，因为在浮点数的 IEEE 标准 754 下，log2(+0.0) = –inf，这里我们就取 λ = inf。反过来，当角度接近 $\pi/2$ 时，这里将强制使用三线性查找去访问 mipmap 的最上层。

我们的射线微分实现很好地遵循了 Igehy[9] 的描述。然而，除非另外有提到，我们都是使用式（20.1）和式（20.2）中的 λ 计算，以及 20.3.2 节的方法。对于射线微分，每条射线需要 12 个浮点数用来存储。

20.5 对照及结果

我们在本节中使用的方法是：

· Groundtruth：参考的渲染结果（每个像素点 1024 个采样数的光线追踪的结果）。

· Mip0：MIP 第 0 层的双线性滤波。

· RayCones：射线锥方法（20.3.4 节）。

· RayDiffs GB：使用 G-buffer 的射线微分（20.3.3 节）。

· RayDiffs RT：我们的实现，使用基于射线微分的射线追踪[9]。

· RayDiffs PBRT：在 pbrt 渲染器中实现的射线微分[14]。

注意，在主光线的可见性计算方面，Mip0、RayCones 以及 RayDiffs GB 都使用 G-buffer，而 RayDiffs RT 和 RayDiffs PBRT 使用光线追踪。我们使用 NVIDIA RTX 2080 Ti（Turing 架构），驱动版本号 416.16，来产生性能试验的结果。

为了验证我们对射线微分[9]的实现是正确的，我们将其与 pbrt 渲染器[14]中的实现进行了比较。为了可视化滤波纹理查找的 mip 级别的结果，我们使用了一个特殊的彩虹纹理，如图 20.9 所示。每个 mip 级别都设置为单一颜色。在图 20.10 中，我们在一个漫反射的房间中渲染了一个反射双曲抛物面。这意味着房间只显示从相机处看到的 mip 层级，而双曲抛物面显示反射的 mip 层级，这在图 20.10 有详细说明。值得注意的是，在

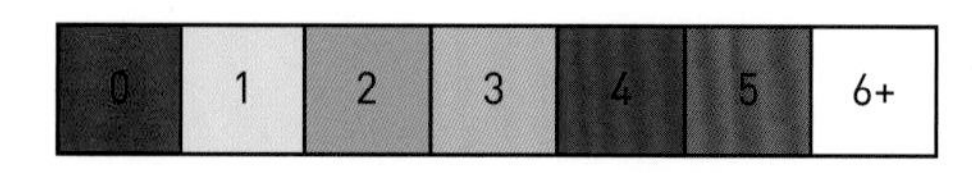

图 20.9 根据这张图片选择彩虹纹理中的 mip 层级颜色，也就是说，最底层的 mip 层级（即层级 0）是红颜色，层级 1 是黄颜色，以此类推。而层级 6 及以上，都是白颜色

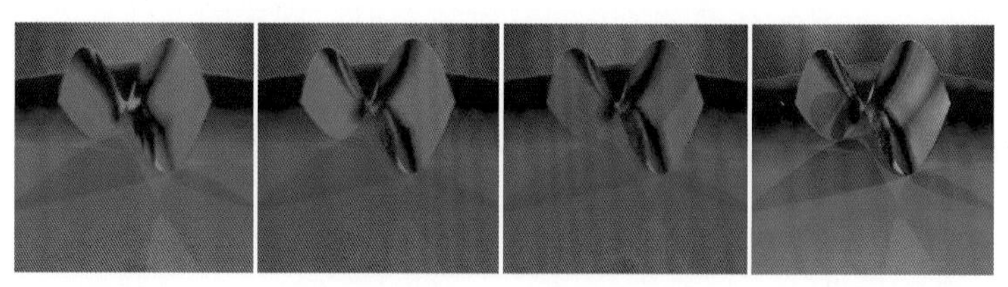

图 20.10 mip 层级的可视化，其中红色为 0 级，黄色为 1 级，依此类推，如图 20.9 所定义。对于相机射线，RayCones 以及 RayDiffs GB 使用 G-buffer 通道，因此，我们使用与 pbrt 相同的公式在该通道中生成的纹理导数来计算 mipmap 级别，以便在地板上得到合理的匹配。由于双曲抛物面在所有点上都是凹的和凸的，我们在式（20.32）中使用 $s = 1$。注意，虽然和上图“彩虹”颜色着色并不完全匹配，但是焦点应该放在实际的颜色上。右边的三幅图像匹配得很好，而 RayCones 则略有不同，尤其是在递归反射方面。这种差别是可以预料到的，因为这种方法假定反射在初次反弹之后都是平面的

这些图像中可以看到双曲抛物面的三角形结构。其原因是质心坐标的微分在共享三角形边缘上不是连续的。对于光栅化也是如此，光栅化显示了类似的结构。因此，这种不连续会在递归反射中产生噪点，但它不会在我们视频中呈现的图像中显示出来。

图 20.11 展示了进一步的效果。我们选择了双曲抛物面（上）和双线性补片（下），因为它们是鞍面而且是仅处理各向同性，这种情况对射线锥来说是比较困难的。选择半圆，因为当曲率沿着圆柱体的长度为零，并且在另一个方向上像圆一样弯曲时，对于使用射线锥来处理比较困难。因此，与射线微分相比，射线锥有时显得更加模糊。同样明显的是，与其他方法相比，Groundtruth 图像的清晰度要高得多，因此滤波纹理还有很多需要改进的地方。这种过度模糊的结果是峰值信噪比（PSNR）和结构相似性指数（SSIM）值相对较差。对于双曲抛物面，也就是图 20.11 的第一行，Mip0 的 Groundtruth，RayCones，RayDiffsRT 的 PSNR 对应值，分别为 25.0、26.7 和 31.0 dB。Mip0 的 PSNR 比预期的要

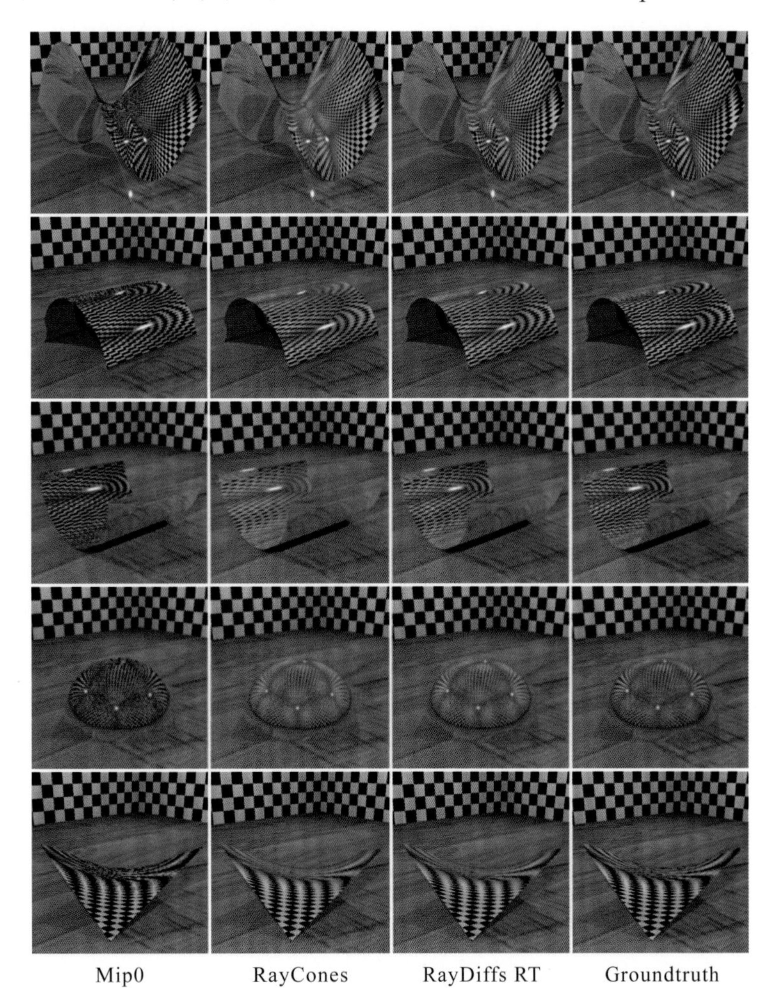

图 20.11　使用不同技术的不同类型表面的纹理反射的比较。Groundtruth 图像使用每像素 1024 个样本，并通过访问 mipmap level 0 对所有纹理进行渲染。RayCones，我们使用了式（20.33）中的函数

低，但是即使对于其他方法，这个数字也是比较低的。这是它们产生更多模糊的原因，也是它们产生走样比较少的原因。SSIM 相关的参数 0.95，0.95，0.97 是一样的。

虽然静态图像可以很好地展示过度模糊，但是很难去展示走样的总量。因此，我们的大部分结果都显示在随附的视频中（可以在本书的网站上找到），我们在下一段视频中会提到。我们将用 *mm* : *ss* 来表示视频中特定的时间，其中 *mm* 为分钟，*ss* 为秒。

在视频 00 : 05 和 00 : 15 处，很明显，与 Mip0 相比，RayCones 生成的图像具有更少的走样，正如期望的那样，因为反射对象总是使用层级 0 级的 Mip。在一定距离上，RayCones 也有少量的时间走样，但即使是 mipmap 的 GPU 栅格化也会造成走样。从 00 : 25 处开始，RayCones 和 Mip0 都在一个更大的场景中进行，在这个场景中，房间的条纹墙纸为 Mip0 产生了相当多的走样，而 RayCones 和 RayDiffs RT 的表现要好很多。

我们在粉色房间和大的室内进行了性能测试。所有渲染图的分辨率都是 3840 × 2160 像素。为了忽略预热效果和其他随机变量，我们在不测量帧长的情况下，通过 1000 帧的相机路径渲染场景一次，然后在测量时再次通过相同的相机路径渲染场景。我们对每个场景重复这个过程 100 次，并收集帧的持续时间。对于 Mip0，粉色房间的平均帧时间为 3.4ms，大型室内的平均帧时间为 13.4ms。在图 20.12 中，显示了 Mip0、RayCones、RayDiffs GB 和 RayDiffs RT。粉色房间是一个相当小的场景，其中纹理 LOD 的复杂计算只占总帧时间的一小部分，而对于大的室内场景（一个大得多的场景），这种情况更加明显。然而，对于这两个场景，增加纹理 LOD 计算的时间的趋势是相当明显的：与 RayCones 相比，RayDiffs GB 增加了大约 2 倍时间，而 RayDiffs RT 增加了大约 3 倍。

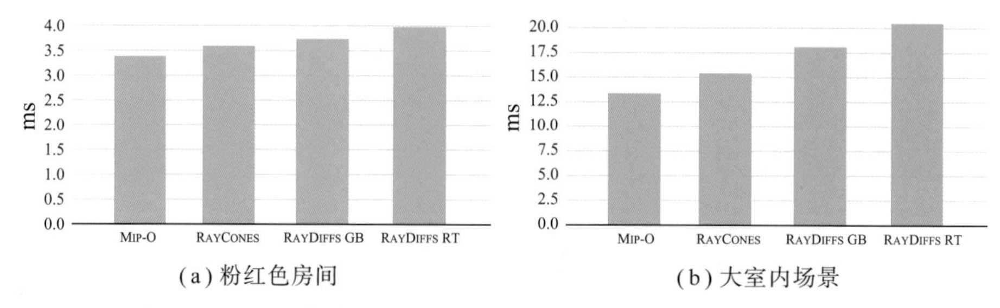

(a) 粉红色房间　　(b) 大室内场景

图 20.12 纹理 LOD 的性能分析：较小的场景（粉色房间）不太容易受到额外滤波器消耗的影响，较大的场景（大型室内）更容易受到额外滤波器消耗的影响。然而，对于这两种场景，相比较 RayCones 而言，RayDiffs GB 的消耗时间增加约为 2 倍，而 RayDiffs RT 约为 3 倍

本章的目标是通过实现和评估不同的方法，为实时应用程序选择合适的纹理滤波方法提供一些帮助，并说明如何使用 G-buffer 以提高性能。当使用复杂的反射滤光器对结果进行模糊处理时，或者当积累了许多帧或样本时，建议使用 Mip0 方法，因为它更快并能有较好的质量。当需要得到较好的滤波反射结果，并且需要最小化射线存储和指令计数时，我们建议使用 RayCones。然而，在初次相交之后，曲率没有被考虑进去，这可能会导致在更深的反射路径中产生走样。在这些情况下，我们推荐使用 RayDiffs 方法。对于较大的场景，如 Pharr 所描述[13]，任何类型的纹理滤波都可能有助于性能，因为他们

能提供更好的纹理缓存命中率。当对相机射线使用光线追踪时，我们看到使用纹理滤波比使用 mip 层级 0，性能有轻微的改进。未来我们会在更大的场景中进行探索并获取有效的数据结果。

20.6 代　码

这一小节，我们展示出当前 RayCones 方法的伪代码。首先，我们需要一些数据结构：

```
1 struct RayCone
2 {
3     float width;                // 文中称为 wi
4     float spreadAngle;          // 文中称为 γi
5 };
6
7 struct Ray
8 {
9     float3 origin;
10    float3 direction;
11 };
12
13 struct SurfaceHit
14 {
15    float3 position;
16    float3 normal;
17    float  surfaceSpreadAngle;  // 根据式（20.32）进行初始化
18    float  distance;            // 与首次相交的距离
19 };
```

在下一个伪代码中，我们遵循 DXR 流程来进行光线追踪。我们提供了一个射线生成模块和一个最近相交模块，但是省略了其他几个在当前上下文中无用的模块。`TraceRay` 函数遍历空间的数据结构，并找到最近的相交点。伪代码处理反射的递归。

```
1 void rayGenerationShader(SurfaceHit gbuffer)
2 {
3     RayCone firstCone = computeRayConeFromGBuffer(gbuffer);
4     Ray viewRay = getViewRay(pixel);
5     Ray reflectedRay = computeReflectedRay(viewRay, gbuffer);
6     TraceRay(closestHitProgram, reflectedRay, firstCone);
7 }
8
9 RayCone propagate(RayCone cone, float surfaceSpreadAngle, float hitT)
10 {
11    RayCone newCone;
12    newCone.width = cone.spreadAngle * hitT + cone.width;
13    newCone.spreadAngle = cone.spreadAngle + surfaceSpreadAngle;
14    return newCone;
15 }
16
17 RayCone computeRayConeFromGBuffer(SurfaceHit gbuffer)
18 {
19    RayCone rc;
20    rc.width = 0;                              // 射线锥起步时宽度为 0
```

```
21     rc.spreadAngle = pixelSpreadAngle(pixel); // 式（20.30）
22     // gbuffer.surfaceSpreadAngle 的值由式（20.32）决定
23     return propagate(rc, gbuffer.surfaceSpreadAngle, gbuffer.distance);
24 }
25
26 void closestHitShader(Ray ray, SurfaceHit surf, RayCone cone)
27 {
28     // 生成第二次相交的锥体
29     cone = propagate(cone, 0, hitT);             // 没有曲度，设为 0
30                                                  // 在第二次相交处进行计算
31     float lambda = computeTextureLOD(ray, surf, cone);
32     float3 filteredColor = textureLookup(lambda);
33     // 使用 filteredColor 进行着色
34     if (isReflective)
35     {
36         Ray reflectedRay = computeReflectedRay(ray, surf);
37         TraceRay(closestHitProgram, reflectedRay, cone); // 递归
38     }
39 }
40
41 float computeTextureLOD(Ray ray, SurfaceHit surf, RayCone cone)
42 {
43     // 式（20.34）
44     float lambda = getTriangleLODConstant();
45     lambda += log2(abs(cone.width));
46     lambda += 0.5 * log2(texture.width * texture.height);
47     lambda -= log2(abs(dot(ray.direction, surf.normal)));
48     return lambda;
49 }
50
51 float getTriangleLODConstant()
52 {
53     float P_a = computeTriangleArea();                  // 式（20.5）
54     float T_a = computeTextureCoordsArea();             // 式（20.4）
55     return 0.5 * log2(T_a/P_a);                         // 式（20.3）
56 }
```


```
51 float getTriangleLODConstant()
52 {
53     float P_a = computeTriangleArea();                  // 式（20.5）
54     float T_a = computeTextureCoordsArea();             // 式（20.4）
55     return 0.5 * log2(T_a/P_a);                         // 式（20.3）
56 }
```


致　谢

感谢 Jacob Munkberg 和 Jon Hasselgren 给予的各种帮助和建议。

参考文献

[1] Amanatides, J. Ray Tracing with Cones. Computer Graphics (SIGGRAPH) 18, 3 (1984), 129–135.

[2] Benty, N., Yao, K.-H., Foley, T., Kaplanyan, A. S., Lavelle, C., Wyman, C., and Vijay, A. The Falcor Rendering Framework. https://github.com/NVIDIAGameWorks/Falcor, July 2017.

[3] Christensen, P., Fong, J., Shade, J., Wooten, W., Schubert, B., Kensler, A., Friedman, S.,Kilpatrick, C., Ramshaw, C., Bannister, M., Rayner, B., Brouillat, J., and Liani, M. RenderMan:An Advanced Path-Tracing Architecture for Movie Rendering. ACM Transactions on Graphics 37, 3 (2018), 30:1–30:21.

[4] do Carmo, M. P. Differential Geometry of Curves and Surfaces. Prentice Hall Inc., 1976.

[5] Ewins, J. P., Waller, M. D., White, M., and Lister, P. F. MIP-Map Level Selection for Texture Mapping. IEEE Transactions on Visualization and Computer Graphics 4, 4 (1998), 317–329.

[6] Green, N., and Heckbert, P. S. Creating Raster Omnimax Images from Multiple Perspective Views Using the Elliptical Weighted Average Filter. IEEE Computer Graphics and Applications 6, 6 (1986), 21–27.

[7] Heckbert, P. S. Survey of Texture Mapping. IEEE Computer Graphics and Applications 6, 11 (1986), 56–67.

[8] Heckbert, P. S. Fundamentals of Texture Mapping and Image Warping. Master’ s thesis, University of California, Berkeley, 1989.

[9] Igehy, H. Tracing Ray Differentials. In Proceedings of SIGGRAPH (1999), 179–186.

[10] McCormack, J., Perry, R., Farkas, K. I., and Jouppi, N. P. Feline: Fast Elliptical Lines for Anisotropic Texture Mapping. In Proceedings of SIGGRAPH (1999), 243–250.

[11] Möller, T., and Trumbore, B. Fast, Minimum Storage Ray-Triangle Intersection. Journal of Graphics Tools 2, 1 (1997), 21–28.

[12] Patney, A., Salvi, M., Kim, J., Kaplanyan, A., Wyman, C., Benty, N., Luebke, D., and Lefohn,A. Towards Foveated Rendering for Gaze-Tracked Virtual Reality. ACM Transactions on Graphics，35, 6 (2016), 179:1–179:12.

[13] Pharr, M. Swallowing the Elephant (Part 5). Matt Pharr’ s blog,https://pharr.org/matt/blog/2018/07/16/moana-island-pbrt-5.html, July 16 2018.

[14] Pharr, M., Jakob, W., and Humphreys, G. Physically Based Rendering: From Theory to Implementation, third ed. Morgan Kaufmann, 2016.

[15] Segal, M., and Akeley, K. The OpenGL Graphics System: A Specification (Version 4.5). Khronos Group documentation, 2016.

[16] Voorhies, D., and Foran, J. Reflection Vector Shading Hardware. In Proceedings of SIGGRAPH (1994), 163–166.

[17] Williams, L. Pyramidal Parametrics. Computer Graphics (SIGGRAPH) 17, 3 (1983), 1–11.

第 21 章　使用射线锥和射线差分进行环境贴图的过滤

Tomas Akenine-Möller, Jim Nilsson　NVIDIA

本章我们将描述一个在光线追踪引擎中使用射线锥和射线差分来进行环境贴图过滤的方法。

21.1 引　言

环境贴图常用于低开销地表现远景，亦或表示由环境射入的光，然后用它对几何体着色[4]。常见的环境贴图布局有两种：一种是经纬度贴图[2]（latitude-longitude maps），另一种是立方体贴图[5]（cube maps）。

栅格化以“四像素”的形式出现，即每次 2 × 2 像素，因此我们可以用水平和垂直像素差来估算差分结果。这些差分结果可以用来计算细节层级，以便用 mipmap 执行纹理查找。然而在光线追踪中，“四像素”的概念是不可用的；相反，纹理过滤通常使用射线差分[20]和射线锥[1, 3]来完成，这两种方法在第 20 章有介绍。Pharr 等人通过前向差分近似法计算出环境贴图中纹理空间的射线差分，其算法主要部分包括三个向量归一化和调用六个反三角函数。

由于假定环境贴图在无穷远处，使用光栅化的环境贴图仅取决于反射向量的方向分量，而不是反射向量的位置。即使射线锥和射线差分也有表示射线的位置分量，但如图 21.1 所示，我们无需使用它们。本章我们提供了用射线锥和射线差分计算环境贴图过滤的方法。

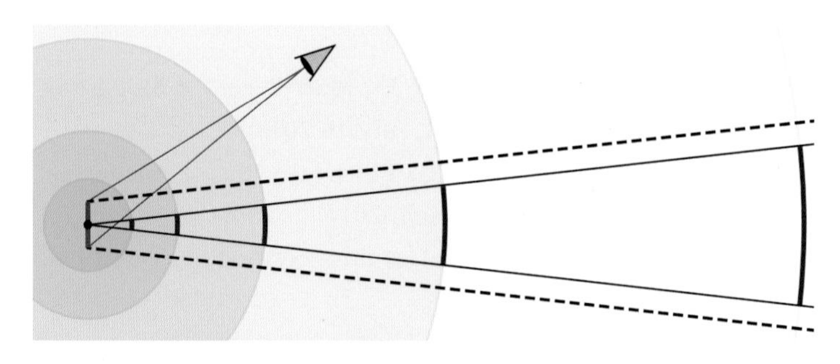

图 21.1　射线差分和射线锥由位置分量（红色）和方向分量（虚线）组成。和往常一样，由于假定环境贴图在无穷远处，不管圆的面积有多大，一个单点（图中黑点）和方向分量（黑实线）对圆的覆盖率相同。而虚线区域对圆的覆盖率则会随着圆的增大而减小。在无穷远处，它对圆的覆盖率会和紫色部分的覆盖率相同。因此，我们只能使用方向分量来访问环境贴图，即便对于射线锥和射线差分也如此

21.2　射线锥

在本节，我们将描述如何使用射线锥来选取环境贴图对应的 mipmap 层级。射线锥由宽度 w 和扩散角 γ 表示（参见第 20 章）。

对于分辨率为 $2h \times h$（即宽为高的两倍）的经纬度环境贴图，我们用下述公式计算细节层级 λ：

$$\lambda = \log_2\left(\frac{\gamma}{\pi / h}\right) \tag{21.1}$$

其中，h 是贴图的高度，分母为 π/h，近似等于贴图中每个像素对应的弧度，因为整个贴图在纵向包括了 π 弧度。函数 $\log_2$ 用于将此映射到 mipmap 层级。其背后的原理是，如果 $\gamma = \pi/h$，那么 $\log_2 1 = 0$，则我们选取第 0 个 mipmap 层级；如果 γ 为 π/h 的 8 倍大，那么 $\log_2 8 = 3$，则我们选取第 3 个 mipmap 层级。

对于长宽相等且分辨率为 $h \times h$ 的立方体贴图，我们使用公式

$$\lambda = \log_2\left(\frac{\gamma}{0.5\pi / h}\right) \tag{21.2}$$

原因同上，但此时长宽各覆盖了 0.5π 弧度。

21.3　射线差分

对于射线 $R(t) = O + t\hat{\boldsymbol{d}}$，射线差分[6]被定义为

$$\left\{\frac{\partial O}{\partial x}, \frac{\partial O}{\partial y}, \frac{\partial \hat{\boldsymbol{d}}}{\partial x}, \frac{\partial \hat{\boldsymbol{d}}}{\partial y}\right\} \tag{21.3}$$

其中，O 为射线原点；$\hat{\boldsymbol{d}}$ 为归一化射线方向（参见第 2 章）。对于射线差分，我们用下式来计算扩散角（见图 21.2）：

$$\gamma = 2\arctan\left(\frac{1}{2}\left\|\frac{\partial \hat{\boldsymbol{d}}}{\partial x} + \frac{\partial \hat{\boldsymbol{d}}}{\partial y}\right\|\right) \tag{21.4}$$

这里的 γ 可以用于式（21.1）和式（21.2），以使用射线差分计算细节层级。

注意，我们的简易方法既不提供各向异性，也不考虑映射可能造成的失真。

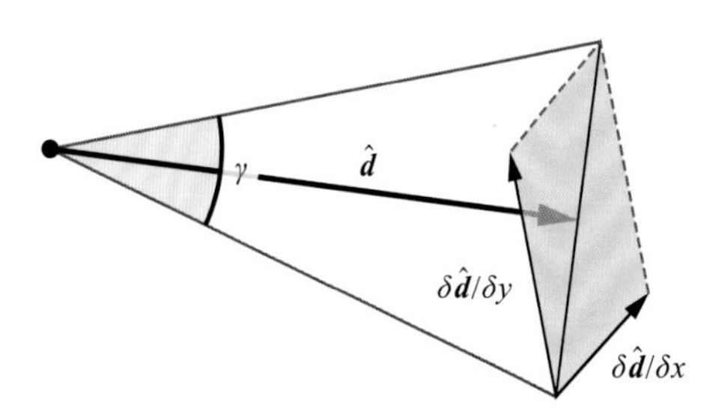

图 21.2　不考虑射线原点的差异时，扩散角 γ 可以用归一化射线方向 $\hat{\boldsymbol{d}}$ 和其差分来计算

21.4 结 果

在对贴图反射的研究中，我们已经习惯使用过滤后的纹理处理反射。但我们的首个实现没有处理环境贴图，因此在我们的测试中，来自环境贴图的反射总是存在走样。本章提供了一个解决方案，结果如图 21.3 所示。

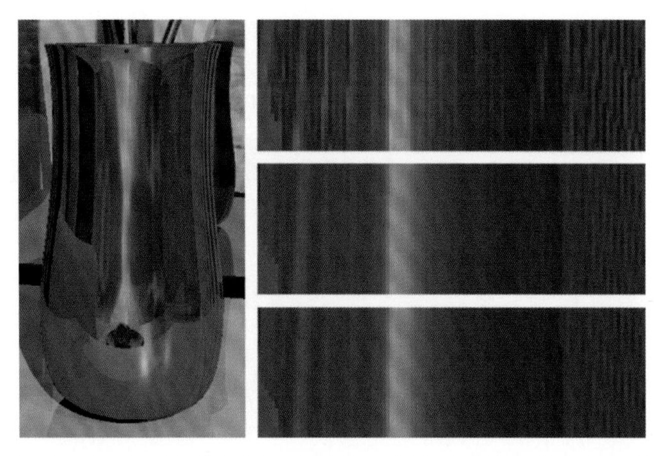

图 21.3 使用不同方法处理环境贴图（主要为棕色区域）在花瓶上的夸张反射。右边三张特写由上到下分别表示第 0 层 mipmap、射线锥、射线差分的效果。注意后两张图片是相似的，因为都对环境贴图进行了过滤。在动画中，右上角的图片会出现严重走样，其他两张则会暂时稳定

参考文献

[1] Amanatides, J. Ray Tracing with Cones. Computer Graphics (SIGGRAPH) 18, 3 (1984), 129–135.

[2] Blinn, J. F., and Newell, M. E. Texture and Reflection in Computer Generated Images. Communications of the ACM 19, 10 (1976), 542–547.

[3] Christensen, P., Fong, J., Shade, J., Wooten, W., Schubert, B., Kensler, A., Friedman, S., Kilpatrick, C., Ramshaw, C., Bannister, M., Rayner, B., Brouillat, J., and Liani, M. RenderMan: An Advanced Path-Tracing Architecture for Movie Rendering. ACM Transactions on Graphics 37, 3 (2018), 30:1–30:21.

[4] Debevec, P. Rendering Synthetic Objects into Real Scenes: Bridging Traditional and ImageBased Graphics with Global Illumination and High Dynamic Range Photography. In Proceedings of SIGGRAPH (1998), 189–198.

[5] Greene, N. Environment Mapping and Other Applications of World Projections. IEEE Computer Graphics and Applications 6, 11 (1986), 21–29.

[6] Igehy, H. Tracing Ray Differentials. In Proceedings of SIGGRAPH (1999), 179–186.

[7] Pharr, M., Jakob, W., and Humphreys, G. Physically Based Rendering: From Theory to Implementation, third ed. Morgan Kaufmann, 2016.

第 22 章　通过自适应光线追踪改进时域抗锯齿

Adam Marrs, Josef Spjut, Holger Gruen, Rahul Sathe,
Morgan McGuire　NVIDIA

本章讨论了一种实用的实时超采样方法，该方法通过自适应光线追踪拓展了常用的时域抗锯齿技术。该方法适用于常见商业游戏中的限制环境，可去除常见时域抗锯齿技术中的模糊、伪影等走样失真。在大多数游戏所需的 16ms 帧预算时间内，可获得接近 16 倍的几何、阴影和材质等超采样渲染质量。

22.1　简　介

渲染过程中处理图形元素时，非水平或者非垂直的线段常常无可避免地被处理成了锯齿或阶梯状的变形，这种视觉人工痕迹被称作走样 / 锯齿（Aliasing）。计算机图形学领域中，处理主可见表面的走样 / 锯齿现象是最基本和最具有挑战性的任务之一。常见的渲染算法都在单位像素空间内点采样曲面。因此，当采样点的分布不能完整表示像素内容时，也就是欠采样时，渲染算法产生采样错误。这种错误的产生和使用光线投射还是通过均摊式的光栅化算法进行可见性判断无关，也和具体的绘制算法无关。甚至“基于点的”渲染器[15]实际上也会通过光栅化过程来做实际的光线追踪或将点元指向绘制屏幕。解析式渲染器（例如在空间和时间上进行完美的光束追踪）可以避免光线（欠）采样问题。尽管有一些解析式解决方案，然而使用的场景有限[1]。面对复杂的场景环境、材质和着色过程，从光线或者光栅格相交处进行点采样仍然是唯一完全有效的渲染方法。

欠采样引起的锯齿化具体表现为锯齿状边缘、空间噪声和时域上的闪烁现象（时间噪声）。为了掩盖这些错误，许多技术试图通过更大、更复杂的空间重建滤波器来把这些错误转变成模糊现象（空间层面）或者重影现象（时间层面）。这些技术包括空间层面上的形态抗锯齿（Morphological Antialiasing，MLAA）[22]、快速近似抗锯齿（Fast Approximate Antialiasing，FXAA）[17]）和时间层面上的亚像素形态抗锯齿（Subpixel Morphological Antialiasing，SMAA）[12]、时域抗锯齿（Temporal Antialiasing，TAA）[13, 27]。在图像上每个像素固定的样本数下，唯一的真正解决方案是增加样本密度并限制被采样的像素信号强度。增强采样密度有助于但不能保证以可接受的速率如实时速率来解决问题：超采样抗锯齿（Super Sampling Antialiasing，SSAA）需要消耗与样本数量成线性比例的渲染开销，而却只增加平方根比例的质量。多重采样抗锯齿（Multisampling Antialiasing，MSAA）包括覆盖采样抗锯齿（Coverage Sampling Antialiasing，CSAA）、基于表面的抗锯齿（Surface based Antialiasing，SBAA）[24]和亚像素重建抗锯齿（Subpixel Reconstruction Antialiasing，SRAA）[4]，这些技术以不同的速率对场景集合、材质和着色过程进行采样，从而启发性地降低采样成本，但同时也会降低质量；同时增强式抗锯齿技术（解耦覆盖抗锯齿（Decoupled Coverage Antialiasing，DCAA）[25]、G缓冲增强抗锯齿（Aggregate G-buffer Antialiasing，AGAA）[7]））更大胆地降低了开销，然而在可接受的交互帧率下只能提供有限的质量。对于一些通信带宽受限的场景，通过mipmapping技术以及它的变体对材质进行预滤波[19]，设置分层级可控的几何细节以及分层级可控的着色器来减轻采样不足的影响，但同时引入了其他一些非凡的问题，例如过度模糊或跳跃现象（时间尺度和空间尺度的不连续），也同时使得渲染系统过度复杂化，无法完全解决问题。

实时渲染的常见标准是同时采用许多这些策略，重点利用时间抗锯齿。这样做在许多情况下成功的，然而对于特定的游戏解决方案需要相当复杂的工程开发和艺术家们精心手工设计调整的场景[20, 21]。所有这些解决方案都依赖于每个像素的固定采样数，因此如果在设计好的采样样本之间放置材质、几何或着色特征，这会导致产生无上限的误差。最近，Holländer等人[10]主动识别出需要通过粗略的着色和高分辨率几何图形进行抗锯齿的像素，并达到了与SSAA几乎相同的质量。不幸的是，即使仅仅需要识别出个别像素进行抗锯齿，这种基于光栅化的方法也需要以高分辨率的方式处理所有几何图元。尽管将需绘制样本的数量减少了一半，但帧时间的减少局限在10%左右。因此，我们认为对实时渲染来说，抗锯齿仍然是一个开放的挑战性问题。

本章介绍了一种新的实用算法，即自适应时域抗锯齿（Adaptive Temporal Antialiasing，ATAA），它通过使用自适应光线追踪超采样方式扩展光栅化图像的时域抗锯齿来解决锯齿问题。离线光线追踪渲染器长期以来一直采用高度自适应的样本数来解决锯齿化问题（例如，Whitted的原始论文[26]），但由于光线追踪和光栅化的API以及体系结构之间的存在数据重复，到目前为止，混合光线追踪方式和光栅化方式的算法[2]一直不适用于实时渲染。最近引入的DirectX Raytracing API（DXR）和NVIDIA RTX平台，使得数据结构和着色器在整个游戏引擎中的GPU上渲染过程中具有完全的互操作性。至关重要的是，RTX通过在NVIDIA Turing GPU架构上提供包围层次盒（BVH）遍历和三角片相交任务的硬件加速，大大提高了光线追踪性能。因此，通过展示如何有效地将最新的时域抗锯齿解决方案与GPU光线追踪的生态系统的最新发展相结合，解锁新的混合渲染方法，从而实现自适应采样基本思想。如图22.1所示，我们的方法可适应商用游戏引擎的常见的约束环境，消除了与常见的时域抗锯齿相关的模糊和伪影，并实现了接近16倍几何、着色、材质超采样质量。在现代图形硬件上，只消耗了16毫秒的帧预算。我们提供了将ATAA集成到具有DirectX光线追踪支持的扩展的UE4原型版本中实践经验。通过调整光线追踪样本的自适应分布，实验了进行光线工作负载压缩优化，在NVIDIA Turing GPU上了解光线追踪性能。

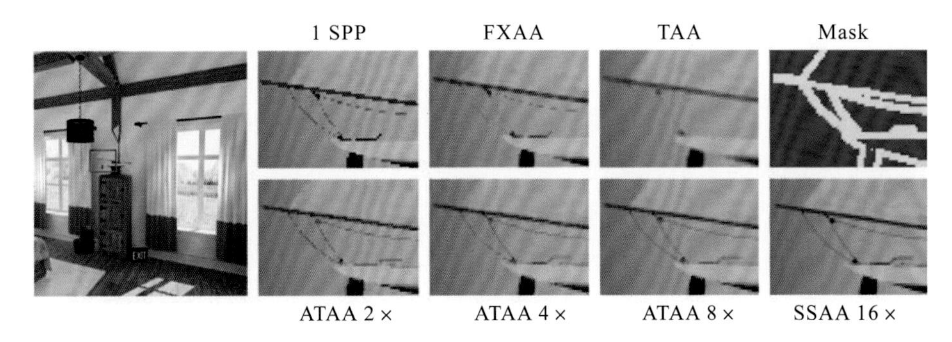

图 22.1　UE4 中的 Modern House 场景使用延迟渲染和光线追踪方式渲染结果。使用我们的自适应时域抗锯齿技术以及一个移动的相机，所有这些都在 NVIDIA GeForce 2080 Ti 上以 9.8 毫秒的速度渲染。放大的局部图比较了使用每个像素一个样本（1 SPP）光栅化渲染的船绳细节、FXAA、UE4 的内建的 TAA、一个可视化的分割蒙皮、ATAA 2 ×、ATAA 4 × 和 ATAA 8 ×，以及 SSAA 16 × 的参考对照

22.2　时域抗锯齿相关工作

时域抗锯齿[13，27]处理速度快，在能处理的场景下可以得到相当好的质量，这也使得该技术成为如今游戏渲染领域的一个事实标准。TAA 在每个帧图像上施加一个子像素位移（该轻度位移限于一个像素距离内），并使用之前帧的累计值指数加权平均。因此每个前帧每个像素做到了仅用一个样本进行渲染。在静态场景中，TAA 结果接近使用全屏超级采样的质量。对于动态场景，通过沿光栅化器生成的每个像素上的运动向量偏移纹理，TAA 方法提取过往累计历史缓冲帧中的对应采样位置，从而实现加权平均。

TAA 在某些情况下会失败。一种是可见性不一致：当渲染对象运动后，新的屏幕区域中遮挡了历史帧中的区域，或显示了原来不存在的部分。这些绘制区域或者在历史缓冲帧区域中无法表示，或者被运动向量错误表示。相机旋转和向后平移也会在屏幕边缘产生严重遮挡。另一种是精细采样失败：在连续偏的光栅化样本之间，一些子像素特征如线条和精细的材质细节可能会捕获失败，从而导致下一帧无法用运动向量表示。此外还有特殊渲染过程：如根据透明表面对应的像素所创建的运动向量，与所表示对象的总运动不匹配。阴影和反射不会在被其对应绘制的表面的运动向量的方向上移动。

当 TAA 失败时，它会产生重影（由于积分不正确的值而导致的模糊）或显示原始的锯齿、抖动和噪声。标准的 TAA 尝试通过将历史样本与新帧中相应像素的本地邻域进行比较来检测这些情况。当它们带有严重不同的值时，TAA 会采用各种启发式方法在色彩空间中进行裁剪、截断或插值。正如 Salvi[23]总结的那样，为取得最好的效果，这些启发式方法在实践中经常变化，且尚未找到通用解决方案。

22.3　一种新算法

我们设计了自适应时态抗锯齿技术，以与常规游戏引擎兼容，并充分利用 TAA 的优

势，简单直接地解决它的固有缺陷。核心思想是在大多数像素上运行 TAA 的基本流程，然后，并非尝试通过启发式方法解决缺陷，而是输出一个保守的分割遮罩，以识别 TAA 失败的像素以及成因。然后，我们使用鲁棒的替代方法（如稀疏光线追踪自适应图像内容）替换故障像素处 TAA 的复杂启发式方法。

图 22.2 显示了我们在 UE4 渲染管线中的算法。在该图中，矩形图标表示数据（缓冲区）的可视化，而圆角矩形表示操作（着色器通路）。注意该图并未显示所有中间缓冲区。例如，在前一帧的输出作为 TAA 的输入反馈的情况下，该图没有展示相关的乒乓缓冲区。新的稀疏光线追踪步骤在 DXR 光线生成着色器中执行，接受新分割缓冲区，然后输出一个新的稀疏颜色缓冲区，该缓冲区与 TAA 的颜色输出混合后进行色调映射和其他屏幕空间后处理过程。

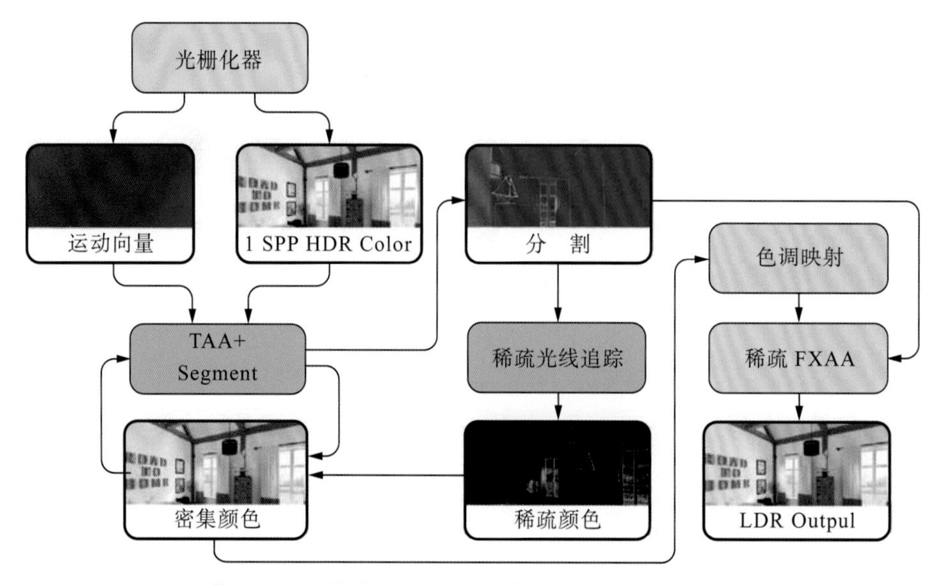

图 22.2 ATAA 的算法流程已集成到 UE4 渲染管线中。灰色框表示未更改或稍加修改的操作。绿色框代表已修改或新的操作。分割和稀疏颜色缓冲区是新的

由于 TAA 的基础结果对于大多数屏幕像素都是可以接受的，因此光线追踪的成本将被摊销，并且所需的光线预算远远少于每个像素一个样本。例如，我们可以自适应地采用 8× 射线追踪超级采样，以达到总图像分辨率的 6%，而每个像素的成本少于 0.5 射线。这样，图像质量在任何地方都至少相当于 8 倍的超级采样；否则，由于采用了不同的算法，分割区域之间的边界将在最终结果中出现闪烁现象。

22.3.1 分割策略

任何一种高效的自适应采样方法关键是首先找出最能受益于改进的采样图像区域（即检测欠采样区域），然后仅在这些区域中执行附加的采样。在 ATAA 中，我们通过计算可检测欠采样和 TAA 策略故障的屏幕空间分割遮罩来指导光线追踪超采样的适应性。在

图 22.2 中标记为“分割”的缓冲区是为 Modern House 场景生成的细分遮罩的可视化效果。图 22.3 给出了此遮罩的更大的带注释的版本。我们的遮罩可视化将抗锯齿策略映射成像素颜色，其中红色像素使用 FXAA，蓝色像素使用 TAA，黄色像素使用光线追踪超采样。如何同时兼顾性能和结果图像质量，是一个具有挑战性的问题。可用于抗锯齿的光线预算会根据场景内容、视点、视景体，以及每个像素上的照明和视觉效果、GPU 硬件、目标帧率等而不同。因此我们不提倡“一刀切”的分割策略，而是将其分类、分别讨论多个选项，以便在各种情况下实现最优组合策略。

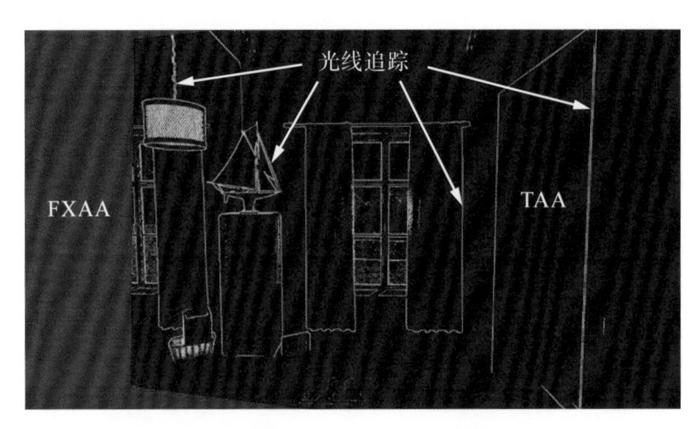

图 22.3　ATAA 分割蒙版的带注释的可视化。蓝色像素使用标准 TAA，红色像素使用 FXAA，黄色像素使用光线追踪超采样

1. 自动分割

通过检查光栅化后屏幕空间中可用的场景数据，可以有效、高效地分割图像。由于分割是通过算法生成的，无需艺术家或开发人员的手动干预，因此我们将此过程称为自动分割。

现代渲染引擎在每个像素上维护一个运动向量，在分割过程中我们使用该向量来确定当前像素之前是否在视图之外（如屏幕外）或被另一个表面遮挡。在此类离屏遮挡的情况中，不存在用于抗锯齿的光栅化历史数据。如图 22.3 所示，我们用 FXAA（红色）处理这些区域，因为它使用成本低，不需要历史数据并且在低动态范围输出上运行（即在色调映射之后），以节省内存带宽。通过仅在屏幕外遮挡像素上运行 FXAA，与全屏应用相比，我们可以进一步降低其成本，即使对于快速移动的相机，通常也可以将其成本降低到少于 15%。在动画对象和蒙皮角色的渲染中，存在光栅化数据，但其着色部分并不能对应当前可见面。如图 22.4 所示，我们通过忽略其时域上的光栅化数据并将这些像素标记为光线追踪超采样（黄色），从而消除了常见的 TAA 重影伪影，并避免了由 TAA 阶段引起的锯齿化。检查运动向量的结果将优先于所有其他条件，如果存在以上所述任意一种遮挡，则会触发分割过程中的提早退出。既然已经处理了来自遮挡类的 TAA 故障，接下来分割过程转向识别欠采样区域。

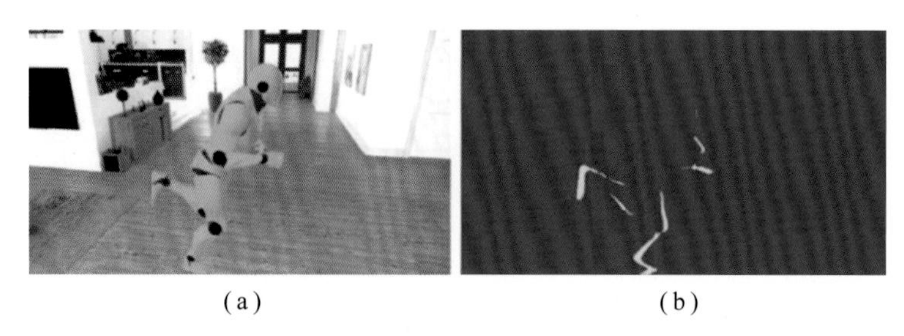

图 22.4 跑步动画中间的蒙皮（a）。运动向量用于确定导致 TAA 故障的排除。通过标记这些区域以进行射线追踪的超级采样，可以消除 TAA 重影伪影并消除锯齿现象（b）

欠采样伪像主要出现在几何边缘和高频材质着色过程中。与常见的边缘检测算法相似，我们执行一组 3 × 3 像素卷积以确定表面法线、深度、模型网格标识符和亮度的屏幕空间上梯度。图 22.5 直观显示了每种数据类型的分割结果。

我们还比较了当前像素的亮度和 TAA 历史缓冲区中重新映射到的像素位置的亮度，以确定亮度在时间和空间上的变化（图 22.5 中未显示）。由于我们的抗锯齿方法可以通过光线追踪准确地产生新的样本，因此重映射或潜在的遮挡不会引入误差。

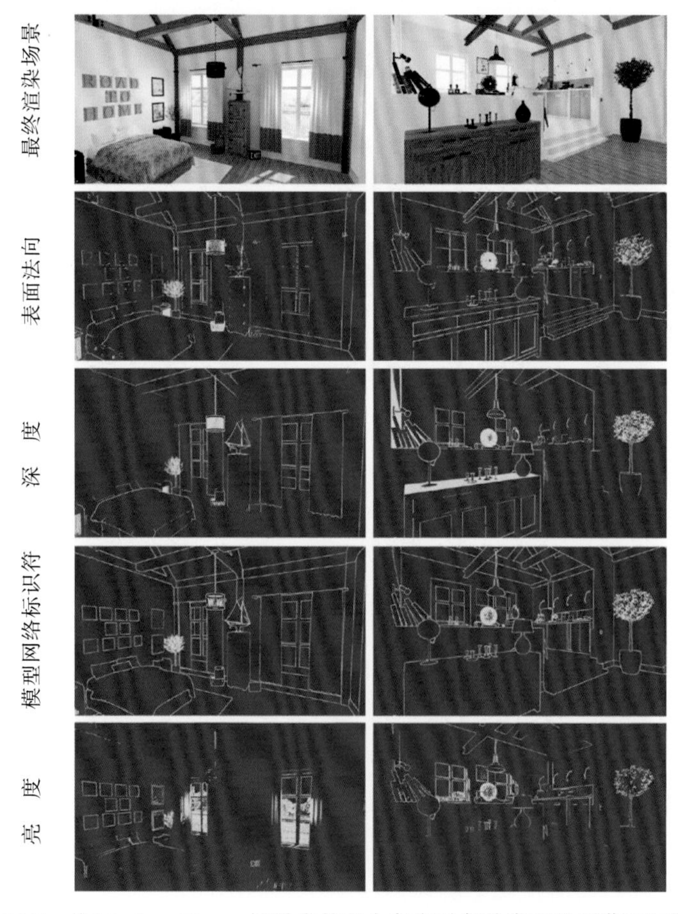

图 22.5 从 Modern House 场景中的两个角度对各种类型的屏幕空间数据进行 3 × 3 像素卷积的分割结果

正如您可能已经注意到的，单就每种屏幕空间数据类型都无法提供我们想要的完整分割。表面法线梯度可以有效地识别对象的内部和外部边缘，但是会丢失具有相似法线和欠采样材质的分层对象。深度梯度可以很好地检测分层对象和深度不连续性，但是会产生大面积的错误识别，在这些区域中，深度的急剧变化很常见（靠近视图边缘的平面，例如墙）。模型网格标识符梯度在检测物体外部边缘方面表现出色，但会错过物体内部欠采样的边缘和材质。最后，亮度导数可检测到欠采样的材质（在空间和时间上），但是会漏掉亮度值相似的边缘。结果是，必须使用这些上述梯度的组合以得到一个可接受的分割结果。

2. UE4 中的自动分割实现

在我们 UE4 实现中，通过扩展现有的全屏 TAA 后处理通道来生成分割遮罩。检查 TAA 失败时的运动向量后，我们按照一定加权组合使用模型网格标识符、深度和时域亮度以达到最终的分割结果。遮罩存储为两个半精度无符号整数值，打包到单个 32 位内存资源中。第一个整数标识像素的抗锯齿方法（0 = FXAA，1 = TAA，2 = 光线追踪），第二个整数用作存储分割的历史记录，用于记录该像素是否在先前的帧中进行过光线追踪超采样。分割分类历史对于在时域上稳定分割遮罩结果非常重要，因为对于 TAA，每个帧视图都使用了子像素抖动。如果将像素标记为进行光线追踪超采样，它将在接下来的几张新帧中继续进行光线追踪，直到像素的运动向量出现显著变化重置了分割历史。存储分割历史记录的另一种替代方法是在光线追踪的超采样之前过滤分割遮罩。

3. 手动分割

不同项目中的艺术要求、内容呈现和性能指标千差万别，也因此对实时渲染图像提出了独特挑战。这导致了自动分割方法可能不会总是自动产生适合每个项目性能开销的结果。艺术家和游戏开发者最了解他们的艺术设计、游戏等所要呈现内容的特色和约束，因此手动分割在此类情况中会很有效。举例来说，艺术家和开发人员可以标记特定类型模型网格、绘制对象或者材质，在光栅化过程中用以写入分割遮罩。比较实用的例子如细发、电话线、绳索、围栏、高频材质以及始终保持较远的几何模型。与模型网格自动细分策略相似，手动分割也可以用几何元数据、基于到视点的距离、材质甚至所需的抗锯齿类型（例如，内部边缘、外部边缘或材料）等来指导光线追踪的超采样的适应参数。

22.3.2　稀疏光线追踪超采样

准备好分割遮罩后，使用以分割遮罩的分辨率分配的 DXR 光线生成着色器进行新的稀疏光线追踪通路，实现抗锯齿效果。每个光线生成线程都会读取遮罩的一个像素，确定该像素是否标记为光线追踪，如果标记为是，就进行在 8×，4× 或 2× MSAA n-rooks 子像素采样模式的光线投射。光线相交命中时，执行与光栅化管线相同的 HLSL 代码来执行完整的基于 UE4 节点的材质图和着色管线。由于 DXR 光线生成和命中着色器中不提供前向差异导数，因此我们将它们视为无穷大，以强制使用最高分辨率的纹理。因此，我们仅依靠超采样来解决材质锯齿问题，这是大多数电影渲染器的方式，以获得最高的质量。另一种方法是使用距离和方位解析选择的 mipmap 水平或采用射线微分[6, 11]。图 22.6 显示了使用我们的方法渲染的组合图像，显示了稀疏光线追踪步骤的结果和最终的合成 ATAA 结果。

图 22.6 使用我们的方法渲染的组合图像，展示了稀疏光线追踪步骤的结果（顶部）和最终的合成 ATAA 结果（底部）

基于光栅化过程的采样（包括用于抗锯齿的采样）仅限于图形 API 可用的采样模式，可以在硬件中高效实现。尽管可以将完全可编程的样本偏移功能添加到光栅化器的管线中，但是这种功能目前尚不可用。相反，DXR 和其他光线追踪 API 使光线可以从任意的原点和方向投射，从而在采样时具有更大的灵活性。例如，如果所有的有效样本都存在于像素的右半部分，则可调整投射光线以对右半部分进行密集采样，而使左半部分稀疏采样（或根本不采样！）。尽管可以使用完全任意的样本模式，并且对于某些特定用途可能值得使用某种潜在特定样本模式，但我们仍然建议使用更实用的方法。

为了在我们的混合算法中保持样本分布与周围像素的均匀对等，自然地，我们用于 TAA 相同的抖动样本模式应和光栅化器相同。使用 ATAA，我们可以在每个时间步从一组采样位置生成样本，从而获得更高质量的新样本，并减少了对重新映射的历史值的依赖。例如，如果 TAA 有一个 8 帧抖动采样模式，并且我们正在执行 8 倍自适应光线追踪超采样，使用每帧的光线评估所有 8 个抖动采样位置。光线追踪超采样然后产生与 TAA 在综合之前历史帧的纹理过滤结果进行收敛后的相同的值。类似地，仅在两个帧中，一个 4 倍自适应光线追踪样本模式会收敛到 8 倍 TAA 计算值。

尽管最初在光线追踪和光栅化之间匹配样本模式似乎是最好的方法，但不同的样本模式可能使自适应光线追踪能够以 8 倍采样在仅仅 4 帧上收敛到 32 倍质量。我们从用于生产的渲染器[3, 5, 8, 9, 16]中寻找灵感以确定更高计数的采样模式。相关多抖动采样[14]是目前普遍使用的一种方法。尽管改进的采样模式会产生更高质量的结果，但在屏幕空间中紧靠 TAA 结果放置时，不同采样方法之间的不连续性可能会很明显，需要进一步评估。

22.4　初步结果

为了演示 ATAA 的实用性，我们在 UE4 的原型分支中扩展了 DirectX 光线追踪功能，实现了该算法。我们使用了 Windows 10 v1803（RS4）、Microsoft DXR、NVIDIA RTX、NVIDIA 416.25 驱动程序以及 GeForce RTX 2080 和 2070 GPU 的配置生成结果。

22.4.1　画面质量

图 22.1 和图 22.7 展示了 Modern House 场景的输出结果比较，图 22.6 展示了全部比较。在图 22.7 中，“No AA”图像展示了从每个像素的单个光栅化样本获得的基准锯齿图像。FXAA 和 TAA 图像表示用 UE4 中标准实现生成。SSAA 16 倍图像来自 16 倍超采样。我们展示了使用的 ATAA 分割遮罩以及每个像素具有 2、4 和 8 光线的 ATAA 的三种变体。由于很难在静态图像中捕获标准 TAA 的缺点，并且所有 TAA 图像都来自稳定的会聚帧，因此看不到典型的 TAA 运动伪影。图 22.8 显示了来自同一场景的输出结果比较，将其放大到具有复杂分支的植物的富挑战性区域。两种结果进行比较时，请注意标准 TAA 如何错过或模糊掉落在样本之间的子像素区域中的细小几何图形，而 ATAA 的分割步骤可识别围绕这些困难区域的大部分区域，并通过使用光线追踪超采样来避免重影、模糊和欠采样。

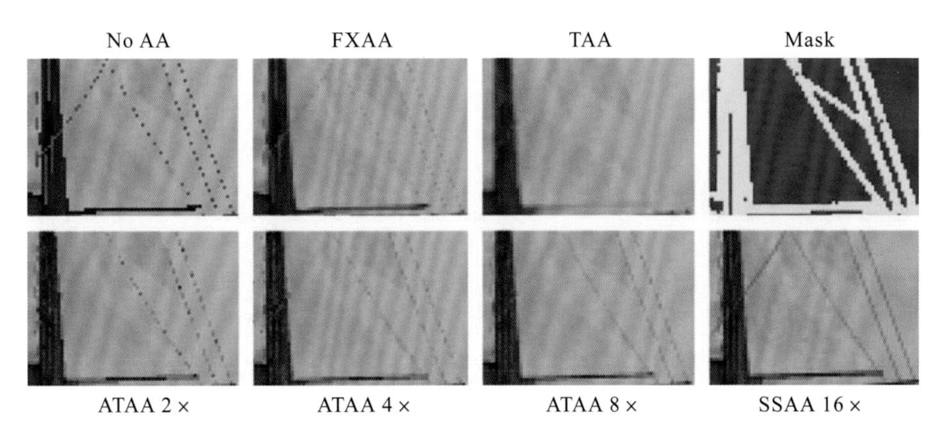

图 22.7　Modern House 场景中的缩放图像突出了一个具有挑战性的区域，该区域具有细小的绳索几何形状，通过 1 SPP 光栅化渲染的绳索细节、FXAA、UE4 的内建 TAA、我们的分割遮罩的可视化图像、ATAA 2 × 、4 × 和 8 × 进行比较，以及 SSAA 16 倍基准图像作为参考

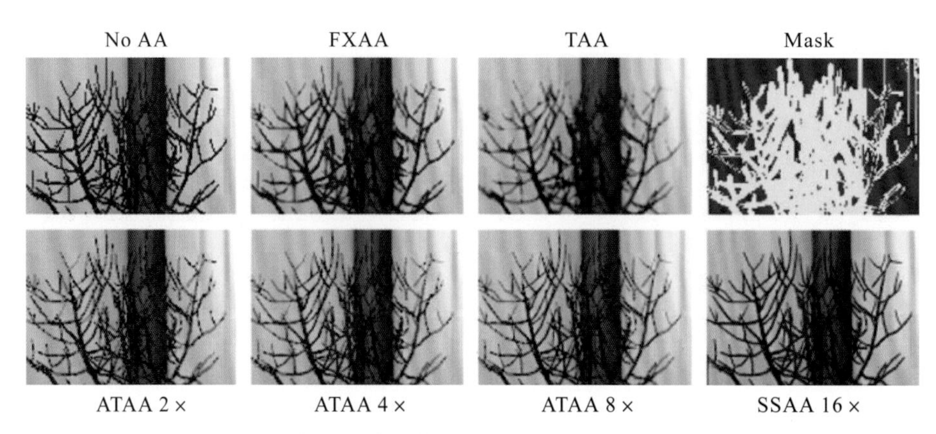

图 22.8 Modern House 场景中的缩放图像突出展示了一个具有挑战性的区域，该区域具有植物的复杂细节，通过 1 SPP 光栅化渲染的植物细节、FXAA、UE4 的内建 TAA、我们的分割遮罩的可视化图像、ATAA 2 ×、4 × 和 8 × 进行比较，以及 SSAA 16 倍基准图像作为参考

22.4.2 性　能

表 22.1 展示了与同等配置的 SSAA 相比，ATAA 的 GPU 时间（以 ms 报告）。ATAA 以 1080p 分辨率渲染图像，为抗锯齿而投射的光线数量根据分割遮罩而有所不同。图 22.6 中所示的 Modern House 场景用于性能测试，并且分割遮罩为光线追踪超采样识别出 103 838 像素。这些像素仅占总图像分辨率的 5%，但结合无故障的 TAA 结果（分割遮罩中的蓝色像素），ATAA 自适应地产生类似于 SSAA 的结果，而成本要低得多。由 ATAA 投射的主光线还将阴影光线投射到场景的定向光源（太阳）以确定遮挡。此外，当整个帧都是新帧时，FXAA 传递会增加多达 0.75 ms，实际上由于在遮罩中为 FXAA 识别的像素更少，因此线性缩减到 0 ms。在常见的相机运动下，为 FXAA 选择的像素少于 5%。

表 22.1 比较 GeForce RTX 2080 和 2070 GPU 上几种 SSAA 和 ATAA GPU 运行时间（以毫秒为单位）。ATAA 以 1080p 分辨率运行，并选择 103838 像素进行光线追踪超采样。在需要抗锯齿的挑战性区域中，ATAA 产生的结果与 SSAA 相比要高出 2 ~ 4 倍

GeForce RTX 2080			
	SSAA	ATAA	Speedup
2 ×	6.30	1.81	3.48 ×
4 ×	12.60	3.48	3.62 ×
8 ×	25.20	6.70	3.76 ×

GeForce RTX 2070			
	SSAA	ATAA	Speedup
2 ×	7.00	3.02	2.32 ×
4 ×	14.00	5.96	2.36 ×
8 ×	28.00	11.64	2.41 ×

在 Modern House 场景中，即使采用相对未优化的实现方式，与 SSAA 相比，ATAA 的自适应特性也会产生 2 ~ 4 倍的提速。这些初步结果在新的硬件、新的驱动程序和 UE4 原型分支中的实验性 DXR API 中获得，而 UE4 的原型分支并不是为光线追踪而设计。因此，优化 ATAA 算法实现和游戏引擎的 DXR 光线追踪功能性能仍有较大空间。

ATAA 其中一个优化方法是创建一个紧凑的一维缓冲区，该缓冲区包含为光线追踪超采样确定的像素位置，而不是与分割遮罩对齐的屏幕空间缓冲区，并且仅根据此一维

缓冲区元素来分配 DXR 光生成着色器线程。我们将此过程称为光线工作量负载压缩。表 22.2 比较具有压缩优化和不具有压缩优化的 ATAA 的 GPU 时间。与原始的 ATAA 实施相比，压缩可将性能提高 13% ~ 29%，与等效的 SSAA 配置相比快 2.5 ~ 5 倍。这是一个令人兴奋的结果，但是需记住，分割遮罩（以及由此产生的光线追踪工作量）在每一帧中都会动态变化。因此，光线追踪负载压缩可能并不总是有益的。在整个项目中，进行各种渲染工作量的实验，才会发现哪种优化方法能实现最佳性能。

表 22.2　比较 GeForce RTX 2080 和 2070 上的 ATAA 和带有光线工作量负载压缩（ATAA-C）的 ATAA 的 GPU 时间（以毫秒为单位）（上）。压缩将 Modern House 场景下工作负载的性能提高了 13% ~ 29%，并且比等效的 SSAA 配置（底部）的执行速度快 2.5 ~ 5 倍。由于性能会随几何形状和材料的不同而变化，因此压缩并不总是可以提高性能

GeForce RTX 2080			
	ATAA	ATAA-C	Speedup
2×	1.81	1.47	1.23×
4×	3.48	2.70	1.29×
8×	6.70	5.32	1.26×

	SSAA	ATAA–C	Speedup
2×	6.30	1.47	4.29×
4×	12.60	2.70	4.67×
8×	25.20	5.32	4.74×

GeForce RTX 2070			
	TA AA	ATAA-C	Speedup
2×	3.02	2.67	1.13×
4×	5.95	5.13	1.16×
8×	11.64	9.95	1.17×

	SSAA	ATAA–C	Speedup
2×	7.00	2.67	2.63×
4×	14.00	5.13	2.73×
8×	28.00	9.95	2.81×

22.5　局限性

ATAA 不能全面解决在实现“混合光线追踪和光栅化抗锯齿”时可能遇到的每个问题。例如，分割遮罩被限制为发现每个像素在单个时间抖动样本的几何形状。结果，可能会错过子像素的一些细节几何形状。这会在分割遮罩中出现与不出现的细节几何图形之间造成空间交替，因此会导致在高质量的光线追踪超采样和完全丢失的几何图形之间发生转换。尽管解决该问题的渲染方法几乎都包括提高基本采样率，但艺术家可以通过适当地修改几何形状，或在将几何形状放置到距相机一定距离之外时生成替代级别的细节表示，来缓解这些问题。此外，以追踪更多光线的代价，早于光线追踪过程滤波分割遮罩也可增加遮罩的时域稳定性。

由于 DXR 中的材质评估无法正确计算和评估纹理 mipmap 级别，因此与 SSAA 相比，ATAA 的抗锯齿结果存在细微差别。在现有面向生产游戏引擎中，对光线追踪的样本进行着色时，纹理采样特别具有挑战性。尽管可以计算光线差异，但是现有材质模型的实现很大程度上取决于光栅化管线提供的前向差异微分（forward-difference derivative）。因为不能使用一组光线微分来调整纹理采样时使用 mipmap 级别，这使得光线微分计算特别昂贵。在我们的实现中，所有光线样本都选择最高级别的纹理。这种限制在许多情况

下会导致纹理走样，但是在较高的样本数量下，我们能够重建适当的滤波结果。另外，TAA 历史记录和新的光栅化样本已滤波纹理采样，可以将其与我们的光线追踪样本混合以减轻纹理走样。

光线追踪抗锯齿用于主可见性判断的另一个实际困难是支持屏幕空间效果。由于光线稀疏地分布在整个屏幕空间中，因此无法保证用于后处理效果（诸如景深、运动模糊和镜头光晕等）的必要数据存在附近的像素中。一种简单的解决方案是在这些步骤通过之前进行抗锯齿过程，其代价是这些效果不会从抗锯齿中受益。从长远来看，随着光线样本的预算增加，将基于光栅化的屏幕空间效果转换为光线追踪的等效效果可能是明智的方向。

22.6 实时光线追踪抗锯齿技术的未来

最近出现的具有用于光线追踪的专用加速功能的图形处理器为重新评估现有技术提供了机会，从而又重新发明了实时抗锯齿功能。本章介绍了最初发布的 ATAA [18] 的文章之外更多的实现细节，并且可以作为将来的面向生产渲染器的基础。面向生产的部署的主要剩余问题是确保稀疏光线追踪过程的运行时间能在可用的帧时间预算内运行。一旦选择了用于光线追踪超采样的像素，我们建议采用其他启发式方法来调整性能，包括在命中目标之后简单地丢弃一些光线、在屏幕空间区域中不优先处理不太常见或在感知上不太重要的光线，并根据嵌入在分割遮罩中的优先级度量矩阵选择光线计数。我们期望调整每个像素的光线计数将改善给定区域中的光线追踪性能。

基于当前 GPU 的 SIMD 架构，这些调整是在扭曲的边界上以最优的方式进行，因此需要类似样本计数的像素可能会在生成工作时受益于放置在一起，这个任务也可以在工作负载压缩通路中完成。

22.7 结 论

主表面锯齿化是计算机图形学中的最基础问题之一。离线渲染中最著名解决方案是自适应超采样。对于复杂材质和场景的光栅化渲染器，以前是不切实际的，因为无法有效地光栅化稀疏像素（问题像素）。即使是最高效的 GPU 光线追踪器，也需要大量的着色器和场景数据。尽管 DXR 解决了将光栅化和光线追踪相结合的技术难题，但应用光线追踪以通过超采样解决锯齿化并不是一件容易的事：仅给出 1 个 SPP 输入时就知道要对哪些像素进行超采样，并将成本降低到简单光线追踪无法解决的规模。

我们已经展示了针对此问题的实用解决方案——它是如此实用，以至于它可以在商业游戏引擎中运行，甚至可以在第一代商业实时光线追踪硬件和软件上实时运行，并连接完整的着色器管道。在电影渲染器通过首先投射每个像素很多光线来选择像素进行自适应超采样的情况下，我们改为利用 TAA 的历史记录缓冲区来检测锯齿化现象，从而在许多帧上分摊该成本。我们进一步确定由于遮挡而造成的较大的瞬态走样区域，并在那里使用后处理 FXAA，而不是消耗光线。这种混合策略利用了最复杂的实时抗锯齿策略的优势，同时消除了许多限制。通过将我们的超采样结果反馈回 TAA 缓冲区，我们还增加了这些像素不会触发后续帧上超采样的可能性，从而进一步降低了成本。

参考文献

[1] Auzinger, T., Musialski, P., Preiner, R., and Wimmer, M. Non-Sampled Anti-Aliasing. In Vision, Modeling and Visualization (2013), 169–176.

[2] Barringer, R., and Akenine-Möller, T. A4: Asynchronous Adaptive Anti-Aliasing Using Shared Memory. ACM Transactions on Graphics 32, 4 (July 2013), 100:1–100:10.

[3] Burley, B., Adler, D., Chiang, M. J.-Y., Driskill, H., Habel, R., Kelly, P., Kutz, P., Li, Y. K., and Teece, D. The Design and Evolution of Disneys Hyperion Renderer. ACM Transactions on Graphics 37, 3 (2018), 33:1–33:22.

[4] Chajdas, M. G., McGuire, M., and Luebke, D. Subpixel Reconstruction Antialiasing for Deferred Shading. In Symposium on Interactive 3D Graphics and Games (2011), 15–22.

[5] Christensen, P., Fong, J., Shade, J., Wooten, W., Schubert, B., Kensler, A., Friedman, S., Kilpatrick, C., Ramshaw, C., Bannister, M., Rayner, B., Brouillat, J., and Liani, M. RenderMan: An Advanced Path-Tracing Architecture for Movie Rendering. ACM Transactions on Graphics 37, 3 (2018), 30:1–30:21.

[6] Christensen, P. H., Laur, D. M., Fong, J., Wooten, W. L., and Batali, D. Ray Differentials and Multiresolution Geometry Caching for Distribution Ray Tracing in Complex Scenes. Computer Graphics Forum 22, 3 (2003), 543–552.

[7] Crassin, C., McGuire, M., Fatahalian, K., and Lefohn, A. Aggregate G-Buffer Anti-Aliasing. IEEE Transactions on Visualization and Computer Graphics 22, 10 (2016), 2215–2228.

[8] Fascione, L., Hanika, J., Leone, M., Droske, M., Schwarzhaupt, J., Davidovič, T., Weidlich, A., and Meng, J. Manuka: A Batch-Shading Architecture for Spectral Path Tracing in Movie Production. ACM Transactions on Graphics 37, 3 (2018), 31:1–31:18.

[9] Georgiev, I., Ize, T., Farnsworth, M., Montoya-Vozmediano, R., King, A., Lommel, B. V., Jimenez, A., Anson, O., Ogaki, S., Johnston, E., Herubel, A., Russell, D., Servant, F., and Fajardo, M. Arnold: A Brute-Force Production Path Tracer. ACM Transactions on Graphics 37, 3 (2018), 32:1–32:12.

[10] Holländer, M., Boubekeur, T., and Eisemann, E. Adaptive Supersampling for Deferred Anti-Aliasing. Journal of Computer Graphics Techniques 2, 1 (March 2013), 1–14.

[11] Igehy, H. Tracing Ray Differentials. In Proceedings of SIGGRAPH (1999), 179–186.

[12] Jimenez, J., Echevarria, J. I., Sousa, T., and Gutierrez, D. SMAA: Enhanced Morphological Antialiasing. Computer Graphics Forum 31, 2 (2012), 355–364.

[13] Karis, B. High Quality Temporal Anti-Aliasing. Advances in Real-Time Rendering for Games, SIGGRAPH Courses, 2014.

[14] Kensler, A. Correlated Multi-Jittered Sampling. Pixar Technical Memo 13-01, 2013.
[15] Kobbelt, L., and Botsch, M. A Survey of Point-Based Techniques in Computer Graphics. Computers and Graphics 28, 6 (Dec. 2004), 801–814.
[16] Kulla, C., Conty, A., Stein, C., and Gritz, L. Sony Pictures Imageworks Arnold. ACM Transactions on Graphics 37, 3 (2018), 29:1–29:18.
[17] Lottes, T. FXAA. NVIDIA White Paper, 2009.
[18] Marrs, A., Spjut, J., Gruen, H., Sathe, R., and McGuire, M. Adaptive Temporal Antialiasing. In Proceedings of High-Performance Graphics (2018), 1:1–1:4.
[19] Olano, M., and Baker, D. LEAN Mapping. In Symposium on Interactive 3D Graphics and Games (2010), 181–188.
[20] Pedersen, L. J. F. Temporal Reprojection Anti-Aliasing in INSIDE. Game Developers Conference, 2016.
[21] Pettineo, M. Rendering the Alternate History of The Order: 1886. Advances in Real-Time Rendering in Games, SIGGRAPH Courses, 2015.
[22] Reshetov, A. Morphological Antialiasing. In Proceedings of High-Performance Graphics (2009), 109–116.
[23] Salvi, M. Anti-Aliasing: Are We There Yet? Open Problems in Real-Time Rendering, SIGGRAPH Courses, 2015.
[24] Salvi, M., and Vidimc̆ e, K. Surface Based Anti-Aliasing. In Symposium on Interactive 3D Graphics and Games (2012), 159–164.
[25] Wang, Y., Wyman, C., He, Y., and Sen, P. Decoupled Coverage Anti-Aliasing. In Proceedings of High-Performance Graphics (2015), 33–42.
[26] Whitted, T. An Improved Illumination Model for Shaded Display. Communications of the ACM 23, 6 (June 1980), 343–349.
[27] Yang, L., Nehab, D., Sander, P. V., Sitthi-amorn, P., Lawrence, J., and Hoppe, H. Amortized Supersampling. ACM Transactions on Graphics 28, 5 (Dec. 2009), 135:1–135:12.

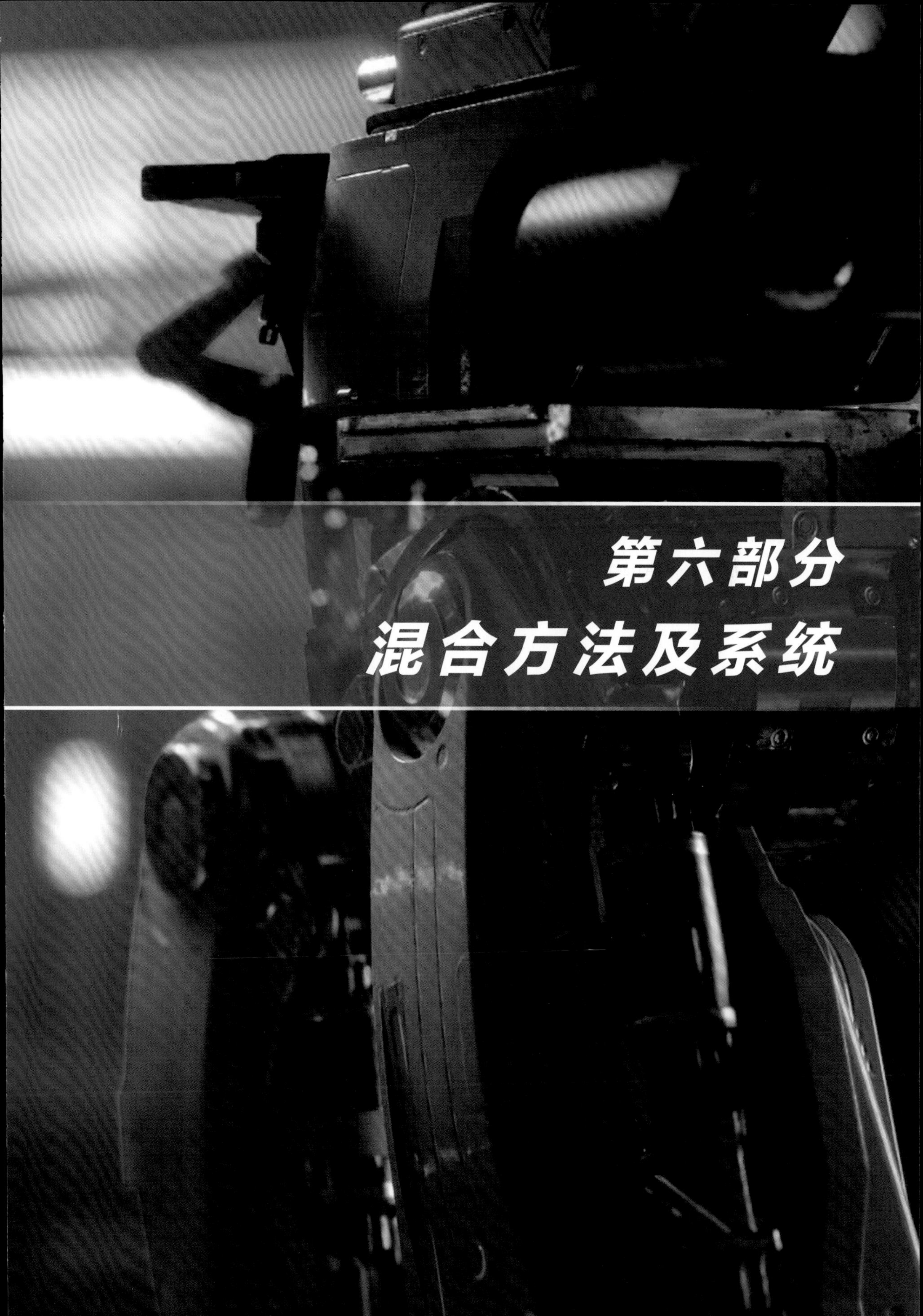

第六部分
混合方法及系统

有时候一篇“精粹文章”不仅仅是一个优秀算法或实现，它更是一种系统设计。本部分将展示五种混合使用光栅化和光线追踪的渲染系统。它们覆盖的应用领域和规模之广，可以为每一种实时渲染提供参考。

第 23 章展示了一个完备的工具，可使用光线追踪加速娱乐生产。二十多年来，全局光照的“烘焙”限制了电影与游戏行业中艺术家的打光流程。本章中寒霜引擎团队细致地描述了他们如何使用混合方法实现全局光照的迅捷预览。

第 24 章描述了一种模拟全局光照的方法，它从发光体处发射光，并应用到相机位置的经过光栅化或光线追踪的表面。该系统可处理类似由镜面反射和衍折射引起的明亮焦散，路径追踪对于这种效果很难收敛。更重要的一点是，它提供了稳定的方法在多个像素间缓存并平摊光路的开销。

第 25 章给出了 PICA PICA 演示中的实现细节和经验教训，该演示由 Electronic Arts 的 SEED 研究部门制作。这是一个复杂的系统，可提供实时游戏预算限制下的全局光照。本章介绍了光线追踪中的透明、环境光遮蔽、主阴影、镜面反射、漫反射的相互反射等技术，最后描述了如何将这些技术与光栅化组合成一个渲染系统。

第 26 章展示了一个路径追踪渲染器，它使用了一种激进的空间数据结构辐射度缓存技术。在作者开发的静态场景的建筑可视化应用中，以仅仅几秒钟的预处理为代价，它可以实现高质量的可交互式镜头飞跃渲染。

第 27 章讲述了多种用于科学可视化的渲染技术，高品质和可交互性的结合可以给不擅长图形学的领域专家带来新的洞察。

这几章介绍了光线追踪如何成为工具箱中一款强大的工具，不论是对于交互式渲染还是烘焙效果的快速预览。在 BVH 遍历与光线 / 三角形求交等方面提高速度和易用性带来了一些新的机遇。期待在不远的未来看到更多混合方法中的研发工作。

Morgan McGuire

第23章 寒霜引擎中的交互式光照贴图和辐照度体预览

Diede Apers, Petter Edblom, Charles de Rousiers,
Sébastien Hillaire Electronic Arts

本章将介绍寒霜（Frostbite）引擎中的实时全局光照预览系统。该系统基于GPU上运行的蒙特卡罗光线追踪方法，使用DirectX光线追踪API实现。本文提出了一种根据构成场景的元素实时更新光照贴图（lightmap）和辐照度体积区域（irradiance volumes）的方法。同时，我们还将讨论如何提高像素的视图优先级排序（view prioritization）速度与辐照度缓存更新速度的方法。除此之外，系统还使用了一套光照贴图降噪方法来保证屏幕上呈现的图像一直具有较好的质量。这套解决方案能让艺术家渐进式地实时预览当前编辑的光照，而不用像之前使用CPU GI那样渲染一次要等上数分钟甚至数小时。虽然渐进式预览过程中的图像品质可能历经数秒也未必能够收敛到成品质量，但是该质量用于辅助艺术家大致确定场景最终的光照效果已经完全够用。这种渐进式预览可以加快艺术家们迭代光照方案的速度，从而帮助他们更好更快地做出优秀的场景光照。

23.1 介 绍

基于光照贴图的预计算光照方案最早出现在1996年的游戏Quake中。自那时起，这类方法不断进化，视觉效果愈发逼真[1, 8]。然而，该方案直到现在还是存在烘焙时间漫长的问题，这种低效让艺术家和图形工程师在工作和调试时备受困扰。本文的目标，就是针对这个问题在寒霜编辑器中提供一套实时的漫反射全局光照的预览方案。

美国艺电（Electronic Arts）出品过各种各样具有不同光照复杂度的游戏作品：静态光照为主的《星战：前线2》（Star Wars Battlefront 2），基于动态昼夜变换系统的《极品飞车》（Need for Speed），甚至还有需要根据场景破坏情况和实时光照情况实时更新全局光照的作品，比如《战地系列》（Battlefield）。在这一章中，我们主要讨论静态的全局光照，这类情形也是寒霜全局光照解算器可以支持的[9]。如图23.1所示，基于预烘焙光照贴图和探针（probe）的静态全局光照方案具有较高的可行性：打开高质量间接光进行烘焙，可以得到非常精致的渲染结果，又不需要运行时过多的计算量。反观动态全局光照，例如动态运动的光源，就需要大量的离线烘焙，运行时的效果也只是一个较为粗糙的近似，更新却非常耗时。

光照贴图中每个纹素值的计算非常适合并行化，它们的值在计算过程中不受彼此的影响，可以单独地被计算[3, 9]。像素值可以通过光线追踪与蒙特卡罗积分计算得到[5]，计算过程中每一条路径同样可以单独被计算，互不干扰。最近在DXR[11]与Vulkan Ray

(a) Granary（感谢 Evermotion）

(b) SciFi 测试场景（感谢寒霜，2018 Electronic Arts Inc）

(c) 植物大战僵尸：花园战争 2 中的 Zen Peak 关卡（感谢 PopcapGames，2018 Electronic Arts Inc）

图 23.1 使用本文中提到的寒霜全局光照预览系统渲染得到的三个不同环境的截图

Tracing[15] 中新加入的光线追踪扩展让用户更方便地发挥 GPU 的并行运算能力，从而解决射线 - 三角形求交、表面估计、递归的光线追踪以及着色。寒霜中的全局光照解算器就是基于 DXR API 的。

本章将讨论寒霜光线追踪方案实现实时全局光照预览的方法[3]。23.2 节讨论用于生成光照贴图与辐照度体积区域的方案细节。23.3 节讨论使用视图与纹素优先级或直接辐照度缓存的方法来加速全局光照预览。23.4 节将讨论当艺术家与场景中的光、材质、模型交互时，全局光照信息的生成与更新时机。最后，23.5 节将讨论不同的光照计算加速组件对预览准确性与性能的影响。

23.2 全局光照解算器管线

本节将讨论用于预览光照贴图与辐照度体积区域的全局光照解算器。23.2.1 小节将讨论全局光照解算器的输入（场景几何模型、材质和灯光）与输出（光照贴图数据），以及它们是如何在 GPU 中存储的。随后，23.2.2 小节讨论管线中每一部分的概况。最后，在 23.2.3 中，我们将讨论方案中的光照计算是如何进行的。

23.2.1 输入与输出

1. 输 入

（1）几何数据：场景几何数据使用三角形模型表示。每一个模型带着一个特殊的 UV 参数，以便将光照贴图映射到模型上。为了与最终游戏中的模型加以区分，这些模型在本文中被称为“代理模型”。代理模型一般经由运行时模型减面得到，如图 23.2 所示。预览用的光照贴图受内存占用限制，一般像素密度会很小。使用代理模型可以减轻由于光照贴图像素密度过于小而产生的自相交问题。代理模型上的 UV 参数可以通过专门的算法自动生成，或者由艺术家手动指定。无论用哪种方法，目的都是为了让生成的 UV 尽量避免光照贴纹素映射时产生的拉伸和产生带有像素重叠的模型（漏光）。这些非流形模型（non-manifold meshes）的 UV 会被划分成若干块，每个块之间留有一定距离以防止线性采样光照贴图时块与块之间离太近产生的漏光。一个模型的多个实例会共用同一个 UV 参数，并将模型映射到光照贴图中的不同区域。如果模型实例的体积被放大了，那么它覆盖的光照贴图区域面积也会相应变大。这样可以保持场景中所有几何物体映射光照贴图使用的像素密度一致。当然，艺术家可以选择禁用这个映射面积缩放，从而节省实例模型占用光照贴图空间的大小。

(a) 使用代理模型映射的光照贴图，使用了全局光照追踪

(b) 将光照贴图通过代理模型的 UV 投射到最终运行时的模型上后映射的光照贴图，同时场景还有法线贴图

图 23.2　《星战：前线 2》（Star Wars Battlefront 2）中使用的光照贴图（感谢 DICE，2018 Electronic Arts Inc）

（2）材质：每一个场景几何模型都有若干个材质属性，例如漫反射率（diffuse albedo）、自发光颜色（emissive color），以及一个“背面行为描述”（译者注：指的是当入射光线与该三角面背面求交成功后的行为，例如光线是完全被遮挡或是穿过三角面继续进行光线追踪）。漫反射率用于确定物体间最基本的漫反射，三角面的朝向会影响光线与三角面背面求交成功时的处理方法。由于我们只关注物体的漫反射光照，因此物体的材质只需要一个简单的 Lambert 漫反射光照模型[10]即可。高金属度的物体会被当做非金属处理。基于这种简化处理方法，漫反射率的数值可以基于物体表面的“反射率”（reflectance）与粗糙度决定[7]。也因此，本文中的全局光照解算器不会解算与焦散（caustics）相关的内容。

（3）光源信息：一个场景中会包含多种光源，例如局部点光源、面积光、方向光与天光（sky dome）[7]。每一种光产生的效果要与它们在实时光照中的效果类似，来保证预览烘焙的结果与运行时的效果具有高度的一致性。天光的信息存储在一张分辨率较小的立方体贴图（cubemap）中。

（4）辐照度体积区域：除了光照贴图之外，全局光照解算器还可以对动态物体的光照进行可视化预览。这些动态物体的光照来源于布置在场景中的辐照度体积区域，如图 23.3（a）所示。每一个辐照度体积区域存储的是一个布满了球谐函数系数（spherical harmonics coefficients）的三维网格。

场景的几何体会做一个预处理，来为光照贴图纹素产生一种叫“采样位置”（sample locations）的东西。这些处在世界空间中的点遍布于场景模型之中，用作光线追踪时物体表面发出的追踪射线的起始点。每一个样本点的位置均落在每一个光照贴图纹素所覆盖的区域范围之内以及纹素的边界上。这些样本点会与没有展过 UV 的场景几何体求交，然后再使用求交物体的空间变换信息转换到世界空间，如图 23.4 所示。与模型求交失败的点会被丢弃掉不做运算，求交成功的点传至 GPU 参与到稍后进行的光线追踪计算过程中。采样位置产生的算法采用贪心思路，此算法会在纹素内一直产生样本直到一个纹素涵盖的范围内包含 8 个（左右）采样位置为止。计算采样位置时，算法利用低偏差霍顿序列（low-discrepancy Halton sequence）在代理模型的 UV 空间内撒点采样。在某些情况下，撒点无法产生有效的样本，例如一个处在撒点之间面积非常小的三角。遇到这种情况，算法会将这个小三角形剪裁（clipping）并归属到边界离它最近的那个纹素里，然后在三角形的几何中心位置生成一个采样位置。另外，使用这种算法还会遇到一个样本点在 UV 空间内产生多个采样位置的情况。这类情况一般发生在若干个几何体共用一块光照贴图 UV 空间的情况。我们的算法对于这种不希望出现的情况会进行弹性处理，接受这种情况的出现。

(a) 辐照度体积区域的可视化结果

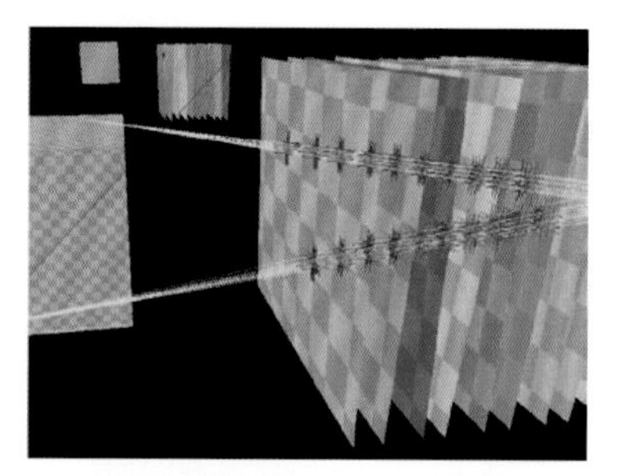

(b) 光线求交的可视化结果

图 23.3 编辑器中的调试可视化。（a）一个未来风格走廊场景中的辐照度体积区域，该体积区域用于对动态物体产生照明。（b）透明物体与阴影射线求交的可视化结果。黄线代表阴影射线，红色叉子表示计算物体透射时使用的任意命中着色器的调用次数

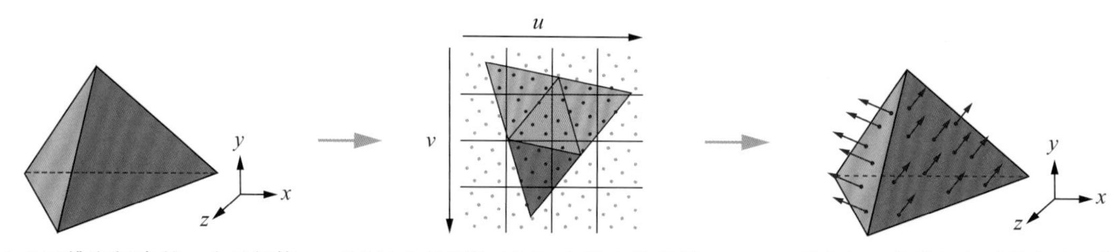

(a) 三维空间中的一个几何体

(b) 这个几何体在 UV 空间中的映射，采样位置基于一个覆盖整个纹素的低差异样本序列产生

(c) 只有与三角形相交（译者注：指在 UV 空间内落在三角形 UV 内部）的样本会被保留作为可用的样本点

图 23.4

场景中的几何体存储在一个双层的层次包围盒（BVH）中（DXR 的加速结构[11]）。底层 BVH 节点上存储每一个不同的网格，顶层 BVH 会生成每个底层 BVH 节点中网格的实例，每个实例在空间中处于不同位置。虽然遍历这种双层 BVH 结构的速度不如单层的 BVH 快，但是这种双层结构有利于加速在编辑场景时频繁发生的场景几何体更新。举个例子，当一个几何物体在场景中被平移时，这种 BVH 只需要更新顶层那一级的 BVH 中对应这个模型那一个节点的数据即可，而不需要把这个模型的数据在底层 BVH 种进行移动。

2. 输　出

全局光照解算器会产生几种输出，这些输出会存储在光照贴图或者辐照度体积区域内。（几何）实例会在运行时使用较为粗略的方法快速排布到一张或者多张光照贴图的图集（light map atlases）中[1)]。

（1）辐照度（Irradiance）：这部分数据是全局光照解算器生成的主要输出。这部分数据主要表示了光照贴图或者辐照度体积区域中的“有向辐照度”（directional irradiance）[2)]。一般来说，游戏运行时使用的模型会比用来做烘焙的模型更精致一些，同时还利用诸如法线贴图的技术承载更多的法线细节信息。这类法线细节不会参与到烘焙之中，如图 23.2 所示。在运行时，有向辐照度允许我们计算得到细节中法线方向上的入射辐照度。辐照度的朝向表示方法有几种，例如平均值、主成分方向（principal direction），以及球谐函数（spherical harmonics）[9]等，都可以支持。

（2）天空可见度：这部分数据记录了光照贴图中每个纹素和辐照度体积区域内某一点的天空可见度[7]。天空可见度的数值会参与到多个运行时计算当中，例如反射混合与材质的特效等。

（3）环境光遮蔽：这个数据记录了光照贴图纹素和辐照度体积区域内某一点的环境遮蔽情况[7]。环境光遮蔽数值会在运行时参与到反射遮蔽的计算中。

23.2.2　全局光照解算器管线的总览

本文中的全局光照解算器管线（简称解算管线，下同）的设计目标是让预览光照的速度尽可能快。对于真实游戏产品中出现的关卡场景规模，若要等到光照计算的结果完全收敛，可能需要数秒甚至数分钟。因此，本文中的解算管线使用几个迭代步骤，逐渐精细化光照结果。如图 23.5 所示，每一个迭代步骤会完成如下操作：

（1）更新场景：上一次迭代结束后有关于场景的所有改动会被纳入更新的范畴，例如模型的位移或者更改灯光的颜色等。相关改动会被推动到 GPU 上。这些内容将在 23.4 节中讨论。

（2）更新缓存：若辐照度缓存无效或者还未计算完毕，使用光线追踪计算缓存中入射光的辐照度。这些缓存会用于加速管线中光线追踪的计算。这些内容将在 23.3.3 节中讨论。

（3）规划待计算纹素：依据当前预览场景相机的视锥，找出最有可能被观察到的光照贴图纹素以及辐照度体积区域，并将它们规划为“待计算纹素”。这些内容将在 23.3.1 节中讨论。

1）将从几何体生成图集时，每一块子元素之间加入一些空间避免世界空间中不相接的两个几何体在两个纹素之间插值。

2）有向辐照度存储入射光的方法允许从多个方向上采样。

（4）对纹素进行光线追踪：对每一个待计算的纹素和辐照度采样点使用若干条光路进行光线追踪，收敛光线追踪结果。这些光路可以用来计算入射光辐照度，也可以用来计算天空可见度以及环境光遮蔽。这些内容将在 23.2.3 节中讨论。

（5）合并纹素：将新的计算结果累加到持久化的输出里。这些内容将在 23.2.6 节中讨论。

（6）输出结果后处理：对输出结果进行边缘扩张（dilation）（译者注：指的是将贴图中 UV 边界的像素向 UV 边界外复制的操作，这种操作可以保证 UV 边界上的映射不出现“漏光”）与降噪，为用户呈现无噪点的输出。这些内容将在 23.2.8 节中讨论。

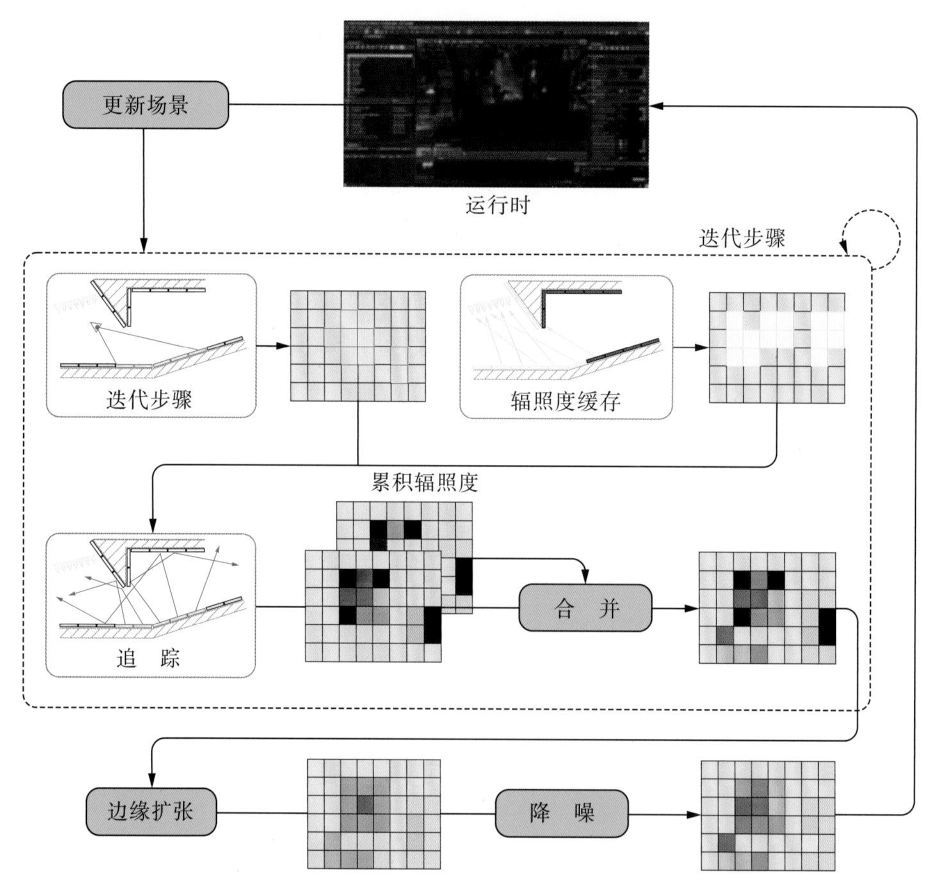

图 23.5 全局光照解算器管线总览。光照贴图与辐照度体积区域的更新采用迭代式的方法。场景预览相机的视点会被用于确定光照贴图纹素中那些待计算纹素。辐照度缓存可用于精细化全局光照数据。光线追踪的计算结果会与前面几帧的计算结果合并在一起，然后再进行后处理（边缘扩张与降噪），最后返回给运行时

23.2.3 光照计算与光路构建

欲计算每个光照贴图纹素的辐照度 E，我们需要对上半球 Ω 内的入射光的光强度 L 使用投影立体角的值 $\omega^{\perp}$ 做带权积分：

$$E = \int_{\Omega_p} L \mathrm{d}\omega^{\perp} \tag{23.1}$$

计算入射光强度 L，需要解光传播方程（light transport equation）。该方程根据入射光强度 L_i 以及光受着色表面材质属性的影响计算得出出射光光照强度。在本方案中，我们只关注漫反射的部分。对于漫反射材质，设材质的漫反射率为 ρ，自发光光照强度为 L_e，则有如下方程：

$$L(\omega) = L_e + \frac{\rho}{\pi}\int_{\Omega} L_i(\omega)\mathrm{d}\omega^{\perp} \tag{23.2}$$

由于式（23.1）的积分对象是高维的，因此这个方程的求解很困难。欲求解这类问题，蒙特卡罗积分法这类基于统计学的方法是不错的选择。原因有几点：第一，结果无偏，这意味着只要采样次数够多，这类方法最终一定会收敛到一个固定的真值$\mathbb{E}(E)$上；第二，最终结果可以使用迭代的方法计算得到，这个特点非常适合于渐进精化的预览的使用情形；第三，每个光照贴图纹素的渐进式精化过程的计算是各自独立的，因此非常适合并行运算。使用蒙特卡罗积分求解式（23.1）有：

$$\mathbb{E}(E) \approx \frac{1}{n}\sum_{\varsigma=0}^{n}\frac{L_{\varsigma}}{p_{L_{\varsigma}}} \tag{23.3}$$

简单来说，上述公式表达的含义为：对积分域内 n 个随机位置所对应的值使用概率分布函数 p_L 进行加权平均，所得结果会收敛于真值。这一性质在计算时非常方便。

欲求解式（23.1），一种简单的解法是构建若干条由光照贴图纹素上的点到光源的光路，然后用它们做光线追踪。这些点均依附在几何体表面上。几何体材质中的属性，例如漫反射率等，会减弱对应光路的能量通量，该能量通量决定了光线追踪过程中光的强度。光线追踪时，我们迭代式地构建从纹素到光源的光路，如程序清单 23.1 中的核心代码所示。

程序清单 23.1 中的算法大致说明了计算每个光照贴图纹素辐照度的方法。该方法的计算速度较慢且扩展性不佳。接下来，我们将讨论如何使用传统方法来提升计算速度。

程序清单 23.1　对入射光积分时使用的核心代码

```
 1 Ray r = initRay(texelOrigin, randomDirection);
 2
 3 float3 outRadiance = 0;
 4 float3 pathThroughput = 1;
 5 while (pathVertexCount++ < maxDepth) {
 6     PrimaryRayData rayData;
 7     TraceRay(r, rayData);
 8
 9     if (!rayData.hasHitAnything) {
10         outRadiance += pathThroughput * getSkyDome(r.Direction);
11         break;
12     }
13
14     outRadiance += pathThroughput * rayData.emissive;
```

```
15
16     r.Origin = r.Origin + r.Direction * rayData.hitT;
17     r.Direction = sampleHemisphere(rayData.Normal);
18     pathThroughput *= rayData.albedo * dot(r.Direction,rayData.Normal);
19 }
20
21 return outRadiance;
```

（1）重要性采样：使用光照法线上半球内的投影值作为权重进行重要性采样，会比使用均匀分布样本进行采样要更高效。从掠角（grazing angle）方向（译者注：与光照表面几乎水平的方向）入射的光在光照贡献上远远小于垂直入射的光[10]。

（2）使用随机数构建光路：为了减小辐照度计算时每次采样间的方差，每条路径最开始的两个路径点需要被精细选择。首先，使用23.2.1节中提到的低差异Halton样本序列预生成样本位置（spatial sample locations）。这一步保证了采样域中样本的位置是均匀分布的。第二步，再使用低差异Halton序列生成样本的方向（directional samples）。为了避免空间内相邻的样本方向过于一致，产生的样本会使用随机抖动进行方向上的扰动。这种构造样本的方法保证了样本在四维域（译者注：样本的位置坐标与样本朝向的角度）中的随机性。直接使用一个四维序列生成样本比使用两个二维序列更加高效一些，然而出于简便性，我们没有在第一个实现版本中使用四维序列。其他剩余的光路的路径点的方向使用均匀分布的数值决定，点的位置由射线求交结果决定。

（3）后续预估（next event estimation）：构建光路时，随意选择一个方向直到光路通向光源这种做法是非常低效的。当光源数量减小、体积变小时，光路通向光源的概率会大大降低。考虑极端情况，当场景仅仅被局部点光源照亮的时候，使用随机方向（构建光路）几乎不可能让光路抵达光源。一种解决该问题的简单的方法是，将构成一条光路路径中的每一个点与光源连接起来并计算它们对光路的贡献，这种方法被称之为后续预估。使用这种方法，可以使用已经构造好的子路径来构建更多的光路。这种方法简单且高效的构造方法极大地提高了构建路径的收敛速度。为了避免重复统计子路径的贡献值，光源的几何体不被算作场景中常规的几何体。

上面所有的方法在程序清单23.2中的简化核心代码中有所体现。

程序清单 23.2 描述光照的核心代码

```
1 Ray r = initRay(texelOrigin, randomDirection);
2
3 float3 outRadiance = 0;
4 float3 pathThroughput = 1;
5 while (pathVertexCount++ < maxDepth) {
6     PrimaryRayData rayData;
7     TraceRay(r, rayData);
8
9     if (!rayData.hasHitAnything) {
10        outRadiance += pathThroughput * getSkyDome(r.Direction);
11        break;
12    }
```

```
13
14     float3 Pos = r.Origin + r.Direction * rayData.hitT;
15     float3 L = sampleLocalLighting(Pos, rayData.Normal);
16
17     pathThroughput *= rayData.albedo;
18     outRadiance += pathThroughput * (L + rayData.emissive);
19
20     r.Origin = Pos;
21     r.Direction = sampleCosineHemisphere(rayData.Normal);
22 }
23
24 return outRadiance;
```

23.2.4　光　源

一个场景会包含多个点光源及面光源。当光路被构造好以后，这条光路折线的每一个点会去计算局部光源、方向光（例如太阳）以及天光对这条光路的贡献（后续预估）：

（1）局部点光源：这种光照的辐照度计算很简单。辐照度的强度由光源到着色表面的距离以及光线入射的角度决定[7]。点光源的强度是根据距离平方的倒数衰减的，艺术家也可以通过调整光源的包围盒来调整光照的影响范围。当着色表面不断接近光源时，光照强度数值会变得无限大。为了避免这种情况，我们将光与着色表面间的最小距离设定为 1cm。

（2）面光源：面光源的辐照度是对面光源可见的表面积分得到的。为了计算该值，我们在面光源的表面的可见部分取很多点[10]，然后把它们与光路中的点相连。面光源光照需要采样较多的样本点来求解。这一计算，不仅计算了辐照度贡献，还计算了用于产生软阴影的采样点可见度。对面光源采样生成光路时，路径上的点会根据光源对该点照明的立体角大小在面光源上采等比例数量的样本点。为了更好地估算样本点对积分的贡献值，样本点需要在光照积分域内平均分布，如图 23.6 所示。面光源之于着色点的立体角在采样时是已知的，因此光源上的采样点可以用数量一定的低差异 Hammersley 序列（low-discrepancy Hammersley sequence）产生。为了防止样本方向重合从而导致阴影被重复计算（shadow replicates），路径上每一个点对光源产生样本时所用的低差异序列都会加入一个随机偏移用于去除样本点在方向上的相关性。

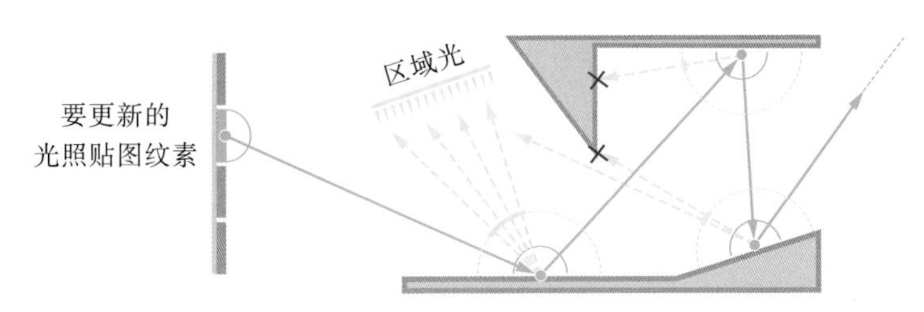

图 23.6　光照贴图纹素辐照度计算过程。欲计算辐照度，需要构造一条光路（绿色）。光路路径上的每一个点使用向面光源投射射线的方法计算该光源直接光光照贡献（这一过程就是后续预估）。路径点采样光源的样本点数与光源之于路径点的立体角大小成正比。射线没有与任何光源或者几何体相交，则会使用天光的强度进行计算

（3）方向光：方向光的辐照度在光路路径中的每一个反射点上被采样。运行时的方向光是以小圆盘形状的面光源形式出现并计算的（译者注：这种做法是考虑到太阳在积分域内是有立体角的，而并不是一个向量）。然而，因为光照贴图分辨很低，因此计算光照贴图时没必要使用这种（更精确的）方法。

（4）天光：当光路中的点投射线没有与场景中的任何几何体相交时候，就会让这些射线去计算天光贡献的辐照度。可以使用参考文献［18］中的“别名算法”（alias method）加速光路中每一个点对天空的重要性采样。

23.2.5　特殊材质

除了通常的漫反射以外，材质自己还可以产生自发光或是让光线穿透自己（透明材质）：

（1）自发光表面：具有自发光属性的几何体实例会产生光照，这让一般的几何物体都变成了潜在光源。在构建光路时，物体表面的自发光是在光路中的每一个转折点被计算的。这种方法虽然可以产生正确的结果，但是需要较多的采样，尤其是那些发光面积较小的表面。为了解决这个问题，带有自发光的三角形会被纳入一个光照加速结构，详细请见 23.3.2 节。这些自发光三角形会被当成一般的直接光进行计算。

（2）半透明物体（translucency）：物体材质使用“背面特性”来描述材质表面的透明属性。对于这类表面，光会以散射形式穿透几何体的另外一边，如图 23.7 所示。光的透过量由物体表面的漫反射率与透光率（translucency factor）决定。基于透光量，我们可以根据透光的概率控制入射光照表面的光线应该穿透物体还是应该反射。直接光计算只在反射光的那面进行，因此在计算直接光时，如果光源与构建的光路之间有半透物体，光是不会传递到照明表面的。这条光路上的点只会在这条路径能够与半透物体表面相连时候才会被着色。

(a) 半透明被禁用，物体不会对光进行散射

(b) 半透明被启用，平面允许光散射到场景内

图 23.7　带有透明平面的场景，半透散射让场景笼罩了一层红色

（3）透明物体（Transparency）：后续估计阶段（参见 23.2.3 节）会使用一条通往光源的射线进行计算。光线与带有透明度的物体相交会影响光线的可见度。使用 DXR，这一效果可以在 任意命中着色器中将透射度（transmittance）乘以一个可见度来完成。材质中不包含透明属性的几何体会被标记为 D3D12_RAYTRACING_GEOMETRY_FLAG_OPAQUE。当光线与这类物体相交时，光线传播会被终止。若物体材质包含半透属性，则会被标记为 D3D12_RAYTRACING_GEOMETRY_FLAG_NO_DUPLICATE_ANYHIT_INVOCATION 来防止二次贡献光照计算。图 23.3（b）说明了任意命中着色器是如何只在透明物体上被触发调用的。

23.2.6　规划待计算纹素

本节将讨论管线中的第一部分与第三部分，如图 23.5 所示。在进行光线追踪计算之前，系统需要将待计算的光照贴图纹素进行规划。规划这一步工作会运行多次“启发式算法”来决定哪些纹素需要被计算。这些启发式算法包括“视图优先级法”（参见 23.3.1 节）和“质量收敛剔除法”（convergence culling）（参见 23.4 节）。质量收敛剔除法会根据纹素已经被计算的次数以及是否已经收敛来避免已收敛的纹素被再次计算。一个纹素被规划为待渲染，我们会从这个纹素对应的几何表面选一个样本，并将其加入到一个缓冲区中。

当所有需要被计算的样本都已被加入到缓存后，管线中的第二部分会开始处理它们。依据系统性能不同，每一个样本会被计算若干次（参见 23.2.7 节）。图 23.8 描述了纹素计算时的调度策略。为了将计算分摊到尽可能多的并行线程，充分使用硬件资源，我们会对一个纹素安排多次运算，n_s = 纹素对应的样本数。它们的计算结果会存到一个按照纹素进行划分的大缓存里，n_t = 纹素的数量。除此之外，在每一条运算线程里还有一个循环，用于从一个线程里面发射多条射线做运算，n_i = 运算迭代数。总的采样数为 $n_t \times n_s \times n_i$。对于值 n_t，该值是由视图优先级产生的像素数决定的，1 次采样对应屏幕空间的 16 个像素。n_t 与 n_s 会被表 23.3 中的 sampleRatio 缩放。

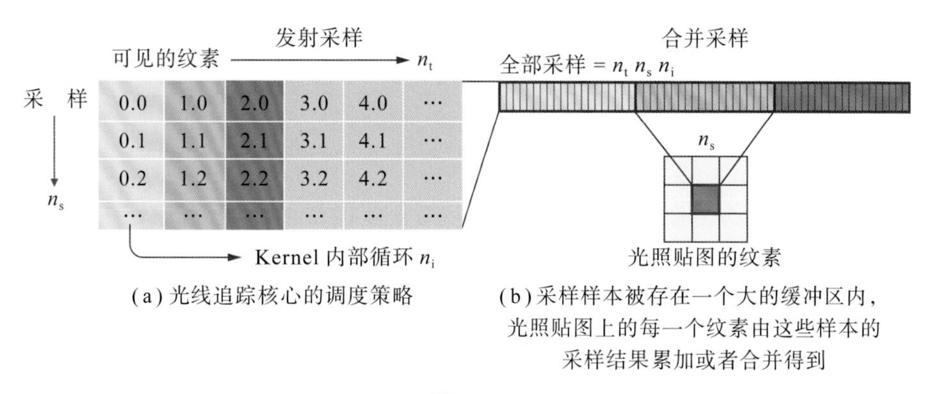

（a）光线追踪核心的调度策略

（b）采样样本被存在一个大的缓冲区内，光照贴图上的每一个纹素由这些样本的采样结果累加或者合并得到

图 23.8

将多个样本计算结果合并成一个纹素的操作在计算着色器内完成。注意，我们不需要担心一个纹素被多次规划并运算这种情况。因为视图优先级算法保证了每一个纹素只被规划渲染一次。最后的输出会用当前运算的结果与前一帧运算的结果合并得到。

23.2.7 性能开销

光线追踪的性能开销是不好预测的，这有可能造成瞬时的卡顿。为了保证艺术家编辑场景时候的流畅性，我们实现了一套性能预算系统监控 GPU 进行光线追踪的时间。这个系统会动态调整光线追踪时的样本数来保证运算性能符合性能指标预算（以 ms 记），详见程序清单 23.3。

程序清单 23.3 性能预算系统控制样本数的代码

```
1 const float tracingBudgetInMs = 16.0f;
2 const float dampingFactor = 0.9f;                 // 90%（经验参数）
3 const float stableArea = tracingBudgetInMs*0.15f;  // 15% 预算
4
5 float sampleRatio = getLastFrameRatio();
6 float timeSpentTracing = getGPUTracingTime();
7 float boostFactor =
8         clamp(0.25f, 1.0f, tracingBudgetInMs / timeSpentTracing);
9
10 if (abs(timeSpentTracing - tracingBudgetInMs) > stableArea)
11     if (traceTime > tracingBudgetInMs)
12         sampleRatio *= dampingFactor * boostFactor;
13     else
14         sampleRatio /= dampingFactor;
15
16 sampleRatio = clamp(0.001f, 1.0f, sampleRatio);
```

23.2.8 后处理

全局光照计算产生的输出是渐进式生成的，因此，光照的最终结果往往需要几秒钟才能算出来。为了给艺术家提供有效的预览结果及可控性，当前输出的结果需要尽可能地靠近最终输出的效果。在这方面，有三个问题需要被解决：

（1）纹素为黑：当一个纹素还没有进行过运算，或者这个纹素的样本发出射线与某个三角面的背面相交，这个时候纹素会变为黑色，如图 23.9 所示。为了避免这两种情况，输出的光照贴图会进行一次膨胀操作（dilation filter）。该操作保证所有的纹素在运行时线性 UV 采样都不会出现黑色。某些纹素的局部会被覆盖，例如某些纹素中的采样点被挡住没有接收到任何光照。这类纹素不参与膨胀操作，因为它们的辐照度值只会根据没有被遮挡的样本做运算。这样做可以避免几何体连接处变黑。

（2）纹素噪点：使用概率方法进行数值积分时，经常会出现欠采样现象。噪点会随着时间推进减弱，因为后续增加的采样会让积分的平均值逐渐逼近于期望值。为了呈现更理想的数值积分结果，我们采用了一种预测收敛期望值的降噪算法对积分结果进行处理，如图 23.10 所示。我们采用了参考文献［12］中提到的“方差引导滤波器”方法，核心思想是追踪纹素的方差，并使用方差值控制这个像素进行邻域滤波时候的强度。这一滤波处理作用在整个光照贴图上，并使用几何体 UV 块的 ID 辨识光照贴图中的 UV 边界，不处理几何体 UV 之外的纹素，如图 23.11 所示。这一滤波器是分层的，它会稀疏地扫描纹素周围的像素，随着迭代次数增加，扫描的半径也会增加。即便噪声出现在多个不同的频率上，这种方法也能求得纹素的收敛均值（译者注：因为扫描版半径随迭代次数变大）。由于这个滤波器是作用在光照贴图纹素空间上的，因此纹素的滤波器扫描场景时候覆盖到的像素密度是较为恒定的。若场景的光照贴图纹素密度变大了，那么滤波器处理单个像素的迭代次数也需要相应增加。当纹素与邻域的数值方差下降以后，滤波器扫描的半径会缩小，扫描时使用的样本间距离也会变小，使得最终过滤结果平滑地收敛到实际的均值。

(a) 几何体覆盖了部分像素产生的错误辐照度，其原因是因为部分射线与几何体的内部产生了相交。这些纹素会被标记为“错误”

(b) 使用膨胀操作处理过的错误纹素

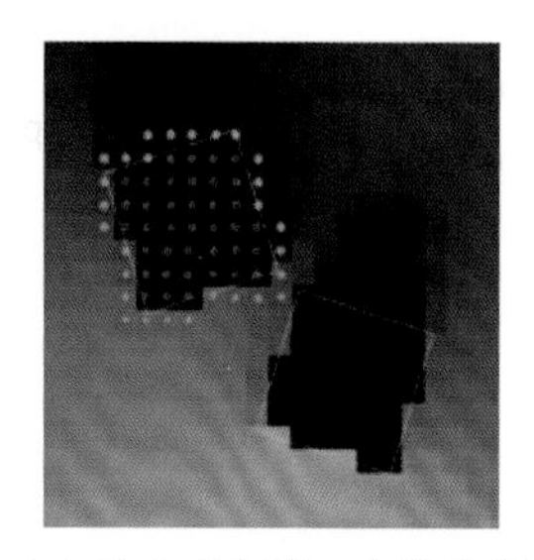

(c) 从上方观察一个物体所得的合法纹素（绿色）与错误纹素（红色）

图 23.9　使用膨胀操作一张烘焙后的 Cornell Box 场景

(a) 进行合并与膨胀操作后的光照贴图

(b) 光照贴图数据经过降噪之后的样子

图 23.10　两幅图对光照贴图的采样都禁用了线性插值采样，以便更好地展示降噪的效果

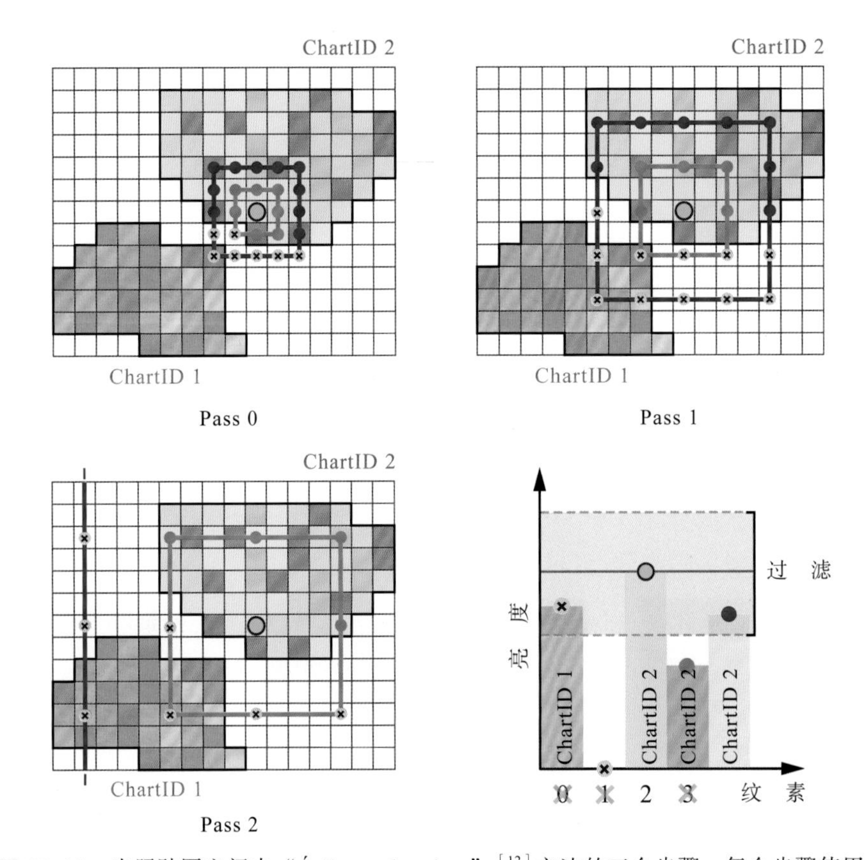

图 23.11 光照贴图空间中“Á-Trous denoiser”[12]方法的三个步骤。每个步骤使用一个 5 × 5 的核进行过滤（绿色、浅蓝色、蓝色的部分）。一开始聚在一起的采样点会逐渐远离纹素的中心，使得不同频率的噪点可以被过滤。滤波会根据纹素自身的亮度以及几何体 UV 块 ID 跳过某些像素，以防止过模糊（overblurring）和几何物体 UV 边缘的漏光。在下排右图中的纹素亮度直方图中，纹素 2（绿点）是正在被过滤的纹素，只有纹素 4（深蓝色点）会被纳入滤波考虑的样本点内。其他的像素或者 UV ID 与当前操作的纹素不一样，亦或者与当前操作的纹素亮度差异太大（译者注：纹素 0 的 UV ID 与纹素 2 不一样，纹素 3 的亮度没有落入滤波范围之内所以也不被考虑）

每个像素的均值方差使用 Welford 在线方差计算方法（Welford’s online variance algorithm）[19]计算得到。方差数值不是在每次滤波操作时更新，而是在纹素做光线追踪用的样本块都被计算完之后。因为蒙特卡罗积分的收敛速度是二次方的，因此样本块的大小会随着每次滤波操作而倍增。样本块在起始时的大小只包含 12 个样本，在后续的操作处理中每次增加一倍。使用方差信息，我们可以通过标准差（standard error）[20]了解当前处理的纹素数值是否已经达到了置信区间（confidence interval）。我们认为置信区间为 95% 的时候可以认为纹素已经完全收敛了。程序清单 23.4 中展示了这个处理的样例代码。

程序清单 23.4 计算方差的代码示例

```
1 float quantile = 1.959964f; // 95% 置信区间
2 float stdError = sqrt(float(varianceOfMean / sampleCount));
3 bool hasConverged =
4         (stdError * quantile) <= (convergenceErrorThres * mean);
```

（3）接缝问题：光照贴图里的 UV 块之间会产生接缝问题。当两个纹素在世界空间中对应的几何体相连接但是纹素自己在贴图中不相连时，就会产生这个问题。这个问题是光照贴图经常出现的问题。我们的 GPU 全局光照解算器目前没有处理这个问题，而是使用我们已有的 CPU 接缝修补方案[4]处理这个问题。

23.3 加速技术

在进行渐进式计算时，全局 GI 解算器依赖于若干加速方法来减少运算量。使用这些方法的目的，是为了在保证输出具有一致性的情况下（见 23.5.2 节）尽可能快地收敛全局光照计算结果。

23.3.1 视图优先级

当编辑视图相机只观察到场景的一小部分时，重新渲染光照贴图中所有的纹素是完全没有必要的。我们可以根据当前视图中包含的纹素为它们安排渲染优先度，从而让光线追踪更快收敛，这一点对艺术家来说很重要。这一方法被称为“纹素优先级排序”，它们在规划待渲染像素时候执行，如 23.2.6 节所述。

为了保证视图中的每一个纹素至少会被标记为待渲染至少一次，我们会记录视图中纹素在若干帧里面是否可见。在每一帧中，我们使用 n_v 条从视图相机发射到场景中的光线进行光线求交，如下面的伪代码所示。如果一个纹素在可见性求交中多次成功，那么在后面进行合图的时候该像素就需要被特殊处理。我们使用原子逻辑操作来保证在一帧当中，一个像素只被规划一次。

```
Search for visible texel from camera:
Stratify near plane
for each stratum do
    Generate random point in stratum
    Construct ray through point on near plane
    if Intersect light-mapped geometry then
        Load geometry attributes
        Interpolate light map UV coordinates using barycentrics
        Determine texel index from UV coordinates
        Schedule visible texel
```

每个纹素数值的方差在光照积分计算过程中会被计算（参见 23.2.8 节），这一数据会被用来决定未收敛的纹素是否需要被渲染。这意味着只有当某个纹素数值的方差低于一个低到一个限度以下，它才会被安排等待渲染。

23.3.2 灯光加速结构

每个关卡会包含大量的灯光。因此计算光照时向每一个光源投射射线进行后续预估的开销非常可观（参见 23.2.3 节），而且这一运算会发生在光路路径上的每一个反射点上。

为了产生巨大的运算开销，我们会使用光照加速结构对光源进行过滤，只计算有可能对着色点产生光照的光源。

光照加速结构是一种空间哈希函数[16]。世界空间会被加速结构划分成很多轴向对齐的包围盒，每个包围盒的大小为 S_{3D}。每个包围盒会被映射到一个具有 n_e 个元素的一维哈希函数上。当场景被加载时，哈希表会在 GPU 上被创建一次，其中包含了所有的灯光。每个哈希元素里面存储了一个灯光能够被影响到的所有的光线追踪采样样本点索引。在本方案中，场景中的每一个包围盒都不可能包含场景中所有的灯光。这是因为寒霜引擎出于性能上的考虑，要求所有灯光影必须有一个随亮度变化而变化的有限影响范围[7]。（译者注：灯光不会和场景中所有的包围盒产生交集，所以某一个灯光不会落入场景中所有的包围盒中）。

每个包围盒的体积 S_{3D} 是根据灯光影响范围的平均值除以一个常数系数算得的。这个系数可以用来改变包围盒的默认体积，默认值是 8。哈希表的数量 n_e 会被设成一个较大的质数，例如 524 或者 287。由于潜在的哈希冲突，多个世界空间中不相邻的包围盒可能会被索引到同一个哈希元素上。理论上，这种情况会让某些完全不在灯光影响范围内的区域被计算（false-positive lights），但是我们在实际工程中并没有遇到这个问题。使用加速结构计算的光照结果如图 23.12 所示，更多细节请阅读参考文献［16］。

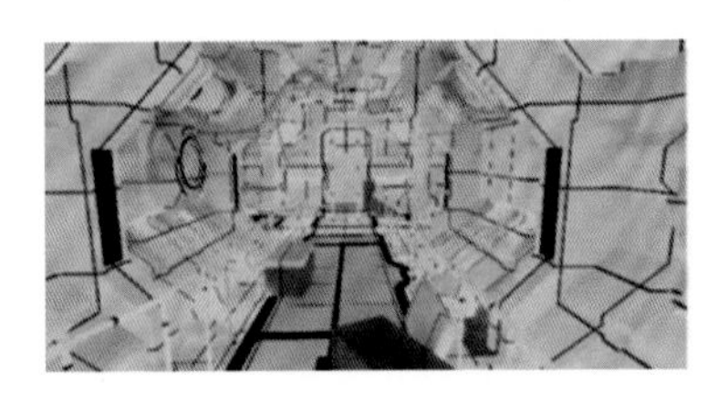

(a) 建筑内部充满了很多局部光源

(b) 开放环境内的碰撞体基本上不会索引哈希表里面的灯光，因为它们很少有机会能与局部光源产生交集

图 23.12 每个纹素需要被计算的光源数：蓝色为灯光数为 0 的地方，橙黄色是密度最高的地方

23.3.3 辐照度缓存

23.2 节中讨论了如何使用路径追踪计算光照贴图和辐照度体积区域[9]。在光路路径上的每一个转折点上，这一点附近的局部光源会被计算得到局部光源的直接照明成分。在这过程中，转折点会向光源投射射线来检测光源之于点的可见性。然而，一个场景会包含非常多的光源，计算光路中每一个转折点到每一个光的可见度开销极大。另外，光路的构建都是各自独立进行的，因此光路方向变得非常发散的机会很大。光路发散会产生非常大的计算消耗，发散的方向会访问空间中不相连的结构，使得内存访问碎片化产生较大的延迟。为了避免巨大的开销，我们在解决方案中使用辐照度缓存。

1. 直接辐照度缓存光照贴图

辐照度缓存的核心思想，是将入射光线按照物体表面的分块存储到一个便于快速访问的数据结构中。辐照度缓存的完整描述可见 Křivanek 等人的工作[6]。寒霜引擎的全局光解算器根据场景中有关全局光光照贴图的参数，存储光照贴图空间中的“直接辐照度”，如图 23.13 所示。光照构成中的每一种组成会有各自独有的缓存：局部光照、阳光和天光。这种按光照成分将缓存分离的策略至关重要，这种策略可以让我们分别更新不同成分各自的光照，避免全量更新。例如天光改变的时候只改变天光的缓存而不去重新计算局部光照（参见 23.4.2 节）。当这些缓存被计算以后，它们会被存储到贴图中供光路上的转折点采样直接光辐照度时候使用，而不是显式地去采样灯光（参见 23.2.3 节）。

(a) 间接光照贴图

(b) 方向光的辐照度缓存

(c) 局部光源的光照辐照度缓存

(d) 红色的点显示了辐照度缓存被计算时使用的采样点

图 23.13　场景“Granary”的辐照度可视化。该场景被局部光源、方向光、天光照亮

如图 23.14 所示，光源的辐照度，在之前的讨论中是使用投射很多射线做光线追踪的方法得到的（见图 23.6），若使用辐照度缓存，则计算方法就变成了若干次贴图采样。这种方法可以充分利用硬件线性插值过滤。因此，使用缓存的方法会比让光路上的点直接对光源进行光线追踪的消耗小得多。若想提高缓存的精确性只需提高缓存存储的贴图即可。若缓存贴图纹素对应的面积过大，则复杂几何遮蔽产生的一些小细节会丢失，使得最后的全局光照结果变得非常模糊。提高缓存的分辨率还可以减缓光照贴图因为线性采样产生的模糊。

使用辐照度缓存对性能提升有较大的帮助，相关讨论参见 23.5.1 节。有关时间的信息，请参见表 23.3。在不同的场景、灯光设定与视口位置的组合下，计算的收敛速度获得了极大的提升。

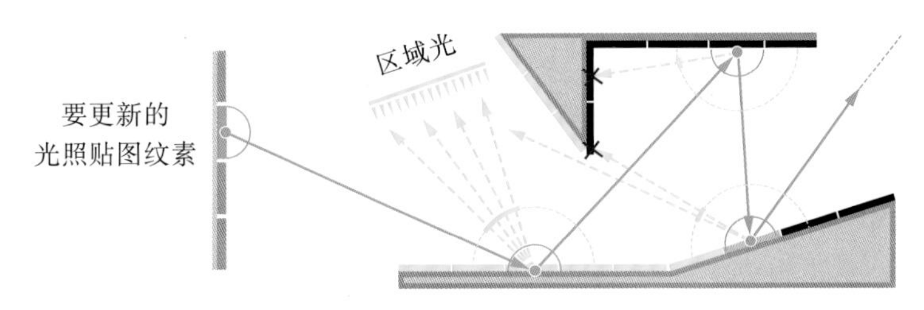

图 23.14 为了在使用路径追踪进行后续预估时更精确地计算辐照度，光路上的每一个转折点（绿色点）必须向光源发射射线（黄色虚线）检测光源的可见度。当使用辐照度缓存时，每个点只需要一次贴图采样就能知道场景中每一个光源贡献的辐照度。缓存可以节省所有与光源求交用的射线计算，并加速路径追踪的速度。辐照度缓存用物体表面小的长方形表示，黄色的长方向代表有辐照度（$E > 0$），黑色代表没有辐照度（$E = 0$）

2. 缓存更新流程

在引擎编辑器刚刚打开的时候，缓存处于不可用的状态。当场景中的太阳改变角度和亮度发生改变时，也会导致直接光部分的缓存不可用，对于天光与局部点光源，情况也类似。若缓存不可用，那么系统会开始对它进行更新。拿局部点光源举例子，当它需要被更新时，会做如下事情：

（1）对于光照贴图缓存中的每个纹素，选取 n_{ic} 数量的样本。

（2）对于每个样本，使用光线追踪计算辐照度。

（3）对于面光源，在光源表面选取若干样本。选取的数量会根据光源之于着色点所对应的立体角进行调整[10]。立体角越大，需要的样本越多。

（4）样本采样结果累加到光照贴图的辐照度当中。

上述操作也会对阳光与天光进行，采样太阳的样本均匀散布在表示太阳圆盘的表面上，采样天空时样本均匀分布在天空半球内。由于对每一种光源要采多少样本数量是已知的，因此我们可以使用低差异序列生成样本。对于太阳，只使用 $n_{ic}^{sun} = 8$ 个样本产生边缘清晰的阴影。对于局部光源，样本数 n_{ic}^{L} 最多可达 128。由于面光源会产生软阴影，因此会给予更多的样本数。对于天光，使用 $n_{ic}^{sky} = 128$ 个样本。天空需要的样本数较多，因为基于物理模拟的天空的辐照度变化范围很大，可能会产生高频变化信息，尤其是当太阳处在地平线的时候[2]。在缓存更新的这几步中，我们忽略掉透明表面的影响（参见 23.2 节），因为若考虑透明产生的影响，光线需要穿过透明物体表面。然而辐照度缓存存储的数据是无遮蔽（non-occluded）的数据（可以直接被看到的光源对辐照度产生的贡献）。由于每一次更新需要计算 $n_{ic} = 8$ 个样本，因此当太阳迭代更新过 1 次，局部光源迭代 16 次，天光迭代 16 次以后，我们就认为每一种光源的缓存更新完成了。缓存更新使用的样本个数可以由使用者根据游戏项目进行调整。例如，某些游戏的光照强依赖于阳光与天光而不依赖于局部光照，那么用户就可以让阳光与天光使用的样本多一些。

3. 后续改进

（1）间接光缓存：除了直接光照的缓存，累积并计算间接光的辐照度会减少光线追踪的运算量。如 23.2.8 节所述，光照贴图纹素的计算收敛情况是会被追踪记录的。因此当一个纹素已经收敛以后，这个纹素就可以参与间接光照的计算了。这样（其他像素发出的）光路就不用再进行光路扩展，减少运算量。

（2）自发光表面：目前自发光表面没有计算到直接光辐照度缓存中。在 23.2.4 节中，我们提到发光表面可以被转化成三角形的面光源。转换成的面光源可以直接被当成局部光源进行采样并被纳入到辐照度缓存的范畴内。按这种方法，只有艺术家改变了带有自发光表面的模型时，自发光缓存才需要被更新。

23.4　实时更新

23.4.1　生产环境中的灯光艺术家的工作流

使用寒霜引擎开发游戏的团队里，艺术家的职责包含设置场景的灯光及场景整体的气氛。为达成此目的，艺术家通常会对场景做若干种操作。最常见的操作包括布置光源、调整光源、移动物体、改变物体的材质等。其他的操作还包括更改某个物体占用光照贴图的大小，以及控制光照物是被光照贴图照亮还是被辐照度体积区域照亮。后面这两种操作的主要目的是调整光照贴图存储大小及光照贴图内资源的规划调整。

如 23.1 节所述，寒霜引擎的离线全局光照解算器是运行在 CPU 上的光线追踪系统。以前想要在游戏编辑器里面获得游戏场景全局光照的更新，需要等待数分钟甚至几小时。将解算器改为 GPU 运算以后，这一过程只需几秒到几分钟。为了实现这种质变，计算场景全局光照的性能在此变得非常重要。加速这一过程的方法在 23.3 节中有介绍。在这一节内容中，我们主要关注如何针对艺术家的一些特定场景编辑操作进行优化。

23.4.2　场景操控与数据更新

对于一个场景来说，光照贴图、辐照度体积区域及辐照度缓存均可看作状态机，其状态在每次全局光照迭代计算完成后被刷新。当场景中的灯光、模型、材质有变动或更新时，当前全局光照的状态会被标志为不可用。对于艺术家来说，提供相对正确的结果可以更好地理解当前场景照明的状态。为了保证预览结果正确，一个最简单的方法是（每次发生改动时）全量更新所有的光照数据。同时，为了保证用户操作的体验（流畅），我们也需要避免舍弃过多的已计算数据，导致每次用户编辑场景时候都要重新计算，使得预览结果产生太多噪点。

表 23.1 展示了不同的操作执行后，哪些种类的辐照度缓存会被更新。光照贴图（以及辐照度体积区域）除了在改变光照贴图分辨率操作以外，任何操作之后都需要全量更新。缩放光照贴图大小不会触发场景预览中辐照度缓存的更新，因为场景预览的时候，每一个模型网格都有它们自己专属的光照贴图（译者注：只用于预览场景）。渲染预览

场景的模型时，我们使用网格专属贴图的概念及“无绑定技术”（bindless techniques）使用这些贴图渲染场景。材质改变会影响间接光照，不过它们并不影响缓存，因为缓存里面存储的是直接光照的辐照度，它的数值并不受材质的影响。需要注意到，（灯光的）辐照度缓存只有在灯光种类改变时才会改变。

表 23.1 当输入改变时（左列），全局光照状态机需要被重置（上行）。输入与重置项目的对应关系用叉号表示

		辐照度缓存		
使其作废	光照贴图	天 空	太 阳	光
网格模型	×	×	×	×
天 空	×	×		
太 阳	×		×	
光	×			×
材 质	×			
分辨率		×	×	×

这一做法中的最大瓶颈来自于模型的改变。当模型被添加、更新、变换或者删除时，所有的光照贴图和辐照度缓存都需要被重置。只因为一个网格产生变化而重置全场景的光照贴图是非常浪费的。将来如果能对此进行改进，则需要将网格在场景中的位置考虑进去，只更新网格周围区域的光照贴图。更进一步的，也可以考虑通过将网格位置周围范围内的光照贴图纹素采样次数变为 0，使得这些纹素得到更新。这样可以让艺术家在编辑场景时更加顺滑，也不会产生错误的预览结果。

23.5 性能与硬件

23.5.1 方 法

在最近有关光线追踪的研究工作中，性能的衡量标准一直关注的是纯技术层面上的，例如每秒多少千兆数量的射线或者每秒每帧的采样数目。在本文中，我们关注的更多是艺术家编辑灯光时候的体验，因此我们的衡量指标更多反映的是体验的质量。艺术家眼中的“性能指标”更多指的是光照更新频率与运算收敛速度。这两项指标分别从运算频率与计算结果质量两方面衡量用户得到的体验。

全局光照解算器的渐进式输出的质量主要决定于用户主观上对图像变化产生的感知，同时输出产生的错误也会随着时间进行而被记录。对于我们的使用情景，“L1 量度法”[13]（译者注：此处说的 L1 就是指 L1 范数）是一种不错的衡量方法。我们在光照贴图和辐照度体积区域上使用 L1 量度法。只有在视图内的像素才会参与到计算当中。若一个像素在所有迭代更新中所占的计算比重达到了 1%，则这个像素会被认为是一个关键需要被统计的像素。为了限制独立参数的个数，测量的更新频率被锁定在 33ms。

为了计算图片之间的感知差别，我们需要一个绝对正确的参照值。这一参照值使用的是本文中全局光照解算器的基础版本，不使用任何优化、简化，也不限制计算时间。纹素的收敛程度会被一直计算，每一个纹素都收敛时（详见 23.2 节），输出的光照贴图与辐照度体积区域结果会被存储起来作为绝对正确参照。

应用在全局光照解算器上的某一个特定加速技术的性能提升效果可以被衡量。这类测试从辐照度缓存状态机被清零时开始。具体想确定相关技术是否对某一种特定的缓存计算有帮助，可以使用不同的用户输入当做测试内容（详见 23.4 节）。

使用了加速技术后的运算结果产生的错误，以及它与绝对正确参考之间的差别会被记录下来，然后用图表的方式随时间展示出来。性能提升参照的对象是没有使用加速技术的版本。

23.5.2　结　果

衡量性能时，我们会使用两个场景，每个场景设立一个观察点。这两个场景要能够代表艺术家编辑场景的典型状态。第一个是一个室内场景，主要由局部光源照亮（Granary by Night）。第二个场景是一个真实项目中的开放大世界场景（Plants vs. Zombies Garden Warfare 2 中的 Zen Peak）。图 23.15 与表 23.2 分别展示了场景的视觉复杂度与各项统计数据。除了表中显示的数据以外，还有一个具有相关性的数据是每个场景局部光源影响范围的重叠程度。Zen Peak 的灯光布满整个场景，而 Granary by Night 则有 10 个或更多个灯光影响整个场景。后面这个场景的高重叠让计算的开销变得较大，表 23.3 列举了计算辐照度缓存所用的时间。

(a) Granary by Night（由 Evermotion 提供）

(b) Plants vs. Zombies Garden Warfare 2 中的 ZenPeak（由 Popcap Games. 2018 Electronic Arts Inc. 提供）

图 23.15　两个测试场景

表 23.2　测试场景复杂度。局部点光源包含点光源、聚光灯与锥形光三种

场　景	光照贴图纹素		网格三角形	光	
	场景中	视图中		点　光	面积光
Granary by Night	510k	25k	278k	89	18
ZenPeak	600k	25k	950k	297	0

表 23.3 每一个计算迭代的平均耗时。如 23.3.3 节所说，当辐照度缓存完全收敛时，其计算消耗会变为 0（当所有的样本点都被计算完之后）

	Granary by Night	ZenPeak
构建辐照度缓存		
视图优先级	0.2ms	0.2ms
辐照度缓存	25.7ms	3.4ms
光线追踪	5.0ms	27.3ms
降　噪	0.7ms	0.7ms
收敛后的辐照度缓存		
视图优先级	0.2ms	0.2ms
光线追踪	32.7ms	32.6ms
降　噪	0.7ms	0.7ms

图 23.16 ~ 图 23.18 展示了随时间变化的错误程度，y 轴按照指数倍率缩放。注意观察会发现事发场景收敛得更快，因此曲线在 Y 轴上会产生差异。

很明显，纹素视图优先级排序会让收敛速度产生较大的提升。如表 23.2 所述，不同的场景需要被渲染的纹素数量很接近。提升的速度应该是可见区域的纹素与总的纹素数量的比值。使用优先级排序（详见 23.3.1 节）的渲染结果如图 23.16 所示。测试的起始时刻所有的数据都被重置，两条曲线分别代表了使用和不使用加速技术的错误收敛情况。如曲线所示，第一个测试场景中的加速提升非常明显，但是第二个场景因为我们使用的纹素估计算法的原因提升不那么明显。这是因为第二个场景中光照贴图的纹素的视图重要性均一致，因此优先级规划算法不会优先规划一些小尺寸上的纹素而是全场景都算上了，因此收敛速度比预期慢。

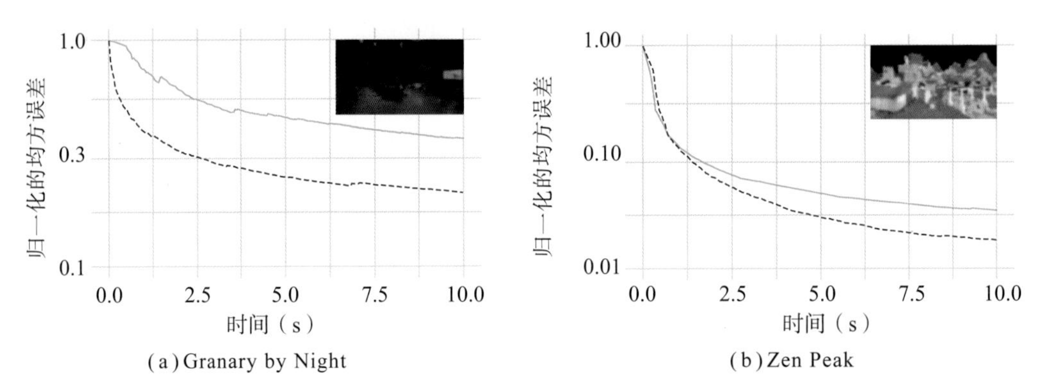

图 23.16 在两个场景中使用视图优先级规划前后，性能速度提升使得收敛曲线产生差异。两条线展示了与对照组场景光照贴图的 L1 误差。使用了视图优先级规划（虚线）可以提高收敛速度，尤其是对于收敛过程最初的几秒钟，对比全量计算所有光照贴图纹素的情况（红线）

本文第二个讨论的加速技术是辐照度缓存。在运算起始时，这种方法会占用计算资源计算缓存中的数据，这部分数据并不直接被使用。缓存会计算场景中所有光照贴图纹素，并不会只计算光线追踪光路中经过的纹素。这个步骤会影响场景渲染初始阶段的收敛速度，图 23.17 显示了这种影响。但是，仅仅过了一秒以后，使用缓存的计算过程就远远快于（不使用缓存的）基础版本的运算过程。辐照度缓存在第二张图中的收敛速度也很快，但是会产生约 4.5% 的错误。这个错误的引入是因为缓存分辨率太低，因此在灯光较为丰富、细节较多的高频区域无法表现得很好。请参考 23.3.3 节了解有关直接光辐照度缓存的问题细节。注意，辐照度缓存一旦被计算完，则很长一段时间都不用再被计算，直到用户做了特殊的场景操作为止。详细讨论请参考 23.4 节。

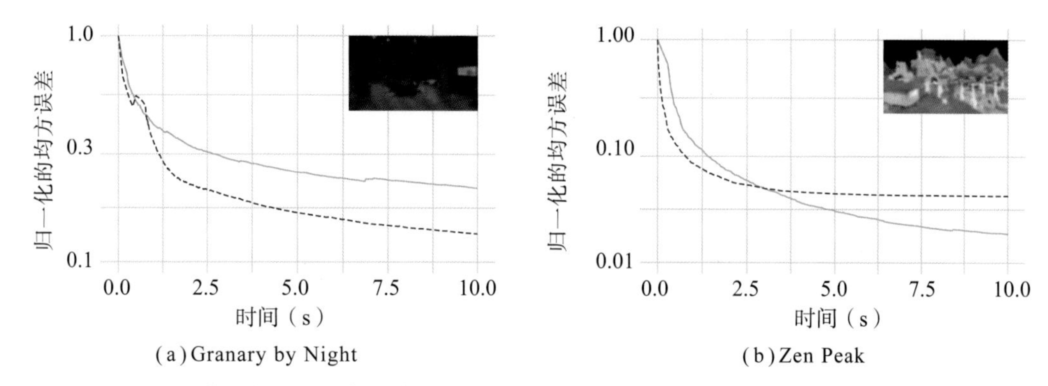

（a）Granary by Night　　（b）Zen Peak

图 23.17　使用辐照度缓存带来的收敛速度上的收益图。图中显示了计算结果与真值参照图的相对误差（L1）。使用了辐照度缓存（虚线）的收敛速度比单纯使用光线追踪做后续估计（红色线）的收敛速度要快。速度的差异在 Granary 场景尤为明显，该场景拥有很多局部光源，因此需要发射更多的求交射线检测光源可见度

降噪的主要目的是为了让用户获得视觉上更佳的输出结果。如图 23.18 所示，使用降噪后收敛速度还是会提高。这一点至关重要，因为降噪过程不会对收敛计算产生影响，只会影响用户看到的图像。图 23.19 总结了相关技术应用后对图像产生的影响差异。

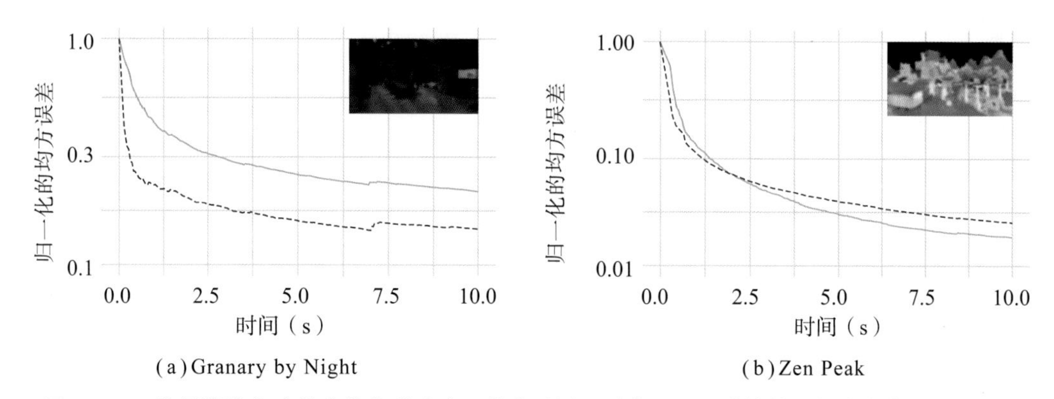

（a）Granary by Night　　（b）Zen Peak

图 23.18　使用降噪方法带来的收敛速度上的收益图。图中显示了计算结果与真值参照图的相对误差（L1）。降噪过程去除了大部分的高频与中频噪声，使得降噪后的结果更接近收敛时的状态

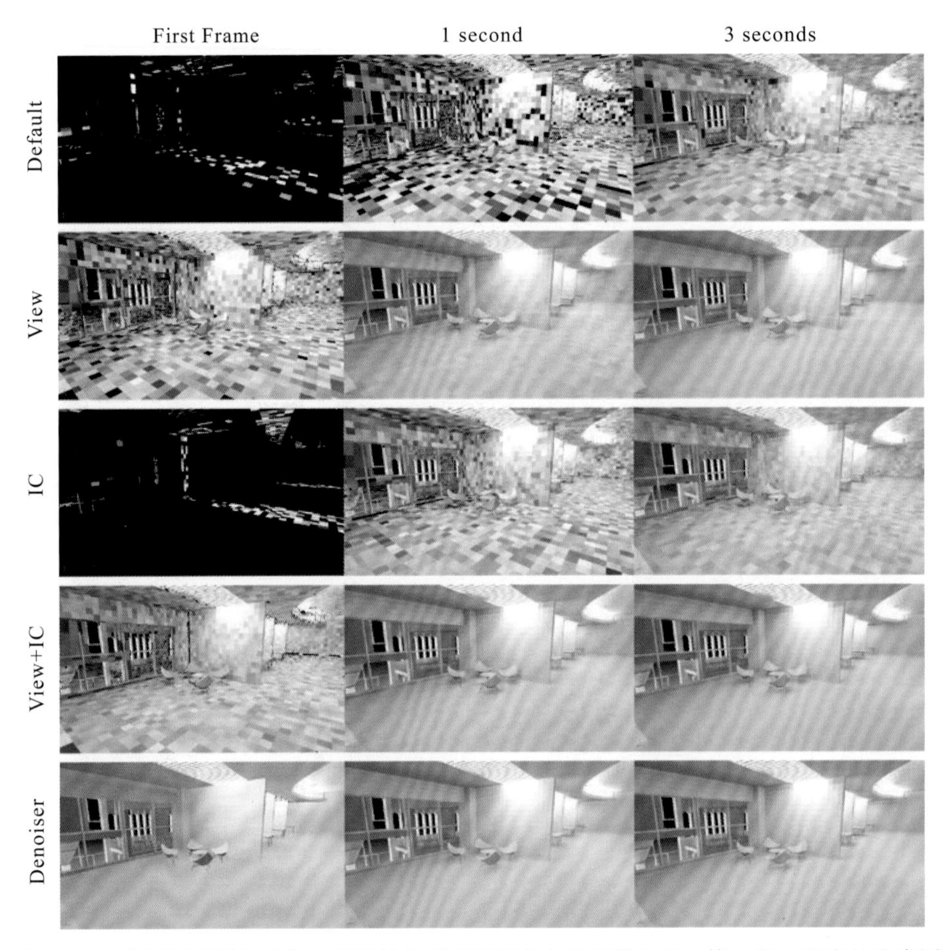

图 23.19 使用了不同加速方法的场景在不同时间点上的视觉对比。第一行：所有的纹素同时开始渲染，且光路中的每一个点都进行后序预估。第二行：使用视图优先级排序规划之后的结果。第三行：使用辐照度缓存（IC）代替后序预估后的结果。第四行：同时使用试图优先级排序与辐照度缓存的结果。第五行：将两种技术与降噪合并起来一同作用的结果

23.5.3 硬件配置

如果当前的系统中只有一个 GPU，那么引擎编辑器与全局光照解算器将使用同一个 GPU。在这种情况下，操作系统会平均分摊两者的进程时间片。然而，这种默认的设置体验并不流畅，因为这种调度策略不可能将运算量分得很均匀，达到我们想要的帧率。要么巨大的光线追踪运算任务造成引擎编辑器严重卡顿，要么光线追踪工作无法及时被消化使得场景预览需要等待很久才能收敛。我们推荐在系统中使用两个 GPU，以防止编辑器与解算器同时竞争一个 GPU 的运算资源。

如图 23.20 所示，当系统存在两个 GPU 时，第一个被用来渲染编辑器和游戏，第二个被用来处理全局光照解算器的光线追踪任务。当光线追踪任务迭代更新完成一次后，光照贴图和光照探针体积区域（light probe volumes）（译者注：这里说的光照探针应该

和前文说的辐照度体积区域是一个东西）会被拷贝到另外一个 GPU 上提供给编辑器用于预览场景。为了达成这个目标，我们使用了 DirectX 12 的多显卡模式。这种模式下 GPU 的控制是被系统通过显式操作完成的[14]。最适合进行光线追踪的 GPU 会被用来计算光线追踪任务，而另外一个只要支持 Direct X 11 就可以运行引擎编辑器。

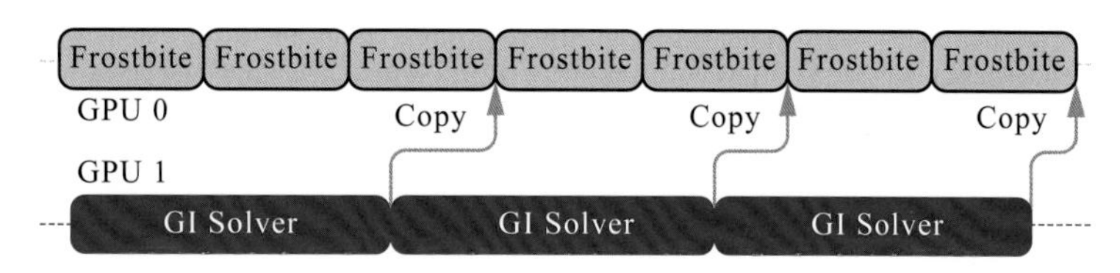

图 23.20　寒霜引擎编辑器的运算在 GPU 0 上完成，而全局光照解算器使用另外一个协处理 GPU（GPU1）。这种配置可以让每一个进程分别占用一个 GPU，防止卡顿

将来，我们可以将解算器扩展到 $n+1$ 个 GPU 上，n 个 GPU 做光线追踪，剩下的一个提供给艺术家运行编辑器。目前的双 GPU 设置已经可以较好地适应艺术家的操作，为寒霜引擎编辑器提供流畅无卡顿的操作体验。

23.6　结　论

本文讨论了一个基于寒霜引擎应用于多款艺电产品制作中的实时全局光照预览系统。该系统允许艺术家在几秒钟内快速预览场景的全局光照效果，而最终版本的效果往往需要烘焙几个小时。我们坚信这一系统会极大提高艺术家的工作效率，并让他们将有限的精力投入到纯美术与创作过程中。使用这套系统可以让艺术家花更多的时间在迭代、打磨场景品质上，从而间接地提高了最终产品的质量。

本方案使用了若干种加速技术，例如光照贴图纹素的渲染规划与辐照度缓存。这些技术能够提高运算结果的收敛速度，并且几乎不会影响最终输出结果的质量。我们还将降噪技术融入解决方案内，在光照贴图需要被重新计算时使用较少的采样数为用户提供高品质的预览图。

放眼未来，我们可以继续研究更高级的缓存方式，例如较长光路路径的引导与双向路径追踪[17]。为获得更好的用户体验，我们推荐使用带有两个 GPU 的机器配置使用本系统来实现异步无锁的全局光照更新。更进一步地，我们可以设立支持 DXR 的 GPU 农场并将它们安装在世界各地，为所有的艺电工作室中的每一个人提供高品质的全局光照预览服务。

参考文献

[1] Hao, C., and Xinguo, L. Lighting and Material of Halo 3. Game Developers Conference, 2008.

[2] Hillaire, S. Physically Based Sky, Atmosphere and Cloud Rendering in Frostbite. Physically Based Shading in Theory and Practice, SIGGRAPH Courses, 2016.

[3] Hillaire, S., de Rousiers, C., and Apers, D. Real-Time Raytracing for Interactive Global Illumination Workflows in Frostbite. Game Developers Conference, 2018.

[4] Iwanicki, M. Lighting Technology of 'The Last of Us'. In ACM SIGGRAPH Talks (2013), 20:1.

[5] Kajiya, J. T. The Rendering Equation. Computer Graphics (SIGGRAPH) (1986), 143–150.

[6] Křivánek, J., Gautron, P., Ward, G., Jensen, H. W., Christensen, P. H., and Tabellion, E. Practical Global Illumination with Irradiance Caching. In ACM SIGGRAPH Courses (2007), 1:7.

[7] Lagarde, S., and de Rousiers, C. Moving Frostbite to Physically Based Rendering. Advanced Real-Time Rendering in 3D Graphics and Games, SIGGRAPH Courses, 2014.

[8] Mitchell, J., McTaggart, G., and Green, C. Shading in Valves Source Engine. Advanced Real-Time Rendering in 3D Graphics and Games, SIGGRAPH Courses, 2006.

[9] O' Donnell, Y. Precomputed Global Illumination in Frostbite. Game Developers Conference, 2018.

[10] Pharr, M., Jakob, W., and Humphreys, G. Physically Based Rendering: From Theory to Implementation, third ed. Morgan Kaufmann, 2016.

[11] Sandy, M., Andersson, J., and Barré-Brisebois, C. DirectX: Evolving Microsoft's Graphics Platform. Game Developers Conference, 2018.

[12] Schied, C., Kaplanyan, A., Wyman, C., Patney, A., Chaitanya, C. R. A., Burgess, J., Liu, S.,Dachsbacher, C., Lefohn, A., and Salvi, M. Spatiotemporal Variance-Guided Filtering: Real-Time Reconstruction for Path-Traced Global Illumination. In Proceedings of High-Performance Graphics (2017), 1–12.

[13] Sinha, P., and Russell, R. A Perceptually Based Comparison of Image Similarity Metrics. Perception 40, 11 (January 2011), 1269–1281.

[14] Sjöholm, J. Explicit Multi-GPU with DirectX 12—Control, Freedom, New Possibilities. https://developer.nvidia.com/explicit-multi-gpu-programming-directx-12, February 2017.

[15] Subtil, N. Introduction to Real-Time Ray Tracing with Vulkan. NVIDIA Developer Blog, https://devblogs.nvidia.com/vulkan-raytracing/, Oct. 2018.

[16] Teschner, M., Heidelberger, B., Müller, M., Pomeranets, D., and Markus, G. Optimized Spatial Hashing for Collision Detection of Deformable Objects. In Proceedings of Vision, Modeling,Visualization Conference (2003), 47–54.

[17] Vorba, J., Karlik, O., Šik, M., Ritschel, T., and Křivánek, J. On-line Learning of Parametric Mixture Models for Light Transport Simulation. ACM Transactions on Graphics 33, 4 (July 2014), 1–11.

[18] Walker, A.J. New Fast Method for Generating Discrete Random Numbers with Arbitrary Frequency Distributions. Electronics Letters 10, 8 (February 1974), 127–128.

[19] Wikipedia. Online Variance Calculation Algorithm (Knuth/Welford). Accessed 2018-12-10.

[20] Wikipedia. Standard Error. Accessed 2018-12-10.

第 24 章　基于光子映射的全局光照

Niklas Smal, Maksim Aizenshtein　UL Benchmarks

间接照明其实也可以说是全局照明，如果想要实现照片级的效果，全局照明必不可少。虽然有许多基于预计算的有效全局照明技术适用于静态场景，但是场景中如果有动态光照以及动态几何体，这种情况下想要实现全局光照的挑战性非常大。在本章中，我们描述一种基于光子映射的实时全局照明算法，该算法在动态光照和完全动态几何体的场景中评估几次间接照明的，而没有任何预先计算的数据。这一章将介绍在实时渲染的预算内实现动态高质量照明所需的预处理和后处理步骤。

24.1　介　绍

随着图形硬件技术的不断发展，以及实时图形可能实现的范围不断扩大，场景也变得越来越复杂和动态。现有一些实时全局照明算法（例如 light map、light probe）都需要依赖于预先计算的数据，这样对于移动的灯光和几何体并不能很好地工作。

在本章中，我们描述了一种基于光子映射实现的方法[7]（一种蒙特卡罗方法），首先追踪场景中光子的路径创建表示间接照明的数据结构，然后使用该数据结构估计阴影点处的间接光用来实现近似光照，如图 24.1 所示。光子映射具有许多有用的属性，能够与预计算的全局照明很好兼容，提供与当前静态技术具有相似质量的结果，可以轻松地折中质量和计算时间，并且不需要重要的艺术家工作。我们的光子映射实现基于 DirectX 光线追踪（DXR），并通过动态场景提供高质量的全局照明。我们方法的总体结构如图 24.2 所示。

图 24.1　本方案的最终渲染结果

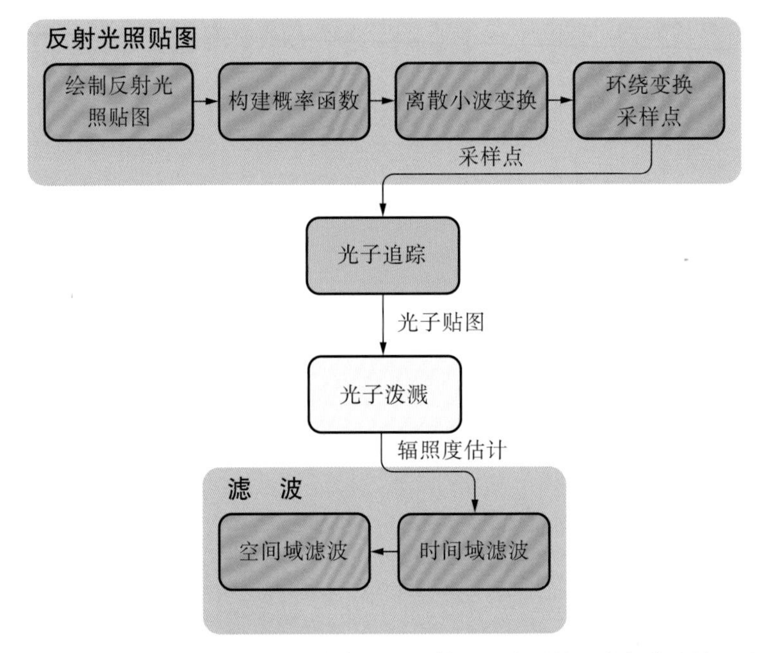

图 24.2 渲染批次层面的算法结构图。离开光源的第一组光子使用光栅化渲染，生成一张反射光照贴图。这些贴图中的点根据其携带的反射性光子的强度进行采样，对于后续弹射的光子将使用光线追踪进行渲染。为了给最终画面增加间接照明，我们应用叠加性的透明度混合将光子的贡献值泼溅到 framebuffer 上。最终，空间域和时间域的滤波器增加了图象质量

如果想让光子映射技术适应于 GPU 上的实时渲染，需要解决许多挑战。其中一个挑战是如何在场景中阴影处找到附近的光子，这样光子就可以为这些位置提供间接照明。我们发现一种基于泼溅的方法，其中每个光子基于其贡献的程度被光栅化到图像中，效果很好并且可以直接实现。

另一个挑战是传统的光子映射算法可能无法在实时渲染计算有限制的情况下达到所需的照明质量。因此，我们使用反射阴影贴图（RSM）[2] 优化光子的生成，以避免追踪光线的第一次反射，用光栅化代替该步骤。然后，我们可以将重要性采样应用于 RSM，更频繁地选择具有高贡献的位置以生成后续光子路径。

最后，与将蒙特卡罗技术应用于实时渲染时一样，有效滤波对于消除由于采样次数较少而导致的图像锯齿至关重要。为了减轻噪声，我们使用具有指数移动平均值的时间累积，并应用边缘感知空间滤波器。

24.2 光子追踪

一般的光线追踪对于追踪从表面反射的光子的路径是必要的，首先要明白这样一个事实，那就是离开单点光源的所有光子具有共同原点，接下来可以利用这个特征。在我们的实现中，每个光子路径的第一段是通过光栅化处理实现。对于每个发射器，我们生成反射阴影贴图（RSM）[2, 3]，它实际上是从光源这个方向看到的可见表面的均匀样本

的 G-buffer，其中每个像素还存储入射照明。这种基本方法由 McGuire 和 Luebke [10] 十年前提出，他们在 CPU 上追踪光线，性能表现非常差，而且还需要在 CPU 跟 GPU 之间传递有效的数据（这些在 DXR 的实现中都不再需要）。

在通过光栅化找到初始交叉点之后，后续的光子路径通过对表面的 BRDF 进行采样并追踪光线来继续。光子存储在所有后续的交叉点中，用于重建照明，在 24.3 节中将会详细讲述。

24.2.1　基于 RSM 的第一次反弹

我们首先从所有光源中选择要发射的光子总数，然后将这些光子分配给与每个光强度成比例的光。因此，所有光子最初都携带大致相同的功率。RSM 必须包含为光子的初始反射生成光线所需的所有表面属性。

生成传统阴影贴图后使用单独一个 Pass 继续生成 RSM。这样做允许我们使 RSM 映射的分辨率独立于阴影贴图并保持其大小不变，从而避免在运行时分配 RSM。作为优化，可以使用常规阴影贴图进行深度剔除。如果没有匹配的分辨率，这将为某些像素提供不正确的结果，但在我们的测试中，我们没有发现它会导致可见的伪像。

生成 RSM 之后，我们生成用于对第一次反弹的起始点进行采样的重要性图，其中每个 RSM 像素首先根据光子所承载的发射功率的乘积的亮度给出权重，包括艺术家可以控制的参数，例如方向衰减和表面反射。该权重值与离开表面的光子携带的功率量直接相关。

这种重要性图不是标准化的，这是大多数采样技术所必需的。我们不是对贴图进行标准化并生成采样分布，而是应用基于小波重要性采样的分层采样算法，由 Clarberg 等人引入 [1]。

小波重要性采样有两个重要步骤。首先，我们将离散 Haar 小波变换应用于概率图，有效地生成图像的金字塔表示。其次，我们以低差异序列重建每个样本位置的信号，并基于小波变换中每次迭代的缩放系数来扭曲采样位置。这种变形方案如图 24.3 所示。有关它的更多信息，另请参阅第 16 章。

必须在整个图像金字塔上应用小波变换，每步的分辨率减半，直到最终的分辨率为 2×2。为这么小的维度使用单个计算着色器 Pass 是低效的，我们对内存最后一级的使用单独执行计算着色器，这是一种标准的简化实现。

重要性采样将低差异样本转换为 RSM 中具有相关概率的样本位置。换言之，可以使用重要性采样找到出射光线的方向。被采样的光线使用表 24.1 中给出的格式表示。因为每个样本独立于其他样本，所以除了在输出缓冲区中分配位置的原子计数器之外，不需要在样本点之间进行同步。但是，我们必须使用采样索引在此阶段为随机数生成器生成种子，而不是稍后使用样本缓冲区位置在光子追踪中生成种子，这样做可以使光子路径在帧之间保持确定性。

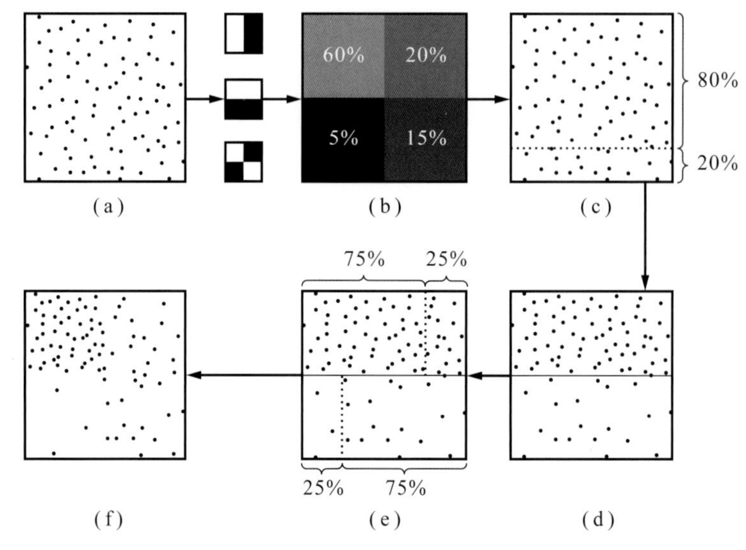

图 24.3　用一次迭代的小波变换环绕变换一组采样点。（a）中最终的采样点首先进行水平环绕（c ~ d），接着进行垂直环绕（e ~ f），环绕的依据是（b）中 2×2 块中放缩系数的比例（Clarberg 等人[1]绘制）

表 24.1　采样点格式

属　性	格　式
位　置	float3
方　向	3 × float16
强　度	uint – 共享指数位的封装
种　子	uint
填　充	uint

通过使用重要性采样来选择被追踪光子的 RSM 中的像素，我们能够选择这些光子功率跟频率都比较高的像素。这样可以让光子的功率变化比较小。RSM 的另一个优点是它们可以轻松地从一个 RSM 点追踪多个光子路径，为每个光子路径选择不同的方向。当所需的光子数量与 RSM 的分辨率相比变高时这样做尤为有效。

24.2.2　跟随光子路径

从采样的 RSM 点开始，然后在每个后续的光子与表面交叉点处，我们使用重要性采样生成输出方向 ω，采样分布 $p(\omega)$ 类似于表面的 BRDF。例如，我们对漫反射表面使用余弦加权分布，对微平面 BRDF 的可见微平面分布进行采样[5]。

在追踪反射光子之前，我们应用俄罗斯轮盘（Russian roulette），根据 BRDF 时间 $(\omega \cdot \omega_g)$ 与采样方向概率之间的比率随机终止光子。在此测试中存活的光子会相应地调整其输出，以使最终结果正确。以这种方式，当光线遇到反射很少光的表面时，与表面反射大部分入射光相比，光子的持续时间更少。就像根据发射功率将光子分配到光源一样，这也可以通过确保所有实时光子具有大致相同的输出来改善结果。

由于光子的功率具有多个通道（在RGB颜色模型中），因此可以修改俄罗斯轮盘测试，使其完成一次，而不是每个通道。我们选择使用Jensen[7]描述的解决方案来处理这个问题，将终止概率设置为

$$q=\frac{\max\left(\rho_{r}\Phi_{i,r},\max(\rho_{g}\Phi_{i,g},\rho_{b}\Phi_{i,b})\right)}{\max\left(\Phi_{i,r},\max(\Phi_{i,g},\Phi_{i,b})\right)} \tag{24.1}$$

其中，q 是标量终止概率；Φ_{i} 是光子的输入功率；ρ 是 BRDF 乘以 $(\omega\cdot\omega_{g})$ 和散射方向概率密度函数（PDF）之间的比率。然后，输出光子功率是 Φ_{i} 乘以 ρ 除以 p，具有分量乘法。

我们不是每帧使用相同的随机样本，而是每次都使用新的随机种子。这导致追踪的光子的路径对于每帧都会有相应的变化，从而提供不同的样本集并且导致在多个帧上累积较大的样本集。

光子存储在一个数组中，其中通过原子递增全局计数器来分配条目。由于我们的目的是仅计算间接照明，因此我们不会为 RSM 中的初始光子与表面交叉点存储光子，因为它代表直接照明，使用其他技术（例如，阴影贴图或追踪阴影光线）可以更好地处理。我们也不会将光子存储在法线远离相机的表面或位于相机平截头体外部的光子，这两种类型都不会影响最终图像。请注意，我们的视锥体剔除仅将光子视为点并忽略其覆盖的半径范围。因此，实际上有助于辐射估计的平截头体边缘处的一些光子被错误地剔除。这个问题可以通过扩展用于剔除的相机平截头体来解决。但是，当屏幕空间中的内核大小足够小时，此错误似乎不会导致任何明显的视觉瑕疵。

每个光子表示为 32 个字节，如表 24.2 所示。

表 24.2　光子的表示

属　性	格　式
位　置	float3
强　度	uint- 共享指数位的封装
法向量	2 × float16 – 立体的封装
光照方向	2 × float16 – 立体的封装
光线长度	float
Normal/Direction 的符号位及填充	uint

24.2.3　DXR 的执行

使用 DXR 实现光子追踪非常简单：为所有已采样的 RSM 点启动光线生成着色器，使用每个 RSM 点作为后续光子射线的起点。然后它负责追踪后续光线，直到达到最大反弹次数或俄罗斯轮盘终止路径。

两个优化对性能很重要。第一个关键优化是最小化射线有效载荷的大小。我们使用 32 字节光线有效载荷，使用 16 位 `float16` 值和 RGB 光子功率编码光线方向作为 32 位

rgb9e5 值。有效载荷中的其他字段存储伪随机数发生器的状态、光线的长度、反弹的次数。

第二个关键优化是移动用于采样新射线方向的逻辑并将俄罗斯轮盘应用于最近命中着色器。这样做可以通过降低寄存器压力显著提高性能。光线生成着色器代码如下所示：

```
1 struct Payload
2 {
3     // 下一个光线方向，最后一个元素是填充
4     half4 direction;
5     // RNG 状态
6     uint2 random;
7     // 压缩光子功率
8     uint power;
9     // 光线长度
10    float t;
11    // 反弹次数
12    uint bounce;
13 };
14
15 [shader("raygeneration")]
16 void rayGen()
17 {
18     Payload p;
19     RayDesc ray;
20
21     // 首先我们从 RSM 读取初始样本
22     ReadRSMSamplePosition(p);
23
24     // 我们通过反弹次数和光线长度（终止追踪或未命中为零）
25     // 来检查是否继续反射
26     while (p.bounce < MAX_BOUNCE_COUNT && p.t != 0)
27     {
28         // 我们得到状态的射线原点和方向
29         ray.Origin = get_hit_position_in_world(p, ray);
30         ray.Direction = p.direction.xyz;
31
32         TraceRay(gRtScene, RAY_FLAG_FORCE_OPAQUE, 0xFF, 0,1,0, ray, p);
33         p.bounce++;
34     }
35 }
```

最近命中着色器从光线有效负载中解包所需的值，然后确定接下来要追踪的光线。即将定义的 validateandadd_photon() 函数将光子存储在已保存光子数组中（如果它对相机可能是可见的）。

```
1 [shader("closesthit")]
2 void closestHitShader(inout Payload p : SV_RayPayload,
3     in IntersectionAttributes attribs : SV_IntersectionAttributes)
4 {
5     // 加载命中的曲面属性
6     surface_attributes surface = LoadSurface(attribs);
7
8     float3 ray_direction = WorldRayDirection();
```

```
 9     float3 hit_pos = WorldRayOrigin() + ray_direction * t;
10     float3 incoming_power = from_rbge5999(p.power);
11     float3 outgoing_power = .0f;
12
13     RandomStruct r;
14     r.seed = p.random.x;
15     r.key = p.random.y;
16
17     // 检查俄罗斯轮盘
18     float3 outgoing_direction = .0f;
19     float3 store_power = .0f;
20     bool keep_going = russian_roulette(incoming_power, ray_direction,
21         surface, r, outgoing_power, out_going_direction, store_power);
22
23     repack_the_state_to_payload(r.key, outgoing_power,
24     outgoing_direction, keep_going);
25
26     validate_and_add_photon(surface, hit_pos, store_power,
27             ray_direction, t);
28 }
```

最后，如前面第 24.2 节所述，存储的光子被添加到线性缓冲区，使用原子操作来分配条目。

```
 1 void validate_and_add_photon(Surface_attributes surface,
 2     float3 position_in_world, float3 power,
 3     float3 incoming_direction, float t)
 4 {
 5     if (is_in_camera_frustum(position) &&
 6         is_normal_direction_to_camera(surface.normal))
 7     {
 8         uint tile_index =
 9             get_tile_index_in_flattened_buffer(position_in_world);
10         uint photon_index;
11         // 光子缓冲区中的偏移量和间接参数
12         DrawArgumentBuffer.InterlockedAdd(4, 1, photon_index);
13         // 光子以正确的偏移量打包和存储
14         add_photon_to_buffer(position_in_world, power, surface.normal,
15             power, incoming_direction, photon_index, t);
16         // 基于 tile 来估计光子密度
17         DensityEstimationBuffer.InterlockedAdd(tile_i * 4, 1);
18     }
19 }
```

24.3　屏幕空间辐照度估计

给定光子数组，下一个任务是使用它们来重建图像中的间接照明。每个光子都有一个与之相关的内核，它代表了它可能贡献的场景（以及图像）的范围。我们的任务是累积每个光子在每个像素处的贡献程度。

已经将两种通用方法应用于该问题：聚集和散射。聚集本质上是像素上的循环，其中在每个像素处使用空间数据结构找到附近的光子。散射本质上是光子上的循环，其中每个光子对其重叠的像素有贡献。Mara 等人[9]全面概述了实时聚集和散射技术。鉴于现代 GPU 上的高效光线追踪以生成光子图，重建效率也很重要。我们的实现基于散射并且利用光栅化硬件有效地绘制 splatting 内核，使用混合累积结果。

我们使用光子来重建辐照度，这是到达某一点的光的余弦加权分布。然后，我们使用平均进入方向近似光子的辐照度和表面 BRDF 的乘积从表面反射的光。在这里丢弃了间接照明的方向分布，并避免对影响点阴影的每个光子的反射模型进行重要的评估。这为漫反射表面提供了正确的结果，但随着表面变得更加光滑并且间接光照的分布变得更加不规则，它会引入误差。在实践中，我们没有从这种近似中看到令人反感的错误。

24.3.1 定义 splatting 内核

为每个光子选择一个好的内核大小很重要：如果内核太宽，则光线会过于模糊；如果它们太窄，则会出现斑点。避免太宽的内核尤为重要，因为更宽的内核会使光子覆盖更多的像素，从而导致光子的光栅化、着色和混合工作更多。光子映射的内核选择不正确会导致几种类型的偏差和错误[14]，最小化这些已成为大量研究的焦点。

在我们的方法中，我们从球形内核开始，然后对其应用许多修改，以便最小化各种类型的错误。这些修改可以分为两种主要类型：统一缩放和调整内核的形状。

1. 内核的统一缩放

内核的均匀缩放是两个项的乘积，第一个基于光线长度，第二个基于光子密度分布的估计。

（1）光线长度：我们根据光线长度使用线性插值将内核缩放到恒定的最大长度。该方法是射线差分的近似，并且可以解释为将光子视为沿着锥体而不是射线行进并且随着其高度增加而考虑锥体基部的生长。此外，随着光线长度的增加，我们可以假设光子密度较低，因为光子可能会散射到更大的世界空间体积。因此，在这种情况下，我们需要一个相对宽的内核。缩放因子是

$$s_1 = \min\left(\frac{l}{l_{\max}}, 1\right) \tag{24.2}$$

其中 l 是光线长度；$l_{\max}$ 是定义最大光线长度的常数。然而，$l_{\max}$ 不需要是在光子追踪期间投射的光线的最大长度，而是我们认为是锥体的最大高度的长度。此常量应与场景的整体比例相关，并且可以从其边界框导出。

（2）光子密度：我们希望根据光子周围的局部光子密度进一步缩放每个光子的内核：附近的光子越多，内核可以（也应该）越小。挑战在于有效地确定每个光子附近有多少光子。我们应用为每个屏幕空间图块维护计数器的简单近似。当光子沉积在图块中时，具有光子映射的计数器实时全局照明以原子方式递增。这显然是密度函数的粗略近似，但它似乎产生了相当好的结果。

然后，我们实现基于密度的缩放作为视图空间中图块区域的函数：

$$a_{\text{view}} = z_{\text{view}}^2 \frac{\tan(\alpha_x/2)\tan(\alpha_y/2)t_x t_y}{r_x r_y} \tag{24.3}$$

其中，α_x 和 α_y 是相机平截头体的光圈；z_{view} 是相机的距离；t_x 和 t_y 是以像素为单位的平铺尺寸；r_x 和 r_y 代表图像的分辨率。在大多数情况下，块区域的深度不均匀，因此我们使用光子位置的深度。大多数算法都可以预先计算并用相机常数替换：

$$a_{\text{view}} = z_{\text{view}}^2 c_{\text{tile}} \tag{24.4}$$

因此，缩放圆形内核以在视图空间中具有与区块相同的区域可以被计算为

$$a_{\text{view}} = \pi r^2 n_p, r = \sqrt{\frac{z_{\text{view}}^2 c_{\text{tile}}}{\pi n_p}} \tag{24.5}$$

其中，n_p 是瓷砖中的光子数，该值被 clamp 以去除任何极端情况，然后乘以常数 ntile，其等于我们期望对每个像素贡献的光子数：

$$s_d = \text{clamp}(r, r_{\min}, r_{\max})n_{\text{tile}} \tag{24.6}$$

这些方程的 HLSL 实现很简单：

```
1 float uniform_scaling(float3 pp_in_view, float ray_length)
2 {
3     // 基于 tile 的裁剪来估计光子的密度
4     int n_p = load_number_of_photons_in_tile(pp_in_view);
5     float r = .1f;
6
7     if (layers > .0f)
8     {
9         // 式(24.5)
10        float a_view = pp_in_view.z * pp_in_view.z * TileAreaConstant;
11        r = sqrt(a_view / (PI * n_p));
12    }
13    // 式(24.6)
14    float s_d = clamp(r, DYNAMIC_KERNEL_SCALE_MIN,
15        DYNAMIC_KERNEL_SCALE_MAX) * n_tile;
16
17    // 式(24.2)
18    float s_l = clamp(ray_length / MAX_RAY_LENGTH, .1f, 1.0f);
19    return s_d * s_l;
20 }
```

2. 调整内核的形状

我们可以通过调整内核的形状来进一步改善重建结果。我们考虑两个因素：首先，我们在光子相交的表面法线方向上减小内核的半径；其次，我们在光的方向上缩放内核，以便对其覆盖在表面上的投影区域进行建模。这导致核是三维的椭球，其中有一个轴 $\boldsymbol{n}$，代表法线的方向 ω_g。另外两个轴放置在由光子法线定义的切平面上，称为内核平面。两

者中的第一个 $\boldsymbol{u}$，具有投射到核平面上的 ω_i 的方向；而第二个 $\boldsymbol{t}$，与 $\boldsymbol{u}$ 正交并且在同一平面中。该基向量如图 24.4 所示。

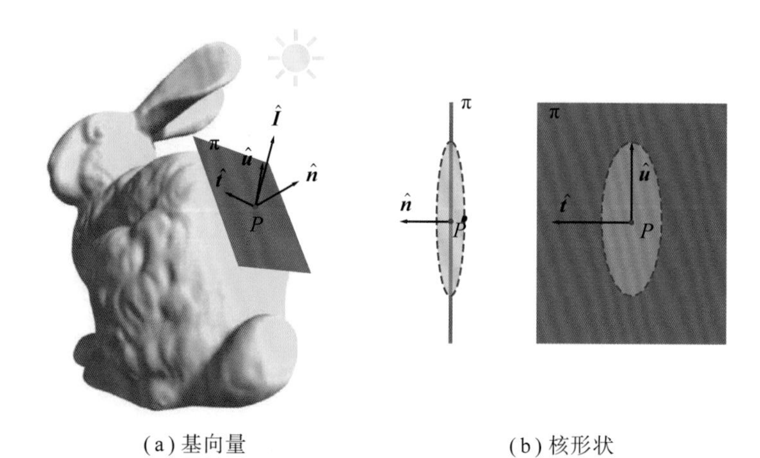

(a) 基向量 (b) 核形状

图 24.4 核空间的基向量：ω_g 与光子的法向量 $\hat{\boldsymbol{n}}$ 对齐，也定义了核平面 π。另外两个基向量位于 π 平面，$\hat{\boldsymbol{u}}$ 是光的方向在核平面上的投影，而 $\hat{\boldsymbol{t}}$ 与 $\hat{\boldsymbol{u}}$ 正交。右：核空间沿着这些向量进行伸缩

$\boldsymbol{n}$ 的大小是 $s_n s_l s_d$，其中 s_n 是一个常数，它沿着法线压缩内核，使其更接近表面。这是一种常见的方法：Jensen[7] 收集不同的聚集半径，McGuire 和 Luebke[10] 收集 splatting 内核，与球形核相比，这提供了更好的表面近似。但是，如果内核被压缩太多，则具有复杂形状或重要表面曲率的对象上的分布变得不准确，因为内核忽略远离其平面的样本。这可以通过使幅度成为表面曲率的函数来补偿，但是在我们的执行过程中，该因子是恒定的。

$\boldsymbol{u}$ 的大小是 $s_n s_l s_d$，其中 s_u 被定义为命中法线和光线方向之间角度的余弦的函数：

$$s_u = \min\left(\frac{1}{\omega_g \cdot \omega_i}, s_{max}\right) \tag{24.7}$$

其中，s_{max} 是定义最大比例因子的常数。当 ω_g 和 ω_i 之间的角度减小到零时，幅度将接近无穷大。该方程的起源于光线差分和光子的锥形表示：当光子的入射方向变得与表面的法线方向正交时，投射到核平面上的锥体底部的面积增加。

最后，t 的大小是 $s_l s_d$。

以下代码显示了形状调整的实现：

```
1 kernel_output kernel_modification_for_vertex_position(float3 vertex,
2     float3 n, float3 light, float3 pp_in_view, float ray_length)
3 {
4     kernel_output o;
5     float scaling_uniform = uniform_scaling(pp_in_view, ray_length);
6
7     float3 l = normalize(light);
8     float3 cos_alpha = dot(n, vertex);
9     float3 projected_v_to_n = cos_alpha * n;
```

```
10      float cos_theta = saturate(dot(n, l));
11      float3 projected_l_to_n = cos_theta * n;
12
13      float3 u = normalize(l - projected_l_to_n);
14
15      // 式(24.7)
16      o.light_shaping_scale = min(1.0f/cos_theta, MAX_SCALING_CONSTANT);
17
18      float3 projected_v_to_u = dot(u, vertex) * u;
19      float3 projected_v_to_t = vertex - projected_v_to_u;
20      projected_v_to_t -= dot(projected_v_to_t, n) * n;
21
22      // 式(24.8)
23      float3 scaled_u = projected_v_to_u * light_shaping_scale *
24          scaling_Uniform;
25      float3 scaled_t = projected_v_to_t * scaling_uniform;
26      o.vertex_position = scaled_u + scaled_t +
27           (KernelCompress * projected_v_to_n);
28
29      o.ellipse_area = PI * o.scaling_uniform * o.scaling_uniform *
30           o.light_shaping_scale;
31
32      return o;
33 }
```

24.3.2　光子发射

我们使用二十面体的实例间接绘制作为球体的近似来绘制光子（绘制调用的间接参数是使用 validateandadd_photon() 函数中的原子计数器设置的）。为了应用上一节中介绍的内核形状，我们相应地转换顶点着色器中的顶点。由于原始内核是一个球体，我们可以假设内核的对象空间的坐标框架是世界空间的坐标框架，因此顶点位置为

$$\boldsymbol{v}_{\text{kernel}}=(\boldsymbol{n}\ \ \boldsymbol{u}\ \ \boldsymbol{t})\begin{pmatrix}\hat{\boldsymbol{n}}^{\mathrm{T}}\\ \hat{\boldsymbol{u}}^{\mathrm{T}}\\ \hat{\boldsymbol{t}}^{\mathrm{T}}\end{pmatrix}\boldsymbol{v} \tag{24.8}$$

我们为我们的 splatting 内核保留像素着色器尽可能简单，因为它很容易成为性能瓶颈。它的主要任务是深度检查，以确保我们计算辐射的 G 缓冲区表面在内核中。深度检查是针对表面和内核平面之间的世界空间距离（相对于由内核压缩常数缩放的常数）的裁剪操作而进行的。深度检查后，我们将内核应用于 splatting 结果：

$$E_{\mathrm{i}}=\frac{\Phi}{a} \tag{24.9}$$

其中，a 是椭圆的面积，$a=\pi\,\|\boldsymbol{u}\|\ \|\boldsymbol{t}\|=\pi(s_{\mathrm{l}}s_{\mathrm{d}})(s_{\mathrm{l}}s_{\mathrm{d}}s_{\mathrm{u}})$。值得注意的是，此处的辐照度由余弦项缩放，因此隐含地包括来自几何法线的信息。

为了积累辐照度，我们使用半精度浮点格式（每个通道）以避免低位格式的数值问

题。此外，我们将平均光方向累加为半精度浮点数的加权和。24.4.3 节讨论了存储方向的动机。

以下代码实现了 splatting。它使用先前定义的两个函数来调整内核的形状。

```
1 void VS(
2     float3 Position : SV_Position,
3     uint instanceID : SV_InstanceID,
4     out vs_to_ps Output)
5 {
6     unpacked_photon up = unpack_photon(PhotonBuffer[instanceID]);
7     float3 photon_position = up.position;
8     float3 photon_position_in_view = mul(WorldToViewMatrix,
9     float4(photon_position, 1)).xyz;
10    kernel_output o = kernel_modification_for_vertex_position(Position,
11    up. normal, -up.direction, photon_position_in_view, up.ray_length);
12
13    float3 p = pp + o.vertex_position;
14
15    Output.Position = mul(WorldToViewClipMatrix, float4(p, 1));
16    Output.Power = up.power / o.ellipse_area;
17    Output.Direction = -up.direction;
18 }
19
20 [earlydepthstencil]
21 void PS(
22 vs_to_ps Input,
23 out float4 OutputColorXYZAndDirectionX : SV_Target,
24 out float2 OutputDirectionYZ : SV_Target1)
25 {
26    float depth = DepthTexture[Input.Position.xy];
27    float gbuffer_linear_depth = LinearDepth(ViewConstants, depth);
28    float kernel_linear_depth = LinearDepth(ViewConstants,
29        Input.Position.z);
30    float d = abs(gbuffer_linear_depth - kernel_linear_depth);
31
32    clip(d > (KernelCompress * MAX_DEPTH) ? -1 : 1);
33
34    float3 power = Input.Power;
35    float total_power = dot(power.xyz, float3(1.0f, 1.0f, 1.0f));
36    float3 weighted_direction = total_power * Input.Direction;
37
38    OutputColorXYZAndDirectionX = float4(power, weighted_direction.x);
39    OutputDirectionYZ = weighted_direction.yz;
40 }
```

如前所述，我们使用附加的混合来积累光子的贡献。现代图形 API 保证像素混合以提交顺序发生，尽管我们在这里不需要此属性。作为替代方案，我们尝试使用栅格顺序视图，但发现它们比混合慢。使用浮点原子内在函数（在 NVIDIA GPU 上作为扩展可用）确实可以在屏幕空间中许多光子重叠的情况下提高性能（这是焦散的常见场景）。

splatting 可能是一个性能消耗非常大的过程，尤其是在渲染高分辨率图像时。将图像分辨率降低到原始渲染分辨率的一半并不会导致最终结果的视觉质量明显下降，并且显著提高了性能。使用较低分辨率确实需要更改像素着色器中的深度裁剪以消除曲面之间的辐照度渗透：用于模板绘制的半分辨率深度模板应使用距离相机最近的像素缩小，但像素着色器中使用的深度应使用相机中最远的像素缩小剪裁。因此，我们仅为那些完全在全分辨率内核中的像素绘制 splatting 内核。这会在 splatting 结果中产生锯齿状边缘，可以通过滤波将其移除。

24.4　滤　波

作为实时蒙特卡罗渲染方法的典型，有必要应用图像滤波算法来补偿低样本数。虽然近年来在降噪方面取得了重大进展，但光子分布核引起的噪声与路径追踪所表现出的高频噪声有很大不同，而且一直是降噪工作的主要焦点。因此，需要不同的解决方案。

我们使用具有基于几何的 edge-stopping 函数的样本的时间和空间累积。我们的方法基于 Dammertz 等人[4]和 Schied[13]等人以前的工作，使用 edge-avoiding Á-Trous 小波变换进行空间滤波。由于间接照明通常是低频率，我们考虑以较低分辨率进行滤波以降低计算成本，但我们遇到了由于 G 缓冲区差异而导致的伪像，因此在最终分辨率下还原为滤波。

我们的时间和空间滤波算法都使用基于两个像素之间的深度差异和它们的表面法线差异的 edge-stopping 函数。这些功能基于 Schied 等人的实现[13]，尝试通过基于两个不同像素 p 和 q 的实时全局光照和光子映射表面属性生成权重来防止跨越几何边界的滤波。深度差权重 w_z 由下式定义

$$w_z(P,Q)=\exp\left(-\frac{|z(P)-z(Q)|}{\sigma_z|\nabla \boldsymbol{z}(P)(P-Q)|+\varepsilon}\right) \tag{24.10}$$

其中 $z(P)$ 是像素位置 P 处的屏幕空间深度，并且 $\nabla \boldsymbol{z}(P)$ 是深度梯度矢量。经过实验，发现 $\sigma_z=1$ 效果很好。

接下来，正常差重 w_n 考虑表面法线的差异：

$$w_n(P,Q)=\max\left(0,\hat{\boldsymbol{n}}(P)\cdot\hat{\boldsymbol{n}}(Q)\right)^{\sigma_n} \tag{24.11}$$

我们发现 $\sigma_n=32$ 才能正常工作。

24.4.1　时间滤波

时间滤波通过累积先前帧的值来改善图像质量。它通过使用速度矢量重新投影前一帧的滤波辐照度值来实现，然后在每个像素 p 处计算前一帧的重新投影滤波的辐照度值 $\widetilde{E}_{i-1}(P)$ 与使用计算 splatting 的辐照度值 $\widetilde{E}_i(P)$ 之间的指数移动平均值，给出时间滤波的辐照度 $\widetilde{E}_i(P)$：

$$\tilde{E}_i(P)=(1-\alpha)E_i(P)+\alpha\tilde{E}_{i-1}(P) \quad (24.12)$$

这是 Karis 用于辐照度的时间抗锯齿（TAA）方法[8]。

使用 α 的常数值会导致严重的重影瑕疵，因为时间滤波不会考虑去除遮挡、移动的几何体或移动的灯光。因为像素处的辐照度值 E_i 可以在帧之间显著变化，所以 TAA 中使用的颜色空间限幅方法不适合它们。我们依赖基于几何的方法，并使用 edgestopping 函数定义 α：

$$\alpha=0.95w_z(P,Q)w_n(P,Q) \quad (24.13)$$

其中，P 是当前像素样本；Q 是来自前一帧的投影样本。要评估权重函数，必须保持前一帧的 G 缓冲区的正常和深度数据。如果 splatting 目标的分辨率低于滤波目标，我们使用双线性采样在时间滤波通道开始时放大 splatting 结果。

24.4.2 空间滤波

边缘避免 Á-Trous 小波变换是一种 multi-pass 滤波算法，在每个步骤 i 具有增加的内核占位面积 Ω_i。这在图 24.5 中的一个维度中说明。注意，滤波器头部的间隔在每个阶段加倍，并且滤波器头部之间的中间样本被忽略。因此，滤波器可以具有大的空间范围，而不需要所需的计算量的过度增长。该算法特别适用于 GPU 实现，其中组共享存储器可用于在评估内核的不同像素之间有效地共享表面属性。

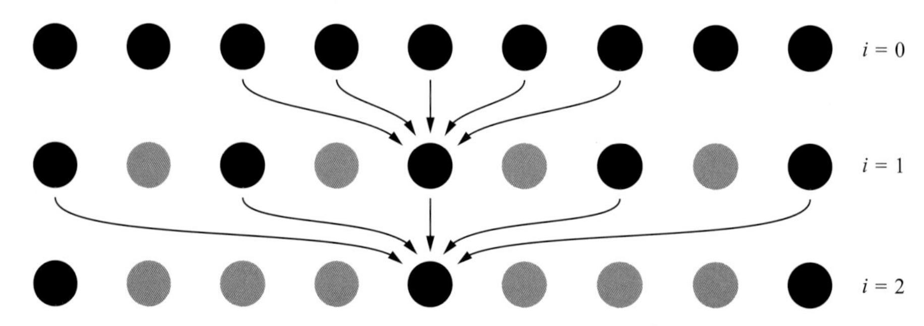

图 24.5　一维平稳（stationary）小波变换的三次迭代，构成了 Á-Trous 方法的基础。箭头展示了前次迭代的非零元素贡献到本次迭代中，而灰色的点代表零元素（Dammertz 等人[4]绘制）

我们的方法沿用 Dammertz 等人[4]和 Schied 等人[13]的方法，将每次迭代实现为 5 × 5 交叉双边滤波器。有效样本通过函数 $w(P, Q)$ 加权，其中 P 是当前像素，Q 是滤波器内的有效样本像素。第一次迭代使用时间滤波的辐照度值

$$s_0(P)=\frac{\Sigma_{Q\in\Omega_0}h(Q)w(P,Q)\tilde{E}_i(Q)}{\Sigma_{Q\in\Omega_0}h(Q)w(P,Q)} \quad (24.14)$$

然后每个后续级别滤波前一个级别：

$$s_{i+1}(P)=\frac{\Sigma_{Q\in\Omega_i} h(Q)w(P,Q)s_i(Q)}{\Sigma_{Q\in\Omega_i} h(Q)w(P,Q)} \tag{24.15}$$

其中，$h(Q)=\left(\frac{1}{8},\frac{1}{4},\frac{1}{2},\frac{1}{4},\frac{1}{8}\right)$是过滤器内核，$w(P, Q) = w_z(P, Q)w_n(P, Q)$。

为了避免过度模糊，重要的是基于图像内容的准确性来调整图像滤波。例如，Schied 等人[13]使用方差估计作为其权重函数的一部分。这适用于高频噪声，但不适合光子映射的低频噪声。我们开发了一种新的滤波算法，该算法基于 Á-Trous 变换各阶段之间差异的方差裁剪。

静态小波变换（SWT）最初是为了解决离散小波变换的一个缺点而引入的，即变换不是移位不变的。通过为每次迭代保存每个像素的细节系数来解决该问题。细节系数可以定义为

$$d_i = s_{i+1} - s_i \tag{24.16}$$

这使得 SWT 本身就是多余的。如果我们考虑如何重建原始信号，则有

$$s_0 = s_n - \sum_{i=0}^{n-1} d_i \tag{24.17}$$

其中，n 是迭代次数。我们可以看到，为了重建原始信号，只需要细节系数的总和。这样做可以让我们将所需的内存量减少到两个纹理，每个纹理都具有原始图像的分辨率。然而，这只是让我们处于我们开始的同一点——原始未经滤波的图像。

但是，在将它们添加到总和之前，我们可以对每个细节系数应用方差裁剪[12]。这种方法在这里很有效，与未经滤波的帧辐照度值 E_i 不同，因为我们从时间滤波的值开始。我们基于空间核内的辐照度的方差来计算颜色空间边界（由 b_i 表示）。反过来，这些边界用于剪切细节系数，我们计算最终滤波的辐照度值为

$$E_{\text{final}} = s_n - \sum_{i=0}^{n-1} \text{clamp}(d_i, -b_i, b_i) \tag{24.18}$$

最后，我们将滤波后的辐照度应用于曲面。如前所述，我们忽略间接照明的方向分布。相反，使用平均方向作为入射光参数来评估 BRDF。辐照度乘以检索到的 BRDF 值：

$$L_{\text{final}} = E_{\text{final}} f_{\text{BRDF}} \tag{24.19}$$

图 24.6 说明了我们方法的各种过程。

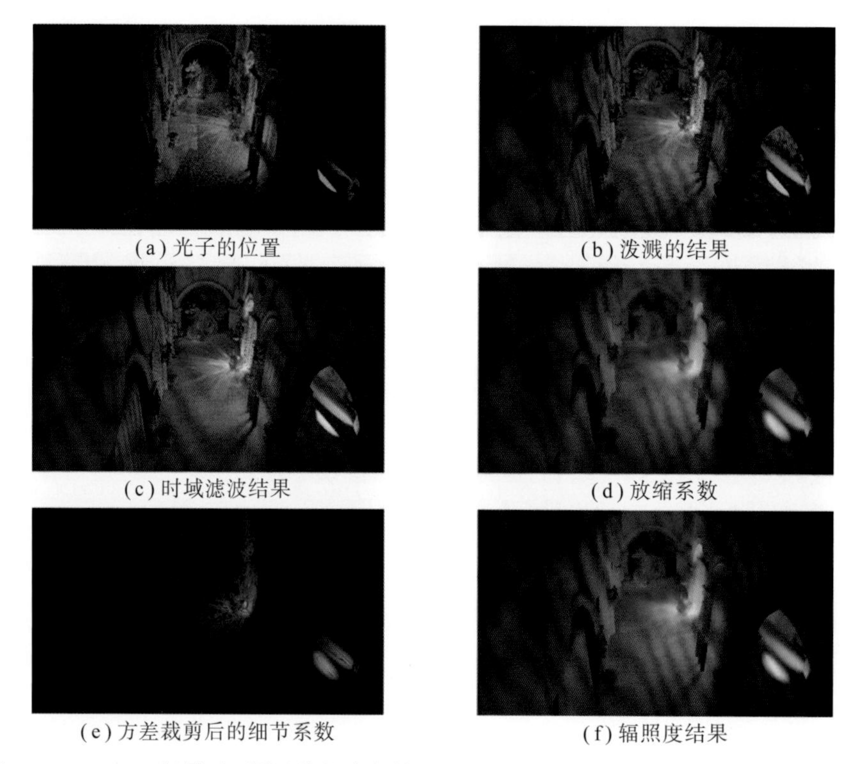

(a) 光子的位置　(b) 泼溅的结果

(c) 时域滤波结果　(d) 放缩系数

(e) 方差裁剪后的细节系数　(f) 辐照度结果

图 24.6　Sponza 场景下不同渲染批次的结果，间接光设置为三次反弹，使用四个光源、三百万初始光子以及迭代了四次空间滤波。红色、绿色和蓝色分别对应反弹次数。可以注意不同采样集合的累计值，(b)是泼溅的结果，而(c)是时域滤波的结果。同时，(e)图中的方差裁剪后的细节系数清晰可见，因为(f)中的辐照度结果保留了大部分细节，而这些细节在(d)只使用放缩系数时被丢失了

24.4.3　考虑正常阴影的影响

光子映射包括方向信息作为辐照度计算的隐含部分，因为具有指向入射光方向的几何法线的表面具有被光子击中的更高概率。但是，此过程不会捕获材质属性（例如法线贴图）提供的细节。这是一个众所周知的预先计算的全局照明方法的问题，并且有几种方法可以解决它[11]。为了实现可比较的照明质量，我们还必须考虑光子映射这一因素。

我们开发了一个受 Heitz 等人启发的解决方案[6]：将光方向 ω_i 滤波为单独的一项。然后，当计算辐照度时，我们有效地从该方向 ω_i 的点积中除去原始余弦项与几何法线 ω_{ng}，并将其替换为 ω_i 和阴影法线 ω_{ns} 的点积，式（24.19）可更改为

$$L_{\text{final}} = E_{\text{final}} f_{\text{BRDF}}(\omega_i \cdot \omega_{ns}) \min\left(\frac{1}{(\omega_i \cdot \omega_{ng}) + \varepsilon}, s_{\max}\right) \tag{24.20}$$

其中，ω_i 是光方向的加权平均值；$S_{\max}$ 是第 24.3.1 节中使用的最大比例因子。

以这种方式考虑表面法线会带来性能成本，因为它需要额外的 splatting 混合目标，

以及每个滤波步骤的额外输入和输出。但是它允许我们在计算辐照度时应用法线贴图中的信息而不读取 G 缓冲区法线。

滤波 BRDF 而不仅仅是光方向可以获得更精确的镜面表面结果。但是这样做需要在辐照度估算期间评估 BRDF，从而读取材料属性。当使用 splatting 实现时，这将带来显著的性能成本，因为必须为每个像素着色器调用读取 G 缓冲区。基于计算着色器的收集方法可以通过仅加载材料属性一次来避免此问题，尽管它仍然会支付评估 BRDF 的计算成本。

24.5 结　果

我们通过三个场景评估了我们的方案：会议室（见图 24.7）、Sponza（见图 24.8）和 3DMark Port Royal（见图 24.9）。会议室有一个光源，Sponza 有四个，Port Royal 有一个来自无人机的聚光灯，另一个指向相机。Port Royal 场景的渲染包括光子功率的艺术倍增，以加强间接照明效果。

表 24.3 报告了具有高质量设置的这些场景的计算时间（以 ms 为单位）：1080p 分辨率，300 万个初始光子，3 次间接光反射和 4 个空间滤波器迭代。使用 NVIDIA RTX 2080 Ti 测量结果。请注意，对于所有场景，最昂贵的阶段是 splatting。滤波所花费的时间对于所有场景大致相同，因为它独立于场景的几何复杂度，但是是图像空间操作。

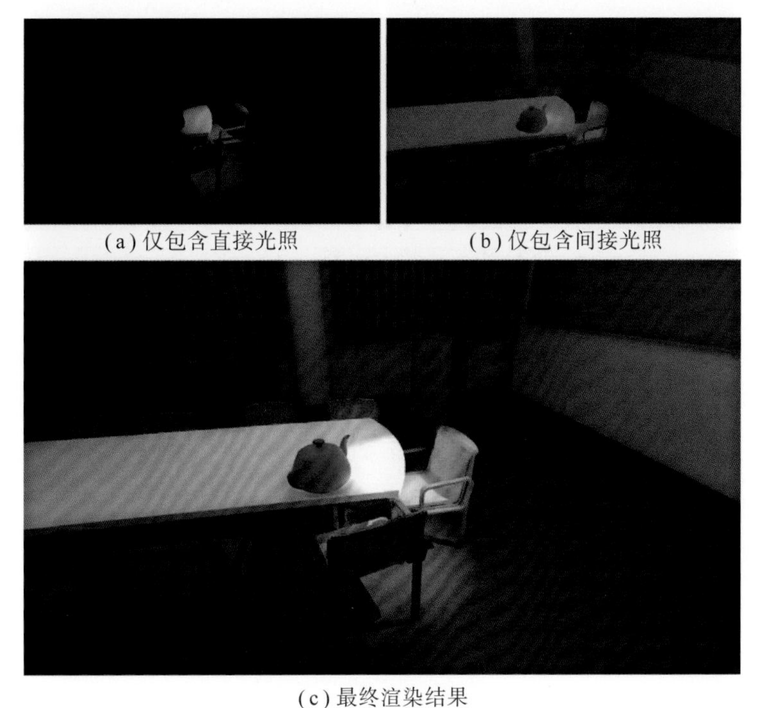

(a) 仅包含直接光照　　(b) 仅包含间接光照

(c) 最终渲染结果

图 24.7　会议室测试场景

(a) 仅包含直接光照　　(b) 仅包含间接光照

(c) 最终渲染结果

图 24.8

(a) 仅包含直接光照　　(b) 仅包含间接光照

(c) 最终渲染结果

图 24.9　3DMark Port Roayl 光线追踪测试的一个场景

表 24.3　在 NVIDIA RTX 2080 Ti 上的光子映射技术的实际开销（ms）

场　景	RSM	追　踪	泼　溅	滤　波	总　计
会议室	1.6	5.2	7.5	3.3	17.6
Sponza	2.1	3.0	5.5	3.6	14.2
3DMark Port Roayl	2.1	8.0	8.3	3.3	21.7

在表 24.4 中，我们检查了改变一些参数的影响。正如预期的那样，在 RSM 中追踪光线和光子 splatting 花费的时间随着追踪的光子数量而增加。由于俄罗斯轮盘的路径终止，增加反弹次数会降低性能，而不是增加相应数量的初始光子。增加图像分辨率相应地增加了 splatting 和滤波时间。

表 24.4　不同设置下 Sponza 场景的光子映射的性能，单位是毫秒。滤波使用四个空间中的迭代。基线是所谓的"低画质"设置：一百万个光子反弹一次

光子数	反弹次数	分辨率	RSM	追踪	泼溅	滤波	总　计
1M	1	1080p	1.4	0.7	1.2	3.1	6.1
1M	1	1440p	1.4	0.7	1.6	5.6	9.3
2M	1	1080p	1.8	1.3	2.3	3.1	9.0
3M	1	1080p	2.1	1.8	3.9	3.1	10.8
1M	3	1080p	1.4	1.3	2.1	3.1	7.9

24.6　未来工作

在许多方面，可以改进这里描述的方法的性能或质量。

24.6.1　忽略 splatting 过程优化辐射分布

使用高密度函数时，splatting 内核的屏幕空间大小可以接近像素的大小，这使得绘制 splatting 内核变得浪费。这可以通过将辐照度值直接写入帧缓冲而不是 splatting 来解决。

24.6.2　用于方差裁剪细节系数的自适应常数

不幸的是，我们无法确定辐照度的变化是由低样本数量还是照明条件的实际差异引起的。通过分层抽样提供的较大样本集可以在一定程度上缓解这种情况。当使用时间滤波累积这些样本时，在时间样本被拒绝的情况下噪声变得可见。因此，对于这些区域，最好使用较少的收缩方差限幅边界。可以通过基于我们用于定义时间样本的累积的权重缩放方差限幅常数来实现这样的系统。

参考文献

[1] Clarberg, P., Jarosz, W., Akenine-Möller, T., and Jensen, H. W. Wavelet Importance Sampling: Efficiently Evaluating Products of Complex Functions. ACM Transactions on Graphics 24, 3 (2005), 1166–1175.

[2] Dachsbacher, C., and Stamminger, M. Reflective Shadow Maps. In Proceedings of the 2005 Symposium on Interactive 3D Graphics and Games (2005), 203–231.

[3] Dachsbacher, C., and Stamminger, M. Splatting Indirect Illumination. In Proceedings of the 2006 Symposium on Interactive 3D Graphics and Games (2006), ACM, 93–100.

[4] Dammertz, H., Sewtz, D., Hanika, J., and Lensch, H. Edge-Avoiding À-Trous Wavelet Transform for Fast Global Illumination Filtering. In Proceedings of High-Performance Graphics (2010), 67–75.

[5] Heitz, E., and d’ Eon, E. Importance Sampling Microfacet-Based BSDFs using the Distribution of Visible Normals. Computer Graphics Forum 33, 4 (2014), 103–112.

[6] Heitz, E., Hill, S., and McGuire, M. Combining Analytic Direct Illumination and Stochastic Shadows. In Proceedings of the ACM SIGGRAPH Symposium on Interactive 3D Graphics and Games (2018), 2:1–2:11.

[7] Jensen, H. W. Realistic Image Synthesis Using Photon Mapping. A K Peters, 2001.

[8] Karis, B. High-Quality Temporal Supersampling. Advances in Real-Time Rendering in Games, SIGGRAPH Courses, 2014.

[9] Mara, M., Luebke, D., and McGuire, M. Toward Practical Real-Time Photon Mapping: Efficient GPU Density Estimation. In Proceedings of the ACM SIGGRAPH Symposium on Interactive 3D Graphics and Games (2013), 71–78.

[10] McGuire, M., and Luebke, D. Hardware-Accelerated Global Illumination by Image Space Photon Mapping. In Proceedings of High-Performance Graphics (2009), 77–89.

[11] O’ Donnell, Y. Precomputed Global Illumination in Frostbite. Game Developers Conference, 2018. Real-Time Global Illumination with Photon Mapping 436.

[12] Salvi, M. An Excursion in Temporal Supersampling. From the Lab Bench: Real-Time Rendering Advances from NVIDIA Research, Game Developers Conference, 2016.

[13] Schied, C., Kaplanyan, A., Wyman, C., Patney, A., Chaitanya, C. R. A., Burgess, J., Liu, S., Dachsbacher, C., Lefohn, A., and Salvi, M. Spatiotemporal Variance-Guided Filtering: Real-Time Reconstruction for Path-Traced Global Illumination. In Proceedings of High-Performance Graphics (2017), 2:1–2:12.

[14] Schregle, R. Bias Compensation for Photon Maps. Computer Graphics Forum 22, 4 (2003), 729–742.

第 25 章　基于实时光线追踪的混合渲染器

Colin Barré-Brisebois, Henrik Halén, Graham Wihlidal,
Andrew Lauritzen, Jasper Bekkers, Tomasz Stachowiak,
和 Johan Andersson　SEED/Electronic Arts

PICA PICA 是一个综合实验项目，其中包含了随机生成场景和自主学习机器人等内容。本章我们将详细介绍在项目中使用的一个基于实时光线追踪的渲染管线。PICA PICA 展示了一种融汇光栅化着色器、compute shader、光线追踪着色器，共同协作将视觉效果逼近离线渲染中常用的路径追踪技术的方案。

本章详细介绍 PICA PICA 中各种渲染技术的详细设计，以及混合渲染管线的技术实现细节，并提供实现各个渲染技术的建议。本章还提供了基于光线追踪的阴影以及环境光遮蔽的伪代码。除此之外，本章还介绍了一种自适应的多尺度（multi-scale）平均估计量用于代替指数平均的估计方法。虽然 PICA PICA 没有使用很多纹理并且尺寸相对较小，本章介绍的各种混合渲染的方法可以在修改后用于任何 AAA 游戏。总而言之，本章将介绍给读者一个与各种艺术风格相互兼容，并能在现有基于物理的渲染器中加入光线追踪的模块化设计。

25.1　混合渲染器综述

PICA PICA[2, 3] 所使用的混合渲染器基于光栅化渲染管线和计算管线（compute stage），以及最近加入的光线追踪管线（ray tracing stage）[23]。图 25.1 描述了渲染的最终效果，读者可以在这里找到视频的版本[10]。图 25.2 分别展示渲染管线中的每个环节，我们可以发现整个混合管线在不同的环节根据不同的需求，考虑了不同 GPU 管线的优势，选择了不同的管线。

模块化的渲染方式是达到极致渲染效果的关键，通过各个管线之间的相互协作，利用每个管线的特性来解决每个模块的问题。与此同时，DirectX 支持在不同的管线之间分享中间渲染结果并在最后将这些结果组合到一起渲染出最终结果。此外，这样的划分方法是可扩展的，图 25.2 中提到的技术可以根据用户的硬件能力进行调整。例如，阴影可以使用光栅化渲染管线或光线追踪管线，反射和环境遮挡可以使用光线追踪管线或使用光线行进算法（ray marched）。只有全局照明、透明度和半透明等特性是 PICA PICA 项目中必须使用光线追踪的渲染特性。图 25.2 中描述的各个阶段按以下顺序执行：

（1）对象空间渲染。

① 纹理空间对象参数化。

② 透明度和半透明光线追踪。

（2）全局照明（漫反射部分）。

图 25.1　PICA PICA 中的混合光线追踪

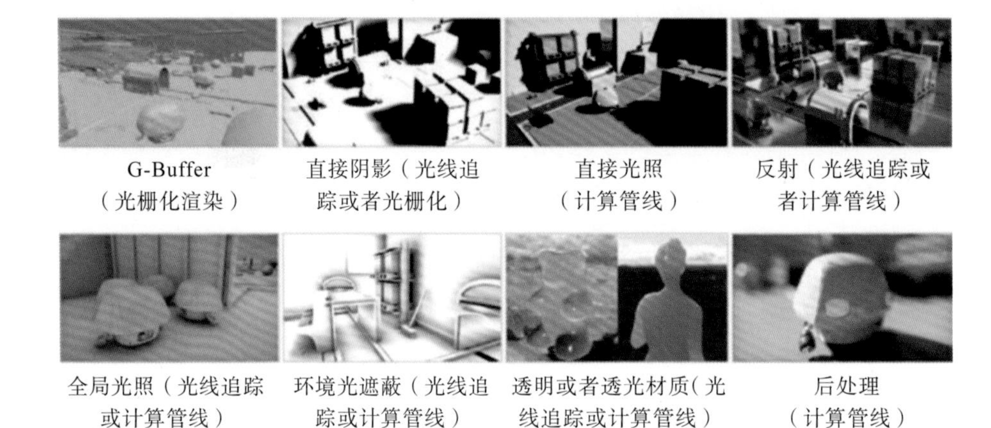

图 25.2　混合渲染管线

（3）生成 G-Buffer。

（4）直接阴影。

① 用 G-Buffer 辅助生成阴影。

② 阴影去噪。

（5）反射。

① 用 G-Buffer 辅助生成反射。

② 用光线追踪在反射交界处生成阴影。

③ 反射去噪。

（6）直接光照。

（7）反射和辐射度合并。

（8）后处理。

25.2　管线详细介绍

在下面的小节中，我们将分解并讨论 PICA PICA 混合渲染管线中的模块，展现独特的混合特质。我们将关注阴影、反射、环境光遮蔽、透明和通透物体（transparency and translucency）和全局光照。我们不讨论 G-buffer 或者后处理部分，因为它们是建立在现有的[1]最好的方法之上的。

25.2.1　阴　影

不可否认，精确的阴影可以提高图像的渲染质量。如图 25.3 所示，由于光线追踪阴影能完美与场景中的物体相接，并同时能处理任何尺寸的阴影，所以光线追踪阴影是一种非常好的解决方案。

图 25.3　混合光线追踪软阴影

实现最简单的光线追踪阴影（硬阴影）很简单：从表面向光线发射光线，如果光线击中物体，则表面处于阴影中。我们称我们的算法是混合(hybrid)的，因为它依赖于 G-Buffer 中的深度缓冲来重建像素在世界空间中的位置，并使用此位置作为阴影光线的原点。

如参考文献［1, 21］所述，软阴影通过在锥形区域内发射光线，实现在接近地面物体接触点时过渡成硬阴影。软阴影在传递尺度和距离上优于硬阴影，更能代表真实世界的阴影。硬阴影和软阴影如图 25.4 所示。

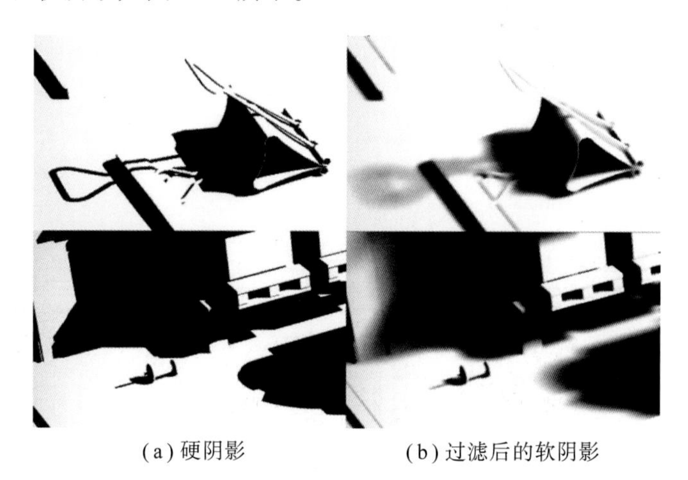

(a) 硬阴影　　　　(b) 过滤后的软阴影

图 25.4　混合光线追踪阴影

使用 DirectX 光线追踪（DXR），基于光线追踪的阴影可以通过光线生成着色器和未命中着色器实现：

```
1 // HLSL 伪代码，无法编译
2 [shader("raygeneration")]
3 void shadowRaygen()
4 {
5   uint2 launchIndex = DispatchRaysIndex();
6   uint2 launchDim = DispatchRaysDimensions();
7   uint2 pixelPos = launchIndex +
8       uint2(g_pass.launchOffsetX, g_pass.launchOffsetY);
9   const float depth = g_depth[pixelPos];
10
11   // 忽略天空像素
12   if (depth == 0.0)
13   {
14     g_output[pixelPos] = float4(0, 0, 0, 0);
15     return;
16   }
17
18   // 由深度缓存计算位置
19   float2 uvPos = (pixelPos + 0.5) * g_raytracing.viewDimensions.zw;
20   float4 csPos = float4(uvToCs(uvPos), depth, 1);
21   float4 wsPos = mul( g_raytracing.clipToWorld, csPos);
22   float3 position = wsPos.xyz / wsPos.w;
23
24   // 初始化 Halton 序列
25   HaltonState hState =
26       haltonInit(hState, pixelPos, g_raytracing.frameIndex);
27
28   // 生成随机数，旋转 Halton 序列
29   uint frameseed =
30       randomInit(pixelPos, launchDim.x, g_raytracing.frameIndex);
31   float rnd1 = frac(haltonNext(hState) + randomNext(frameseed));
32   float rnd2 = frac(haltonNext(hState) + randomNext(frameseed));
33
34   // 根据锥体角度生成随机方向
35   // 锥体越宽，阴影越软（也有着越多噪点）
36   // uniformSampleCone() 源自 [pbrt] 一书
37   float3 rndDirection = uniformSampleCone(rnd1, rnd2, cosThetaMax);
38
39   // 准备阴影光线
40   RayDesc ray;
41   ray.Origin = position;
42   ray.Direction = g_sunLight.L;
43   ray.TMin = max(1.0f, length(position)) * 1e-3f;
44   ray.TMax = tmax;
45   ray.Direction = mul(rndDirection, createBasis(L));
46
47   // 初始化负载，假设我们击中了物体
48   ShadowData shadowPayload;
49   shadowPayload.miss = false;
50
51   // 发射一根光线
52   // 告诉 API 我们不用命中着色器，可以得到免费的性能提升
```

```
53   TraceRay(rtScene,
54       RAY_FLAG_SKIP_CLOSEST_HIT_SHADER,
55       RaytracingInstanceMaskAll, HitType_Shadow, SbtRecordStride,
56       MissType_Shadow, ray, shadowPayload);
57
58   // 读取负载值。如果我们没有击中场景，那么得到的阴影值是白色的
59   g_output[pixelPos] = shadowPayload.miss ? 1.0f : 0.0f;
60 }
61
62 [shader("miss")]
63 void shadowMiss(inout ShadowData payload : SV_RayPayload)
64 {
65   payload.miss = true;
66 }
```

如伪代码所示，未命中着色器有效载荷用于携带光线几何可见性信息。此外，我们使用 `RAY_FLAG_SKIP_CLOSEST_HIT_SHADER` 来向 API 标记不需要调用命中着色器的结果，来优化 `TraceRay()` 函数的性能。驱动程序可以使用这些信息来相应地调度这些光线，从而最大限度地提高性能。

代码还演示了锥角函数 `uniformSampleCone()` 的使用，它决定了软阴影的柔和度。角度越宽，阴影越柔和，但会产生更多的噪声。发射额外的光线或者使用降噪器可以减少这种噪声，后者如图 25.5 所示。

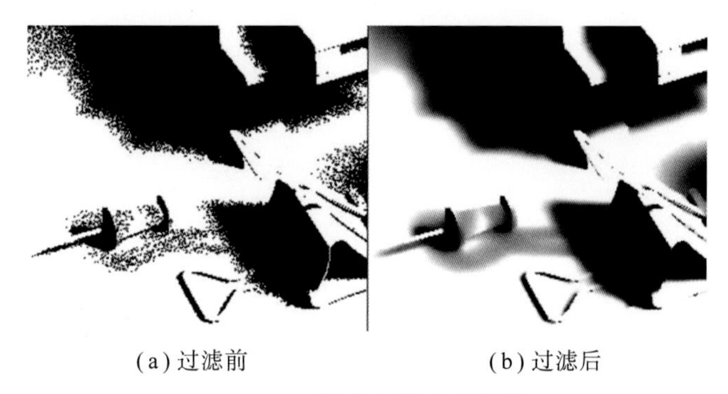

(a) 过滤前　　(b) 过滤后

图 25.5　混合光线追踪阴影

为了过滤阴影，我们应用了一个基于时空方差引导过滤（SVGF）[24] 的过滤器，并使用单个值来表示阴影。与一个四通道的颜色值相比，单个值的计算速度更快。为了减少由于基于时间的过滤所导致的延迟并提高整体的画面对外部输入的相应度，我们使用类似于 Karis[15] 提出的方法，将其与一个像素值范围（pixel value bounding box clamp）相结合。我们使用基于 Salvi 方差的方法[22] 来计算范围的大小，其内核为 5×5 个像素。整个过程如图 25.6 所示。

值得注意的是，我们使用最近命中着色器实现阴影。阴影也可以用任意命中着色器实现，我们可以指定任意一个有效的命中为有效。由于场景中没有任何需要经过透明度测试的几何体，如植被，因此 PICA PICA 不需要任意命中着色器。

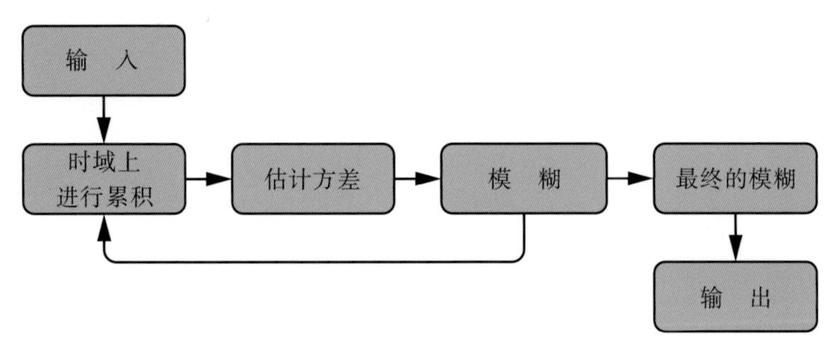

图 25.6 阴影过滤，基于 Schied 等人[24]的工作

虽然我们的方法适用于不透明阴影，但对于透明阴影也可以使用类似的方法[4]。半透明渲染，尤其是在仅限于光栅化的情况下，是实时渲染中的一个难题[20]。光线追踪使新的替代方案成为可能。我们通过将常规追踪阴影的代码替换为递归光线追踪半透明表面来实现透明阴影，结果如图 25.7 所示。

图 25.7 透光物体的混合光线追踪阴影

正确地在厚介质中追踪光线[11]并不是一个简单的问题。出于性能原因，我们采用薄膜近似法——假设颜色在物体表面。未来的改进中，我们将考虑实现基于距离的能量吸收。

我们从任何需要计算阴影的表面向光源发射光线。如果光线命中任何不透明的表面，或者光线没有命中任何物体，我们就终止追踪。然而，如果光线与某个透明表面求交成功，那么算法会根据物体的漫反射率对光强进行吸收，然后继续朝着光源追踪。如果所有的光都被吸收，就认为该光线没有命中，否则就认为光线命中了一个不透明的表面，计算最终的阴影值，如图 25.8 所示。

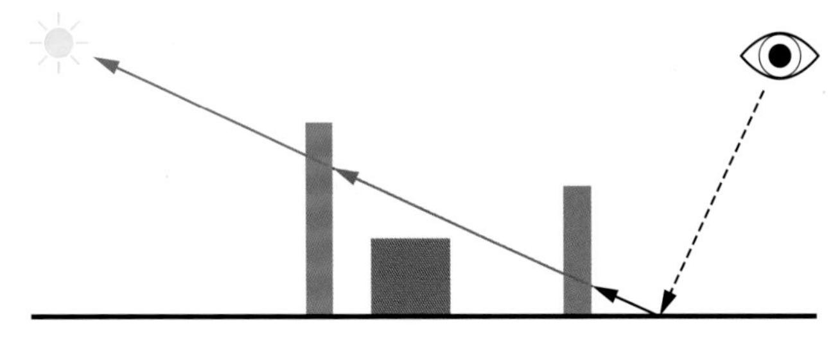

图 25.8 如何使用混合光线追踪技术来积累透光材质的阴影

虽然我们的方法确实考虑了菲涅耳效应对界面过渡的影响，但是却忽略了焦散效应的复杂度。因此，当介质入射侧的折射率高于远侧时，Schlick 的菲涅耳近似值[25]就会失效。为了改善这一点，我们基于 Schlick 模型，使用全内反射（total internal reflection）来进行近似[16]。

与不透明光线追踪软阴影类似，我们使用改进的 SVGF 过滤器过滤透明软阴影。值得注意的是，我们只在计算直接阴影时计算透明阴影。如果其他任何渲染模块需要对光源的可见性进行采样，我们将所有表面视为不透明表面以提升性能。

25.2.2　反　射

利用光线追踪的主要技术之一是反射。反射是渲染图像的基本组成部分。如果处理得当，反射将和场景中的对象完美相接，进而显著提高视觉逼真度。

在最近的电子游戏中，局部反射体（local reflection volume）[17]和屏幕空间反射（SSR）[27]是计算实时限制条件下的反射的两种主要方法。虽然这些技术通常可以提供足够逼真的结果，但这些方法并不健壮。当缺乏屏幕外的相关信息或无法捕捉到复杂的相互反射（interreflection）的情况下，这些方法就会失效。如图 25.9 所示，光线追踪能够以一种健壮的方式实现完全动态的复杂反射。

图 25.9　运用混合光线追踪的反射

与我们处理阴影和环境光遮蔽的方法类似，我们从 G-Buffer 提取表面位置以发射反射光线从而节省进行主可见性检测的需要。反射缓冲为半分辨率大小，也可以认为是每四像素发射一条光线进行。由于有多个环节对本帧的反射信息进行重建和过滤使其达到完全分辨率，因此采用半分辨率并不会对质量产生明显影响。通过同时使用空间和时间上信息，来重建丢失的局部信息，我们可以在保证算法性能的基础上仍然渲染出在视觉上令人信服的反射效果，并且我们的技术适用于任意具有不同法线、粗糙度、材料类型的不透明表面。我们最初使用的方法是将上文描述的方法与屏幕空间反射（SSR）相结合以保证性能，但最终考虑到简洁性和一致性，我们决定仅使用基于光线追踪的反射。我们认为我们的方法会更接近由路径追踪产出的结果，原因有二：第一，经典的基于屏幕空间模糊算法需要构造特殊逻辑以避免意外模糊掉物体轮廓，但是由于我们的方法依赖随机抽样和时空过滤，所以我们不需要处理这种问题；第二，我们使用了由 BRDF 构造的随机路径对表面进行着色，所以表面外观更加真实。

如图 25.10 所示，反射系统有一套完整的流程。第一步，我们通过对材质进行重要性采样，根据相机的观察方向，同时考虑我们的分层 BRDF，来决定光线的方向。受 Weidlich 和 Wilkie[29] 的启发，我们的材料模型将多层组合成一个单一、统一和富有表现力的 BRDF。该模型适用于所有照明和渲染模式，而且能量守恒，并能处理层间的菲涅耳效应。对材质使用均匀采样方法复杂且性能消耗较高，因此我们会基于正态分布进行重要性采样。一旦选择了一个微表面的法向量，我们就可以用它来计算观察向量（view vector）的反射向量来用作反射光线的方向。

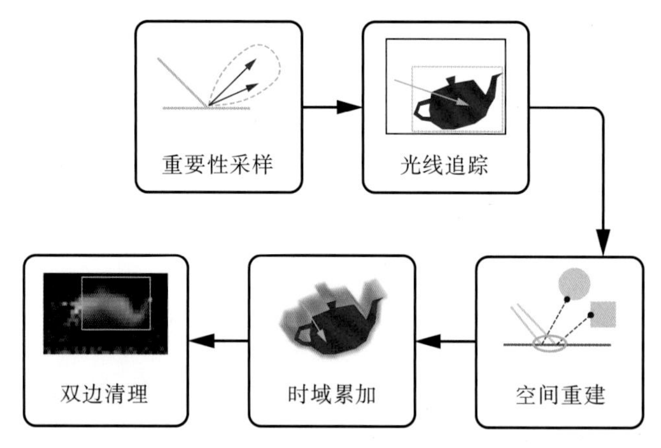

图 25.10 反射着色管线

每四个像素仅使用一条射线采样，因此高质量的光线分布尤为重要。在此，我们选择 Halton 拟随机低差序列进行采样，因为它不但易于计算，而且可以在样本数较多和较少的情况下同时保证分布的均匀性。为了使得每个像素之间都存在一定差异，我们还同时对每个像素使用了 Cranley-Patterson 旋转。

由于反射的方向是样本空间中的一个任意值并且服从正态分布，算法可能产生朝物体内部发射的光线，如图 25.11 中的蓝线所示，对于这种情况，我们可以进行对应的检测，并计算另一条反射光线。

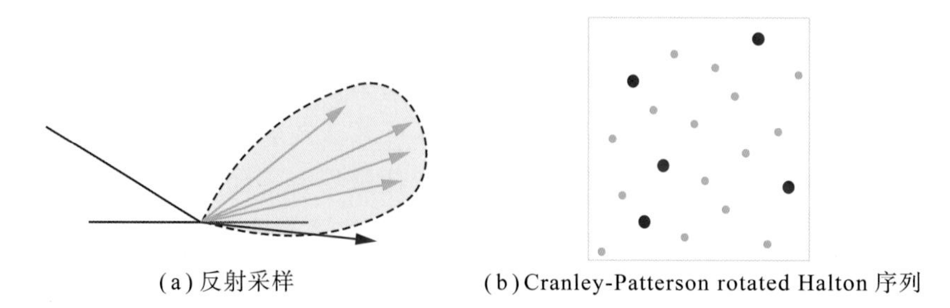

(a) 反射采样　　(b) Cranley-Patterson rotated Halton 序列

图 25.11 使用 BRDF 进行的重要性采样来生成的有效的反射光线（绿色）和在地平线之下的反射光线（蓝色）的分布，均服从概率分布（折线轮廓，灰色填充区域）

采样材质模型最简单的方法是对等概率随机选择其中一个层并采样该层的 BRDF。显然这样是浪费的——光滑透明的图层在大多数情况是几乎不可见的，但是当入射角为掠角（grazing angle）时占主导。为了优化采样效率，我们使用了一个基于每个层的估计可见度的概率密度函数来选择层，如图 25.12 所示。

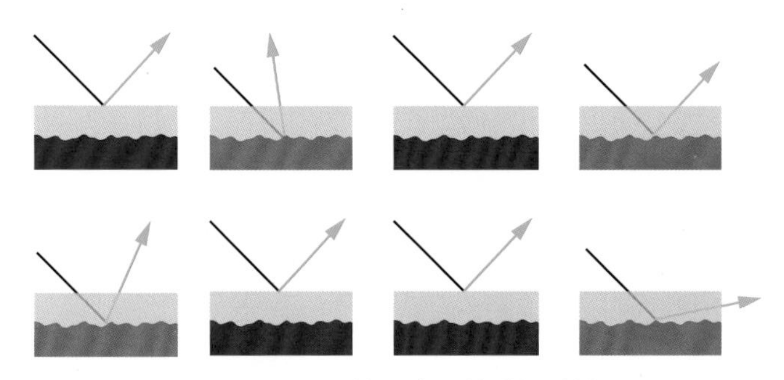

图 25.12　8 帧对多层材质的采样

在选择了某一层材质之后，我们通过之前提到的微表面法向采样算法来产生一条匹配材质参数的反射光线。除了反射向量之外，我们还需要对由重要性采样所取得的概率的倒数进行缩放来作为光照的贡献值。虽然多个层可能会产生相同的方向，但是我们应该关注于整个表面的采样概率，而不仅仅是表面上单个层的。因此，我们必须要将所有概率相加，使得最终的值可以代表对整个表面采样的方向，而不是对一个层的采样方向。这样做可以简化随后的重建步骤并且可以使用这个方法来表达整个材质，而不是单单一些部分。

图 25.13 所示是对单个光源场景进行路径追踪后得到的半分辨率反射缓冲。

```
1 result    = 0.0
2 weightSum = 0.0
3
4 for pixel in neighborhood:
5     weight = localBrdf(pixel.hit) / pixel.hitPdf
6     result += color(pixel.hit) * weight
7     weightSum += weight
8
9 result /= weightSum
```

图 25.13　1 光线 /4 像素情况下，使用混合光线追踪计算的反射

如图 25.14 所示，之后，我们对半分辨率的反射缓冲使用空间滤波。虽然结果仍然有一部分噪声，但是图像的尺寸已经是全分辨率的了。与 Stachowiak[27] 和 Heitz 等人[12] 的工作类似，这步和每像素追踪 16 条光线情况下能降低方差的量相近。全分辨率缓冲中每个像素追踪一些光线，并对它们的命中进行加权平均以重建反射，权重的一部分使用像素的 BRDF 来表达材质的影响，并且除以源光线的概率分布函数（PDF）来考虑光线方向的贡献。虽然这种方法并不是无偏的，但是在实践中效果仍然比较好。

图 25.14 在 100% 分辨率下重建后的混合光线追踪阴影

在计算反射的最后一步中，我们使用一个简单的双边滤波器（bilateral filter）来清理图像中残余的噪声。虽然这种过滤比较难控制，并且会过度模糊图像，但是对于高粗糙度的反射表面，我们仍然需要这种技术。与 SSR 相比，光线追踪不能依赖于模糊的屏幕图像来获得已经过滤过的辐射度（radiance），并且它产生的噪声比 SSR 要大得多，因此它需要更激进的滤波器。尽管如此，这种过滤器的效果仍然可控。我们通过估计空间重建过程中图像的方差，如图 25.15 所示，来调整过滤器的核（kernel）。在方差较低的情况下，我们会减小内核大小和样本计数，从而防止过度模糊图像。

图 25.15 反射的方差

由于在每帧最后我们还会使用 TAA（Temporal Antialiasing），我们将能够得到一张比较清晰的图像。当观察图 25.9 时，切记这是每帧每四个像素追踪一根光线所得到的结果，并且这种方法适用于运动的相机和物体。

不管是高粗糙度还是低粗糙度的表面反射，我们都使用随机采样处理。因此我们的方法本身就是具有噪声的。随机采样虽然容易产生噪声，但只要有足够的样本，就可以得到物理正确的结果。虽然我们也可以对于高粗糙度的表面使用模糊镜面反射来取得最终结果，但是这可能导致反射的结果溢出到邻近像素。同时，过滤核的像素宽度必须很大才能产生模糊反射，其结果还会被核周围的高频细节影响产生噪声。结构化走样（structured aliasing）过滤同样比较困难，因此非随机算法比随机算法容易产生更多的闪烁。与此同时，随机采样可以放大场景中的方差，尤其是对于小且亮的光源。当这些光源被检测到时，我们可以使用一些更加有偏的方法处理它们，让处理方法逐渐转向非随机方法。这一部分还需要更多的研究工作。我们的反射算法已经朝着这种将随机采样和空间重建相结合的方向迈出了一步。在实践中，我们对主样本空间进行了偏移，使光线飞得更接近镜像方向，然后在过滤过程中抵消了一些偏移。

对于时序累积，仅靠一个简单的指数平滑算子（它混合在前一帧之上）是不够的。对于时序技术来说，因为重投影必须将帧之间的结果关联起来，移动尤其困难。当我们重新思考的时候，两种不同的方法首先出现在我们的脑海里：第一，我们可以使用反射体的运动向量，这可以从混合渲染管线中的其他技术中获得；第二，反射随自己的视差移动，可以通过找到反射光线的平均长度来追踪，并且可以通过每个像素的平均命中点重投影。两种方法如图 25.16 所示。

(a) 动作重投影

(b) 交点重投影

(c) 将动作重投影和交点重投影的结果进行平均

(d) 限制结果的有效范围（clamping）

图 25.16

每种方法各有其优点。如图 25.16 所示，运动向量适用于粗糙的曲面，但不适用于光亮的平面。交点重投射（hit point reprojection）在地板上有效，但在曲面上无效。基于上述观察，我们可以对新生成的图像中的每个像素进行简单的统计，并使用它来选择采用哪种重投影方法。如果我们计算每个新像素的平均颜色和标准偏差，我们就可以定义一个距离度量，并使用它来衡量重投影值：

```
1 dist = (rgb - rgb_mean) / rgb_deviation;
2 w = exp2(-10 * luma(dist));
```

最后，如 Karis[15] 所示，我们可以使用局部像素统计来拒绝或限制重投影的值，并强制它们适应新的分布。虽然结果并不完美，但是确实是向前又迈进一步。虽然这会使结果产生偏差，并会产生一些闪烁，但它可以很好地清除重影，并足以满足实时场景。

25.2.3 环境光遮蔽

在实时渲染与离线渲染中，一般都会使用环境光遮蔽（AO）[18] 提高近景在全局光照方案失效时的渲染质量，并且对于具有非常少甚至没有直接阴影的地面上物体尤其有帮助。在电子游戏中，一般预先采用离线方法或者实时使用屏幕空间信息来计算环境光遮蔽。虽然烘焙可以提供准确的信息，但是却无法处理移动的物体。基于屏幕空间信息的方法，如 GTAO（Ground-truth Ambient Occlusion）[18] 和 HBAO（Horizon-Based Ambient Occlusion）[15]，虽然可以提供逼真的效果，但是却会受限于屏幕空间中含有的信息。比如当屏幕外的物体理应影响遮蔽的结果，或者物体在视锥内但是在预处理阶段被剔除了，屏幕空间算法就会失效，效果可能会显得非常不自然。

我们可以通过实时光线追踪技术来渲染高质量的环境光遮蔽效果，从而摆脱光栅化算法中的各种限制。在 PICA PICA 中，我们生成光线来对遮蔽函数进行随机采样，其方向通过对半球面随机取样来决定，同时通过一个余弦加权分布（consie-weighted distribution）[9] 来减少噪声。除此之外，我们还将每个场景用于采样 AO 使用的最大射线检测长度当作参数暴露出来，在提高性能的同时也能提高效果。最后，我们还使用了一种和我们处理阴影时使用的类似技术来进一步进行降噪。

环境光遮蔽使用的着色器与阴影的非常类似，所以我们仅仅列出了部分代码。和阴影相似，我们通过 G-Buffer 来计算每个像素对应的世界坐标和法向量。

```
1 // AO 光线生成着色器的部分代码，为简洁起见，给出代码片段
2 // 完整着色器在其他方面与阴影光线生成着色器
3 // 基本相同
4 float result = 0;
5
6 for (uint i = 0; i < numRays; i++)
7 {
8   // 为 AO 射线选择一个随机方向
9   float rnd1 = frac(haltonNext(hState) + randomNext(frameSeed));
10  float rnd2 = frac(haltonNext(hState) + randomNext(frameSeed));
11  float3 rndDir = cosineSampleHemisphere(rnd1, rnd2);
12
13  // 旋转半球
14  // 向上是在像素表面法线方向
15  float3 rndWorldDir = mul(rndDir, createBasis(gbuffer.worldNormal));
16
```

```
17    // 创建光线和有效负载
18    ShadowData shadowPayload;
19    shadowPayload.miss = false;
20
21    RayDesc ray;
22    ray.Origin = position;
23    ray.Direction = rndWorldDir;
24    ray.TMin = g_aoConst.minRayLength;
25    ray.TMax = g_aoConst.maxRayLength;
26
27    // 追踪我们的光线
28    // 利用阴影未命中，因为我们只在乎是否未命中
29    TraceRay(g_rtScene,
30              RAY_FLAG_SKIP_CLOSEST_HIT_SHADER|
31                  RAY_FLAG_ACCEPT_FIRST_HIT_AND_END_SEARCH,
32              RaytracingInstanceMaskAll,
33              HitType_Shadow,
34              SbtRecordStride,
35              MissType_Shadow,
36              ray,
37              shadowPayload);
38
39    result += shadowPayload.miss ? 1 : 0;
40 }
41
42 result /= numRays;
```

由于在 shadow payload 中，标记 miss 被初始化为 false，并且仅仅会在未命中着色器中设置成 true，我们可以也设置 RAY_FLAG_SKIP_CLOSEST_HIT_SHADER 来跳过命中着色器。最后，我们在单元半球面上生成服从余弦加权分布的采样，使用 G-Buffer 中的法向量信息来生成切线空间，得到世界坐标系中的方向向量。

图 25.17 比较了不同版本的环境光遮蔽，它们的最大遮蔽检测距离均为 0.6 米。我们通过对每个像素进行 1000 次采样，生成了图 25.17（a）的参照图像。显然这对于实时场景来说太慢了，在 PICA PICA 中，我们每像素采样一次或两次，生成了图 25.17（b）中充满噪声的结果。在通过过滤之后，如图 25.17（c）所示，我们得到了较好的结果。虽然 1spp 的结果没有那么锐利，但我们降噪后的环境光遮蔽结果已经和参考结果非常接近了。

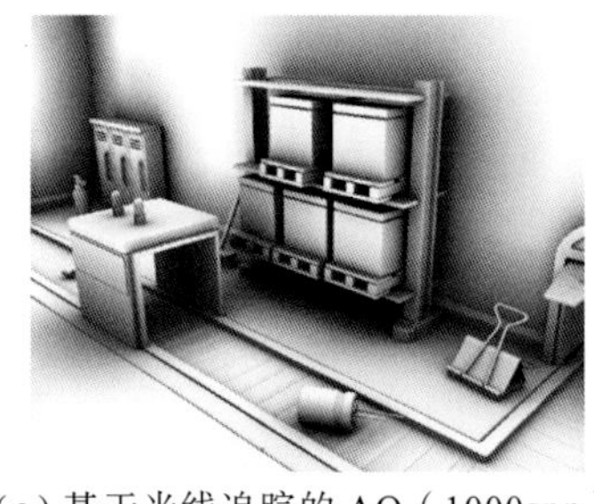
(a) 基于光线追踪的 AO（1000spp）

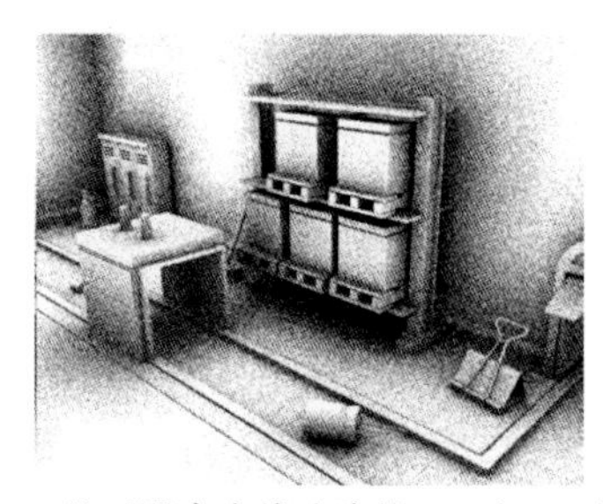
(b) 基于混合光线追踪的 AO（1spp）

图 25.17

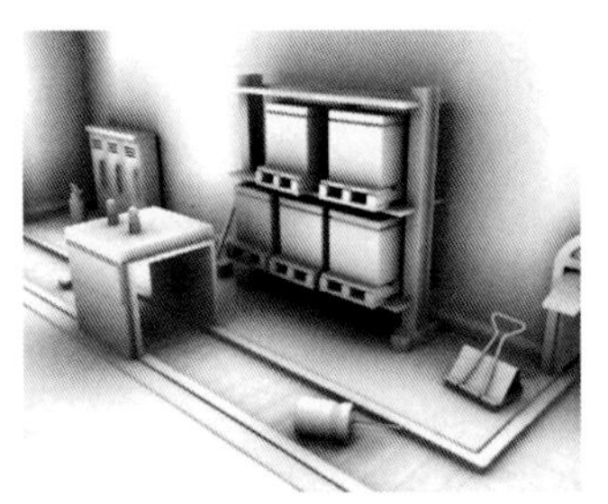

(c) 过滤后混合光线追踪 AO（1spp）

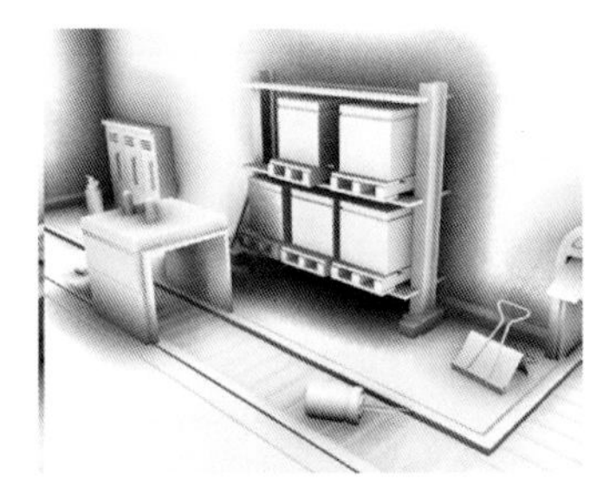

(d) GTAO

续图 25.17

25.2.4 透明物体的渲染

在光栅化渲染中，透明物体通常通过额外的渲染管线单独处理。然而在光线追踪渲染器中，无论物体的透明度如何，我们都可以使用统一的算法，正如使光线在整个场景的空气中传播一样，使光线在厚介质中传播同样可以计算正确的光照结果。如图 25.18 所示，渲染玻璃等非不透明材质中的折射效果就是一个非常典型的例子。

(a) 物体空间的混合光线追踪透明物体结果

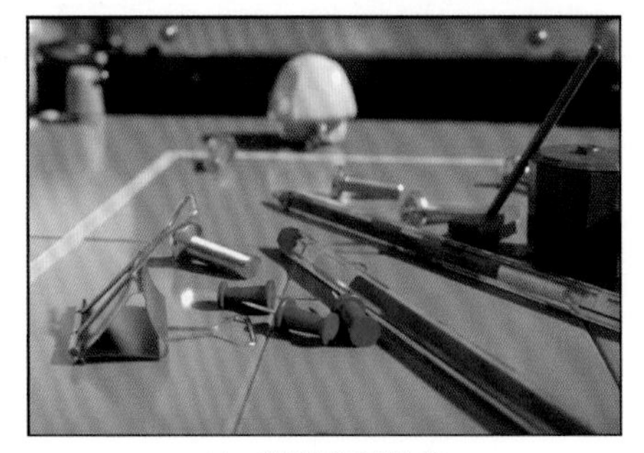

(b) 纹理空间输出

图 25.18

在光线追踪算法中，我们可以从相交测试的结果中非常容易地得到一系列介质转换的信息。图 25.19 展示了一条光线是如何从介质外部传播并穿过介质。在这个过程中，光线由于材质的物理参数特性发生折射而改变方向，这些中间信息对于渲染介质对光线的吸收和散射等高质量效果至关重要，并作为光线的一部分信息保存起来。我们将在 25.2.5 章节中描述散射的细节。

光线追踪通过记录介质的转换实现了与渲染顺序无关的透明物体渲染，并精确计算出含透明度物体相对其他物体的位置顺序关系。对于光滑表面来说，顺序无关的折射渲染显得非常简单且直接，然而对粗糙表面的折射就需要额外的处理。如图 25.20 所示，我们需要多次采样才能够收敛到一个没有噪声的结果。因为屏幕上很有可能有多层不一样的材质相互重叠，所以这种折射效果很难通过顺序无关的方式进行过滤。我们现有的屏幕空间的实时降噪器为了实现与顺序无关的渲染，假设屏幕上没有多层表面相互重叠。

不仅如此，当场景变得复杂时，对每个像素实现顺序无关的透明度渲染会需要非常多的内存以使其可以交互。

图 25.19　在物体空间渲染光滑透明物体表面

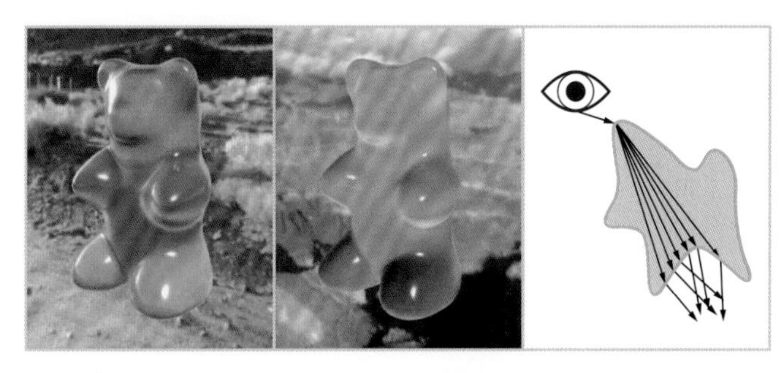

图 25.20　在物体空间渲染粗糙透明物体表面

我们将物体空间的光线追踪和纹理空间参数化以及整合结合起来一起改善这个问题。纹理提供了一个稳定的积分空间和更可控的内存足迹（memory footprint）。对于每个物体，将物体空间映射到纹理空间也使得我们可以预测每帧光线追踪所需要的光线的数量，进而可以计算需要的开销。这些预测对于实时渲染来说是非常重要的。图 25.21 提供了一个根据需求，在进行光线追踪前生成的纹理空间映射的例子。这种方法最少需要位置和法向量信息，但是其他的额外如材质等信息也可以通过类似的方式存储起来。这可以认为是为每个物体生成了一套 G-Buffer。除此之外，这种方法还必须保证在展开 UV 时，没有片面相互重叠。图 25.22 展示了光线追踪的结果。

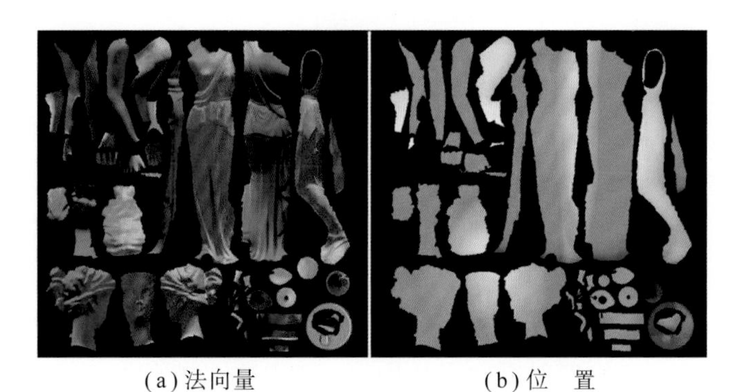

(a) 法向量　　　　(b) 位　置

图 25.21　物体空间的参数化

(a) 结 果 (b) 纹理空间输出

图 5.22 使用混合光线追踪，在物体空间渲染透明物体表面

在追踪光线时，我们结合上文的参数化方法和相机的信息来生成光线的原点，并决定光线的方向。应用 Snell 定律，我们可以计算出透明光滑玻璃的折射，而毛玻璃的折射则需要应用一个基于物理的散射公式[28]，光线在遇到微表面时发生折射，并根据粗糙度在一定的立体角范围内发散。对于越是粗糙的表面，立体角的范围越大。

当光线从一种介质进入另一种介质时，我们可以使用 DXR 提供的 `HitKind()` 来获取光线命中了三角形的正面还是背面，进而获取介质转换的信息。

```
1 // 从空气到玻璃或从玻璃到空气,
2 // 选择正确的折射率
3 bool isBackFace = (HitKind() == HIT_KIND_TRIANGLE_BACK_FACE);
4 float ior = isBackFace ? iorGlass / iorAir : iorAir / iorGlass;
5
6 RayDesc refractionRay;
7 refractionRay.Origin = worldPosition;
8 refractionRay.Direction = refract(worldRayDir, worldNormal, ior);
```

有了这些信息，我们可以改变折射的下标并准确处理介质的转换。然后，我们可以追踪一根光线，对光源进行采样，并根据Beer定律估计介质的吸收特性以调整最后的结果。我们也可以通过计算色差来估计与光线波长相关的折射。

这是一个递归的过程，并且根据不一样的性能指标，我们可以设定不一样的递归深度上限。

25.2.5 透光物体的渲染

图 25.23 展示了三张光线追踪透光物体的渲染结果。我们使用和处理透明物体相类似的方法，将透光物体的表面位置映射到纹理空间。图 25.24 展示了散射的过程：假设有一个光源和一个需要着色的表面，如图 25.24（a）所示，我们通过图 25.24（b）表面的法向量确定合法的位置；对于其中一个点来说，选取其法向量，我们可以延长该向量使其进入物体内部，如图 25.24（c）所示；之后，和 Christensen et al.[6]所做的工作相似，如图 25.24（d）所示，我们发射方向服从均匀球面分布的光线，虽然我们可以一次性发射多条光线，但是事实上我们每帧仅发射一条；最后，我们在命中处计算光照的结果，如图 25.24（e）所示，并和之前已有的结果相过渡。

图 25.23　混合光线追踪渲染透光表面

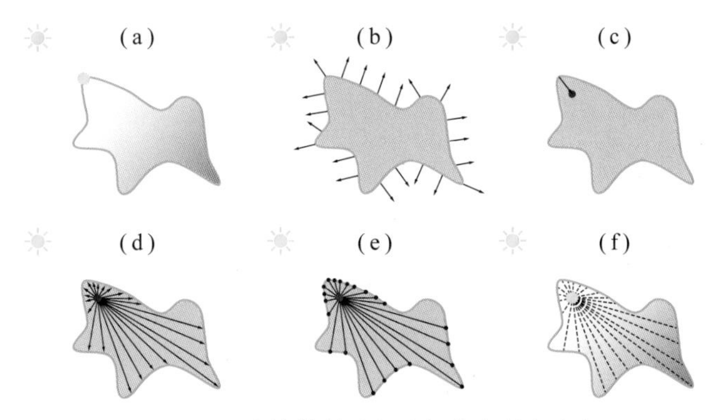

图 25.24　光线散射过程（细节参见文字）

如图 25.25 所示，我们通过时间积累（temporal accumulation）来使得结果最后收敛。由于漫反射光照效果本身的特点，我们没有遇到足够多的噪声，所以我们并没有再额外使用基于空间滤波的方式进行进一步降噪。由于当物体移动时，光照条件会改变，所以基于时间滤波的方式需要无效化现有的结果，并适应这种动态性。指数平均是一种简单而可行的方式。为了提高响应度和稳定性，我们使用了一个基于指数平均的自适应的基

图 25.25　在纹理空间积累混合光线追踪的结果

于时间滤波的算法[26]。在下一节中，我们会详细介绍这个算法，并展示如何通过控制它的滞后性来在动态的情况下重新收敛到期望结果。

25.2.6 全局光照

作为全局光照的一部分，添加间接光照的漫反射部分能使得场景中的物体之间显得和谐，并使得结果显得尤其逼真。

在 PICA PICA 中，我们采用了一种不需要预先计算的漫反射间接光照方案，这种方案也不需要类似 UV 坐标这类的预计算数据。这方法提供了非常逼真的效果，同时还解放了艺术家的生产力，使得他们不需要思考全局光照的实现细节。

我们的方法支持静态场景，并且能够很好地响应动态场景中的变化，在若干帧之后能够得到非常高质量的结果。由于在现有硬件的条件下无法计算每个像素的全局光照并同时达到实时帧率，我们需要同时在时间与空间域上同时进行积累。本项目每帧有 250 000 条光线计算漫反射全局光照。

我们在世界空间中储存一种动态分配的叫做面元（surfel）的数据结构来达到所需要的性能标准及画面质量。如图 25.26 所示，对于这个场景来说，如果每个面元每帧可以使用一条光线，我们最多可以使用 250 000 个面元。每个面元中存储了位置、法向量、半径及辐照等信息。由于面元被存储在世界空间中，所以根据时间积累的结果不会有遮蔽问题（比如上一帧并不可见的物体在下一帧中变得可见）。由于这只是一簇的面元，所以我们不需要对场景做任何的参数化。对于非静态的物体，面元会记录其生成的位置在哪个物体上，并每帧动态更新其位置。

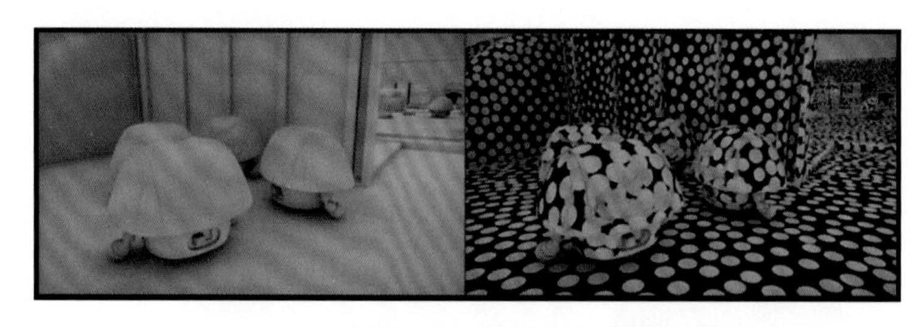

图 25.26 基于面元的漫反射光照相互反射

程序在启动时将分配一个数组来存储面元。在这之后，程序根据相机的位置来渐进地生成面元，如图 25.27 所示。我们在 GPU 上完成之后的步骤，当有新的面元被存储进数组时，原子计数器（atomic counter）就会加一。放置面元的算法是一个需要使用 G-Buffer 信息的迭代过程。首先，我们将屏幕切分成 16 × 16 的区域，并分别计算每个像素的面元覆盖率。算法倾向于在覆盖率较低的地方生成新的面元。我们首先将屏幕细分成多个区域（tile），并在每个区域内找到覆盖率最低的像素作为最优的备选像素。在这之后，我们通过使用 G-Buffer 中的法向量和深度信息来生成新的面元，并同时在面元中记录这些信息。

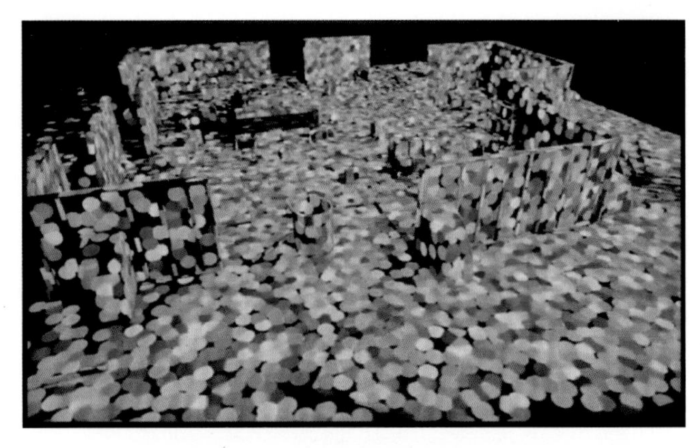

图 25.27 面元渐进地在场景中生成

需要注意的是，面元是根据概率生成的。考虑以下场景：当相机靠近一面几乎没有面元的墙时，突然间所有像素的面元覆盖率都非常低，因此它们都开始要求生成面元。由于每个区域之间相互独立，较小的区域将生成过多的面元，因此，生成面元的启发算法中考虑了像素在世界空间中的投影面积。这个过程在每帧都会被重复，如果某个局部的面元覆盖率较低时，新的面元就会被生成。不仅如此，由于我们在屏幕空间进行生成面元的操作，突然的相机或物体运动会使得第一次被见到的区域缺少漫反射全局光照。对于需要在时间上进行积累的算法来说，这种“第一帧”问题是非常常见的，并且会被用户发现。虽然 PICA PICA 并没有这个问题，但是根据使用场景的不同，这可能是一个需要考虑的问题。

一旦被赋值，面元在数组和场景中都是永久存在的，参见图 25.28。对于累积漫反射的相互反射分量而言，这是必不可少的。由于 PICA PICA 场景本身很简单，我们不必管理复杂的面元回收逻辑。在重载场景时，我们充值原子计数器。如 25.3 节所示，在这一代的光线追踪显卡上性能十分可控，25 万个面元消耗了 0.35ms。我们相信在成为性能瓶颈前，面元数量还可以增加不少。如果读者希望在更复杂的应用中（比如游戏）使用该技术，那么需要借助更高级的分配和释放规则。考虑到大规模的开放世界游戏中所需的 LOD 管理，这个方向还需更多的研究工作。

面元的渲染方式和光源应用到屏幕上时类似。受 Lehtinen 等人[19]的方法影响，我们使用了基于 smoothstep 的距离衰减函数以及 Mahalanobis 指标以沿着法线方向压扁面元。也使用了基于角度的衰减，但是每个面元的负载值仅仅是辐照度，不包含方向信息。出于对性能的考虑，我们使用一个额外的世界坐标系下的数据结构，以支持三维空间的间接漫反射光线追踪的查询。这是个网格结构，每个格子中保存一组面元，也可用于空间裁剪。于是，空间中的每个像素或点都可查询包含它的格子，并找到所有相关的面元。

当然，使用面元也有一些缺陷，比如分辨率将受限于面元的分布，并且算法将无法捕捉高频细节。为了补偿这一点，我们在屏幕空间环境光遮蔽（Screen space Ambient Occlusion）的基础上进行多次反射，并添加颜色信息[14]。这是一种基于审美来补偿缺失高频信息的做法，尽管这种使用含有高频信息的 AO 算法并不完全符合理论。如图 25.29 所示，这种着色多频（colored multi-frequency）方法还帮助我们保持了整个像玩具一样的场景的暖色调色温。

图 25.28 在屏幕空间中使用面元

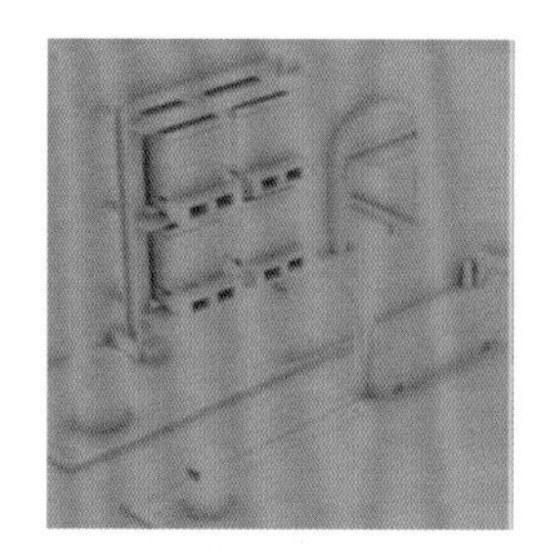

(a) 颜色编码的 GTAO

(b) 基于面元的 GI

(c) 同时使用基于面元的 GI 和颜色编码的 GTAO

图 25.29

我们通过在简单单向路径追踪渲染器中添加额外和光源的连接来计算面元的辐照信息。对于刚刚生成的面元来说，算法会生成很多的路径来帮助结果更快地收敛。之后，路径的数量将逐渐减少，直到每帧一条。完全递归的路径追踪通常非常昂贵，对于我们的情况来说，也并非必要。通过重用上一帧的输出，我们可以将额外的反射均摊到每一帧中以充分利用时间连贯性（temporal coherence）。如图 25.30 所示，当路径第一次命中后，立刻对前一帧的结果进行采样。面元路径追踪反射结果中的间接光照来源于该次反射命中的其他面元上的信息（经过一段时间后收敛）而不是一条多次反射的路径。这种方法相比于路径追踪来说更接近于辐照度算法。对于我们以漫反射为主的场景来说，最后的视觉效果和路径追踪非常相近。

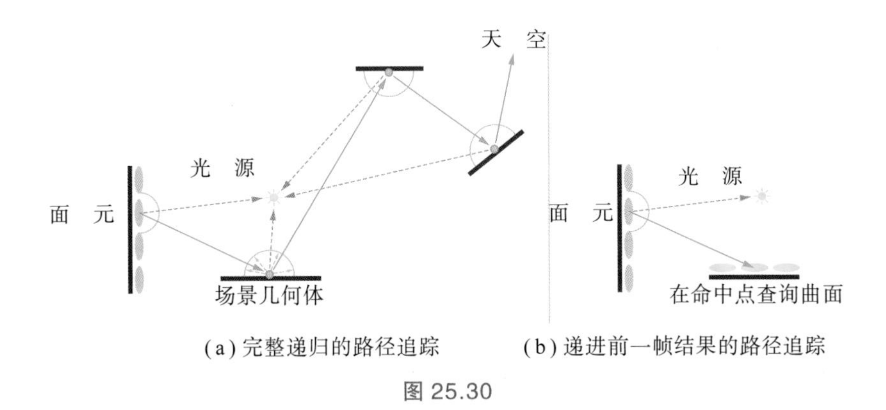

(a) 完整递归的路径追踪　　(b) 递进前一帧结果的路径追踪

图 25.30

路径追踪一般使用蒙特卡罗积分。它可以表达成一个均值估计模型（estimator），积分的结果是线性递减权重的加权平均。积分结果不变是其收敛的一个重要条件，而在我们的动态全局光照中并非如此，积分的结果随时都可能产生变化。对于可交互的路径追踪渲染器以及渐进式光照贴图烘培器来说，它们的目标是在运行足够的时间之后提供一个完全正确的无偏结果，因此它们一般通过在积分结果产生变化时重置积累的结果来应对这一问题。而对于实时系统来说，强制重置并不可行。

由于无法使用理论上完全正确的蒙特卡罗方法，我们不追求数值上完全收敛，而改为使用一个基于指数平均的估计模型。

$$
\begin{aligned}
&\bar{x}_0 = 0 \\
&\bar{x}_{n+1} = \operatorname{lerp}\left(\bar{x}_n, x_{n+1}, k\right)
\end{aligned}
\tag{25.1}
$$

整个公式和蒙特卡罗方法非常类似，区别在于如何定义加权参数 k。对于新的采样来说，指数平均一般采用较小的常量以缩小新的样本对整体方差的影响，进而防止输出值产生抖动。

如果新的采样方差不大，那么输出方差自然也不会大。在这种情况下，就可以使用较高的加权参数 k。由于积分结果会随时间变化，我们需要另一个估计模型来评估离当前时刻一段时间内的短期均值和方差，并将结果应用于主加权参数的估计中，进而动态地对 k 进行估计。同时，短期（short-term）数据也帮助我们理解了对于不同的输入采样应该对应何种输出值，并进而在输出值开始偏离有效范围时，帮助提高加权参数。正如演示中所示，这种方法在实践中能够实现非常好的间接漫反射光照效果。

```
1 struct MultiscaleMeanEstimatorData
2 {
3   float3 mean;
4   float3 shortMean;
5   float vbbr;
6   float3 variance;
7   float inconsistency;
8 };
9
10 float3 MultiscaleMeanEstimator(float3 y,
```

```
11    inout MultiscaleMeanEstimatorData data,
12    float shortWindowBlend = 0.08f)
13 {
14    float3 mean = data.mean;
15    float3 shortMean = data.shortMean;
16    float vbbr = data.vbbr;
17    float3 variance = data.variance;
18    float inconsistency = data.inconsistency;
19
20    // 抑制“萤火虫”
21    {
22      float3 dev = sqrt(max(1e-5, variance));
23      float3 highThreshold = 0.1 + shortMean + dev * 8;
24      float3 overflow = max(0, y - highThreshold);
25      y -= overflow;
26    }
27
28    float3 delta = y - shortMean;
29    shortMean = lerp(shortMean, y, shortWindowBlend);
30    float3 delta2 = y - shortMean;
31
32    // 这应该是一个比 shortWindowBlend 更长的窗口，
33    // 以避免在短期均值变小时方差变小的偏差
34    float varianceBlend = shortWindowBlend * 0.5;
35    variance = lerp(variance, delta * delta2, varianceBlend);
36    float3 dev = sqrt(max(1e-5, variance));
37
38    float3 shortDiff = mean - shortMean;
39
40    float relativeDiff = dot( float3(0.299, 0.587, 0.114),
41          abs(shortDiff) / max(1e-5, dev) );
42    inconsistency = lerp(inconsistency, relativeDiff, 0.08);
43
44    float varianceBasedBlendReduction =
45          clamp( dot( float3(0.299, 0.587, 0.114),
46          0.5 * shortMean / max(1e-5, dev) ), 1.0/32, 1 );
47
48    float3 catchUpBlend = clamp(smoothstep(0, 1,
49         relativeDiff * max(0.02, inconsistency - 0.2)), 1.0/256, 1);
50    catchUpBlend *= vbbr;
51
52    vbbr = lerp(vbbr, varianceBasedBlendReduction, 0.1);
53    mean = lerp(mean, y, saturate(catchUpBlend));
54
55    // Output
56    data.mean = mean;
57    data.shortMean = shortMean;
58    data.vbbr = vbbr;
59    data.variance = variance;
60    data.inconsistency = inconsistency;
61
62    return mean;
63 }
```

25.3 性　能

我们在这一小节中提供了各种不一样的性能指标来度量混合渲染管线中光线追踪的不同方面。我们使用了NVIDIA预发售的Turing GPU以及驱动，采集了图25.31中的数据，渲染了图25.32的场景和相机角度。当我们在SIGGRAPH 2018进行展示时[4]，PICA PICA能够以每秒60帧的速度，在1920×1080的分辨率下运行，并且这些性能指标相对应的，使用了当时最尖端的GPU，NVIDIA的Titan V（Volta）进行渲染。

	Volta（ms）			Turing（ms）			x = faster
阴　影							
1 SPP	1.48			0.44			3.3x
2 SPP	2.98			0.77			3.9x
4 SPP	5.89			1.31			4.5x
8 SPP	11.53			2.33			4.9x
16 SPP	23.54			4.65			5.0x
AO							
	0.5m	2.0m	20m	0.5m	2.0m	20m	
1 SPP	1.67	2.18	2.50	0.54	0.62	0.62	3.0–3.6x
2 SPP	3.41	4.48	5.08	0.88	1.01	1.01	3.8–4.4x
4 SPP	6.71	8.81	10.03	1.48	1.64	1.64	4.5–4.3x
8 SPP	13.27	17.44	19.85	2.55	3.02	3.02	5.2–5.7x
16 SPP	26.56	34.90	39.96	4.90	5.82	5.82	5.4–6.0x
反　射	2.97			1.45			2.0x
半透明 & 透明	0.47			0.25			1.9x
GI	1.70			0.35			4.8x

图 25.31　性能指标，单位：毫秒（ms）。绿色部分为 SIGGRAPH 2018 的时间

图 25.32　进行性能评测的场景

25.4 未 来

PICA PICA 项目中所使用的混合渲染管线技术使得在实时系统中渲染视觉上令人愉悦并非常接近光线追踪的效果成为可能。同时，尽管在每帧中，每个像素仅发射了非常少的光线，我们的结果基本没有噪声。并且由于实时光线追踪，我们可以将原有各种运行条件非常苛刻的技术替换成统一的渲染算法，进而逐步淘汰各种易于产生破绽的算法，如基于屏幕空间的光线步进，并且节省了艺术家调整效果的时间。即使内容创作者不是专家也可以轻易创建逼真的视觉效果，从此写实的渲染效果可以变得唾手可得。

这是一个新的领域，实时光线追踪无疑提供了许多可能性。虽然开发者永远会要求更高性能的硬件，我们现有的硬件已经开始能够在保证高性能和帧率的情况下，提供高品质的渲染效果。如果科学地分配光线的预算，我们一定可以通过缓和渲染技术在实时条件下达到离线路径追踪渲染器的渲染质量。

25.5 代 码

```
 1 struct HaltonState
 2 {
 3   uint dimension;
 4   uint sequenceIndex;
 5 };
 6
 7 void haltonInit(inout HaltonState hState,
 8                  int x, int y,
 9                  int path, int numPaths,
10                  int frameId,
11                  int loop)
12 {
13   hState.dimension = 2;
14   hState.sequenceIndex = haltonIndex(x, y,
15          (frameId * numpaths + path) % (loop * numpaths));
16 }
17
18 float haltonSample(uint dimension, uint index)
19 {
20   int base = 0;
21
22   // 使用素数
23   switch (dimension)
24   {
25   case 0: base = 2; break;
26   case 1: base = 3; break;
27   case 2: base = 5; break;
28   [...] // 填充有序素数，case 0 ~ 31
29   case 31:  base = 131; break;
30   default : base = 2;   break;
31   }
32
33   // 计算倒根
```

```
34    float a = 0;
35    float invBase = 1.0f / float(base);
36
37    for (float mult = invBase;
38         sampleIndex != 0; sampleIndex /= base, mult *= invBase)
39    {
40      a += float(sampleIndex % base) * mult;
41    }
42
43    return a;
44 }
45
46 float haltonNext(inout HaltonState state)
47 {
48   return haltonSample(state.dimension++, state.sequenceIndex);
49 }
50
51 // 已从 [pbrt] 修改
52 uint haltonIndex(uint x, uint y, uint i)
53 {
54   return ((halton2Inverse(x % 256, 8) * 76545 +
55       halton3Inverse(y % 256, 6) * 110080) % m_increment) + i * 186624;
56 }
57
58 // 已从 [pbrt] 修改
59 uint halton2Inverse(uint index, uint digits)
60 {
61   index = (index << 16) | (index >> 16);
62   index = ((index & 0x00ff00ff) << 8) | ((index & 0xff00ff00) >> 8);
63   index = ((index & 0x0f0f0f0f) << 4) | ((index & 0xf0f0f0f0) >> 4);
64   index = ((index & 0x33333333) << 2) | ((index & 0xcccccccc) >> 2);
65   index = ((index & 0x55555555) << 1) | ((index & 0xaaaaaaaa) >> 1);
66   return index >> (32 - digits);
67 }
68
69 // 已从 [pbrt] 修改
70 uint halton3Inverse(uint index, uint digits)
71 {
72   uint result = 0;
73   for (uint d = 0; d < digits; ++d)
74   {
75     result = result * 3 + index % 3;
76     index /= 3;
77   }
78   return result;
79 }
```

致 谢

感谢 SEED 的 PICA PICA 团队。SEED 是艺电的一个技术创新研究部门。我们也想感谢我们在 Frostbite 和 DICE 团队的朋友，他们在我们构建混合渲染管线时和我们进行了许多非常棒的讨论和合作。不仅如此，如果没有 NVIDIA 和来自微软的 DirectX 团队的帮助，这个先驱项目也不可能完成。同时非常感谢 Morgan McGuire 审阅了本章节，以及 Tomas Akenine-Möller 和 Eric Haines 对本章节的建议。

参考文献

[1] Akenine-Möller, T., Haines, E., Hoffman, N., Pesce, A., Iwanicki, M., and Hillaire, S. Real-Time Rendering, fourth ed. A K Peters/CRC Press, 2018.

[2] Andersson, J., and Barré-Brisebois, C. DirectX: Evolving Microsoft's Graphics Platform. Microsoft Sponsored Session, Game Developers Conference, 2018.

[3] Andersson, J., and Barré-Brisebois, C. Shiny Pixels and Beyond: Real-Time Raytracing at SEED.NVIDIA Sponsored Session, Game Developers Conference, 2018.

[4] Barré-Brisebois, C., and Halén, H. PICA PICA and NVIDIA Turing. NVIDIA Sponsored Session,SIGGRAPH, 2018.

[5] Bavoil, L., Sainz, M., and Dimitrov, R. Image-Space Horizon-Based Ambient Occlusion. In ACM SIGGRAPH Talks (2008), 22:1.

[6] Christensen, P., Harker, G., Shade, J., Schubert, B., and Batali, D. Multiresolution Radiosity Caching for Global Illumination in Movies. In ACM SIGGRAPH Talks (2012), 47:1.

[7] Cranley, R., and Patterson, T. Randomization of Number Theoretic Methods for Multiple Integration. SIAM Journal on Numerical Analysis 13, 6 (1976), 904–914.

[8] Dean, M., and Nordwall, J. Make It Shiny: Unity's Progressive Lightmapper and Shader Graph.Game Developers Conference, 2016.

[9] Dutré, P., Bekaert, P., and Bala, K. Advanced Global Illumination. A K Peters, 2006.

[10] EA SEED. Project PICA PICA—Real-Time Raytracing Experiment Using DXR (DirectX Raytracing).https://www.youtube.com/watch?v=LXo0WdlELJk, March 2018.

[11] Fong, J., Wrenninge, M., Kulla, C., and Habel, R. Production Volume Rendering. Production Volume Rendering, SIGGRAPH Courses, 2017.

[12] Heitz, E., Hill, S., and McGuire, M. Combining Analytic Direct Illumination and Stochastic Shadows. In Symposium on Interactive 3D Graphics and Games (2018), 2:1–2:11.

[13] Hillaire, S. Real-Time Raytracing for Interactive Global Illumination Workflows in Frostbite.NVIDIA Sponsored Session, Game Developers Conference, 2018.

[14] Jiménez, J., Wu, X., Pesce, A., and Jarabo, A. Practical Real-Time Strategies for Accurate Indirect Occlusion. Physically Based Shading in Theory and Practice, SIGGRAPH Courses, 2016.

[15] Karis, B. High-Quality Temporal Supersampling. Advances in Real-Time Rendering in Games,SIGGRAPH Courses, 2014.

[16] Lagarde, S. Memo on Fresnel Equations. Blog, April 2013.

[17] Lagarde, S., and Zanuttini, A. Local Image-Based Lighting with Parallax-Corrected Cubemap. In SIGGRAPH Talks (2012), 36:1.

[18] Landis, H. Production-Ready Global Illumination. RenderMan in Production, SIGGRAPH Courses,2002.

[19] Lehtinen, J., Zwicker, M., Turquin, E., Kontkanen, J., Durand, F., Sillion, F.,and Aila, T. A Meshless Hierarchical Representation for Light Transport.ACM Transactions in Graphics 27, 3 (2008), 37:1–37:10.

[20] McGuire, M., and Mara, M. Phenomenological Transparency. IEEE Transactions on Visualization and Computer Graphics 23, 5 (2017), 1465–1478.

[21] Pharr, M., Jakob, W., and Humphreys, G. Physically Based Rendering: From Theory to Implementation, third ed. Morgan Kaufmann, 2016.

[22] Salvi, M. An Excursion in Temporal Supersampling. From the Lab Bench: Real-Time Rendering Advances from NVIDIA Research, Game Developers Conference, 2016.

[23] Sandy, M. Announcing Microsoft DirectX Raytracing! DirectX Developer Blog, https://blogs.msdn.microsoft.com/directx/2018/03/19/announcing-microsoft-directxraytracing/,March 2018.

[24] Schied, C., Kaplanyan, A., Wyman, C., Patney, A., Chaitanya, C. R. A., Burgess, J., Liu, S.,Dachsbacher, C., Lefohn, A., and Salvi, M. Spatiotemporal Variance-Guided Filtering: Real-Time Reconstruction for Path-Traced Global Illumination. In Proceedings of High-Performance Graphics (2017), 2:1–2:12.

[25] Schlick, C. An Inexpensive BRDF Model for Physically-based Rendering. Computer Graphics Forum 13, 3 (1994), 233–246.

[26] Stachowiak, T. Stochastic All The Things: Raytracing in Hybrid Real-Time Rendering. Digital Dragons Presentation, 2018.

[27] Stachowiak, T., and Uludag, Y. Stochastic Screen-Space Reflections. Advances in Real-Time Rendering, SIGGRAPH Courses, 2015.

[28] Walter, B., Marschner, S. R., Li, H., and Torrance, K. E. Microfacet Models for Refraction through Rough Surfaces. In Eurographics Symposium on Rendering (2007), 195–206.

[29] Weidlich, A., and Wilkie, A. Arbitrary Layered Micro-Facet Surfaces. In GRAPHITE (2007), 171–178.

第 26 章　延迟的混合路径追踪

Thomas Willberger,
Clemens Musterle 和 Stephan Bergmann　Enscape GmbH

本章将展示一种通过组合了光栅化渲染和光线追踪来计算全局光照的混合渲染技术。我们通过在屏幕空间中求解相交点，使用重投影（reprojection）和滤波（filtering）的方法来重用上一帧的信息，降低了每帧所需要追踪的光线数量。为了保证内存访问效率，我们将光照信息存储在空间加速结构中。我们的技术不需要手动的预处理，并且预计算的过程仅需几秒。我们研发这种技术的初衷是用于建筑设计效果图的实时渲染，但是它也可以被应用于其他用途。

26.1　综　述

最近 GPU 加速的光线追踪取得了很大的进展，但是使用统一的算法来高效地渲染各种不同复杂度的场景仍然是一个具有挑战的问题。尤其在一些非游戏场合下，艺术家无法定义适合光线追踪的场景细节。因此我们希望尽可能轻便地进行预计算，且不对场景做过多预判的情况下，对基本静态的场景提供全局光照。我们首先将场景渲染到 G-Buffer 中，然后从 G-Buffer 中生成光线来计算光照信息。对于每条光线，我们首先尝试在屏幕空间中进行相交测试，因为如果成功的话，这一般都会比在基于空间的数据结构中进行光线追踪快得多。除此之外，我们使用在上一帧已经完全收敛的像素来累计需要多次反射才能够计算的光照信息。如果屏幕空间的追踪失败，我们将继续在空间数据结构中进行光线追踪，此处我们使用 BVH，并同时尽量保证较高的渲染质量。图 26.1 展示了一张我们渲染的图像。

图 26.1　这张图是用我们上述的方法渲染出来的。图中大部分所需的光线可以在屏幕空间中追踪得到，不过玻璃表面上的反射光线是由 BVH 追踪得到的，因为玻璃墙所反射的这些物体并不在屏幕空间中。这个场景中有各种不同的材质可能会和场景中的光线交汇，尽管大部分区域仅仅是被间接照亮。在 BVH 中追踪的光线只会产生一次间接反弹，但是在屏幕空间中的相交则从递归的多次反弹中获益（图像来源于 Vilhelm Lauritzen Arkitekter 为诺和诺德基金会所做的项目“LIFE”）

26.2　混合渲染方法

出于性能考虑（比如可以从上一帧重用和视角无关的漫反射分量），我们分开计算高光（specular）和漫反射（diffuse）。图 26.2 展示了整个渲染管线。

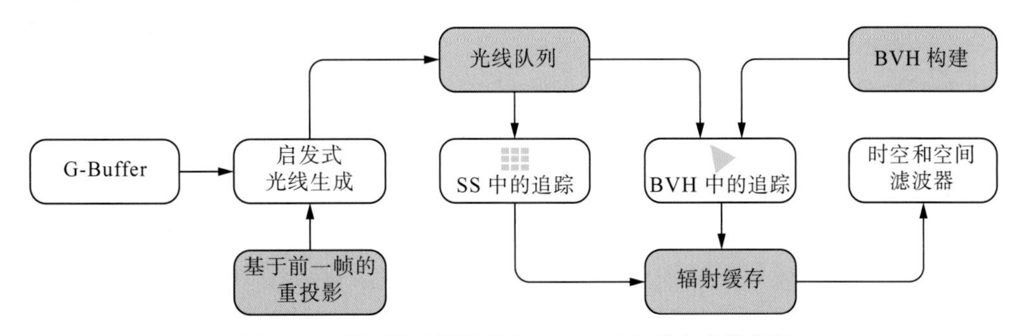

图 26.2　用于漫反射及高光 BRDF 的光线生成流程图

高光和漫反射部分的计算大体上都有以下几个步骤：

（1）启发式光线生成：首先我们需要决定是否需要生成新的光线。我们通过从上一帧获取未滤波的像素值，并参照相机运动重投影，然后逐像素比较已经计算的光线进行确认。

（2）遍历屏幕空间：我们从上一帧的深度缓冲（图 26.3）开始遍历。由于我们仅使用一个深度缓冲层，所以假设了一个厚度 t，与视场角及当前步进位置到相机的距离成正比，t 由以下公式定义：

$$t = \frac{d \tan(\alpha_{\text{fov}} / 2)}{wh} \tag{26.1}$$

其中，α_{fov} 是相机的视场角；d 是像素到相机的距离；w 和 h 分别为屏幕像素尺寸。如果没有这种厚度估计，在像素边缘处，若深度梯度过大，光线将会穿过封闭的表面。对于高分辨率或者较小的视场角，由于深度的微分会变小，t 需要相应减小。由于没有考虑几何体的法向量，这个方案并不能保证水密性（watertightness），但是它在大多数情况下

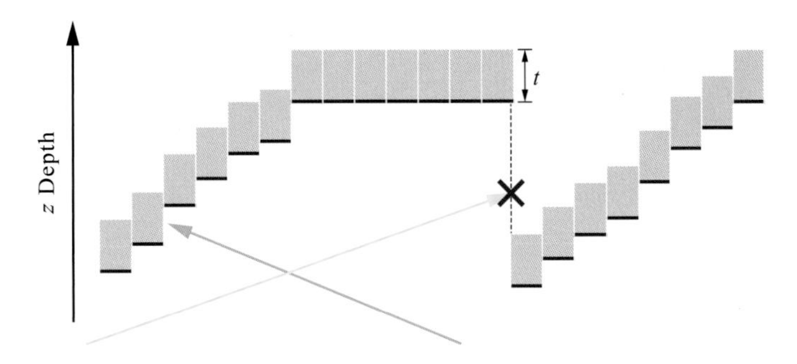

图 26.3　此图表示在屏幕空间中的光线遍历。我们默认 Z-buffer 前层的深度（紫色的线段）有一定的厚度。这使得光线不会透过封闭的表面（例如绿色的光线）。为了使误差最小化，当屏幕空间的光线进入到比我们预定厚度更后方的区域时（例如黄色的光线），我们就将它从屏幕空间中剔除，转而对其进行 BVH 中的追踪

都足够精确。t 和屏幕分辨率之间的关系保证了它在任何分辨率和相机距离都能准确追踪到物体表面。

我们需要选择一个相对较小的厚度来防止错误的命中。在屏幕空间进行光线步进（ray marching）时，采样点有可能大于该位置的深度值（离相机位置更远），但是又超出了可以接受的厚度范围。在这种情况下，由于没有可靠的被遮挡的几何体信息，我们不认为光线命中，并立刻停止屏幕空间中的追踪。我们如此判断，是因为并不确定是否有屏幕空间中没有出现的几何体。

因为部分的光照信息是与视角相关的，所以单从上一帧读取光照信息是不准确的。为了解决这个问题，缓冲中不再保存与视角相关的高光分量与半透明几何体，并通过与常量相乘来补偿其损失的光照能量。光线步进的结果之后被写入一个光线长度的缓冲。我们通过上一帧的结果来重建采样的位置，并借此在之后的场景遍历中利用纹理缓存。

（3）遍历 BVH：我们从屏幕空间的光线结束的位置开始，继续在 BVH 中进行光线遍历，并计算辐射度（radiance）。我们使用一个累计缓冲来存储所有光线的辐照度的总和。如果光线没有任意命中，就将天空盒的值存入累计缓冲。通过估计波瓣的尺寸，可以采样滤波后的纹理层（mip）来获得一个有偏的值以降低方差。

（4）滤波：在整合遍历结果之前，先用空间滤波，接着用时间滤波。

26.3 遍历 BVH

我们客户的场景复杂度千差万别。为了确保我们能够处理足够大的场景而仅对性能和内存使用产生合理的影响，我们的 BVH 并不包含所有场景的几何体。这意味着在任何一个时间，BVH 中只包含整个场景的一个子集，具体来说是距离相机较近的几何体。通过持续地、异步地根据相机的位置构建 BVH，几何体会根据离相机的距离，对应地加入 BVH 或者从 BVH 删除。由于我们对辐照度缓存进行了基于时间的累积（temporal caching），几何体的变化基本是非常平滑的。但是对于一些缺少稳定时间积累的表面（例如半透明几何体）来说，变化可能会比较明显。我们所面临的挑战是在我们的性能预算之内，在 BVH 中仅包含对视觉效果影响最大的物体。

26.3.1 选择几何体

为了能够选择包含相关的几何体，所有的几何体都被划分成可以单独被选择包含在 BVH 中的不同部分。这个划分可以通过物体本身的层级关系完成，但是显然对于包含较多三角形的物体需要进行进一步的划分。因此我们引入了一种自动细分的方案。我们为每个物体定义了一个估值函数来描述它的视觉重要性指标 j：

$$j = \frac{a}{d^2} p \tag{26.2}$$

其中，a 是物体在相机视角方向上的投影面积；d 是物体相对于相机的面积。这使得第一个系数可以和其从相机观察该物体所对应的固体角相比较。第二个系数 p 是一个与物体相关的重要性参数，对于自发光表面来说，由于缺少这些物体将会严重影响视觉效果，所以 p 大于 1，而对于不发光的表面，$p = 1$。

根据视觉重要性 j 对所有物体进行排序之后，按照不一样的效果等级，我们定义一个可以允许的性能预算以满足帧率要求。我们逐一加入具有 j 值最高的物体直到达到我们预算限制。除了几何体数量外，开销同时也要与另一个影响因素相乘。这个影响因素被尝试用来预测需要多少 aabb 相交测试才能成功相交一个几何图元或者错过模型的包围盒。我们使用基于三角形网格中共享定点数量的启发式方式来确定这个参数。这个方法来自于我们的过往经验，因为我们发现如果三角形几乎不共享顶点（比如植被），遍历的性能一般会没有那么高效。

最终我们构造了小于 10MB 的 BVH 树，并能在几毫秒内将其从 CPU 上传到 GPU。这个延迟一般可以通过双缓冲来隐藏。

26.3.2　顶点处理

对于 BVH 中的每一个顶点来说，我们在构造 BVH 的同时，预先计算一个单一的辐照度值。借此我们可以避免继续在第一次相交以后进一步遍历 BVH——这个操作可能非常昂贵，因为光线可能会越来越不连贯（incoherent），进而导致需要更高的计算量及访存开销。对于 BVH 中的每一个顶点来说，我们使用影响该顶点光照的所有灯光信息来计算辐照度值。我们通过向每个顶点，对每个灯光追踪一根阴影光线来进行可见性测试，从而确定最终灯光的集合。当在追踪时应用这些预计算的辐射度值时，每条从 G-Buffer 像素出发会做以下简化：

（1）当追踪发生在 BVH 中时，作为一种比较粗糙的估计，我们将在光照计算中包含有两次反弹的路径。

（2）我们简化了 BVH 遍历中的着色，仅计算漫反射值，并且每个点的辐照度按质心坐标对顶点进行插值计算。

为了避免由于第二步所导致的太过于明显的错误，我们将那些两个相邻顶点的辐照度超过阈值的三角形进一步细分。

26.3.3　着　色

为了减少一次对材质数据或者 UV 坐标的额外访问，在 BVH 中，每个三角形仅储存单一的表面颜色信息。因此纹理的颜色信息在创建 BVH 时被平均。对于剪切蒙版（cutout mask）来说，我们计算可见的像素数量并且通过一个程序生成的剪切模式（cutout pattern）来估计整体的可见比例。这种方法可以很容易地在三角形和射线的相交测试丢弃相交结果后，在相交着色器中进行求值。虽然这些估计对于漫反射而言效果较好，但是缺少材质和纹理信息对于比较突出的高光部分会很明显。因此，我们针对有光泽的高光反射会对表面的颜色材质进行采样。这个模式是可选的，对于诸如虚拟现实等需要更高性能的场合可以选择禁用。

整个着色过程包括对每个顶点进行对所有灯光的着色，包含阴影贴图的太阳光，以及只在最后一次光线相交时被应用来补偿缺失的多次反射的环境光。环境光读取预计算的天空盒值（基于 cosine 分布的卷积）和一个环境光遮蔽（AO）的参数。我们通过将 $-d$ 与 k 相乘（其中 d 为光线到表面的距离，k 为人工选取的经验参数）并将其映射到指数函数上来估计 AO 的值。这等同于仅含有一次采样的半球面估计，但是这可以帮助降低在室内场景下的环境光系数以避免光照漏入场景。完整的环境光计算可以这样描述：

$$a = m\left(e^{-dk} r_{\text{skybox}} + r_{\text{vertex}} + r_{\text{sun}}\right) \tag{26.3}$$

其中，m 是表面颜色；r 表示各种不一样来源的辐射度。

26.4 漫反射分量的传播

本节描述了处理漫反射和接近漫反射的间接光照。接下来的几个小节中分别解释了图 26.2 中的关键模块。图 26.4 展示了一个用户生成内容（user generated content）的案例。

(a) 可以在动态地调整阳光的同时保持其他光线和场景在几分之一秒内更新

(b) 图片中渲染的大部分场景都在图中可见，因此使用屏幕空间多次反射来模拟真实渲染准确性就很高

图 26.4 图片显示了建筑中不同的光线传递场景（图片来源于 Sergio Fernando）

对于每一个材质，我们将出射的辐射度划分为漫反射和高光分量。高光分量是根据菲涅耳函数所反射的光的量来区分，而漫反射部分则有可能进入表面并且和视角无关（至少在简单的 Lambert 模型中如此）。漫反射的方向分布（即波瓣）一般会比较大，因此需要更多采样才能收敛。另一方面，漫反射分量在空间中的分布更加一致，因此我们可以使用更激进的滤波方法，使用空间中更多的相邻像素来进行滤波。

26.4.1 启发式光线生成

采样方法的挑战在于我们希望可以得到一个伪随机的采样分布，借此在随后所要应用的滤波器的半径中包含尽可能多的信息。现有的离线渲染器通过最大化空间和时间采样的多样性来提升收敛的速度，如相关性多重抖动采样[9]。考虑到以下不同的情况，我们采用了一个更简单的逻辑：

（1）通常而言，针对图片中一个像素的样本并不依赖于其他图片区域的样本或者通过屏幕空间所获得之前几帧的旧样本。对于我们的情况而言，样本在多个屏幕和视角（由于重投影）进行积累，并且这些样本在若干帧内被一一分配。

（2）光线遍历的过程相对来说比较快速，使得复杂的采样逻辑变得不具有吸引力。

（3）重用样本和估计光照所引入的偏差大于通过一种更先进的类蒙特卡罗方法的所能提升的。

我们首先对一个余弦分布进行采样，该分布由 64^2 个像素的平铺蓝色噪声纹理给出，每个帧交替出现一个经过 Cranley Patterson 旋转[2]的 Halton 2，3 序列[4]。每像素所需的采样数取决于质量设置和直射光的数量。如果我们的漫反射光缓冲区的历史重投影（见 26.4.2 节）包含的样本超过了那个数量，则不会投射新的光线。我们将依赖于视图的漫反射模型乘以依赖于法向量 $\boldsymbol{n}$ 和视图向量 $\boldsymbol{v}$ 的点积及粗糙度因子的函数，类似于预先计算的镜面 DFG（distribution，Fresnel 及 geometry）项[6]。这种与视图向量的分离对于允许从不同的视图角度重用样本是必要的。

一旦我们决定查询一个新的光线，请求就被附加到一个列表中（图 26.2 中的光线队列）。然后屏幕空间遍历将使用此请求。如果我们在前一帧的深度缓冲区中找到一个有效的命中，那么结果将写入辐射累积纹理（radiance accumulation texture）。否则，将对全局 BVH 进行光线遍历。

26.4.2　基于前一帧的重投影

重投影的目的是重用之前帧中的着色信息。但是，在两帧之间，相机通常会移动，因此特定像素中包含的颜色和着色信息可能不再对该像素有效，而需要重新投影到新的像素位置。重投影仅发生在屏幕空间，而且对于已储存的辐射度的起源一无所知，不知是来源于 BVH 或屏幕空间。这只能用于漫反射着色，因为它是独立于视图的。

对于成功的重投影，我们需要确定问题中的着色点（即当前处理的像素）在前一帧中是否可见，否则我们无法重投影。为了确定我们是否有可靠的颜色信息源，我们考虑了运动向量，并检查上一帧处理的着色点的深度缓冲内容是否与运动向量一致。如果不是，我们可能在当前位置的信息不再被阴影遮盖，需要请求一个新的光线。

请求新光线的另一个原因是几何配置的改变：当相机在场景中移动时，一些曲面会改变它们与相机的距离和角度，这会导致屏幕空间中图像内容的几何失真。当重新投射漫射辐射缓冲时，必须考虑几何畸变。我们希望实现每个屏幕像素的光线密度不变，并且所描述的几何变形可以改变局部样本密度。我们存储辐射度，并预乘上我们能够积累的样本数，并使用 alpha 通道存储样本计数。重投影过程必须使用双线性滤波器对历史像素进行加权，并根据式（26.4）对四个未滤波的采样都要应用失真系数 b。值得注意的是，这个系数可以大于等于 1，比如移动远离墙壁时。失真系数可以由下式表示：

$$b = \frac{\boldsymbol{n} \cdot \boldsymbol{v}_{\text{current}}}{\boldsymbol{n} \cdot \boldsymbol{v}_{\text{previous}}} \frac{d_{\text{current}}^2}{d_{\text{previous}}^2} \tag{26.4}$$

其中，d 是每个像素在空间中到相机的距离；$\boldsymbol{v}$ 是视图向量。

图 26.5 展示了一个场景区域，由于不一致或样本密度不足，重新投影导致光线启发式请求新光线。

(a) 相机是静止的。因为相机时而因抗锯齿产生亚像素偏移，在几何体边缘的重投影往往无法成功

(b) 相机向右移动。被阴影遮盖的几何体及在之前角度看不到的区域会请求新的光线。请特别注意那些因为累积样本的密度减小而变得特别绿的墙面

图 26.5　这张图中突出了需要新的一条散射光线的部分（绿色部分）

26.4.3　优化多次渲染进行时间和空间滤波

由于大量的内存读取，图像滤波器很快成为带宽限制。缓解这一问题的一种方法是在 n 个迭代中递归地对 s 个样本应用一个稀疏滤波器。影响滤波结果的有效样本量为 s^n。如果这种稀疏度是随机分布的，并且种子在 3×3 像素窗口内变化，则可以使用邻域钳位时间滤波器（neighborhood clamp temporal filter）对结果进行滤波[7]。邻域钳位滤波器首先创建一个像素值的滚动指数平均值（rolling exponential average），并利用旧像素是新像素邻域的混合的假设来拒绝历史像素，从而避免重影。夹钳窗口可以在空间上扩展以减少闪烁[11]，虽然结果会增加重影。

选择提取位置是为了在保持所需半径的同时最小化冗余的读取次数。为此，我们计算了一个源像素提取位置的列表，这些位置在滤波器第 n 次迭代后被有效地包括进来。我们基于遗传进化的数值优化算法的损失函数是在最后 3×3 像素窗口中获取的重复源像素数。这确保了能够最大化时间滤波器内的样本多样性。同时，半径 r 应根据漫反射光线方向种子纹理的 S_{Seed} 大小而选择，以便根据 $r = S_{\text{Seed}}/n$ 来隐藏平铺瑕疵（tiling artifacts）。此半径与时间积累的 3×3 窗口无关，因为时间积累发生在滤波之后。通常，我们会在高斯分布中进行加权，根据样本的距离来模拟附近样本的相关性。在多次渲染的方法中，这是不必要的，因为对圆形内核进行迭代采样会产生适当的非线性衰减，而不会影响外部内存读取（参见 Kawase[8] 的文章）。没有一个读取使用了硬件的纹理滤波来确保来自我们的源缓存的离散深度和法向量的权重。之后就可以使用来自 G-Buffer 的法向量和视图空间的深度来缩放双边权重（bilateral weight），类似于 Dammertz 等人的技术[3]。图 26.6 比较了我们与 Schied 等人的多次渲染方法[12]。

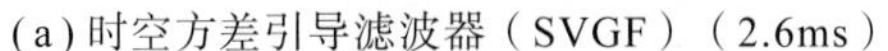
(a) 时空方差引导滤波器（SVGF）（2.6ms）　　(b) 我们的多次渲染滤波器（0.5ms）

图 26.6　整个屏幕的像素是 1920 × 1080。两个滤波器涵盖的最大半径是一样的，只是我们的滤波器更加粗略，并缺少了基于方差的边缘停止（variance-based edge-stopping）函数。SVGF 在保存间接光线的细节上更加准确，但是代价也更高。我们粗略的滤波器利用时间反锯齿（TAA）滤波器来暗化“萤火虫”效果，但是在 SVGF 中这个滤波器反而会局部照亮时间反锯齿夹钳窗口（TAA clamp window）

26.5　高光分量的传播

与漫反射滤波不同，高光部分的滤波在反射中很容易在视觉上模糊细节。我们必须仔细挑选和权衡合并的样本，以估计镜面反射瓣（specular lobe）。在 Stachowiak[13] 的启发下，我们以半分辨率追踪高光光线，然后使用比率估计器解析为全分辨率。由此引入的偏差是可以接受的，并且估计量能够保持法线贴图的细节和粗糙度变化。主要的挑战仍然是在一些高方差的情况下（如粗糙的金属表面）减少噪声，同时尽可能减少偏差。在采样过程中，我们只需要对微表面的分布项进行采样，菲涅耳函数和几何函数由查找表[6] 近似。

26.5.1　时间累积

与漫反射过程类似，我们试图通过将像素的位置重投影到以前高光反射缓冲中来查找像素的历史。这是通过使用 Stachowiak[13] 和 Aizenshtein[1] 的虚拟光线长度校正技术完成的。为了避免硬件双线性滤波造成的错误，我们必须分别计算四个双线性样本的权重，并追踪总权重。当重投影完全失败时，比如一些空洞（disocclusion），我们只能使用新的超采样的结果。我们使用一个 3 × 3 高斯模糊版本的具有非线性的超采样缓冲器，如感性量化器光电传递函数（perceptual quantizer electro-optical transfer function）（在高动态范围视频信号处理中用作伽马曲线），来隐藏萤火虫效果。基于方差的邻域钳位时间滤波允许我们丢弃不正确的重投影。但是，如果目标辐射偶尔不是本地 YCoCg 包围盒的一部分，则会发生闪烁。这可以通过对高光波瓣添加偏差[13]，在时间积累后应用基于方差的滤波器[14]，扩大邻域的空间大小，或者简单地变暗引入偏差的亮像素来解决。我们观察到闪烁主要是由一个在时间上不稳定的最大亮度分量引起的。因此，我们选择暂时平滑产生的色卡的最大亮度。这只需要存储一个额外的值，并且几乎不会产生副作用。

26.5.2 重用漫反射波瓣

高光的计算发生在漫反射之后，由于以下两个原因，我们决定在高光计算中重新使用滤波后的漫反射结果：

（1）作为粗糙导电体的高光波瓣在低方差情况下的回退值：使用漫反射波瓣作为高光反射波瓣的近似值是不准确的。然而，因为波瓣能量在一个相似的范围内，这在视觉上是合理的。这可以在对视觉效果造成较小的影响的情况下，提高性能。对于金属，我们不能依赖于这种简化，因为反射分量的贡献太明显。

（2）作为几何体在反射中的全局光：当我们不希望进一步在命中点进行追踪并收集入射光时，我们需要假设一个全局光的分量。反射表面的漫反射光照被证明是一个便宜而又很好的估计。

26.5.3 基于路径追踪的间接光照

对于类似镜面的材质来说，添加基于路径追踪的间接光照是必须的。由于这种方法需要对内存进行许多随机访问并且采样结果有很高的方差，所以是非常昂贵的。Liu[10]提出可以在滤波材质间接漫反射分量的同时滤波掉被反射在镜面中的材质的漫反射分量。正确分离滤波后的材质颜色（albedo）和直接光照将需要为反射存储和获取多个额外的缓冲。然而我们选择在最后整合阶段根据随机种子材质的大小（我们采用了 5×5）来进行滤波，并同时利用色调映射所求的均值来减少萤火虫效果。这是一个双边滤波器，并同时考虑了反射射线的长度和法线 G-Buffer 来保持几何体在反射中的轮廓以及法线贴图的细节。为了使得整体过程不过于昂贵，这种特殊的滤波以及对间接漫反射的滤波仅应用于高粗糙度的金属表面上。在不发射额外光线的情况下，一种比较快速的方法是通过将环境光分量与基于光线长度（可以理解为虚拟屏幕的深度）的 SSAO 分量相结合。

26.5.4 估计波瓣的足迹（lobe footprint estimation）

类似于 Liu 的工作[10]，我们根据反射波瓣足迹在屏幕空间中投影的尺寸来调整滤波需要的提取（fetch）数量，这可以通过计算一个二维缩放矩阵的维度来实现。

由于大多数的表面并非平面，我们也需要估计局部的曲率来对应地调整足迹。这可通过对 G-Buffer 法线进行局部求导实现。我们根据二维波瓣畸变矩阵的特征向量选择邻域，该矩阵描述了投影到屏幕空间单元的切向空间中波瓣的伸长和收缩。两个相邻点的最小导数用于避免几何边缘的瑕疵。最后，样本数与矩阵的行列式成正比。如果滤波器的大小小于追踪的分辨率的$\sqrt{2}$倍，我们将切换到固定的 3×3 像素内核。这确保了我们在半分辨率追踪弯曲（或正常映射）光泽表面时考虑所有的邻居，以提高重建的质量。下面的代码进行了总结。

```
1 mat2 footPrint;
2 // “反弹”方向
```

```
 3 footPrint[0] = normalize(ssNormal.xy);
 4 // 横向
 5 footPrint[1] = vec2(footPrint[0].y, -footPrint[0].x);
 6
 7 vec2 footprintScale = vec2(roughness*rayLength / (rayLength + sceneZ));
 8
 9 // 在凸面上估计的足迹较小
10 vec3 plane0 = cross(ssV, ssNormal);
11 vec3 plane1 = cross(plane0, ssNormal);
12 // estimateCurvature（…）根据 G-Buffer 沿存储在足迹中的方向的深度计算
13 // 深度梯度
14 vec2 curvature = estimateCurvature(footPrint, plane0, plane1);
15 curvature = 1.0 / (1.0 + CURVATURE_SCALE*square(ssNormal.z)*curvature);
16 footPrint[0] *= curvature.x;
17 footPrint[1] *= curvature.y;
18
19 // 确保不同相机镜头之间的比例恒定
20 footPrint *= KERNEL_FILTER / tan(cameraFov * 0.5);
21
22 // 根据比例波瓣畸变进行缩放，
23 // NOV 包含视图向量和曲面法线的饱和点积
24 footPrint[0] /= (1.0 - ELONGATION) + ELONGATION * NoV;
25 footPrint[1] *= (1.0 - SHRINKING) + SHRINKING * NoV;
26
27 for (i : each sample)
28 {
29     vec2 samplingPosition = fragmentCenter + footPrint * sample[i];
30     // ...
31 }
```

26.6 半透明物体

为每个像素存储所有的 alpha 记录，会增加内存的用量。由于我们不想这样做，半透明表面的反射变得更加复杂。我们主要通过 TAA 来处理随机噪声。因为我们假设大多数半透明的表面（比如玻璃）具有很低的粗糙度，因而并不存在由于对高光分布进行重要性采样而导致的高方差问题。我们将带有 alpha 的像素在着色前根据层进行排序，使得每个层使用不一样的质量设定。和所有不透明物体的高光分量一样，我们仅追踪半分辨率大小。但是和高光相反，我们没有 G-Buffer 的信息，因此我们无法使用相同的超采样算法。我们通过在回复全分辨率的过程中，利用蓝噪声对每个像素进行偏移，实现了一种时间空间的扰乱（shuffle）。这可以被认为是只需要一次读数据的模糊滤镜。和 TAA 结合以后，我们就可以用缺少采样导致的错误来代替噪声。

26.7 性　能

我们使用 NVIDIA Titan V 硬件，在分辨率 1920×1080 来衡量性能结果。现在的实现仍然使用自制的着色器来处理遍历，而不是 DirectX Raytracing 等方案。如图 26.7 所示，场景中包含 1500 万个多边形，是建筑场景中常见的数量。渲染每帧所需要的时间持续低于 9ms。

图 26.7 基准测试用的测试场景。这个场景用 Autodesk Revit 创建，包含了不同的内部物件、树木、水面，以及各种各样的材质

表 26.1 展示了在默认质量设定下，不同部分在实时情况下所花费的时间。同时，还有一些系统参数可以针对诸如图像或者视频等用来提升画面质量使其更加真实。或者针对虚拟现实等由于注重体验和帧率的场合进行调整以取得更好的性能。除了一些常见的参数如采样数、光线反弹次数、滤镜内核尺寸、BVH 中几何体的数量以外，我们发现调整光线的最大长度和从高光回退到漫反射的阈值（参见 26.5.2 节）也是在各种应用场合下平衡质量和性能的方式。

表 26.1 高光及漫反射光传递所需时间。我们基于一次间接反射对漫反射光传递计时。新光线的产生数量取决于上一帧重投影的成功率。因此，相机的移动会导致工作量的剧增。漫反射的滤波仅仅取决于屏幕上可见几何体像素的百分比。高光的追踪是在原屏幕一半的像素下进行的。不同于漫反射的传递，高光传递的重投影在时间滤波器上产生。空间滤波器的运行时间之所以会增加，是因为粗糙材质的足迹更大

		路径追踪		
所需时间（ms）	重投影	屏幕空间	BVH	滤　波
漫反射静止	0.18	0.05	0.25	0.47
漫反射移动	0.18	0.21	1.10	0.47
高　光	–	0.20	0.49	1.07

26.7.1　用于虚拟现实的立体渲染

对于 VR 来说，我们选择其中一只眼睛作为主要的视角，并在每一帧切换到另一个眼睛。对于主要的视角来说，我们更新漫反射光照。上一帧的信息通过重投影漫反射和高光 G-Buffer 的方法被应用于另一个视角。但是这种方法有一些瑕疵。相机移动时会因为几何体的遮挡导致孔洞。由于采样的随机性，不同视角积分结果的不一致性由于沉浸式头戴设备而变得明显。这种差异性也可能来源于在相同的场景坐标上使用了不同的采样种子。为了应对这两种问题，我们重投影主要视角最新更新的信息，并在之后与另一只眼睛所取得的信息通过一个平均参数 γ 进行加权平均。如果该视角在上一帧的信息完全无法使用但是我们有成功的重投影信息，则 $\gamma = 1$。

对于漫反射光线的启发式，我们增加屏幕中央像素的采样密度。而对于相对靠外的区域，在重投影之后，采样密度甚至可能低于 1，这在大多数的情况下也是可以接受的。我们使用这种中心凹进法（foveation approach）使我们能最有效地利用计算资源。

26.7.2　讨　论

我们所描述的全局光照算法能够在不同的性能要求下伸缩。它能通过多次反射光线来输出高质量的图像，也能通过另一套不一样的参数和几乎相同的代码来达到更低的渲染时间从而应用于 VR。诸如基于后处理的景深、动态模糊等一系列基于 G-Buffer 的技术仍然有效并且更快。除此之外，阴影映射也可以通过光线追踪来提升。使用光线追踪来替换所有阴影映射仍然具有性能上的挑战，但是它已经保证可以提供非常高质量的结果了[5]。

受限于我们通过体积纹理来估计次表面散射的计算方式，需要混合多层半透明的场合下光线追踪反射的可扩展性也具有提升的空间。而对于漫反射和高光的积分，我们希望能够使高光受益于启发式光线生成，而不是每帧都对屏幕上的像素进行相同次数的采样。

致　谢

感谢 Tomasz Stachowiak 和其他编辑对本文的宝贵建议和更正。

参考文献

[1] Aizenshtein, M., and McMullen, M. New Techniques for Accurate Real-Time Reflections. Advanced Graphics Techniques Tutorial, SIGGRAPH Courses, 2018.

[2] Cranley, R., and Patterson, T. N. L. Randomization of Number Theoretic Methods for Multiple Integration. SIAM Journal on Numerical Analysis 13, 6 (1976), 904–914.

[3] Dammertz, H., Sewtz, D., Hanika, J., and Lensch, H. P. A. Edge-Avoiding Á-Trous Wavelet Transform for Fast Global Illumination Filtering. In Proceedings of High-Performance Graphics (2010), 67–75.

[4] Halton, J. H. Algorithm 247: Radical-Inverse Quasi-Random Point Sequence. Communications of the ACM 7, 12 (1964), 701–702.

[5] Heitz, E., Hill, S., and McGuire, M. Combining Analytic Direct Illumination and Stochastic Shadows. In Symposium on Interactive 3D Graphics and Games (2018), 2:1–2:11.

[6] Karis, B. Real Shading in Unreal Engine 4. Physically Based Shading in Theory and Practice,SIGGRAPH Courses, August 2013.

[7] Karis, B. High-Quality Temporal Supersampling. Advances in Real-Time Rendering in Games,SIGGRAPH Courses, 2014.

[8] Kawase, M. Frame Buffer Postprocessing Effects in DOUBLE-S.T.E.A.L (Wreckless). Game Developers Conference, 2003.

[9] Kensler, A. Correlated Multi-Jittered Sampling. Pixar Technical Memo 13-01, 2013.

[10] Liu, E. Real-Time Ray Tracing: Low Sample Count Ray Tracing with NVIDIA' s Ray Tracing Denoisers. Real-Time Ray Tracing, SIGGRAPH NVIDIA Exhibitor Session, 2018.

[11] Salvi, M. High Quality Temporal Supersampling. Real-Time Rendering Advances from NVIDIA Research, Game Developers Conference, 2016.

[12] Schied, C., Kaplanyan, A., Wyman, C., Patney, A., Chaitanya, C. R. A., Burgess, J., Liu, S.,Dachsbacher, C., Lefohn, A. E., and Salvi, M. Spatiotemporal Variance-Guided Filtering: Real-Time Reconstruction for Path-Traced Global Illumination. In Proceedings of High-Performance Graphics (2017), 2:1–2:12.

[13] Stachowiak, T. Stochastic Screen-Space Reflections. Advances in Real-Time Rendering in Games, SIGGRAPH Courses, 2015.

[14] Stachowiak, T. Towards Effortless Photorealism through Real-Time Raytracing. Computer Entertainment Developers Conferences, 2018.

第 27 章 基于光线追踪的高品质科学可视化

John E. Stone Beckman Institute for Advanced Science
Technology University of Illinois at Urbana-Champaign

本章介绍使用光线追踪进行交互式科学可视化时的渲染技术和注意事项。光线追踪为构建高品质渲染引擎提供了便利，它可以让科学手稿的图像达到可出版质量，同时提供“所见即所得”的交互式体验。将交互性与复杂的渲染结合起来，使得并非图形渲染领域专家的科学家们能够在日常工作中用上高级的渲染技术。本章总结了将光线追踪应用于科学可视化，尤其是分子可视化的实践方法。

27.1 简 介

科学可视化被用来描述复杂的数据、概念和物理现象，以帮助发展假设、发现设计问题、促进合作，并为决策提供信息。在这种可视化中出现的场景包含了关键结构和机制的细节及其关系的图形表示，或正在研究的复杂过程的动态。高质量的光线追踪技术在创建阐明复杂场景的可视化过程中发挥了巨大的作用。交互性有助于提高科学可视化的有效性，它允许可视化用户快速地探索和操作数据、模型和图形，以获得洞察力，进一步确认或否认假设。

在构建易于理解的可视化工具时我们也会遇到一些挑战，包括权衡哪些内容需要被详细地展示，哪些内容只需要展示重要部分，哪些内容需要被剔除（通常是妥协后的牺牲）来确保视觉传达的准确性。新颖的渲染技术为这些问题提供了许多不同的解决方案。光线追踪可以轻松地整合高级的光影模型，并且支持多种几何体及数据类型。因此，光线追踪是科学可视化中渲染复杂场景的有力工具。

几十年来光线追踪一直被用于离线渲染或批处理模式下的生产，直到最近它的实时性能才达到可与光栅化进行竞争的程度，交互性是其中的一个关键要求。服务于高性能硬件的光线追踪开发框架，以及近年来在消费级显卡中出现的专用光线追踪硬件，为科学可视化中的交互式光线追踪铺平了道路[13, 25, 26]。一些在高性能计算中广泛使用的可视化工具，如 ParaView、VisIt、Visual Molecular Dynamics（VMD）和 Visualization ToolKit（VTK），在过去几年中都加入了可交互的光线追踪渲染。光线追踪硬件加速所提供的性能提升，将持续地为科学可视化中的光线追踪应用创造新的机会。

VMD 是一款被广泛使用的分子可视化工具[5, 17, 19, 20, 21]，在为它整合三种不同的光线追踪引擎后我们获得了一些思考、经验和对未来的展望，这些内容也出现在本章中，并且伴有范例代码。

27.2 光线追踪在大场景渲染中的挑战

科学可视化中的一大挑战是需要渲染的场景通常接近物理显存的极限。基于光栅化的可视化方法得益于能渲染部分场景的特性和相对较低的显存需求。与之相反，光线追踪需要将整个场景都记录在显存中，随时供引擎所用。因为这个代价，光线追踪能够灵活优雅地解决多种渲染和可视化问题。

在编写本章时，GPU 上的光线追踪性能由于硬件加速的 BVH 遍历和射线 / 三角形求交，已取得巨大的进步。这两个方面的性能的提升，使得对于采用低成本着色算法的科学可视化而言，显存带宽成了短期内的性能瓶颈。综合考虑这些因素，在科学可视化领域，光线追踪的成功取决于能否高效利用显存的容量及带宽。

27.2.1 使用正确的几何图元

节省显存容量和带宽的最佳方案几乎离不开几何图元的选择。例如，保存一个球体的位置和半径只需要 4 个浮点数，但是一个不共用顶点的三角形需要存储每个顶点的法向量，因此需要 18 个浮点数。当我们表现一个三角形网格时，共用的顶点可以通过顶点索引悉数列出（每个三角形有三个索引）。如果可行的话，另一种更好的方法是通过三角形条带来存储三角形信息（第一个三角形占三个顶点，往后每增加一个三角形，只需要增加一个顶点）。法向量则可以通过量化或者压缩进行显著缩减，进一步降低每个顶点和每个三角形的显存。最终，这些技术可以大大降低三角形网格的存储成本，直接光线追踪球形、圆柱或者锥体，或许能消耗更少的显存空间，长远看更能降低显存带宽。在一些领域，比如分子可视化中，我们确信使用特定的几何图元来实现光线追踪可以大大降低存储成本，在另外的一些领域中这种收益却并不清晰。除此之外，改变几何图元的方法或许会在射线 - 图元相交中受限于数值表示的精度以及收敛性上的调整，或也会因性能的降低而使它无法有效用于所有案例。

27.2.2 冗余消除、压缩及量化

一旦做出几何图元的最佳选择，剩下的降低内存容量和带宽要求的低成本机会通常是消除大批几何图元内高级冗余的方法。例如，用于可视化流体流动、磁场或静电势场的粒子平移流线可能包含数百万段。如果所有组成段都具有相同的半径，那么在绘制管状流线时为什么要为每个圆柱体或每个球体存储半径呢？就像光栅化支持各种三角网格格式和逐顶点的数据一样，光线追踪引擎也可以从类似的灵活性中受益，但对潜在的几何基元而言应用范围更广。例如，一个用于渲染包含大量不同类型的流线的光线追踪引擎可能会采用多个专门的几何类型，既可以为每一个圆柱体和每一个球体单独指定半径，也可以让圆柱体和球体共享一个半径。根据底层光线追踪框架的可编程程度，可能会使圆柱体和球体图元共享相同的顶点数据。此外，还可以实现完全定制的流线渲染图元，来模拟高速划过的

球体经过一段由原始流线顶点定义的，或是由电脑控制的能拟合原始数据的空间曲线[23]。光线追踪框架中可用的可编程性越高，应用程序就越容易选择几何图元和几何批处理方法，这些方法对解决大型可视化带来的内存容量和性能问题最为有利。

在大批量几何图元的编码和参数化中消除了高层次的冗余之后，下一个要处理的是消除相邻或相关的几何属性层面的局部数据冗余。局部数据的减少通常可通过数据压缩和有损的量化表示，或结合两者共同实现。当使用量化或其他有损压缩技术时，可接受的误差公差可能取决于具体项目对细节的要求。两个代表性的例子是 ZFP 库[8, 9]提供的对体数据、标量场和张量的压缩算法，以及法线的量化表示（如八面体法线编码[4, 12]）。程序清单 27.1 是一个使用八面体法向量编码来实现法向量包装和拆包的例子。

程序清单 27.1　这段代码例举了使用八面体法向量编码来实现法向量包装和拆包的主要函数。这种例式可以在由三个独立浮点值表示的法向量和由一个 32 位无符号的整数编码表示的法向量间来回转换。这个例式还有很多性能优化和提升的空间，但已经可以被简单地运用在你自己的光线追踪引擎里了

```
1 # include <optixu/optixu_math_namespace.h> // 对于 make_xxx() 函数
2
3 // 实现八面体法向量编码的浮点阶段的
4 // 帮助程序
5 static __host__ __device__ __inline__
6 float3 OctDecode(float2 projected) {
7   float3 n;
8   n = make_float3(projected.x, projected.y,
9                   1.0f - (fabsf(projected.x) + fabsf(projected.y)));
10  if (n.z < 0.0f) {
11    float oldX = n.x;
12    n.x = copysignf(1.0f - fabsf(n.y), oldX);
13    n.y = copysignf(1.0f - fabsf(oldX), n.y);
14  }
15  return n;
16 }
17
18 static __host__ __device__ __inline__
19 float2 OctEncode(float3 n) {
20  const float invL1Norm = 1.0f / (fabsf(n.x)+fabsf(n.y)+fabsf(n.z));
21  float2 projected;
22  if (n.z < 0.0f) {
23    float2 tmp = make_float2(fabsf(n.y), fabsf(n.x));
24    projected = 1.0f - tmp * invL1Norm;
25    projected.x = copysignf(projected.x, n.x);
26    projected.y = copysignf(projected.y, n.y);
27  } else {
28    projected = make_float2(n.x, n.y) * invL1Norm;
29  }
30  return projected;
31 }
32
33 // 用于量化或反转量化的辅助程序例程
34 // 压缩无符号整数表示的往返
```

```
35 static __host__ __device__ __inline__
36 uint convfloat2uint32(float2 f2) {
37   f2 = f2 * 0.5f + 0.5f;
38   uint packed;
39   packed = ((uint) (f2.x * 65535)) | ((uint) (f2.y * 65535) << 16);
40   return packed;
41 }
42
43 static __host__ __device__ __inline__
44 float2 convuint32float2(uint packed) {
45   float2 f2;
46   f2.x = (float)((packed      ) & 0x0000ffff) / 65535;
47   f2.y = (float)((packed >> 16) & 0x0000ffff) / 65535;
48   return f2 * 2.0f - 1.0f;
49 }
50
51 // 准备几何缓冲区之前要调用的例程
52 // 在渲染过程中对它们进行光线追踪和动态解码
53 static __host__ __device__ __inline__
54 uint packNormal(const float3& normal) {
55   float2 octf2 = OctEncode(normal);
56   return convfloat2uint32(octf2);
57 }
58
59 static __host__ __device__ __inline__
60 float3 unpackNormal(uint packed) {
61   float2 octf2 = convuint32float2(packed);
62   return OctDecode(octf2);
63 }
```

图 27.1 所示的分子结构的原子细节是上述所有技术的综合展现，它用到了三角形网格和定制几何图元，加上几何编码及批次处理中消除重复数据的技术和八面体法向量的转换。下面这个应用到八面体法向量编码的例子可以展示这个技术在交互式光线追踪当

图 27.1　这是近距离的光合色谱结构中的脂质模的原子细节模型可视化。这个模型的内容部分由三角形网格结构表示，使用了八面体法向量数据结构。这个脂质模模型中的原子细节由成千上万的球体和柱体组成。因为使用直接光线追踪定制的球体和柱体数组，这个模型的显存量大大减小，因此让这个巨大模型结构的交互式光线追踪成为可能，并也同时确保了在商用 GPU 上的高性能

中的应用和价值。在做射线 - 三角形的交叉测试时，我们不需要顶点法线的信息。只有在找到最靠近的交点到需要着色时，我们才会访问法线数。因此，在着色时进行解压的成本很低，对于复杂的交互式场景而言，这个成本微乎其微，但它所节省的显存极为可观。相似的方法也可用于顶点颜色和其他属性的预处理阶段，甚至可能带来更大的提升。

27.2.3　关于加速结构的思考

当我们考虑几何图元的内存开销时，除了几何体自身的开销外，还需要考虑 BVH 等加速结构中为了包含几何体而花费的内存。令人惊讶的是，基本使用了数据压缩技术，这些加速结构有时会和所包含的几何场景一样大，甚至更大。因此，加速结构的选择及时间 - 空间上的取舍是科学可视化应用中一个重要因素。加速结构的构建、存储和遍历都与光线追踪的性能息息相关，因此它们通常是私有的、针对硬件高度优化的，也因此不那么灵活。

在展示静态结构时，因为构建和更新的成本较低，庞大的高度优化的加速结构可以带来最佳性能。然而，在交互式地展示时间序列（如轨迹的模拟）时，耗费在更新几何缓存和加速结构的构建和重建上的时间就无法忽视了。时间序列的动画更为复杂，可以通过增加并发处理（例如多线程技术）显著获益。为了能将几何数据与加速结构的更新与进行中的渲染相分离，对关键的数据结构施以双重甚至多重缓存是相当必要的，这可以确保场景更新和即时渲染并发进行，并与渲染异步发生。

加速结构的灵活性对于大型静态场景和动态时间序列而言都非常重要。当我们处理极为复杂的大型场景时，加速结构所占的显存通常会超出硬件能力。在这种情况下，我们会倾向于搭建相对粗糙的加速结构，舍弃一部分性能来增加场景容量。使用粗糙的加速结构对于时间序列可视化而言也是一个理想的取舍。因此，有些光线追踪框架开放了简单的接口，允许启发性地控制加速结构。可以预见，未来的光线追踪引擎将在这方面有更多进步空间。

27.3　可视化方法

在本节中，我们描述了几个简单而有用的、和光线追踪兼容的着色技术以及这些技术的实际应用场景和实现。使用可视化工具的科学家和技术人员们拥有丰富的领域专业知识，但是通常却对光学、照明、着色和图形学技术只有基本的了解。这里要描述的技术的一个关键点在于它们易于被从业者使用，尤其是在一个完全交互式的光线追踪引擎中实现这些技术渐进式的优化。在科学可视化中已经有了众多优秀的基于光栅化的着色技术。然而，其中许多都依赖于光栅化特有的技术或者 API 功能，并且它们也可能和光线追踪中常用的一系列技术不兼容。接下来描述的技术性能开销低，可以与其他的光线追踪功能结合，并且最重要的是，已经被用于越来越多的可视化产品中。

这里描述的可视化方法包括环境光遮蔽、非真实感的透明表面、实心表面的轮廓描边，以及平面和球体的裁剪，它们每一项都有助于提高可视化的信服程度。

27.3.1 科学可视化中的环境光遮蔽

对于科学可视化而言，环境光遮蔽（AO）的关键价值在于节省大量时间，这点在它和复杂场景以及其他高品质光线追踪技术结合时尤为突出。当用户通过持续的手动调整光线来实现预期的光照效果变得不切实际时，AO 对于交互式的查看复杂的模型就显得很有用了，尤其是对于诸如轨迹模拟这样的时间序列数据。正是 AO 光照“ambient[1]”使得其成为非专家用户的一个非常方便的工具。通过交互式使用 AO 和渐进式光线追踪，用户不需要成为光照设计专家，就能通过调整一两个关键 AO 光照参数（通常会结合着一两个手动放置的平行光或点光源）达到一个良好的光源布置。在诸如分子可视化等领域，这点尤为明显，因为此时可视化光照设计只是单纯为了阐释分子结构的细节而不是去精确重现出这些结构的真实场景。一个能让 AO 应用程序对初学者更加易用的方法是对于 AO（环境光）和手动放置的（平行光）光源分别提供独立的光照比例因子。通过分别为环境光和平行光提供易于使用的全局强度比例因子，初学者便能更轻松地平衡他们的光照设计，避免了在包含口袋、小孔 / 隧道或孔洞等造成光照问题的几何复杂场景中过度光照或过少光照的问题。

1. 遮蔽距离有限的 AO

在探索包含密集几何体的场景时，AO 中经常出现的问题是，类似病毒衣壳或细胞膜这种复杂结构体，环境光很难进入其中。对于这个问题的简单有效的方法是用一个最大遮蔽距离来计算 AO 光照，超过这个距离的光则被忽视。当使用该技术时，可以选择一个恰当的最大遮蔽距离，使得能够毫无问题地与限定的目标观察空间相适应，并保持 AO 对于可视化目的的关键优势，如图 27.2 所示。虽然相机中心的点光源能够被用来照亮几乎或完全封闭的结构体阴暗内部，但它也会导致不受欢迎的扁平外观的表面。这个问题也能通过仔细地手动或偏移多个点光源或区域光源的放置解决，但是这样的工作是对交互式探索复杂模型和模拟结果的干扰。使用有限遮蔽距离的 AO 能在避免这些讨厌的问题的同时，保证不受限的场景漫游。这种方法的另一个出乎意料的好处是也能被用于仅对小孔、口袋和指定最大直径的孔洞做阴影处理，使得 AO 光照变成了一种能有一定程度选择性地高亮特定几何体特征的工具。如果有需要，这项技术也能与用户指定的 AO 衰减系数结合来进一步优化。程序清单 27.2 给出了一个简单的实现。

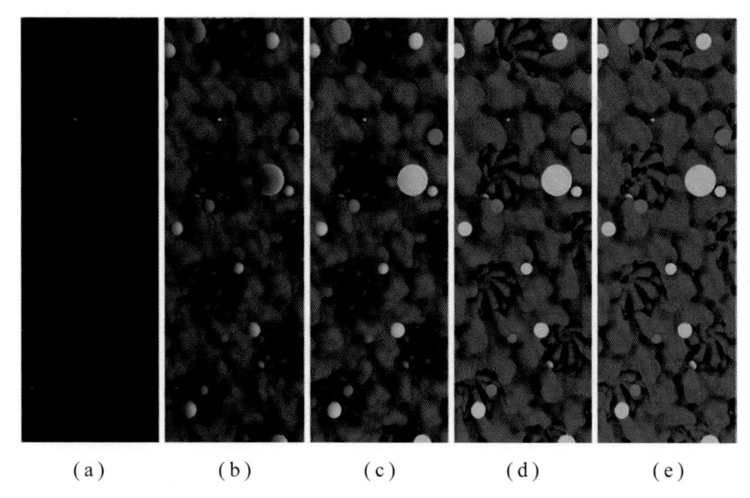

图 27.2　不同 AO 光照最大遮蔽距离设置下 HIV-1 衣壳内部的可视化结果。（a）传统的 AO 光照：因为病毒的衣壳完全封闭了观察点，只有少量几束稀薄的光线通过衣壳结构上的小孔进入了内部，导致几乎全黑的结果。（b）用户指定的最大遮蔽距离被设置为略小于衣壳的小内径。剩下的图像分别展示了当距离被因子 2（c）、8（d）和 16（e）减少时的结果

程序清单 27.2　下面简短的最近命中着色器代码实现了有限遮蔽距离的 AO 光照。它允许 AO 光照被用于狭小或完全封闭的空间，不然它们会导致 100% 的遮蔽和全阴影

```
1 struct PerRayData_radiance {
2   float3 result;     // 最终着色表面颜色
3   // ...
4 }
5
6 struct PerRayData_shadow {
7   float3 attenuation;
8 };
9
10 rtDeclareVariable(PerRayData_radiance, prd, rtPayload, );
11 rtDeclareVariable(PerRayData_shadow, prd_shadow, rtPayload, );
12
13 rtDeclareVariable (float, ao_maxdist, , ); // 最大遮蔽距离
14
15 static __device__
16 float3 shade_ambient_occlusion(float3 hit, float3 N,
17                                float aoimportance) {
18   // 跳过 AO 遮蔽材质的样板代码...
19
20   for (int s=0; s<ao_samples; s++) {
21     Ray aoray;
22     // 跳过 AO 遮蔽材质的样板代码...
23     aoray = make_Ray (hit, dir, shadow_ray_type,
24                       scene_epsilon, ao_maxdist);
25
26     shadow_prd.attenuation = make_float3(1.0f);
27     rtTrace(root_shadower, ambray, shadow_prd);
```

```
28      inten += ndotambl * shadow_prd.attenuation;
29    }
30
31    return inten * lightscale;
32 }
33
34 RT_PROGRAM void closest_hit_shader( ... ) {
35    // 跳过最近命中着色器材质的样板代码
36
37    // 添加环绕光遮蔽漫反射照明（如果启用）
38    if (AO_ON && ao_samples > 0) {
39      result *= ao_direct;
40      result += ao_ambient * col * p_Kd *
41                shade_ambient_occlusion(hit_point, N, fogf * p_opacity);
42    }
43
44    // 继续执行典型的最近命中着色器内容
45
46    prd.result = result; // 记录最后的颜色
47 }
```

2. 降低蒙特卡罗采样中的噪点

使用可视化工具的科学家们经常需要渲染出“快照”，用于日常的组会和演讲。由于时间很短，用户倾向于使用高品质的渲染方式，但前提是渲染能在任何时刻停止，为他们提供没有“颗粒”和“斑点”的渲染图像，即使渲染结果光照或景深焦距模糊并没有完全收敛也没关系。

一种颇有前景的实时降噪技术通过深度神经网络来消除蒙特卡罗渲染生成的图像中欠采样区域中的噪点。这种人工智能降噪器的成功，通常依赖额外的图像数据，包括深度数据、法线数据、反射率等，这些数据有助于降噪器更好地识别噪点和欠采样的图像区域。交互式的 AI 降噪器同时依赖于硬件加速的 AI 推理能力，这种能力能使得 AI 降噪器与暴力采样相比，即使是在拥有专用光线追踪硬件加速的硬件平台上都性能更佳。在复杂的路径追踪和更通用的光线追踪引擎中，AI 降噪看起来仍然将会是最好也是最广泛使用的降噪方式之一，因为这项技术可以为特定的渲染器和场景内容进行专门的调优和训练。

除了复杂的降噪技术，也可以在高频噪声内容和随机样本相关性之间进行潜在有益的权衡，比如在次采样的交互式渲染中产生可见的 AO 阴影边界边缘。在传统的光线追踪技术中，AO 光照和其他蒙特卡罗采样实现通常使用完全不相关的伪随机数或准随机数序列来生成垂直于被遮蔽表面的半球内的 AO 光照阴影探测器射线的方向。使用不相关的采样方法，当采集到足够数量的 AO 光照样本时，就能产生平滑的无颗粒图像。然而，提早终止一个未收敛的采样过程会生成像颗粒状的图像。通过故意将所有图像像素中的 AO 样本关联起来，例如，通过设置 AO 随机数生成器或准随机序列生成器为同一个随机种子，图像中所有的像素都会选择同样的 AO 阴影探测器方向，将不会有来自 AO 的图像颗粒。这种方法特别适用于几何复杂场景的交互式光线追踪，否则需要大量采样才能获得无颗粒图像。

27.3.2　强化透明表面的边缘

一个在分子可视化中出现的常见问题是需要清楚地显示分子复合物或其组成子结构的边界，同时使其易于查看其内部结构的细节。分子科学家们花费了大量的努力来选择什么应该被显示以及应该被怎样显示。Raster3D[11]，Tachyon[18]和 VMD[5, 20]使用了特殊的着色器，通过让观察者这一面的表面完全透明同时让被看到的边界区域基本不透明，使其更容易看到结构的内部。表面着色器可立即适应观察方向的变化，允许用户自由旋转分子复合物，同时保持内部细节的清晰视野。这项技术在图 27.3 中有效地演示出来，其中它被应用于捕光复合物和光合作用反应中心，在图 27.4 中，它被应用于溶剂盒和溶剂/蛋白质交界处。通过查看程序清单 27.3 来了解着色器实现的具体细节。

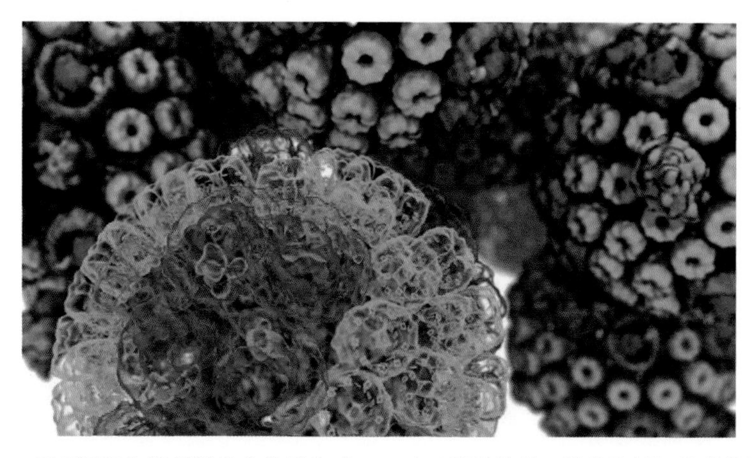

图 27.3　对于细胞内部利用光合作用生成 ATP（三磷酸腺苷，被称为活细胞的化学燃料）的载色体[1]捕光囊泡的可视化。前景载色体囊泡显示了透明的分子表面，以揭示其各个光合复合物和反应中心内的叶绿素色素环的选定内部原子结构。不透明的载色体背景实例显示了在一只紫细菌的细胞质内的密集的载色体囊泡

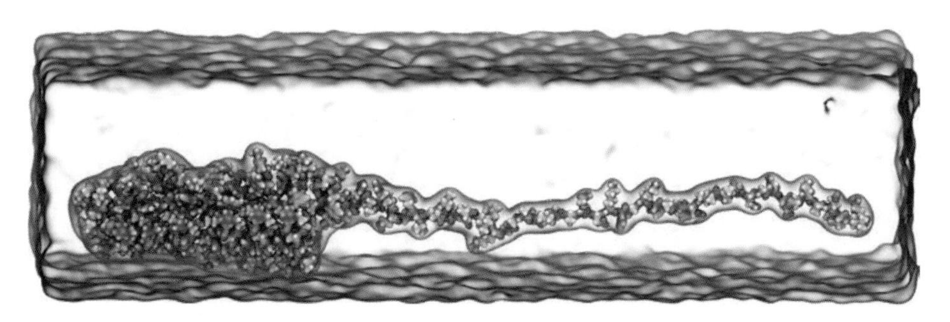

图 27.4　一个展开的锚蛋白的分子动力学可视化。这里使用了透明表面的边缘强化技术来渲染溶剂（水和离子）表面

程序清单 27.3 下面的代码段使面向观察者的表面看起来完全透明，同时使表面能被看到的边缘更加可见和不透明。这种类型的渲染对于改进拥挤场景内部的视图极其有用，例如密集的生物分子复合物

```
 1 RT_PROGRAM void closest_hit_shader( ... ) {
 2   // 跳过最近命中着色器材质的样板代码
 3
 4   // 典型示例的简化占位符
 5   // 典型传输光线发射代码的示例占位
 6   if (alpha < 0.999f) {
 7     // 模拟Tachyon/Raster3D的角度相关的表面不透明度
 8     if (transmode) {
 9       alpha = 1.0f + cosf(3.1415926f * (1.0f-alpha) *
10                      dot(N, ray.direction));
11       alpha = alpha*alpha * 0.25f;
12     }
13     result *= alpha; // 使用新的透明度来调整光照
14
15     // 跳过准备传输光线的样板代码
16     rtTrace(root_object, trans_ray, new_prd);
17   }
18   result += (1.0f - alpha) * new_prd.result;
19
20   // 继续执行典型的最近命中着色器内容
21
22   prd.result = result; // 记录最后的颜色
23 }
```

27.3.3 剔除过多的透明表面

科学可视化中的许多领域产生了包含大量部分透明几何体的场景，这些几何体通常用来显示在不同类型的体积数据中的表面，例如电子密度图、医学图像、来自低温电子显微镜的断层图像，或来自计算机流体动力学模拟的流场。当渲染场景包含复杂或者有噪声的体积数据时，透明的等值面以及其包含的几何体可能难以有效可视化，一个常见的做法是采用非真实感的渲染，把除了第一层或前几层的透明表面外的表面都剔除掉，这样它们就不会在我们感兴趣的特征后产生干扰背景。如图 27.5 所示。可以通过对经典的最近命中着色器做一点小改动来实现上述的透明表面剔除：在每个光线的数据中，为透明表面相交存储一个额外的计数器。当生成主光线时，相交计数器被初始为需要显示的透明表面的最大数量。当光线在场景中遍历时，每当与透明表面相交则将计数器减一，直到变为零。一旦发生计数器变为零，之后所有与透明表面的相交都将被忽略，也就是说，它们不再进行着色，也不会影响最终的颜色。同时继续追踪光线，仿佛此处并没有发生相交。程序清单 27.4 显示了一个示例实现。

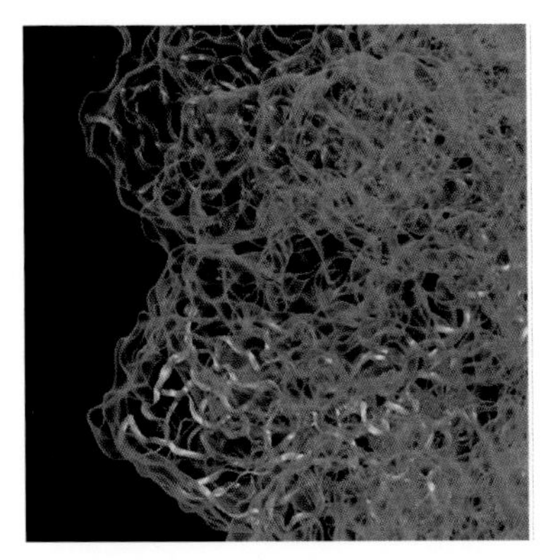

(a) 传统光线追踪透明度的结果

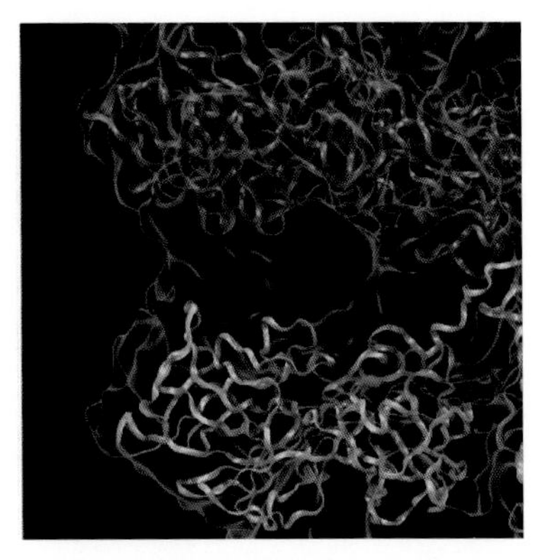

(b) 使用了透明表面剔除方法来减少对拟合内部原子结构的细节遮挡后的结果

图 27.5　兔出血病毒原子结构的特写可视化。通过 X 射线晶体学和计算机建模并使用 MDFF(molecular dynamics flexible fitting, 分子动力学柔性拟合) 从低温电子显微镜拟合成低分辨率电子密度图

程序清单 27.4　当入射光线穿过用户指定的最大数量的透明表面时，这个最近命中着色器代码片段会跳过着色透明表面，取而代之的是发射一个传输光线并继续执行，就好像这里并未发生光线和表面的相交一般

```
1 struct PerRayData_radiance {
2   float3 result;      // 最终着色表面颜色
3   int transcnt;       // 传输光线表面计数/深度
4   int depth;          // 当前光线递归深度
5   // ...
6 }
7
8 rtDeclareVariable(PerRayData_radiance, prd, rtPayload, );
9
10 RT_PROGRAM void closest_hit_shader( ... ) {
11   // 跳过最近命中着色器材质的样板代码
12
13   // 如果已达到最大transcnt，
14   // 则不对透明表面进行着色
15   if ((opacity < 1.0) && (transcnt < 1)) {
16     // 发射一个传输光线，
17     // 就好像并未发生相交一般
18     PerRayData_radiance new_prd;
19     new_prd.depth = prd.depth; // 不增加递归深度
20     new_prd.transcnt = prd.transcnt - 1;
21     // 设置/更新新光线的其他属性
22
23     // 发射新的传输光线并返回其颜色，
24     // 就好像没有与这个透明表面相交一样
25     Ray trans_ray = make_Ray(hit_point, ray.direction,
26                              radiance_ray_type, scene_epsilon,
27                              RT_DEFAULT_MAX);
28     rtTrace(root_object, trans_ray, new_prd);
29   }
30
```

```
31   // 否则，继续正常着色此透明曲面的
32   // 命中点
33
34   // 继续执行典型的最近命中着色器内容
35   prd.result = result; // 记录最后的颜色
36 }
```

27.3.4 轮廓描边

对不透明物体加上轮廓描边，通常有助于使同样颜色的相近物体或表面的深度和空间关系更加明显，使用户更容易解读。轮廓描边既可以用来增强诸如突起、微孔或口袋等表面结构突出细节的可见性，也可以用来实现细节渲染时的光照效果或者在景深模糊效果时保持细节。图 27.6 展示了分别将轮廓描边应用在结合了景深模糊的结构的前景和背景时的效果。

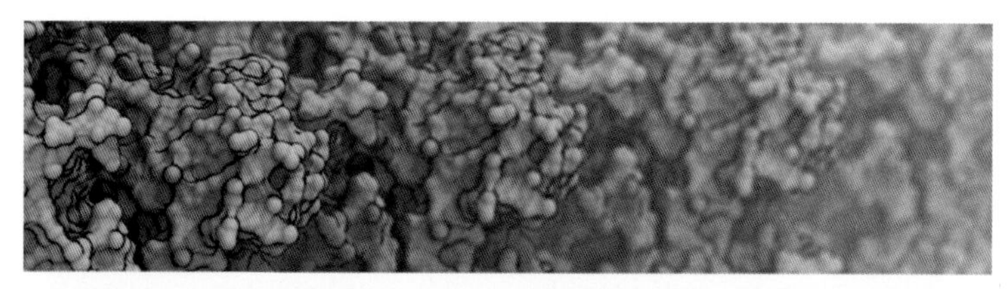

(a) 轮廓描边仅被较少的使用，且仅在被聚焦的前景分子表面才能容易看到

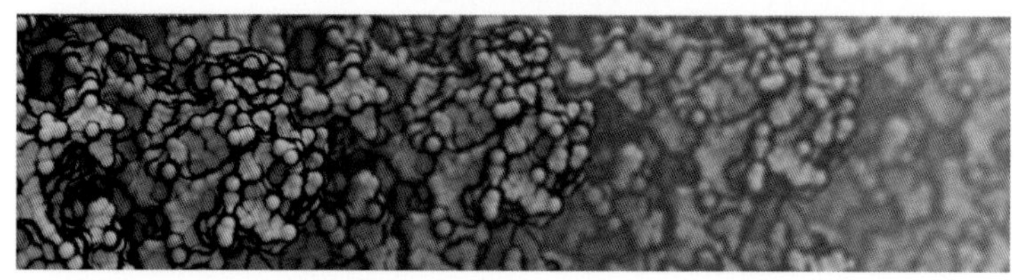

(b) 轮廓描边宽度被显著增加。虽然加宽的轮廓描边对于被聚焦的前景结构而言可能显得过度了，但是它能让即使在被模糊和褪色的最远结构中的分子结构突出的细节也被看到

图 27.6 结合了景深模糊并应用了轮廓描边来加强结构特征可见性的分子表面的可视化

虽然传统光栅化流水线中存在很多轮廓描边技术，但它们通常以多遍渲染方法实现，这些方法通常需要访问深度缓冲器，而这不适合大多数光线追踪引擎的内部工作。多年来，VMD 和 Tachyon 已经实现了一个易于使用的轮廓着色器，它在光线追踪引擎中很容易实现，因为它不需要访问深度缓冲区，延迟着色或其他额外的渲染过程。程序清单 27.5 展示了一个示例实现。

程序清单 27.5 这个示例代码在几何体边缘添加深色的描边来突出挤在一起的物体。没有轮廓描边这些物体可能很难被清楚地看到

```
1 struct PerRayData_radiance {
2   float3 result;        // 最终着色表面颜色
3   // ...
4 }
5
6 rtDeclareVariable(PerRayData_radiance, prd, rtPayload, );
```

```
7
8 // 实例化一个打开描边的shader示例
9 RT_PROGRAM void closest_hit_shader_outline( ... ) {
10   // 跳过最近命中着色器材质的样板代码
11
12   // 如果满足条件，执行描边
13   if (outline > 0.0f) {
14     float edgefactor = dot(N, ray.direction);
15     edgefactor *= edgefactor;
16     edgefactor = 1.0f - edgefactor;
17     edgefactor = 1.0f - powf(edgefactor, (1.0f-outlinewidth) * 32.0f);
18     result *= __saturatef((1.0f-outline) + (edgefactor * outline));
19   }
20
21   // 继续执行典型的最近命中着色器内容
22
23   prd.result = result; // 记录最后的颜色
24 }
```

27.3.5　裁剪平面和球体

构造实体几何（constructive solid geometry，CSG）是高级光线追踪引擎用户们长期以来一直很喜欢的一项强大渲染功能。它通过对任意数量的基本几何图元进行并集、交集、补集操作来建模复杂的几何体[14]。CSG 可以成为建模复杂形状的强力工具，但是在科学可视化中，用户经常需要易于使用的工具来去掉视觉上的遮挡物，而这正好可以通过 CSG 补集操作来完成。当交互式地可视化大型场景时，要在不影响帧速率的同时去大幅度修改场景下模型或数据通常不太现实。然而，在这样的约束下，不更改模型反而去操作底层渲染过程的方法通常是可行的。完全通用的 CSG 实现需要不少的簿记信息，但裁剪几何体可以更简单实现特殊情况。由于光线追踪引擎通过对相交的计算和排序来完成其工作，因此通常很容易在相交管理逻辑中实现用户定义的裁剪平面、球体或其他裁剪几何体。当裁剪几何体全局地应用于场景中所有事物时，情况尤其如此，因为这种情况下只会产生微不足道的簿记开销。全局剪裁几何体通常可以通过计算剪裁几何体的相交距离并将其存储在每个光线的数据中，以便在渲染场景的其他几何体时使用，从而添加到任何光线追踪引擎中。程序清单 27.6 展示了一个示例实现。

程序清单 27.6　摘录自 Tachyon 的这段代码显示了实现一个基本的用户定义的裁剪平面功能（启用后，会全局地裁剪所有的对象）有多简单。这是通过在每个光线数据中存储裁剪平面信息，并为每一个要测试的裁剪平面添加一个简单的距离比较来实现的

```
1 /* 只保持最近的交点，没有裁剪，没有CSG */
2 void add_regular_intersection(flt t, const object * obj, ray * ry) {
3   if (t > EPSILON) {
4     /* 如果我们在最大距离（maxdist）前发生了相交，则更新maxdist */
5     if (t < ry->maxdist) {
6       ry->maxdist = t;
```

```
7         ry->intstruct.num=1;
8         ry->intstruct.closest.obj = obj;
9         ry->intstruct.closest.t = t;
10      }
11    }
12 }
13
14 /* 只保持最近的交点，没有剪裁，没有CSG */
15 void add_clipped_intersection(flt t, const object * obj, ray * ry) {
16   if (t > EPSILON) {
17     /* 如果我们在最大距离前发生了相交，则更新maxdist */
18     if (t < ry->maxdist) {
19
20       /* 处理裁剪对象测试 */
21       if (obj->clip != NULL) {
22         vector hit;
23         int i;
24
25         RAYPNT(hit, (*ry), t); /* 为了后续测试寻找相交点 */
26         for (i =0; i<obj->clip->numplanes; i++) {
27           if ((obj->clip->planes[i * 4    ] * hit.x +
28                obj->clip->planes[i * 4 + 1] * hit.y +
29                obj->clip->planes[i * 4 + 2] * hit.z) >
30                obj->clip->planes[i * 4 + 3]) {
31             return; /* 相交点已被裁剪 */
32           }
33         }
34       }
35
36       ry->maxdist = t;
37       ry->intstruct.num=1;
38       ry->intstruct.closest.obj = obj;
39       ry->intstruct.closest.t = t;
40     }
41   }
42 }
43
44 /* 只适用于阴影光线，不适用于其他 */
45 void add_shadow_intersection(flt t, const object * obj, ray * ry) {
46   if (t > EPSILON) {
47     /* 如果我们在最大距离前发生了相交，则更新maxdist */
48     if (t < ry->maxdist) {
49       /* 如果这个物体并不投射阴影 */
50       /* 并且我们没有限制透明表面的数量需要小于5，*/
51       /* 那么对光照取这个物体透明度的模 */
52       if (!(obj->tex->flags & RT_TEXTURE_SHADOWCAST)) {
53         if (ry->scene->shadowfilter)
54           ry->intstruct.shadowfilter *= (1.0 - obj->tex->opacity);
55         return;
56       }
57
58       ry->maxdist = t;
59       ry->intstruct.num=1;
60
61       /* 如果我们在最大距离前发生了相交，*/
```

```
62        /* 我们生成一个阴影射线，接着我们就完成了阴影的光线追踪 */
63        ry->flags |= RT_RAY_FINISHED;
64      }
65    }
66 }
67
68 /* 只适用于裁剪阴影光线，不适用于其他 */
69 void add_clipped_shadow_intersection(flt t, const object * obj,
70                                      ray * ry) {
71   if (t > EPSILON) {
72     /* 如果我们在最大距离前发生了相交，则更新maxdist */
73     if (t < ry->maxdist) {
74       /* 如果这个物体并不投射阴影 */
75       /* 并且我们没有限制透明表面的数量需要小于5, */
76       /* 那么对光照取这个物体透明度的模 */
77       if (!(obj->tex->flags & RT_TEXTURE_SHADOWCAST)) {
78         if (ry->scene->shadowfilter)
79           ry->intstruct.shadowfilter *= (1.0 - obj->tex->opacity);
80         return;
81       }
82
83       /* 处理裁剪对象测试 */
84       if (obj->clip != NULL) {
85         vector hit;
86         int i;
87
88         RAYPNT(hit, (*ry), t); /* 为了后续测试寻找相交点 */
89         for (i=0; i<obj->clip->numplanes; i++) {
90           if ((obj->clip->planes[i * 4    ] * hit.x +
91                obj->clip->planes[i * 4 + 1] * hit.y +
92                obj->clip->planes[i * 4 + 2] * hit.z) >
93                obj->clip->planes[i * 4 + 3]) {
94             return; /* 相交点已被裁剪 */
95           }
96         }
97       }
98
99       ry->maxdist = t;
100      ry->intstruct.num=1;
101
102      /* 如果我们在最大距离前发生了相交, */
103      /* 我们生成一个阴影射线，接着我们就完成了阴影的光线追踪 */
104      ry->flags |= RT_RAY_FINISHED;
105    }
106  }
107 }
```

27.4 结尾的思考

本章描述了使用交互式光线追踪技术进行科学可视化的许多益处和挑战。光线追踪的主要优势众所周知，本章包含一些非常规的技术，将非真实感渲染与光线追踪的经典优势相结合，以解决棘手的可视化问题。虽然给出的大多数示例图像和灵感的源头都是自然界中的生物分子，但这些方法也可用于许多其他领域。

我所研究的领域之一是使用交互式路径追踪等技术持续地探索科学可视化。对于科学家每天的常规可视化任务而言，路径追踪曾经开销太大，不太实用。然而，当先进硬件提供的光线追踪性能与蒙特卡罗图像去噪技术相结合时，交互式路径追踪已经能够胜任许多可视化工作，而无需牺牲交互性及图像质量。这些发展对于科学和技术可视化具有特别的价值，对这些领域而言提升图像真实感很重要。

本章中的示例代码都只是为了抛砖引玉。每种技术都可以被极大地扩展，增加远远超出这里所展示的新功能。我试图在简单性、复用性和完整性之间取得平衡。

致 谢

本项工作部分由国家卫生研究院在 P41-GM104601 授权下支持。感谢 Melih Sener 和 Angela Barragan 提供了载色体模型。感谢伊利诺伊大学理论与计算生物物理学小组的许多现同事和前同事，他们在 VMD 分子可视化软件的设计和先进渲染技术的使用上，有过多年的合作。

参考文献

[1] Borkiewicz, K., Christensen, A. J., and Stone, J. E. Communicating Science Through Visualization in an Age of Alternative Facts. In ACM SIGGRAPH Courses (2017), 8:1–8:204.

[2] Brownlee, C., Patchett, J., Lo, L.-T., DeMarle, D., Mitchell, C., Ahrens, J., and Hansen, C. D.A Study of Ray Tracing Large-Scale Scientific Data in Two Widely Used Parallel Visualization Applications. In Eurographics Symposium on Parallel Graphics and Visualization (2012), 51–60.

[3] Chaitanya, C. R. A., Kaplanyan, A. S., Schied, C., Salvi, M., Lefohn, A., Nowrouzezahrai, D., and Aila, T. Interactive Reconstruction of Monte Carlo Image Sequences Using a Recurrent Denoising Autoencoder. ACM Transactions on Graphics 36, 4 (July 2017), 98:1–98:12.

[4] Cigolle, Z. H., Donow, S., Evangelakos, D., Mara, M., McGuire, M., and Meyer, Q. A Survey of Efficient Representations for Independent Unit Vectors. Journal of Computer Graphics Techniques 3, 2 (April 2014), 1–30.

[5] Humphrey, W., Dalke, A., and Schulten, K. VMD—Visual Molecular Dynamics. Journal of Molecular Graphics 14, 1 (1996), 33–38.

[6] Kalantari, N. K., Bako, S., and Sen, P. A Machine Learning Approach for Filtering Monte Carlo Noise. ACM Transactions on Graphics 34, 4 (July 2015), 122:1–122:12.

[7] Knoll, A., Wald, I., Navrátil, P. A., Papka, M. E., and Gaither, K. P. Ray Tracing and Volume Rendering Large Molecular Data on Multi-Core and Many-Core Architectures. In International Workshop on Ultrascale Visualization (2013), 5:1–5:8.

[8] Lindstrom, P. Fixed-Rate Compressed Floating-Point Arrays. IEEE Transactions on Visualization and Computer Graphics 20, 12 (Dec. 2014), 2674–2683.

[9] Lindstrom, P., and Isenburg, M. Fast and Efficient Compression of Floating-Point Data. IEEE Transactions on Visualization and Computer Graphics 12, 5 (Sept. 2006), 1245–1250.

[10] Mara, M., McGuire, M., Bitterli, B., and Jarosz, W. An Efficient Denoising Algorithm for Global Illumination. In Proceedings of High-Performance Graphics (2017), 3:1–3:7.

[11] Merritt, E. A., and Murphy, M. E. P. Raster3D Version 2.0—A Program for Photorealistic Molecular Graphics. Acta Crystallography 50, 6 (1994), 869–873.

[12] Meyer, Q., Süßmuth, J., Sußner, G., Stamminger, M., and Greiner, G. On Floating-Point Normal Vectors. In Eurographics Symposium on Rendering (2010), 1405–1409.

[13] Parker, S. G., Bigler, J., Dietrich, A., Friedrich, H., Hoberock, J., Luebke, D., McAllister, D.,McGuire, M., Morley, K., Robison, A., and Stich, M. OptiX: A General Purpose Ray Tracing Engine.ACM Transactions on Graphics 29, 4 (2010), 66:1–66:13.

[14] Roth, S. D. Ray Casting for Modeling Solids. Computer Graphics and Image Processing 18, 2 (1982),109–144.

[15] Santos, J. D., Sen, P., and Oliveira, M. M. A Framework for Developing and Benchmarking Sampling and Denoising Algorithms for Monte Carlo Rendering. The Visual Computer 34, 6-8 (June 2018), 765–778.

[16] Schied, C., Kaplanyan, A., Wyman, C., Patney, A., Chaitanya, C. R. A., Burgess, J., Liu, S.,Dachsbacher, C., Lefohn, A., and Salvi, M. Spatiotemporal Variance-Guided Filtering: Real-Time Reconstruction for Path-Traced Global Illumination. In Proceedings of High-Performance Graphics (2017), 2:1–2:12.

[17] Sener, M., Stone, J. E., Barragan, A., Singharoy, A., Teo, I., Vandivort, K. L., Isralewitz, B., Liu,B., Goh, B. C., Phillips, J. C., Kourkoutis, L. F., Hunter, C. N., and Schulten, K. Visualization of Energy Conversion Processes in a Light Harvesting Organelle at Atomic Detail. In International Conference on High Performance Computing, Networking, Storage and Analysis (2014).

[18] Stone, J. E. An Efficient Library for Parallel Ray Tracing and Animation. Master's thesis,Computer Science Department, University of Missouri-Rolla, April 1998.

[19] Stone, J. E., Isralewitz, B., and Schulten, K. Early Experiences Scaling VMD Molecular Visualization and Analysis Jobs on Blue Waters. In Extreme Scaling Workshop (Aug. 2013),43–50.

[20] Stone, J. E., Sener, M., Vandivort, K. L., Barragan, A., Singharoy, A., Teo, I., Ribeiro, J. V.,Isralewitz, B., Liu, B., Goh, B. C., Phillips, J. C., MacGregor-Chatwin, C., Johnson, M. P.,Kourkoutis, L. F., Hunter, C. N., and Schulten, K. Atomic Detail Visualization of Photosynthetic Membranes with GPU-Accelerated Ray Tracing. Parallel Computing 55 (2016), 17–27.

[21] Stone, J. E., Sherman, W. R., and Schulten, K. Immersive Molecular Visualization with Omnidirectional Stereoscopic Ray Tracing and Remote Rendering. In IEEE International Parallel and Distributed Processing Symposium Workshop (2016), 1048–1057.

[22] Stone, J. E., Vandivort, K. L., and Schulten, K. GPU-Accelerated Molecular Visualization on Petascale Supercomputing Platforms. In International Workshop on Ultrascale Visualization (2013),6:1–6:8.

[23] Van Wijk, J. J. Ray Tracing Objects Defined by Sweeping a Sphere. Computers & Graphics 9,3 (1985), 283–290.

[24] Wald, I., Friedrich, H., Knoll, A., and Hansen, C. Interactive Isosurface Ray Tracing of Time-Varying Tetrahedral Volumes. IEEE Transactions on Visualization and Computer Graphics 13,6 (11 2007), 1727–1734.

[25] Wald, I., Johnson, G., Amstutz, J., Brownlee, C., Knoll, A., Jeffers, J., Gunther, J., and Navratil,P. OSPRay—A CPU Ray Tracing Framework for Scientific Visualization. IEEE Transactions on Visualization and Computer Graphics 23, 1 (2017), 931–940.

[26] Wald, I., Woop, S., Benthin, C., Johnson, G. S., and Ernst, M. Embree: A Kernel Framework for Efficient CPU Ray Tracing. ACM Transactions on Graphics 33, 4 (July 2014), 143:1–143:8.

第七部分
全局光照

真实世界中的光照极其复杂，很大程度是因为光的多次弹射，离开光源的光子从非发光表面反弹，间接地照亮场景中的物体。对这种光照效果的模拟，即全局光照，极大地提升了渲染画面的真实性，因为我们在真实世界中看到的正是这样的效果。

自 20 多年前可编程 GPU 管线发明以来，开发人员持续地发明出实时的全局光照算法。虽然已经有了很大的创新，整个进度依然受到 GPU 的限制，因为一直以来 GPU 只能提供光栅化来计算可见性。全局光照的挑战来自于可见性的查询通常是不连续的点对点测试，光栅化对此无能为力。

随着 RTX GPU 的问世，实时光线追踪成为可能。当然，拥有这个能力并不意味着事事如意：开发者依然需要谨慎选择它的光线、使用灵活的算法并考虑使用降噪。本部分介绍了使用光线追踪实现全局光照的五个开拓性工作，它们都可用于 GPU 渲染。

第 28 章介绍的是体渲染中的光线追踪应用。它描述了渲染云彩、烟雾和爆炸的关键技术，并可与表面的光线追踪方法结合。章节中附上了完整的算法实现。

虽然并非严格意义上的全局光照，第 29 章关注如何高效地渲染百万级别的粒子，使用的是光线追踪而非光栅化。该技术也可用于渲染由大量细小粒子引起的各种复杂的散射效果。

第 30 章着力在焦散这一美丽的光照效果，它由曲面上光的反射和折射引起。此文解释了如何使用光子映射技术来渲染焦散，该技术从发光体发射光子，用着色处的局部光强来描述焦散效果。

在现代的光线传输算法中，数学上的创新和代码上的性能优化一样重要。第 31 章考虑了给光路加权重的任务，给混合了双向路径追踪和光子映射的算法带来一种新的思路。

本部分（同时也是本书）以第 32 章作为结束，该章节描述了精确渲染高光反射的技术，混合使用高光表面的光线追踪（得到精确的反射位置）与立方体贴图形式的光照探针（得到高效的反射光近似值）。

享受阅读体验吧，这些章节会激发你的灵感。当你在未来面对渲染难题时，这些充满智慧的点子一定会给你带来帮助。

Matt Pharr

第 28 章　对不均匀的介质进行光线追踪

Matthias Raab　NVIDIA

模拟光在介质（media、volume）中的散射和吸收行为需要对距离进行重要性采样，该距离与介质中的透光率（transmittance）成比例。源于中子传输模拟的一种方法可以对粒子的碰撞事件进行重要性采样，比如一个光子与任意的介质的碰撞。

28.1　光在介质中的传输

当光沿着射线穿过一个介质，根据介质的光线交互属性，有一些会被散射或者吸收。这个模型是由介质的散射系数 (scattering)σ 和吸收 (absorbing) 系数 α 所建立的。通常来说，这两者都是随位置变化的函数。将两者相加，我们得到了消光 (extinction) 系数 $\kappa=\sigma+\alpha$，它表示了（向外）散射和吸收引起的总损失。

在指定距离 s 内，未被吸收的光与入射光的比例叫做介质的透光率。透光率用 Beer-Lambert 法则来描述：如果我们沿着这么一条射线，它的起点在 $\boldsymbol{o}$，方向为 $\boldsymbol{d}$，则它的透光率为：

$$T(\boldsymbol{o},\boldsymbol{o}+s\boldsymbol{d})=\exp\left(-\int_0^s \kappa(\boldsymbol{o}+t\boldsymbol{d})\,\mathrm{d}t\right) \tag{28.1}$$

该术语在表示光传导的积分方程中具有一席之地。举例来说，沿着射线散射的距离 s 的辐射度是由对透光率加权的向内散射辐射率进行积分给出的（根据散射系数 σ_{s} 和相位函数 f_{p}）：

$$L(\boldsymbol{o},-\boldsymbol{d})=\int_0^s T(\boldsymbol{o},\boldsymbol{o}+t\boldsymbol{d})\left(\sigma_{\mathrm{s}}(\boldsymbol{o},\boldsymbol{o}+t\boldsymbol{d})\int_{\Omega} f_p(\boldsymbol{o}+t\boldsymbol{d},-\boldsymbol{d},\omega)\,\mathrm{d}\omega\right)\mathrm{d}t \tag{28.2}$$

一个典型的蒙特卡罗光线追踪器需要对一个与 T 成比例的距离进行重要性采样。对它的物理解释是它会随机地模拟一个距离，这个距离是光子发生碰撞的位置。光线追踪器接着随机地决定这个事件是吸收或散射。如果是后者，则继续在由相位函数（phase function）采样而来的方向追踪光子。与 T 成比例的概率密度为：

$$p(t)=\kappa(\boldsymbol{o}+t\boldsymbol{d})T(\boldsymbol{o},\boldsymbol{o}+t\boldsymbol{d})=\kappa(\boldsymbol{o}+t\boldsymbol{d})\exp\left(-\int_0^t \kappa(\boldsymbol{o}+t'\boldsymbol{d})\,\mathrm{d}t'\right) \tag{28.3}$$

对于均匀介质（即 κ 是常量），概率密度简化为指数分布 $\kappa e^{-\kappa t}$，并且可以使用逆变换方法 (inversion method) 来计算距离：

$$t=-\ln(1-\xi)/\kappa \tag{28.4}$$

对于具有均匀分布的 ξ，t 可以满足它的预期分布。对于非均匀介质，这个方法行不通，因为对于任意的 κ，式（28.3）中的积分不存在解析解，即使可以，它的逆变换也可能不存在。

28.2 Woodcock 跟踪

在跟踪中子轨迹的背景下（中子使用的方程与光子使用的方程相同），一个在非均匀介质中用于对距离进行重要性采样的技术在 1960 年被广泛使用，它被称为 Woodcock 跟踪（Woodcock tracking），引用自 Woodcocok 等人的文献[5]。

这个想法的来源比较简单，它基于一个事实，均匀介质可以被简单处理。为了得到一个人工的齐次方程组（homogeneous setting），一个假想的消光（extinction）系数被添加，这样使得实际消光和假想消光之和与 $\kappa_{\max}$ 的最大值处处相等。人工介质（artificial volume）可以被解释为真实粒子和虚构粒子的混合体，前者可以发生吸收和散射，而后者不会产生任何现象，如图 28.1 所示。

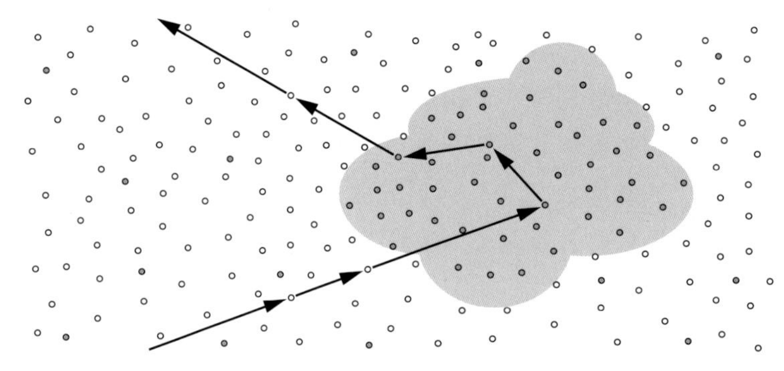

图 28.1　一个路径穿过非均匀介质，云朵部分的密度较高，周围则密度较低。真实的“粒子”为灰色，虚构粒子为白色。射线与虚构粒子的碰撞不影响运动轨迹

使用常数消光系数 $K_{\max}$ 和式（28.4）可以对距离进行采样，粒子将前进到那个距离的位置。碰撞可以是真实的也可以是虚构的，这可以基于实际消光与假想消光在那个位置的比值来随机的决定（实际碰撞的概率为 $k(x)/k_{\max}$）。如果是假想碰撞，粒子已经提前停止并且需要继续它的路径。由于指数分布是无记忆的，我们可以重复之前的步骤直到真实的碰撞发生，然后从这个新的位置继续发射光线。Coleman 精确地描述了这其中数学的部分[1]，包括证明了该技术能对式（28.3）的概率密度方程进行重要性采样。

值得一提的是，Woodcock 的初衷并非处理非均匀介质，而是更高效地处理分段的均匀介质: 将整个反应堆(reactor)看成单一介质可避免对复杂的反应堆几何体进行光线追踪。

Woodcock 跟踪是一个当 $K_{\max}$ 已知时对任何介质都有效的优雅算法，它可以用简单的几行代码实现：

```
1 float sample_distance(Ray ray)
2 {
3     float t = 0.0f;
4     do {
5         t -= logf(1.0f - rand()) / max_extinction;
6     } while (get_extinction(ray.o + ray.d*t) < rand()*max_extinction);
7
8     return t;
9 }
```

唯一值得警惕的是，一旦射线进入周围的真空，循环需要终止。在这样的情况下不会有更多的交互作用发生，变量 FLT_MAX 会被返回。由于这个过程是无偏的，它非常适合渐进式的蒙特卡罗渲染。

28.3 示例：对介质进行简单的路径追踪

为了更好地对 Woodcock 跟踪进行示例，我们使用 CUDA 中实现简单的蒙特卡罗介质渲染器。它从相机开始追踪路径，经过介质，直到它离开介质。接着，它收集了来自无限远处的环境穹顶的贡献，这可以用环境纹理或者程序化的梯度纹理来实现。对于介质，我们将散射系数定义为与消光系数和常数反射率 ρ 成比例的值，例如 $\sigma(x) = \rho \cdot \kappa(x)$。定义相机、介质程序（volume procedural）和环境光的变量都会传递给着色器。

```
1 struct Kernel_params {
2     // 显示
3     uint2 resolution;
4     float exposure_scale;
5     unsigned int *display_buffer;
6
7     // 渐进式渲染
8     unsigned int iteration;
9     float3 *accum_buffer;
10    // 路径长度限制
11    unsigned int max_interactions;
12    // 相机
13    float3 cam_pos;
14    float3 cam_dir;
15    float3 cam_right;
16    float3 cam_up;
17    float  cam_focal;
16
19    // 环绕
20    unsigned int environment_type;
21    cudaTextureObject_t env_tex;
22
23    // 定义体积
24    unsigned int volume_type;
25    float max_extinction;
26    float albedo; // Σ/κ
27 };
```

我们在每束光线中都需要许多随机数，并且这些随机数对于并行计算是安全的，因此我们使用了 CUDA 的 curand 库。

```
1 #include <curand_kernel.h>
2 typedef curandStatePhilox4_32_10_t Rand_state;
3 #define rand(state) curand_uniform(state)
```

我们定义介质为被限制在以原点为中心的单位立方体上。为了计算光线进入介质的位置，我们需要一个相交函数 intersect_volume_box；为了计算射线何时离开介质，我们需要测试光线和介质的包含关系。

```
1 __device__ inline bool intersect_volume_box(
2     float &tmin, const float3 &raypos, const float3 & raydir)
3 {
4     const float x0 = (-0.5f - raypos.x) / raydir.x;
5     const float y0 = (-0.5f - raypos.y) / raydir.y;
6     const float z0 = (-0.5f - raypos.z) / raydir.z;
7     const float x1 = ( 0.5f - raypos.x) / raydir.x;
8     const float y1 = ( 0.5f - raypos.y) / raydir.y;
9     const float z1 = ( 0.5f - raypos.z) / raydir.z;
10
11    tmin = fmaxf(fmaxf(fmaxf(
12          fminf(z0,z1), fminf(y0,y1)), fminf(x0,x1)), 0.0f);
13    const float tmax = fminf(fminf(
14          fmaxf(z0,z1), fmaxf(y0,y1)), fmaxf(x0,x1));
15    return (tmin < tmax);
16 }
17
18 __device__ inline bool in_volume(
19    const float3 &pos)
20 {
21    return fmaxf(fabsf(pos.x),fmaxf(fabsf(pos.y),fabsf(pos.z))) < 0.5f;
22 }
```

介质的真实密度由一段程序驱动，该程序将消光系数在 0 与 k_{max} 之间调节。为了演示，我们设计了两个函数：分段的门格海绵（Menger sponge）和缓缓下落的螺旋体。

```
1 __device__ inline float get_extinction(
2     const Kernel_params &kernel_params,
3     const float3 &p)
4 {
5     if (kernel_params.volume_type == 0) {
6         float3 pos = p + make_float3(0.5f, 0.5f, 0.5f);
7         const unsigned int steps = 3;
8         for (unsigned int i = 0; i < steps; ++i) {
9             pos *= 3.0f;
10            const int s =
11                ((int)pos.x & 1) + ((int)pos.y & 1) + ((int)pos.z & 1);
12            if (s >= 2)
13                return 0.0f;
14        }
15        return kernel_params.max_extinction;
16    } else {
17        const float r = 0.5f * (0.5f - fabsf (p.y));
18        const float a = (float)(M_PI * 8.0) * p.y;
19        const float dx = (cosf(a) * r - p.x) * 2.0f;
20        const float dy = (sinf(a) * r - p.z) * 2.0f;
21        return powf (fmaxf((1.0f - dx * dx - dy * dy), 0.0f), 8.0f) *
22               kernel_params.max_extinction;
23    }
24 }
```

在介质内，我们用 Woodcock 跟踪采样下一个碰撞点，离开介质后便提前终止。

```
1 __device__ inline bool sample_interaction(
2     Rand_state &rand_state,
3     float3 &ray_pos,
```

```
4     const float3 &ray_dir,
5     const Kernel_params &kernel_params)
6 {
7     float t = 0.0f;
8     float3 pos;
9     do {
10        t -= logf(1.0f - rand(&rand_state)) /
11             kernel_params.max_extinction;
12
13        pos = ray_pos + ray_dir * t;
14        if (!in_volume(pos))
15            return false;
16
17    } while (get_extinction(kernel_params, pos) < rand(&rand_state) *
18            kernel_params.max_extinction);
19
20    ray_pos = pos;
21    return true;
22 }
```

现在基础设施都到位，我们可以追踪介质中的光线了。我们从光线与介质立方体的相交开始，然后进入介质。进入后，我们应用 Woodcock 跟踪来决定下一次的相交。在每个交点处，我们按照 albedo 计算权重并使用俄罗斯轮盘（Russian roulette）来概率性地终结权重小于 0.2 的光线。对于超过最大长度的光线，无条件地进行终止。如果没停，我们继续采样各向同性（isotropic）的相位方程。一旦光线离开介质，我们可以计算环境光并且结束追踪。

```
1 __device__ inline float3 trace_volume(
2     Rand_state &rand_state,
3     float3 &ray_pos,
4     float3 &ray_dir,
5     const Kernel_params &kernel_params)
6 {
7     float t0;
8     float w = 1.0f;
9     if (intersect_volume_box(t0, ray_pos, ray_dir)) {
10
11        ray_pos += ray_dir * t0;
12
13        unsigned int num_interactions = 0;
14        while (sample_interaction(rand_state, ray_pos, ray_dir,
15             kernel_params))
16        {
17            // 是否超出路径长度?
18            if (num_interactions++ >= kernel_params.max_interactions)
19                return make_float3(0.0f, 0.0f, 0.0f);
20
21            w *= kernel_params.albedo;
22            // 俄罗斯轮盘吸收
23            if (w < 0.2f) {
24                if (rand(&rand_state) > w * 5.0f) {
25                    return make_float3(0.0f, 0.0f, 0.0f);
```

```
26                }
27                w = 0.2f;
28            }
29
30            // 采样各向同性相位函数
31            const float phi = (float)(2.0 * M_PI) * rand(&rand_state);
32            const float cos_theta = 1.0f - 2.0f * rand(&rand_state);
33            const float sin_theta = sqrtf (1.0f - cos_theta * cos_theta);
34            ray_dir = make_float3(
35                cosf(phi) * sin_theta,
36                sinf(phi) * sin_theta,
37                cos_theta);
38        }
39    }
40
41    // 查看环境
42    if (kernel_params.environment_type == 0) {
43        const float f = (0.5f + 0.5f * ray_dir.y) * w;
44        return make_float3(f, f, f);
45    } else {
46        const float4 texval = tex2D<float4>(
47            kernel_params.env_tex,
48            atan2f(ray_dir.z, ray_dir.x) * (float)(0.5 / M_PI) + 0.5f,
49            acosf(fmaxf(fminf(ray_dir.y, 1.0f), -1.0f)) *
50                    (float)(1.0 / M_PI));
51        return make_float3(texval.x * w, texval.y * w, texval.z * w);
52    }
53 }
```

最终，我们加上代码逻辑块，每个像素从相机开始它们的路径。结果是逐渐累积的，并将其传送到色调映射缓冲以在每次迭代之后显示。

```
1 extern "C" __global__ void volume_rt_kernel(
2     const Kernel_params kernel_params)
3 {
4     const unsigned int x = blockIdx.x * blockDim.x + threadIdx.x;
5     const unsigned int y = blockIdx.y * blockDim.y + threadIdx.y;
6     if (x >= kernel_params.resolution.x ||
7           y >= kernel_params.resolution.y)
8         return;
9
10    // 初始化伪随机数发生器
11    // 假设我们不需要超过4096个随机数
12    const unsigned int idx = y * kernel_params.resolution.x + x;
13    Rand_state rand_state;
14    curand_init(idx, 0, kernel_params.iteration * 4096, &rand_state);
15
16    // 追踪、针孔相机
17    const float inv_res_x = 1.0f / (float)kernel_params.resolution.x;
18    const float inv_res_y = 1.0f / (float)kernel_params.resolution.y;
19    const float pr = (2.0f * ((float)x + rand(&rand_state)) * inv_res_x
20          - 1.0f);
21    const float pu = (2.0f * ((float)y + rand(&rand_state)) * inv_res_y
22          - 1.0f);
23    const float aspect = (float)kernel_params.resolution.y * inv_res_x;
```

```
24      float3 ray_pos = kernel_params.cam_pos;
25      float3 ray_dir = normalize(
26            kernel_params.cam_dir * kernel_params.cam_focal +
27            kernel_params.cam_right * pr +
28            kernel_params.cam_up * aspect * pu);
29      const float3 value = trace_volume(rand_state, ray_pos, ray_dir,
30            kernel_params);
31
32      // 积累
33      if (kernel_params.iteration == 0)
34          kernel_params.accum_buffer[idx] = value;
35      else
36          kernel_params.accum_buffer[idx] =
37                kernel_params.accum_buffer[idx] +
38                (value - kernel_params.accum_buffer[idx]) /
39                (float)(kernel_params.iteration + 1);
40
41      // 更新显示缓冲区
42      float3 val = kernel_params.accum_buffer[idx] *
43            kernel_params.exposure_scale;
44      val.x *= (1.0f + val.x * 0.1f) / (1.0f + val.x);
45      val.y *= (1.0f + val.y * 0.1f) / (1.0f + val.y);
46      val.z *= (1.0f + val.z * 0.1f) / (1.0f + val.z);
47      const unsigned int r = (unsigned int)(255.0f *
48            fminf(powf(fmaxf(val.x, 0.0f), (float)(1.0 / 2.2)), 1.0f));
49      const unsigned int g = (unsigned int) (255.0f *
50            fminf(powf(fmaxf(val.y, 0.0f), (float)(1.0 / 2.2)), 1.0f));
51      const unsigned int b = (unsigned int) (255.0f *
52            fminf(powf(fmaxf(val.z, 0.0f), (float)(1.0 / 2.2)), 1.0f));
53      kernel_params.display_buffer[idx] =
54            0xff000000 | (r << 16) | (g << 8) | b;
55 }
```

图 28.2 显示了由上述光线追踪器生成的示例渲染图。

图 28.2　由代码生成的两个介质几何体，上面两图被一个简单的梯度照亮，下面两图则使用环境贴图。albedo 设置为 0.8，介质与光线的最大交互次数值设置为 1024（环境图由 Greg Zaal 提供 https://hdrihaven.com）

28.4 延伸阅读

Woodcock 跟踪法也可用于概率性地计算透射比，例如当阴影射线（shadow ray）穿过介质时。这可以通过采样（可能是多重采样）距离并将“在旅途中活下来的”比率作为估计的依据[4]。作为优化，用于后续追踪的随机变量可替换为它的期望值。即使用概率的乘积（直到此光线达到了采样距离）[2]，而非 $1-\kappa(x)/\kappa_{max}$ 的概率来进行后续追踪。

如果场景里的最大消光系数超过了典型值，就需要更多的迭代来完成渲染，此时这个方法就不合适了。Novák 的最新技术报告[3]为进一步优化提供了很好的总结。

参考文献

[1] Coleman, W. Mathematical Verification of a Certain Monte Carlo Sampling Technique and Applications of the Technique to Radiation Transport Problems.Nuclear Science and Engineering 32 (1968), 76–81.

[2] Novák, J., Selle, A., and Jarosz, W. Residual Ratio Tracking for Estimating Attenuation in Participating Media. ACM Transactions on Graphics (SIGGRAPH Asia) 33, 6 (Nov. 2014), 179:1–179:11.

[3] Novák, J., Georgiev, I., Hanika, J., and Jarosz, W. Monte Carlo Methods for Volumetric Light Transport Simulation. Computer Graphics Forum 37, 2 (May 2018), 551–576.

[4] Raab, M., Seibert, D., and Keller, A. Unbiased Global Illumination with Participating Media. In Monte Carlo and Quasi-Monte Carlo Methods, A. Keller, S. Heinrich, and N. H., Eds. Springer, 2008, 591–605.

[5] Woodcock, E. R., Murphy, T., Hemmings, P. J., and Longworth, T. C. Techniques Used in the GEM Code for Monte Carlo Neutronics Calculations in Reactors and Other Systems of Complex Geometry. In Conference on Applications of Computing Methods to Reactor Problems (1965), 557–579.

第 29 章　光线追踪中的高效粒子体积喷溅

Aaron Knoll，R. Keith Morley，Ingo Wald，Nick Leaf 与
Peter Messmer　NVIDIA

粒子数据集的渲染是游戏、电影、科学可视化等领域的一个常见的问题。这项技术传统上可以通过基于光栅化的喷溅来实现，该方法可以根据问题的尺度进行线性缩放。假设给定了足够低消耗的光线以对数复杂度遍历场景，光线追踪框架中的喷溅就可以更好地适用到大型的几何体。本章中，我们提供了一个能够高效率地渲染大型粒子数据的方法。此方法利用了光线的相关性（coherence）以及得到 RTCore 硬件加速的 NVIDIA RTX 2080 Ti (Turing) GPU 框架。

29.1　动　机

当大部分的多边形占屏幕的空间小于一个像素且需要进行深度排序时，基于格栅化的 GPU 喷溅方法基本就不可用了。这个问题是对像素进行深度排序的线性消耗、不具备相关性的显存读写，以及实际应用中处理超过 2000 万的粒子数时交互性的降低所导致的。有一些办法可以绕过这些限制达到更快的格栅化，包括依赖于视角的空间细分、LOD、关闭深度测试和透明度混合，或者重新在纹理切片上采样等。然而所有上述方法，在渲染大量的粒子时性能都会受到影响。

光线追踪框架可以高效地遍历和渲染完整的粒子数据。遍历一个加速结构通常有一个对数的时间复杂度。此外，它可以通过很多小的、局部的多边形排序来完成，而不是单一的大型排序。通过这个手段，我们希望性能反映的是每条光线实际相交的多边形的数量，而不是整个场景的复杂度。在光线追踪框架内渲染粒子数据还有其他原因，比如可以高效地渲染带反射的粒子效果。对大型透明物体使用光线追踪也带来了新的挑战，本章提供了一个解决方法。它特别适合来自 N-body 和类似模拟的大型稀疏粒子的可视化，比如图 29.1 所示的可免费获取的 Dark Sky 太空数据集[6]。它同样可以用于分子、材料、流体动力仿真和游戏电影里潜在的更大型的粒子效果。

图 29.1　DarkSky N-body 引力宇宙学的一亿个粒子的子集模拟，在拥有 RT Cores 加速的英伟达 RTX 2080Ti 显卡上渲染时，可达到 35 fps（1080p 分辨率）或 14 fps（4K 分辨率），没有使用 LOD

29.2 算　法

我们的目标是创建一个可扩展，类似于基于格栅化的使用光线追踪遍历的广告牌喷溅（参见 Westover 的工作[7]）。它的核心理念是沿着视角光线对靠近其中心点的每个粒子采样，然后沿着光线深度排序的采样集合进行积分。

我们的多边形是一个径向基函数 (RBF)，含有一个半径 r，粒子中心 P 和边界。边界是通过 $2r$ 宽度围绕粒子中心的包围盒来定义的。采样点 (交叉碰撞)X 由沿着原点为 O 和方向为 $\boldsymbol{d}$ 的光线到粒子 P 中心的距离计算得出：

$$X = O + \|P - O\|\boldsymbol{d} \tag{29.1}$$

之后，我们估算一个在这一采样点的高斯径向基函数：

$$\phi(X) = e^{-(X-P)^2/r^2} \tag{29.2}$$

这个多边形测试发生在物体空间，在三维包围盒里对 RBF 采样，它不同于光栅化喷溅里的二维的广告牌。这在放大到粒子中心时，将生成更连续的结果。并且不需要按照相机对齐的广告牌几何体更新加速结构。

然后，沿着每束光线的深度排序采样的集合 $\{\phi(X_i)\}$ 都通过以下的表达式[3]进行合并：

$$\boldsymbol{c}_{\mathrm{f}} = (1-\alpha)\boldsymbol{c}_{\mathrm{b}} + \alpha\boldsymbol{c} \tag{29.3}$$

在此，一个采样 $\alpha = \phi(X_i)$ 的透明度和颜色 $\boldsymbol{c} = \boldsymbol{c}(\phi(X_i))$ 对应于通过传递函数映射的当前采样点，f 和 b 分别表示混合操作前后值。

29.3 实　现

我们目前的挑战是高效地在光线追踪框架里遍历和排序尽可能多的粒子。我们选择了 NVIDIA OptiX SDK[4]，它适合在 Linux 下运行科学可视化和高性能计算的应用。尽管使用内存效率更高的方法会有益处，但对于这个案例我们采用通用的 16 字节（float4）多边形，配以光线追踪 API 提供的默认加速结构和遍历机制。

这个方法可以在 OptiX[4] 最近命中着色器里直接执行，对于每个命中的粒子，首先投射一次光线然后投射二次传播光线，直到终止。然而，这将生成大量不具相关性的光线，从而导致性能的低下。

我们选用的方法尽可能增加遍历的相关性，使用尽可能少的光线来覆盖有效的空间区域，如图 29.2 所示。此方法与 RBF 体积方法[2] 以及游戏中的粒子效果有点像，它们都通过重新采样到具有规则间隔的二维纹理切片上[1]。但是它确实更简单也更暴力 (brute-force)，它假设有一个足够大的缓冲来防止溢出，它会认真地重建每个相交的粒子。我们将在 29.3.2 讨论在 OptiX 里用任意命中着色器来实现这个功能。

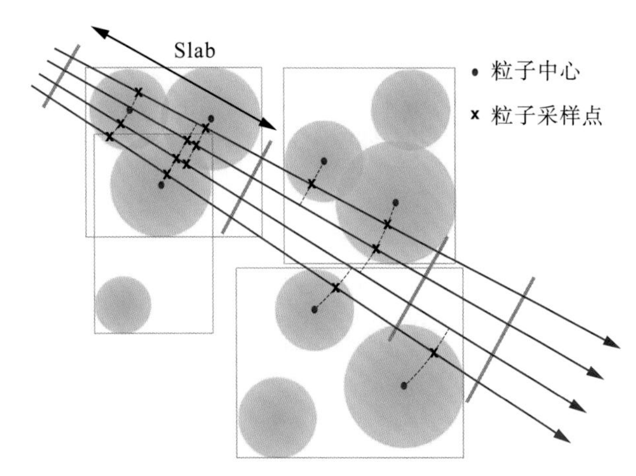

图 29.2　我们的算法概览。几何多边形是一个以点为中心的球形径向基函数。命中位置是沿着视线到粒子中心的距离。为了确保在遍历此几何体时光线的相关性，我们把体积沿着光线喷溅成多个分段，从而变成长条（slab）。然后我们在每个长条里对相交的粒子集合进行遍历和排序

29.3.1　光线生成着色器

我们的方法如下：与体积包围盒相交，并将得到的结果间隔分成多个长条，通过 `slab_spacing` 来隔开。对于每一个长条，我们定义 `ray.tmin` 和 `ray.tmax` 来限制加速结构的遍历区间。然后，我们使用 `rtTrace()` 来遍历，它通过长条里碰撞的采样点填充 `PerRayData` 中的缓冲区。随后，我们将样本列表排序并整合到缓冲区中，下面的伪代码省略了一些细节（估算径向基函数和应用转换函数）；完整的代码请参考附带的资源（29.5 节）。

```
1 struct ParticleSample {
2   float t;
3   uint id;
4 };
5
6 const int PARTICLE_BUFFER_SIZE = 31;    // 31 赋予 Turing架构, 255 赋予 Volta架构
7
8 struct PerRayData {
9   int           tail;                  // 数组的尾部索引
10  int           pad;
11  ParticleSample    particles[PARTICLE_BUFFER_SIZE]; // 数组
12 };
13
14 rtDeclareVariable(rtObject,       top_object, , );
15 rtDeclareVariable(float,          radius, , );
16 rtDeclareVariable(float3,         volume_bbox_min, , );
17 rtDeclareVariable(float3,         volume_bbox_max, , );
18 rtBuffer<uchar4, 2>               output_buffer;
19
20 RT_PROGRAM raygen_program()
21 {
22   optix::Ray ray;
23   PerRayData prd;
24
25   generate_ray(launch_index, camera); // 针孔相机
26   optix::Aabb aabb(volume_bbox_min, volume_bbox_max);
27
28   float tenter, texit;
29   intersect_Aabb(ray, aabb, tenter, texit);
30
31   float3 result_color = make_float3(0.f);
32   float result_alpha = 0.f;
33
34   if (tenter < texit)
35   {
36     const float slab_spacing =
37           PARTICLE_BUFFER_SIZE * particlesPerSlab * radius;
38     float tslab = 0.f;
39
40     while (tslab < texit && result_alpha < 0.97f)
41     {
42       prd.tail = 0;
43       ray.tmin = fmaxf(tenter, tslab);
44       ray.tmax = fminf(texit, tslab + slabWidth);
45
46       if (ray. tmax > tenter)
47       {
48         rtTrace(top_object, ray, prd);
49
50         sort(prd.particles, prd.tail);
51
52         // 按深度排序后的粒子进行求和
53         for (int i=0; i< prd.tail; i++) {
54           float drbf = evaluate_rbf(prd.particles[i]);
```

```
55            float4 color_sample = transfer_function(drbf); // 返回RGBA
56            float alpha_1msa = color_sample.w * (1.0 - result_alpha);
57            result_color += alpha_1msa * make_float3(
58                  color_sample.x, color_sample.y, color_sample.z);
59            result_alpha += alpha_1msa;
60          }
61        }
62        tslab += slab_spacing;
63      }
64    }
65
66    output_buffer[launch_index] = make_color( result_color ));
67 }
```

29.3.2　相交着色器和任意命中着色器

即使和光线 / 球体相交比较，相交程序依然很简单：我们把沿着视线到粒子中心的距离作为命中点 sample_pos。然后我们检查采样点是否在 RBF 半径内；如果是，我们报告有一次交叉。之后，我们的任意触碰程序会把交叉的粒子附到缓冲里，当长条遍历完成时，光线生成程序会对缓冲区进行排序。

```
1 rtDeclareVariable(ParticleSample,hit_particle,attribute hit_particle,);
2
3 RT_PROGRAM void particle_intersect( int primIdx )
4 {
5   const float3 center = make_float3(particles_buffer[primIdx]);
6   const float t = length(center - ray.origin);
7   const float3 sample_pos = ray.origin + ray.direction * t;
8   const float3 offset = center - sample_pos;
9   if ( dot(offset, offset) < radius * radius &&
10       rtPotentialIntersection(t) )
11   {
12     hit_particle.t = t;
13     hit_particle.id = primIdx;
14     rtReportIntersection( 0 );
15   }
16 }
17
18 RT_PROGRAM void any_hit()
19 {
20   if (prd.tail < PARTICLE_BUFFER_SIZE) {
21     prd.particles[prd.tail++] = hit_particle;
22     rtIgnoreIntersection();
23   }
24 }
```

29.3.3　排序和优化

PARTICLE_BUFFER_SIZE 的选择和后续的理想排序算法取决于 rtTrace() 的预期性能。在具有专用遍历硬件的 NVIDIA Turing 框架上，我们用大小为 31 的阵列和冒泡排序达到了最佳性能。对于小规模的阵列这并不令人惊奇。而且那些元素已经根据边界体积层次结构遍历进行了部分排序了。在例如 Volta 这种带有软件遍历的框架上，我们在一个 255 大小的大型阵列相对较少的长条（以及遍历）和双调排序上获得了最佳结果。它们都在我们的参考代码中实现了。

`particlesPerSlab` 的值应该基于所需的半径和粒子重叠程度仔细地选择，在我们的宇宙采样样本中我们默认为 16。对于更大的半径值，粒子可能重叠，因此更大的 `PARTICLE_BUFFER_SIZE` 才能确保正确性。

29.4 结 果

我们的技术在 NVIDIA RTX 2080 Ti（Turing）和 Titan V（Volta）框架上的性能如表 29.1 所示，可以通过填充屏幕的视角看到 1080p（200 万像素）和 4k（800 万像素）下的 DarkSky 数据集。Turing 框架下的 RT Cores 技术使得性能至少比 Volta 快三倍，在较小场景下近乎快 6 倍。

表 29.1 屏幕填充不同数量粒子的 DarkSky 参考场景的性能（以毫秒为单位）

	1080p		4k	
#Particles	TRX 2080 Ti	Titan V	RTX 2080 Ti	Titan V
1M	2.9	17	7.4	33
10M	9.1	33	22	83
100M	28	83	71	220

我们发现在 Turing 上，基于长条的方法大致比 29.2 节里提到的最近命中方法快了 3 倍，在 Volta 上则可以快 6 ~ 10 倍。我们对基于插入排序的方法也进行了实验，该方法的优点永远不会超出固定大小的缓冲区；Turing 和 Volta 上的长条方法通常比这个方法快 2 倍和 2.5 倍。最后，我们将性能与光栅化喷溅进行了比较，我们发现，在具有相似相机和半径的 NVIDIA RTX 2080 Ti 上，对于 4k 和 1080p 分辨率的 100M 粒子数据集，我们的光线追踪方法快了 7 倍。

29.5 总 结

在这一章，我们介绍了如何在 Turing 和未来的 RTX 框架中利用硬件光线追踪来加速喷溅算法。尽管用了自定义的多边形，我们的方法在 Turing 上比在 Volta 上快了 3 倍，比最初级的最近命中着色器方法快了约 3 倍，比基于深度排序和格栅化的喷溅方法快了一个数量级。在不需要 LOD 的处理下，它可以实时渲染一亿个粒子，并且进行完整的深度排序和混合。我们的方法主要用于科学可视化中的空间粒子数据，也可以方便地扩展到其他粒子数据中。当粒子出现明显的重叠时，完整的 RBF 体渲染或者重采样到代理几何体或结构化的体数据上，将更能凸显优势。

我们把代码开源放在了 OptiX Advanced Samples Github 库中：https://github.com/nvpro-samples/optix_advanced_samples.

参考文献

[1] Green, S. Volumetric Particle Shadows. NVIDIA Developer Zone, https://developer.download.nvidia.com/assets/cuda/files/smokeParticles.pdf, 2008.

[2] Knoll, A., Wald, I., Navratil, P., Bowen, A., Reda, K., Papka, M. E., and Gaither, K. RBF Volume Ray Casting on Multicore and Manycore CPUs. Computer Graphics Forum 33, 3 (2014), 71–80.

[3] Levoy, M. Display of Surfaces from Volume Data. IEEE Computer Graphics and Applications, 3 (1988), 29–30.

[4] Parker, S. G., Bigler, J., Dietrich, A., Friedrich, H., Hoberock, J., Luebke, D., McAllister, D.,McGuire, M., Morley, K., Robison, A., et al. OptiX: A General Purpose Ray Tracing Engine. ACM Transactions on Graphics 29, 4 (2010), 66:1–66:13.

[5] Preston, A., Ghods, R., Xie, J., Sauer, F., Leaf, N., Ma, K.-L., Rangel, E., Kovacs, E., Heitmann,K., and Habib, S. An Integrated Visualization System for Interactive Analysis of Large,Heterogeneous Cosmology Data. In Pacific Visualization Symposium (2016), 48–55.

[6] Skillman, S. W., Warren, M. S., Turk, M. J., Wechsler, R. H., Holz, D. E., and Sutter, P. M. Dark Sky Simulations: Early Data Release. arXiv, https://arxiv.org/abs/1407.2600, July 2014.

[7] Westover, L. Footprint Evaluation for Volume Rendering. Computer Graphics (SIGGRAPH) 24, 4 (1990), 367–376.

第 30 章　使用屏幕空间光子映射技术渲染焦散

Hyuk Kim, devCAT Studio　NEXON Korea

光子映射（photon mapping，PM）是一种全局光照技术，它模拟由光源发射出的光子在场景中传输的过程，以渲染焦散和其他间接光照效果。此章介绍了一种借助硬件光线追踪（hardware ray tracing）和屏幕空间降噪器（screen-space denoiser），在屏幕空间实时渲染焦散的光子映射技术。

30.1 引　言

光子映射是由 Wann Jensen[2] 提出的一种新颖的全局光照技术。它使用光子去模拟光路传输（light transportation），以获取全局光照效果和焦散等光线聚集效果。尽管传统的光子映射技术善于渲染焦散，但却难以应用到实时游戏领域。这是因为光子映射需要非常多的光子参与计算才能得到平滑的结果，这意味着每一帧都需要进行大量的光线追踪计算。

McGuire 和 Luebke 提出了图像空间光子映射（image-space photon mapping，ISPM）技术，把光子映射应用到实时领域。ISPM 把光子存储为世界空间（world space）下的一个体（volume）。因为这些光子的数目要远远小于真实世界中的光子数目，它们必须要以某种方式被传播（散射）。在本章中，我们把光子存储为一个屏幕空间下的纹素（texel），而不是世界空间下的体或者面元（surfel），这个方法被称为屏幕空间光子映射（screen-space photon mapping，SSPM）。尽管这个方法有一定的局限性，但它在渲染焦散方面仍存在一些优点。

焦散是强烈光线作用的结果。如果一个光子穿过两个折射率（indice of refraction，IOR）不同的介质，如从空气到玻璃或者从空气到水，光子将进行折射，其方向有可能会改变。折射的光子可能会被散射（scatter）或被集聚（concentrate）在一起。这些集聚的光子会产生焦散效果。另外，反射（reflection）也会产生焦散。反射的光子也可能多次反射于周边的物体后被集聚到一起。图 30.1 展示了一些焦散的例子，图（b）中黄色的焦散是由环的反射产生的。

要注意的是，在本章中，屏幕空间光子映射仅仅被用于渲染焦散，而不是整个场景的全局光照。若想获取全局光照，其他经过优化的通用“大型”光子收集（photon-gathering）技术[1,3]可提供更好的解决方案。

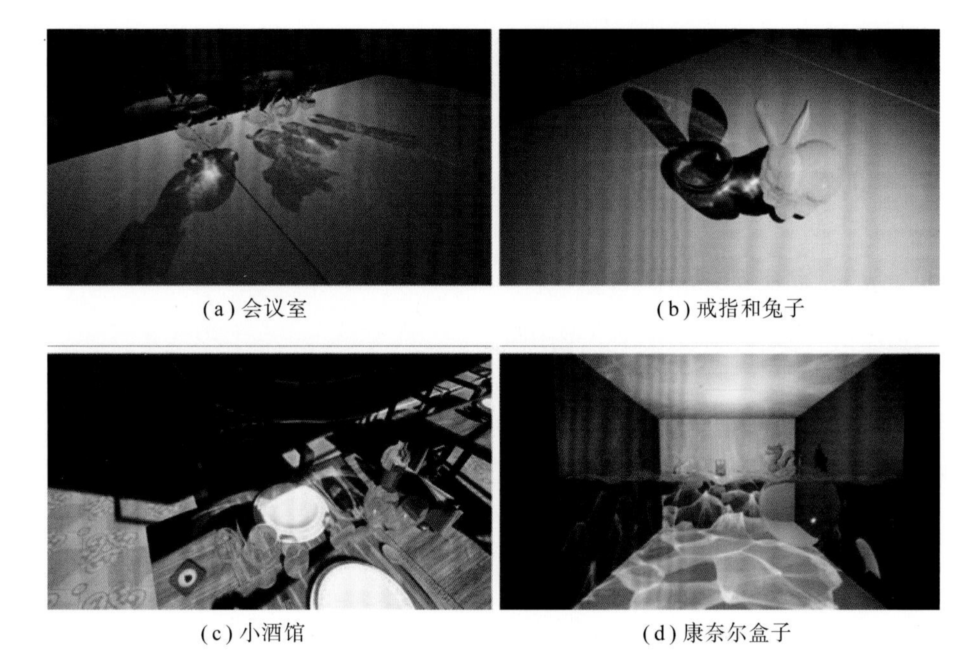

(a) 会议室　(b) 戒指和兔子

(c) 小酒馆　(d) 康奈尔盒子

图 30.1　由屏幕空间光子映射生成的焦散效果，每个场景使用 2k × 2k 的光子，稍后在表 30.2 中展示其性能评估

30.2　概　述

光子映射一般有两个阶段：光子图生成（photon map generation）与渲染（rendering）。本文中，我们把它分为三个阶段：

（1）光子发射和光子追踪（散射）。

（2）光子收集（降噪）。

（3）使用光子图进行照明。

第一阶段是光子发射（photon emission）与光子追踪（photon tracing），我们将在 30.3.1 节中详述。在 DirectX Raytracing（DXR）中，光线生成着色器的每条光线对应一个光子。当一个光子从光源出发，到达一个不透明的表面时，将被存储在屏幕空间中。需要注意的是，光子的发射和追踪并不是屏幕空间操作。与屏幕空间反射（screen-space reflections）技术相同，在使用 DXR 时，光线追踪在世界空间而不是屏幕空间中执行。光线追踪过后，光子被存储在屏幕空间中。渲染目标纹理（render target texture）将存储这些光子，而后作为光子图使用。因为光子被存储为屏幕空间纹理的一个纹素了，光子图中出现了带有噪点的焦散。因此，第二阶段，即光子收集（photon gathering）或称光子降噪（photon denoising）阶段将用来平滑光子图，之后在 30.3.2 节中详述。光子全部被收集之后，我们会得到一个平滑的光子图。最后，光子图将被用在直接光照的流程里，这部分在 30.3.3 节中详述。

注意，这里假设使用的是一个延迟渲染的系统。延迟渲染中的 G 缓冲（G-buffer）

包含一个深度缓冲（depth buffer）或粗糙度缓冲（roughness buffer），用来在屏幕空间存储和收集光子。

30.3 实 现

30.3.1 光子发射和光子追踪

本节中使用的符号汇总在表 30.1 中。

表 30.1 符号汇总

符 号	说 明	公 式
Φ_e	光子的辐射通量	(30.1)(30.3)
l_e	光线的辐射率	(30.2)
p_w,p_h	光子光线的尺寸	
w,h	屏幕的相对宽度和高度	
a_l	光区域面积	
a_p	像素的面积	(30.4)
l_p	像素中的辐射度	(30.5)

1. 光子发射

光子在世界空间中被发射和追踪。发射的光子拥有颜色（color）、强度（intensity）和方向（direction）属性。当光子最终在世界空间下停止时，只保留它的颜色和强度属性。因为一个像素中需要存储多个光子，为节省空间，不再保留光子入射时的方向。光子的辐射通量（flux），即颜色和强度（不包括方向），将被保存在像素中。

对于一个点光源来说，光子从光源所在的位置发射出去。下式展示了光子的发射辐射通量 $\boldsymbol{\Phi}_e$：

$$\Phi_e = \frac{l_e}{4\pi}\frac{1}{p_w p_h} \tag{30.1}$$

这里的 p_w 和 p_h 是光子光线的尺寸；l_e 是来自光源的光线的辐射率（radiance）：

$$l_e = \text{light color} \times \text{light intensity} \tag{30.2}$$

对于一个方向光光源来说，公式是与点光源类似的。但是不同于点光源，方向光光源发射的光子将扩散到整个场景，且不会有任何衰减。由于每个光子对应于多条光线进行追踪，减少光子的浪费对于同时提升质量和性能来说非常重要。为了减少对光子的浪费，Jensen[2] 使用投影图（projection map）将光子集聚在重要区域。投影图是从光源观察的有关几何图形的图，它包含从光源的特定方向观察的几何图形的存在性信息。

为了简单和高效，对于方向光，我们使用一个名为投影体（projection volume）的包围盒。其目的与 Jensen 投影图中的单元格（cell）保持相同。投影体是一个其中存在可以生成焦散的物体的包围盒，如图 30.2 中的体 V 所示。通过将盒子投射到方向光的反方向，我们可以得到一个矩形的光区域（light area），如图中区域 A 所示。如果我们只发射光子到投影体中，光子可以集聚在产生方向光焦散的物体上。此外，我们可以控制光线的数量，以获得一致的质量或一致的性能，即恒定光子发射面积或恒定射线追踪的数目。

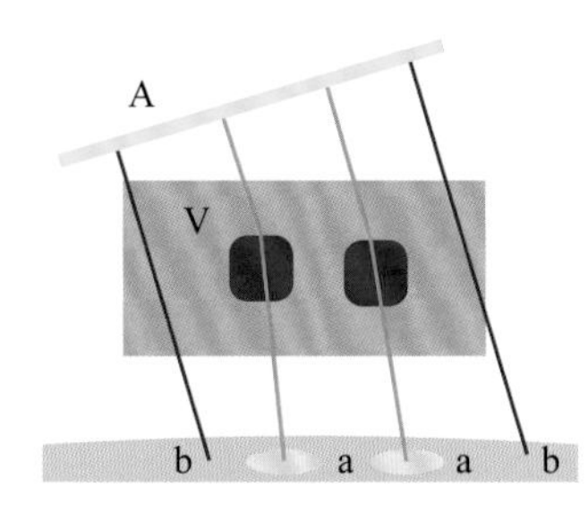

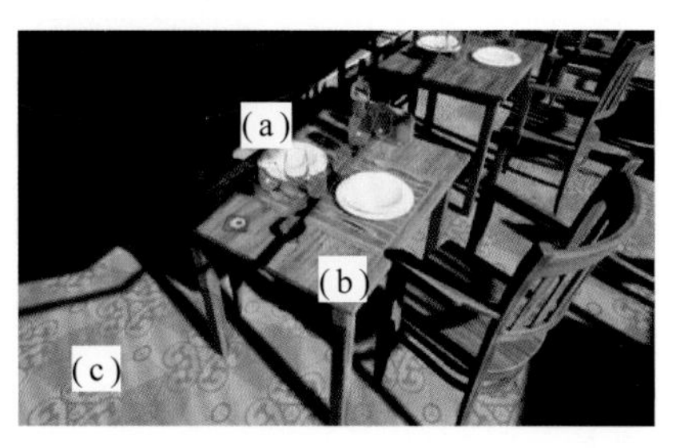

图 30.2　左：投影体 V 和对应的光区域 A。右：投影体被放置在包含透明物体的桌子上。（a）通过透明物体产生焦散的光线用橙色标出。（b）直接光对应的光子用红色标出。这些光子将被丢弃不用。（c）在投影体之外，不会发射光线

对于与投影体 V 一同创建的光区域 A 的分辨率，$p_w p_h$ 是光线生成着色器的尺寸。光线生成着色器的每条光线携带一个从 A 区域发射的光子，由于每个光子对应于光区域的一部分，每个光子对应光区域 a_l 的面积为 $1/(p_w p_h)$。方向光的发射辐射通量为：

$$\Phi_e^D = l_e \frac{a_l}{p_w p_h} \tag{30.3}$$

这里应该注意，a_l 是世界空间单位中光区域 A 的面积。

2. 光子追踪

光子发射后，在世界空间下进行光子追踪，直到到达追踪的最大深度或击中不透明（opaque）表面。更详细地说，当光子在追踪过程中击中某个物体后，它会评估物体表面的材质信息。如果被击中的表面足够不透明，光子就会停止，并对场景深度进行评估，以检查表面是否会将光子存储在屏幕空间中。如果没有物体被击中，或者光子的场景深度超过了存储在深度缓冲中的深度，光子将被丢弃。因为光子在通过透明物体时能量会衰减，因此当光子强度小到可以忽略不计时，光子也会停止。

图 30.2 中的红色光线对应于直接光，不会存储。从直接光照中储存光子是多余的，因为我们会在单独的通道（pass）中处理直接光。在降噪阶段，去除所有直接光可能会在阴影边缘产生一些伪影，但这些伪影并不十分明显。

因为通过透明物体追踪光线在光子映射中不是一个特殊的部分，所以我跳过了这些细节。

简而言之，光子不被储存的条件有四种：

（1）光子的强度很小。

（2）要存储的位置在屏幕之外。

（3）光子深度超过了存储的深度缓冲值。

（4）光子是直接光照的一部分。

产生光子的代码在 PhotonEmission rt.hlsl 文件的 rayGenMain 中。

3. 存储光子

屏幕空间光子映射过程的一个重要部分是将一个光子压缩成一个像素。这对于给定的一个像素来说可能是错误的，但是作为一个整体，能量是守恒的。压缩的光子被存储在单个像素中，而不是分散（散射）到邻近像素中。光子被存储后，在接下面的降噪阶段，像素中的光子将被散射到它的邻近像素（即从邻近像素收集光子）。

世界空间单位下，像素的面积 a_p 为：

$$a_p = \left(\frac{2d\tan(\theta_x/2)}{w}\right)\left(\frac{2d\tan(\theta_y/2)}{h}\right) \tag{30.4}$$

这里的 w 和 h 是屏幕的相对宽度和高度；θ_x 和 θ_y 是视野（field-of-view，FOV）的 x 和 y 方向上的相对角度；d 是从观察点到像素在世界空间下的距离。

因为 Φ_e 表示的不是辐射度，而是辐射通量，所以光子必须转化为适当的辐射度。要存储在像素中的辐射度 l_p 为：

$$l_p = \frac{\Phi_e}{a_p} = \left(4\cdot 4\pi\tan\left(\frac{\theta_x}{2}\right)\tan\left(\frac{\theta_y}{2}\right)\right)^{-1}\frac{l_e}{d^2}\left(\frac{wh}{p_w p_h}\right) \tag{30.5}$$

请注意，屏幕空间光子映射的优点之一是光子在存储时可以使用眼向量（eye vector），这意味着光子从表面的 BRDFs 中估计出镜面颜色和漫反射颜色。

图 30.3 为降噪前不同光子数的比较。存储光子实现的代码在 PhotonEmission.rt.hlsl 文件的 storePhoton 中。

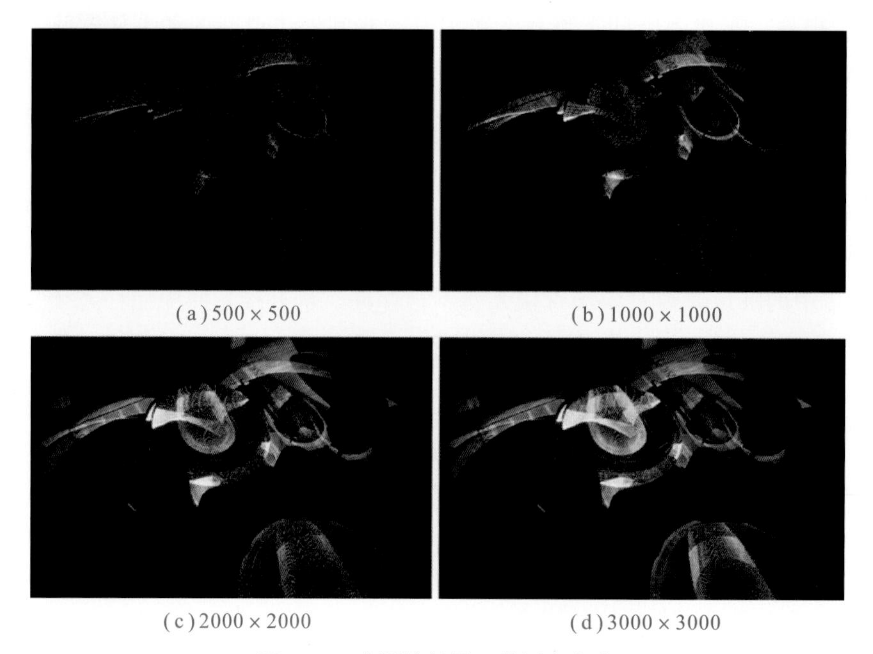

（a）500 × 500　（b）1000 × 1000

（c）2000 × 2000　（d）3000 × 3000

图 30.3　小酒馆场景，使用方向光

30.3.2　光子收集

传统的光线追踪使用了多种技术以得到一个精确且平滑的结果。为了得到实时的效果，在屏幕空间收集光子最简单的方法之一是使用 NVIDIA GamesWorks Ray Tracing 技术中的反射降噪器（reflection denosier）[5]。使用这个反射降噪器，我们可以把光子看作是使用了一些 trick 的反射。

这个降噪器接受相机数据（矩阵）、深度缓存、粗糙度缓存，以及法向量缓存作为输入。它使用相机矩阵和深度构造了一个世界空间，接着根据法向量和粗糙度收集临近像素的反射值。要记住，这个降噪器会接受一个记录了从像素到反射碰撞点的碰撞距离的缓存。

在光子降噪器中，碰撞距离将作为最后一个碰撞点到像素的距离，在根本上与上面描述的反射一致。然而，不同于反射的是，光子图并不需要锐利（sharp）的效果。由于较小的命中距离可以防止光子映射模糊，所以我将这个距离固定到一个适当的值，该值根据场景的不同而变化。

法线和粗糙度是光子降噪器的静态值（static value）。一方面，如果使用物体的原始法线，光子就不能很好地聚集。另一方面，粗糙度是降噪反射的一个关键部分，因此理想情况下应该保留原始值。经过一些实验，我将法线设置为像素到相机的方向，粗糙度设置为 0.07 左右的某个值。这些值可能会因不同场景或降噪器的不同版本而变化。我们将粗糙度设置为场景全局模糊度的参数，并根据碰撞距离调整每个光子的模糊度。

降噪前后对比如图 30.4 所示。这里总结了光子降噪器的降噪参数：

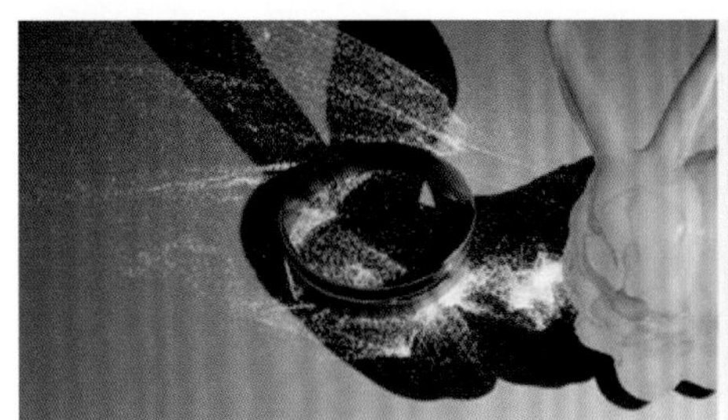

(a) 降噪前，戒指和兔子场景

(b) 降噪后，戒指和兔子场景

(c) 降噪前，康奈尔盒子场景

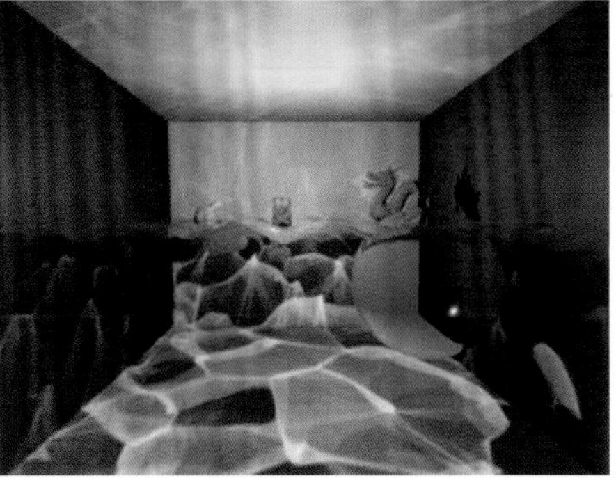

(d) 降噪后，康奈尔盒子场景

图 30.4　两个场景都使用了来自点光源的 2000 × 2000 光子渲染

（1）法线：从像素到相机的方向。

（2）粗糙度：恒定值，0.07 在测试时表现很好。

（3）碰撞距离：用最小值和最大值夹紧的最后追踪距离。在我们的场景中，300 和 2000 分别是最小值和最大值，建议你构造一个适合你场景的距离函数。

具体实现见 `PhotonGather.cpp` 中的 `PhotonGather::GameworksDenoiser` 类。

注意，虽然使用 GameWorks 的降噪器效果很好，但它只是降噪的优秀方法之一。GameWorks 的光线追踪降噪器是对光线追踪的双边滤波，读者可能想要实现一种专门针对光子噪声的降噪器，以获得微调的空间和更高的效率。

除了 GameWorks 降噪器外，`PhotonGather.cpp` 中的 `PhotonGather::BilateralDenoiser` 类中还提供了一种双边光子降噪器。双边光子消噪器由两部分组成：向下采样（downsampling）光子图和降噪光子图。近深度（near-depth）表面将采用向下采样光子图（这里不讨论，参见代码中的详细注释）。双边滤波也有很好的参考文献[3,6]。

30.3.3 光 照

光子图光照接近于延迟渲染系统中的屏幕空间光照。光子图中的光子被认为是像素的附加光。图 30.5（b）和（e）展示了只显示光子图的结果。

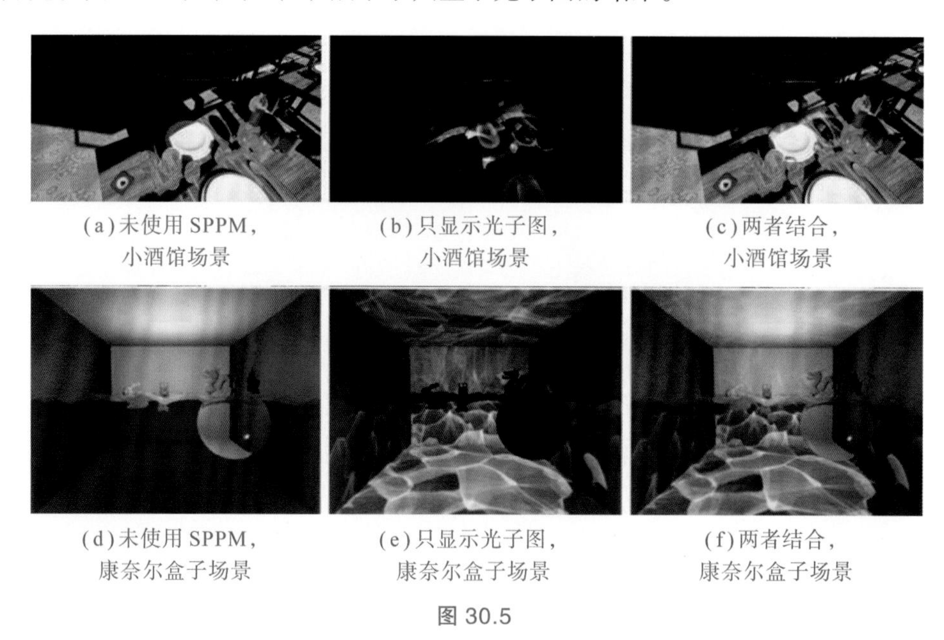

(a)未使用 SPPM，小酒馆场景　(b)只显示光子图，小酒馆场景　(c)两者结合，小酒馆场景

(d)未使用 SPPM，康奈尔盒子场景　(e)只显示光子图，康奈尔盒子场景　(f)两者结合，康奈尔盒子场景

图 30.5

30.4 结 果

借助 Microsoft's DXR 和 NVIDIA's RTX，可以实现具有一定局限性的实时焦散渲染。图 30.1 展示了焦散的渲染结果，表 30.2 列出了渲染的性能评估。所有的性能评估都包括

降噪所花费的时间。该降噪器的成本为 3~5ms。注意，使用反射降噪器并不是光子降噪的最佳解决方案。

表 30.2　图 30.1 中场景在具有 1920 × 1080 像素的 GeForce RTX 2080 Ti 上渲染的性能评估。所有的度量单位都是以 ms 为单位的，括号中的数字是与不使用 SPPM 时的差距

场　景	不使用 SSPM	1k × 1k 光子	2k × 2k 光子	3k × 3k 光子
会议室	4.79	9.39（4.6）	11.94（7.15）	16.20（11.41）
戒指和兔子	4.13	9.24（5.11）	11.44（7.31）	15.15（11.02）
小酒馆	10.98	11.04（< 1）	12.27（1.29）	17.15（6.17）
康奈尔盒子	4.18	9.20（5.02）	12.62（8.44）	18.23（14.05）

本章所有的图片均使用 UE4 渲染，附带的代码是基于 NVIDIA 的 Falcor 引擎的。不使用 SSPM 和使用 1k × 1k 光子的 SSPM 的计时结果对小酒馆场景没有什么区别，因为这个场景中的物体非常多。

30.4.1　局限与未来工作

虽然屏幕空间光子映射是实时可行的，但也存在一些局限性，也会产生一些伪迹（artifacts）：

（1）由于在将像素写入光线追踪着色器中的缓冲区时缺少原子操作（atomic operation），因此当两个着色器线程同时写入相同的像素时，可能会丢失一些值。

（2）由于靠近屏幕截锥体的近深度像素对于光子来说分辨率太高，当相机接近焦散表面时，光子不能很好地收集，这可以通过使用其他模糊技术和自定义降噪器来改进。

30.4.2　深度缓冲区中的透明对象

在本章中，透明对象与不透明对象一样被绘制到深度缓冲区。透明物体的半透明效果是通过光线追踪来实现的，从这些物体的表面开始。虽然这不是延迟渲染系统的通常实现方法，但是对于渲染焦散来说，它也有一些优点和缺点。当它们被绘制在深度缓冲时，焦散光子可以存储在透明物体上。然而，除了透明的物体，我们看不到焦散。这个局限性可以在图 30.1 中的康奈尔盒子场景中看出。

30.4.3　实际应用

如前所述，一些光子在写入缓冲区时会丢失。此外，光子的数量远远少于我们在现实世界中所需要的。一些光子在降噪过程中变得模糊不清。为了实用和艺术的目的，可以增加额外的焦散强度。这在物理上是不正确的，但会弥补一些光子的损失。注意，本章所列图中并没有采用额外的强度来显示精确的结果。

还有一件事要讨论一下。如你所知，由反射和折射产生的焦散应该在有限的条件下

使用。当前的方法选择透明迭代作为主循环。产生反射焦散的光线在每个透明循环中生成。30.5 节中描述了这部分实现。如果场景受反射焦散比折射影响更大，反射迭代可能更合适作为主循环。

30.5 代 码

下面的伪代码对应于光子发射和光子跟踪，包括如何存储光子。完整的代码可以在 PhotonEmission.rt.hlsl 中找到。

```
1 void PhotonTracing(float2 LaunchIndex)
2 {
3     // 为点光源初始化光线
4     Ray = UniformSampleSphere(LaunchIndex.xy);
5
6     // 光线追踪
7     for (int i = 0; i < MaxIterationCount; i++)
8     {
9         // 被光线击中的表面信息的结果
10        Result = rtTrace(Ray);
11
12        bool bHit = Result.HitT >= 0.0;
13        if (!bHit)
14            break;
15
16        // 存储条件在30.3.1节第2项中描述
17        if(CheckToStorePhoton(Result))
18        {
19            // 如何存储一个光子在30.3.1节第3项中描述
20            StorePhoton(Result);
21        }
22
23        // 如果表面粗糙度足够低，光子就会被反射
24        if(Result.Roughness <= RoughnessThresholdForReflection)
25        {
26            FRayHitInfo Result = rtTrace(Ray)
27            bool bHit = Result.HitT >= 0.0;
28            if (bHit && CheckToStorePhoton(Result))
29                StorePhoton(Result);
30        }
31        Ray = RefractPhoton(Ray, Result);
32    }
33 }
```

参考文献

[1] Jendersie, J., Kuri, D., and Grosch, T. Real-Time Global Illumination Using Precomputed Illuminance Composition with Chrominance Compression. Journal of Computer Graphics Techniques 5, 4 (2016), 8–35.

[2] Jensen, H. W. Realistic Image Synthesis Using Photon Mapping. A K Peters, 2001.

[3] Mara, M., Luebke, D., and McGuire, M. Toward Practical Real-Time Photon Mapping: Efficient GPU Density Estimation. In Proceedings of the ACM SIGGRAPH Symposium on Interactive 3D Graphics and Games (2013), 71–78.

[4] McGuire, M., and Luebke, D. Hardware-Accelerated Global Illumination by Image Space Photon Mapping. In Proceedings of High-Performance Graphics (2009), 77–89.

[5] NVIDIA. GameWorks Ray Tracing Overview. https://developer.nvidia.com/gameworksray-tracing, 2018.

[6] Weber, M., Milch, M., Myszkowski, K., Dmitriev, K., Rokita, P., and Seidel, H.-P. Spatio-Temporal Photon Density Estimation Using Bilateral Filtering. In IEEE Computer Graphics International (2004), 120–127.

第31章 在路径重用下使用迹估计减少方差

Johannes Jendersie Clausthal University of Technology

多重重要性采样是一种工具，它能加权不同采样方法的结果，其目的是使得采样函数的方差最小。如果将其应用到光照传输路径中，这种方法衍生出例如双向路径追踪、顶点连接与合并等相关技术。后者将路径概率推广为合并——也被称为光子映射。不幸的是，由此产生的启发式方法可能会失败，这将导致噪点明显增加。本章深入探讨了出现问题的原因，并提出了一种简单易用的启发式方法，该方法更接近最优解，并且在不同场景下更可靠。诀窍是使用子路径的迹估计，由于光子复用的引入，方差将减小。

31.1 介 绍

在光线传输模拟中，有许多的采样策略，如图 31.1 所示。通过追踪路径，从一个传感器（sensor）开始，我们可以很随意地在场景中找到光源，并通过采样路径计算它们的贡献。此外，下一个事件估计，也就是与已知光源的连接有助于定位较小的光源。这两种采样策略共同构成了 Kajiya[8] 提出的路径追踪（PT）算法。在双向路径追踪（BPT）[9, 13] 中，随机视线子路径（view sub-path）和随机光源子路径（light sub-path）之间的所有可能的连接都提供了额外的采样点。BPT 可以使用相机连接找到焦散路径，这在 PT 中是不可能的。

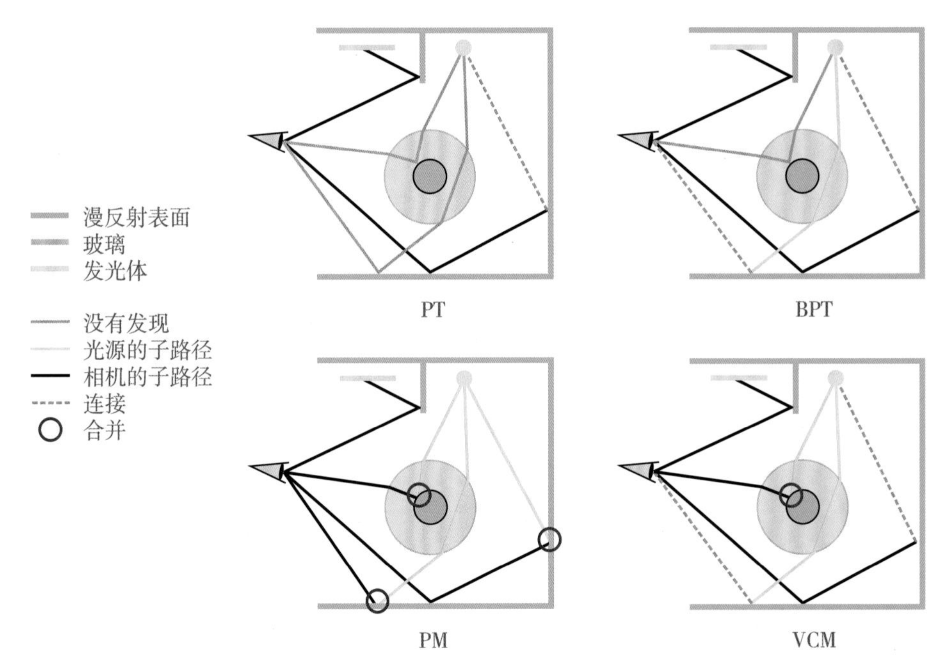

图 31.1 不同方法下的路径的可视化，包含发现的和没有发现的。天花板处的面积光和点光源带来不同的具有挑战的光照效果

Veach[14]引入了几种加权策略，以几乎最优的方式组合所有这些不同的采样方法的采样点。最常用的策略称为平衡启发式，即：

$$W_a = \frac{n_a p_a}{\sum_{b \in S} n_b p_b} \tag{31.1}$$

这里 a 和 b 是采样方法的索引，来自可能的采样方法的集合 S，概率密度是 $P_{\{a,b\}}$。如果一个采样方法被使用多次，使用次数由 $n_{\{a,b\}}$ 因子决定。在 PT 和 BPT 中，n 始终是 1。平衡启发式的结果是每个采样方法的权重 w，其使得路径上的所有的权重总和为 1。例如，如果找到相同路径的可能性各不相同，则使用所有选项的加权平均值。

另外，对光照传输模拟的成功方法是由 Jensen[7]提出的光子映射（PM）。在第一个 pass 中，由光源子路径进行追踪且它们的交点存储为光子。在第二个 pass 里，视线子路径被建立并且附近的光子与当前路径进行合并。这引入了一个小的偏差，但它能比 BPT 得到更多的照明效果（反射和折射的焦散）。Georgiev 等人[3]以及 Hachisuka 等人[4]提出了路径概率，使得合并（也就是光子映射）与 Veach 的多重重要性采样权重兼容。由于可以在每个视线子路径顶点处找到所有 n_Φ 光子，因此存在大量的路径重用。这减少了合并的方差，其通过在合并采样方法的平衡启发式（式（31.1））中设 $n = n_\Phi$ 来建模。由 BPT 和 PM 组成的组合算法称为顶点连接和合并（VCM）[3]。

不幸的是，平衡启发式中 n_Φ 项会导致严重的误差计算，这是 Jendersie 等人[6]首次观察到的。图 31.2 演示了一个有明显问题的场景。与 BPT 相比，VCM 增加了新的采样方法，因此应该可以减少方差，但却出现了更多的噪点。在大多数场景中，这种情况并不像所选示例中那样明显。然而，与先前的启发式相比，使用我们的新启发式方法能够减少任何场景中的方差，从而能导致更快的收敛，我们称此方法为优化 VCM（OVCM）。

图 31.2　Veach 的 BPT 测试场景的近景，包含 50 个采样。由于使用了非最优的 MIS 权重，BPT 效果远超 VCM。OVCM 提升了合并权重，达到更小的方差

31.2　为什么假设完全重用会导致 MIS 权重的破坏

完整的传输路径的方差由视线路径和光源路径的方差组成。在数学上，整个路径的方差是两个随机变量 X（不失一般性，视线子路径）和 Y（光源子路径）产生的：

$$V[XY]=V[X]E[Y]^2+V[Y]E[X]^2+V[X]V[Y] \tag{31.2}$$

除了两个子路径的方差之外，总方差还取决于期望值 $E[X]$ 和 $E[Y]$ 的值，在顶点处这两个期望值是入射辐射度 ($E[Y]$) 及其伴随的入射重要成度 ($E[X]$)。

n_Φ 因子使得合并时光源子路径的方差减少。然而，如果总方差的大部分都来自视线子路径，路径方差的真实增益将会远小于 n_Φ。使用 n_Φ 个光子会减少 $V[Y]$，所以我们只将式（31.2）中第二项第三项除以这个因子。因此，如果总方差由第一项 $V[X]E[Y]^2$ 占主导，那么，与路径重用相关的方差不会改变太多，直接使用 n_Φ 将可能导致严重高估事件发生。

31.3 有效重用因子

为了将前面的观察结果整合到平衡启发式中，我们希望更改每个合并采样方法的因子 n。最佳因子告诉我们在合并多个子路径时，整个路径的方差减少了多少。从式（31.2）的方差性质开始，合并采样方法的真正有效使用是：

$$n=\frac{V[X]E[Y]^2+V[Y]E[X]^2+V[X]V[Y]}{V[X]E[Y]^2+\frac{1}{n_\Phi}\left(V[Y]E[X]^2+V[X]V[Y]\right)} \tag{31.3}$$

这是用光源子路径采样方法 n_Φ 次时与不使用光源子路径采样方法时方差的商。自然地，如果 $n_\Phi=1$，那么式（31.3）为 $n=1$。另外，只有当视线路径方差为零时，才能达到 $n=n_\Phi$。这一理论解仍然缺乏适用性，因为我们需要基于现有的单路子路径样本对 V 和 E 进行稳定估计。

Jendersie 等人[6]使用附加的数据结构查询预期的光子数（估计为 $E[Y]$）。此外，他们的方法 VCM* 以不同于此处所示的方式应用估算。然而，使用专用数据结构的方法存在若干问题：估计器本身内的点，离散化伪像，错误地将来自不同路径的光子计数到 $E[Y]$ 中，并且最后还有大场景的可伸缩性问题。我们在下面介绍一种新的、更直接的启发式方法。

31.3.1 一个近似的解决方案

最困难的问题是，“路径 V 和 E 的值是多少？”路径由多个蒙特卡罗采样事件和一个连接或合并事件组成。在采样密度 p 和目标函数 f 成比例的情况下，在蒙特卡罗积分器中计算的比率 f/p 对于任何样本都是恒定的，因此估计量的方差为零[14]。如果 p 和 f 几乎成比例，则蒙特卡罗采样器的方差接近于零：$V\approx 0$。

在重要采样中，我们选择与 BSDF 成比例的采样概率密度函数（PDFs），但我们的目标函数是 BSDF 乘以入射辐射度。在数学上，我们可以用式（31.2）把这个积分成两个子问题。考虑直接照明的例子：我们将入射辐射度作为来自确定性直接光计算的零方差

（$E[Y] = L_iV[Y] = 0$）的一个随机变量的期望值，以及 $E[X] = 1$ 的采样视图子路径（通过针孔相机设计的一个模型）和 $V[X] = \varepsilon$（由于像素抖动）的采样。最终方差为 $E[Y]^2V[X] = L_i\varepsilon$，也可能很大，即使采样器接近 BSDF（或者相机模型）。

这同样适用于较长的路径。两个子路径中的每一个子路径都包含多个蒙特卡罗采样事件，其方差可以用一个小的 ε 来近似。为了近似入射辐射度和重要性，我们需要每平方米的密度和每个子路径的立体角。或者，我们也可以计算密度的倒数，即足迹 $A[X]$ 和 $A[Y]$，如图 31.3 所示。路径的迹是像素或光子在经过一定次数的反弹后在某个表面上的投影。

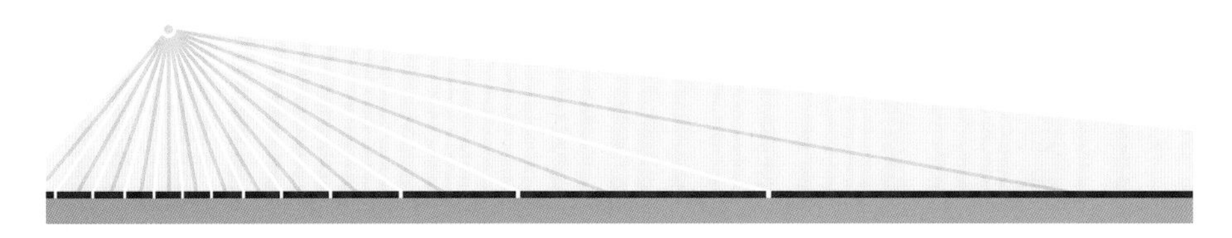

图 31.3　足迹尺寸（绿色）与密度之间的类比。密度 p 越高，每个粒子的足迹 A 越小：$A \propto 1/p$

假设我们能计算出这个迹 A，并且采样器的方差很小，那么式（31.3）就变成了

$$
\begin{aligned}
n &\approx \frac{\varepsilon\frac{1}{A[Y]^2} + \varepsilon\frac{1}{A[X]^2} + \varepsilon^2}{\varepsilon\frac{1}{A[Y]^2} + \frac{1}{n_\Phi}\left(\varepsilon\frac{1}{A[X]^2} + \varepsilon^2\right)} \\
\frac{1}{A} \gg \varepsilon \Rightarrow n &\approx \frac{\frac{1}{A[Y]^2} + \frac{1}{A[X]^2}}{\frac{1}{A[Y]^2} + \frac{1}{n_\Phi}\frac{1}{A[X]^2}} \\
&= \frac{A[X]^2 + A[Y]^2}{A[X]^2 + \frac{1}{n_\Phi}A[Y]^2}
\end{aligned}
\tag{31.4}
$$

第二行中，在假设第三项由另外两项控制的前提下，我们用零替换了 ε^2，其他项前面的 ε 自然会抵消。最后，如果我们能够提供每个子路径的迹，就可以得到最优有效重用因子 n 的近似值。

31.3.2　迹的估计

对于我们的应用程序，关于迹的最重要的事情是捕获明显改变密度的事件。粗糙的表面会引起这样一个事件，这意味着在计算中必须包含 BSDF。

之前对估计进行了研究，并将其用于抗锯齿[5]（详见第 20 章）以及自适应重建核[2]。为了估计投影像素的大小，Igehy 引入了光线微分[5]。这些能够在多次镜面相互作用后估计各向异性的迹，但它们缺乏对任何粗糙 BSDF 的处理。Suykens 等人[12]对 Igehy 的光线微分引入了 BSDF 的启发式处理，称之为路径微分。但是，他们的方法需要一个难以确定的任意比例参数。Schjøth 等人[11]探讨了所谓的光子微分，主要是将光线微分使用在光子上。同样，它缺少对 BSDF 的处理并且仅处理镜面反弹。迄今为止最方便的解决方案是 Belcour 等人的 5D 协方差追踪[2]，它第一次包含正确处理 BSDF 方式，但计算和存储成本很高。

受协方差矩阵的启发，我们开发了一种简化的启发式算法。由于我们只对迹的面积感兴趣，而不对其各向异性形状感兴趣，因此只需存储和更新两个标量值即可：搜索面积 A 和用于推导面积变化的立体角 Ω。和协方差追踪一样，我们使用卷积来模拟交互事件对迹的变化。

Bekaert 等人使用了类似于我们的启发式方法[1]，在式（31.7）中，估计光子映射事件的核大小。与我们的启发式方法不同的是，Bekaert 等人仅使用之前的 PDF 更新 A。我们还介绍了基于所有之前的 PDF 的累积立体角 Ω。

从初始的区域中的任何点开始，下一个路径段将有自己的迹。假设追踪段是一个具有实心角 Ω 的圆锥体，则可以计算段的迹。需要使用卷积将任何初始位置与目标区域结合起来。它是通过添加段的迹和源区域的平方根并再次平方它们的和来执行的，如图 31.4 所示，假设有一个圆形的迹（注意 π 在最终结果中抵消）。如果我们把两个正方形或任何其他正多边形卷积起来，就会得到同样的结果。那么，下一个问题是，如何获得这两个区域？源区域是以下区域之一：

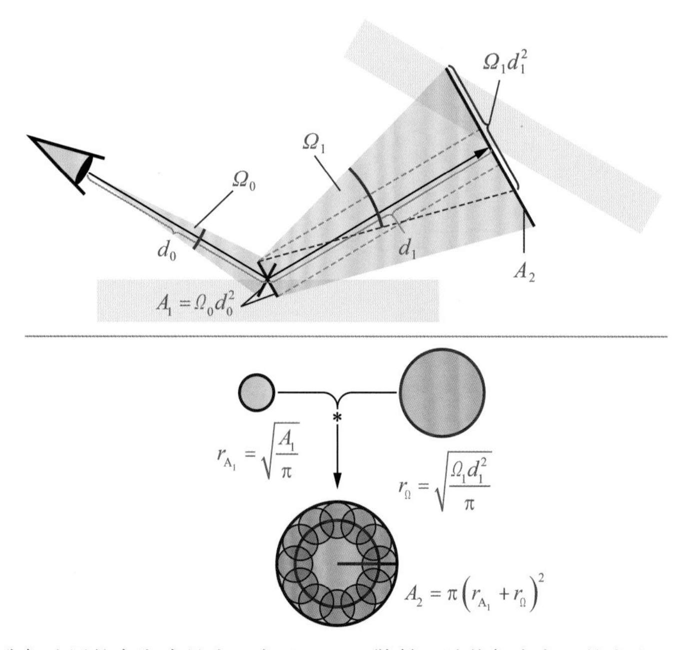

图 31.4 我们选用的启发式足迹。由于 BSDF 散射，随着每次交互的发生，立体角逐渐变大（$\Omega_1 > \Omega_0$）。对于新的散射结果，足迹的大小依赖前一次的面积，Ωd^2 也是如此。两个面积的组合通过一次卷积实现（下图）

（1）光路上第一个顶点的光源区域。

（2）真实相机模型中的传感器区域。

（3）输入区域朝向输出方向的投影。

第三个选项适用于所有中间顶点。测试表明，简单地使用 $A_{\text{out}} = A_{\text{in}}$ 会产生最佳的 MIS 权重。另一种方法是将面积除以传入的余弦，再乘以传出的余弦（即使用实际投影），结果发现速度较慢，质量较低。简单的复制是合理的，因为对于我们的应用程序来说，在漫反射散射事件中，迹应该一直在增长。使用前面的区域可以保证单调函数。

接下来，我们需要估计单个路径段的迹。这是由任何事件（光源、相机和中间顶点）中使用的定向取样器的密度 p 给出的。一个方向的采样密度单位为 sr^{-1}。将其倒转，得到样品的立体角 $\Omega = 1/p$。与射线微分相似，必须考虑以前的角度变化。因此，我们应用了立体角的卷积：

$$\Omega_k = \left(\sqrt{\Omega_{k-1}} + \frac{1}{\sqrt{p}}\right)^2 \tag{31.5}$$

最后，新顶点处传入区域可以通过计算得出：

$$A_k = \left(\sqrt{A_{k-1}} + \sqrt{\Omega_{k-1} d_{k-1}^2}\right)^2 \tag{31.6}$$

其中，Ωd^2 是在距离 d 处具有立体角 Ω 的球的面积，即距离最后路径段上的散射的迹，如图 31.4 所示。

到目前为止，迹假设所有路径都从同一个源开始。如果存在多个光源（或相机），则发射光子（或 importon），其概率为 $p_0 < 1$。这导致面积增加，并且子路径 X 的最终足迹变为：

$$A[X] = \frac{A_{k,X}}{p_{0,X}} \tag{31.7}$$

必须谨慎使用本节中新派生的迹启发式算法。它基于几何观测，缺乏任何基于曲率的变化或各向异性，这值得在未来探索。到目前为止，这种启发式方法主要关注方差估计所需的部分。因此，它补充了先前的光线微分的方法，但它并没有取代它。如果用于抗锯齿或自适应光子映射，我们的启发式将不再受用。

另一个困难是对体积传输的泛化。首先，将式（31.5）用于散射事件似乎也很简单。但是，有必要根据介质的密度追踪沿光线方向的扩散。也就是说，我们将追踪一个体积而不是区域 A。

31.4　实现影响

对于合并中每个子路径的迹的面积进行估计，我们可以使用式（31.4）来估计 MIS

权重的适当乘数 n。为了实现这一点，我们逐顶点存储了两个浮点值$\sqrt{\Omega}$和 $\sqrt{A}$ 。直接使用这些平方根可以避免式（31.5）和式（31.6）中的重复平方根。此外，我们发现，除以$\sqrt{p}$可能会导致严重的数值问题，因为会很快超出 Ω_k 的浮点或双精度范围。因此，我们在商中引入了 $\varepsilon = 1 \times 10^{-2}$。此外，式（31.4）可以重新排序，以获得更稳定的解。实现中的最终计算值为

$$\sqrt{\Omega_k} = \sqrt{\Omega_{k-1}} + \frac{1}{\in + \sqrt{p}} \tag{31.8}$$

$$\sqrt{A_k} = \sqrt{A_{k-1}} + d_{k-1}\sqrt{\Omega_{k-1}} \tag{31.9}$$

$$n_k = \frac{\left(\frac{p_{0,y}}{p_{0,X}}\left(\frac{\sqrt{A_{k,X}}}{\sqrt{A_{k,Y}}}\right)^2\right)^{2+c} + 1}{\left(\frac{p_{0,y}}{p_{0,X}}\left(\frac{\sqrt{A_{k,\mathbf{x}}}}{\sqrt{A_{k,Y}}}\right)^2\right)^{2+c} + \frac{1}{n_\Phi}} \tag{31.10}$$

在式（31.10）中，我们向指数添加了一个人工常数 c。类似于放大决策的平衡启发式中的指数，这增加了子路径估计之间的区别。我们发现使用 $c = 0.5$ 改善了粗糙表面的结果，并且对于其他事件几乎保持不变。因此，我们在以下所有实验中使用这种人工修改。

不幸的是，针对每个MIS权重计算必须完全迭代子路径，以获得所有其他事件的总和。在通常的权重计算中，这可以通过存储部分子路径的和来进行优化。因为路径概率仅仅是许多共同项的乘积，所以这种优化是可能的[10]。而使用 n_k 的和，这种优化不再可能并导致性能损失。与具有恒定成本的快速标准实现相比，我们的启发式算法的成本在路径长度上变为线性的。取决于具体的场景，在实际测试中，这会导致 0.3% ~ 3% 的损失。如果场景简单（低追踪和低材质估计成本）或路径很长，则影响更大。对于更逼真的复杂场景，影响通常低于 1%。

由于快速实现为每个顶点存储一组不同的值，因此 VCM 和我们的 OVCM 需要相同的内存量。

31.5 结 果

如之前章节所示，我们的新的启发式算法实现简单，并且具有比以前的解决方案 VCM*[6] 更好的性能和更低的内存消耗。它同样能够避免过高估计的合并重要性。图 31.5 和图 31.6 显示了使用不同方法渲染的五个场景的收敛比较。在图 31.5 中，给出了完整的渲染图以供参考。图 31.6 显示了针对不同算法的大量迭代的样本方差的平方根。在这种可视化中，颜色越深越好。黑色图像将显示零方差的完美估计。由于方差通常与图像的亮度成比例，因此标准偏差图像看起来像渲染本身的对比度增强版本。

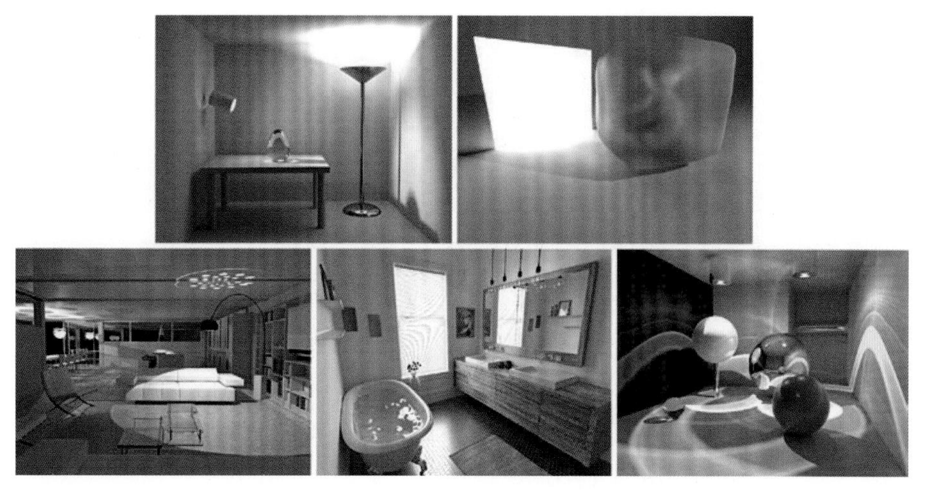

图 31.5　与图 31.6 中放大后图片对应的完整渲染图

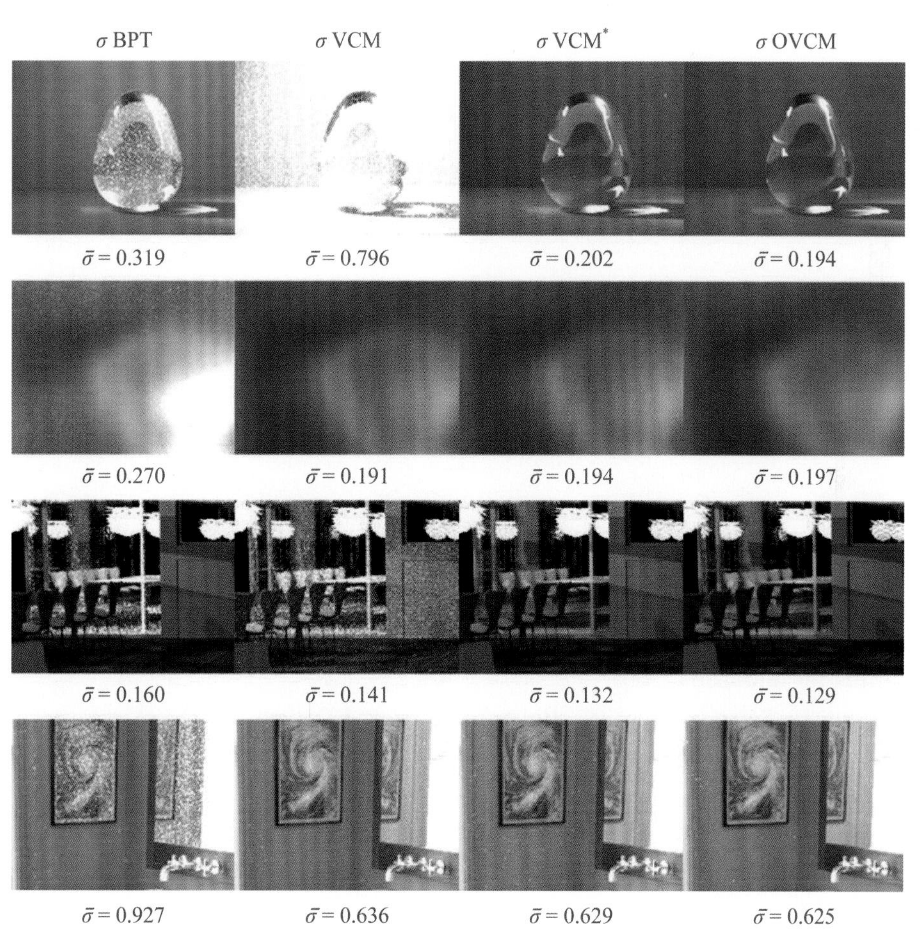

图 31.6　这里我们将图 31.5 中的完整渲染图局部放大，使用不同的标准差 σ(越暗越好)，迭代次数较大（10k ~ 65k）。整张图片的平均采样标准差是 $\bar{\sigma}$

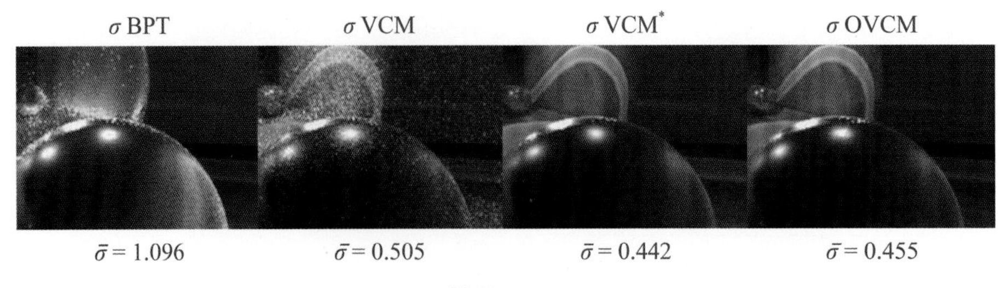

续图 31.6

在上述的所有情况下，VCM* 和 OVCM 的表现都比较相似。这两种方法都优于 BPT 或 VCM。然而，它们仍然不是最佳的，直接比较就可以看出：这两种算法，不管是哪一种算法，物体表面都比另外两种算法暗。一个最优解是不论在任何地方都拥有最小的方差。由于这些差异几乎看不见，所以平均标准偏差给出了更好的比较。根据这些数字，VCM* 和 OVCM 的平均水平是相同的。

这里还是有改进的余地。式（31.3）给出了最优解。我们提出的启发式算法完全消除了所有方差 V，并通过另一种启发式算法逼近了期望值 E，例如，忽略曲率或纹理变化的迹面积。通过改进 V 和 E 的估计，我们期望式（31.10）中的人为参数 $c = 0.5$ 将变得多余，并且启发式将更接近最优。

致 谢

此处显示的大多数场景都来自 Physically Based Rendering (third edition)[10] 的存储库。彩色球场景是由 T. Hachisuka 提供的。

参考文献

[1] Bekaert, P., Slusallek, P., Cools, R., Havran, V., and Seidel, H.-P. A Custom Designed Density Estimator for Light Transport. Research Report MPI-I-2003-4-004, Max- Planck Institut für Informatik, 2003.

[2] Belcour, L., Soler, C., Subr, K., Holzschuch, N., and Durand, F. 5D Covariance Tracing for Efficient Defocus and Motion Blur. ACM Transaction on Graphics 32, 3 (July 2013), 31:1–31:18.

[3] Georgiev, I., Křivánek, J., Davidovič, T., and Slusallek, P. Light Transport Simulation with Vertex Connection and Merging. ACM Transactions on Graphics (SIGGRAPH Asia) 31, 6 (2012), 192:1–192:10.

[4] Hachisuka, T., Pantaleoni, J., and Jensen, H. W. A Path Space Extension for Robust Light Transport Simulation. ACM Transactions on Graphics (SIGGRAPH Asia) 31, 6 (Nov. 2012), 191:1–191:10.

[5] Igehy, H. Tracing Ray Differentials. In Proceedings of SIGGRAPH (1999), 179–186.
[6] Jendersie, J., and Grosch, T. An Improved Multiple Importance Sampling Heuristic for Density Estimates in Light Transport Simulations. In Eurographics Symposium on Rendering EI&I Track (July 2018), 65–72.
[7] Jensen, H. W. Global Illumination Using Photon Maps. In Eurographics Workshop on Rendering (1996), 21–30.
[8] Kajiya, J. T. The Rendering Equation. Computer Graphics (SIGGRAPH) (1986), 143–150.
[9] Lafortune, E. P., and Willems, Y. D. Bi-Directional Path Tracing. In Conference on Computational Graphics and Visualization Techniques (1993), 145–153.
[10] Pharr, M., Jakob, W., and Humphreys, G. Physically Based Rendering: From Theory to Implementation, third ed. Morgan Kaufmann, 2016.
[11] Schjøth, L., Frisvad, J. R., Erleben, K., and Sporring J. Photon Differentials. In Computer Graphics and Interactive Techniques (Dec. 2007), 179–186.
[12] Suykens, F., and Willems, Y. D. Path Differentials and Applications. In Eurographics Workshop on Rendering (June 2001), 257–268.
[13] Veach, E., and Guibas, L. J. Bidirectional Estimators for Light Transport. In Photorealistic Rendering Techniques. Springer, 1995, 145–167.
[14] Veach, E., and Guibas, L. J. Optimally Combining Sampling Techniques for Monte Carlo Rendering. In Proceedings of SIGGRAPH (1995), 419–428.

第 32 章　使用辐射度缓存的精确的实时高光反射

Antti Hirvonen，Atte Seppälä，Maksim Aizenshtein，
和 Niklas Smal　UL Benchmarks

针对动态环境中光泽度具有变化的表面，我们提出了一种透视正确的实时高光照明算法。我们的算法利用了早期技术（例如辐亮度探针和屏幕空间反射）的特性，同时通过向渲染管线添加光线追踪来减少视觉错误。我们的算法扩展了以前的工作，不管材质是什么，都允许所有表面具有精确反射，它具有全局一致性（即没有可见的不连续）。因为辐射度计算与最终着色分离，使用辐射度可以有效地计算多个样本。辐射度缓存还用于近似最粗糙表面的高面反射项，而不进行任何光线追踪。

32.1　介　绍

由于精确模拟的计算成本，实时渲染引擎是近似计算灯光。只有理想化或接近理想化的光源（如点光源）其照明才能被快速评估。然而，光照（illumination）是一种全局的现象，它会受到表面反射的光和复杂光源发射的光的显著影响。模拟这些成分通常是昂贵的，但对于计算具有真实感的光照来说，两者都必须考虑到。这些项的合计贡献称为全局光照（global illumination）。在实时的图形学中，全局光照的大部分项通常是预先计算的。

渲染引擎通常将表面拆分为两个独立的计算照明的层：漫反射（diffuse）层和镜面反射（specular）层。每一层都由被称为微表面（microfacet）的微观且平坦的区域元素组成，这些微表面通过一些分布而不是几何模型来描述。平均坡度（或者在某些情况下是坡度的标准差）由称为粗糙度（roughness）的表面参数描述。

漫反射层描述了散射分布和入射光方向之间的弱相关性。漫反射微表面将光能与入射光方向和微表面法线方向夹角的余弦成比例地散射。一种表现出平坦微观结构的漫反射材料叫做 Lambertian。在漫反射照明的情况下，其对光照的回应主要取决于表面的总辐照度（irradiance）。因此，不必知道入射光的实际分布，就可以计算在某个方向上散射的辐射度。这种观察结果是光照图或辐照度探针这类预先计算的辐照度缓存（irradiance cache）背后的关键思想。由于输入数据的低频特性，辐照度分量可以被大量打包并有效存储，以覆盖整个场景。此外，场景的直接漫反射照明的微小变化不会显著影响间接漫反射项。

镜面反射层描述了散射分布和光的入射光方向之间的强相关性。每个高光微表面都根据 Snell 定理反射光，光的反射能量由菲涅耳方程确定。具有高光微表面的平坦微观结构的表面是理想镜面（idealized mirror）。然而，很少有材质具有完美镜面，它们将

光散射到一些首选的方向，而不仅仅是一个方向，此类表面被归类为光泽镜面（glossy specular）。根据赫姆霍兹互反律（Helmholtz reciprocity），测量的辐射度取决于一组入射的辐射度，当材料更粗糙时会考虑更广泛的分布。镜面反射在本章后面部分也被称为反射（reflection）。

这些观察结果使得无论数据结构如何，存储许多辐射度样本都是不切实际的。因此，当前的渲染引擎通常只捕获场景中几个点的辐射度，或者使用已经计算好的主相机辐射度作为镜面反射的环境项。这些近似方案都有其自身的缺点，在 32.2 节中会对这些缺点进行简要分析。在运行时精确计算镜面反射项的唯一实际方法是，在场景内对每个着色点进行实际的辐射度采样。

本章我们提出了一种算法，不管场景是什么，都可以有效地计算出不同光泽度的表面的间接镜面反射项。我们使用 DirectX 12 中引入的新的 Microsoft DirectX 光线追踪（DXR）管线来查询由 specular BRDF 定义的一组光线在场景中的全局表面可见性。这些光线的辐射度可以使用我们的缓存方法有效地计算。我们的算法还可以有效地对视点相关方差较低的粗糙表面进行镜面反射项的近似。在后期滤波之后，最终结果是为屏幕上的每个像素提供准确和实时的镜面反射的光照估计，如图 32.1 所示。

图 32.1 光滑的车身、带反射的地板以及车尾的镜子球体，一个可以实时交互的局部反射场景

32.2 之前的工作

传统并广泛使用的反射技术包括平面反射（planar reflection）、屏幕空间反射（screen-space reflection，SSR）和各种基于图像的照明（image-based lighting，IBL）方法。

32.2.1 平面反射

平面反射虽然很容易生成，但对于每一个平面反射面，都需要多次渲染场景中的几何体。根据所讨论的场景和引擎的不同，在 CPU、GPU 或者同时在两者上实现，都可能是一个代价高昂的操作。平面反射只适用于平面或近平面反射镜。粗糙表面的反射是有问题的，因为平面反射不能捕获虚拟相机方向外的辐射度。

32.2.2 屏幕空间反射

屏幕空间反射是一种只使用屏幕空间数据来近似可见表面的镜面反射项的反射技术。主要的思想是根据表面的 specular BRDF 屏幕空间投射一条或多条光线，并在主相机的光照缓冲区中近似计算这些光线的辐射度。对于每条光线，使用光线步进（ray marching）技术从深度缓冲区数据计算命中位置。这使得 SSR 成为一种计算代价非常低的技术，因为它不需要复杂的输入数据，这使得它甚至可以在低端硬件上运行。动态场景当然也支持，无需任何额外成本。更多信息请参见 McGuire 和 Mara[12] 及 Stachowiak[16] 的工作。

不幸的是，SSR 有很多缺点：

（1）由于 SSR 只使用屏幕空间数据，基于深度缓冲区解释的遮挡可能会是错误的。在这种情况下，光线要么过早终止，要么穿过它实际应该击中的物体。

（2）主相机的辐射度自然只有一层，因此在主相机视图中被遮挡的物体或在相机截锥外部的物体在反射中看不到。

32.2.3 基于图像的照明

基于图像的照明技术从一些捕获的图像中获得近似的光照，这些图像通常存储为编码成球面的辐射度图（也称为辐射度立方体、反射立方体或反射探针）的辐射度探针中。每个探针都可以与一个代理几何体对象相关联，例如一个球体或一个立方体，它在场景中给出一个近似的击中点[11]。探针通常也经过预过滤，以便快速近似光泽材质，并且可以根据帧预算进行预计算或实时更新。读者可以参考 Debevec 的著作[3] 了解有关 IBL 的更多信息。

32.2.4 混合方法

多种反射技术通常结合起来产生最终图像。例如，屏幕空间反射可以与离线生成的辐射度探针一起使用，以创建近似的实时镜面反射光照[5]。但是，混合各种技术可能会导致反射技术切换的地方最终光照出现明显的不连续性。

32.2.5 其　他

最近有一些方法具有更高的质量，但它们带来了额外的计算成本。体素锥追踪（voxel cone tracing）甚至可以在 Crassin 等人提出的动态场景中产生真实的镜面反射项[1]，但它在体素尺度上运行。McGuire 等人提出的方法[13] 允许从一组预计算的光照探针计算精确的间接漫反射和镜面反射光照。这些探针增加了一个深度缓冲区，用于计算与屏幕空间反射类似的光线行进程序的交点。然而，这项技术并不是完全动态的。这两种技术都还没有在渲染引擎中得到广泛应用。

32.3 算　法

基于之前的工作和对现代渲染引擎的综合观察，我们的算法设计源于以下的观察：

（1）当最终照明中没有不连续性时，即当相邻纹理像素成功地从屏幕空间采样时，屏幕空间反射可以有效地近似局部镜面反射项并产生逼真的结果。然而，当通过其他方式（例如通过从辐射度立方体采样）计算辐射度时，会立即出现不连续性。反射管线的其余部分必须与屏幕空间数据匹配，以消除这些不连续性。重复使用屏幕空间数据还可以减少昂贵的辐射度的重复计算量。

（2）只有光滑的类镜面的表面才需要高分辨率渲染。对于较粗糙的表面的反射使用较低分辨率的近似值就够了，因为其结果是在一组方向上取平均值。

（3）在一组表面上追踪的光线可能会在场景中击中大致相同的点。这个可能性会随着每像素的辐射度样本数量的增加而增加。

（4）对于游戏环境来说，拥有少量动态对象是很常见的。

在实践中，我们的算法通过光线追踪方法增强了先前的屏幕空间反射和辐射度探针技术。我们独创性的贡献包括我们组合这些技术的方法、我们为采样探针定义的启发式方法，以及对时域反射滤波的运动向量的修改。

图 32.2 显示了我们的算法集成到传统的延迟渲染管线中的各个阶段。绿色部分显示了简单的传统延迟渲染管线的步骤，而紫色部分是我们实现光线追踪反射的补充。新增的部分包括创建静态几何体的辐射度缓存、光照的辐射度缓存、辐射度采样生成和反射

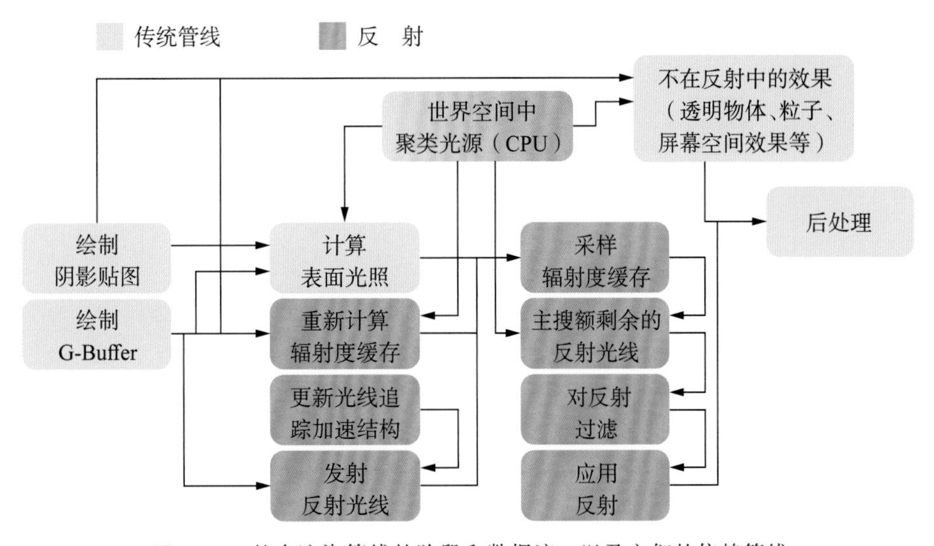

图 32.2　整个渲染管线的阶段和数据流，以及它们的依赖管线

过滤。对静态几何体来说，我们的辐射度缓存是作为预处理的一部分创建出来的。光照的辐射度缓存可以被视为对反射光线追踪和采样过程的解耦着色，并且缓存中找不到的光线只使用与普通光线追踪相同的材质和灯光信息进行着色。对从可见纹理元素追踪的所有光线计算出辐射度后，应用时空过滤器，过滤结果与漫反射和直接镜面光照结合。只有在完全解决反射问题后，才会对最终光照应用体积照明等效果。这对于减少光照不连续性是必要的，因为采样的屏幕空间照明必须与辐射度缓存和完全着色的光线匹配。世界空间聚类过程起着重要作用，光线可以照射到场景中的任何点，因此可以使用世界空间数据结构来加速照明，而无需评估场景中的所有灯光。

图 32.3 展示了使用我们的技术，屏幕空间光照纹理和辐射度探针如何从光线追踪管线计算的交点中采集辐射度。光线 R_2 的交叉点在屏幕上可见。辐射度探针 1 能看到光线 R_1、R_2 和 R_3 的交点，辐射度探针 2 能看到光线 R_1 的交点。对于所有这些光线，可以从缓存中采样辐射度。相反，在两个探针或屏幕空间数据中，光线 R_4 的交点不可用，因此必须显式地对其进行着色。虽然辐射度探针本身必须进行着色处理，但多个光线可以使用相同的预计算值，这在着色复杂且有光泽的表面不需要对采样的辐射度探针进行高分辨率处理时会带来很大的好处。此外，辐射度探针的阴影具有局部性的好处，相邻像素可能会计算相同的光，并且从探针的 G 缓冲区中对材质进行一致采样。这些因素使高速缓存照明在现代 GPU 上高效计算。

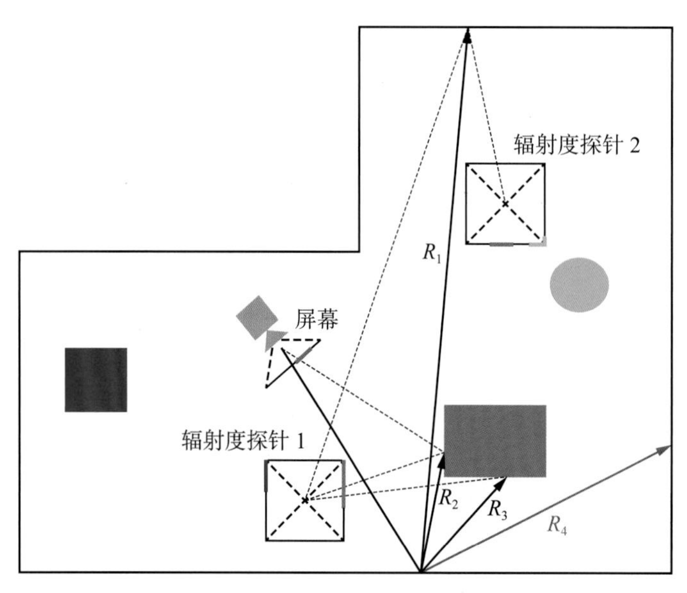

图 32.3 对于缓存采样策略的可视化，展示了从一个光滑反射面发出的多根反射光线

32.3.1 辐射度缓存

我们的缓存项，即辐射度探针，存储为立方体贴图（cube map）。由于立方体贴图是通用图形 API 中的原生支持的单位，因此易于渲染和采样。我们的目标是研究其他映射，

例如 McGuire 等人[13]使用的八面体投影，作为未来的工作。与以前的方法相反，我们根本不预过滤探针，所有过滤都在屏幕空间中进行。

与早期技术类似，辐射度探针必须自动或手动放置在场景中，以覆盖大部分场景表面。在我们的例子中，探针是由艺术家手动放置到可见性最大化并且重叠最小化的位置。自动布局是另一条未来工作。

1. 渲　染

我们只将静态几何体渲染到我们的辐射度缓存中。这允许我们将几何图形的光栅化分离为预计算过程，从而从 CPU 和 GPU 中删除所有运行时几何图形处理负载。运行时 GPU 工作负载减少为延迟光照过程。我们系统中的每个辐射度探针都由一个完整的 G-buffer 纹理集组成：反照率、法线、粗糙度、金属度和亮度。所有这些纹理都是照亮缓存样本所必需的。

2. 照　明

照明过程评估缓存样本的所有直接灯光。我们对辐射度缓存照明使用与主相机照明相同的计算过程。当前系统中的每个完整探针都会重新照明每个帧。这可以通过只照明缓存中被光线击中的区域来进一步优化，有关更多信息，请参见第 32.7 节。我们的世界空间灯光聚类算法可以有效地为计算过程剔除光，而不考虑探针的位置。我们对主相机的照明也使用相同的灯光聚类方案。

关于高速缓存照明，需要注意的一点是，照明期间的视图固定在主相机的视图上。尽管这是错误的，但这使得照明与主相机照明相匹配，从而消除了将屏幕空间命中与缓存命中或完全着色光线组合时可能出现的任何接缝。视图主要影响直接照明的高光反射项。

32.3.2　光线追踪

我们算法中的主要光线追踪过程负责根据我们的 specular BRDF 生成样本方向，追踪光线，并存储后一个过程的命中信息，这些信息是对光线集合的实际计算辐射度。

1. 采样 specular BRDF

在 X 点处，镜面引起的入射光，几何法向量为 ω_g，视线方向为 ω_o，由渲染方程得出：

$$L_o(X,\omega_o)=\int_{\Omega_i}L_i(X,\omega_i)f_s(\omega_i,\omega_o)(\omega_i\cdot\omega_g)\,\mathrm{d}\omega_i \tag{32.1}$$

其中，Ω_i 是 X 点上的正半球；ω_i 是该半球的方向；对于 BRDF f_s，我们使用 cook-torrance 模型，其 GGX 为微表面法线分布。这可以用蒙特卡罗积分和重要性采样计算

$$L_0(X,\omega_o)\approx\frac{1}{n}\sum_{i=1}^{n}\frac{L_i(X,\omega_i)f_s(\omega_i,\omega_o)(\omega_i\cdot\omega_g)}{f_{\Omega_i|\Omega_o}(\omega_i)} \tag{32.2}$$

这里的 $f_{\Omega_i|\Omega_v}$ 是采样的概率密度函数。为了去采样 f_s，我们使用可见法线 GGX 分布，通过利用 Heitz[7]引入的精确采样程序和基于式（32.2）与式（32.3）的预先计

算的 Halton 序列[6]作为采样程序的输入。然而，我们不直接使用式（32.2）中的近似值，而是采用 Stachowiak[16, 17]提出的相同方差的折中方案，将其除并乘以相同的因子 $\int_{\Omega_j} f_s(\omega_i,\omega_o)(\omega_i \cdot \omega_g)\mathrm{d}\omega_i$，并且分母离散化：

$$L_o(X,\omega_o) \approx \frac{\sum_{i=1}^{n} \frac{L_i(X,\omega_i) f_s(\omega_i,\omega_o)(\omega_i \cdot \omega_g)}{f_{\Omega_j|\Omega_o}(\omega_i)}}{\sum_{i=1}^{n} \frac{f_s(\omega_i,\omega_o)(\omega_i \cdot \omega_g)}{f_{\Omega_j|\Omega_o}(\omega_i)}} \int_{\Omega_j} f_s(\omega_i,\omega_o)(\omega_i \cdot \omega_g)\mathrm{d}\omega_i \tag{32.3}$$

其中，$\int_{\Omega_j} f_s(\omega_i,\omega_o)(\omega_i \cdot \omega_g)\mathrm{d}\omega_i$ 是 $(\omega_i \cdot \omega_g)$、粗糙度以及入射角处的反射率（基反射率）的函数。当使用 Schlick 近似值[15]而不是完整的菲涅耳项时，基本反射率可以从积分中分解出来，半球上的 BRDF 积分可以用有理函数来近似。我们用数学中的数值误差最小化方法推导了这样一个近似，并得出

$$\begin{aligned}
&\int_{\Omega_j} f_s(\omega_i,\omega_o)(\omega_i \cdot \omega_g)\mathrm{d}\omega_i \\
&\approx \frac{(1 \quad \alpha)\begin{pmatrix} 0.99044 & -1.28514 \\ 1.29678 & -0.755907 \end{pmatrix}\begin{pmatrix} 1 \\ (\omega_o \cdot \omega_g) \end{pmatrix}}{(1 \quad \alpha \quad \alpha^3)\begin{pmatrix} 1 & 2.92338 & 59.4188 \\ 20.3225 & -27.0302 & 222.592 \\ 121.563 & 626.13 & 316.627 \end{pmatrix}\begin{pmatrix} 1 \\ (\omega_o \cdot \omega_g) \\ (\omega_o \cdot \omega_g)^3 \end{pmatrix}} \\
&+ \frac{(1 \quad \alpha)\begin{pmatrix} 0.0365463 & 3.32707 \\ 9.0632 & -9.04756 \end{pmatrix}\begin{pmatrix} 1 \\ (\omega_o \cdot \omega_g) \end{pmatrix}}{(1 \quad \alpha \quad \alpha^3)\begin{pmatrix} 1 & 3.59685 & -1.35772 \\ 9.04401 & -16.3174 & 9.22949 \\ 5.56589 & 19.7886 & -20.2123 \end{pmatrix}\begin{pmatrix} 1 \\ (\omega_o \cdot \omega_g)^2 \\ (\omega_o \cdot \omega_g)^3 \end{pmatrix}}
\end{aligned} \tag{32.4}$$

式中，α 是 GGX 模型中线性粗糙度的平方；r_0 是平行于法线的反射。由于预积分项是无噪点的，根本不需要过滤，因此该技术具有保存与某些表面特性相关细节的进一步优势。式（32.4）提供了一种快速计算这个积分的方法。另一种方法是将函数制成表格并在该表中执行查找[10]。

2. 生成光线和命中存储

在我们的算法中，实际的光线追踪部分很简单，因为辐射度的计算与光线追踪是分离的。光线追踪管线仅用于查找正确的场景交点。程序清单 32.1 给出了光线生成和命中着色器的伪代码。

利用重要性采样出的方向生成光线，以 G-buffer 深度重建的表面位置为原点。粗糙度值超过 `RT_ROUGHNESS_THRESHOLD` 的材质不会产生光线，对于此类材，仅使用方向向量从缓存中采样辐射度。对于追踪光线，光线长度、重心坐标、实例索引和最终命中

的原始索引将写入纹理，但此过程中不需要进一步的工作。存储几何数据是因为项 $l_i(x, \omega_i)$ 并非总是能在屏幕空间辐射度或辐射度缓存中找到，必须使用正确的材质计算。注意，我们的实现支持每个实例一个材质，因此实例索引唯一地标识使用的材质。每个实例具有多个材质的实现需要写出更多的数据。

程序清单 32.1

```
 1 void rayHit(inout Result result)
 2 {
 3   result.RayLength = RayTCurrent();
 4   result.InstanceId = InstanceId();
 5   result.PrimitiveId = PrimitiveIndex();
 6   result.Barycentrics = barycentrics;
 7 }
 8
 9 void rayGen()
10 {
11   float roughness = LoadRoughness(GBufferRoughness);
12   uint sampleCount = SamplesRequired(roughness);
13   if (roughness < RT_ROUGHNESS_THRESHOLD) {
14     float3 ray_o = ConstructRayOrigin(GBufferDepth);
15     for (uint sampleIndex = 0;
16           sampleIndex < sampleCount; sampleIndex++) {
17       float3 ray_d = ImportanceSampleGGX(roughness);
18
19       TraceRay(ray_o, ray_d, results);
20       StoreRayIntersectionAttributes(results, index.xy, sampleIndex);
21       RayLengthTarget[uint3(index.xy, sampleIndex)] = rayLength;
22     }
23   }
24 }
```

32.3.3 光线辐射度计算

如 32.3.2 节第一项所述，我们使用方差减少方案，其中随机抽样结果除以每个辐射度样本的权重之和，然后将结果乘以半球上 BRDF 积分的近似值。将简化的符号应用于式（32.3），使 L_{total} 是加权辐射度样本的和，W_{total} 是单个像素的样本权重的和，高光反射的总辐射量可以写为：

$$L_o(X,\omega_0) \approx \frac{L_{\text{total}}}{W_{\text{total}}} \int_{\Omega_j} f_s(\omega_i,\omega_o)(\omega_i \cdot \omega_g)\,\mathrm{d}\omega_i \tag{32.5}$$

与 Stachowiak 的工作[16]相似，由于直接去噪一个比值估计量并不能近似收敛到正确的结果[9]，因此所有的项只有经过时空滤波后才能组合。每个像素的总和 L_{total} 和 W_{total} 被辐射度缓存采样过程和光线着色过程写入以分离纹理：首先，缓存采样过程写入缓存中存在的所有光线的项，然后光线着色过程累积 L_{total} 和 W_{total} 缓存中没有辐射度采样的光线。缓存采样和光线着色过程的实现将在后面的章节中讨论。

1. 采样辐射度缓存和屏幕空间照明

由于计算到缓存和屏幕空间光照中的辐射度匹配，因此它们都可以用于近似辐射度 $l_i(x, \omega_i)$。重要性采样出的方向 ω_i 可以重新生成以获得与光线追踪过程中相同的方向，交点可以从光线追踪过程中写入的方向向量、G-buffer 和光线长度计算。为了对主相机照明纹理进行采样，将交点投影到屏幕空间，并使用获得的 texel 坐标继续采样。通过将屏幕空间 G-buffer 深度与计算出的深度进行比较，验证了辐射度样本的有效性。如果采样失败，则可以使用立方体贴图中指向此光线交点的世界空间方向向量对任何辐射度探针进行采样，但需要本节后面介绍的某些阈值来确保采样的正确性。

程序清单 32.2 显示了采样过程的概要。请注意，对于粗糙度高于某个阈值（RTROUGHNESSTHRESHOLD）的材质，我们使用代理几何交点生成命中位置，并使用该方向对辐射度探针进行采样。

程序清单 32.2

```
1 void SamplePrecomputedRadiance()
2 {
3   float roughness = LoadRoughness(GBufferRoughness);
4   float3 rayOrigin = ConstructRayOrigin(GBufferDepth);
5   float3 L_total = float3(0, 0, 0); // 随机反射
6   float3 w_total = float3(0, 0, 0); // 权重之和
7   float primaryRayLengthApprox;
8   float minNdotH = 2.0;
9   uint cacheMissMask = 0;
10
11  for (uint sampleId = 0;
12        sampleId < RequiredSampleCount(roughness); sampleId++) {
13    float3 sampleWeight;
14    float NdotH;
15    float3 rayDir =
16          ImportanceSampleGGX(roughness, sampleWeight, NdotH);
17    w_total += sampleWeight;
18    float rayLength = RayLengthTexture[uint3(threadId, sampleId)];
19    if (NdotH < minNdotH)
20    {
21      minNdotH = NdotH;
22      primaryRayLengthApprox = rayLength;
23    }
24    float3 radiance = 0; // 缓存未命中，这将保持为 0
25    if (rayLength < 0)
26      radiance = SampleSkybox(rayDir);
27    else if (roughness < RT_ROUGHNESS_THRESHOLD) {
28      float3 hitPos = rayOrigin + rayLength * rayDir;
29      if (!SampleScreen(hitPos, radiance)) {
30        uint c;
31        for (c = 0; c < CubeMapCount; c++)
32          if (SampleRadianceProbe(c, hitPos, radiance)) break;
33        if (c == CubeMapCount)
34          cacheMissMask |= (1 << sampleId); // 未找到样本
35      }
```

```
36      }
37      else
38        radiance = SampleCubeMapsWithProxyIntersection(rayDir);
39      L_total += sampleWeight * radiance;
40    }
41
42    // 不命中时单独生成工作量，
43    // 以避免着色时的分支语句
44    uint missCount = bitcount(cacheMissMask);
45    AppendToRayShadeInput(missCount, threadId, cacheMissMask);
46    L_totalTexture[threadId] = L_total;
47    w_totalTexture[threadId] = w_total;
48    // 使用最可能的光线的光线长度
49    // 来近似运动的主光线相交
50    ReflectionMotionTexture[threadId] =
51          CalculateMotion(primaryReflectionDir, primaryRayLengthApprox);
52  }
```

程序清单 32.3 给出了单探针采样的伪代码。

程序清单 32.3

```
 1 bool SampleRadianceProbe(uint probeIndex,
 2                          float3 hitPos,
 3                          out float3 radiance)
 4 {
 5   CubeMap cube = LoadCube(probeIndex);
 6   float3 fromCube = hitPos - cube.Position;
 7   float distSqr = dot(fromCube, fromCube);
 8   if (distSqr <= cube.RadiusSqr) {
 9     float3 cubeFace = MaxDir(fromCube); // (1,0,0), (0,1,0) or (0,0,1)
10     float hitZInCube = dot(cubeFace, fromCube);
11     float p = ProbabilityToSampleSameTexel(cube, hitZInCube, hitPos);
12     if (p < ResolutionThreshold) {
13       float distanceFromCube = sqrt(distSqr);
14       float3 sampleDir = fromCube / distanceFromCube;
15       float zSeenByCube =
16             ZInCube(cube.Depth.SampleLevel (Sampler, sampleDir, 0));
17       // 1/cos（试图角度），用于获取沿视图光线的距离
18       float cosCubeViewAngleRcp = distanceFromCube / hitZInCube;
19       float dist = abs(hitZInCube - zSeenByCube) * cosCubeViewAngleRcp;
20       if (dist <
21             OcclusionThresholdFactor * hitZInCube / cube.Resolution) {
22         radiance = cube.Radiance.SampleLevel(Sampler, sampleDir, 0);
23         return true;
24       }
25     }
26   }
27   return false;
28 }
```

进行半径检查是为了加快计算速度，并且应调整半径使该半径以外的样本不会存在或不具有足够多的细节。为了进一步的优化，可以使用聚类来避免半径检查，就像用于点光源一样。遮挡检查是为了确保采样位置与实际命中位置相对应，因为辐射度探针前

面可能存在遮挡几何体，或者交点可能位于辐射度探针中不存在的动态对象中。由于我们对分辨率进行了单独的检查，因此我们定义了距离阈值，以允许可能由低分辨率引起的深度变化。我们使用函数$\beta \frac{z_c}{x_c}$，其中z_c是立方体中交点的深度，x_c是立方体分辨率，β是一个常数，应该调整到足够大，以允许从与反射立方体的视图中光线不垂直的表面采样。图 32.4 展示了由于被其他几何体遮挡而无法从立方体图中找到的反射光线交点的示例。

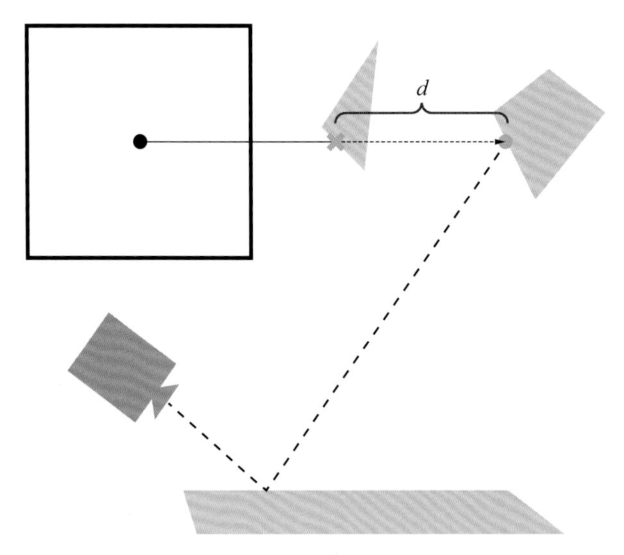

图 32.4 用于采样辐射度探针的阈值：真实的交点与反射立方体之间的距离

在确定辐射度探针分辨率的阈值时，我们使用了一种启发式的方法，考虑了辐射度探针的有限分辨率对反射方向的影响，并考虑了该方向的重要性采样的分布。为了量化这个错误，我们分析了在辐射度探针中混叠到相同纹理像素的采样点的概率（程序清单 32.3 中的函数 `ProbabilityToSampleSameTexel`）。图 32.5 显示了在辐射度探针中，来自同一表面的三束光线中的两束混叠到一个样品中。

概率可以通过积分微面分布函数得到：

$$\int_{\Omega_m|\Omega_o} = \frac{G_1(\omega_o, \omega_m) D_{\text{GGX}}(\omega_m)(\omega_m \cdot \omega_o)}{(\omega_g \cdot \omega_o)} \tag{32.6}$$

在半球上的一个区域上，该区域以精确的微表面法线为中心，并由一个区域限定，该区域的大小是根据辐射度探针中像素之间的间距得出的。采样点（图 32.5 中圆的中心）可以由一个覆盖辐射度探针中单个纹理像素的球体绑定。假设球体的中心位于立方体的轴上，则其半径由下式计算：

$$r_{\text{ref}} = \frac{z_c}{\sqrt{1 + x_c^2}} \approx \frac{z_c}{x_c} \tag{32.7}$$

式中，z_c是采样点的线性深度；x_c是辐射度探针立方体贴图的分辨率。对于立方体，到近

平面的距离 n 会抵消，因此不会影响计算。可以推广离轴采样点的计算，但我们将忽略它，因为在立方体贴图中，误差仅限于近似值的有限常数。

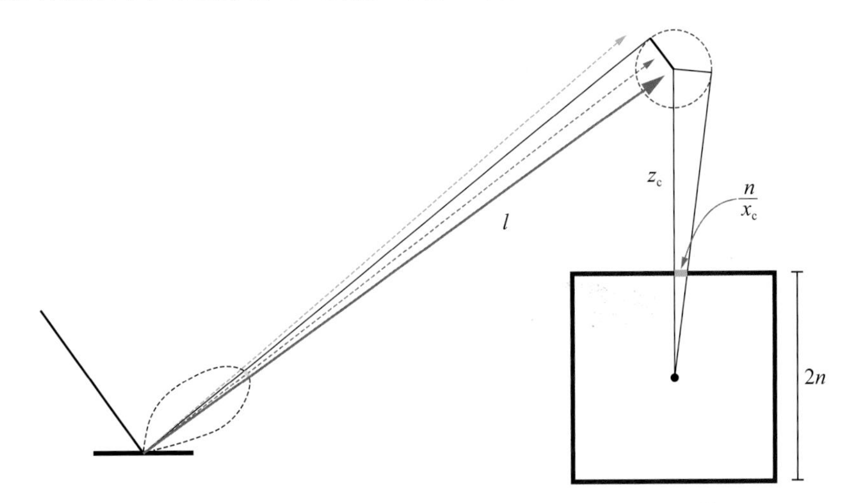

图 32.5　用于采样辐射度探针的阈值：展示了分辨率的启发式阈值。$\frac{n}{x_c}$是世界空间下位于距离 n 处的立方贴图的近面处半个像素宽的大小，该值正比于 z_c 处采样的圆的半径

现在我们需要评估反射光线击中那个球体的概率。虽然存在在球面[8]等区域上积分 BRDFs 的精确近似，但在我们的例子中，我们只需要一个有效计算的粗略近似。反射固体角上的反射方向密度由下式得出：

$$f_{\Omega_i|\Omega_o}=f_{\Omega_m|\Omega_o}\left|\frac{\mathrm{d}\omega_m}{\mathrm{d}\omega_i}\right|=\frac{G_1(\omega_o,\omega_m)D_{\mathrm{GGX}}(\omega_m)}{4(\omega_g\cdot\omega_o)} \tag{32.8}$$

假设投影球体的立体角很小，我们可以近似地在立方体图中采样纹理像素的概率：

$$\begin{aligned}\Pr(\omega_i\in S)&=\int_{S\subseteq\Omega_i}\mathrm{d}\omega_i\,\frac{G_1(\omega_o,\omega_m)D_{\mathrm{GGX}}(\omega_m)}{4(\omega_g\cdot\omega_o)}\\&\approx\frac{G_1(\omega_o,\omega_m)D_{\mathrm{GGX}}(\omega_{\mathbf{m}})}{(\omega_g\cdot\omega_o)}\frac{\pi}{2}\left(1-\sqrt{1-\left(\frac{z_c}{lx_c}\right)^2}\right)\\&\approx\frac{G_1(\omega_o,\omega_m)D_{\mathrm{GGX}}(\omega_m)}{(\omega_g\cdot\omega_o)}\frac{\pi}{4}\left(\frac{z_c}{lx_c}\right)^2\end{aligned} \tag{32.9}$$

式中，l 是图 32.5 中反射光线的长度。第一个近似值是通过进行单个样本蒙特卡罗积分（域中的某个值乘以积分体积，即球面所对的立体角）得到的，第二个近似值是通过平方根项的泰勒展开得到的。然后可以将阈值定义为 0 到 1 之间的任意值。例如，阈值为 0.1 意味着如果对纹理像素进行采样的概率为 10% 或更高，则立方体将被拒绝，因为单个纹理像素不包含重建反射所需的高频信息。然而，如果概率足够低，则纹理像素足以重建反射信息。后者通常适用于高度粗糙的表面，或者当采样方向位于 D_{GGX} 分布的尾端时。请注意，对于完美和接近完美的镜子，几乎永远都不满足此阈值，但由于视图的分辨率有限，样本可能仍然是可接受的。因此，在计算阈值时，我们将表面粗糙度 α 钳制到一个可调的最小值，以允许从分辨率相对较高的立方体中取样。在未来的工作中，表面曲率和视图分辨率本身也可以直接考虑。

2. 着色未命中缓存光线

使用辐射度探针覆盖整个场景，以便在某些探针中每个点都是可见的，这在实际场景中需要非常多的探针，而且每个探针都增加了采样和重采样的开销。此外，我们不包括动态几何探针，以及探针的分辨率可能太低的一些射线，特别是高度光滑的表面。因此，我们仍然需要一种健壮的方法来重建那些在任何探针或屏幕空间光照纹理中都不可见的光线交点的辐射度。

作为回退，我们对每个未着色样本使用单独的计算过程计算辐射度。当光线追踪过程写入几何实例索引、图元索引和重心坐标时，这些参数可直接用于构建精确的点并查询照明过程所需的所有数据。虽然现在可以为高光使用精确的光线方向，但是这里我们使用相机的方向来匹配为辐射度缓存和屏幕空间照明计算的高光照明。

为了避免在 warp/wavefront 内根据需要着色的样本数进行分支，我们将缓存未命中的光线索引压缩到采样过程中的单独缓冲区中。然后，另一个计算过程将对从缓冲区读取的每一条所需光线应用辐射度计算，以便在一个 warp/wavefront 内的每一条线都有相同的工作量要执行。这一点很重要，因为对于光泽反射，像素之间的方向具有高方差，因此缓存未命中在大面积内随机分布，一些 warp/wavefront 将执行辐射度计算，仅因为一个或几个通道有缓存未命中。

32.4 时空滤波

上面所描述的算法提供了高光环境照明项的粗略近似。但是，由于在极端情况下，每像素一个样本的样本计数较低，因此得出的近似值会有噪点。因此，所得到的辐射度估计值必须在空间和时间上进行积极的过滤，以消除因对渲染积分进行低采样而产生的高频噪点。观察到的噪点量取决于表面属性和场景中灯光的分布。

在本节中，我们描述了一个过滤方案，用于生成第 32.5 节中所示的结果。由于过滤不是本章的主要主题，因此只提供了一个带有参考的简短描述。实际上，反射过程中的噪点与路径追踪中的噪声相似，任何适合于清除路径追踪图像的算法都可以在这里工作。注意，类似于 Heitz 等人[9] 过滤过程，我们使用的比值估计器的两项都是单独应用滤波过程的，且仅在滤波后才对两项进行组合，如第 32.3.3 节第一项所述。

32.4.1 空间滤波

通过空间滤波，我们的目标是通过在像素邻域上共享样本来补偿低数量的样本。

仅当相邻像素在表面属性中匹配时，才共享采样。我们的空间滤波器是基于边缘避免的 Á-Trous 小波变换（edge-avoiding Á-Trous wavelet transform）[2] 的，使用特定的反射相关权重函数进行增强。对 Á-Trous 小波变换进行多次迭代，每次迭代都会生成一组比例系数。这些系数提供了内核足迹的低通（low-pass）表示，并且没有不需要的高频噪声。这个转换使用前面的系数作为下面迭代步骤的输入。这允许我们在大屏幕空间区域有效地积累过滤后的样本，而权重函数则抑制无效的样本，如图 32.6 所示。

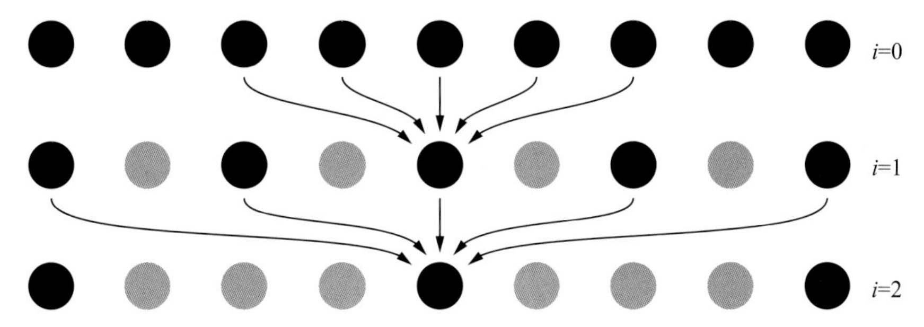

图 32.6　一维平稳（stationary）小波变换的三次迭代，核的足迹指数级增加。箭头展示了前次迭代的非零元素贡献到本次迭代中，而灰色的点代表零元素。（Dammertz 等人[4]绘制）

我们的实现遵循了 Dammertz 等人[2] 和 Schied 等人[14] 之前的工作。每一次小波迭代都作为一个 5 × 5 交叉双边滤波器进行。贡献样本由函数 $w(p, q)$ 加权，其中 p 是当前像素，q 是来自样本邻域的贡献样本像素。我们计算标度系数 s_{i+1} 为

$$S_{i+1}=\frac{\sum_{Q\in\Omega}h(Q)w(P,Q)S_i(Q)}{\sum_{Q\in\Omega}h(Q)w(P,Q)} \tag{32.10}$$

式中，$h(Q)=\left(\frac{1}{8},\frac{1}{4},\frac{1}{2},\frac{1}{4},\frac{1}{8}\right)$ 是过滤核。权重函数 $w(p, q)$ 基于样本的 G-buffer 属性控制样本 q 的贡献。有助于此权重函数的组件可分为四组：边缘停止、粗糙度、反射方向和光线长度。以下部分将讨论这四个组。

为了简化权重函数，我们将函数 f_w 定义为限制 a 和 b 之间的平滑插值函数，如下所示：

$$f_w(a,b,x)=1-\text{smoothstep}(a,b,x) \tag{32.11}$$

其中，smoothstep 是由着色语言提供的标准 cubic Hermite interpolator。

1. 边缘停止权重

边缘停止权重阻止了样本在几何边界上的分布，并考虑了 P 和 Q 处的深度和正常值之间的差异。这些功能基于 Schied 等人之前的工作[14]。深度重量 w_z 为

$$w_z=\exp\left(-\frac{|z(P)-z(Q)|}{\sigma_z|\nabla z(P)\cdot(P-Q)|+\varepsilon}\right) \tag{32.12}$$

其中，$\nabla z(P)$ 为深度梯度；σ_z 为实验确定的常量值；$\varepsilon = 0.0001$，为防止被零除的常量值。此外，权重 w_n 是基于 P 和 Q 处的法线之间的差异，定义为

$$w_{\mathrm{n}} = \max\left(0, \boldsymbol{n}(P)\cdot\boldsymbol{n}(Q)\right)^{\sigma_{\mathrm{n}}} \tag{32.13}$$

其中，$\sigma_{\mathrm{n}} = 32$，是实验的常数。

2. 粗糙度权重

粗糙度权重模拟粗糙度对反射 lobe 的影响。与当前像素相比，我们只允许具有相似粗糙度值的样本，从而获得相似形状的反射 lobe：

$$w_{\mathrm{r}} = f_{\mathrm{w}}\left(r_{\mathrm{near}}, r_{\mathrm{far}}\left|r(P) - r(Q)\right|\right) \tag{32.14}$$

其中，$r_{\mathrm{near}} = 0.01$ 和 $r_{\mathrm{far}} = 0.1$ 是根据实验选择的常数。

然后，我们根据粗糙度和权重控制生成样本的过滤半径：

$$w_{\mathrm{d}} = f_{\mathrm{w}}\left(d_{\mathrm{near}}, d_{\mathrm{far}}\left\|\boldsymbol{d}\right\|\right) \tag{32.15}$$

其中，$d_{\mathrm{near}} = 10r(P)$，$d_{\mathrm{far}} = 70r(P)$，$\boldsymbol{d}=P-Q$ 是从当前像素位置到样品像素位置的向量。

3. 反射方向权重

反射方向权重通过将过滤核缩放到反射方向，使其具有各向异性：

$$w_{\mathrm{s}} = \mathrm{saturate}\left(\hat{\boldsymbol{d}}\cdot\hat{\boldsymbol{r}}\right)s_{\mathrm{c_s}} + s_{\mathrm{c_b}} \tag{32.16}$$

其中，$\boldsymbol{r}$ 是屏幕空间中的反射方向；$S_{\mathrm{c_s}} = 0.5$，是比例因子；$S_{\mathrm{c_b}} = 0.5$，是缩放偏差。

4. 光线长度权重

光线长度权重的设计是为了控制聚集半径与光线长度的函数关系：击中点越近，我们越不希望相邻样本提供贡献。因此，重量 w_{l} 变为

$$W_{\mathrm{l}} = f_{\mathrm{w}}\left(l_{\mathrm{near}}, l_{\mathrm{far}}, \left\|\boldsymbol{d}\right\|\right) \tag{32.17}$$

其中，$l_{\mathrm{near}} = 0$，$l_{\mathrm{far}} = 10.0r(P)$。

最后，我们可以将所有权重组合成一个函数：

$$w(P,Q) = w_{\mathrm{z}}(P,Q)w_{\mathrm{n}}(P,Q)w_{\mathrm{r}}(P,Q)w_{\mathrm{d}}(P,Q)w_{\mathrm{s}}(P,Q)w_{\mathrm{l}}(P,Q) \tag{32.18}$$

32.4.2 时间滤波

不幸的是，空间滤波往往不足以达到所需的质量，因此，除了在像素邻域中积累样本外，我们还可以在多帧上临时积累样本。这是通过使用指数移动平均值在当前帧样本和以前的时间结果之间进行插值来实现的：

$$C_i = (1-\gamma)S_i + \gamma C_{i-1} \tag{32.19}$$

其中，C_i 是当前帧输出；C_{i-1} 是使用速度向量投影的前一帧输出；S_i 是当前帧输入（即反射缓冲器）。32.4.3 节进一步详细讨论了获取反射速度向量的问题。权重 γ 表示历史数据与当前帧之间的插值比率，基于多重启发式。

光泽反射在时间样本之间可能有显著的颜色差异，这可以防止我们依赖基于颜色值的方法（如方差剪裁）来消除重影。相反，我们使用 32.4.1 节中基于几何的权重函数的子集来定义 γ，这是通过首先投影 P 来生成使用速度向量的贡献样本的采样位置，然后使用速度向量对上一帧的表面属性进行采样来完成的。因此，我们还必须保存前一帧的 G 缓冲区中的深度和正常属性。

此外，我们还包括基于当前样品粗糙度的重量 w_{rmax}。这样做是为了使非常光滑的表面（如镜子），忽略不必要的时间采样以删除任何可能的重影。重量计算如下：

$$w_{r_{\max}} = \text{smoothstep}(0, r_{\max}, r(P)) \tag{32.20}$$

其中，$r_{\max} = 0.1$，是一个恒定阈值，因此，

$$\gamma = 0.95 w_{z}(P,Q) w_{n}(P,Q) w_{r}(P,Q) w_{r_{\max}} \tag{32.21}$$

是用于对当前帧和前一帧进行加权的总权重。

但是，重影仍然可以出现在具有恒定粗糙度的平面上，其大小足以不被夹紧，但平滑程度足以使重影清晰可见。这些伪影是最明显的亮光源反射或快速移动明亮的彩色物体。不幸的是，几何权重函数无法解决这一问题，因为我们无法通过比较反射面来解释反射中可见对象之间的差异。因此，我们选择为当前反射结果实现一个 5 × 5 滤波核，以计算入射光 L 和滤波后的 BRDF 的方差，同时使用边缘停止函数来防止在几何边界上采样。然后将它们用于时间滤波结果 C_{i} 的颜色 - 空间方差剪辑，因此它们可以防止时间结果与和当前帧的完全不同的颜色值混合。这类似于通常使用时间消除混叠进行的方差剪裁，只使用不均匀的采样权重来防止在几何边界上采样。

32.4.3　反射运动向量

通过反射看到的物体需要调整运动向量，因为速度不仅仅是物体速度在屏幕上的投影。

1. 理解问题

为了解决这个问题，我们将从一个完全静态的系统开始：一个相机、一个反射镜和一个在反射中看到的物体。在图 32.7 中，光从 P_o 处的物体向多个方向发出，其中一个光子在 $P_{s,0}$ 处从反射器完美反射并到达眼睛。这个物体被探测到，就好像它是沿着光线的某个地方击中眼睛一样。

请注意，如果眼睛移动到另一个位置，来自对象的光也到达该位置，那么该对象将出现在同一个位置。把眼睛移到新的点上，我们得到多条光线，它们在表面下的某个地方相交。这个交点是 P_i，它被称为物体的图像。在这种特殊情况下，光线在过去相交，因此图像是虚拟的，而对于其他配置，光线可以在未来相交，我们得到一个真实的图像。此外，在实际配置中，光线常常不能完全相交，而是得到一个混淆的圆。然而，为了解决这个问题，我们将忽略这个场景，并假设光线总是收敛的。

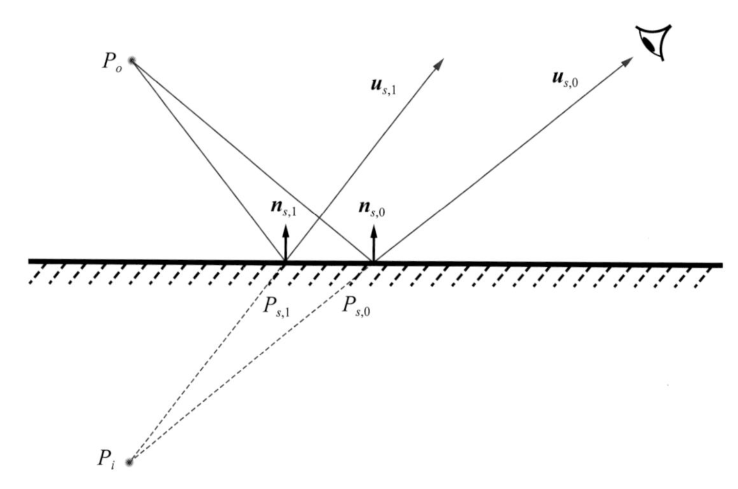

图 32.7 平面镜子的反射

总体策略现在应该变得清晰了。我们要取代对物体的显式处理，试图通过处理物体的图像并按原样使用其速度来收集物体的速度。处理图像而不是对象也更自然，因为我们在屏幕上看到的是图像，所以我们应该分析它而不是对象本身。

2. 直接的解决方案

用最小二乘法求 P_i 的一个简单方法是求直线交点的解：

$$\left(I-\sum_j \boldsymbol{u}_{s,j}\boldsymbol{u}_{s,j}^{\mathrm{T}}\right)P_i=\sum_j\left(\boldsymbol{I}-\boldsymbol{u}_{s,j}\boldsymbol{u}_{s,j}^{\mathrm{T}}\right)P_{s,j}$$
$$\text{where } \boldsymbol{u}_{s,j}=\left(2\boldsymbol{n}_{s,j}\boldsymbol{n}_{s,j}^{\mathrm{T}}-\boldsymbol{I}\right)(P_o-P_{s,j}) \tag{32.22}$$

这里，$P_{s,j}$ 是局部足迹表面上的点；$\boldsymbol{u}_{s,j}$ 是这些点的反射方向，如图 32.7 所示。

速度的解可以通过对时间的微分得到。但是，这很麻烦，需要大量的信息。

3. 几何光学近似

如果我们假设反射点是局部球面，就可以显著地简化问题。脐点（umbilical point）是局部球形的，通过薄透镜方程可以求解从球面上反射的物体的像，该方程由下式给出：

$$\frac{1}{f}=-\frac{2}{r}$$
$$\Leftrightarrow$$
$$\frac{1}{f}=\frac{1}{z_o}+\frac{1}{z_i} \tag{32.23}$$
$$\Leftrightarrow$$
$$\frac{x_i}{x_o}=-\frac{z_i}{z_o},\frac{y_i}{y_o}=-\frac{z_i}{z_o}$$

其中，r 是曲率半径。

4. 光学参数的获取

在本节的开头部分，我们假设读者熟悉曲面微分几何的主题。关于微分几何的深入讨论，请读者参考 Carmo 的书[4]。

在图 32.8 中，P_s 描绘了反射镜在世界空间坐标中的点，该点投射到像素上（在屏幕上看到），$P_{s,j}$ 是相邻像素的表面点。反射相互作用发生在法向平面，即在反射点与切向平面正交并包含视图向量的平面。在这个平面上，圆形反射镜的半径是投影到反射点 P_s 的切平面上的视图方向上的法线曲率 k_n 的倒数。但是，k_n 依赖于视图，当相机移动时会发生变化。因此，我们不使用视图方向的法向曲率，而是使用主曲率 k_s，它可以生成最接近观察者的图像。这个值可以通过计算主曲率和选择在查看器前面生成最近图像的曲率（负曲率可以在查看器后面生成图像）来找到。这一决定有效地迫使反射点是脐带形的（因为总是使用相同的法向曲率，而不管视图如何）。因为 r 是 k_s 的倒数，所以它可以是无穷大的（对于平面），但不能是零。这同样适用于焦点。因此，我们将使用半径和焦点的倒数。

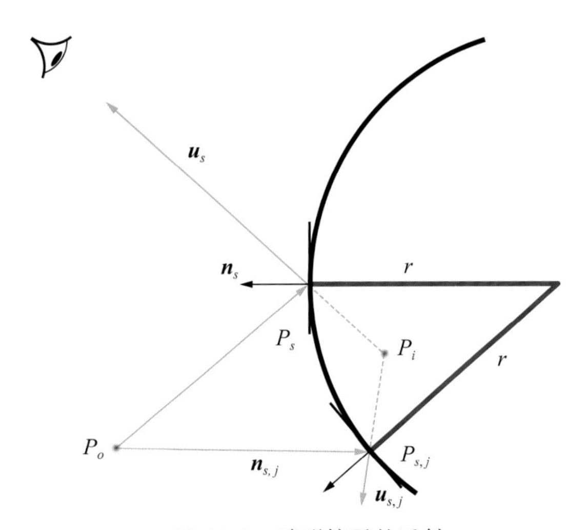

图 32.8　球形镜子的反射

对于正交基 $\{\boldsymbol{x}, \boldsymbol{y}, \boldsymbol{n}_s\}$，反射对象坐标为

$$x_o = \boldsymbol{x} \cdot (P_o - P_s),\ \ y_o = \boldsymbol{y} \cdot (P_o - P_s),\ \ z_o = \boldsymbol{n}_s \cdot (P_o - P_s) \tag{32.24}$$

其中，P_o 和 P_s 分别是被反射物体和反射器的世界空间位置。从薄透镜方程中获得的图像坐标 $(x_i y_i z_i)^T$ 将世界空间中的图像位置指定为

$$P_i = P_s + x_i \boldsymbol{x} + y_i \boldsymbol{y} + z_i \boldsymbol{n}_s \tag{32.25}$$

请注意，当将其用作光泽反射的时间滤波过程的输入时，我们希望暂时扩展采样计数，即从历史中找到可能从类似分布中采样的样本，而不是可能与相同位置相交的样本。因此，我们使用像素的最高概率射线的长度乘以主反射方向来估计最可能射线的交叉点。

用我们的方法计算的运动向量比主要的撞击表面运动向量（或不考虑反射表面曲率的方法），能更好地估计曲面中的重投射撞击位置，如图 32.9 所示。

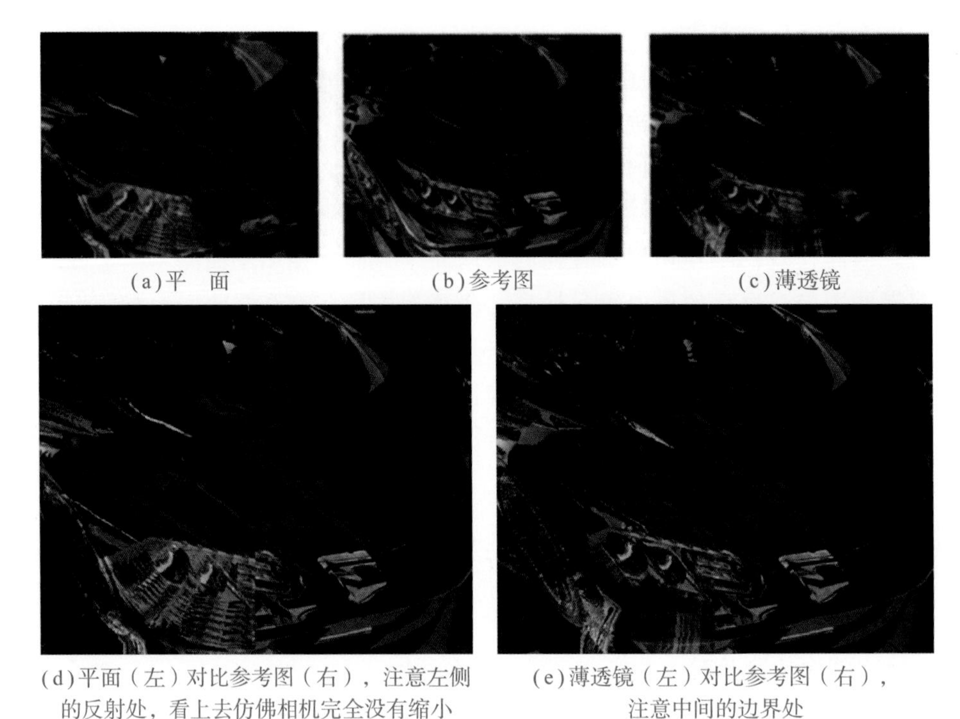

(a)平 面 (b)参考图 (c)薄透镜

(d)平面（左）对比参考图（右），注意左侧的反射处，看上去仿佛相机完全没有缩小

(e)薄透镜（左）对比参考图（右），注意中间的边界处

图 32.9 依赖视角的速度向量和薄透镜模拟之间的对比，前者假设了反射物是平面的。相机在 10 帧之内大约缩小了 1 米，在这过程中仅从屏幕上采样了前一帧的数据，坐标的偏移借助于运动向量。仅对第一帧计算反射值

5. 动态物体的速度变换

如果基向量 $\boldsymbol{x}$ 和 $\boldsymbol{y}$ 是在不依赖于视图的情况下选择的，那么它们对相机位置没有时间依赖性。它们对表面法向量有时间依赖性，当反射镜旋转时，曲面法向会发生变化。然而，我们将忽略这一变化，并假设 $\dot{\boldsymbol{x}}=0$，$\dot{\boldsymbol{y}}=0$，$\dot{\boldsymbol{n}}=0$。则式（32.24）和式（32.25）的时间导数为

$$\begin{aligned}&\dot{x}_o=\boldsymbol{x}\cdot(\dot{P}_o-\dot{P}_s),\ \dot{y}_o=\boldsymbol{y}\cdot(\dot{P}_o-\dot{P}_s),\ \dot{z}_o=\boldsymbol{n}\cdot(\dot{P}_o-\dot{P}_s)\\&\dot{P}_i=\dot{P}_s+\dot{x}_i\boldsymbol{x}+\dot{y}_i\boldsymbol{y}+\dot{z}_i\boldsymbol{n}_s\end{aligned}\tag{32.26}$$

从式（32.23）中我们得出

$$
\begin{aligned}
\dot{z}_i &= \left(\frac{z_i}{z_o}\right)^2 \dot{z}_o \\
\dot{x}_i &= -\frac{z_i}{z_o}\dot{x}_o + \frac{x_o}{f}\left(\frac{z_i}{z_o}\right)^2 \dot{z}_o \\
\dot{y}_i &= -\frac{z_i}{z_o}\dot{y}_o + \frac{y_o}{f}\left(\frac{z_i}{z_o}\right)^2 \dot{z}_o
\end{aligned}
\tag{32.27}
$$

根据式（32.26）和式（32.27）可以很容易地计算出图像点的速度，然后投影到屏幕上，以获得屏幕空间运动向量，如下所示，给定将世界坐标转换为屏幕坐标的矩阵 $\boldsymbol{M}$ 和反射镜的屏幕坐标 (x_{ss}, y_{ss})，则

$$
v = \frac{1}{\boldsymbol{m}_{,3} \cdot P_i}\left(\begin{pmatrix} \boldsymbol{m}_{,0} \cdot \dot{P}_i \\ \boldsymbol{m}_{,1} \cdot \dot{P}_i \end{pmatrix} - \begin{pmatrix} x_{ss} \\ y_{ss} \end{pmatrix} \cdot \left(\boldsymbol{m}_{,3} \cdot \dot{P}_i\right)\right) \tag{32.28}
$$

其中，$\boldsymbol{m}_{,i}$ 表示 $\boldsymbol{M}$ 的第 i 行，这仅表示图像的速度，需要单独添加由相机移动引起的附加速度分量。然而，由于速度是相对的，相机的速度可以从式（32.26）中物体和反射镜的速度中减去。这使得矩阵 $\boldsymbol{M}$ 与计算时间无关。另一种计算屏幕空间运动向量的方法是通过欧拉迭代将图像位置及时向后推进，将其投影到屏幕上，并获取屏幕空间的差异。

32.5　结　果

我们在标准的 Sponza scene 中测量了我们的算法在五个不同场景中的结果。将其与完全着色的参考进行比较，即无缓存的镜面反射计算。现场安放了 11 个缓存采样点。使用 0.8 的粗糙度阈值，所有数字都在 Nvidia RTX 2080 GPU 上捕获，分辨率为 2560×1440。

除了图 32.10 所示的最终光照和反射项图像外，还包括反射遮罩的图像。遮罩是每像素反射路径类型的彩色编码可视化。遮罩中的紫色表示最便宜的路径，仅使用方向向量进行采样。绿色和橙色区域是光线追踪的：从屏幕空间中对深绿色像素、从缓存中对浅绿色像素进行采样，并对橙色像素进行完全计算，这表示最昂贵的计算路径。

图 32.10 从上到下是测试场景：主场景、聚光灯、木材、瓷砖和窗帘。左：最终渲染。中：环境反射值。右：反射掩码（颜色的含义见 32.5 节）。这些图片由静止的相机在静止的场景中拍摄

32.5.1 性 能

我们用 1 和 1 到 4 的采样数来测试性能，并用表面粗糙度来测量。结果分别如表 32.1 和表 32.2 所示。对每一个过程分别给出性能。光线仅在光线追踪过程中进行追

踪，该过程会为可能的光线着色过程写出所有必要的数据。对于所有测试用例，缓存重新启动时间（自然）是恒定的。其他部分的性能主要取决于采样数量和辐射度缓存的利用率。如果缓存根本无法使用，我们的技术将恢复为光线的完全着色。在这种情况下，缓存光照和采样（所有被拒绝的样本）产生的开销将全额支付，除了全光线着色的成本。tile 场景包括这样一种情况，在这种情况下，我们的算法执行类似于完全着色。

表 32.1

	光线追踪	缓存重新启动	缓存采样 + 速度 + 工作量生成	光线着色	总　计
Main (o) Main (f)	2.68 3.62	0.87 0	1.70 0.66	1.25 8.40	5.63 12.68 (2.25x)
Spot (o) Spot (f)	2.08 2.39	0.88 0	0.89 0.63	0.62 6.41	3.59 9.43 (2.63x)
Wood (o) Wood (f)	3.87 3.84	0.88 0	1.04 0.62	1 7.06	5.91 11.52 (1.95x)
Tile (o) Tile (f)	3.19 3.27	0.88 0	0.91 0.59	3.60 4.62	7.70 8.48 (1.10x)
Curtain (o) Curtain (f)	0.24 3.10	0.88 0	1.10 0.66	0.33 8.81	1.72 12.57 (7.31x)

表 32.2

	光线追踪	缓存重新启动	缓存采样 + 速度 + 工作量生成	光线着色	总　计
Main (o) Main (f)	8.16 12.45	0.88 0	5.24 1.02	3.99 34.13	17.39 47.60 (2.74x)
Spot (o) Spot (f)	8.16 9.57	0.88 0	4.64 1.09	1.63 28.24	14.43 38.90 (2.70x)
Wood (o) Wood (f)	15.50 15.45	0.88 0	3.32 1.07	3.96 35.47	22.78 51.99 (2.28x)
Tile (o) Tile (f)	8.51 8.61	0.88 0	2.49 0.95	8.97 12.29	19.97 21.85 (1.09x)
Curtain (o) Curtain (f)	0.51 12.78	0.88 0	3.74 1.04	0.4 39.98	4.65 53.80 (11.57x)

当光线追踪部分可以完全跳过时，我们的算法具有最高的性能。这可以在使用粗糙材质的窗帘场景中看到。在这种情况下，一个样本的性能差接近 7 倍，而多个样本的性能差接近 15 倍。

场景从屏幕空间或辐射度缓存中提取斑点和木材样本。这些场景需要光线追踪，但在着色期间仍然采用快速路径。在这些情况下，我们的算法比完全着色快大约 2 倍，反射是有光泽的，这有助于缓存的使用。

在主场景中可以看到一个平衡的例子。这张照片包含了所有类型的表面，从粗糙的岩石到抛光的瓷砖地板。同样的，我们测量出了与全阴影相比 2.5 倍的性能改进。

32.5.2 质　量

图 32.11 显示了一个光滑的表面与使用我们的技术计算的反射相比，每一个光线阴影参考。即使从低分辨率缓存中提取了一些样本，我们的技术的质量也是相当不错的。一般来说，由于我们的采样启发式算法，反射的质量在很大程度上不取决于缓存的大小。较小的缓存将导致更多的未命中，但总体质量仍接近引用。如图 32.12 所示，将 256 × 256 的缓存分辨率与 32 × 32 的缓存分辨率进行比较。

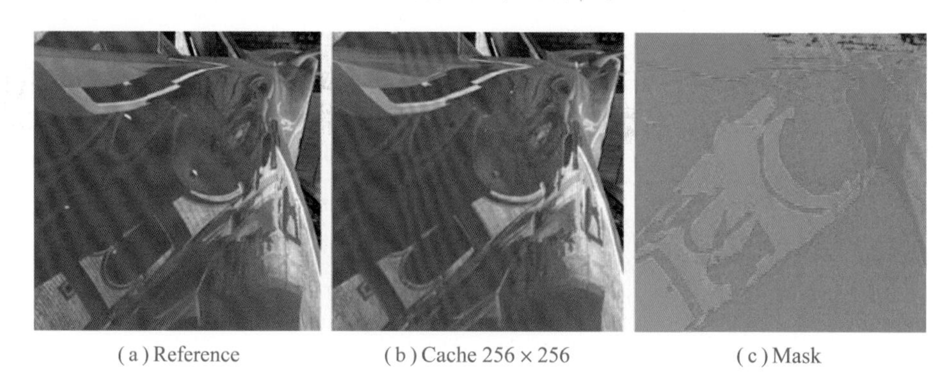

(a) Reference　(b) Cache 256 × 256　(c) Mask

图 32.11　$\alpha = 0$ 时，对比参考结果与我们的实现，即材质接近于镜子，第三张图是反射掩码。由于我们使用启发式采样，表面的一部分依然采样了缓存

随着表面粗糙度的增加，噪点也自然增加，特别是当使用每个像素的单个样本时。然而，时空滤波可以大大降低这种噪声，并且可以采取多个样本来平衡滤波的成本。对于较粗糙的表面，有限分辨率的辐射度缓存更有效，如图 32.13 所示，这使得我们的技术更能负担得起多样本的方法。使用我们的技术，拥有多个样本也会更便宜，因为辐射度缓存的重用会增加，只有缓存未命中才会被冗余地着色。

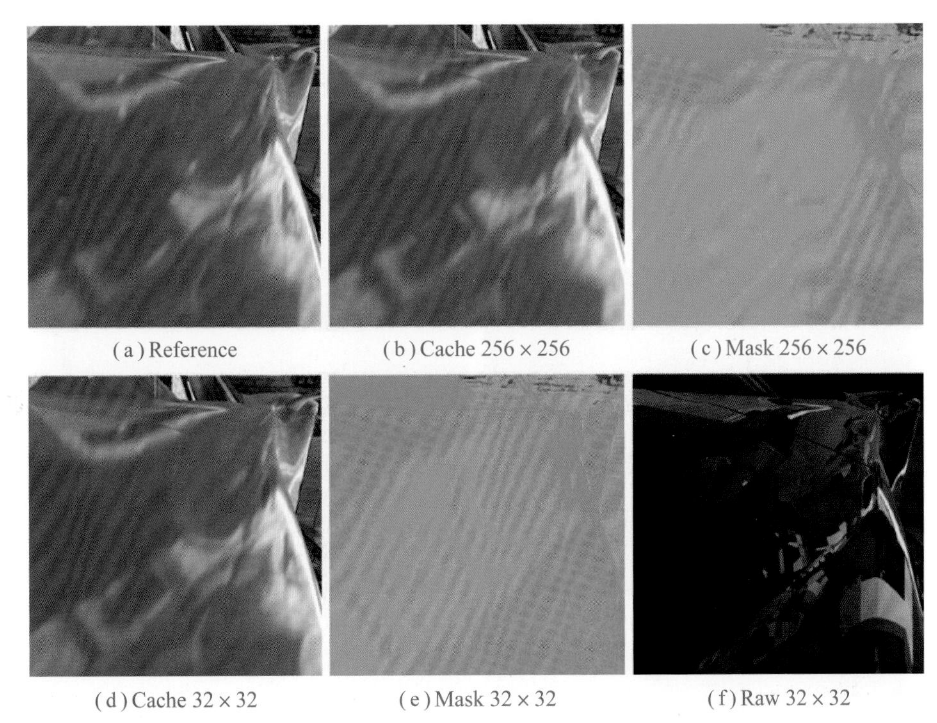
(a) Reference　(b) Cache 256 × 256　(c) Mask 256 × 256

(d) Cache 32 × 32　(e) Mask 32 × 32　(f) Raw 32 × 32

图 32.12　$\alpha = 0.1$ 时，对比参考结果与我们的实现，使用两种不同的缓存尺寸。注意到在启发式算法下，相比图 32.11，我们的缓存命中率大大提升。即便是 32 × 32 的缓存尺寸对于粗糙的表面也产生了大量缓存命中，不过和 256 × 256 的尺寸比自然还是少一些。最后一张图展示了关闭启发式算法后，反射采样的情况

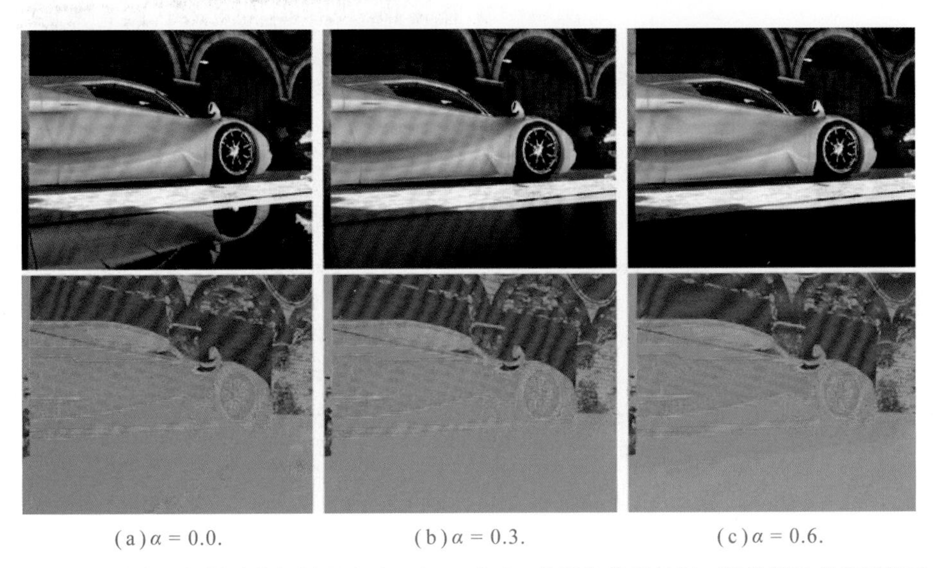
(a) $\alpha = 0.0$.　(b) $\alpha = 0.3$.　(c) $\alpha = 0.6$.

图 32.13　改变地板材质的粗糙程度（α），下面一排图片是反射图。随着材质变得更粗糙，更多的采样从缓存中获得，或是在脱离屏幕空间时进行完整的着色：从底部的掩码色由暗绿色、亮绿色转为橙色可以看出这一点。镜子类型的表面尽可能地从屏幕空间获取高效的采样

时空滤波的降噪如图 32.14 所示。虽然方差裁剪无法消除反射中移动轮廓造成的所有重影，因此会留下一些小瑕疵，但在相机移动时很难注意到这些瑕疵。另外，右侧窗帘的粗糙度高于 RT_ROUGHNESS_THRESHOLD，而另一侧的亮度采样不准确，但这一问题，尽管在最终结果中很难注意到，但可以通过更仔细地放置探针来缓解。除上述伪影外，整体结果与参考图像很接近，参考图像由多个样本计算直至收敛。

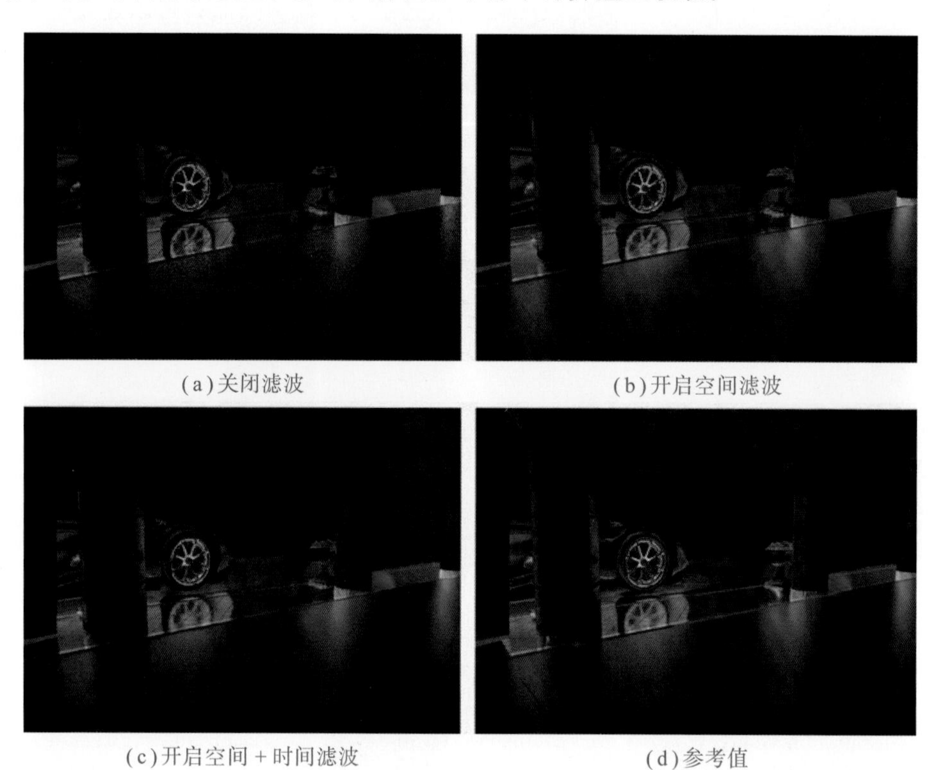

(a)关闭滤波　(b)开启空间滤波

(c)开启空间+时间滤波　(d)参考值

图 32.14 对原始的高光照明的滤波效果。相机以大约 5m/s 向右移动，车辆则以大约 0.8m/s 向右移动，帧率为 30Hz

32.6 总　结

在本章中，我们介绍了一种为动态场景生成真实的镜面反射光照的技术。我们的方法结合了新旧技术：使用新的 DXR 的 API 查询场景可见性，但在屏幕空间或缓存空间中进行大部分着色。在这两种情况下，由于相邻线程之间的一致性，现代 GPU 的效率得到了充分利用。只有一些光线通过更昂贵的、发散的全阴影路径。特别是对于粗糙度超过阈值的粗糙表面，可以预计会有巨大的性能改进：对于这些表面，可以完全跳过光线投射，从而消除许多光线。然而，即使没有光线追踪，这些表面也会从我们不断更新的稀疏照明缓存中获得实时的高光反射项。

32.7　未来工作

算法的各个部分都有改进的途径：

（1）间接漫反射：类似的方法可以用来计算间接漫反射照明。未命中缓存的光线可以从低频源获取信息，例如填充孔算法。

（2）改进的缓存光照：我们的缓存现在照亮了每一帧。然而，可以建立一个改进的系统，只照亮那些实际使用的立方体面甚至样本。例如，每帧只能照亮最重要的多维数据集。

（3）辐射度缓存几何：这里描述的实现使用立方体贴图（即球形捕获）进行缓存存储。但是，这会浪费空间，因为不同的缓存点可以看到相同的曲面。因此，我们计划研究其他缓存数据结构，以提高缓存利用率。

（4）孔洞填充：对于某些表面，反射遮罩可能非常嘈杂，这意味着一些相邻的像素要么从立方体采样要么对整个光线进行着色。由于整个光线的着色成本更高，因此可以根据相邻像素数据填充一些小孔，尤其是对于粗糙的表面。

（5）过滤：本章介绍的过滤对于实时使用来说有些昂贵。未来，我们的目标是寻找更轻的过滤解决方案，在质量和性能之间做出不同的权衡。

参考文献

[1] Crassin, C., Neyret, F., Sainz, M., Green, S., and Eisemann, E. Interactive Indirect Illumination Using Voxel Cone Tracing. Computer Graphics Forum 30, 7 (2011), 1921–1930.

[2] Dammertz, H., Sewtz, D., Hanika, J., and Lensch, H. Edge-Avoiding À-Trous Wavelet Transform for Fast Global Illumination Filtering. In Proceedings of High- Performance Graphics (2010), 67–75.

[3] Debevec, P. Image-Based Lighting. HDRI and Image-Based Lighting, SIGGRAPH Courses, August 2003.

[4] do Carmo, M. P. Differential Geometry of Curves and Surfaces. Prentice Hall Inc., 1976.

[5] Elcott, S., Chang, K., Miyamoto, M., and Metaaphanon, N. Rendering Techniques of Final Fantasy XV. In SIGGRAPH Talks (2016), 48:1–48:2.

[6] Halton, J. H. Algorithm 247: Radical-Inverse Quasi-Random Point Sequence. Communications of the ACM 7, 12 (1964), 701–702.

[7] Heitz, E. A Simpler and Exact Sampling Routine for the GGX Distribution of Visible Normals. Research report, Unity Technologies, Apr. 2017.

[8] Heitz, E., Dupuy, J., Hill, S., and Neubelt, D. Real-Time Polygonal-Light Shading with Linearly Transformed Cosines. ACM Transactions on Graphics 35, 4 (July 2016), 41:1–41:8.

[9] Heitz, E., Hill, S., and McGuire, M. Combining Analytic Direct Illumination and Stochastic Shadows. In Symposium on Interactive 3D Graphics and Games (2018), 2:1–2:11.

[10] Karis, B. Real Shading in Unreal Engine 4. Physically Based Shading in Theory and Practice, SIGGRAPH Courses, August 2013.

[11] Lagarde, S., and Zanuttini, A. Local Image-Based Lighting with Parallax-Corrected Cubemaps. In SIGGRAPH Talks (2012), 36:1.

[12] McGuire, M., and Mara, M. Efficient GPU Screen-Space Ray Tracing. Journal of Computer Graphics Techniques 3, 4 (December 2014), 73–85.

[13] McGuire, M., Mara, M., Nowrouzezahrai, D., and Luebke, D. Real-Time Global Illumination Using Precomputed Light Field Probes. In Symposium on Interactive 3D Graphics and Games (2017), 2:1–2:11.

[14] Schied, C., Kaplanyan, A., Wyman, C., Patney, A., Chaitanya, C. R. A., Burgess, J., Liu, S., Dachsbacher, C., Lefohn, A., and Salvi, M. Spatiotemporal Variance- Guided Filtering: Real-Time Reconstruction for Path-Traced Global Illumination. In Proceedings of High-Performance Graphics (2017), 2:1–2:12.

[15] Schlick, C. An Inexpensive BRDF Model for Physically-based Rendering. Computer Graphics Forum 13, 3 (1994), 233–246.

[16] Stachowiak, T. Stochastic Screen-Space Reflections. Advances in Real-Time Rendering in Games, SIGGRAPH Courses, August 2015.

[17] Stachowiak, T. Stochastic All the Things: Raytracing in Hybrid Real-Time Rendering. Digital Dragons Presentation, 2018.